国家职业技能等级认定培训教材
高技能人才培养用书

钳工（高级）

国家职业技能等级认定培训教材编审委员会　组编
主　编　胡家富
副主编　徐　彬
参　编　王林茂　王　珂　徐　斌　黄　犇
主　审　纪长坤　曾国樑

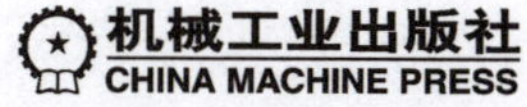
机械工业出版社
CHINA MACHINE PRESS

本书是依据《国家职业技能标准 钳工》（高级）的知识要求和技能要求，按照岗位培训需要的原则编写的，旨在为读者提供实用的内容。本书主要内容包括高级钳工必备专业知识，大型及复杂畸形工件的划线，精密孔和特殊孔的加工，提高锯、锉、刮、研加工精度的方法，过盈连接装配与传动机构装配，轴组与精密轴承的装配，液压、气动系统和工装夹具的装配与调试，部件与整机装配，设备的维护保养与维修。

本书既可作为各级职业技能等级认定培训机构、企业培训部门的考前培训教材，又可作为读者考前复习用书，还可作为职业技术院校、技工学校和综合类技术院校机械专业的专业课教材。

图书在版编目（CIP）数据

钳工：高级 / 胡家富主编. -- 北京：机械工业出版社，2024. 7. --（国家职业技能等级认定培训教材）.

ISBN 978-7-111-76057-3

Ⅰ. TG9

中国国家版本馆 CIP 数据核字第 2024CY0906 号

机械工业出版社（北京市百万庄大街 22 号 邮政编码 100037）

策划编辑：王晓洁 责任编辑：王晓洁 王 良

责任校对：李小宝 张 征 封面设计：马若濛

责任印制：邓 博

北京盛通印刷股份有限公司印刷

2024 年 11 月第 1 版第 1 次印刷

184mm×260mm · 22.75 印张 · 560 千字

标准书号：ISBN 978-7-111-76057-3

定价：69.80 元

电话服务

客服电话：010-88361066

010-88379833

010-68326294

网络服务

机 工 官 网：www.cmpbook.com

机 工 官 博：weibo.com/cmp1952

金 书 网：www.golden-book.com

机工教育服务网：www.cmpedu.com

国家职业技能等级认定培训教材
编审委员会

序

新中国成立以来，技术工人队伍建设一直得到了党和政府的高度重视。20 世纪五六十年代，我们借鉴苏联经验建立了技能人才的“八级工”制，培养了一大批身怀绝技的“大师”与“大工匠”。“八级工”不仅待遇高，而且深受社会尊重，成为那个时代的骄傲，吸引与带动了一批批青年技能人才锲而不舍地钻研技术、攀登高峰。

进入新时期，高技能人才发展上升为兴企强国的国家战略。从 2003 年全国第一次人才工作会议，明确提出高技能人才是国家人才队伍的重要组成部分，到 2010 年颁布实施《国家中长期人才发展规划纲要（2010—2020 年）》，加快高技能人才队伍建设与发展成为举国的意志与战略之一。

习近平总书记强调，劳动者素质对一个国家、一个民族发展至关重要。技术工人队伍是支撑中国制造、中国创造的重要基础，对推动经济高质量发展具有重要作用。党的十八大以来，党中央、国务院健全技能人才培养、使用、评价、激励制度，大力发展技工教育，大规模开展职业技能培训，加快培养大批高素质劳动者和技术技能人才，使更多社会需要的技能人才、大国工匠不断涌现，推动形成了广大劳动者学习技能、报效国家的浓厚氛围。

2019 年国务院办公厅印发了《职业技能提升行动方案（2019—2021 年）》，目标任务是 2019 年至 2021 年，持续开展职业技能提升行动，提高培训针对性实效性，全面提升劳动者职业技能水平和就业创业能力。三年共开展各类补贴性职业技能培训 5000 万人次以上，其中 2019 年培训 1500 万人次以上；经过努力，到 2021 年底技能劳动者占就业人员总量的比例达到 25%以上，高技能人才占技能劳动者的比例达到 30%以上。

目前，我国技术工人（技能劳动者）已超过 2 亿人，其中高技能人才超过 5000 万人，在全面建成小康社会、新兴战略产业不断发展的今天，建设高技能人才队伍的任务十分重要。

机械工业出版社一直致力于技能人才培训用书的出版，先后出版了一系列具有行业影响力，深受企业、读者欢迎的教材。欣闻配合新的《国家职业技能标准》又编写了“国家职业技能等级认定培训教材”。这套教材由全国各地技能培训和考评专家编写，具有权威性和代表性；将理论与技能有机结合，并紧紧围绕《国家职业技能标准》的知识要求和技能要求编写，实用性、针对性强，既有必备的理论知识和技能知识，又有考核鉴定的理论和技能题库及答案；而且这套教材根据需要为部分教材配备了二维码，扫描书中的二维码便可观看相应资源；这套教材还配合天工讲堂开设了在线课程、在线题库，配套齐全，编排科学，便于培训和检测。

这套教材的出版非常及时，为培养技能型人才做了一件大好事，我相信这套教材一定会为我国培养更多更好的高素质技术技能型人才做出贡献！

中华全国总工会副主席

高凤林

前　言

我国社会主义市场经济的迅猛发展，促使各行各业处于激烈的市场竞争中，而人才是企业取得领先地位的重要因素。除了管理人才和技术人才，一线的技术工人始终是企业不可缺少的核心力量。为此，我们按照人力资源和社会保障部颁布的《国家职业技能标准　钳工》（2020年版）编写了本书，为钳工岗位的高级工提供实用、够用的技术内容，帮助其应对激烈的市场竞争。

本书是根据《国家职业技能标准　钳工》（高级）的知识要求和技能要求，按照岗位培训需要的原则编写的，旨在为读者提供实用的内容。本书主要内容包括高级钳工必备专业知识，大型及复杂畸形工件的划线，精密孔和特殊孔的加工，提高锯、锉、刮、研加工精度的方法，过盈连接装配与传动机构装配，轴组与精密轴承的装配，液压、气动系统和工装夹具的装配与调试，部件与整机装配，设备的维护保养与维修。

本书备有技能训练实例，便于学校和培训机构进行实训，为培养高级钳工人才提供了有效的途径。本书既可作为各级职业技能等级认定培训机构、企业培训部门的考前培训教材，又可作为读者考前复习用书，还可作为职业技术院校、技工院校和综合类技术院校机械专业的专业课教材。

本书相关操作视频和在线的钳工（高级）试题库（含解答），可扫码观看。

本书由胡家富任主编，徐彬任副主编，王林茂、王珂、徐斌、黄犇参加了编写，由纪长坤、曾国樑任主审。

由于时间紧迫，书中难免存在不足之处，欢迎广大读者批评指正，在此表示衷心的感谢。

编　者

目录

项目1 高级钳工必备专业知识

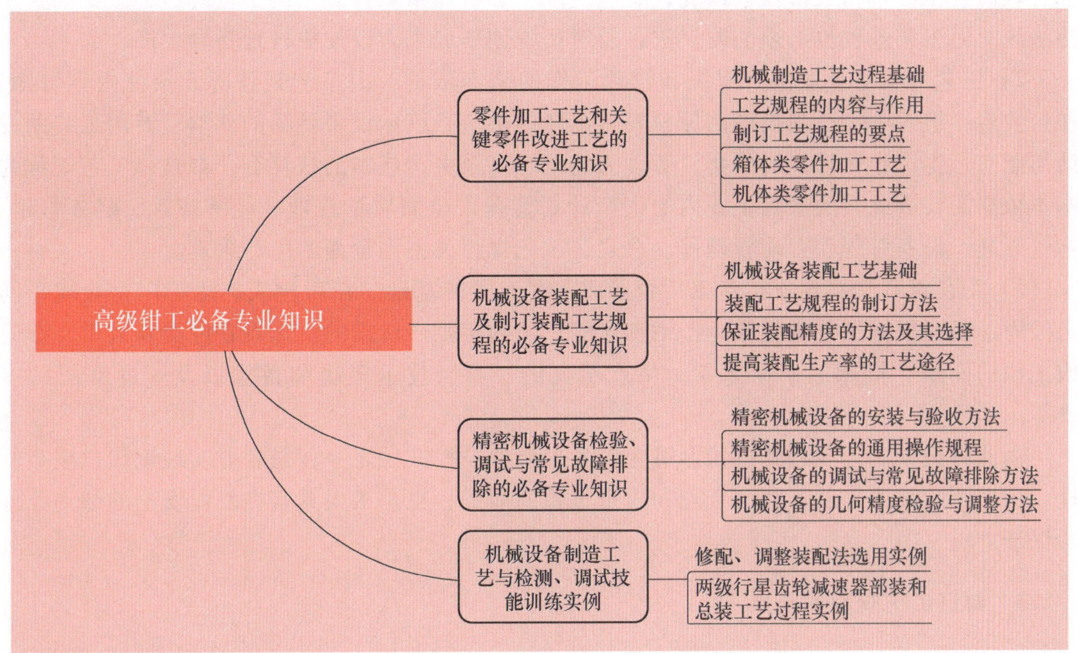

1.1 零件加工工艺和关键零件改进工艺的必备专业知识

1.1.1 机械制造工艺过程基础

工艺过程是生产过程的重要组成部分。

机械制造企业生产过程中直接改变毛坯尺寸和形状使之成为成品的过程称为工艺过程，它通常是由一系列工序、装夹和工步等组合而成的。企业的生产过程一般都比较复杂，为了便于组织生产和提高劳动生产率，许多产品的生产往往不是在一个企业内单独完成的，而是由多个企业协作生产的，最后再集中在一个企业内制成完整的产品。例如，汽车、飞机、机床、汽轮发电机组等机电产品都是如此。这种社会化大生产方式有利于零部件的通用化、标准化和组织专业化生产，有利于企业自主创新及引进和应用高新技术，有利于企业生产技术的发展，提高产品国产化的水平和质量，降低生产成本，从而与国际接轨，增强企业经济发展的活力，不断提高在国内外市场的竞争力，形成具有完全知识产权的知名品牌。

1.1.2 工艺规程的内容与作用

工艺规程是反映产品或零部件比较合理的制造工艺过程和操作方法的技术文件，一般应包括以下内容：工件加工的工艺路线，各工序、工步的内容，所选用的机床和工艺装备，工件的检验项目和方法，切削用量，加工余量，工人技术等级和工时定额等。

工艺规程具有以下几方面的重要作用：

1）工艺规程是指导生产的主要技术文件。合理的工艺规程是依据科学理论和必要的工艺试验，尽量利用本企业现有的设备，消除薄弱环节，并充分利用最新的工艺技术和国内外的先进方法而制订的。按它进行生产，可以保证产品质量，保证安全生产和清洁生产，必定会有较高的生产率与经济性。因此，企业生产中必须严格执行既定的工艺规程，它犹如企业的法规。但工艺规程也必须与时俱进，及时反映创新成果，以便更好地指导生产。

2）工艺规程是企业生产组织和管理工作的基本依据。由工艺规程所涉及的内容可知，在企业生产组织中，产品投产前原材料及毛坯的供应，机床设备负荷的调整，专用工装的设计与制造，生产作业计划的编排，劳动力的组织以及生产成本的核算等，都是以工艺规程为基本依据的，因此其关系到企业内的生产计划管理、全面质量管理、经济核算、财务管理、物资管理、设备管理和劳动管理等。总之，工艺规程关系到全面的生产管理。

3）工艺规程是新建或扩建工厂企业或车间工段的基础。在新建或扩建工厂企业或车间工段时，只有根据工艺规程和生产纲领才能正确确定生产所需的机床设备种类和数量，车间或工段的面积，机床的平面布置，生产工人的工种、技术等级和数量以及辅助部门的安排等。

由此可见，工艺规程是机械制造企业最主要的技术文件之一，是企业实现现代化生产管理，保证产品技术先进、经济合理和质量过硬的前提，也是工人具有良好而安全的劳动条件的保证。

1.1.3 制订工艺规程的要点

1. 毛坯的选择

常见的毛坯有铸件、锻件、各种型材，还有焊接件、冲压件和非铁金属材料毛坯。

（1）铸件毛坯　零件材料为铸铁、铸钢、青铜等时，一般都选择铸件毛坯。铸件毛坯还适用于结构形状复杂或尺寸较大的零件。

（2）锻件毛坯　需要保证良好力学性能的重要钢质零件，不论结构形状简单或复杂，一般首选锻件毛坯。一些非旋转体的板条形钢质零件，一般也选用锻件毛坯。

（3）型材　常见的型材有圆钢、六角钢等（按截面形状分）。热轧型材尺寸较大、精度较低，多用于一般零件的毛坯；冷轧型材尺寸较小、精度较高，多用于毛坯精度要求较高的中小型零件，以实现自动送料。

毛坯的选择应力求实现少或无切削，并注意适合本企业的生产特点。

2. 工件定位基准的选择原则

定位基准有粗基准和精基准之分。选择未经加工的毛坯表面为定位基准，这种基准称为粗基准；采用已加工表面为定位基准，这种基准则称为精基准。

（1）粗基准的选择原则　所选的粗基准应保证所有加工表面都有足够的加工余量，而且各加工表面对不加工表面能保证一定的位置精度。具体选择原则如下：

1）对具有不加工表面的零件，应选取不加工表面为粗基准。当工件上存在若干个不加工表面时，应选择与加工表面有较高位置精度的不加工表面为粗基准。例如箱体零件可选择

内壁作为粗基准。

2）应选取要求加工余量均匀的表面作粗基准。例如车床床身应先选导轨面作粗基准加工床身底面，然后以床身底面为精基准加工导轨面。

3）对全部表面都要加工的零件，应选择余量和公差最小的表面作粗基准。

4）应选取光洁、平整、面积足够大的表面为粗基准，使工件装夹稳定。

5）选定的粗基准只能使用一次，不应重复使用。

以上粗基准的选择原则对钳工划线基准的选择同样是适用的。

（2）精基准的选择原则

1）基准重合原则。所选定的定位基准尽可能与零件设计基准、工序和装配基准重合。

2）基准统一原则。在加工位置精度要求较高的某些表面时，应尽可能选用同一精基准定位，避免基准转换而产生误差。

3）自为基准原则。利用被加工表面自身作定位基准称为自为基准，例如圆拉刀拉孔时以已加工表面自身作精基准定位。

4）互为基准原则（反复加工原则）。当工件上两个表面相互间有较高位置精度要求时（多数是平行度和同轴度），可互为基准、反复加工，逐步提高加工精度。

以上四个原则应用时应综合考虑工件的整个加工过程，若没有合适的表面作基准，可在工件上增设工艺基准，如工艺凸台（铸件）、中心孔（轴类零件）等。

3. 零件加工工艺路线的拟定

零件机械加工工艺规程的制订一般有两个步骤：第一步，拟定零件加工顺序的工艺路线；第二步，确定每个工序的加工内容、工序尺寸和工序余量、选用设备和工艺装备、切削规范以及工时定额等。两个步骤相互联系，应综合考虑。

（1）表面加工方法的选择　选定加工方法时应考虑以下因素：

1）加工表面的技术要求。即零件的结构特征、尺寸大小、材质和热处理要求。

2）生产率和经济性要求。即生产现场的实际情况，如设备精度、关键设备负荷、工艺装备条件、测量手段、工人技术水平等。

实际生产中各种表面加工方法的适用范围见表1-1~表1-3。

表1-1　外圆加工方法的适用范围

序号	经济精度（公差等级表示）	加工表面粗糙度 $Ra/\mu m$	加工对象	加工方法
1	IT11~IT12	50~12.5	淬硬钢以外的各种金属件	粗车
2	IT9	6.3~3.2		粗车—半精车
3	IT7~IT8	1.6~0.8		粗车—半精车—精车
4	IT6~IT7	0.2~0.025		粗车—半精车—精车—滚压（或抛光）
5	IT6~IT7	0.8~0.4	钢或铸铁件	粗车—半精车—磨削
6	IT5~IT6	0.4~0.2		粗车—半精车—粗磨—精磨
7	IT5~IT6	0.2~0.012		粗车—半精车—粗磨—精磨—超精加工
8	<IT5	0.025~0.006	精度要求极高的外圆	粗车—半精车—粗磨—精磨—超精磨
9	<IT5	0.1~0.006		粗车—半精车—粗磨—精磨—研磨
10	IT5~IT6	0.4~0.025	非铁金属件	粗车—半精车—精车—金刚石车

表 1-2　平面加工方法的适用范围

序号	经济精度（公差等级表示）	加工表面粗糙度 Ra/μm	加工对象	加工方法
1	IT8~IT9	6.3~3.2	不淬硬钢、铸铁、非铁金属件	粗车—半精车
2	IT6~IT8	1.6~0.8		粗车—半精车—精车
3	IT7~IT9	0.8~0.2		粗车—半精车—磨削
4	IT7~IT9	6.3~1.6	不淬硬平面	粗刨（或粗铣）—精刨（或精铣）
5	IT7	3.2~1.6		粗铣—半精铣—精铣
6	IT7~IT8	3.2~1.6		粗刨—半精刨—精刨
7	IT6~IT9	0.8~0.2	不淬硬小平面	粗铣—拉（大量生产）
8	IT6~IT7	0.8~0.2	不淬硬钢、铸铁、非铁金属件	粗刨（粗铣）—精刨（精铣）—宽刃精刨
9	IT5	0.8~0.2		粗刨—半精刨—精刨—宽刃低速精刨
10	IT5~IT6	0.8~0.1		粗刨（粗铣）—精刨（精铣）—刮研
11	IT5~IT6	0.8~0.1		粗刨（粗铣）—半精刨（半精铣）—精刨（精铣）—刮研
12	IT6~IT7	0.8~0.2	淬硬或不淬硬的黑色金属件	粗刨（粗铣）—精刨（精铣）—磨削
13	IT5~IT6	0.4~0.025		粗刨（粗铣）—精刨（精铣）—粗磨—精磨
14	<IT5	0.1~0.006	高精度平面	粗铣—精铣—磨削—研磨（超精研磨）

表 1-3　内孔加工方法的适用范围

序号	经济精度（公差等级表示）	加工表面粗糙度 Ra/μm	加工对象	加工方法
1	IT11~IT12	12.5	成批、大量生产的不淬硬钢及铸铁件的实心毛坯	钻（孔径<20mm）
2	IT8~IT9	3.2~1.6		钻—铰（孔径<20mm）
3	IT7~IT8	1.6~0.8		钻—粗铰—精铰（孔径<20mm）
4	IT11	12.5~6.3		钻—扩（孔径>20mm，下同）
5	IT7	1.6~0.8		钻—扩—粗铰—精铰
6	IT8~IT9	3.2~1.6		钻—扩—铰
7	IT6~IT7	0.4~0.1		钻—扩—机铰—手铰
8	IT7~IT9	1.6~0.1	大批生产的中、小零件的通孔	钻—（扩）—拉（或推）
9	IT11~IT13	12.5~6.3	不淬硬钢、铸锻件毛坯，有铸孔或锻孔	粗镗（或扩孔）
10	IT8~IT11	6.3~1.6		粗镗（粗扩）—半精镗（精扩）
11	IT7~IT8	1.6~0.8		粗镗（扩）—半精镗（精扩）—精镗（铰）
12	IT6~IT7	3.2~0.8		粗镗（扩）—半精镗（精扩）—精镗—浮动镗刀精镗
13	IT7~IT8	0.8~0.2	淬火钢或未淬火钢件	粗镗（扩）—半精镗—磨孔
14	IT6~IT7	0.2~0.1		粗镗（扩）—半精镗—粗磨—精磨
15	IT6~IT7	0.4~0.05	非铁金属件	粗镗—半精镗—精镗—金钢镗
16	IT6~IT7	0.2~0.025	黑色金属件	钻—（扩）—粗铰—精铰—珩磨 钻—（扩）—拉—珩磨 粗镗—半精镗—精镗—珩磨
17	IT5~IT6	0.1~0.006		以研磨代替上述方法中的珩磨
18	IT6~IT7	0.1	铸铁箱体上的孔，非铁金属件的小孔	钻（或粗镗）—扩（半精镗）—精镗—金刚镗—脉冲滚挤

（2）加工顺序的安排　加工顺序的安排包括加工阶段的划分、工序的组合和加工工序顺序的排列等内容。

1）工艺过程划分阶段的原则。当零件精度要求较高或形状较为复杂时，其加工工艺过程一般分为三个阶段，即粗加工、半精加工和精加工（包括精整加工）阶段，但并不是所有工件都要经历这三个阶段。划分加工阶段应能保证加工质量，有利于合理使用设备和提高生产率，能及早发现毛坯的缺陷。

2）工序的组合原则。在安排加工顺序时，会涉及两种不同的工序组合原则——工序集中和工序分散。工序集中具有工件装夹次数少、节省辅助时间、工艺路线短、设备和工装投资大、调整维护复杂等特点。工序分散具有设备和工装简单、投资少、更换新产品容易、工艺路线长、生产管理较复杂等特点。单件小批量生产一般采用工序集中方式。在大批量生产中，可根据设备情况，灵活采用工序集中或工序分散方式。例如数控机床大多采用工序集中方式，一般的通用机床流水生产多采用工序分散方式。

3）加工工序顺序的排列。

① 切削加工工序排列应遵循以下原则：

a. 基面先行原则。即按基准转换次序把若干基准的加工依次排列，来确定零件加工工序的顺序。

b. 先粗后精原则。精基面首先加工，然后按粗加工、半精加工和精加工的顺序加工。精度要求最高的表面应安排在最后加工。

c. 先主后次原则。先加工装配基准面、测量基准面、工作表面和配合表面等。

d. 先面后孔原则。箱体类、机体类、支架类等零件，应先加工面，后加工孔。

② 热处理工序的安排。热处理工序在工艺路线中的安排应根据零件的材料及热处理的目的和要求而定。例如毛坯一般进行退火和正火处理；调质一般在粗加工和半精加工之间进行；时效一般在粗加工之前进行，较高精度的铸件在半精加工后可再进行一次时效处理，精度较高的主轴等可安排多次时效处理；淬火一般安排在精加工前后，低碳钢等需要进行表面渗碳淬火处理，而采用氮化处理可获得更高的表面硬度和耐磨性。

③ 表面处理工序的安排。某些零件为了进一步提高表面的耐蚀能力，增加耐磨性、美观性和光泽度，通常在工艺过程的最后安排表面处理，如金属镀层（镀铬、镍、锌等）、非金属镀层（油漆、磷化等）和氮化膜层（如钢的发蓝、发黑等）。

④ 检验工序和辅助工序的安排。检验工序安排在粗加工阶段结束、重要工序加工前后、工件表面加工全部结束之后、加工车间转换等时段。某些零件应安排特种检验，如无损探伤、水压试验等。辅助工序是指去毛刺、退磁、倒棱、清洗等，一般安排在入库前或装配前。

拟订工艺路线应注意协调各方面的因素，合理、灵活应用以上各项原则，使工艺路线符合多快好省的要求。

4. 加工余量和工序尺寸的确定

加工余量是指在加工过程中所切除的材料层厚度。切除加工余量后所得到的工件表面的加工尺寸称为该工序的工序尺寸，其公差为该工序的工序尺寸公差。

（1）加工余量的确定　加工余量分为工序余量和总余量。工序余量是指在一道工序中所切除的材料层厚度，也就是该加工表面相邻工序尺寸之差的绝对值。总余量是指工件从毛坯变为零件的整个加工过程中某个表面所切除的材料总厚度，即同一表面所有工序余量之和。工序余量可直接查阅工艺手册确定，也可结合本企业实际加工的数据资料确定。决定加工余量的原则是在保证加工质量的前提下，尽量减少加工余量。加工余量小，可提高生产率，节约原材料，减少刀具和能源消耗，从而降低成本。但加工余量过小，可能会造成毛坯表面或前道工序缺陷尚未切除就已达到规定尺寸，因而造成报废；或者会导致刀具工作条件恶化而迅速磨损，甚至使工件某些部位无法加工。

因此，所切除的最小加工余量主要由以下因素决定：①必须切除本工序加工前留下的表面粗糙度 Rz 和表面缺陷层 H（如铸件的冷硬层、气孔夹渣层，锻件或热处理后的氧化皮、脱碳层、裂纹等，切削加工的加工痕迹、塑性变形等），其数据见表 1-4。②要消除前道工序留下的空间位置误差（即由于毛坯制造、热处理、存放、切削加工等原因所引起的变形及几何误差），这些误差并不包括在前道工序的工序尺寸公差范围内，需单独考虑并予以消除。③本工序的安装误差（定位、夹紧和找正误差或夹具的制造和调整误差等）会直接影响被加工表面与刀具的相对位置，造成加工余量不均匀甚至不够（精加工时尤要注意）。④工序的特殊要求，例如不淬硬表面在渗碳后要切除渗碳层，有些工件要切除预留的中心孔，则渗碳深度和中心孔深度就成为确定加工余量的要素了。

表 1-4　各种加工方法的 Rz 和 H 数据　　（单位：μm）

加工方法	Rz	H	加工方法	Rz	H
粗车内外圆	15~100	40~60	粗刨	15~100	40~50
精车内外圆	5~45	30~40	精刨	5~45	25~40
粗车端面	15~225	40~60	粗插	25~100	50~60
精车端面	5~54	30~40	精插	5~45	35~50
钻	45~225	40~60	粗铣	15~225	40~60
粗扩孔	25~225	40~60	精铣	5~45	25~40
精扩孔	25~100	30~40	拉	1.7~3.5	10~20
粗铰	25~100	25~30	切断	45~225	60
精铰	8.5~25	10~20	研磨	0~1.6	3~5
粗镗	25~225	30~50	超级光磨	0~0.8	0.2~0.3
精镗	5~25	25~40	抛光	0.06~1.6	2~5
磨外圆	1.7~15	15~25	闭式模锻	100~225	500
磨内孔	1.7~15	20~30	冷拉	25~100	80~100
磨端面	1.7~15	15~35	高精度辗压	100~225	300
磨平面	1.7~15	20~30			

（2）工序尺寸及其公差的确定　由于工序尺寸是零件在加工过程中各工序应保证的加工尺寸，因此正确地确定工序尺寸及其公差，是制订工艺规程的主要工作之一。

工序尺寸及其公差的计算要根据零件图样上的有关设计尺寸、已确定的各工序余量大小、工序尺寸的标注方法、定位基准的选择和转换关系等来进行；工序尺寸公差则按各工序加工方法的经济精度选定。工序尺寸及其公差标注在工艺规程中有关工序的工序简图上，作为加工和检验的依据。

当零件在加工过程中需要多次转换定位基准或工序尺寸尚需在继续加工的表面上标注时，工序尺寸的计算比较复杂，须用已学过的工艺尺寸链原理进行分析和解算，这里不再赘述。

对于各工序的定位基准与设计基准重合时的表面多次加工，其工序尺寸的计算比较简单，此时只需采用“倒推法”确定。即根据零件图上的设计尺寸、各工序余量（可从工艺手册中查得）、各工序所能达到的经济精度（见表1-1~表1-3），由最后一道工序开始逐次向前推算，直至毛坯制造工序为止。例如某箱体孔设计尺寸为 $\phi72.5H7\left(^{+0.030}_{0}\right)$，表面粗糙度值为 $Ra0.8\mu m$，材料为铸钢。孔加工过程中使用同一定位基准底平面进行各工序加工，若选定的工艺路线为铸毛坯—扩孔—粗镗孔—半精镗孔—精镗孔—磨孔，运用查表法确定各工序余量、所能达到的公差等级（查表1-3），然后计算各工序尺寸及其公差（公差值可按标准公差计算公式 $T=ai$ 算出，其中 a 为计算系数），计算过程见表1-5，并参见图1-1。

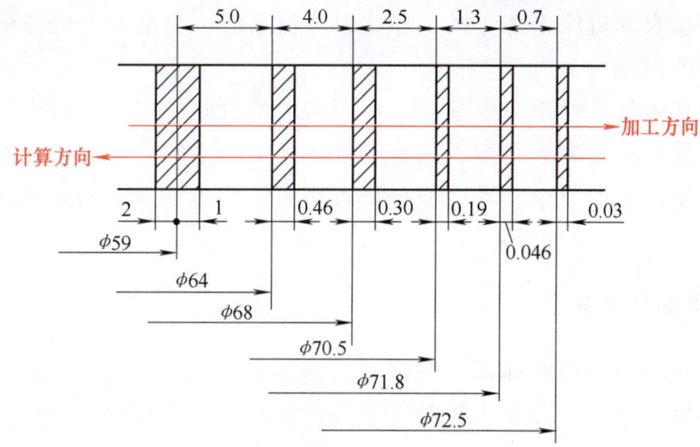

图1-1　加工余量、工序尺寸及其公差分布实例

5. 机床与工艺装备的选择

（1）机床的选择　应考虑以下几点：

1）机床的主参数应与工件的外廓尺寸相适应。小工件选小机床，大工件选大机床，使设备合理使用。例如小工件钻孔，可选台钻或立钻加工，大工件上的孔则用摇臂钻床加工。

表1-5　工序尺寸及其公差的计算实例　（单位：mm）

工序名称	工序余量	工序尺寸公差的计算	工序基本尺寸	工序尺寸及其公差
磨孔	0.7	IT7，$T=0.016i$[①]$=0.016\times1.856=0.03$	72.5	$\phi72.5^{+0.03}_{0}$
精镗孔	1.3	IT8，$T=0.025i=0.025\times1.856=0.046$	72.5−0.7=71.8	$\phi71.8^{+0.046}_{0}$
半精镗孔	2.5	IT11，$T=0.1i=0.1\times1.856=0.19$	71.8−1.3=70.5	$\phi70.5^{+0.19}_{0}$
粗镗孔	4.0	IT12，$T=0.16i=0.16\times1.856=0.30$	70.5−2.5=68.0	$\phi68^{+0.30}_{0}$
扩孔	5.0	IT13，$T=0.25i=0.25\times1.856=0.46$	68.0−4.0=64.0	$\phi64^{+0.46}_{0}$
毛坯铸孔	—	IT17，$T=1.6i=1.6\times1.856=3$	64.0−5.0=59.0	$\phi59^{+1}_{-2}$[②]

① 标准公差 $i=0.45\sqrt[3]{D_M}+0.001D_M$，$D_M=\sqrt{D_{L1}D_{L2}}=\sqrt{50\times80}\,mm=63mm$，$i=(0.45\times\sqrt[3]{63}+0.001\times63)\,\mu m=1.856\mu m$。$D_{L1}$ 为公差表中每个尺寸分段的起始基本尺寸；D_{L2} 为公差表中每个尺寸段的终点基本尺寸；D_M 为尺寸分段的几何平均值。

② 毛坯基本尺寸的公差采用双向标注；其他工序尺寸公差按“入体”原则单向标注，即孔类尺寸下极限偏差为零，上极限偏差为正，轴类尺寸上极限偏差为零，下极限偏差为负。

2）机床的精度应与工序要求的精度相当。粗加工不宜选用精加工的机床，以免机床过早丧失精度；对于高精度零件的加工，在缺乏精密设备时，可通过旧设备的改造或运用创造性加工原则进行加工。

3）机床的生产率应与工件的生产类型相适应。单件小批生产尽量选用通用万能机床，较大批量生产选用高效的专用机床、自动机床、组合机床、数控机床和加工中心机床等。

（2）工艺装备的选择　工装的选择包括各工序采用的刀具、夹具和量具的选择。单件小批生产尽量采用通用刀具、通用夹具和万能量具；成批和大量生产应采用高生产率的复合刀具或专用刀具，并设计和制造专用夹具以及各种量规、样板或专用检具。

6. 切削用量及工时定额的估定

正确选择切削用量，对保证加工精度、提高生产率、降低刀具损耗都有很大意义。在一般企业中，由于工件材质、刀具材料及几何角度以及机床的刚度等许多工艺因素的不确定性，故在工艺规程中不规定切削用量，而由操作者根据实际情况自行确定。但在较大批量生产中，在组合机床、自动机床上加工的工序，以及流水线、自动线上的各道工序，都必须确定各工序合理的切削用量。

工时定额是指在规定条件下完成某一工序所需要的时间，它是制订生产计划、核算成本的重要依据，也是决定设备和人员配置的重要资料。工时定额的制订应最有效地利用生产工具，满足发展先进生产力的要求，并在充分调查研究、广泛征求工人意见的基础上实事求是地予以估定。

1.1.4　箱体类零件加工工艺

箱体类零件是机械设备中箱体部件装配时的基准零件，它决定了部件中各组件和零件的相互位置，使一些轴、轴承、套和齿轮等零部件组装在一起，彼此按照一定的传动关系协调地运动。因而箱体的制造精度对箱体部件装配精度有决定性的影响。

1. 箱体结构特点和技术要求

图 1-2 所示是机械设备中几种常见的箱体结构，其中图 1-2a、c、d 所示为整体式箱体，图 1-2b 所示为分离式箱体。它们的结构形状都较复杂，内部为空腔形，箱壁较薄且不均匀；在箱壁上有许多精度较高的支承孔和基准平面需精加工，还有许多精度较低的紧固件孔和一些次要平面需要加工。虽然各类箱体结构形状和尺寸各不相同，但加工工艺有许多共同之处。现以 CA6140 型卧式车床主轴箱体为例，来分析其零件图的技术要求。

图 1-3 所示是车床主轴箱体零件图。由于箱体的形状和受力情况较复杂，要求有一定的强度、刚度和抗振性，因此多选用灰铸铁，负荷大的箱体也可选用铸钢件，本例采用 HT200。

箱体加工的技术要求如下：

1）各支承孔（Ⅰ~Ⅺ）都具有较高的尺寸精度、几何精度及表面粗糙度值要求。其中Ⅰ~Ⅵ孔都是支承滚动轴承的孔，其加工质量将对轴承的装配质量有很大影响。例如孔径过大、配合过松，会使轴的回转中心游动，同时还降低了支承刚度，轴承磨损加剧，易产生振动和噪声；若孔径过小、配合过紧，会使轴承外圈变形而引起轴的径向圆跳动。特别是主轴Ⅵ的支承孔，若与主轴轴承配合不当，会严重影响主轴的回转精度，因此规定其公差等级为 IT6，表面粗糙度值为 $Ra0.8 \sim 0.4\mu m$，而其他支承孔公差等级为 IT7~IT6，表面粗糙度值为 $Ra3.2 \sim 1.6\mu m$；孔的形状精度一般应在孔公差范围内，要求高的应不超过孔公差的 1/2~1/3，主轴孔的圆度公差为 0.006~0.008mm。

2）轴孔的相互位置精度对轴和轴承的装配质量和工作质量也有一定影响。例如同一主

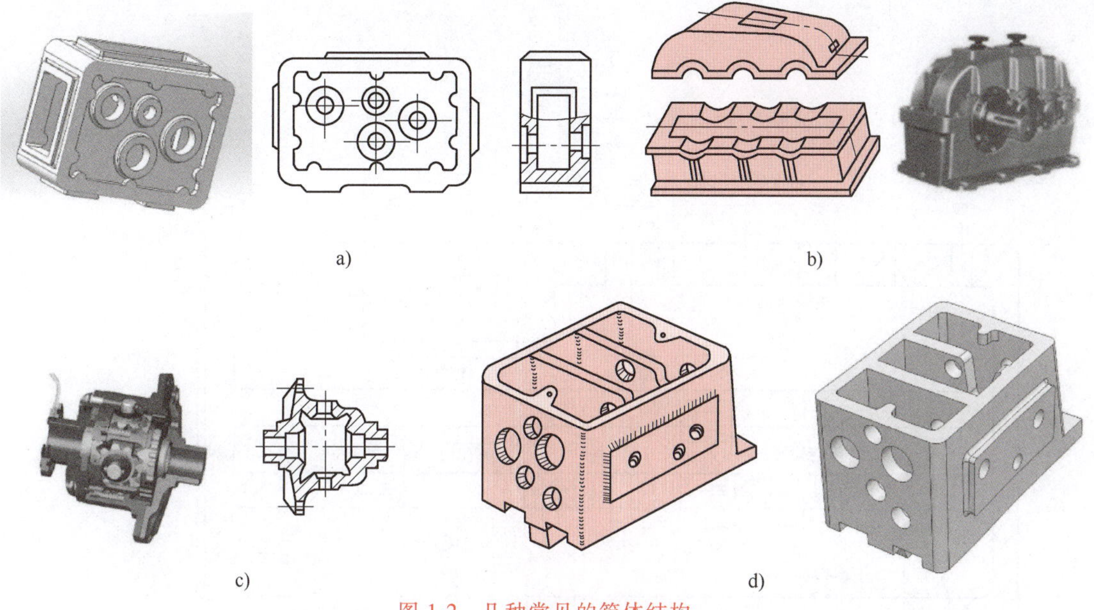

图 1-2　几种常见的箱体结构

a）组合机床主轴箱　b）减速器箱体　c）汽车差速器壳　d）主轴箱

轴线上各孔的同轴度误差太大会使主轴装配困难，轴和轴承工作情况恶化，磨损加剧，温升和热变形大，主轴的回转精度降低。再如有传动关系的相邻两孔间，孔心距误差大或轴线平行度误差太大，都会影响装配在轴上齿轮的啮合精度，工作时会出现噪声、冲击振动，从而降低齿轮寿命。为此，规定同轴孔的同轴度一般应为最小孔径公差的一半，而主轴Ⅵ三孔同轴度要求最高，为 0.02mm；有直接传动联系的Ⅰ～Ⅵ各孔的孔心距公差为±0.05～±0.06mm，轴线间平行度公差为 0.04～0.05mm/300～400mm。

3）箱体主要平面的精度和粗糙度。主要平面是指装配基准平面和加工时的定位基准面。装配基准面 *W*、*N* 的平面度和相互垂直度不仅影响箱体与床身的接触质量，而且作为加工时的主要定位基准会直接影响各轴孔的加工精度，故规定平面度公差为 0.04mm，垂直度公差为 0.1mm/300mm，表面粗糙度值为 *Ra*1.6μm。顶面 *A* 的平面度是为了保证箱盖的密封，大量生产时若作为统一定位基面，对其平面度要求应更高。箱体前后端面 *P*、*Q*、*B* 须与底面 *W* 或顶面 *A* 垂直，以间接保证前后端面与孔轴线垂直，故规定各重要表面对装配基面的垂直度（或平行度）为 0.1mm/300mm。

4）轴孔对主要平面或端面的相互位置精度。轴孔的轴线与端面的垂直度误差将使装配后的轴和轴承歪斜，造成轴向圆跳动误差，加剧轴承磨损。主轴孔Ⅵ轴线对装配基面 *W*、*N* 的平行度误差影响主轴轴线与床身导轨的平行，为了减少主轴箱安装时的刮研工作量，要求该平行度在 0.1mm/600mm 内。

2. 箱体加工工艺路线的拟定

箱体零件的加工工艺过程与零件生产纲领、结构特点、技术要求、企业生产条件等因素密切相关。表 1-6 和表 1-7 分别是图 1-3 所示的 CA6140 型卧式车床的主轴箱体的工艺过程表，前者是在大批量生产条件下拟定的，后者是在单件小批生产条件下拟定的，可作为拟定箱体零件工艺路线的参考。

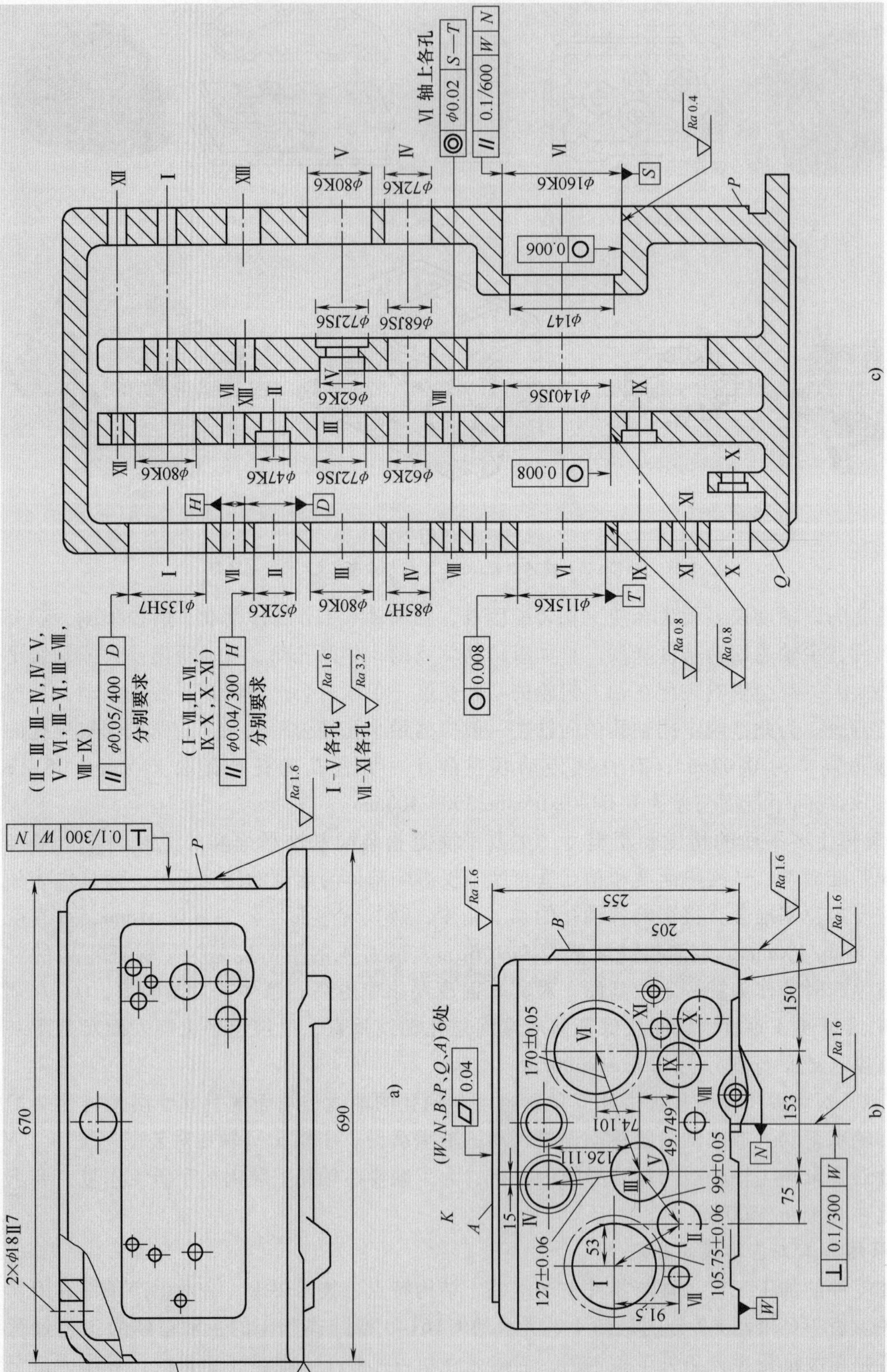

图 1-3　车床主轴箱体零件图

a）主视图　b）K 向视图　c）纵向展开图

表 1-6　大批量生产条件下的主轴箱体工艺过程表

序号	工序内容	定位基准	加工设备
1	铸造毛坯		
2	时效处理		
3	非加工面油漆		
4	粗铣顶面 *A*(用夹具)	主轴Ⅵ及轴Ⅰ铸孔	立铣
5	钻、扩、铰顶面 *A* 上两工艺孔 ϕ18H7 及钻顶面八个 M8 螺孔(用钻模)	顶面 *A* 及主轴孔内壁	摇钻
6	粗铣 *W*、*N*、*B*、*P*、*Q* 五个平面	顶面 *A* 及两工艺孔	四轴龙门铣
7	磨顶面 *A*	底面 *W* 及端面 *Q*	立式转盘磨床
8	粗镗各纵向孔	顶面 *A* 及两工艺孔	组合镗床
9	人工时效处理		
10	半精镗、精镗各纵向孔(除主轴孔Ⅵ外)	顶面 *A* 及两工艺孔	组合镗床
11	半精镗、精镗主轴三孔 ϕ160K6、ϕ140JS6、ϕ115K6		专用镗床
12	钳工钻、铰横向孔及钻各面上的次要孔(钻模)		摇钻
13	精磨 *W*、*N*、*B*、*P*、*Q* 五个平面		三轴组合磨床
14	钳工去毛刺		
15	清洗		
16	检验		
17	油封		

表 1-7　单件小批生产条件下的主轴箱体工艺过程表

序号	工序内容	定位基准	加工设备
1	铸造毛坯		
2	时效处理		
3	非加工面油漆		
4	划线:考虑主轴Ⅵ铸孔余量足够并均匀;孔与加工平面及不加工面的尺寸要求	主轴Ⅵ及轴Ⅰ铸孔	
5	粗铣、精铣顶面 *A*	按划线找正	立铣
6	粗铣、精铣装配基面 *W*、*N*	顶面 *A* 并校正孔Ⅵ	卧铣
7	粗刨、精刨两端面 *P*、*Q* 及侧面 *B*	*W*、*N* 面	龙门刨床
8	钳工刮研 *W*、*N*、*B* 三个平面		
9	钳工刮研两端面 *P*、*Q* 及顶面 *A*		
10	粗镗、半精镗各纵向及横向支承孔(镗模)	*W*、*N* 面	卧式镗床
11	精镗各纵向孔(除主轴孔Ⅵ外)及横向孔		
12	精镗主轴三孔 ϕ160K6、ϕ140JS6、ϕ115K6		金刚镗床
13	划其他小孔线		
14	钳工钻紧固孔、螺孔、油孔并去毛刺	按划线找正	摇钻
15	清洗		
16	检验		

对比上述两张工艺过程表，可以找出箱体类零件加工过程中一些规律性的要点，分析如下：

（1）不同批量箱体生产的共性　箱体加工顺序也遵循：①粗精分开，先粗后精；②先主后次，先加工重要表面，后加工次要表面，次要的螺孔等均在精加工之后；③先面后孔是箱体加工的一般规律。

（2）不同批量箱体生产的特殊性　由于批量不同，箱体生产所用的加工设备和定位方案也有很大不同。

3. 箱体的检验

箱体的检测项目主要有：①各加工表面的粗糙度及外观检查；②各轴孔的尺寸精度和形状精度；③各加工平面的几何精度；④孔系的孔心距精度和位置精度等。

在完成一道工序或全部工艺过程后，应对主要技术要求进行检测，对次要技术要求可抽检，加工完毕进行终检，其中孔系的相互位置精度是检测的重点项目。

（1）前三项的检测方法　主要表面的粗糙度检验通常采用标准样块用比较法评定。样块表面粗糙度值范围为 $Ra25 \sim 0.025\mu m$，一般多用目测法比较。当表面粗糙度值小于 $Ra3.2\mu m$ 时，可借助仪器比较。

外观检查主要是根据工艺规程检查加工表面有无缺陷及完工情况。

孔的尺寸精度在单件小批生产时可用游标卡尺、内径千分尺和内径指示表检测。生产批量大时一般均用极限量规检验。对于孔的形状精度（如圆度、圆柱度等），可用带指示表的内径量规或内径测微仪检测，要求很高时可用气动量仪检测。

各加工平面的几何精度可按平面的不同特点和大小采用直尺检测、千斤顶三点支承后用百分表检测等方法进行检测。

（2）孔系的孔心距精度及相互位置精度的检测

1）孔的同轴度误差的检测。在批量较大的箱体生产中，主轴三孔同轴度常用图 1-4 所示的专用塞规检验，它能自由地推入同轴线孔内时即表明同轴度合格。孔系精度较低时，可在通用检验心轴上配置若干不同外径的工艺套进行检验（见图 1-5b），其检验精度可达 0.02mm。若要测定同轴度误差值，可用检验心轴和指示表按图 1-5a、c 所示方法检测，指示表旋转一周，其读数的最大值与最小值之差的一半即为孔的同轴度误差。

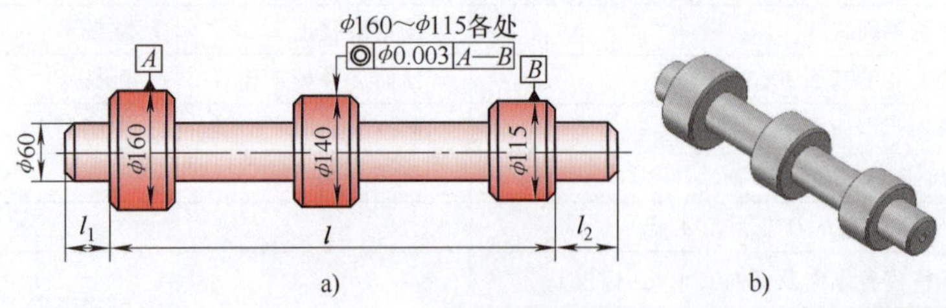

图 1-4　检验主轴三孔同轴度的专用塞规

2）孔心距及孔轴线平行度的检测。孔系的孔心距和轴线的平行度通常采用游标卡尺直接测量，或借助检验心轴用外径千分尺测量后计算得到。这里只补充两种检验孔轴线与基面平行度和中心高的方法：先将箱体的基面在平板上用千斤顶或平行垫块垫得与平板平行，然后用指示表或游标高度卡尺在检验心轴两端的最高点读出 l_1 及 l_2，两读数差即为平行度误

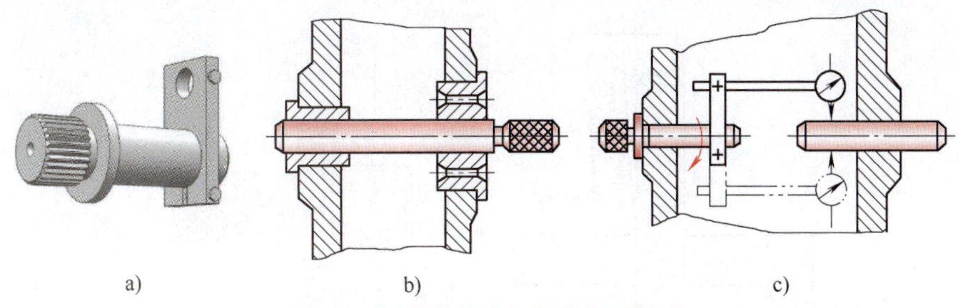

图 1-5　用通用检验心轴检测同轴度

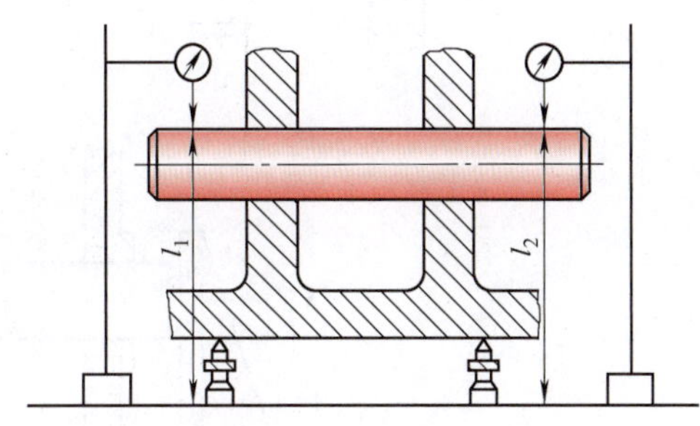

图 1-6　用指示表检测孔与基面的平行度误差和中心高

差（见图 1-6）。对于孔中心高度，也可从游标高度卡尺上读得，但需减去千斤顶高或垫块厚及检验心轴半径，或者用量块组和指示表在平板上用比较测量法测得。

3）孔轴线间及与端面的垂直度检测。两孔轴线间垂直度误差的检测如图 1-7 所示。图 1-7a 中，在箱体两孔内插入检验心轴，先用直角尺校准检验心轴 2，使其轴线与平板垂直（调节千斤顶高度），然后用指示表测量水平的检验心轴 1 的两端，两点读数差即为检验长度 l 内孔轴线的垂直度误差。图 1-7b 所示的方法是在基准孔 2 内装上检验心轴和指示表，将表的测量头与检验心轴 1 接触，使表旋转 180°，所示两点的读数差即为孔轴线在 l 长度上的垂直度误差。显然，图 1-7b 所示的方法较方便，但不宜在封闭箱体中采用。

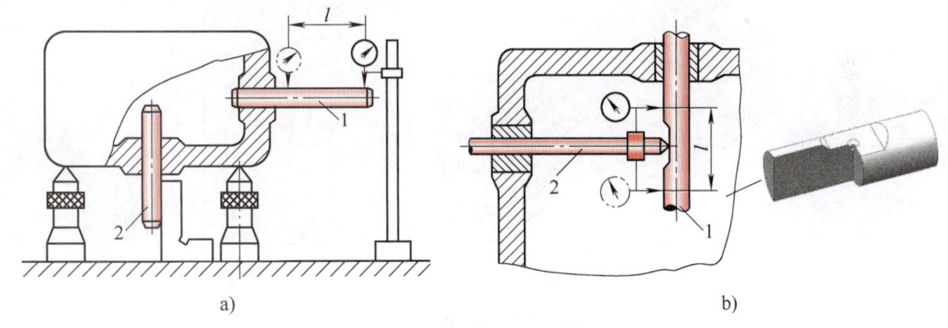

图 1-7　两孔轴线间垂直度误差的检测

孔轴线与端面的垂直度可用检验心轴和直角尺（见图 1-8a），或使用垂直度塞规（见图 1-8b）检测，用塞尺检测间隙 Δ，还可通过旋转检验心轴的指示表测得两读数值之差（见图 1-8c）。

1.1.5　机体类零件加工工艺

机体是机械设备的基础零件，也是机械设备装配、调整和测量的基准件。例如机床的床身、立柱、横梁、滑座和摇臂等均属机体类零件（见图 1-9）。许多零部件都是装在机体上，各种运动部件还在机体的导轨上运动。因此，机械设备主要部件的相对位置精度和运动精度都与机体零件的精度有直接关系。

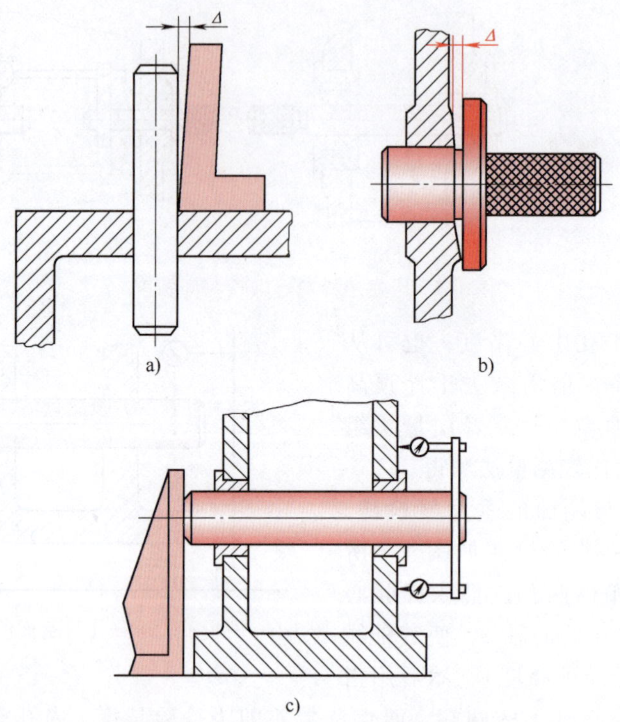

图 1-8　孔轴线与端面垂直度的检测

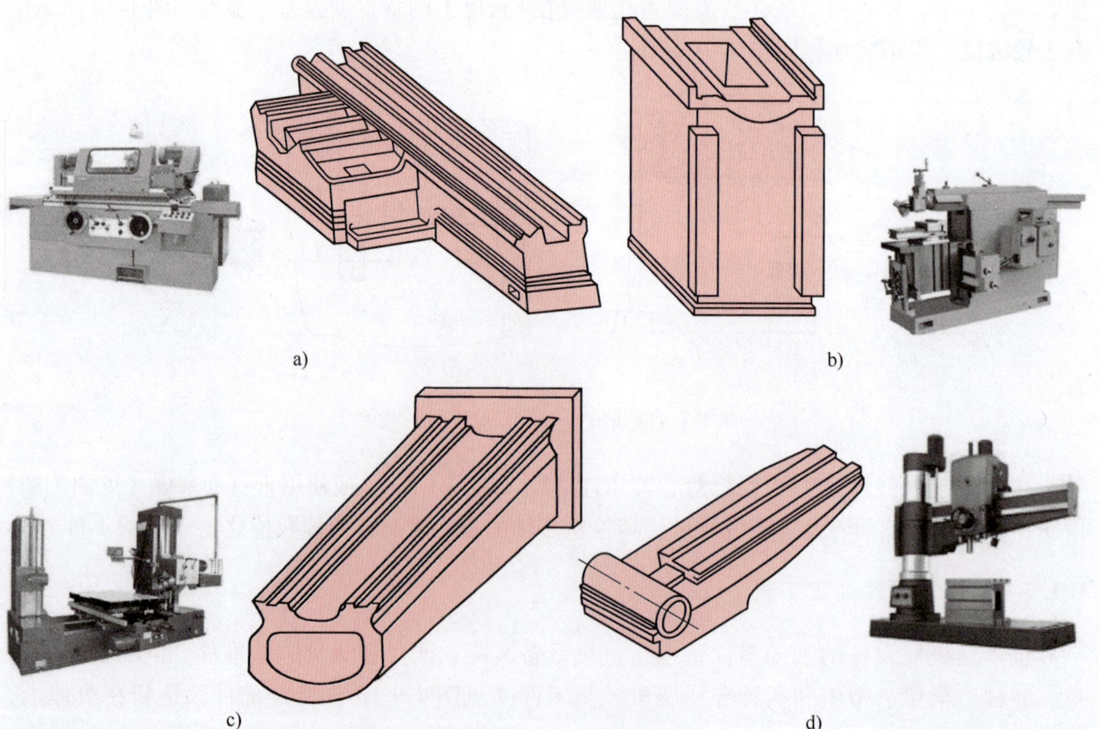

图 1-9　机体的结构形式

a）外圆磨床床身　b）牛头刨床床身　c）卧式镗床立柱　d）摇臂钻床摇臂

各种机体零件由于功能不同，结构形状也各有差异，但其共同点是：机体外廓尺寸较大，质量大，刚性较差，结构形状复杂；其毛坯一般也采用灰铸铁件（常用 HT200)。机体主要加工表面是平面和导轨面，前者与有关部件固定连接，后者是有关运动部件的运动基准。机床床身是典型的重要机体零件，是研究机体类零件加工工艺的重点。现以磨床床身为例进行介绍。

1. 多用磨床床身（见图 1-10）的技术要求

底面 C 对平导轨面的平行度公差为 0.05mm/全长；A、B 面对平导轨面的垂直度公差为 0.1mm，与 V 形导轨面的平行度公差为 0.1mm/全长；平导轨面与 V 形导轨面的平行度公差为 0.02mm/m；导轨在垂直平面和水平平面内的直线度公差为 0.01mm/全长；导轨面的刮点为 13~16 点/25mm×25mm；若磨削导轨面，用涂色法检验，接触面积大于 70%/全长、大于 50%/全宽，表面粗糙度值为 Ra0.8μm；导轨的硬度要大于 180HBW；安装液压缸的两凸台的等高度公差为 0.1mm，每一面的倾斜度公差为 0.1mm；床身的结构应便于铸造、加工、装配、安装和维修。

2. 床身加工工艺路线的拟定

多用磨床床身的结构和工艺都较复杂，表 1-8 所列为成批生产时的多用磨床床身加工工艺过程表。

3. 机体加工工艺分析

下面对机体加工中的几个突出问题作一些简要工艺分析，作为对机体类零件拟定工艺路线时的参考。

(1) 机体加工方法的选择　机体类零件的主要加工表面是连接平面和导轨面，而导轨面无非也是一些平面的组合，故机体的加工主要是平面的加工。与箱体平面加工相似，常用的加工方法也是刨、铣、磨和刮削等。

(2) 定位基准的选择　床身导轨面加工精度要求较高，应按照基准重合和互为基准的原则，在粗、精加工阶段，先以床身导轨面为粗基准，加工底面，然后以底面为精基准，加工导轨面。

(3) 导轨表面淬火　铸铁床身导轨经表面淬火可提高表面层硬度和耐磨性，常用的导轨淬火方法有火焰淬火、感应淬火（包括高频感应淬火和工频感应淬火）两种方法。其中，工频感应淬火是将电源电流经大功率变压器变为 $U \leqslant 3\text{V}$、$I=450 \sim 800\text{A}$ 的电流，用表面刻有波形凸纹的铜轮以一定的速度（1.5~3m/min）在导轨上移动，使导轨表面局部加热到相变温度，随着铜轮的移开，被加热表面迅速冷却，形成淬硬深度为 0.2~0.4mm 的硬化条纹。这种方法导轨变形较小，设备简单，操作方便。

(4) 床身的时效处理　床身的结构刚性差，易于变形，因此需要经过多次的时效处理以消除铸造和切削加工的内应力。时效处理可采用人工时效处理和天然时效处理，也可采用振动时效处理。振动时效处理是将工件以橡胶之类的弹性体支持在适当的位置，按工件的固有频率调节激振器的频率，直至达到共振状态。此法只需要几分钟至几十分钟，可节省能源和工时。

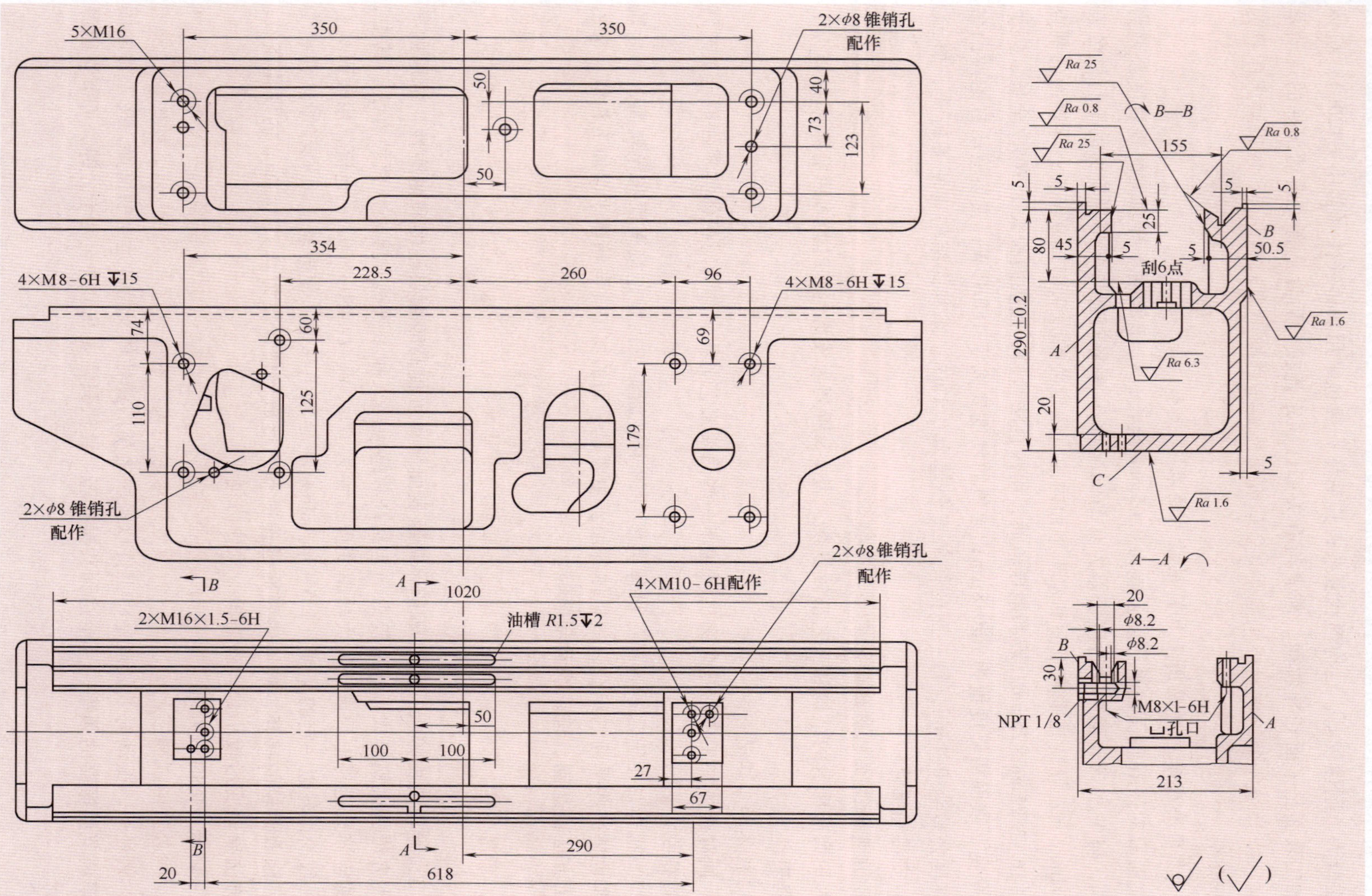

图 1-10 多用磨床床身简图

表1-8　成批生产时的多用磨床床身加工工艺过程表

序号	工序名称	工序内容	定位基准
1	铸造	造型,浇注和清砂,铸成毛坯	
2	检验	检验毛坯质量	
3	热处理	时效处理	
4	预刨	粗刨底面及 *A* 面,去表面硬皮	导轨毛面
5	划线	划底面、导轨面、前后侧面的加工边线及找正线;注意底面厚20mm和导轨面厚25mm尺寸;各面留余量3~4mm	导轨毛面(支承底面)
6	粗刨	(1)粗刨平导轨面及V形导轨面,留余量4mm (2)粗刨底面,留余量4mm,保证高度290mm为(298±1)mm	按划线找正底面及导轨面
7	粗铣	粗铣 *A*、*B* 两面,各留余量3mm,保证宽度213mm为(219±1)mm	按底面找正 *A*、*B* 面,*A*、*B* 面互为基准
8	热处理	人工时效处理,检验导轨面硬度大于180HBW,若不足则表面淬火	
9	清理	喷砂,不加工面涂红丹漆	
10	精铣	(1)铣底面,保证尺寸290mm为$294_{-0.5}^{0}$mm,表面粗糙度值为 *Ra*6.3μm (2)铣 *B* 面,注意离毛面的尺寸为5mm,再铣 *A* 面,保证尺寸213mm为$213.6_{0}^{+0.2}$mm,表面粗糙度值为 *Ra*6.3μm	导轨面 *A*、*B* 互为基准
11	精刨	(1)精刨平导轨面和V形导轨面,保证尺寸290为$290.6_{0}^{+0.2}$mm,表面粗糙度值为 *Ra*1.6μm (2)精刨导轨的内腔两侧面,注意凸缘5mm尺寸,表面粗糙度值为 *Ra*25μm (3)精刨液压缸凸台,离导轨面80mm,表面粗糙度值为 *Ra*6.3μm	底面 *C*
12	划线	(1)划床身对称中心线作为划线基准 (2)划 *A* 面上左、右端4×M8-6H的中心线作对准钻模用 (3)划导轨面上的油槽、油孔2×ϕ8.2mm和NPT 1/8孔的位置线	
13	钻孔、攻螺纹	(1)用钻模对准对称中心线,钻 *C* 面5×M16-6H底孔并攻螺纹 (2)用钻模对准中心线,钻 *A* 面上左、右端4×M8-6H底孔并攻螺纹 (3)钻V形导轨上2×ϕ8.2mm油孔及M8×1-6H底孔;钻平导轨上M8×1-6H底孔,孔口锪平ϕ20mm并攻螺纹;钻 *B* 面上NPT 1/8底孔,头部攻螺纹	

（续）

序号	工序名称	工序内容	定位基准
14	铣	按划线铣导轨面上的油槽，检验	底面 *C*
15	油漆	(1)内腔不加工面涂浅色漆 (2)外表不加工面涂腻子，砂光后喷灰色底漆	
16	磨	(1)磨出底面，表面粗糙度值为 *Ra*1.6μm (2)磨 *A*、*B* 两面到尺寸 213mm，表面粗糙度值为 *Ra*1.6μm	导轨面
17	磨	粗、精磨平导轨面及 V 形导轨面至高度(290±0.2)mm，表面粗糙度值为 *Ra*0.8μm	底面 *C* 及 *A* 面
18	刮削	刮削液压缸安装面，要求达 6 点/25mm×25mm，检验	
19	钻孔	装配时，配钻、铰 *A* 面上 2×ϕ8mm 锥销孔、底面上 2×ϕ8mm 锥销孔；安装液压缸时配钻 4×M10-6H 及 2×M16×1.5-6H 底孔并攻螺纹以及 2×ϕ8mm 锥销孔并铰光	

1.2　机械设备装配工艺及制订装配工艺规程的必备专业知识

保证装配精度是保证机械设备质量的关键。机械设备装配是全部制造工艺过程的最后一个环节。装配工艺的主要问题是：用什么装配方法以及如何以最经济合理的零件加工精度和最少的劳动量来达到要求的装配精度。

1.2.1　机械设备装配工艺基础

1. 装配精度

机械设备的质量是以其工作性能、使用效果、精度和寿命等指标综合评定的。它主要取决于结构设计的正确性（包括选材、变形、精度的稳定性等问题）、零件加工的质量（含热处理）及其装配精度。装配精度一般指三方面：各部件的相互位置精度（包括距离精度和应保证的间隙），各运动部件的相对运动精度（如直线运动、圆周运动和传动精度等），连接面间的配合精度和接触精度。一般说来，机械设备的装配精度要求高，则零件的加工精度要求也高。但是，若根据生产实际情况，制订出合理的装配工艺规程，也可以由加工精度较低的零件装配出装配精度较高的机械设备产品。因此，正确地规定产品的装配精度是非常必要的，它是确定零件精度要求和制订装配工艺规程的基本依据。

2. 装配工艺过程

装配工艺包括以下五个过程：

1）装配前的准备工作。

① 阅读和分析产品或部件装配图和工艺规程，了解产品的结构特点、工作性能，主要零部件的作用及相互配合要求以及验收技术条件，从而对装配工艺的科学性和合理性作出分析。

② 确定装配方法、顺序和准备好工装。

③ 将待装配的零件进行预处理，包括装配前检验、清洗，去毛刺、铁锈、切屑、油污等，特别是对油路、气孔、轴承、精密偶件、密封件等，更要注意重点清洗，有些还要用压缩空气吹净。预处理对提高装配质量、延长零件使用寿命都很有必要。

④ 对某些相配件进行预装配（试配），有时还要进行锉配或刮研等修配加工，对旋转体进行平衡试验，以及对密封件进行密封试验等。

2）装配作业（部装和总装）。这是整个装配工艺的主要过程，其中有大量的各种连接工作、选配或修配以及配作等（指配钻、配铰、配刮、配磨等）。

3）校正或调试。这是产品总装后期工作，主要是指调整零件或机构的相互位置、配合间隙、结合程度等，目的是使机构或机器工作协调，如轴承游隙、镶条位置、蜗轮轴向位置的调整等。

4）检验或试运行。根据产品验收技术条件进行总检，主要包括几何精度检验、工作精度检验、外观质量检验和静态检验等。试运行是试验机构或机器运转的灵活性（如空载试验和切削试验）、振动、工作温升、噪声、各性能参数（如转速、功率、效率等）是否符合规定。

5）外包装、油封、喷漆、包装等。

3. 装配作业组织形式

装配作业组织形式对装配效率和周期都有较大影响，可根据产品结构特点（尺寸大小、质量轻重）、企业生产批量决定，一般分为固定式装配和移动式装配两种形式。

(1) 固定式装配　是指将产品或部件的全部装配工作安排在一个固定的工作场地进行。装配过程中所需的零部件位置不变，都汇集在工作场地附近。当产品批量大时，为提高工效，可将产品的部装和总装分别由几组工人在不同的工作场地同时进行。例如成批生产车床的装配，可分为主轴箱、进给箱、溜板箱、刀架和尾座等部件装配以及车床整机的总装配。

在单台小批生产那些不便移动的重型机械设备，或因机体刚度较差，装配移动会影响装配精度的产品时，都宜采用固定式装配。

(2) 移动式装配　是指将产品或部件置于装配线上，通过连续或间歇的位移使其顺序经过各装配工作场地以完成全部装配工作。对于批量大的定型产品，还可设计自动装配线进行装配。例如上海大众汽车公司生产的国产轿车就是在总装配流水线上，每几分钟总装出一辆轿车。

表 1-9 列出了三种生产类型装配工艺的特点。

表 1-9　三种生产类型装配工艺的特点

项目	单台小批生产	成 批 生 产	大批量生产
基本特征	产品经常变换，不定期重复生产，生产周期较长	产品在系列化范围内变动，分批交替投产，或多品种同时投产，生产活动在一定时期内重复	产品固定，生产活动长期重复

（续）

项目	单台小批生产	成批生产	大批量生产
组织形式	多采用固定式装配，也可采用固定流水装配	笨重且批量不大的产品，多采用固定流水装配，多品种时采用可变节拍流水装配	多采用流水装配线，有连续、间歇、可变节拍等多种移动方式；还可采用自动装配线
工艺方法	以修配法及调整法为主，互换件比例较小	主要采用互换法，同时也灵活采用调整法、修配法、合并法等，以节约装配费用	完全互换法装配，允许有少量简单调整
工艺过程	一般不制订详细工艺文件，工序与工艺可灵活调度与掌握	工艺过程划分须适合批量大小，尽量使生产均衡	工艺过程划分较细，力求达到高度均衡性
工艺装备	采用通用设备及通用工装，多采用组合夹具	通用设备较多，但也采用一定数量的专用工装，目前多采用组合夹具和通用可调夹具	专业化程度高，宜采用专用高效工装，易于机械化、自动化
手工操作要求	手工操作比重大，要求工人有较高的技术水平和多方面的工艺知识	手工操作占一定比重，技术水平要求较高	手工操作比重小，熟练程度易于提高，便于培训新人
应用实例	重型机床和重型机器，大型内燃机，汽轮机，大型锅炉，大型水泵，工模夹具，新产品试制	机床，机车车辆，中小型锅炉，飞机，矿山采掘机械，中小型水泵等	汽车，拖拉机，滚动轴承，自行车，手表

1.2.2 装配工艺规程的制订方法

在制订装配工艺规程之前，必须掌握产品总装图和主要零部件图，充分了解产品验收技术要求和企业内外现有的生产条件，确定装配作业组织形式和装配方法，然后划分装配单元，选定装配基准（基准零件和基准部件），绘制装配单元系统图（必要时还需绘制装配工艺系统图），根据系统图划分装配工序，确定工时定额，最后编制装配工艺卡片。

对装配钳工来说，关键要掌握如何划分装配工序的数目、次序、内容和工装，其中包括检测和试验的工序。

1. 划分机械产品装配工序的一般原则

1）首先安排预处理和预装配工序。

2）先行工序不妨碍后续工序的进行，要遵循“先里后外”“先下后上”“先易后难”的装配顺序。装配基准件通常应是产品的基体、箱体或主干零部件（如主轴等），它的体积和质量较大，有足够的支承面。开始装配时，基准件上要有较开阔的安装、调整、检测空间，这有利于装配作业的进行，并可达到重心始终处于最稳定的状态。

3）后续工序不应损坏先行工序的装配质量，如具有冲击性、有较大压力、需要变温的装配作业以及补充加工工序等，应尽量安排在前面进行。

4）处于与基准件同一方位的装配工序尽可能集中连续安排，使装配过程中部件翻、转位的次数尽量少些。

5）使用同一装配工装设备，以及对装配环境有相同特殊要求的工序尽可能集中安排，以减少待装件在车间内的迂回和重复设置设备。

6）及时安排检验工序，特别是在对产品质量和性能影响较大的装配工序之后，以及各部件在总装之前和装成产品之后，均必须安排严格检验以至做必要的试验。

7）易燃、易爆、易碎、有毒物质或零部件的装配，尽可能集中在专门的装配工作场地进行，并安排在最后装配，以减少污染、减少安全防护设备和工作量。

2. 制订机械产品装配工艺规程的实例

1）CA6140型卧式车床尾座部件装配工序卡片的制订（见表1-10，并参看图1-11）。

表1-10 尾座部件装配工序卡片

<table>
<tr><td colspan="2">公司</td><td colspan="3" rowspan="2">装配工序卡片</td><td>产品名称</td><td>产品型号</td><td colspan="2">第 页</td></tr>
<tr><td colspan="2">车间 工段</td><td>卧式车床</td><td>CA6140</td><td colspan="2">共 页</td></tr>
<tr><td>部件号</td><td>ZU6010</td><td>工序号</td><td>16</td><td>工序名称</td><td colspan="4">尾座部件装配</td></tr>
</table>

序号	工步内容	装入零部件号	装入数量	设备及工艺装备	工人等级	工时/min
1	将全部零件清洗、吹干、去毛刺，尾座体的非加工面涂油漆					
2	刮配尾座底板接触面，每25mm×25mm内不少于8点；装T形螺母	16 22	1 1			
3	装油杯		1			
4	将螺杆组件装入尾座体，其中包括滚动轴承、支承盖及油杯、半圆键、手轮组件、垫圈等，然后将支承盖用螺钉（3件）紧固	5、7、9等	12			
5	装上半套筒	19	1			
6	将尾座套筒组件装入尾座体孔内，其中包括螺母、右端防尘盖及紧固螺钉；事先在螺母和油杯中加润滑油，转动手轮要轻便灵活	3、6等	8			
7	装下半套筒及手柄、螺杆组件，要求夹紧手柄时，手柄4位置应在平行于尾座套筒轴线到顺时针转向操作者一边之间的30°范围内。还要拆开检查圆弧面与尾座套筒的接触情况，如不均匀需修刮圆弧面；若手柄位置不当，必要时拆开修磨上半套筒顶面或垫入一组垫片作补偿件	20、4、18等	4			
8	在尾座体两侧孔内装入衬套、调节螺杆，检查尾座体沿底板横向导轨的情况，最大行程为±15mm	21、23	4			

（续）

序号	工步内容	装入零部件号	装入数量	设备及工艺装备	工人等级	工时/min
9	装入衬套、偏心轴、拉杆、快速紧固手柄、杠杆、压板、螺栓、六角螺母等压紧装置，并装入顶尖	11、8、12、13、10、14、15、1等	14			

制订		定额		审核						
校对		会签		批准		更改标记	更改数	更改文件号	更改者	日期

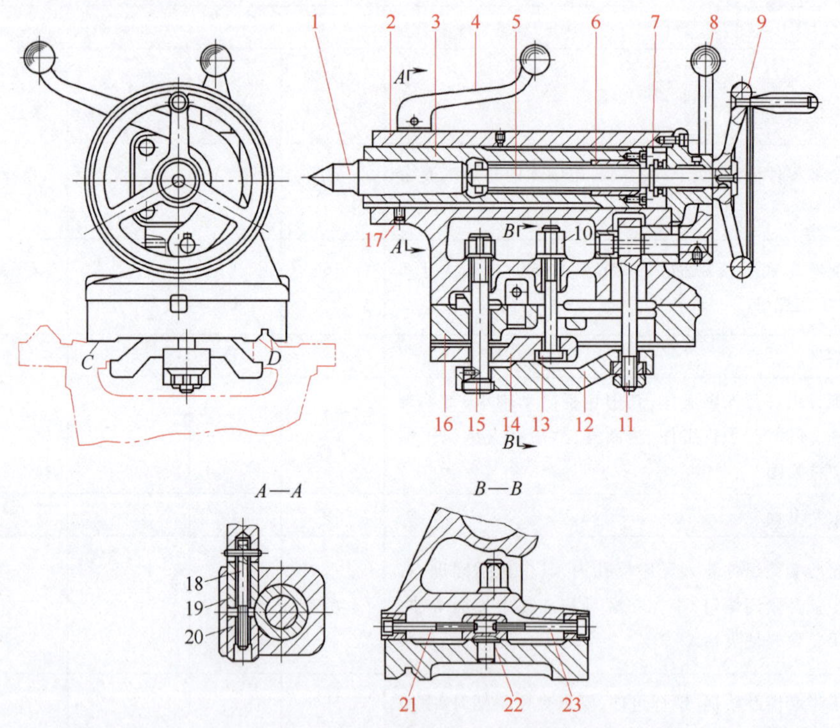

图 1-11　CA6140 型卧式车床尾座部件简图

1—顶尖　2—尾座体　3—尾座套筒　4—手柄　5、18—螺杆　6—螺母　7—支承盖　8—快速紧固手柄　9—手轮　10—六角螺母　11—拉杆　12—杠杆　13—T 形螺栓　14—压板　15—螺栓　16—尾座底板　17—键　19、20—套筒　21、23—调整螺钉　22—T 形螺母

在尾座部件中，尾座体 2 为基准件，此部件可划分为四个一级组件（尾座底板组件、螺杆组件、尾座套筒组件、手柄组件）和两个二级组件（手轮组件及支承盖组件）。这些组件都可以单独装配。它们的装配单元系统图见图 1-12。

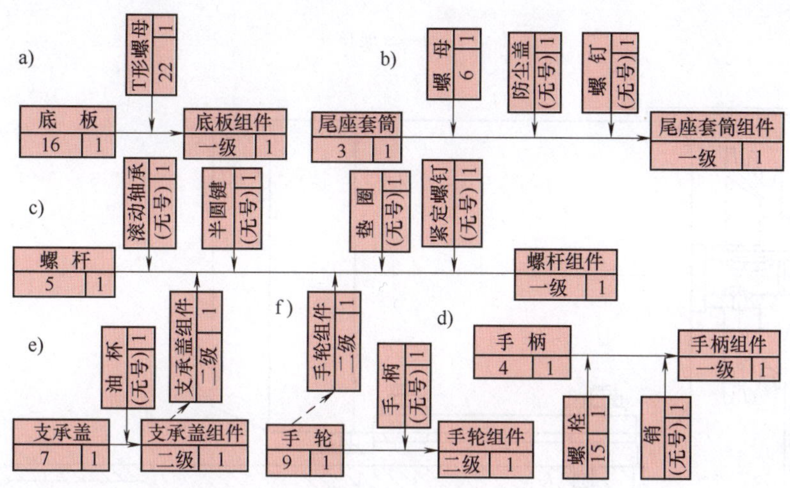

图 1-12　尾座组件装配单元系统图

划分装配工步时，根据具体情况可将一个组件作为单独工步或合并某几个组件成为一个工步。本例是把一级组件作为单独的工步，部件装配作为一个装配工序放在一级、二级组件装好后进行。图 1-13 所示为尾座部件的装配工艺系统图。

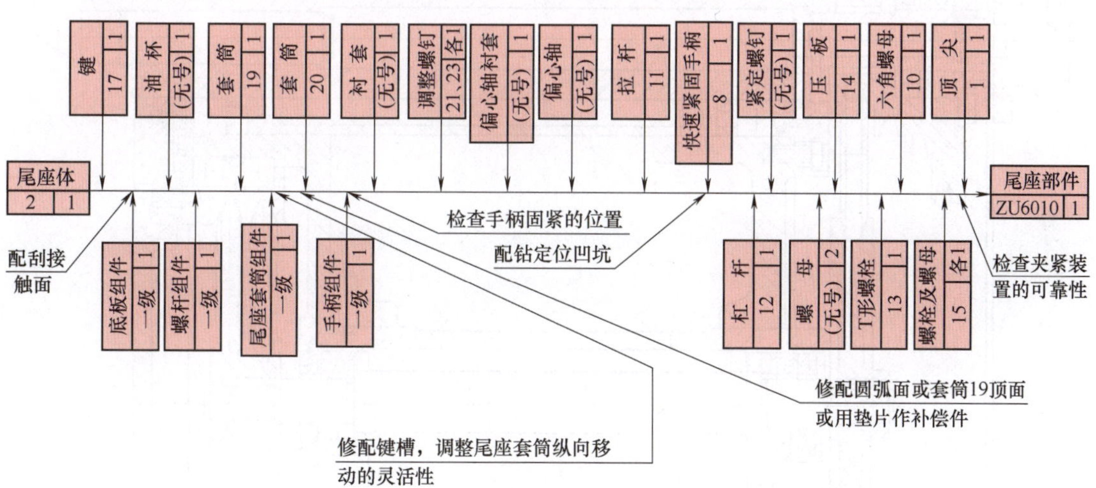

图 1-13　尾座部件装配工艺系统图

根据图 1-12、图 1-13 及装配技术要求即可制订出装配工序卡片，见表 1-10，来指导装配操作。

2）制订万能外圆磨床头架部件的装配工艺卡片（见表 1-11）。

图 1-14a 所示为万能外圆磨床主要部件之一——工件头架的部件装配展开图。根据图样分析，头架部件通过底座 22 的底面 a（见图 1-14d）安装在磨床工作台上。底面 a 做成 10° 倾斜度，它和侧面 b 使头架定位，头架依靠其自身重力的分力紧靠在定位面上，使定位稳定平衡，有利于装配时沿纵向位置调整前后顶尖的同轴度。底座 22、壳体 11、主轴 4 及 V 带轮 8、13 和电动机组成传动装置。主轴 4 内有一中心通孔，前端为精密的莫氏 4 号锥孔，用来安装顶尖 6，与尾座顶尖一起直接支持工件，或用来安装卡盘及其他夹具。为防止因采用

A—A 展开

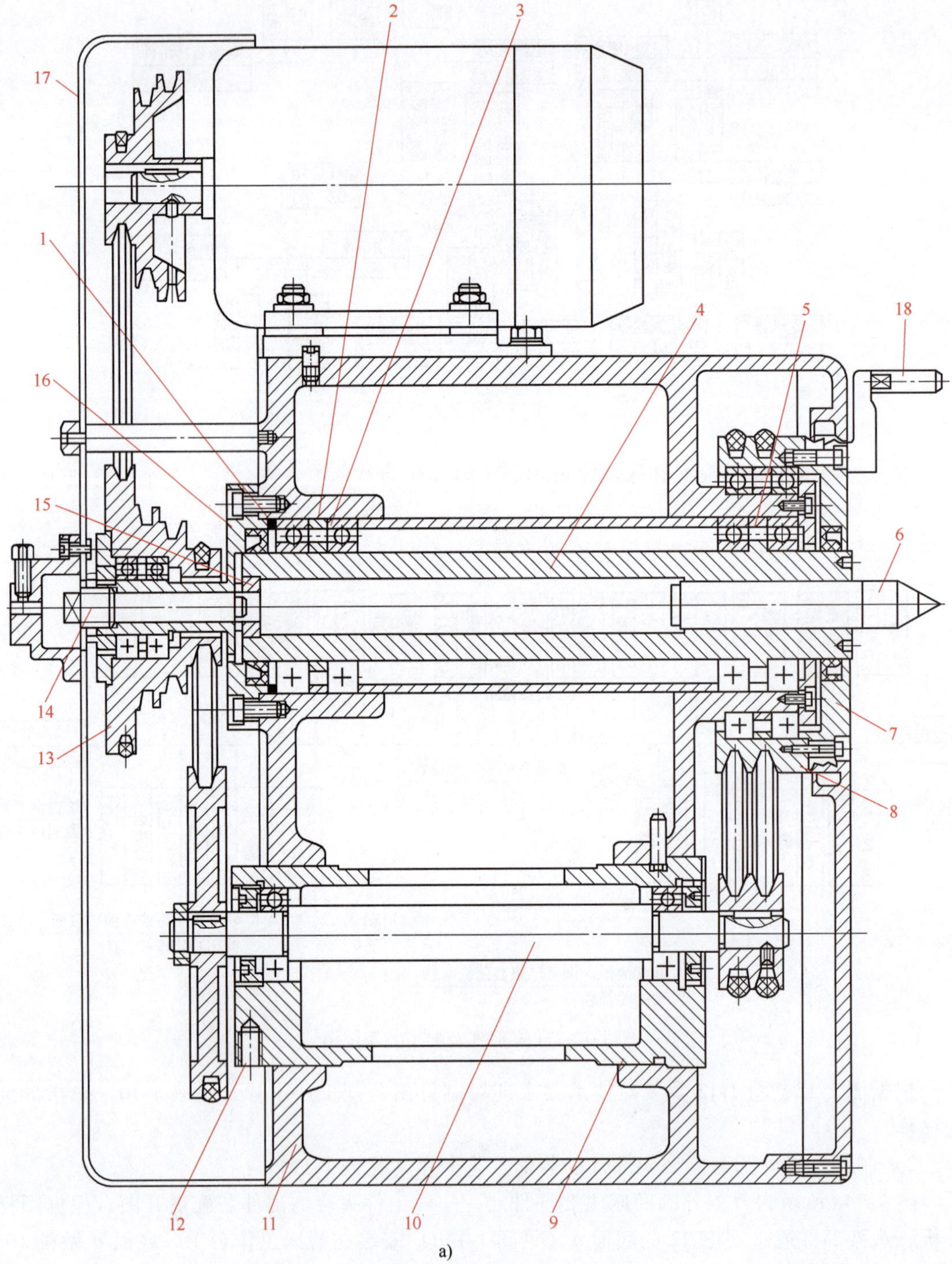

a)

图 1-14　磨床头架

1—补偿垫圈　2、3、5—配磨垫圈　4—主轴　6—顶尖

14—螺杆　15—摩擦圈　16、19—法兰盘　17—罩壳　18—拨杆

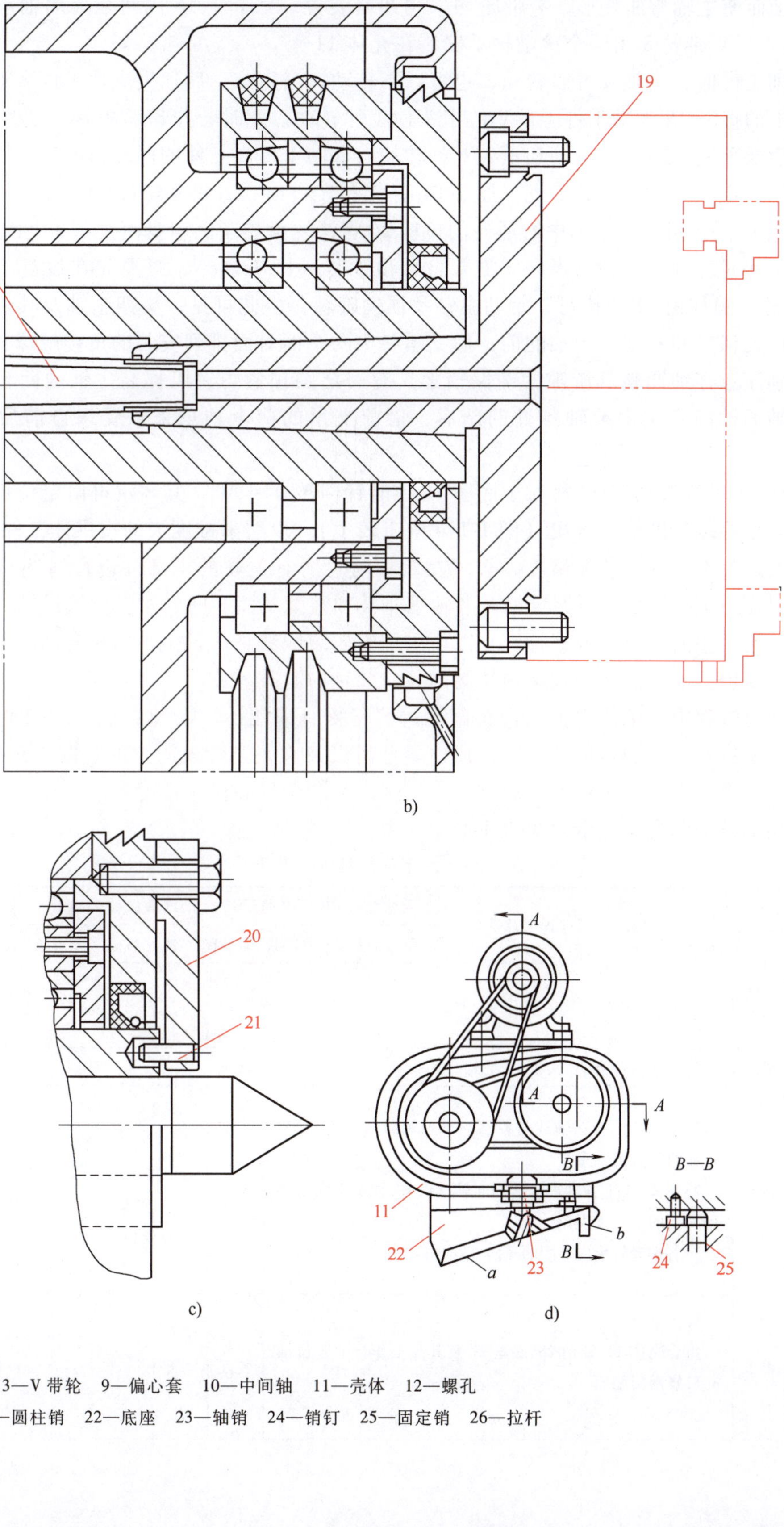

b)

c)　　d)

部件装配图

7—拨盘　8、13—V 带轮　9—偏心套　10—中间轴　11—壳体　12—螺孔
20—拨块　21—圆柱销　22—底座　23—轴销　24—销钉　25—固定销　26—拉杆

V 带传动而使主轴弯曲变形，V 带轮均采用卸荷装置。V 带轮 13 用两个滚动轴承安装在法兰盘 16 上，V 带轮 8 用两个滚动轴承安装在壳体 11 上。

磨削工件时，主轴 4 可以转动，也可以不转动。当用前，后顶尖支承工件磨削时，装在拨盘 7 上的拨杆 18 带动工件上的鸡心卡头使工件转动。此时若拧紧螺杆 14，通过摩擦圈 15 与主轴后端顶紧，即可使主轴和顶尖 6 不转动，有助于提高工件的回转精度和主轴部件的刚度。当用自定心卡盘或单动卡盘（图 1-14b）夹持工件时，可松开螺杆 14，在主轴锥孔中装上法兰盘 19，并用穿过主轴中心通孔的拉杆 26 将法兰盘拉紧。卡盘由拨盘 7 上的拨杆 18 带动旋转，此时主轴也转动。当磨床需要自磨顶尖时（图 1-14c），只要先在拨盘 7 上装好拨块 20，通过圆柱销 21 使拨盘 7 带动主轴及顶尖旋转。由此可见，头架主轴及其轴承应具有较高的回转精度和刚度。主轴的前、后支承各为两个面对面排列安装的角接触球轴承，装配时要特别注意仔细调整其游隙，确保轴承具有一定的预紧力，以提高主轴的回转精度和刚度。主轴的轴向定位由前轴颈处的凸肩，借前支承的两个轴承来承受来自前后方向的轴向力。

壳体 11 可绕着轴销 23 相对于底座 22 逆时针回转 0°~90°，其零位可由定位销锁定，回转角度大小可从刻度盘上读出（图 1-14d 中未表示），以磨削锥度大的短锥体工件。

要保证头架主轴的装配精度，必须在装配前对所有关联的零部件进行清洗和检测（见表 1-11 中的工序 1~2），掌握主轴及各轴承座孔和装配基面之间的相互位置误差，了解误差大小、最大误差的方位，做好标记，以便采用定向装配法来改善主轴的径向圆跳动和轴向窜动量。还要预检前、后滚动轴承内外圈的径向和轴向游隙。

在装配过程中尽可能避免敲击装配，过盈连接宜采用冷装与热装法（将被包容件冷冻使其收缩或将包容件加热使其膨胀，使过盈量消失并有一定装入间隙的装配工艺），以减少装配误差，而且其表面粗糙度不影响接合强度，有利于提高机床精度。

头架部件的装配工艺卡片见表 1-11。

表 1-11　头架部件装配工艺卡片

公司	装配工艺过程卡片	产品型号	M1432B	部件图号		共　页
		产品名称	万能外圆磨床	部件名称	头架	第　页

工序号	工序名称	工序内容	部门	设备及工艺装备	辅助材料	工时/min
1	清洗	将全部零件清洗、吹干、去毛刺	装配			
2	检测	1）主轴 4 的锥孔轴线与各挡支承轴颈的同轴度，轴肩端面的垂直度误差 2）壳体 11 上各轴承座孔的同轴度误差，轴承座孔与装配基面的平行度误差 3）各滚动轴承内外圈的径向、轴向游隙	装配	工艺套、检验棒、指示表、平板、V 形架莫氏 4 号检验棒		
3	钳工	组合壳体 11、轴销 23、底座 22 及其与工作台的定位面 *a*、*b*，修刮接触面	装配	平板	红丹粉	

（续）

工序号	工序名称	工 序 内 容	部门	设备及工艺装备	辅助材料	工时/min
4	钳工	主轴组件的装配： 1)预装轴肩两端滚动轴承(外圈窄端面相对)，配磨垫圈5；预装长衬套及左端两滚动轴承，配磨垫圈2、3 2)将滚动轴承装入V带轮8，配磨内外隔圈，调整好游隙后，将组件装入壳体 3)用定向装配法将主轴组件装入壳体11座孔内，装入两端法兰盘16、补偿垫圈1及密封圈，调整主轴轴承预紧力，必要时修正配磨垫圈；装入摩擦圈15 4)装入V带、拨盘7和密封圈 5)将轴承和内、外隔圈装入V带轮13。调整好游隙后，将组件用键装入法兰盘16后，装防尘盖，拧入螺杆14	装配	冷装或热装轴承的有关设备		
5	钳工	偏心套组件的装配： 1)将两端轴承分别装入中间轴10，并将该组件装入偏心套，两端分别拧入调节螺母 2)装中间轴右端平键和小带轮，再装左端V带轮及V带，旋转偏心套，调节V带松紧	装配	压力机		
6	钳工	安装电动机、V带轮、罩壳等，并按需要装其他件	装配			

制订		会签											
校对		批准		更改标记	更改数	更改文件号	更改者	日期	更改标记	更改数	更改文件号	更改者	日期

1.2.3　保证装配精度的方法及其选择

1. 合理保证装配精度的方法

前面已经知道，装配精度与零件（特别是关键零件）的加工精度有密切关系，后者是保证前者的基础。但是保证装配精度，不能一味依赖于提高零件加工精度，而且没有必要也不可能无限制地提高零件加工精度，这不仅不经济，技术上也不合理。我们希望零件能按经济加工精度制造，而在装配过程中通过必要的检测、调整甚至修配等手段来科学合理地保证装配精度。

例如用一组滚动轴承支承的主轴，因主轴轴颈与轴承内外圈均有一定的径向圆跳动误差，若运用定向装配法先通过检测手段来掌握它们各自的径向圆跳动方向，就可抵消装配后主轴的径向圆跳动误差，使它小于各自的误差。这就是装配方法的选择所起的作用。

由此可知，装配精度的合理保证，不仅受零件加工精度的影响，而且也取决于装配方法的选择和装配工艺技术的高低。通常运用表示机械或机构中各零部件相互关系的尺寸链（即装配尺寸链）分析计算理论来验证预定的装配精度能否达到，从而选定合适的装配方法。

2. 装配尺寸链的解算及其应用——装配方法的选择

现以传动箱的装配尺寸链简图（见图1-15）为例复习一下。图1-15a中，为避免轴端与齿轮端面和轴承端面的摩擦，要求轴向保持间隙 A_0，它就是装配过程中最后产生的封闭环，即装配精度要求。从该封闭环出发，依次按顺时针或逆时针方向找出相邻零件各有关尺寸，直至返回封闭环，形成图 1-15b 所示的封闭图形。图中增环与减环的判断与过去学过的工艺尺寸链判断方法完全一样。

装配钳工对于装配方法的选择，实质就是运用尺寸链理论解装配尺寸链。为了正确处理装配精度与零件加工精度二者的关系，妥善处理生产的经济性与使用要求的矛盾，在生产实践中，根据产品结构、生产类型及条件，已归纳出获得装配精度的五种工艺方法，即完全互换法、部分互换法、选配法、修配法和调整法。在生产中不论采用何种装配方法，都需要善于熟练应用装配尺寸链理论来验证其装配精度能否保证，或正确解决装配精度与零件加工精度的关系。

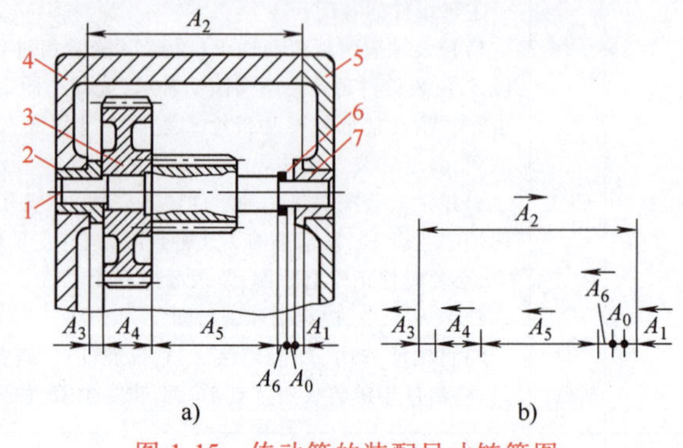

图 1-15 传动箱的装配尺寸链简图

1—齿轮轴 2—左轴承 3—大齿轮 4—箱体 5—箱盖 6—垫圈 7—右轴承

（1）用完全互换法保证装配精度 这种装配方法的实质，就是控制零件加工误差，即使所有零件的有关尺寸都处于公差带的极值，仍能保证装配精度。此法的具体实施是解算按装配精度（封闭环）要求建立的尺寸链，使各组成环（零部件的有关尺寸）的公差限定在规定范围之内，实现完全互换。解算这种装配尺寸链与解算工艺尺寸链一样采用极值法，其基本公式如下：

封闭环的基本尺寸（装配精度的公称尺寸）为

$$A_0 = \sum_{i=1}^{m} \overrightarrow{A}_i - \sum_{i=m+1}^{n-1} \overleftarrow{A}_i$$

封闭环的公差（装配精度的指标值）为

$$T_0 = A_{0\max} - A_{0\min} = \sum_{i=1}^{n-1} T_i$$

封闭环的极限尺寸为

$$A_{0\max} = \sum_{i=1}^{m} \overrightarrow{A}_{i\max} - \sum_{i=m+1}^{n-1} \overleftarrow{A}_{i\min}$$

$$A_{0\min} = \sum_{i=1}^{m} \overrightarrow{A}_{i\min} - \sum_{i=m+1}^{n-1} \overleftarrow{A}_{i\max}$$

式中 $\overrightarrow{A}_{i\max}$ 和 $\overleftarrow{A}_{i\min}$——增环和减环的上、下极限尺寸（mm）；

$A_{0\max}$ 和 $A_{0\min}$——封闭环的上、下极限尺寸（mm）；

T_i——各增环和减环的公差（mm）；

m——增环的环数；

n——尺寸链的总环数。

若已知各组成环的尺寸和上、下极限偏差，求封闭环的尺寸及公差称为正计算，常用于校核和检查封闭环的公差是否超过技术要求。若已知封闭环的尺寸及公差（或上、下极限

偏差)，求解各组成环的公差（或上、下极限偏差）则称为反计算。装配尺寸链常用反计算，它又可分为两种计算方法。

1）等公差法。当环数不多、基本尺寸相近时可将封闭环公差平均分摊给各组成环，然后根据各环尺寸加工的难易适当调整公差。即满足组成环的平均公差 $T_M=T_0/(n-1)$，以及 $\sum_{i=1}^{n-1} T_i \leqslant T_0$。

2）等精度法。当环数较多时，将各组成环公差 T_i 先定为相同的公差等级，求出公差单位系数，再计算各环公差，而后按加工难易程度适当调整，但也需满足 $T_0 \geqslant \sum_{i=1}^{n-1} T_i$。此法计算较烦琐，不常用。

例1 图1-16a所示为汽车发动机曲轴，设计要求轴向装配间隙 A_0 为0.05~0.25mm，即 $A_0=0^{+0.25}_{+0.05}$mm，在曲轴主轴颈前后两端套有止推垫片，正齿轮被压紧在主轴颈台肩上，试确定主轴颈长度 $A_1=43.5$mm，前、后止推垫片厚 $A_2=A_3=2.5$mm 及轴承座宽度 $A_4=38.5$mm 等尺寸的上、下极限偏差。

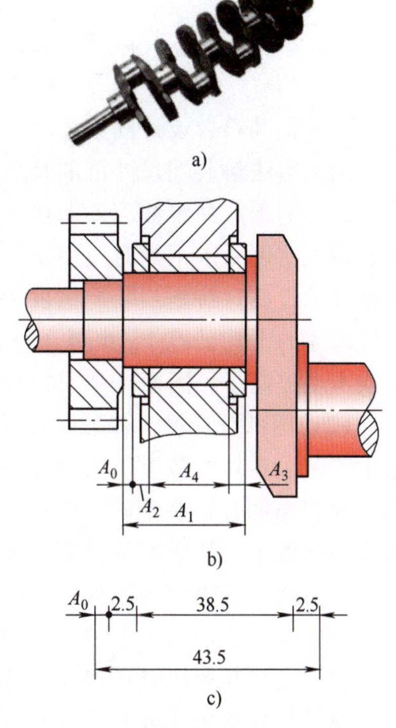

图1-16 曲轴轴颈的装配尺寸链

解 图1-16b所示为装配尺寸链简图，A_0 为封闭环，$\overrightarrow{A_1}$ 为增环，$\overleftarrow{A_2}$、$\overleftarrow{A_3}$、$\overleftarrow{A_4}$ 为减环。

下面按等公差法进行计算。

封闭环平均公差为 $T_M=\dfrac{T_0}{n-1}=\dfrac{0.25-0.05}{4}\text{mm}=0.05\text{mm}$

根据各环加工难易程度调整各环公差，并按“入体原则”安排上、下极限偏差位置得

$$\overleftarrow{A_2}=\overleftarrow{A_3}=2.5_{-0.04}^{\ 0}\text{mm}$$

$$\overleftarrow{A_4}=38.5_{-0.07}^{\ 0}\text{mm}$$

还要特意留下一个最容易加工和测量的尺寸 A_1 作为协调环，其公差待定。协调环 A_1 的极限尺寸需由封闭环极限尺寸方程确定，这是一种“中间计算”。

因
$$A_{0\max}=\overrightarrow{A}_{1\min}-(\overleftarrow{A}_{2\min}+\overleftarrow{A}_{4\min}+\overleftarrow{A}_{3\min})=0.25\text{mm}$$

$$A_{0\min}=\overrightarrow{A}_{1\min}-(\overleftarrow{A}_{2\max}+\overleftarrow{A}_{4\max}+\overleftarrow{A}_{3\max})=0.05\text{mm}$$

故
$$\begin{aligned}\overrightarrow{A}_{1\max}&=A_{0\max}+\overleftarrow{A}_{2\min}+\overleftarrow{A}_{4\min}+\overleftarrow{A}_{3\min}\\&=[0.25+(2.5-0.04)+(38.5-0.07)+\\&\quad(2.5-0.04)]\text{mm}=43.60\text{mm}\end{aligned}$$

$$\begin{aligned}\overrightarrow{A}_{1\min}&=A_{0\min}+\overleftarrow{A}_{2\max}+\overleftarrow{A}_{4\max}+\overleftarrow{A}_{3\max}\\&=(0.05+2.5+38.5+2.5)\text{mm}\\&=43.55\text{mm}\end{aligned}$$

即 $$\overrightarrow{A_1}=43.5^{+0.10}_{+0.05}\text{mm}$$

验算封闭环公差及极限尺寸：

$$T_0=A_{0\,\max}-A_{0\,\min}=(0.25-0.05)\text{mm}=0.20\text{mm}$$

$$A_{0\,\max}=\overrightarrow{A}_{1\,\max}-(\overleftarrow{A}_{2\,\min}+\overleftarrow{A}_{4\,\min}+\overleftarrow{A}_{3\,\min})$$

$$=[43.60-(2.46+38.43+2.46)]\text{mm}=0.25\text{mm}$$

$$A_{0\,\min}=\overrightarrow{A}_{1\,\min}-(\overleftarrow{A}_{2\,\max}+\overleftarrow{A}_{4\,\max}+\overleftarrow{A}_{3\,\max})$$

$$=[43.55-(2.5+38.5+2.5)]\text{mm}=0.05\text{mm}$$

可见，其符合设计间隙要求。

用极值法解装配尺寸链的特点是简便、可靠，能保证装配时的完全互换性，故装配工作方便，有利于产品维修配件的供应，在现代机械制造业的大批量生产中，当尺寸链组成环数少、装配精度要求不高时应用十分广泛。但极值法解装配尺寸链的缺点在于对零件加工尺寸精度要求过高，特别当装配精度 T_0 要求较高而组成环数又较多（$n\geqslant4$）时，则分摊到各组成环尺寸的平均公差 T_M 也越小［因 $T_M=T_0/(n-1)$］，这样零件加工的难度就增加了，制造成本也提高了，因而产生了部分互换法。

（2）用部分互换法保证装配精度　大量实验证明，在一个稳定的工艺系统中进行大批量生产时，零件的多数加工误差一般遵循正态分布规律，零件尺寸出现极值的可能性（概率）是很小的，而装配时一组尺寸链的各环尺寸同时等于各自的极值，即发生“最坏组合”的概率就更小。从概率统计观点来看，极值法解装配尺寸链实质上就是花很大的零件加工代价去满足极少可能出现的情况，人为地增加了零件加工的困难和费用。从这个意义上说，完全互换法是不经济、不合理的。因此，在生产中出现了部分互换（或称不完全互换）法——用概率法解装配尺寸链。其实质是考虑各零件的加工误差是随机出现的，可以将各环的平均公差放宽一些（要比极值法的各环平均公差扩大$\sqrt{n-1}$倍），从而使零件加工相对较容易。从理论上讲，由于零件公差加大了，装配时可能会出现有0.27%的零件装不上或不符合要求（其中有一部分还可修复），但毕竟其装配的合格率可高达99.73%，故称之为部分互换法，它不失为一种经济合理的装配方法。

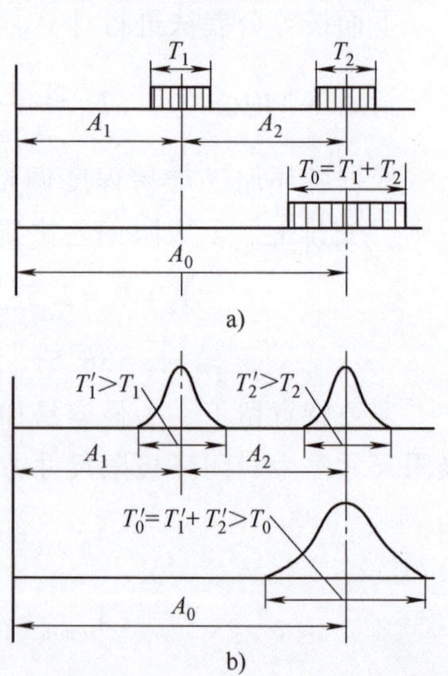

图 1-17　极值法与概率法的比较

a）极值法　b）概率法

图 1-17 所示是极值法与概率法的比较。A_1、A_2 分别代表两个零件的公称尺寸，其公差为 T_1 和 T_2，在图 1-17a 所示的三环尺寸链装配后的封闭环 A_0 的公差为 $T_0=T_1+T_2$，这种装配是完全互换的。如将零件制造公差加大到 T_1' 和 T_2'（设两者误差均按正态分布曲线分布），使其加工较容易，则在装配后实际形成的封闭环误差 $T_0'=T_1'+T_2'>T_0$，即可能有 0.27%的不合格率。

概率法解算的公式如下：

当尺寸链中各环的尺寸误差都遵循正态分布规律时，其封闭环也将遵循正态分布规律，则封闭环公差 T_0 与各环公差 T_i 的关系为

$$T_0 = \sqrt{\sum_{i=1}^{n-1} T_i^{\ 2}} = \sqrt{n-1}\,T_M$$

上式表明，在正态分布规律下，封闭环公差等于各环公差平方和的平方根（式中的 n 为总环数）。

如果各环尺寸误差为非正态分布（因不掌握分布规律或缺乏统计数据），对于多环（$n>4$）尺寸链，可用下式近似计算：

$$T_0 = 1.5\sqrt{\sum_{i=1}^{n-1} T_i^{\ 2}}$$

概率法解算宜应用在大批量生产且要求装配精度较高或尺寸链总环数较多时，或应用在为了不使零件加工过于困难，并提高技术经济效益的场合中。若组成环数太少或封闭环精度要求较低，就不必用此法计算。

（3）用选配法保证装配精度　选配法是指将装配尺寸链中各环的实际加工公差放大到经济可行的程度，装配前通过测量待装配零件并利用测得的实际尺寸来选择“合适”的零件，或将零件按测得的实际尺寸分组配对进行装配，以保证达到装配精度要求。此法常用于成批或大量生产中装配精度要求很高而尺寸链总环数较少的场合。

选配法又分为直接选配法和分组选配法两种。

1）直接选配法。由装配钳工直接从许多待装配零件中选择“合适”的配对零件进行装配。这种选择主要依靠工人的经验和必要的测量，它不宜用于生产节拍要求较严的流水作业。

2）分组装配法。先将相配零件逐个测量，并按测得的实际尺寸间隔分组，然后按相对应的组别（可用不同颜色加以区别）进行装配，在对应各组装配时，则无须再选择。此法的应用有两个侧重点：一种是用于提高装配精度，即零件加工公差不变，随着分组数目增加，其装配精度也随之提高；另一种是用于降低零件加工难度，而装配精度要求不变。常用的是后一种目的。

例2　某汽车发动机的活塞与 ϕ28mm 活塞销的装配如图1-18所示。按技术要求，销的外径 d 和销孔内径 D 都要保证0.0025mm的圆度和圆柱度的公差要求，且在冷态装配时应有0.0025~0.0075mm的过盈量，其公差为 T_0=(0.0075-0.0025) mm=0.005mm。若销与销孔采用完全互换法装配，且选用“等公差值”分摊，则两者的平均公差 $T_0/2$=0.0025mm，按“入体原则”取 $d=28_{-0.0025}^{\ 0}$mm，销孔作为协调环经计算须取 $D=28_{-0.0075}^{-0.0050}$mm 方可满足技术要求。显然，这样高的精度很难加工，也是不经济的。

现采用分组装配法，将销和销孔的公差在相同方向上放大到4倍，因为4×0.005mm=0.02mm适合经济精度，将其平均分摊给 d 和 D，即 $d=\phi28_{-0.0100}^{\ 0}$mm，$D=\phi28_{-0.0150}^{-0.0050}$mm，上极限偏差都不变，以变动下极限偏差来扩大其加工公差。这样就可用无心磨床精磨销的外圆，用金刚镗床精镗活塞销孔了，都要保持原规定的圆度和圆柱度公差0.0025mm以及放大了的尺寸公差。然后测得其实际尺寸，按大小分为4组（分组数与公差放大倍数相等），用不同颜色区别各组，见表1-12。装配时，按组别配合，必然符合原装配精度要求。

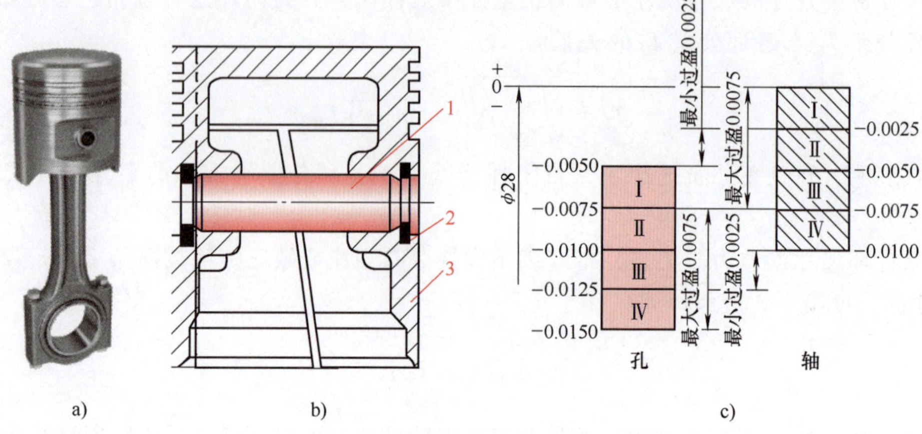

图 1-18 活塞与活塞销的选配

1—活塞销 2—挡圈 3—活塞

表 1-12 活塞销与活塞销孔的直径分组 （单位：mm）

组别	标志颜色	活塞销直径 $d=\phi28_{-0.0100}^{\ 0}$	活塞销孔直径 $D=\phi28_{-0.0150}^{-0.0050}$	配合情况	
				最小过盈	最大过盈
Ⅰ	红	$\phi28_{-0.0025}^{\ 0}$	$\phi28_{-0.0075}^{-0.0050}$	0.0025	0.0075
Ⅱ	白	$\phi28_{-0.0050}^{-0.0025}$	$\phi28_{-0.0100}^{-0.0075}$		
Ⅲ	黄	$\phi28_{-0.0075}^{-0.0050}$	$\phi28_{-0.0125}^{-0.0100}$		
Ⅳ	绿	$\phi28_{-0.0100}^{-0.0075}$	$\phi28_{-0.0150}^{-0.0125}$		

应用分组装配法时，分组数目不宜过多，只要能达到经济加工精度即可；否则会使测量、分组、保管等工作量增加，容易产生差错。此外，要使零件分组数量能配套，尽可能少产生“剩余零件”。

（4）用修配法保证装配精度　采用修配法装配时，尺寸链中各零件若均按现有加工条件下的经济精度制造，则装配时，封闭环上所累积的总误差必然会超出规定的公差。为了达到装配精度要求，根据装配实际需要，有意改变尺寸链中某一个组成环的尺寸，即对该组成环零件在装配时进行补充加工（用手工锉、刮、研等手段修去多余部分材料）以抵消或减小这一累积误差，从而达到封闭环的规定精度。尺寸链中这个要进行补充加工的组成环称为修配环（或称补偿环），所要去除的那一层材料厚度称为修配量（或补偿量）。

一个经研究和实践确认可采用修配法装配的产品，往往在产品设计时已选择好修配件，但有时也需要装配钳工来选择修配件。选择修配件时，必须选择只与本项要保证的装配精度有关，还要易于装拆和修配，且修配量又不大的零件作为对象。例如图 1-19 所示的修配实例，图中压板 E 是在机床工作时用以限制床鞍离开床身的，间隙 $\Delta=a-b$ 是封闭环。为使间隙满足装配要求，若将组成环 a、b 的尺寸公差限制过严，显然是不经济的，因为床身和床鞍都是笨重的零件，不便于修整，故确定以压板作为修配件，装配时修整压板的 C 面以保持装配精度。

修配法的主要优点是能在较大程度上放宽非修配环零件的公差，使加工更容易，而最后仍能保持很高的装配精度。这对多环尺寸链的装配特别有利，但它增加了装配的复杂程度和工作量，且不易实现装配作业的机械化、自动化，故只适用于单件小批生产以及装配精度高的场合。

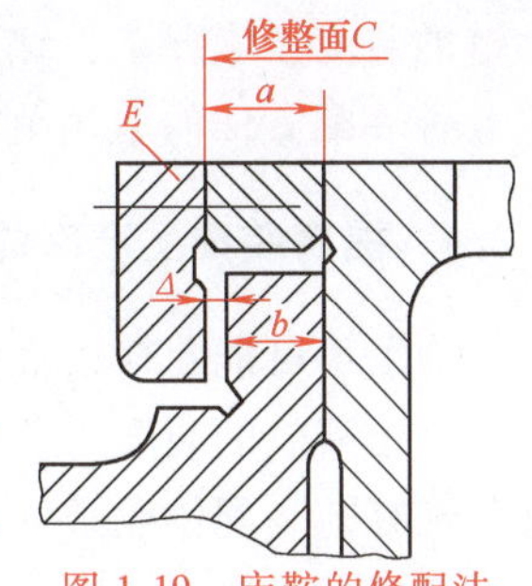

图 1-19　床鞍的修配法

（5）用调整法保证装配精度　调整法与修配法相似，也是为了制造方便而放宽各组成环的公差，再对装配时所产生的累积误差进行补偿；只不过后者是对修配环用补充加工来补偿，而前者则不需修配，只是采用改变可动补偿件的位置（称可动调整法），或者选择装入一个或一组固定补偿件（称固定调整法）的方法来抵消过大的装配累积误差，以达到预定的装配精度。

图 1-20a 所示是用螺钉的轴向移动来调整轴承间隙；图 1-20b 所示是通过调整楔块 B 的上下位置来调整丝杠与螺母的轴向间隙。这些都是可动调整法的实例。

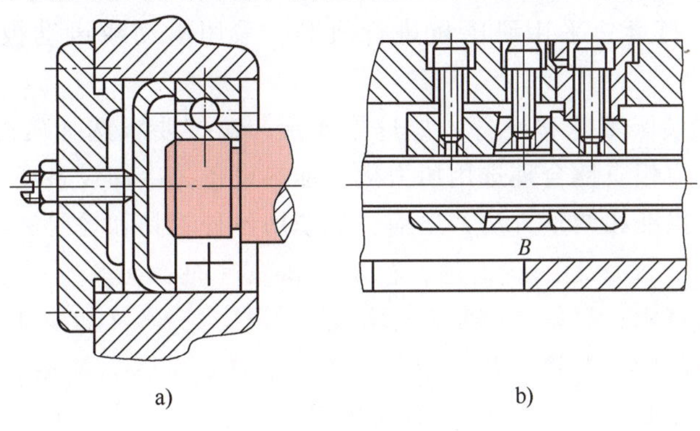

图 1-20　可动调整法实例

图 1-21 所示是固定调整法实例。在结构上设置一个或一组定尺寸零件（如垫片、垫圈、套等），它们可按装配精度要求进行选择和置换，以不同厚度 A_K 作为不同的补偿量，使封闭环的实际误差得到相应的补偿，故这个调整环也可称为补偿环。

还有一种如定向装配采用的误差抵消调整法，就是通过调整相关零件误差的大小和方向，使其互相抵消，从而保证装配精度要求。

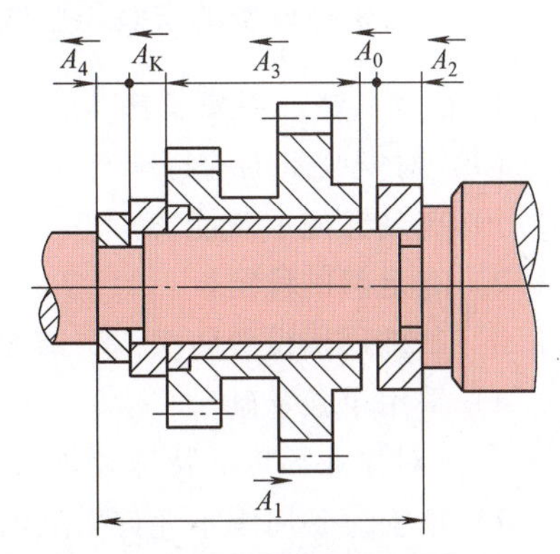

图 1-21　固定调整法实例

调整法装配的优点是能适应各种装配场合，在装配时不需任何修配加工，所需装配工时变化较小，故可组织流水作业生产，并有利于产品定期维修。

以上五种装配方法，可供机械设备总装和部装时选用。在分析装配尺寸链时，应先找出最基本的尺寸链，它可以是单个装配尺寸链，也可以是整个产品的装配尺寸链系统。最简单的方法是利用产品的验收精度标准，找出以此精度标准所允许的误差作为封闭环的装配尺寸链，然后依次根据各部件的装配技术要求，找出产品有关的装配尺寸链，再根据各个装配尺寸链的装配技术要求，综合考虑产品生产条件、结构特点和各装配尺寸链之间的联系，与上述五种装配方法的适用范围进行比较，最后选定合适的装配方法。

1.2.4 提高装配生产率的工艺途径

为了尽可能实现以最少的劳动量达到要求的装配精度，必须采用先进的装配作业组织形式，运用高效的装配工艺装备，正确选择装配方法，不断学习新工艺、新技术，自主创新，改革现有的装配作业条件，促使装配作业机械化、自动化，以提高装配的质量和生产率。当前提高装配工艺生产率的主要途径如下：

（1）改善产品结构的装配工艺性

1）减少钳工装配工作量，提高装配零件的机械加工精度，例如磨削加工代替刮削。

2）简化结构，便于装配和拆卸，减少零件数量。

3）产品能划分为独立的装配单元，使部装和总装平行进行。

（2）实现钳工装配工作机械化　采用电动和气动工具代替手工修配操作，如采用风铲、手提砂轮进行錾削和打磨，采用研磨机进行研磨，采用电动或风动扳手进行螺纹连接装配等。

（3）选择合适的装配工艺和设备　如过盈连接，应按要求选择压配法、温差法或液压套合法进行装配，还须相应地合理选用压力机、加热设备、冷却设备或液压设备。又如装配校正，应按要求选择找准和调整方法，还应合理选用各种工具和检验测量器具。

（4）应用、推广、发展装配新工艺、新技术和先进的装配系统　如应用加工与装配相结合方式，新型测试技术，高效工夹量具，新型粘接技术等。又如设计机械手、机器人、通用装配中心等，实现装配作业自动化（自动给料、传送、装入、连接、检测等）。设计自动装配线和装配机、应用自动化控制技术实现装配柔性生产，以适应小批量、多品种的装配生产。

1.3 精密机械设备检验、调试与常见故障排除的必备专业知识

1.3.1 精密机械设备的安装与验收方法

1. 精密机械设备安装基础和作业环境的特殊要求

（1）对安装基础的特殊要求

1）有足够的承载能力。

2）有足够的稳定性。

3）基础周围设置防振沟，有足够的抗振性。

4）采用单独基础。

（2）对作业环境的特殊要求

1）精密设备周围不允许安装有较强振动的设备，如锻锤、压力机、剪切机、刨床、空气压缩机等。

2）环境温度在适宜的范围内。

3）环境清洁度在一定的范围之内，控制污染空气和粉尘等。

4）对电源的要求是波动范围小、干扰少。

2. 精密机械设备的安装和环境要求

典型的精密机械设备是精密机床，数控机床是典型的精密机床。常见的精密机床如坐标镗床、蜗杆螺纹磨床、齿轮磨床等，都可参照数控机床的安装和环境要求，具体可参照机床的说明书。

（1）数控机床安装的主要步骤　数控机床的安装一般包括基础施工、机床拆箱、吊装就位、连接组装及试机调试等工作。安装数控机床应严格按产品说明书的要求。小型机床的安装可以整体进行，大、中型机床由于运输时分解为几个部分，所以在安装时需要重新组装和调整。数控机床的安装流程如图1-22所示。

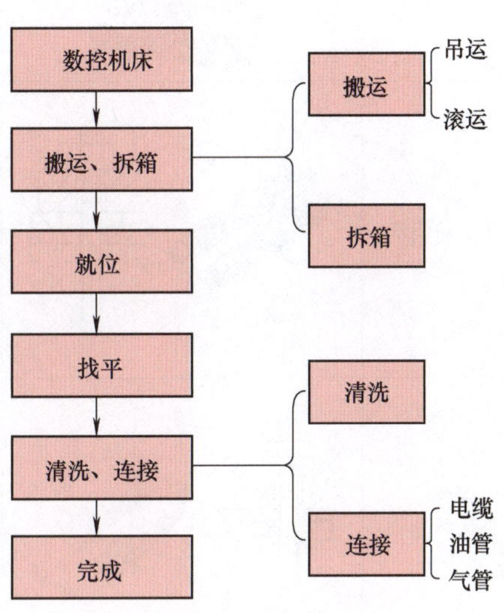

图1-22　数控机床的安装流程

（2）机床就位作业要求　机床拆箱后先取出随机技术文件和装箱单，按装箱单清点各包装箱内的零部件、附件资料等是否齐全，然后仔细阅读机床说明书，并按说明书的要求进行安装。在地基上放多块用于调整机床水平的垫铁，再把机床的基础件（或小型整机）在地基上吊装就位（吊装时需按吊装图进行），同时把地脚螺栓按要求安放在预留孔内等待浇灌。

（3）数控机床水平调整方法　机床地基固化后，利用地脚螺栓和调整垫铁精确调整机床床身的水平，对于普通数控机床，水平仪分度值不超过0.04mm/1000mm；对于高精度数控机床，水平仪分度值不超过0.02mm/1000mm。大、中型机床床身大多是多点垫铁支承，为了不使床身产生额外的扭曲变形，应使垫铁尽量靠近地脚螺栓，如图1-23所示。要注意垫铁的布置位置，并要求在床身自由状态下调整水平，各支承垫铁全部起作用后，再压紧地脚螺栓。常用调整垫铁的形式与使用方法见表1-13。

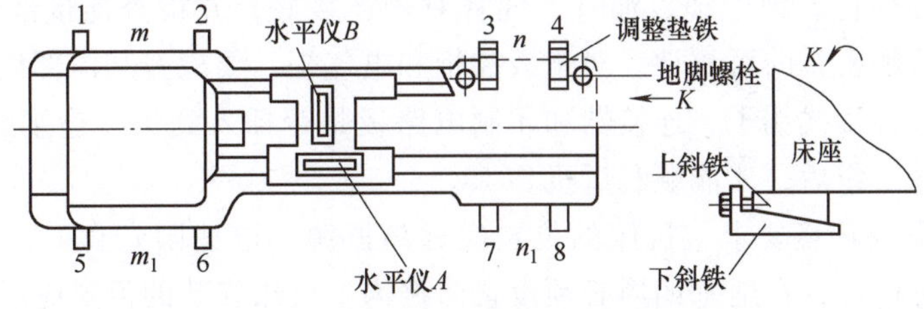

图1-23　水平调整时垫铁的放置

表1-13　常用调整垫铁的形式与使用方法

名　称	形　式	使用方法
整体斜垫铁		成对使用，配置在机床地脚螺栓的附近。若单个使用，与机床底座面为线接触，刚度较差。适用于安装尺寸较小、调整要求不高的机床

（续）

名称	形式	使用方法
钩头斜垫铁		与整体斜垫铁配对使用，钩头部分与机床底座边缘紧靠，安装调整时起定位、限位作用，机床安装调整后垫铁的位置不易变动
开口斜垫铁		开口可直接卡入地脚螺栓，成对使用，拧紧地脚螺栓时机床底座变形较小，垫铁的位置不易变动，调整比较方便
通孔斜垫铁		通孔可套入地脚螺栓，垫铁位置不易变动，调整比较方便，机床底座变形较小

（4）机床的连接组装　机床的连接组装是指将各分散的机床部件重新组装成整机的过程。如主床身与加长床身的连接，立柱、数控柜和电气柜安装在床身上，刀库机械手安装在立柱上等。连接组装机床前，应先清除连接面和导轨运动面上的防锈涂料，清洗各部件的外表面，再把清洗后的部件连接组装成整机。部件的连接定位要使用随机所带的定位销、定位块，使各部件恢复到拆卸前的位置状态，以利于进一步的精度调整。

（5）电气接线安装和管路连接　部件安装之后，按机床说明书中的电气接线图和液压气动布管图及连接标记，把电缆、油管、气管对号连接好，并检查连接部位有无损坏和松动。要特别注意接触密封的可靠性。对于数控柜和电气柜，要检查其内部插接件有无因运输造成的损坏，检查各接线端子、连接器和印制电路板是否插入到位、连接到位及接触良好。仔细检查完成这些工作后，才能顺利试机。

（6）机床位置与环境要求　机床的位置应远离振源，避免阳光直射，放置在干燥的地方。若机床附近有振源，在地基四周必须设置防振沟。机床安装的位置应远离电焊机、高频机械等各种干扰源。应避免热辐射、粉尘和腐蚀气体的影响，环境温度在 0~45℃，相对湿度在 90%左右。

3. 精密机械设备的验收

精密机械设备的验收方法基本相同，验收的主要内容是设备的性能和主要技术指标。验收的基本环节和方法可参见数控机床的验收，具体要求和方法可参照设备说明书。

（1）数控机床验收的基本环节　数控机床的验收是和安装、调试同步进行的，验收工作是数控机床交付使用前的重要环节。一般用户的验收工作主要是根据机床出厂检验合格证

上规定的验收条件，以及实际能提供的检测手段，来部分或全部测定机床合格证上的各项技术指标。检测的结果作为该机床的原始资料存入技术档案中，可作为今后维修时的技术指标依据。数控机床的验收通常包括以下环节：

1）开箱检验和外观检查。

2）机床性能及数控功能检验。

3）机床精度（几何精度、定位精度、切削精度）验收等。

（2）数控机床外观检查的主要项目

1）外表。包括机床油漆质量、防护罩是否完好、工作台面有无磕碰划伤等。

2）连接（件）。包括电线、油气管路是否安装规范，连接电缆、屏蔽线是否有破损等。

3）外接（件）。包括 MDI/CRT 单元、输入变压器、各印制电路板有无污染等。

4）接线端子。包括输入变压器、伺服电源变压器、输入单元、直流单元等的接线端子是否拧紧等。

5）接插、紧固件。包括电缆连接器上的紧固螺钉是否拧紧，各印制电路板是否插接到位，插接件的紧固螺钉是否有松动等。

（3）数控机床的功能验收调试　数控机床的功能验收调试是指机床初步试运行调整后，验收检查和调试机床各项功能的过程。调试的主要内容和方法如下：

1）检查机床的数控系统及可编程序控制器的设定参数是否与随机数据表中的数据一致。

2）按操作方法试验各主要操作功能、安全措施、运行行程及常用指令执行情况等，如手动操作方式、点动方式、编辑方式（EDIT）、数据输入方式（MDI）、自动运行方式（MEMORY）、行程的极限保护（软件和硬件保护）以及主轴挂挡指令和各级转速指令等是否正确无误。

3）检查机床辅助功能及附件的工作是否正常，如机床照明灯、冷却防护罩和各种护板是否齐全；切削液箱加满切削液后，试验喷管能否喷切削液，在使用冷却防护罩时切削液是否外漏；排屑器能否正常工作；主轴箱、恒温箱是否起作用；选择刀具管理功能和接触式测头能否正常工作等。

4）对于有自动换刀装置的数控机床，应调试机械手的位置。调整时，让机床自动运行到刀具交换位置，以手动操作方式调整装刀机械手和卸刀机械手与主轴的相对位置。然后装上几把接近允许质量的刀柄，进行多次自动交换，以动作正确、不撞击和不掉刀为合格。

1.3.2　精密机械设备的通用操作规程

1. 精密机械设备操作规程的基本内容

1）检查电源电压、环境温度、各类仪器指示值、液压和润滑油箱的液面、设备的起始位置、操纵开关等的位置等是否符合起动要求。

2）按说明书规定的步骤进行精密机械设备的开启和关闭操作，在环境温度变化的时段，应特别注意液压系统、静压系统等设备的起动步骤和要求。

3）按设备面板、按键、按钮、转换开关等的规范操作方法和要求，进行设备的操作。

4）按设备的许用载荷进行负载运行操作。

5）发现设备的不正常现象应及时停机，保持现场，以便检查和进行故障诊断分析。

2. 数控机床的操作规程

1）数控机床操作注意事项如下：

① 程序未经确认前，不得轻易解除“机床锁住”进入“加工运行”。

② 每次系统运行前必须进行“回参考点”操作。

③ 出现“超程”等故障报警时，应及时按下“急停”按钮。

④ 在机床坐标轴某一方向出现故障或处于极限位置时，必须特别注意选择正确的进给方向。

⑤ 严格检查程序，避免碰撞。

2）数控机床安全生产规程的基本要求如下：

① 作业环境。数控机床要避免阳光直射和其他热辐射，要避免潮湿和粉尘过多的场所，特别要避免有腐蚀气体的场所。

② 机床电源。为了避免电源不稳定对电子元器件造成的损坏，数控机床应采用专线供电或增设稳压装置。

③ 作业顺序。数控机床的开机、关机顺序，一定要按照机床说明书上的规定进行。

④ 防护措施。在主轴起动开始切削之前，一定要关好防护罩门，程序正常运行中严禁开启防护罩门。

⑤ 禁用操作。机床在正常运行时不允许开电气柜的门，禁止按动“急停”“复位”按钮。

⑥ 故障处理。机床发生事故时，操作者要注意保留现场，并向维修人员如实说明事故发生前后的情况，以利于分析问题和查找事故原因。

⑦ 专人管理。数控机床的使用一定要有专人负责，严禁其他人员随意动用数控设备。

⑧ 交接记录。要认真填写数控机床的工作日志，做好交接工作，消除事故隐患。

⑨ 参数保护。不得随意更改数控系统内制造厂设定的参数。

3）数控金属切削机床的操作规程。数控金属切削机床的操作规程包括数控车床、数控铣床的操作规程，具体见表 1-14。

表 1-14　数控金属切削机床的操作规程

序号	操作规程
1	机床通电后，检查各开关、按钮和按键是否正常、灵活，机床有无异常现象
2	检查电压、气压、油压是否正常，有需要手动润滑的部位要先进行手动润滑
3	各坐标轴手动回机床参考点，若某一坐标轴在回参考点前已在零位，必须先将该轴移动至离参考点一段距离后，再手动回参考点
4	在进行工作台回转交换时，台面、护罩、导轨上不得有异物
5	机床空运行应在 15min 以上，使机床达到热平衡状态
6	程序输入后应认真核对，保证无误，其中包括对代码、指令、地址、数值、正负号、小数点及语法的核对
7	按工艺规程安装和找正夹具
8	正确测量和计算工件坐标系，并对所得结果进行验证和验算
9	将工件坐标系输入偏置页面，并对坐标、坐标值、正负号、小数点进行认真核对

（续）

序号	操作规程
10	未装工件以前，空运行一次程序，看程序能否顺利执行，检查刀具长度的选取和夹具的安装是否合理，有无超程现象
11	刀具补偿值（刀长、半径）输入偏置页面后，要对刀补号、补偿值、正负号、小数点进行认真核对
12	装夹工件时要注意螺钉压板是否与刀具发生干涉，检查零件毛坯和尺寸是否有超常现象
13	检查各刀头的安装方向和旋转方向是否符合程序要求
14	查看各刀具前后部位的形状和尺寸是否符合程序要求
15	镗刀头尾部露出刀杆的直径部分，必须小于刀尖露出刀杆的直径部分
16	检查每把刀柄在主轴孔中是否都能拉紧
17	无论是首次加工的零件，还是周期性重复加工的零件，首件都必须对照图样工艺、程序和刀具调整卡，逐段程序进行试切
18	单段试切时，快速倍率开关必须在最低挡
19	每把刀首次使用时，必须验证其实际长度与所给刀补值是否相符
20	在程序运行中，要观察数控系统上的坐标显示，以了解目前刀具运动点在机床坐标系和工件坐标系中的位置，了解程序段的位移量、还剩多少位移量等
21	程序运行中要观察数控系统上的存储器和缓冲寄存器显示，查看正在执行的程序段、状态指令和下一个程序段的内容
22	在程序运行中要重点观察数控系统上的主程序和子程序，了解正在执行的主程序内容
23	在试切进给时，刀具运行至离工件表面30~50mm处，必须在进给保持下，验证Z轴剩余坐标值和X、Y轴坐标值与图样是否一致
24	对于一些有试切要求的刀具，采用“渐近”方法。如先镗一小段长度，检验合格后再镗到整个长度。使用刀具半径补偿功能的刀具数据，可由小到大，边试切边修改
25	试切和加工中，刃磨刀具和更换刀具后，一定要重新测量刀长并修改刀补值和刀补号
26	程序检索时应注意光标所指位置是否合理、准确，并观察刀具与机床运动方向坐标是否正确
27	程序修改后，对修改部分一定要仔细计算和认真核对
28	手轮进给和手动连续进给操作时，必须检查各种开关所选择的位置是否正确，辨清正负方向，认准按键，然后再进行操作
29	全部零件加工完成后，应核对刀具号、刀补值，使用的程序、偏置页面、调整卡及工艺中的刀具号、刀补值应完全一致
30	从刀库中卸下刀具，按调整卡或程序清理编号入库
31	卸下夹具，某些夹具应记录安装位置及方位，并记录存档
32	清扫机床，并将各坐标轴停在中间位置

1.3.3　机械设备的调试与常见故障排除方法

1. 机械设备空运行和负载试验的基本方法

（1）空运行和负载试验准备　试运行前的准备工作有以下几项内容：

1）熟悉试运行的工艺规范和有关作业指导规定。

2）对总装工作进行全面检查，看其是否符合试运行要求。有些部件按规定必须事先单独进行试验，应该确保其试验结果完好。

3）工作场地要整洁、有序，以保证试运行的安全和顺利进行。在批量生产的专用试运行场地，应遵守试运行作业区域的管理规定。

4）熟悉各类必需的检测仪器仪表的使用、识读方法。重要的试验仪表应进行精度校核后才能使用。

5）机器起动前，机器上有些运动机构和部件暂时不需要产生动作的，通常都应使其处于“停止”位置，待需要参加试运行时再调整到“起动”位置。

6）机器上有危急保护装置的，应进行检查，确保其动作可靠。

7）机器起动前，必须先用手转动各传动件，确认其运转灵活。各操纵手柄应操纵灵活、定位准确、安全可靠。

8）根据机器设备的润滑系统图和润滑规定检查润滑系统，确认其运行正常、清洁畅通。

9）大型和复杂的机器试运行，需要几个甚至几十个人共同进行。试运行时的有关人员必须分工明确、各尽其职，并应在各自的职责范围内全部准备就绪的条件下，由试运行的总指挥发布试运行指令。

（2）试运行过程操作方法　试运行时必须严格按制订的规程进行，试运行工艺规程一般有以下几个方面的内容：

1）机器一经起动，应立即观察和严密监视其工作状况。根据机器的不同特性，按试运行规程所定的各项工作性能参数及其指标检测读数，并随时判别其是否正常。典型的检测内容包括：

① 轴承的进油、排油温度和进油压力是否正常。

② 轴承的振动和噪声是否正常。

③ 机器静、动部分是否有不正常的摩擦或碰撞。

④ 有无过热的部位和松动的部位。

⑤ 是否有运动状况不符合要求的部位。

⑥ 受热机件是否有热胀不符合要求的情况。

⑦ 机器其余各部分的振动和噪声是否过大。

⑧ 机器的转速是否准确稳定，功率是否正常。

⑨ 流体的压力、温度和流量等是否正常。

⑩ 密封处有无泄漏现象。

2）在起动过程中，当发现有不正常的征兆时，可根据检测仪器仪表的显示，通过听、闻、看等方法，进行检查、分析，并找出原因，必要时应降低转速。当发现有严重的异常状况时，有时应采取立即停机的措施，而不能贸然对待或做出冒险的行动。

3）起动过程应按步骤和次序进行，待这一阶段的运转情况都正常和稳定后，再继续做下一阶段的试验。某一阶段暴露的问题和故障，一般都应及时分析和妥善处理，否则可能引起故障的扩大，使机器的故障分析复杂化。

4）机器上独立性较强的部件或机构较多时，应尽量分项投入试验。一个的试验正常后，再进行另一个的试验，以利于发现和鉴别故障原因。

5）对于某些高速旋转机械，当转速升高到接近其临界转速时，如果振动尚在允许范围

内，则继续升速时要尽快越过临界转速，以免停留在临界转速下运转过久而引起共振。在冲越过程中如果发现振动有可能超出允许的范围时，不应再继续强行冲越，必须降速或停机检查，找出原因并排除故障后，才能重新起动继续升速。

6）升速过程中，达到额定转速后如果一切均属正常，则一般需按规定再稳定运转一段时间，观察各工作性能参数的稳定性，并对机器各部分的工作状况作详细的检查，作好必要的测定和记录。

7）对一些新产品的试运行，必须落实安全防患的应急措施。

（3）负荷试验　负荷试验是机器或其部件装配后，加上额定负荷所进行的试验。负荷试验是机器试运行的主要任务，它是保证机器能长期在额定工作状况下正常运转的基础。负荷试验应在空运行合格后进行，运行时应注意负载的特点和有关规定，否则会产生超负载的各种故障。其试验方法与空运行类似。

2. 机械设备运行试验中常见故障的类型及其排除方法

机械设备运行试验中常见的故障类型有电气故障和机械故障，有偶发性故障和规律性故障。偶发性故障通常是由试运行不符合规范引起的。规律性的机械故障主要有以下几种：

（1）泄漏　该故障大多发生于法兰、阀门、填料压盖和管接头等的密封部位，少数是由机体或管材本身的缺陷造成的。产生泄漏的原因是密封部位不严密。不严密的原因除了有制造和装配质量问题外，还有腐蚀或磨损、裂纹、材料不合适或老化、结构不合理或变形等。泄漏故障的检查方法很多，常用的有：

1）加压试验，以便使泄漏加剧而容易察觉。

2）涂上肥皂水或煤油后观察密封部位是否泄漏。

3）超声波检查。气体通过细缝泄漏时，会发出高频率的超声波，应用超声波传声器可以测出。

排除泄漏故障的方法主要是检查密封部位的加工精度，更换密封件。

（2）温升过高　温升过高是比较容易测出的，除了机器本身安装的测温仪表外，还可用手持式测温仪对机体任意部位进行测量。温升过高反映了轴承等摩擦部位的工作状况失常，或者是冷却、润滑和导热等性能不正常。检查时应根据机器的具体结构情况和所处条件进行分析诊断。排除故障的方法主要是根据故障的原因，对具体部位按装配精度要求进行检修和调整装配。主要是进行配合间隙的检测和调整。此外，齿轮箱内的油量过多或齿轮负荷超限，以及润滑油品质的劣化和清洁度降低，也常常是造成温升过高的不可忽视的原因。

（3）松动　松动是机器上零部件之间连接部位的常见故障，以螺纹连接居多。

螺纹连接松动大多是由于振动而引起的，尤其是冲击负荷大和温度变化大的场合下更容易发生。螺纹连接件的轴线方向与机器振动方向一致时，最容易发生松动，而其轴线方向与机器振动方向垂直时则不易发生松动。松动故障的检查方法较多，例如用锤子轻敲连接处，是检查是否松动的一种简便迅速的方法。螺纹连接保持紧固状态时，敲击后会产生敲钟一样的金属声，而松动的连接是沉闷而空旷的“格格”声。另外，也可事先在螺钉的接合面处涂上薄薄的密封漆（胶）作为标记，如果发生松动，漆膜便会破裂。

排除故障的方法主要是按紧固件的工艺规范进行紧固，对不合格的紧固件进行更换，对有防松装置的紧固件应检查或更换防松装置。

（4）振动　旋转机械的振动是否正常，可按有关的振动标准来衡量。过大的振动将造成机器零部件的损坏过快和降低机器的工作精度。即使异常振动的数值不大，但也具有突发的危害性。振动的大小一般以位移峰峰值表示。振动值大小凭手的感觉只能粗略估计，应该用振动测量仪进行测量。

引起振动的原因很多，有旋转体不平衡、联轴器对中不好和轴颈不圆等。采用先进的振动分析仪器可以判别振动的各种特征，根据振动特征再加以综合分析，可以诊断出振动的确切原因。

排除故障的方法主要是排除振动源，如检查设备自身旋转件是否不平衡、配合间隙是否过大等，以及对作业环境进行检测，排除外界的振动源等。

（5）噪声　机器的噪声是由于流体直接冲击大气、物体相互摩擦或机械振动等原因而产生的，如发动机的排气噪声、齿轮传动的啮合噪声以及滚动轴承的噪声等。噪声的大小以分贝（dB）表示，用噪声仪进行测量。

噪声超标的原因比较多，如机械零件之间的不合理撞击、间隙不合理而产生的摩擦等，也可能是电动机的噪声，需要对噪声进行测量和分析，找出产生噪声的声源，从而为进一步降低噪声提供技术依据。

3. 金属切削机床加工精度试验及常见故障排除方法

金属切削机床的加工精度试验是负荷试验的主要内容，也是综合性的精度检测内容。现以螺纹磨床为例，介绍精密机床工作精度试验及其常见故障的排除方法。

（1）工作精度试验的内容

1）试磨外圆上的五个环形槽，以五个环形槽的半角误差检验内、外螺纹砂轮修整器的稳定性。

2）试磨长丝杠，主要精度要求如下：中径圆度为0.03mm；螺距偏差为±0.003mm，全长累积偏差为0.012mm；螺旋线偏差为0.003mm；螺纹表面粗糙度值为*Ra*0.2μm；表面不得有明显的波纹等。

3）铲磨试件（齿轮滚刀），主要精度要求如下：铲磨量偏差为±0.2mm；齿形跳动量为0.02mm；螺纹表面粗糙度值为*Ra*0.4μm；表面不得有明显的波纹等。

4）磨锥形螺纹试件，主要精度要求如下：锥度偏差为0.004mm；螺距偏差为±0.004mm：螺纹表面粗糙度值为*Ra*0.2μm；表面不得有明显的波纹等。

5）磨内螺纹试件，主要精度要求如下：螺纹表面粗糙度值为*Ra*0.2μm；表面不得有明显的波纹等。

（2）齿面产生波纹的故障原因及其排除方法

1）基本原因。齿面产生波纹的基本原因是磨削时砂轮与工件间产生相对振动，振动源为加工自激振动和周期性外力的强迫振动。粗磨、半精磨，或砂轮磨钝时会出现自激振动，在工件表面产生的波纹细而密，对产品影响较小。周期性外力强迫振动的引发原因有外界振动、旋转件不平衡、运动机构调整不良、间隙性磨削冲击等，在工件表面产生大块的鱼鳞状波纹，对产品质量影响很大。振动来源主要是砂轮架及其传动机构。

2）排除方法。砂轮架的滚动导轨和滚珠传动机构抗振性能差，因此相关的旋转件和移动件应达到精度要求，以使机构平衡良好、调整合适、接触稳定。减振具体措施如下：

① 减少电动机振动的措施：检测电动机转子组件的动平衡，要求组件的实际转动中心和理论转动中心的偏差在0.002mm以内；检测调整电动机前、后轴承的同轴度和转子与定

子之间的间隙均匀性，控制轴端的径向圆跳动小于0.02mm；电动机外壳任意一点振动的幅值在0.002~0.003mm范围内；电动机和砂轮架安装隔振措施。

② 减少砂轮主轴旋转的不平衡。做好砂轮的静平衡；检查保证砂轮法兰盘轴颈及各表面对锥孔轴线的跳动，并确保配合部位的接触面积不少于80%。

③ 增大砂轮主轴和轴承的油膜刚度，提高抗振能力。调整控制主轴与砂轮动压滑动轴承之间的间隙为0.002mm；检查、修研使主轴两轴承孔达到同轴度要求；修研使砂轮主轴轴承与锥度套、锥度套和箱体的配合精度达到要求；检查、修研使主轴颈部的圆度及轴肩端面对轴线的垂直度达到要求。

④ 其他部位的调整措施：排除传动机构缺陷，如传动松动、旋转件不灵活等；调整工件主轴与轴承的间隙；检查、修复使磨头、尾座顶尖达到精度要求；如果是多带传动，检查传动带长度的一致性；合理制定磨削规范，合理选择砂轮参数和规格。

（3）螺距误差的故障原因及其排除方法

1）周期误差。产生周期误差的主要原因是：工件主轴的轴向窜动误差；工作台纵向丝杠的轴向窜动误差；工件主轴至工作台纵向丝杠之间传动齿轮的精度低；工作台纵向丝杠的周期性误差等。相应的排除方法是：修复或更换工件主轴；控制丝杠的轴向窜动量在0.001mm以内；更换低精度齿轮；修复或更换丝杠。

2）渐进性累积误差。产生渐进性累积误差的主要原因是：校正尺失调；铲磨机构的花键轴与工作台纵向不平行；顶尖轴线与进给方向不平行；机床螺母座导轨与丝杠不平行；丝杠轴线与工作台运动方向不平行等。相应的排除方法是：按误差情况调整校正尺；控制花键轴与工作台导轨的平行度在0.015mm以内；调整顶尖使轴线与工作台平行；修刮导轨和镶条，保证导轨与丝杠的平行度；修刮丝杠支座支承面，使丝杠与工作台运动方向平行。

3）非渐进性误差。产生非渐进性误差的主要原因是：工作台纵向丝杠精度低或轴向窜动大；校正尺弯曲或磨损；机床导轨几何精度超差；铲磨架锥销间隙大等。相应的排除方法是：提高丝杠精度，控制其轴向窜动量在0.001mm以内；更换校正尺；刮研机床导轨；调整锥孔、锥销的配合间隙。

4）局部误差。产生局部误差的主要原因是：工作台纵向丝杠局部磨损；工作台对刀机构滑座与导轨的间隙过大；工作台纵向导轨移动时有微量振动。相应的排除方法是：更换或修复丝杠；调整间隙；修复滑座支承面的接触精度；修刮纵向导轨。

（4）工件齿形误差的故障原因及其排除方法　齿形误差是在工具显微镜上检验得到的牙型半角精度、牙型半角直线度和齿根圆直径的误差。产生齿形误差的原因和排除方法如下：

1）砂轮主轴、工件主轴与轴承间隙大，轴向窜动大。排除方法是调整间隙，控制窜动量。

2）砂轮修整器发生故障，如金刚石移动不稳定；支架回转结构松动；角度定位不准确；机床振动影响修整器工作。相应的排除方法是：检查、修复修整器各转动环节；修复回转结构的配合件，调整配合间隙；用排除齿面波纹故障的方法消除机床的振动。

（5）工件螺纹中径误差的故障原因及其排除方法

1）尺寸误差。产生尺寸误差的主要原因是：砂轮架快速进给重复定位精度低；横向手轮的重复定位精度不稳定；砂轮磨损及工件热变形等。相应的排除方法是：检查重复定位精

度，控制误差在 0.005mm 以内；检查、修复横向进给机构，提高定位精度的稳定性。在排除过程中应了解砂轮的修整和自锐性，了解工件热变形与测量值的规律。

2）中径圆度误差。产生中径圆度误差的主要原因是：工件主轴径向圆跳动误差大；拨盘安装误差大；工件顶尖孔与顶尖接触不良；头架顶尖径向圆跳动误差大；工作台运动不平稳。相应的排除方法是：调整和修理工件主轴及轴承；调整拨盘的安装误差；修研工件中心孔，检查顶尖精度；修磨前顶尖；检查滚动导轨的精度，检查导轨的刮研精度并进行修刮。

1.3.4 机械设备的几何精度检验与调整方法

1. 常用光学检测仪器的结构原理和使用方法

(1) 合像水平仪的工作原理和使用方法

1）工作原理和技术参数。合像水平仪的外形如图 1-24 所示，它利用棱镜将水准器中的气泡像复合放大来提高读数精确度，利用杠杆、微动螺杆传动机构来提高读数的灵敏度。合像水平仪的水准器主要起指定零位的作用。

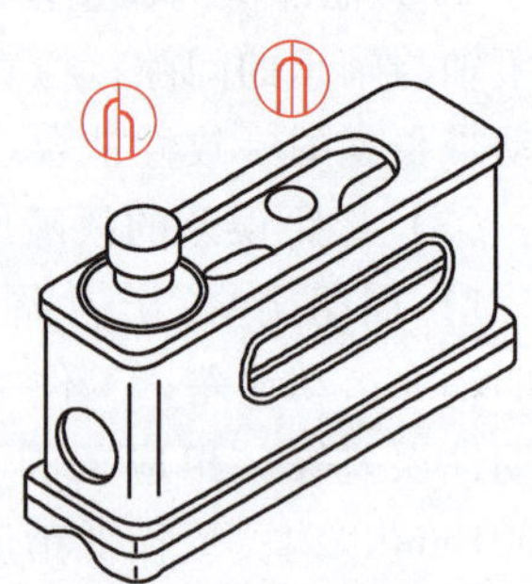

图 1-24 合像水平仪的外形

合像水平仪的主要技术参数为：

① 分度值：0.01mm/m。

② 分度范围：0~10mm/m 或 0~20mm/m。

③ 示值误差：±1mm/m 范围内为±0.01mm/m；全长范围为±0.02mm/m。

④ 工作面的平面度：≤0.003mm。

⑤ 水准器分度值：0.1mm/m。

⑥ 工作面尺寸：166mm×48mm。

2）使用方法和检测计算。使用时，将合像水平仪放置在被检测的平面上，若被检测面倾斜引起水准泡和气泡不重合，则可转动度盘，直至两气泡重合为止，此时可由度盘读出倾斜值，然后按下列公式计算实际倾斜度：

$$\text{实际倾斜度} = \text{分度值} \times \text{支点距离} \times \text{度盘读数}$$

例如检测某工件的倾斜度，气泡合像时的刻线为 5 格，分度值为 0.01mm/m，支点距离为 165mm，则

$$\text{实际倾斜度} = \frac{0.01\text{mm/m} \times 165\text{mm} \times 5}{1000\text{mm}} = 0.00825\text{mm/m}$$

3）使用注意事项如下：

① 合像水平仪的测量工作面上不得有锈迹、划痕等缺陷和其他影响测量精度的缺陷。

② 测微螺杆在转动时应灵活顺畅，不得有卡住或跳动现象。

③ 测微螺杆均匀转动时，气泡在水准泡内移动应平稳，无停滞和跳动现象。

(2) 光学平直仪的结构原理和使用方法

1）光学平直仪的结构和主要技术参数。光学平直仪是根据自准直仪原理制成的，属于双分划板式自准直仪的一种。仪器为箱形，为了缩短仪器长度，在内部使光路经两次反射。光学平直仪如图 1-25 所示。

在光源前的十字丝分划板9上刻有透明的十字丝。在目镜5下采用一块固定分划板7和一块活动分划板6。在固定分划板7上刻有“分”的刻度，在活动分划板6上则有一条用来对准十字丝影像的刻线。拧动测微螺杆4就可使活动分划板6移动。如果活动分划板6上的刻线对准十字丝影像的中心，就可从目镜5中读出“分”值，从读数鼓轮3上可以读出“秒”值，即读数鼓轮3上的一个分度，相当于反射镜法线对光轴偏角为1″（0.005mm/m）。

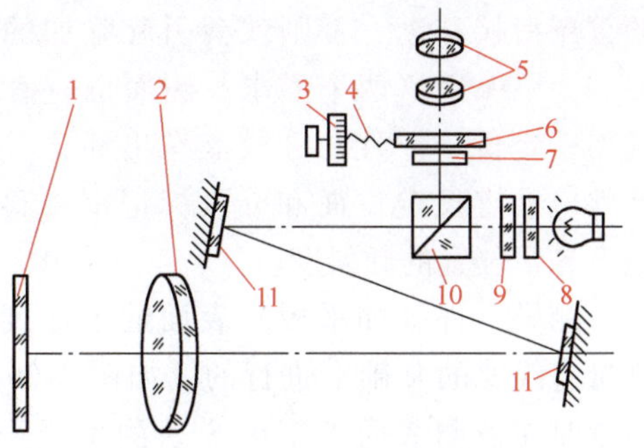

图1-25　光学平直仪

1、11—反射镜　2—物镜　3—读数鼓轮　4—测微螺杆　5—目镜　6—活动分划板　7—固定分划板　8—滤光片　9—十字丝分划板　10—分光棱镜

国产光学平直仪的常用型号与主要技术数据见表1-15。在仔细调整的情况下，最大测距还可能超过表中所列的数值。

表1-15　国产光学平直仪的常用型号与主要技术数据

型　　号	HYQ-03	HYQ-011
分度值	1″	0.5″
物镜焦距/mm	400	800
物镜通光口径/mm	40	80
目镜放大倍数	20	20
示值范围	±500″	±250″
示值误差	1.5″	1.5″
最大测距/m	5	10

2）自准直仪和光学平直仪的使用方法。自准直仪和光学平直仪常用于测量大型工件的直线度和平面度。例如由自准直光管和一个反射镜组成的自准直仪可用于直线度的测量，具体测量方法是将被测工件的全长分成若干段，利用测量小角度的自准直仪将各段的倾角测出，并求得其相应的累积值，然后经处理可得其直线度误差。图1-26a所示为其测量示意图。

检验时，把自准直仪1固定在被测件（如导轨）的一端，或固定在靠近被测件一端的架子上，并使其与反射镜2在同一高度。测量时，先把反射镜2放在靠近自准直仪1的一端*A*处，并调整到像与十字线对准，再把反射镜2移至远离自准直仪1的另一端*K*处，调整到像与十字线对准。如此反复调整。反射镜2在*A*处和*K*处两个位置时，其侧面用直尺定位。必要时反射镜2在*K*处可垫正，直至前后位置都对准为止。然后把反射镜2放到各段位置（首尾应靠近），测出各段的倾斜角度，即能算出直线度误差。

用光学平直仪检验时，在反射镜的下面一般加一块支承板（俗称桥板），如图1-26b所示。支承板的长度通常有两种，即100mm和200mm。当支承板的长度为200mm时，微动鼓轮的分度值为1μm，相当于反射镜的倾角变化为1″；当支承板的长度为100mm时，微动鼓轮的分度值为0.5μm。

反射镜的移动有两个要求：一要保证精确地沿直线移动；二要保证其严格按支承板长度

的首尾衔接移动，否则就会引起附加的角度误差。为了保证这两个要求，侧面也应有定位直尺用于定位，并且在分段上作出标记。每次移动都应沿直尺定位面和分段标记衔接移动，并记下各个位置的倾斜度。

测量工件（如平板）表面的平面度，是在测量直线度的基础上进行的，如图 1-26c 所示。测量时在被测表面上定出 8 条测量线——AD'、DA'、AD、$A'D'$、AA'、BB'、CC' 和 DD'，并分别测出它们的直线度。测量直线度时，支承板也应首尾衔接地移动。记下各点的倾斜度后，画出各条测量线的直线度误差曲线，最后推算出平面度误差。

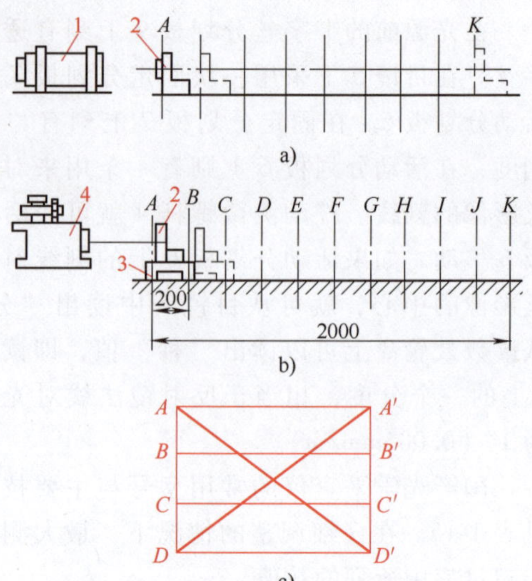

图 1-26 自准直仪和光学平直仪检验工件表面的直线度和平面度

1—自准直仪 2—反射镜 3—支承板 4—光学平直仪

（3）激光干涉仪的结构原理与应用

1）激光干涉仪的结构组成。激光干涉仪分为单频和双频两类。双频激光干涉仪的外形和原理如图 1-27 所示。激光干涉仪采用分开式结构，以减少热辐射、振动等有害因素的影响，它通常由以下三个独立部件组成：

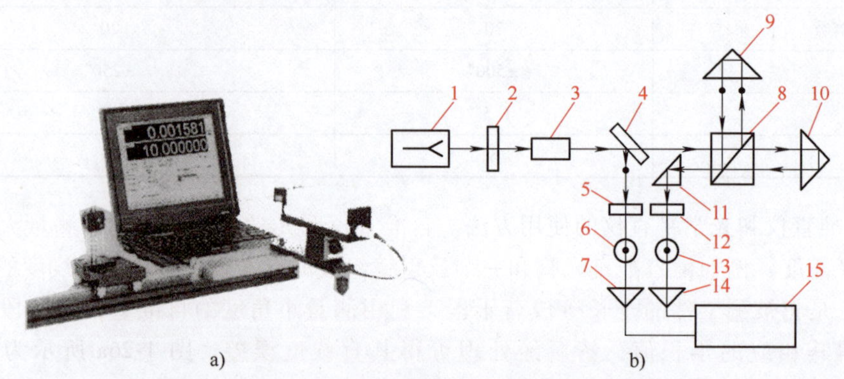

图 1-27 双频激光干涉仪的外形和原理

1—激光器 2—波片 3—光束扩展器 4—析光镜 5、12—检偏器 6、13—光电管 7、14—前置放大器 8—偏振分光棱镜 9—直角参考镜 10—测量镜 11—反射棱镜 15—计算机显示器

① 激光发射和信号接受转换部分由激光器、光电转换元件、光路转换元件组成。

② 干涉系统由析光镜、固定的直角参考镜、光路转折元件组成。

③ 反射靶及瞄准系统由反射靶的可动棱镜、工作台的瞄准装置等组成。

2）激光干涉仪的测量原理如下：

① 激光干涉仪是利用迈克尔逊干涉原理进行测量的。

② 单频激光干涉仪的工作原理是：由激光器发出激光，当可动反射镜在被测长度上移动时，反射光的光程差发生变化，形成干涉条纹，并对干涉条纹进行计数显示。若激光波长

为 λ，干涉条纹移动数为 N，则相应的测量长度为 $L=N\lambda/2$。

③ 双频激光干涉仪比单频激光干涉仪的抗干扰能力强，测量速度快、距离长，其工作原理如图1-27b所示。由同一激光器发出频率为 f_1 和 f_2 的激光，当可动反射镜在测量长度 L 上以速度 v 移动时，反射的激光频率按多普勒效应产生频移 Δf，即

$$\Delta f=f_1\frac{2v}{c}$$

式中　c——光速。

带有频移信号的反射光束频率为 $f_1\pm\Delta f$，它与频率为 f_2 的光束汇合干涉，经与光电元件输出频率差拍 $[f_2-(f_1\pm\Delta f)]$，并与本机的振荡拍频（f_2-f_1）分别计数后相减。由所得干涉条纹数差值 N 即可求出测量长度 L，即

$$L=\frac{1}{2}N\lambda_1\left(\text{其中，}\lambda_1=\frac{c}{f_1}\right)$$

3）激光干涉仪的应用。激光干涉仪可对机床上各种定位装置进行高精度的校正，可完成各种参数的测量，如线形位置精度、重复定位精度、角度、直线度、垂直度、平行度及平面度等。最大检测长度可达60m，最小分辨力为0.08μm，最大位移速度为300mm/s，检测精度为 $5\times10^{-7}L$（L 为被测量长度）。一些激光干涉仪还具有选择功能，如数控系统的自动螺距补偿、机床动态特性测量、回转坐标分度精度标定、触发脉冲输入输出功能等。

2. 机械设备几何精度的检验与调整方法

（1）几何精度检测和调整的基本方法

1）机械设备几何精度的检验方法基本相同，表1-16所列是装配中各校正测量项目与检测应用方法，是机械设备几何精度检测和调整的基本方法。

表1-16　校正测量项目和检测应用方法

名称	测量项目	精　度	备　注
平尺	直线度、平面度及零部件的相对位置	测量误差为0.03~0.50mm	一般与塞尺、指示表、水平仪等配合使用
直角尺、角度尺	垂直度和各种角度值	测量误差为0.02~0.03mm 角度分度值为2′~5′	
塞尺	间隙及其他位置误差	最薄塞尺为0.02mm	可多片组合使用
指示表	比较测量各种形状和位置误差	分度值为0.01mm、0.001mm和0.002mm	配装附件后可扩大使用范围或作专用量具
游标卡尺、深度尺	平行度、等高度、中心距等各种相对位置	分度值有0.02mm、0.05mm及0.1mm三种，带电子仪表的分度值为0.01mm	
千分尺		分度值为0.01mm（数字千分尺的分度值为0.001mm）	有内、外径深度千分尺及数字千分尺

（续）

名称	测量项目	精度					备注
水平仪	水平度(常用于校正机身、底座、导轨、工作台、垫箱等基准件)、平直度、垂直度	普通型:分度值为 0.02~0.15mm/m 框　式:分度值为 0.02~0.15mm/m 合像式:分度值为 0.01~0.02mm/m 电子式:分度值为 0.2″、0.5″、1″					
比较仪	精密测量各种形状和位置误差	杠杆齿轮式的分度值为 0.5~1.0μm,扭簧式的分度值为 0.1~1.0μm					使用时应避免冲击或超过标定示值,以免损坏机件
测微准直望远镜	提供基准视线以测量直线度、同轴度、水平度、倾斜度、等高度、垂直度等各种位置误差	测量距离/m	1	9	18	36	装置中带有位移和角度分划板及照明系统
		瞄准点的偏离值/mm	0.015	0.135	0.27	0.54	
工具经纬仪		测量距离/m	3	9	18	36	能在水平面及垂直面内作转动测量,还配有水准器和测垂直面的五棱镜
		基准视线的误差/mm	0.03	0.1	0.2	0.5	
光学直角头(器)	提供与基准视线相垂直的视线,用以测量垂直度	基准视线与垂直视线的误差为 1″~2″					有普通光学直角头、零距光学直角头、偏距光学直角头和三向光学直角头
平面扫描仪	基准面的平面度或大面积的倾斜平面	分度值为 0.02mm					可作 360°回转扫描大平面
光学平直仪	直线度、平面度、同轴度和水平度等	分度值为 1″					
准直仪与自准直仪		分度值为 1″					用光电瞄准时测量精度可提高一倍
激光准直仪	同轴度、直线度、倾斜度(角度)、平行度、垂直度、水平度和平面度等	激光束在水平面内与视准轴误差为±(2″~4″),垂直面内与视准轴误差为±(4″~6″),准直精度在 10~70m 范围内为 0.05~0.20mm					有激光准直仪、激光水准仪和激光经纬仪。最大测量距离可达 100~200m。使用时应防止环境温度变化和气流扰动对光轴稳定性的影响
双频激光干涉仪	同轴度、直线度、倾斜度(角度)、平行度、垂直度、水平度和平面度等	分辨力为 0.01~0.08μm					可测最大长度为 60 多米,最大位移速度为 330mm/s。应用双频激光干涉仪可装成三坐标测量机
拉钢丝	直线度、同轴度、等高度、垂直度、对称度等各种位置误差	测量误差为 0.02~0.05mm					钢丝直径应小于 0.3mm,配以导电测量可提高精度

2）精度调整的基本程序可参照机械装配中校正的基本程序。

① 按装配时选定的基准件确定合理、便于测量的校正基准面。

② 先校正机身、壳体、机座等基准件在纵向、横向的水平和垂直位置。

③ 采用合理的测量方法，找出装配中的实际位置偏差。

④ 分析设备精度超差的原因，选择调整和补偿方法，决定调整偏差及其方向。

⑤ 决定调整环节及其调整方法，并根据测得的偏差进行调整。

⑥ 复核调整后的几何精度，达到要求后定位紧固。

3）精度调整的基本方法如下：

① 调整法。包括：自动调整，即利用液压、气动、弹簧、弹性胀圈、重锤等，随时补偿零件间的间隙或变形引起的偏差；用调整件调整，如垫片、垫圈、定位环、斜面、锥面、螺纹、偏心件等；改变装配位置；进行误差抵消（如精密轴承的定向装配等）等。

② 修配法。在尺寸链的组成环节中选定一环，预留修配量作为修配件，如车床的尾座一般作为与主轴箱等高位置精度的修配件，可在调整修配时进行修刮。当机器设备总装后，加工及装配后的综合误差也可利用自身机构进行精加工，以达到精度要求，如机床中的自镗、自磨、自刨等。也可将误差集中在一个零件上进行综合加工，以便消除误差。

③ 补偿法。合理确定刮削精度偏差及其方向，对影响设备精度的变化因素进行补偿，是设备精度调整的重要方法之一。

a. 补偿温度变化的影响。如万能外圆磨床的头架运转后产生的热量使其主轴中心向上偏移，因此刮削时应控制头架主轴中心比内圆磨具中心略低一些，以补偿温度变化对两者中心等高精度的影响。

b. 补偿局部负荷的影响。工件装配后局部承受较大的负荷，该处的精度会产生变化，因此刮削时可采用配重法进行补偿。配重的大小和位置应与安装的部件一致。

c. 补偿磨损的影响。有些工件由于局部磨损会丧失精度，刮削时应控制刮面研点的分布或偏差的数值和方向，如机床床身导轨在垂直面内的直线度，往往只许中部凸起。

（2）机械设备几何精度超差的主要原因

1）零部件的制造精度误差。例如机床导轨的直线度误差。

2）装配位置的累积误差。例如各种部件装配后，原有零件的加工误差累积后影响了装配后的位置精度。

3）装配中的检测校正环节出现偏差而影响设备的几何精度。例如用激光检测时，由于环境温度变化等因素，使激光束变形、漂移或不稳定，降低了测量精度。

4）总装后的变化因素影响几何精度。例如温度、负荷、磨损等对设备几何精度的影响。

3. 设备几何精度检测和调整示例

现以数控机床的精度检测为例，介绍机械设备几何精度检测和调整的方法。

（1）数控机床的几何精度检测　检测的项目、方法、工具与普通机床大致相同，但检测的精度要求比较高，通常应达到以下要求：

1）合理使用几何精度检测工具。目前，国内数控机床几何精度检测的常用工具有精密水平仪、直角尺、精密方箱、平尺、平行光管、指示表、测微仪、高精度检验棒以及检测用辅具等。所用检测工具的精度等级必须比所检测的几何精度高一等级。检验时应熟练掌握各种检测工具的使用方法。

2）规范几何精度检测方法。数控机床几何精度的检测应严格按照各类机床检测条件的规定进行。例如，表 1-17 所列是卧式数控车床几何精度检验项目、方法和技术要求。

表 1-17 卧式数控车床几何精度检验项目、方法和技术要求

序号	检测内容	检测方法		允许误差/mm
1	往复工作台 Z 轴方向运动的直线度	a——Z 轴方向垂直平面内	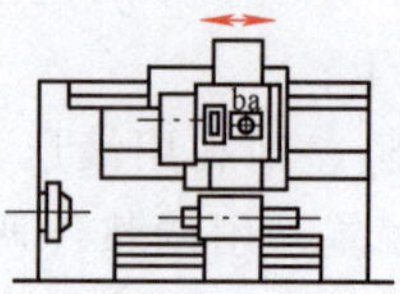	0.05/1000mm
		b——X 轴方向垂直平面内		0.05/1000mm
		X 轴方向水平平面内	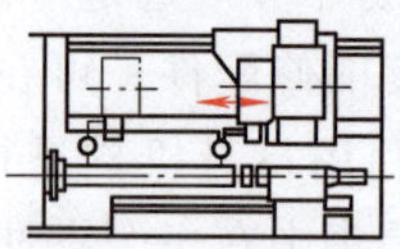	全长 0.01
2	主轴轴向圆跳动		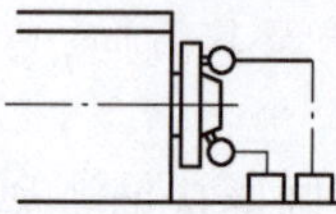	0.02
3	主轴径向圆跳动			0.02
4	主轴中心线与往复工作台 Z 轴方向运动的平行度	a——垂直平面内	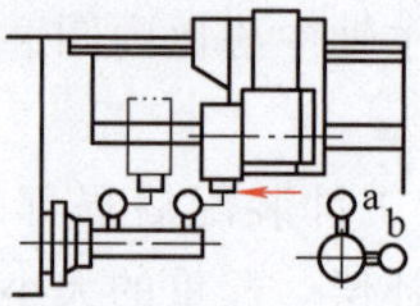	0.02/300mm
		b——水平平面内		0.02/300mm
5	主轴中心线对 X 轴的垂直度		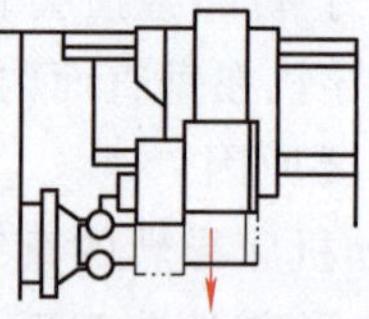	0.02/200mm
6	主轴中心线与刀具中心线的偏离程度	a——垂直平面内	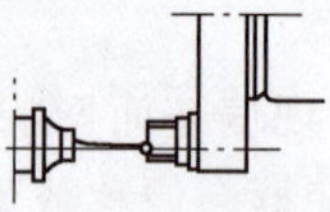	0.05
		b——水平平面内	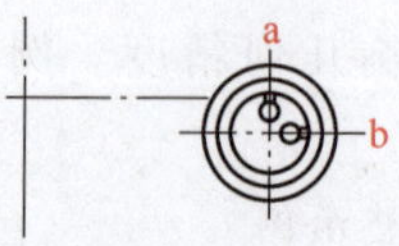	0.05
7	床身导轨面的平行度	a——山形外侧	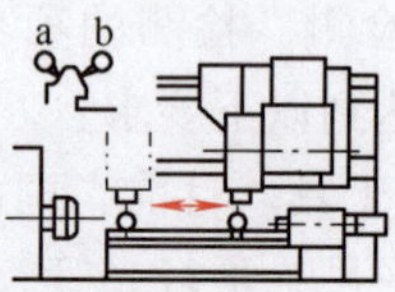	0.02
		b——山形内侧		

（续）

序号	检测内容	检测方法		允许误差/mm
8	往复工作台 Z 轴方向运动与尾座中心线的平行度	a——垂直平面内		0.02/100mm
		b——水平平面内		0.01/100mm
9	主轴与尾座中心线之间的高度偏差			0.03
10	尾座回转的径向圆跳动			0.02

3）几何精度检测的注意事项：

① 数控机床几何精度的检测必须在机床地基及地脚螺栓的固定混凝土完全固化后才能进行，同时应对机床的水平进行精调整。

② 由于一些检测项目的相互联系和影响，数控机床的几何精度检测应在机床精调整后一次完成，不允许调整一项检测一项。

③ 检测中应尽量消除检测工具和检测方法造成的误差，例如检验棒自身的振摆和弯曲、表架的刚性、测微仪的重力等因素造成的精度检测误差。

④ 数控机床的几何精度检测应注意机床的预热。按有关标准，几何精度检测应在机床通电后各移动部件往复移动几次，主轴按中等转速回转几分钟后才能进行。

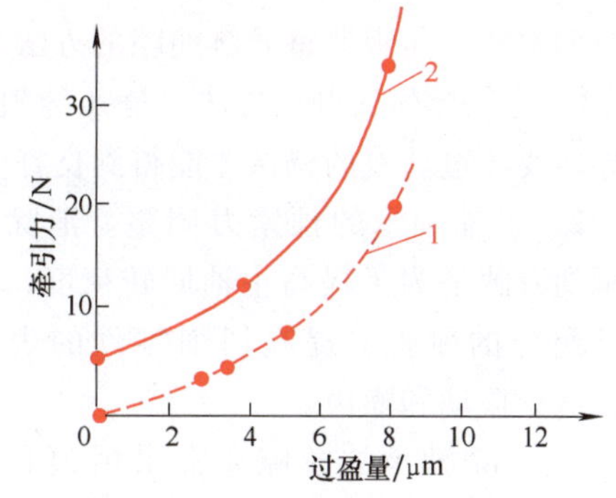

图1-28　滚动导轨的过盈量与牵引力的关系

1—矩形滚珠导轨　2—滚珠导轨

（2）数控机床几何精度调整的主要方法　数控机床几何精度主要调整的内容是导轨精度调整和主轴轴承预紧力的调整。

1）导轨部件的调整包括：

① 滚动导轨的预紧方法。预紧可以提高导轨的刚度，但预紧力应选择适当，否则会使牵引力显著增加。图1-28所示为滚动导轨的过盈量与牵引力的关系。滚动导轨的预紧方法见表1-18。

表1-18　滚动导轨的预紧方法

预紧方法	图示	说明
采用过盈配合		如左图所示，在装配导轨时，根据滚动件的实际尺寸量出相应的尺寸 A，然后刮研压板与滑板的接合面，或加一垫片，改变垫片的厚度，由此形成包容尺寸 $A-\delta$（δ 为过盈量）。过盈量的大小可以通过实际测量确定

（续）

预紧方法	图　示	说　明
采用调整元件实现预紧	3 2 1 1、2—导轨体　3—侧面螺钉	如左图所示，拧紧侧面螺钉 3，即可调整导轨体 1 及 2 的位置，实现预加负载。预紧也可用斜镶条进行调整。采用这种方法，导轨上的过盈量沿全长分布比较均匀

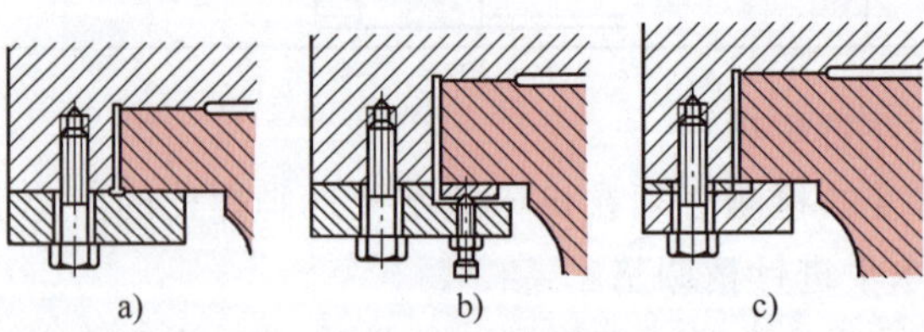

图 1-29　压板调整导轨间隙的方法

a）修磨刮研式　b）镶条式　c）垫片式

② 滑动导轨间隙的调整方法。常用的有压板调整间隙法、镶条调整间隙法和压板镶条调整间隙法。压板调整导轨间隙的方法如图 1-29 所示。

③ 静压导轨的调试方法。静压导轨是由许多油腔组成的，属于超静定系统，因此，静压导轨要经过认真的调试才能得到良好的效果。静压导轨的调试方法见表 1-19。

2）主轴轴承的预紧力调整。消除主轴轴承的游隙是为了提高主轴回转精度，增加轴承组合的刚性，提高切削零件的表面质量，减少振动和噪声。

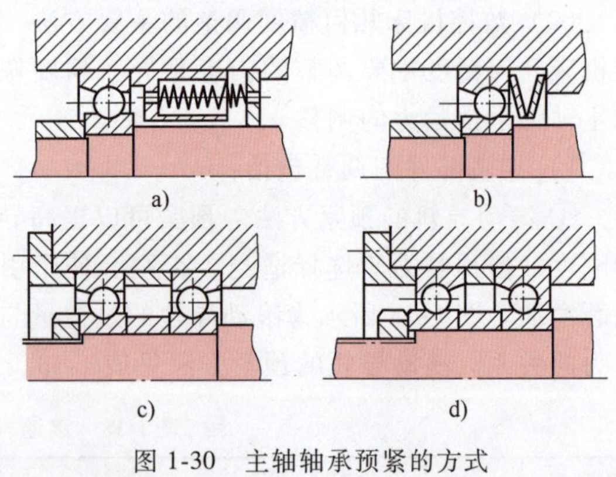

图 1-30　主轴轴承预紧的方式

a）、b）定压预紧　c）、d）定位预紧

① 消除轴承的游隙通常采用预紧的方法，其结构形式有多种。图 1-30a、b 所示是弹簧预紧结构，这种预紧方法可保持一固定不变的、不受热膨胀影响的附加负荷，通常称为定压预紧。图 1-30c、d 所示为分别采用不同长度的内外圈预紧结构，在使用过程中其相对位置是不会变化的，通常称为定位预紧。

② 向心推力球轴承预加载荷的选择。主轴预加载荷的大小，应根据所选用的轴承型号而定。预加载荷太小达不到预期的目的；预加载荷太大则会增加轴承摩擦力，导致运转时温升太高，会降低轴承的使用寿命。对于同一类型轴承，外径越大、宽度越宽，承载能力越大，则预加载荷也越大。常用向心推力球轴承的预加载荷见表 1-20。

表 1-19　静压导轨的调试方法

<table>
<tr><th>调试项目</th><th>说　明</th></tr>
<tr><td>浮起量
（油膜厚度）调试</td><td>1）导轨浮起的条件：调整静压导轨时首先要建立纯液体摩擦，使导轨能够浮起来。从机床的液压系统引入液压油后，应当满足以下条件：
$$\sum p_L A C_p = W$$
式中　W——负载（N）；
p_L——受负载后油腔的压力（Pa）；
A——单个油腔的面积（m^2）；
C_p——承载面积系数。
工作台的台面开始上浮。此时可在工作台的四个角安装指示表，调整节流阀，并利用指示表检测、控制导轨各角端的浮起量，使之相等
2）开式静压导轨调试：调试开式静压导轨的浮起量时，如果压力升到一定值后工作台仍不浮起，应检查节流阀是否堵塞，以及由节流阀到各油腔的管道是否有死弯及堵塞现象，或各油腔是否有大量漏油的现象
3）闭式静压导轨调试：调试闭式静压导轨的浮起量时，应注意到由于主、副导轨各油腔差别很大，有的要上抬，有的要下拉，而使工作台产生受力不均匀的现象，这种现象随着压力升高会变得越发严重。在初步调试时要观察各个油腔的回油情况，寻找出工作不正常的地方</td></tr>
<tr><td>油膜刚度调试</td><td>静压导轨调整油膜刚度是调试的关键阶段，调试结果决定静压导轨工作性能的好坏。导轨一般都较长，在全长范围内各段的加工精度总有差异，而静压导轨又是多支点的超静定系统，因此对每一个油腔都要仔细认真地进行调整。调整时应注意以下几点：
1）工作台各点的浮起量应相等，并控制好最佳原始浮起量 A（油膜厚度）
2）各油腔均需建立起压力，并应使各油腔中的压力 p_L 与进油压力 p_s 之比接近于最佳值
3）在工作台全部行程范围内，不得使有的油腔中的压力为零或等于进油压力 p_s</td></tr>
</table>

表 1-20　常用向心推力球轴承的预加载荷　（单位：N）

内径代号	型号			内径代号	型号		
	36100	36200	36300		36100	36200	36300
03	75	110	150	10	210	320	465
04	95	135	190	11	240	350	500
05	115	150	230	12	270	380	540
06	135	180	280	13	300	420	590
07	150	220	325	14	350	460	625
08	170	240	370	15	400	510	690
09	195	275	415	16	450	580	750

1.4　机械设备制造工艺与检测、调试技能训练实例

1.4.1　修配、调整装配法选用实例

1. 选用修配法保证装配精度实例

装配或修理卧式车床时，修刮尾座底板是经常遇到的工作。图 1-31 所示为尾座底板修

刮示意图，为保证前后顶尖的等高度，只允许尾座轴线高出主轴轴线 0~0.06mm。已知 $A_1=202\text{mm}$，$A_2=46\text{mm}$，$A_3=156\text{mm}$，各组成环的经济加工精度分别为 $T_1=T_3=0.1\text{mm}$（镗模加工），$T_2=0.5\text{mm}$（半精刨）。试用修配法解尺寸链。

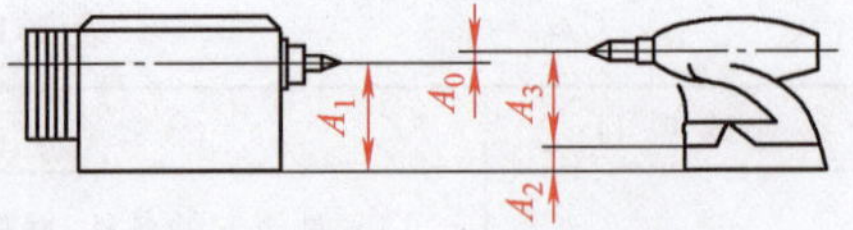

图 1-31 尾座底板修刮示意图

（1）按题意画装配尺寸链简图（见图 1-32a） 实际生产中，有时采用合并加工修配法，即减少组成环的环数，扩大组成环的公差，并同时满足装配精度要求。通常把尾座体和底板的接触面在预装配时先配好，并以底板的底面作定位基准，用镗模精镗尾座体上的顶尖套孔，其经济公差为 0.1mm。总装时，尾座体与底板已看作一个整体，也就是原组成环 $\overrightarrow{A_2}$ 及 $\overrightarrow{A_3}$ 合并为一个环 $\overrightarrow{A_{2、3}}$（见图 1-32b）。此时装配精度取决于 $\overleftarrow{A_1}$ 的制造精度（其经济公差 $T_{M1}=0.1\text{mm}$）及 $\overrightarrow{A_{2、3}}$ 的精度（$T_{2、3}$ 也取 0.1mm），现选定 $\overrightarrow{A_{2、3}}$ 作为修配环。

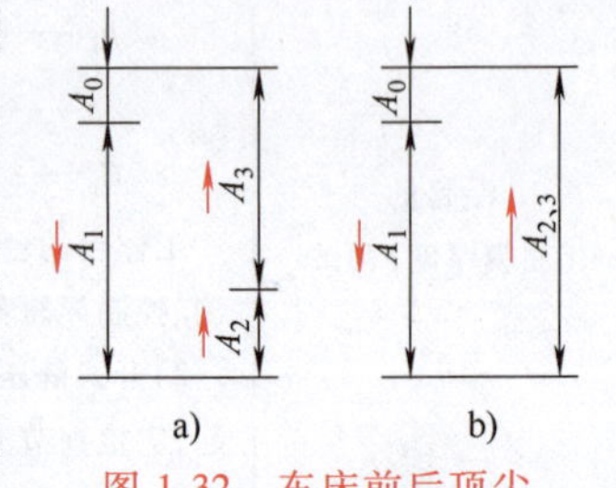

图 1-32 车床前后顶尖轴线尺寸链简图

（2）以经济加工精度作为各组成环的平均公差 其公差带分布位置如图 1-33 所示。

$$\overleftarrow{A_1}=202\text{mm}\pm0.05\text{mm},$$

$$\overrightarrow{A_{2、3}}=(46+156)\text{mm}\pm0.05\text{mm}=202\text{mm}\pm0.05\text{mm}$$

（3）确定修配环的尺寸及偏差 对 $\overleftarrow{A_1}$ 及 $\overrightarrow{A_{2、3}}$ 的极限尺寸进行分析可知，当 $\overleftarrow{A_{1\min}}=201.95\text{mm}$、$\overrightarrow{A_{2、3\max}}=202.05\text{mm}$ 时要保证装配要求，则 $\overrightarrow{A_{2、3}}$ 应有 0.04~0.10mm 的刮削余量才能使封闭环 A_0 为 0~0.06mm。但当 $\overleftarrow{A_{1\max}}=202.05\text{mm}$、$\overrightarrow{A_{2、3\min}}=201.95\text{mm}$ 时已没有刮削余量了。

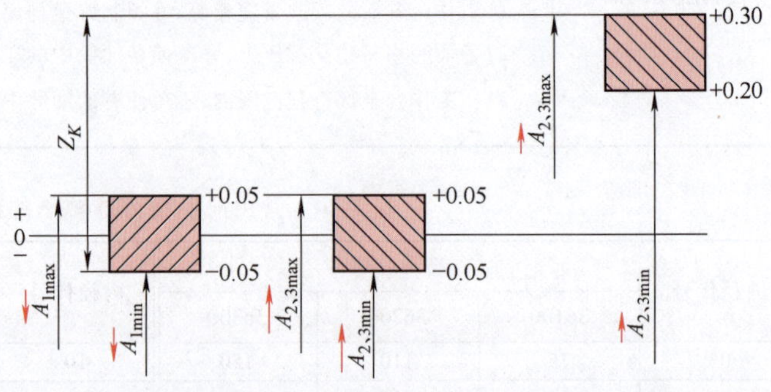

图 1-33 修刮前余量示意图

为了保证装配精度，必须留有必要的刮削余量，只有将 $\overrightarrow{A_{2、3}}$ 的极限尺寸加大；另一方面，为使刮削量不致过大，又要限制 $\overrightarrow{A_{2、3}}$ 的增大值。一般认为最小刮削余量不小于 0.15mm。这样，为保证当 $\overleftarrow{A_{1\max}}=202.05\text{mm}$ 时仍有 0.15mm 的余量，则应使 $\overrightarrow{A'_{2、3\min}}=(202.05+0.15)\text{mm}=202.20\text{mm}$，再加上 $\overrightarrow{A_{2、3}}$ 的制造公差 0.1mm，应为 202.30mm，于是修配环的实际尺寸和偏差应调整为 $\overrightarrow{A'_{2、3}}=202^{+0.30}_{+0.20}\text{mm}$。

（4）计算最大刮削量 Z_K 从图 1-33 可知，当 $\overrightarrow{A'_{2、3\max}}=202.30\text{mm}$、$\overleftarrow{A_{1\min}}=201.95\text{mm}$ 时，若要满足装配要求，则 $\overrightarrow{A'_{2、3}}$ 应刮至 $201.95\text{mm}+(0\sim0.06)\text{mm}=201.95\sim202.01\text{mm}$，其最大刮削余量 Z_K 为 0.35mm。

2. 选用调整法保证装配精度实例

下面仍以图 1-21 所示固定调整法实例为例介绍如何解决固定调整法中补偿环尺寸问题。已知各环具体尺寸为 $\overrightarrow{A_1}=115^{+0.20}_{+0.08}$mm，$A_2=8.5^{\ 0}_{-0.1}$mm，$A_3=95^{\ 0}_{-0.1}$mm，$A_4=2.5^{\ 0}_{-0.12}$mm，现因对双联齿轮的轴向窜动有严格要求，而无法用完全互换法装配达到装配精度，故加入一个固定调整件——尺寸为 A_K 的垫圈，其公称尺寸为 9mm，公差 T_K 为 0.03mm。为使这一部件的装配间隙 A_0 为 0.05~0.20mm，则调整件应如何分级？各级尺寸如何计算？

解　(1) 求调整件的分级数 x。

已知
$$T_K=0.03\text{mm}$$

封闭环公差为
$$T_0=(0.20-0.05)\text{mm}=0.15\text{mm}$$

尺寸链各环所造成的装配累积误差值 Δ 为

$$\Delta=T_0+T_{A_4}+T_{A_2}+T_{A_3}=(0.15+0.12+0.1+0.1)\text{mm}=0.47\text{mm}$$

$$x=\frac{\Delta}{T_0-T_K}=\frac{0.47\text{mm}}{(0.15-0.03)\text{mm}}\approx 4$$

故本例调整件的尺寸可分为四级，其分级尺寸大小也可根据尺寸链用极值法求得。

(2) 求调整件分级尺寸 A_K。设调整件最大尺寸级别的尺寸为 A_{K1}，则

$$A_{0\max}=\overrightarrow{A}_{1\max}-(\overleftarrow{A}_{2\min}+\overleftarrow{A}_{3\min}+\overleftarrow{A}_{4\min})-\overleftarrow{A}_{K1\min}$$

$$\overleftarrow{A}_{K1\min}=\overrightarrow{A}_{1\max}-(\overleftarrow{A}_{2\min}+\overleftarrow{A}_{3\min}+\overleftarrow{A}_{4\min})-A_{0\max}$$

代入数值后得

$$A_{K1\min}=115.20\text{mm}-(8.4+94.9+2.38)\text{mm}-0.2\text{mm}=9.32\text{mm}$$

由于 T_K 规定为 0.03mm，而封闭环公差与调整环公差之差为 $T_0-T_K=(0.15-0.03)\text{mm}=0.12\text{mm}$，故调整件各级尺寸之差为 0.12mm，于是分级尺寸如下：

$$A_{K1}=9.35^{\ 0}_{-0.03}\text{mm}\quad A_{K2}=9.23^{\ 0}_{-0.03}\text{mm}$$

$$A_{K3}=9.11^{\ 0}_{-0.03}\text{mm}\quad A_{K4}=8.99^{\ 0}_{-0.03}\text{mm}$$

应该指出：利用尺寸链理论计算装配精度，只考虑了零件尺寸和公差的影响，而没有考虑零件的几何形状和表面间位置误差的影响。因为零件的几何误差一般都在规定公差范围之内，而零件的位置误差，除特别标明外，解算尺寸链时也可忽略不计。同时，上述计算也未考虑部件结构刚性不足所引起的变形、热变形和机械设备使用中的正常磨损等问题，这些因素在实际计算时应根据具体情况予以适当考虑。

1.4.2　两级行星齿轮减速器部装和总装工艺过程实例

减速器是原动机和工作机之间独立的闭式传动装置，用来降低转速和增大转矩，以满足工作需要。其按传动的级数可分为单级和多级减速器。与普通圆柱齿轮减速器相比，两级行星齿轮减速器结构尺寸紧凑、质量小，但其结构比较复杂，制造精度要求较高，在冶金、矿山、起重运输机械设备中应用广泛。

图 1-34 所示为两级行星齿轮减速器装配简图，其装配工艺与其他机械设备的装配具有一般共性，可以划分为几个组件装配，然后再将组件进行部装和总装。

1. 行星齿轮减速器的技术要求

行星齿轮减速器的传动机构中，齿轮的齿数及行星齿轮数必须满足以下四个条件：

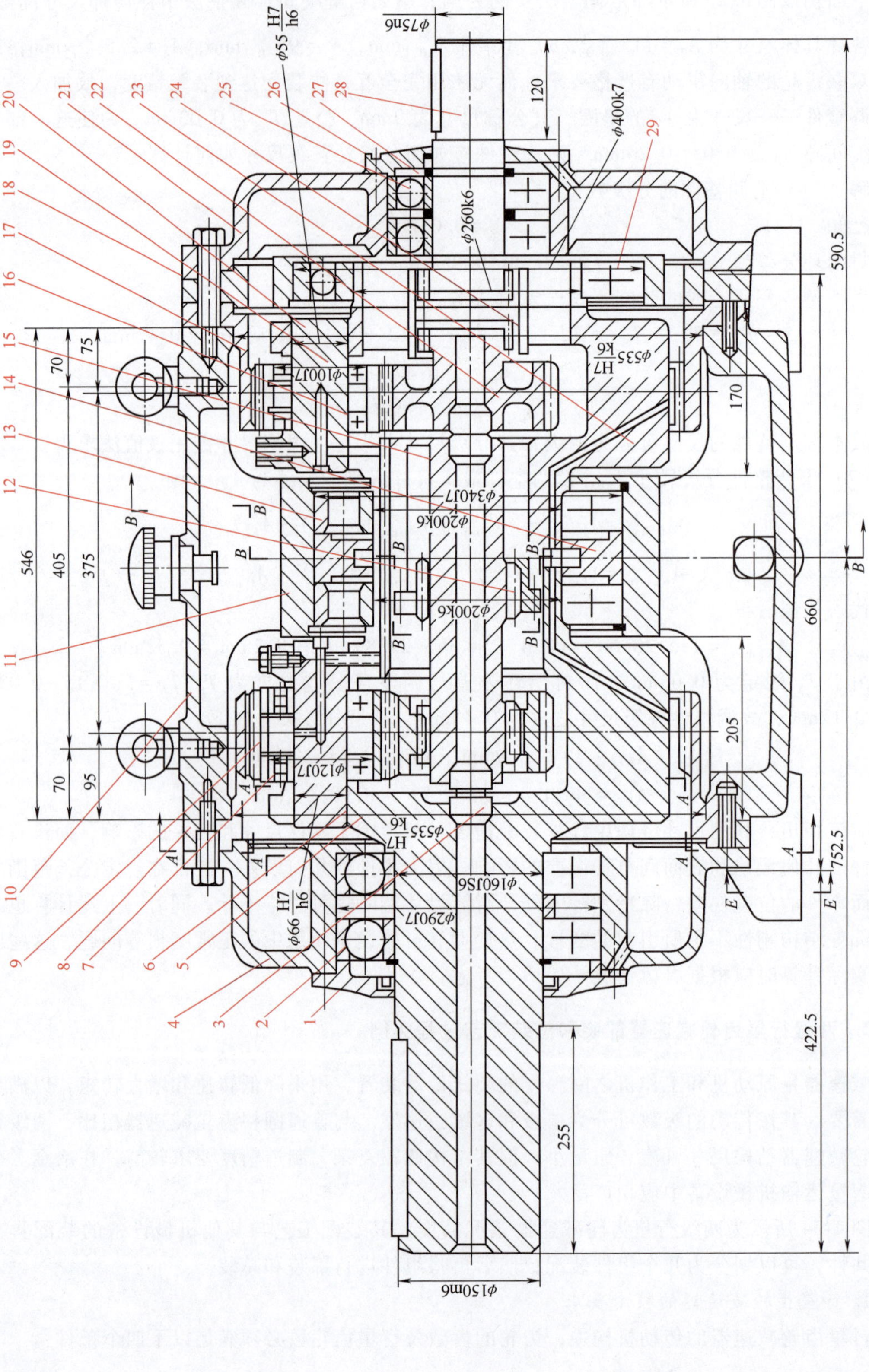

1
2
3
4
5
6
7
8
9
10
11
12
13
14
15
16
17
18
19
20
21
22
23
24
25
26
27
28
29
φ75n6
φ55 H7/h6
φ400k7
φ260k6
φ100J7
φ535 H7/k6
φ340J7
φ200k6
φ120J7
φ160JS6
φ290J7
φ66 H7/h6
φ150m6
120
590.5
170
660
205
752.5
422.5
255
546
405
375
70
75
95
A
B
E

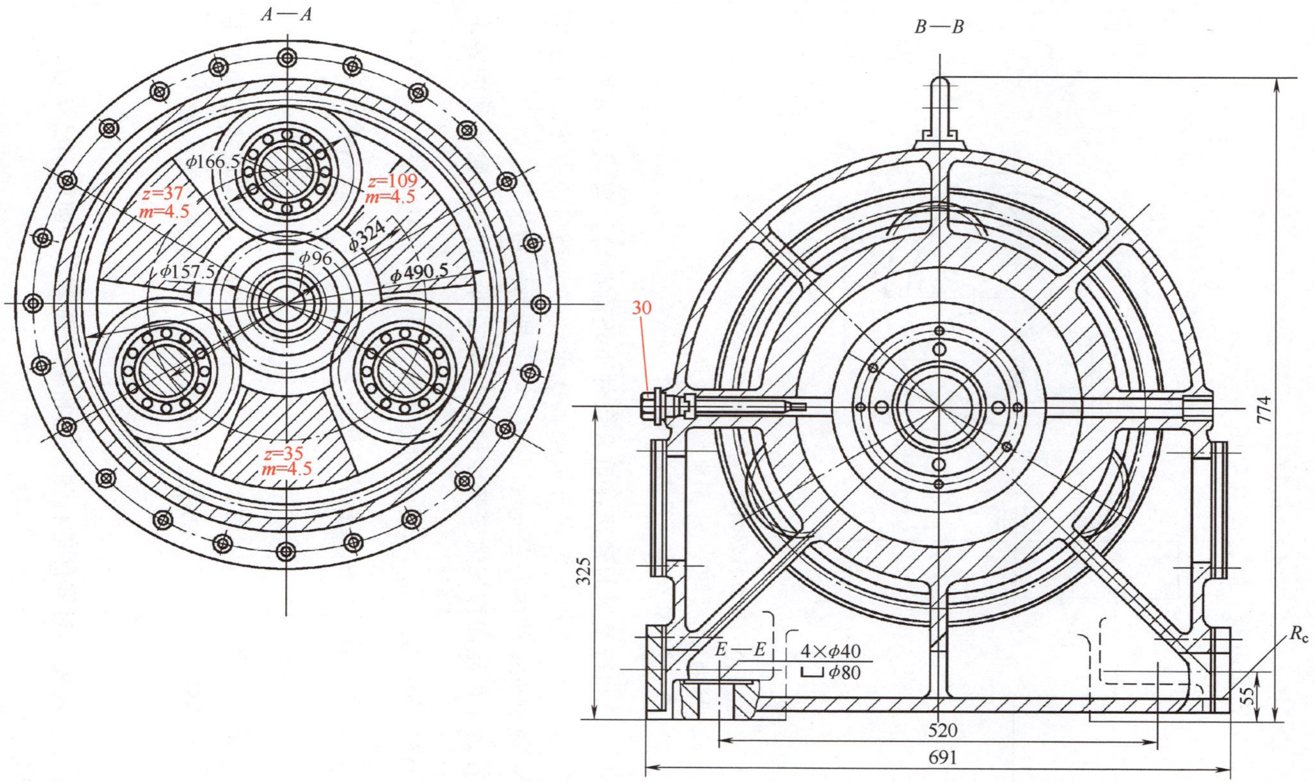

A—A

B—B

图 1-34　两级行星齿轮减速器装配简图

1—两级轴承盖　2、7、13、16、25、29—滚动轴承　3—止柱　4—端盖
5—两级行星架　6、20—柱销　8—两级齿圈　9—两级行星齿轮　10—减速器体
11—迷宫环　12—两级齿式联轴器　14—定位螺钉　15—中心齿杆　17—一级齿圈
18—轴承座圈　19—一级行星齿轮　21—轴盖　22—一级中心轮　23—一级行星架
24—一级齿式联轴器　26—轴承盖　27—挡圈　28—高速轴　30—定向杆

1）传动比条件。行星齿轮传动的传动比计算多采用转化机构法，即给整个行星齿轮传动机构加上一个“$-n_b$”转速（n_b 为行星架的转速），使整个机构相当于行星架不动的定轴轮系。转化机构的传动比计算公式为

$$i_{ac}^{b}=\frac{n_a-n_b}{n_c-n_b}$$

式中　n_a、n_c——主动齿轮 a 与从动齿轮 c 的转速（见图 1-35）。

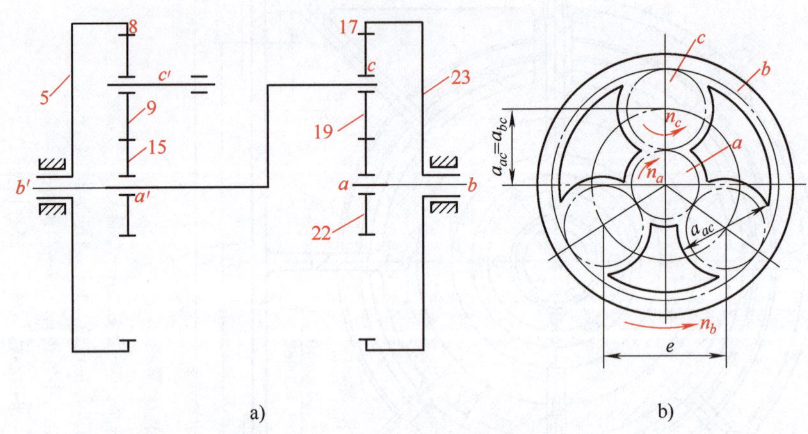

图 1-35　两级行星齿轮的传动图

a）行星齿轮传动简图　b）同轴与邻接条件

注：图中数字为图 1-34 中的件号。

2）同轴条件。为保证中心轮和行星架的轴线在重合条件下正确啮合，要求各对啮合齿轮间的中心距必须相等。图 1-35 中，当中心轮和行星架轴线重合时，外啮合齿轮副 $a-c$ 的中心距 a_{ac} 必须等于内啮合齿轮副 $b-c$ 的中心距 a_{bc}，故 $a_{ac}=a_{bc}$ 即为同轴条件。

3）装配条件。为保证各行星齿轮能均匀地安装于两中心轮之间，行星齿轮传动的装配条件是：两中心轮的齿数之和应为行星齿轮个数 n_w 的整数倍，即$\frac{z_a+z_b}{n_w}=C$（整数）。否则，当第一个行星齿轮装入啮合位置后，其他行星齿轮装不进去，如本例两级行星齿轮传动的装配条件为$\frac{35+109}{3}=48$。

4）邻接条件。为保证相邻两行星齿轮的齿顶不相碰，齿顶间的最小间隙取决于齿轮制造精度，一般可取 0.5m（m 为齿轮模数）。当不满足邻接条件时，可减少行星齿轮个数 n_w 或增加中心齿轮的齿数 z_{ac}。

2. 装配前的准备

关于熟悉、研究图样和工艺规程，对零件进行预处理和整形等要求，前面都已学过，因此不再重复。这里只介绍预装配：

1）将件 6、20 两种柱销共 6 根用 NPT 1/8 内六角螺栓将其工艺孔堵塞，使螺孔口固定以防松动。

2）将止柱 3 分别装入中心齿杆 15、两级行星架 5 和一级中心轮 22。

3）用阻油塞堵住两级行星架 5 的油路工艺孔，并使螺孔口固定，以防松动。

3. 减速器部件装配

按减速器装配图将它划分为以下五个组件进行装配：

（1）高速段轴盖组件的装配

1）先将弹性挡圈装入高速轴28的近齿部的槽内，然后分别把两个轴承25、止推隔环、挡圈27装入高速轴。采用热装工艺把轴承内圈迅速装到高速轴上，待冷却后再次清洗。

2）将轴承盖26装到轴盖21上，保持间隙0.20~0.25mm，调整时应保证两轴承的原始游隙，不得损坏轴承滚道。

（2）轴承座圈组件的装配　将滚动轴承29的外圈用打入法装进轴承座圈18内，用挡圈定位。

（3）高速段一级行星架组件的装配　这一组件共有三个相同的行星齿轮，必须先进行分组件装配。

1）将两个挡圈及滚动轴承16装入一级行星齿轮19内腔（共三组）。

2）将一级行星架23的ϕ200k6端朝上放稳，分别把三个一级行星齿轮、垫环、柱销20等先后装入一级行星架23中，其垫环与轴承间隙为0.15mm（垫环上应标记钢印），因是单配需防调错。

3）用定位螺钉14、垫圈对准柱销20上的定位孔固定柱销（因是定向装配不能装错）。

4）将滚动轴承13内圈用热装工艺装入一级行星架23的ϕ200k6上，用挡圈定位。

5）将两级齿式联轴器12、压环和两个弹性柱销（ϕ16mm和ϕ10mm）装入一级行星架23（应将柱销槽口向受力方向装入，第二根柱销与第一根柱销成180°对称方位，柱销不得高出平面）。

（4）低速段两级行星架组件的装配

1）将两个滚动轴承2及止推隔环装入端盖4的ϕ290J7孔内。

2）将两级轴承盖1装入端盖4，调整间隙至0.20~0.25mm。再拆下轴承盖，待两级行星架5装好后再装轴承盖。

3）分别将两个挡圈及滚动轴承7、垫环装入两级行星齿轮9的孔内（共三个），调整垫环与轴承的间隙至0.15mm，垫环须打钢印标记，以防调错。

4）将三个已组装好的两级行星齿轮9分别装入两级行星架5。装入时，柱销定位孔应与行星架定位螺孔对准，不得错位，然后紧固螺钉，并使垫圈固定。

5）将滚动轴承13内圈用热装工艺装入两级行星架，并用挡圈固定。

6）将行星架调向180°，使ϕ150m6端朝上，然后把端盖4连同滚动轴承2等一起置于乳化液水槽中，用热装法装在行星架ϕ160JS6外圆轴肩上，用挡圈固定轴向位置。

7）再次装入两级轴承盖1，调整好轴承间隙并装入油封后，紧固轴承盖。

（5）减速器体组件的装配

1）分别将两级齿圈8和一级齿圈17按图装入减速器体10的两端。装配时应将两端面对准钻、铰孔用的定位标记（因是配作不能错位），再装入弹性柱销，柱销槽口向受力方向装入。

2）装入迷宫环11，将两个滚动轴承13外圈装入减速器体ϕ340J7孔内，用挡圈定位轴承，然后用定向杆30固定减速器体。定向杆与进油口成180°对称方位。

3）装减速器体两侧有机玻璃油窗及底部两侧的法兰盘以及顶部的透气帽和两个吊环。

4. 行星减速器总装配

1）将组装好的减速器体组件的一级行星齿轮朝上，拨正三个行星齿轮，装入一级中心轮 22 和一级齿式联轴器 24。

2）在轴承盖 26 内装入油封，再将轴承盖装入轴承座圈 18。

3）将已组装好的轴承座圈 18、轴承盖 26 装上一级行星架 23，并与一级齿式联轴器 24 连接。滚动轴承 29 内圈用打入法而不用热装工艺安装。

4）至此，高速段一级行星减速器部分已装配完毕。现将减速器体调向 180°，使高速段向下，并将整体垫平放稳。

5）将已组装好的两级行星架组件，用夹具夹紧其 ϕ150m6 轴端，然后装入减速器体组件。这一次装配是为了测定中心齿杆 15 两端部的止柱 3 与两级行星架端部的止柱间隙的试装，故两级行星齿轮 9 暂不装入。两止柱的间隙为 0.5mm。但对这一间隙的测定有一定难度，主要是因为它是由多级轴承原始游隙和各轴承挡圈间隙累积而成，故在卧式静态下测定是不够精确的。较理想的测量是在减速器体立式下进行，即使高速轴 28 端再次竖直朝上，并转动高速轴，使各轴承自然向下游动，然后在低速轴端拧紧端盖 4 的紧固螺钉，这样两止柱用压物（宜用橡皮泥，不宜用软铅丝）测量间隙相对要准确。实践证明，该间隙过小时，止柱因速比不同容易烧坏。

6）在两止柱间隙确定并调整好后，即可将减速器体组件再转向 180°使高速轴朝下，然后装入两级行星齿轮和行星架。

7）拆下两级轴承盖 1，装好油封，再将轴承盖装上端盖 4 后紧固。至此总装结束。

5. 减速器试运行

1）全机采用 L-AN10 全损耗系统用油润滑。

2）空运转试运行不得有冲击性的噪声。

3）负载试运行，检查各齿啮合接触质量，用涂色法检查时，沿齿高不少于 45%，沿齿长不少于 60%。

项目2 大型及复杂畸形工件的划线

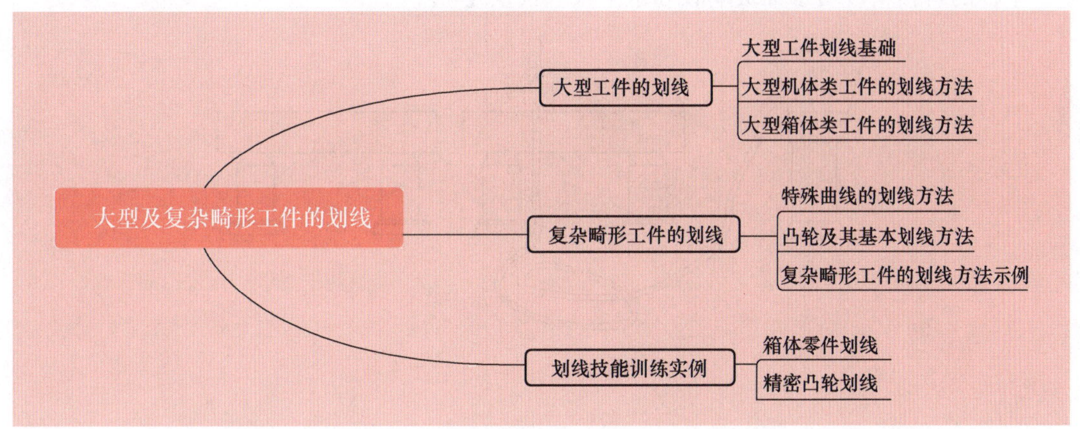

2.1 大型工件的划线

2.1.1 大型工件划线基础

1. 划线常见问题

大型工件的划线不同于一般工件的主体划线，其特点是工件的质量大，不易安放，转位困难，超长、超高是其突出的问题。因无法借助划线平板，一些超大机体只能就地安放在水泥基础的调整垫铁上，另设划线用导轨。另外，突出的问题是划线参照基准困难，通常利用拉线和吊线的方法解决划线基准问题。因此，对于这类大型机体的划线，需要几个人协作才能完成，劳动强度大，效率低。

2. 划线的方法

一般大型工件的划线，如条件允许，应尽可能安放在划线平板上进行。大型工件安放在平板上划线，经常遇到平板长度、宽度不够等问题。如果工件超出不多，可利用工件移位分段划线，先将在平板部分的线划完后再将工件移位找正后划另一部分。这种方法对于不具备大型平板条件的，能解决生产实际问题。

分段划线由于要将工件移位、调整，增加了工作量，效率较低，而且划线误差也较大。因此，有条件的尽可能采用平板拼接来扩大划线平板的工作范围，能取得较好的效果。

平板拼接在大型工件划线中应用较多，对划线质量有很大的影响。常用的拼接方法是把几块平板紧密拼接成一个大型平板，用长的平尺作“米”字形交接检查（利用透光法或塞尺检查），如图2-1所示。这种方法简便有效，可在安装中快捷地将平板拼接完成，拼接精度高，可达到0.05mm以内。

用水准法检测拼接大型平板如图 2-2 所示。在拼接的大型平板附近相应高度处，放置一盛水器具，接一软管，软管的另一端接带座的有刻度值的水准玻璃管（刻度板决定平板的拼接精度）。选定某一块平板为基准（预先用水平仪调整水平状态），测量其余拼接平板的等高度及平行度误差。平板的拼接精度由水准玻璃管和水平仪共同决定。

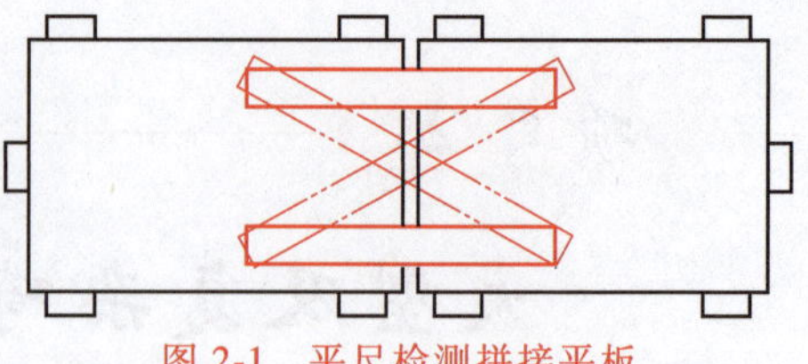
图 2-1　平尺检测拼接平板

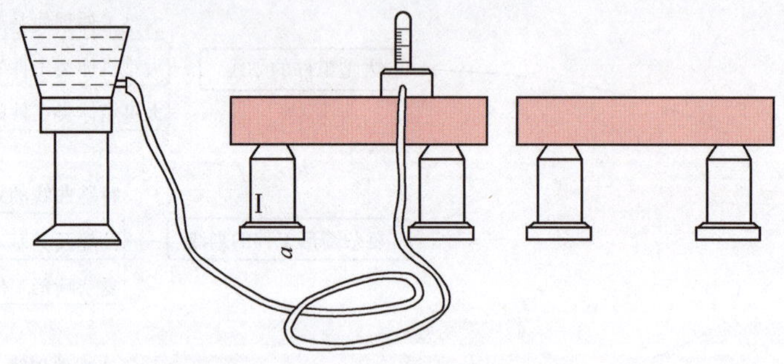

图 2-2　用水准法检测拼接大型平板

在大型平板拼接工艺中，应用经纬仪进行检测，其精度和效率比传统平板拼接工艺好。平板在拼接过程中可以做到一次调整到位。如图 2-3 所示，经纬仪设在平板外任一处，标尺安放在被测平板上，调整经纬仪的高度以及垂直度盘于 90°水平位置，望远镜分划板中十字线对准标尺上某一刻度值，如图 2-4 所示。测量时，将标尺移至被测平板任一处，均与望远镜十字线重合，被测平板调整到位后再将标尺移至拼接平板上，使所有拼接平板的四角部位都能调整到与十字线重合。

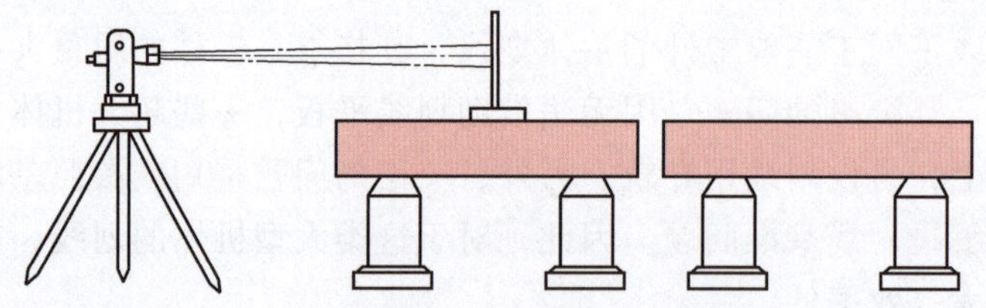
图 2-3　经纬仪检测拼接平板

拼接平板在安放调整中，利用经纬仪测量望远镜中分划板上的上、下两短线与标尺上所对应的刻度值，可求得测站点到标尺之间的距离，并可通过计算测得平板某一点的等高度调整量值。根据望远镜中十字线所对准的被测平板标尺上的示值与原基准平板上标尺确定的示值之差（通过垂直度盘读数直接读出），可用平板调整量公式求得实际调整量。

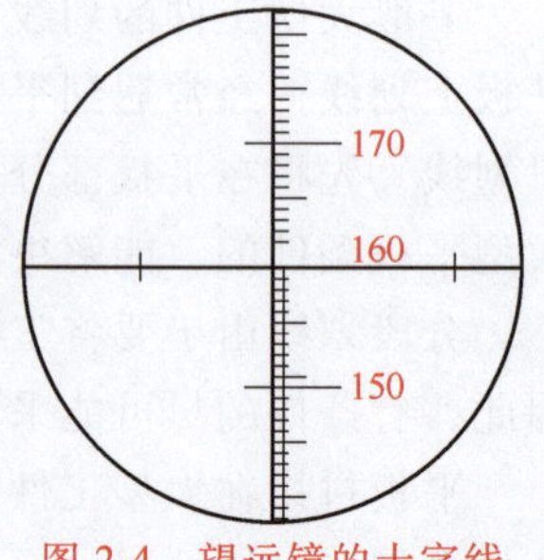

图 2-4　望远镜的十字线

经纬仪测距公式为

$$D = KL + C = 100L$$

式中　D——标尺到测站点的距离（mm）；

L——上、下视距线在标尺上所截长度（mm）；

K——视距乘常数，$K=100$；

C——视距加常数（mm），$C=0$。

平板调整量公式为

$$\delta = 2KL\frac{\tan(90^\circ - \alpha)}{2}$$

式中　δ——平板实际调整量（mm）；

α——被测平板垂直度盘读数（°）；

K——视距乘常数，$K=100$；

L——上、下视距线在标尺上所截长度（mm）。

例　用经纬仪测量拼接平板，标尺与测站点距离为 200mm，望远镜中上、下短线与标尺上对应的刻度值为 170mm、150mm，经纬仪垂直度盘读数为 89°57′57″，已知基准平板读数为 90°，则拼接平板与基准平板等高度误差值是多少？

解　根据公式

$$\begin{aligned}\delta &= 2KL\frac{\tan(90^\circ - \alpha)}{2}\\ &= 2\times 100\times(170-150)\text{mm}\times\frac{\tan(90^\circ - 89^\circ 57'57'')}{2}\\ &= 2\times 2000\text{mm}\times\frac{\tan 2'3''}{2} = 1.19\text{mm}\end{aligned}$$

从计算得知，拼接平板与基准平板之间的等高度误差为 1. 19mm。

2. 1. 2　大型机体类工件的划线方法

现以大型泥浆泵机座的划线工艺为例来说明大型机体类工件的划线方法。

1. 分析其结构情况

图 2-5 所示为泥浆泵机座的零件图，其外形尺寸为 3876mm×1652mm，重约 7t，由 20 钢板焊接制成，有焊接变形的可能。

2. 划线要求

划底平面的加工线、宽度为 1652mm 轴承孔两端面的加工线、3×ϕ368mm 的镗孔线、1532. 5mm 的止口线及机盖贴合面的加工线等。

3. 划线步骤

1）将机座 A 面放置在拼接平板三个调整垫铁上（垫铁设置：在 2×ϕ648mm 孔处各放置一个，在 ϕ368mm 孔处放置一个）。调整垫铁使 ϕ648mm 两孔和 3×ϕ368mm 孔中心（借料求中心）基本在水平位置，加放辅助调整垫铁。

2）在 2×ϕ648mm、2×ϕ474mm、3×ϕ368mm 毛坯孔内放置划中心垫块。

3）用划线盘划出孔 ϕ648H7 和 ϕ368H7 机座的中心线，并以 ϕ648H7 中心线为基准作 787mm 的基座底面加工线，同时划出 2×ϕ648H7 及 3×ϕ368H7 孔上、下镗孔方框线。

4）以中心线为基准，作尺寸 583mm，划出 2×ϕ474H7 孔的中心线，并划出 ϕ474H7 孔

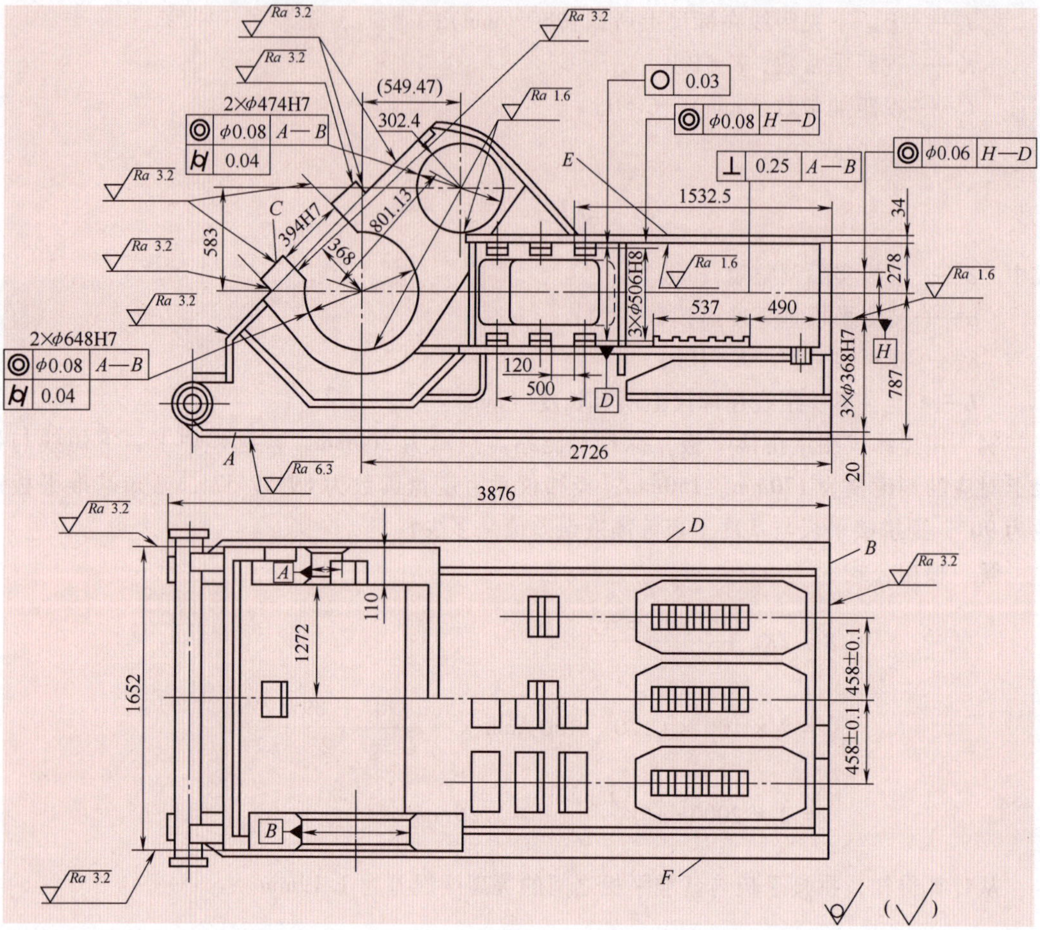

图 2-5　泥浆泵机座的零件图

的上、下镗孔方框线。

5）将机座转位 90°，使机座 *D* 面放置在三个调整垫铁上。粗调 *F* 面上平面，使其与划线平板台面平行，并用直角尺校正底平面加工线，加放辅助调整垫铁。

6）根据（110+1272）mm 尺寸和 ϕ368H7 孔中心，使左、右两端中心点与平板台面平行，划机座的中心线。

7）以中心线为基准，划 1652mm 两轴承孔端面的加工线；同时划出（458±0.1）mm 及 3×ϕ368H7 的镗孔方框线。

8）将机座转位 90°吊起，使 *B* 面安放在平板三个调整垫铁上，用直角尺和垂线校正 *E* 面和 *D* 面垂直中心线，使机座垂直于平板，加放辅助调整垫铁，并用安全支架固定。

9）根据 1532.5mm 止口加工线划出机座前端 *B* 面的加工线，并以前端 *B* 面加工线为基准作 2726mm、ϕ648H7 孔的中心线及以 2726mm−549.47mm 尺寸。划 ϕ474H7 孔的中心线，同时划出 2×ϕ648H7 和 2×ϕ474H7 镗孔方框线。

10）将机座吊起转位，使机盖贴合面 *C* 安放在调整垫铁上。另用两只千斤顶斜支撑在 *E* 面上并用行车吊住确保安全，找正 2×ϕ648H7 和 2×ϕ474H7 孔的中心，划出 302.4mm、

368mm 尺寸加工线。以两孔中心为基准分别用直角尺找正划出 2×ϕ474H7、2×ϕ648H7 镗孔加工线和 394H7 的加工线。

11）复验各划线尺寸并作样冲标记，拆除各轴承孔内的中心垫块。

2.1.3　大型箱体类工件的划线方法

在机械制造业中，箱体类工件占有很大的比重，常见的箱体类工件有主轴箱和减速器等。由于箱体工件的形状以及加工工艺较为复杂，各部位的尺寸和精度要求都比较高，因此箱体类工件的划线要比一般工件难度大。

1. 箱体类工件的划线方法

在箱体划线过程中，除了要注意一般工件划线时的选择划线基准、找正、借料等方法之外，还需要注意如下一些问题：

1）在划线前要仔细检查毛坯质量，避免选择有较大误差和过多缺陷且无法补救的毛坯。

2）在划线前要仔细看懂图样要求，清楚工件的加工工序，严格按照工艺要求划出本道工序所要求划出的尺寸线，没有必要把所有的加工尺寸线全部划在工件上，以免有些划线在加工过程中被加工掉而造成无谓的重复划线。

3）由于大多数箱体的内壁不需要加工，内壁装配齿轮等零件的空间往往很小。因此，在划线时要特别注意找正箱体的内壁，以保证加工后的箱体能够顺利地进行装配。

4）划线时应选择箱体上待加工表面比较重要和比较集中的平面，作为箱体的第一划线位置。这样有利于在划线时能准确地找正和尽早发现毛坯的缺陷，既保证划线质量、提高划线的效率，又可以减少箱体翻转的次数。

5）十字找正线应划在比较平直的部位，并尽量与箱体的主轴轴线或对称中心线重合，可为后面的加工工序提供可靠的校正依据。

6）经过加工后会将第一次划出的箱体十字找正线切除，为了快速地再次划出十字找正线，可将第一次所划的十字找正线适当延长至两侧，用作第二次划十字线时的参考。这样可以尽量减少划线误差，保证划线的精度。

2. 箱体划线前的准备

（1）看懂零件图、掌握工艺要求　例如减速器的箱体是由箱盖和箱座两部分组成的，工作时两部分连成一体，其剖分面与传动零件的轴线重合。通过读图可以看到：三个轴孔间的中心距尺寸和轴孔的加工精度是箱体加工质量的关键，它们不仅有较高的位置精度，而且有较高的尺寸精度，在划线时要注意保证轴孔有必要的加工余量。箱体的紧固面虽然是非加工表面，由于要承受箱盖和箱座紧固在一起的紧固力，划线时紧固面与剖分面之间的厚度要均匀，尽量接近图样要求的尺寸。通常情况下，箱体内部的结构都比较紧凑，所以在划线时要注意有关空间位置。

通过工艺分析可以知道，为满足工艺要求，可对减速器箱体进行四次划线。第一次为毛坯划线，先划出箱盖和箱座剖分（结合）面的加工线。待剖分面加工后进行第二次划线，划出紧固螺栓孔和定位孔的位置与加工线。待钻孔后将箱盖与箱座紧固为整体，然后进行第三次划线，划出两侧面加工线。待两侧面加工后进行第四次划线，划出各轴孔的位置和加工线。

（2）划线前的准备工作

1）清砂去毛刺：由于减速器箱体的材料是铸件坯料，因此要先清砂去毛刺，便于划线和加工。

2）箱体涂色：为了能比较清晰地给机床提供加工线，第一次、第三次划线是在毛坯将要加工的表面进行的，可在坯料的表面涂上一些石灰水。而第二次与第四次划线是在已加工表面进行的，在划线时应涂淡金水。

3）安装中心塞块：为准确地确定各轴孔的中心位置，应在第一次与第四次划线时在孔内安装中心塞块，以便于定位。

2.2 复杂畸形工件的划线

2.2.1 特殊曲线的划线方法

1. 渐开线的划线方法

渐开线用在齿轮上，目前我国绝大部分齿轮的齿廓曲线都采用渐开线。其划线方法如下：

1）在圆周上作若干等分（图 2-6 所示为 12 等分），得到的各等分点分别为 1、2、3、…、12，划出各等分点与圆心的连心线。

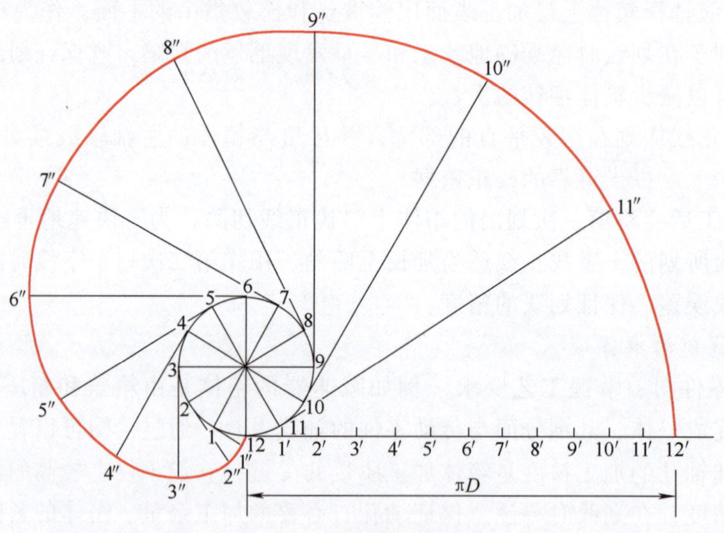

图 2-6 渐开线的划法

2）过圆周上各等分点作圆的切线。在等分点 12 的切线上，取 12-12′等于圆周长，并将此线段分为 12 等分，得 1′、2′、3′、…、12′各等分点。

3）在圆周的各切线上分别截取线段，使其长度分别为 1-1″=12-1′、2-2″=12-2′、3-3″=12-3′、…、11-11″=12-11′。

4）圆滑连接 12、1″、2″、…、12′，所得曲线即为该圆的渐开线。

5）渐开线齿形轮廓的划法。

若已知齿轮的模数 m、齿数 z，按照标准正齿轮的尺寸关系，可算得：

分度圆直径 $d=mz$；齿顶圆直径 $d_a=m(z+2)$；齿根圆直径 $d_f=m(z-2.5)$。

根据以上各直径，按下列步骤作图可以划出齿形的轮廓（见图 2-7a）。

① 按 d、d_a、d_f 划出三个同心圆。

② 过分度圆上的 A 点，划直线 AN，使其与 OA 成 70°交角（压力角为 20°的齿轮）。

③ 划 OK 垂直于 AN；以 OK 为半径，以 O 为圆心划圆（此圆即为齿轮的基圆）。

④ 将 AK 分成若干等份，等份数越多，划出的齿形越准确；再以 AK 的每一等份为弦，在基圆上向 K 点两旁截取各点。

⑤ 过基圆上各等分点作切线，并在每条切线上依次以切点为起点，分别截取 $AK/4$、$AK/2$、$3AK/4$、…，得 1′、2′、3′、…、8′各点。圆滑连接这些点，便可得到从基圆到齿顶圆的齿形轮廓。

⑥ 由基圆到齿根圆的一段齿形轮廓，可按半径 OB 的一部分划出。

⑦ 齿形轮廓另一侧的划法如图 2-7b 所示。先按 $AA'=2\times d/2\times\sin\dfrac{360°}{4z}=d\sin\dfrac{90°}{z}$，求出 AA'（弦长），划出 A 点的对称点 A'，再划出 AA'的垂直平分线 OO'。以 O 为圆心，过已划出的齿形轮廓上各点划同心圆。以对称轴 OO'为标准，即可划出另一侧齿形轮廓的对称点 5″、6″、7″、…。光滑连接这些点，便得到另一侧齿形轮廓。这样整个齿轮齿形轮廓如图 2-7b 所示。

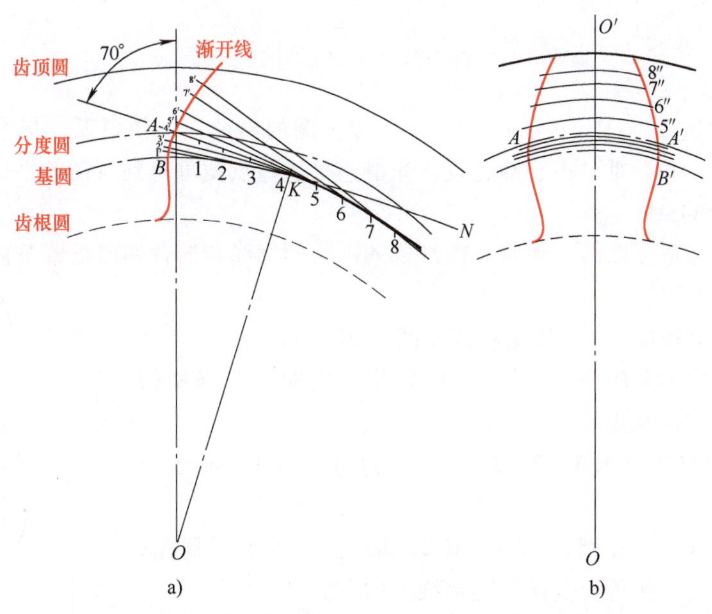

图 2-7　正齿轮齿形轮廓的划法

2. 渐伸涡线的划法

渐伸涡线广泛应用于鼓风机、水泵等壳体的型线，其划法如图 2-8 所示。

1）以正方形某一顶点 B 为圆心，以 BA 为半径划 1/4 圆，交 CB 延长线于 S_1。

2）以顶点 C 为圆心，以 CS_1 为半径划 1/4 圆，交 DC 延长线于 S_2。

3）以顶点 D 为圆心，以 DS_2 为半径划1/4圆，交 AD 延长线于 S_3。

4）以顶点 A 为圆心，以 AS_3 为半径划1/4圆，交 BA 延长线于 S_4。

5）依次改变圆心和半径，便可划出渐伸涡线。

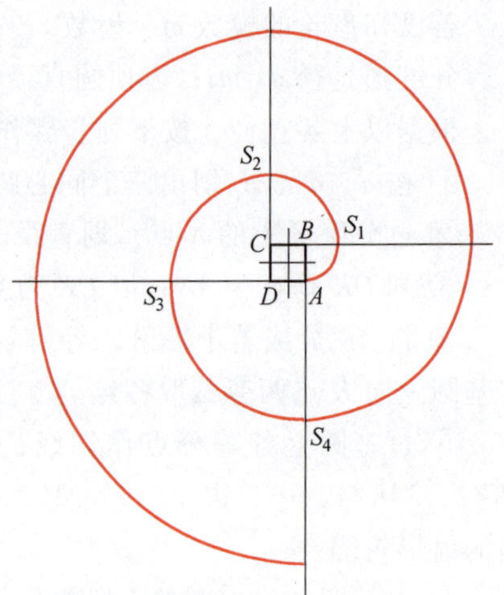

图2-8　渐伸涡线的划法

3. 摆线的划法

图2-9所示为平摆线的划法。具体步骤如下：

1）将滚圆圆周分成若干等份（此处为12等份）。

2）导线0-12′的长度为滚圆周长，并将其分成与滚圆同样的等份。

3）在导线各等分点上作垂线，与过圆心 O_0 所作的平行线 O_0-12″分别相交于1″、2″、3″、…、12″各点。

4）在滚圆圆周的各等分点上作水平方向的平行线。

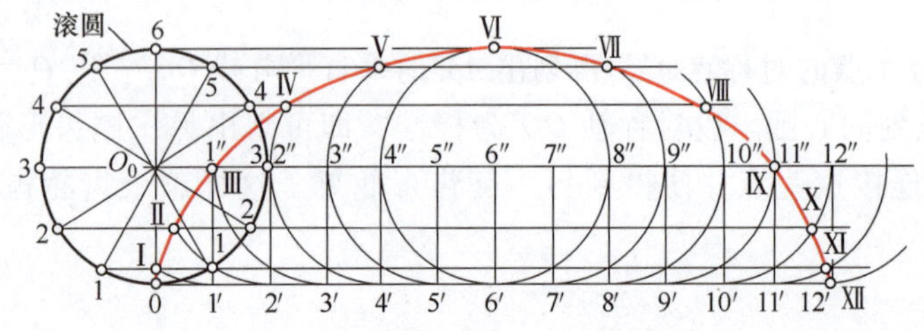

图2-9　平摆线的划法

5）分别以1″、2″、3″、…、12″为圆心，以滚圆的半径为半径划弧，与滚圆上所作出的平行线相交得Ⅰ、Ⅱ、Ⅲ、…、Ⅻ各点。光滑连接这些点便可得到所需的平摆线。

4. 抛物线的划法

抛物线也称为强度曲线。如汽车前灯罩的剖面轮廓线和摇臂钻床摇臂下面的曲线等都是抛物线。其划法如下：

已知导线 DD' 和焦点 F，则抛物线如图2-10所示。

1）过 F 点作导线 DD' 的垂线，得抛物线的主轴 FM，FM 的中点 A 就是抛物线的顶点。

2）在主轴 FM 上任取1、2、3、…点，过这些点作平行于导线 DD' 的垂线。

3）以 F 为圆心，分别以 M-1、M-2、M-3、…为半径划弧，与相应的垂线相交，所得交点便是抛物线上的点。

光滑连接这些点，便可得到图2-10所示的抛物线。

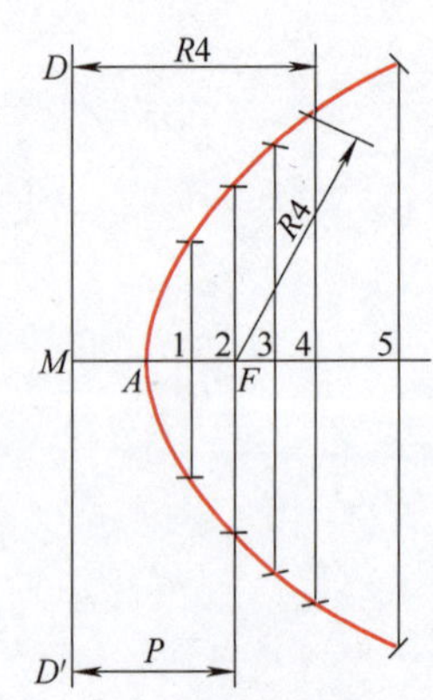

图2-10　抛物线的划法

5. 阿基米德螺旋线的划线方法

平面内的一动点沿一直线做等速运动，而该直线又同时绕此直线上一定点作等角速回转，该动点的轨迹就是一条阿基米德螺旋线。

车床自定心夹头内的平面螺纹和有些凸轮的轮廓曲线都应用了阿基米德螺旋线。

阿基米德螺旋线的划法如下：

1）将圆周分成若干等份（此处为 8 等份），如图 2-11 所示。

2）将圆周上各等分点与圆心 O 连成直线。

3）将半径 O-8 分成与圆周相同的等份，得 1′、2′、3′、…、7′各点。

4）以 O 点为圆心，分别以圆心 O 到各等分点的距离（O-1′、O-2′、…、O-7′）为半径划同心圆，相交于相应的圆周等分线上 1″、2″、3″、…、7″各点。

光滑连接这些点，就得所求的阿基米德螺旋线。

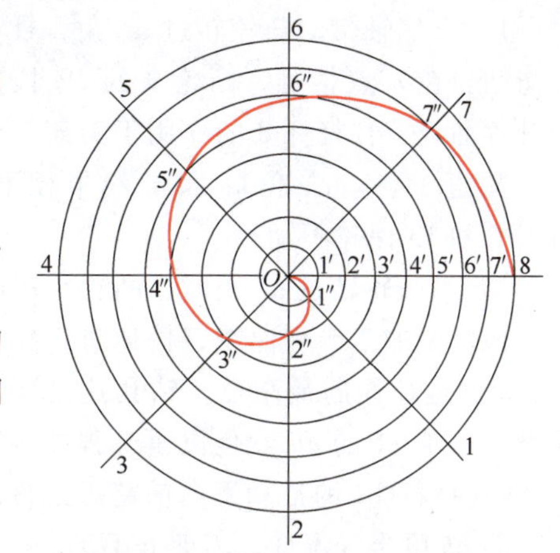

图 2-11　阿基米德螺旋线的划法

2.2.2　凸轮及其基本划线方法

1. 凸轮的种类与各部分尺寸的计算

（1）凸轮的种类与应用　凸轮是各种机器中经常采用的零件，凸轮有多种类型，常见的有圆盘凸轮、圆柱凸轮和移动（块状）凸轮，如图 2-12 所示。凸轮机构依靠凸轮本身的轮廓形状，使从动件获得所需要的运动，凸轮轮廓的形状决定了从动件的运动规律。凸轮机构的运动规律有等速运动、等加速运动和等减速运动、简谐运动等。凸轮机构的用途是将凸轮的连续运动转化为从动件的间歇运动。凸轮机构常用于机械运动控制，如机床的时间控制系统常采用凸轮机构，各部件动作的时间分配和运动的行程信息都记录在凸轮上。凸轮控制主要用在机械传动的自动、半自动机床上。凸轮的形状和安装角度的不同，可以控制执行部件的先后动作顺序。凸轮回转一周完成一个工作循环，改变凸轮的转动速度，可改变工作循环周期。图 2-13 所示为某专用机床应用凸轮控制的示例，分配轴Ⅰ、Ⅱ上装有凸轮 1、11 和 9，同分配轴一起旋转。加工周期从凸轮 O 点开始，此时三个杠杆 2、12、8 的滚子都在 O 点与凸轮接触。

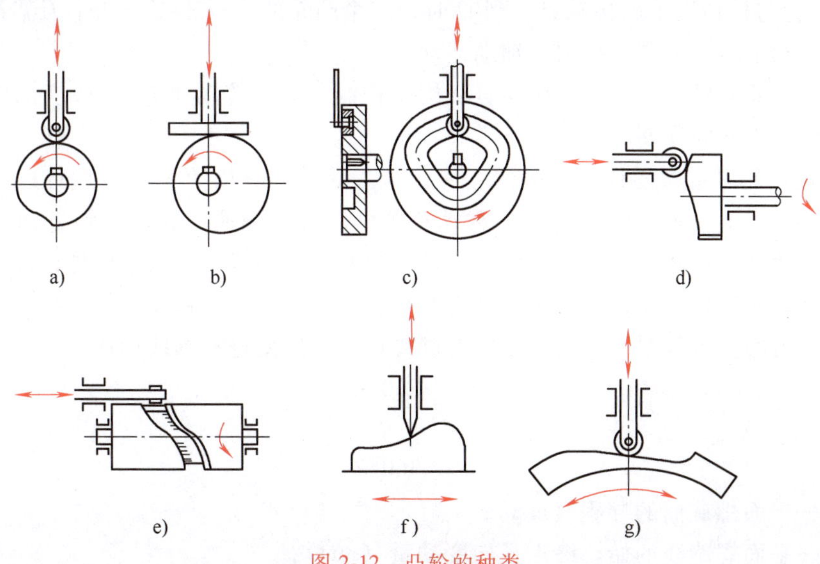

图 2-12　凸轮的种类

a)、b)、c) 圆盘凸轮　d)、e) 圆柱凸轮　f)、g) 移动凸轮

1）分配轴带动凸轮转过 α_1 角，杠杆滚子与凸轮在 a 点接触。凸轮 9 的 Oa 段是快速升程曲线，在杠杆 8 的作用下刀架 7 快速移动趋近工件。凸轮 11 和 1 的半径不变，刀架 6 和 13 保持不动。

2）当凸轮转过 α_2 角时，凸轮 9 转过 ab 段，该段是加工升程曲线，机床进行钻孔加工，b 点是升程的最高点，钻孔达到要求的深度。凸轮 11 的 ab 段是快速升程曲线，刀架 13 在杠杆 12 的推动下向前趋近工件。凸轮 1 的 ab 段半径不变，刀架 6 不动。

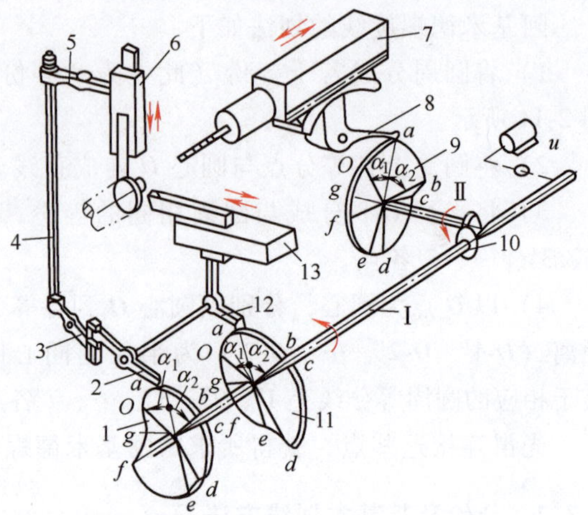

图 2-13　凸轮应用示例

3）当凸轮从 b 转到 c 点时，凸轮 9 的 bc 段是回程曲线，凸轮半径减小，杠杆 8 在回程曲线的作用下使刀架 7 退回原位。凸轮 11 的 bc 段仍是快速升程曲线，刀架 13 趋近工件。凸轮 1 的半径不变，刀架 6 不动。

4）凸轮与滚子的接触点越过 c 点以后，凸轮 11 的 cd 段是加工升程曲线，刀架 13 向前做进给运动，刀具进行切削加工。凸轮 1 和 9 的 cd 段是圆弧，半径不变，刀具 6、7 保持不动。

5）当凸轮转至 d 点与杠杆滚子接触时，凸轮 11 达到了加工升程曲线的最高点，刀架 13 达到了要求的背吃刀量。凸轮 1 处于升程曲线的起点。

6）当凸轮从 d 点转到 e 点时，凸轮 1 使刀架 6 快速进给，凸轮 11 使刀架 13 快速后退。凸轮 9 的 d、e、f、g、O 段半径不变，使刀架 7 停留在最后位置，直到下一个循环开始。当凸轮转到 f 点时，凸轮 1 使刀架 6 完成进给；转至 g 点时，完成快退。凸轮 11 的 efg 段半径不变，使刀架 13 停在后面的位置不动。

7）当凸轮与杠杆滚子的接触点 g 到 O 时，三个凸轮的半径不变，三个刀架都不动，此时机床进行自动上料、夹紧、换刀等辅助运动。

分配轴Ⅰ、Ⅱ旋转一周的时间由换置机构 u 控制，改变传动比 i，可改变凸轮的旋转速度，即可调整加工时间周期。

（2）等速凸轮三要素的计算　所谓等速凸轮，就是凸轮周边上某一点转过相等的角度时，便在半径方向上（或轴线方向上）移动相等的距离。等速凸轮的工作型面一般都采用阿基米德螺旋面。等速圆盘凸轮的工作型面是由阿基米德曲线组成的平面螺旋面，阿基米德螺旋线是一种匀速升高曲线，这种曲线可用升高量 H、升高率 h 和导程 P_h 这三要素来表示。按照图样上给出的技术数据，可以对三要素进行计算，以便进行划线操作。

$$P_h = \frac{360°H}{\theta} = 360°h$$

式中　P_h——平面螺旋面的导程（mm）；

H——平面螺旋线的始、终点径向变动量（mm）；

θ——平面螺旋线所占中心角（°）；

h——平面螺旋面的升高率［mm/（°）］。

2. 凸轮划线基本方法与示例

（1）圆盘凸轮划线的基本方法

1）按等速圆盘凸轮型面划线的方法可参照以下示例。

① 图样分析。图2-14所示为圆盘凸轮，工件曲面的素线是直线，凸轮型面由直线段、圆弧段和平面螺旋段构成。

② 凸轮运动规律分析。图2-14所示工件的螺旋线是等速运动螺旋线，其参数值可由曲线始点、终点的径向移动位置尺寸和角度确定，即曲线升高量 $H=80.30$mm，曲线所占的中心角 $\theta=270°$，通过计算可得出导程 P_h 和升高率 h。

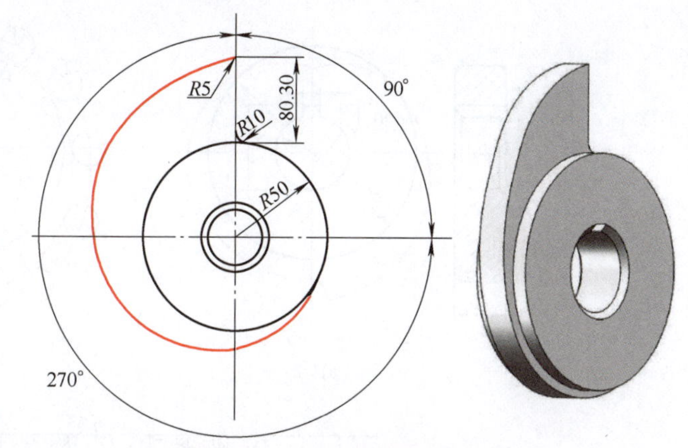

图2-14　等速平面螺旋面工件

③ 确定划线步骤，如图2-15所示。

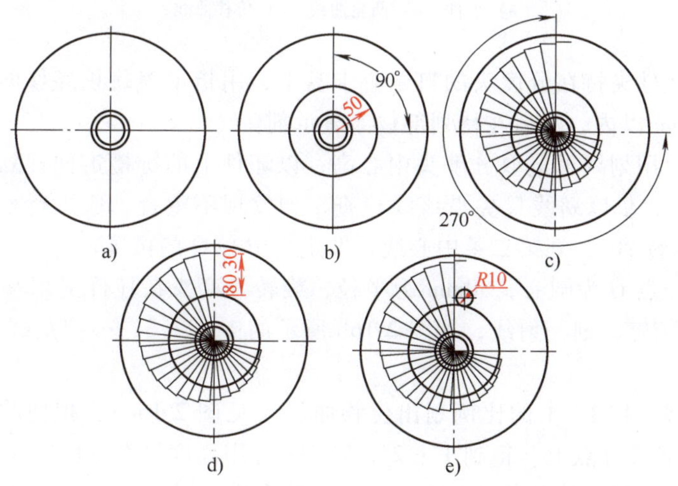

图2-15　等速平面螺旋面工件的划线步骤

a）划垂直中心线　b）划等速螺旋线与中心线的交点
c）划凸圆弧线　d）划直线段　e）划连接凹圆弧

④ 选定划线主要操作方法，将工件装夹在专用心轴上，将心轴安装在分度头自定心卡盘内，将分度头放置在划线标准平板上，使用游标高度卡尺划线头按步骤③划线。划线时可采用两个游标高度卡尺划线，一个用于划间隔分度的中心线，另一个用于划对应的径向位置线。连接圆弧采用划规划线，划线后在凸轮轮廓曲线的连接点和区间内打样冲眼，型面曲线按样冲眼用曲线尺连接。

2）按圆盘凸轮从动件的位移规律划线的方法可参照以下示例。

图2-16a所示为圆盘凸轮的加工图，其位移曲线如图2-16c所示，并知其从动杆和凸轮是滚子接触的，滚子直径为 ϕ10mm。

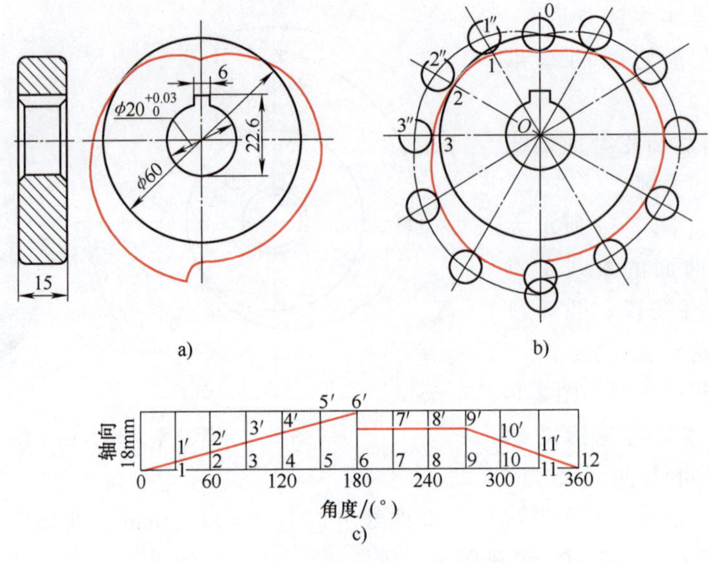

图 2-16　盘形凸轮划线

a）工件　b）凸轮曲线　c）位移曲线

① 将凸轮的坯件夹持在分度头的自定心卡盘上，用指示表找正坯件的内孔，使其轴向圆跳动量在 0.02mm 以内，然后在待划部位涂显示剂。

② 划中心线。用划线尺量取分度头中心高，以坯件上的键槽定向，划一水平线，然后把分度头旋转 180°，仍以划线尺尖沿该线检查，如发现不重合，应进行校正，直至该线重合。再将分度头旋转 90°，划第二条中心线，即定出中心 O 的位置。

③ 以十字线交点 O 为圆心，30mm 为半径，旋转分度头在坯件上划基圆。从始点 0°开始，分度头每转过 30°，划一射线，如图 2-16b 所示的 1、2、3、…把基圆分成 12 等份，即划出分度射线。

④ 划位移曲线。按 1∶1 的比例划出位移曲线（见图 2-16c），把曲线上的 1-1′、2-2′、3-3′、…移到基圆各等分点上，得到 1″、2″、3″、…（用高度尺在分度射线上直接划出）。

⑤ 划理论曲线。把凸轮从分度头上取下并安放平稳，用曲线尺光滑连接 1″、2″、3″、…即得理论曲线。

⑥ 划工作曲线。如图 2-16b 所示，以 1″、2″、3″、…为圆心，以 5mm 为半径划圆，然后用曲线板光滑连接各滚子圆的内边，即为盘形凸轮的工作曲线。

⑦ 检查无误后，打上样冲眼。

（2）圆柱凸轮的划线方法

1）圆柱端面凸轮样板划线法可参照以下示例。运动曲线在圆柱面上的凸轮，一般都在工作图上划出展开图。图 2-17 所示为圆柱凸轮的工作图和凸轮曲线展开图。由图可知，圆柱凸轮的外径为 ϕ46mm，从动杆的最大行程为 13.6mm−7.1mm＝6.5mm。

① 准备一块平整、面积适当的薄铜板或镀锌钢板，在需要划线的位置上涂色。

② 制作划线样板。如图 2-17b 所示，在簿板上划出横坐标 x、纵坐标 y。在横坐标 x 上，从 O 点起（即凸轮起始点），将凸轮圆柱面展开，展开长度为圆柱的外圆周长（πD），代表

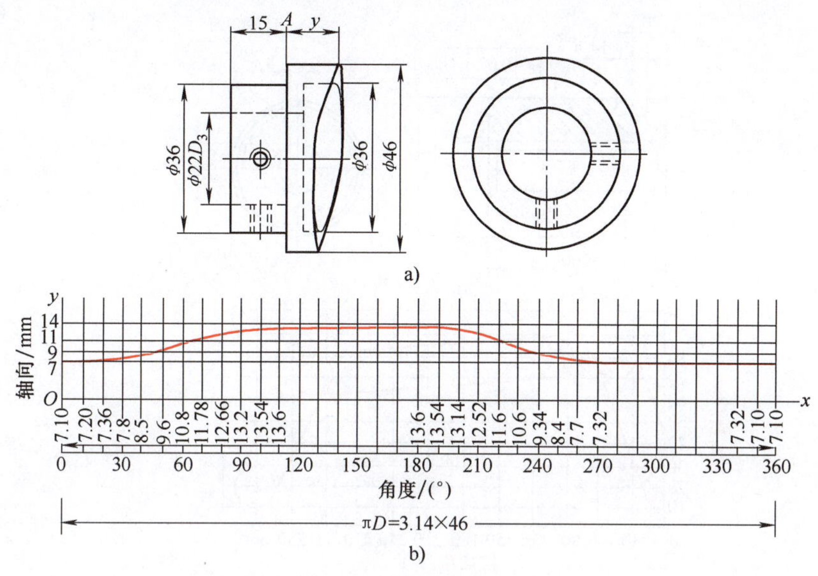

图 2-17　圆柱凸轮轮廓曲线的展开划法

a）工件　b）凸轮曲线展开图

360°，将圆周长分为 36 等份，每等份为 10°，在等分点上分别作纵坐标 y 的平行线。再以圆柱凸轮端面 A 为基准，从 0 线开始，分别截取凸轮曲线各相应点的轴向高度，如 0°为 7.1mm，10°为 7.2mm，20°为 7.36mm……，依次截得各点。然后将各点用曲线板连接成平滑的曲线，即为圆柱凸轮的工作曲线。用剪刀剪去多余的部分，制成划线样板。

③ 划线。把划线样板围在凸轮圆柱面上，使基准线与凸轮端面 A 靠齐，找正样板上的始点 0 与坯件上的对应点。用划针沿着样板曲线在凸轮圆柱面上划出轮廓曲线，最后在划出的曲线上打上样冲眼，划线就完成了。

2）圆柱螺旋槽凸轮划线方法可参照以下示例。

① 图样分析。

a. 图 2-18a 所示的圆柱凸轮由 4 个部分组成。如图 2-18b 所示，0°~45°为右螺旋槽，升高量为 60mm；45°~105°为圆柱环形槽，与端面的距离为 80mm；105°~315°与 315°~360°均为左螺旋槽，升高量分别为 9.5mm 与 50.5mm。三条螺旋槽与环形槽首尾相接。

b. 螺旋槽法向截面为矩形，槽宽尺寸为 $14^{+0.07}_{0}$mm，槽深 10mm。

c. 0°（360°）位置槽的中心与基准端面的距离为 20mm。

② 圆柱凸轮表面划线步骤。

a. 将分度头水平放置在划线平板上，把工件装夹在分度头自定心卡盘内。

b. 按图样要求在工件圆柱面上分别划出 0°（360°）、45°、105°、315°水平中心线 Ⅰ、Ⅱ、Ⅲ、Ⅳ，如图 2-19a 所示。

c. 取下工件，将基准平面放置在平板上，分别按 20mm、80mm、80mm、70.5mm 与中心线 Ⅰ、Ⅱ、Ⅲ、Ⅳ依次相交，如图 2-19b 所示。在各交点上打样冲眼。

d. 用划规以各交点为圆心，以 7mm 为半径划圆，在圆周线上打样冲眼。

e. 用边缘平直的软钢带包络在圆柱面上划出凸轮螺旋槽，如图 2-19c 所示。

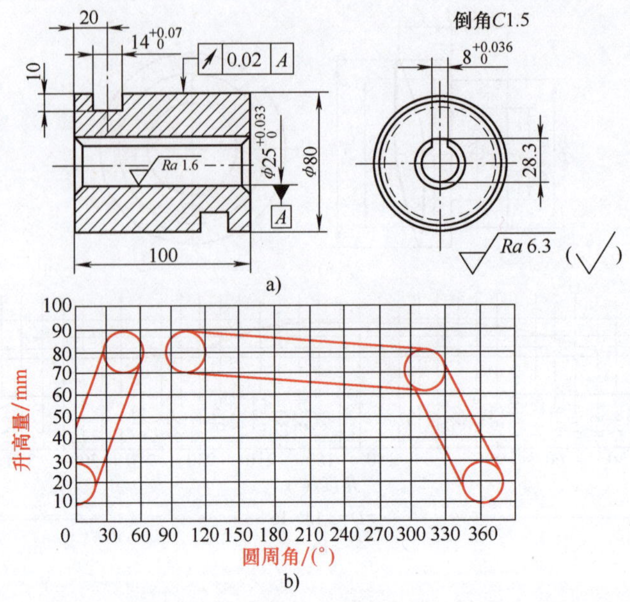

图 2-18 等速圆柱凸轮

a）零件图 b）表面坐标展开图

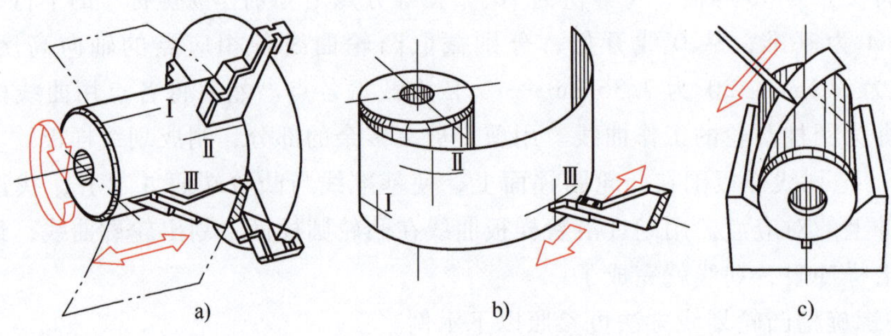

图 2-19 等速圆柱凸轮表面划线

2.2.3 复杂畸形工件的划线方法示例

（1）传动机架图样的工艺分析 图 2-20 所示是传动机架的零件图，从图中可知该零件外形是不规则的，$\phi40^{+0.025}_{0}$ mm 孔的中心线与 $\phi75^{+0.03}_{0}$ mm 孔的中心线成 45°角，而且其交点在空间而不在工件本体上，这给划线尺寸控制带来一定的难度。为此，划线时需要划出辅助基准线和在辅助夹具的帮助下才能完成。为了尽可能减少安装次数，在一次安装中尽可能多地划出所有加工尺寸线，可利用三角函数解尺寸链的方法来减少安装次数。

（2）传动机架的划线过程 将工件预紧在角铁上，如图 2-21a 所示。以划线平板台面为基准，使 *A*、*B*、*C* 三个凸缘部分中心尽可能调整到同一条水平线上（用划规预先划出每个孔的中心点，减少主体划线时的重复调整）。同时用直角尺检查上、下两个凸台表面，使其与划线平板台面垂直；然后将工件和安装角铁同时转动 90°，使角铁大平面紧贴平板台面，如图 2-21b 所示。用划线盘找正使 *D*、*E* 两凸缘部分毛坯表面与平板台面平行。经过以上找

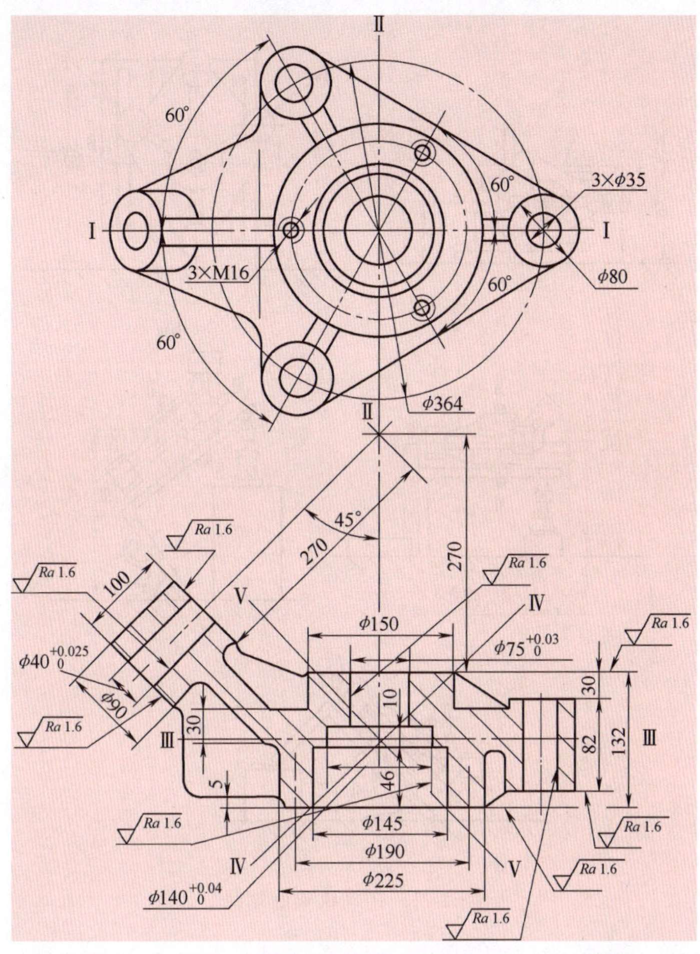

图 2-20　传动机架的零件图

正后，将工件与角铁紧固。

1）图 2-21a 所示的位置为第一划线位置。通过 A、B、C 三个中心点划出中心线Ⅰ-Ⅰ作为划线基准线。同时，建立划线基准尺寸 a，并按尺寸 $a+\frac{364\text{mm}}{2}\cos30°$ 和 $a-\frac{364\text{mm}}{2}\cos30°$ 分别划出上、下两个 ϕ35mm 孔的中心线。

2）图 2-21b 所示的位置为第二划线位置。首先找正 ϕ150mm 内圆的中心点，划出 ϕ75mm 孔的中心线Ⅱ-Ⅱ作为第二划线基准线，建立划线基准尺寸 b，并按 $b+\frac{364\text{mm}}{2}\sin30°$ 和 $b-\frac{364\text{mm}}{2}$ 分别划出上、下共三个 ϕ35mm 孔的中心线。

3）图 2-21c 所示的位置为第三划线位置。根据工件毛坯厚度，确定各凸台两端的加工余量，找正后划出中心线Ⅲ-Ⅲ作为第三划线基准线，确定其与Ⅱ-Ⅱ的相交点 O。同时建立划线基准尺寸 c，按尺寸 $c+\frac{132\text{mm}}{2}$ 和 $c-\frac{132\text{mm}}{2}$ 分别划出中部凸台两端的加工线；按尺寸 $c+\frac{132\text{mm}}{2}-30\text{mm}$ 和 $c+\frac{132\text{mm}}{2}-30\text{mm}-82\text{mm}$ 分别划出三个 ϕ80mm 凸台的两端面加工线。

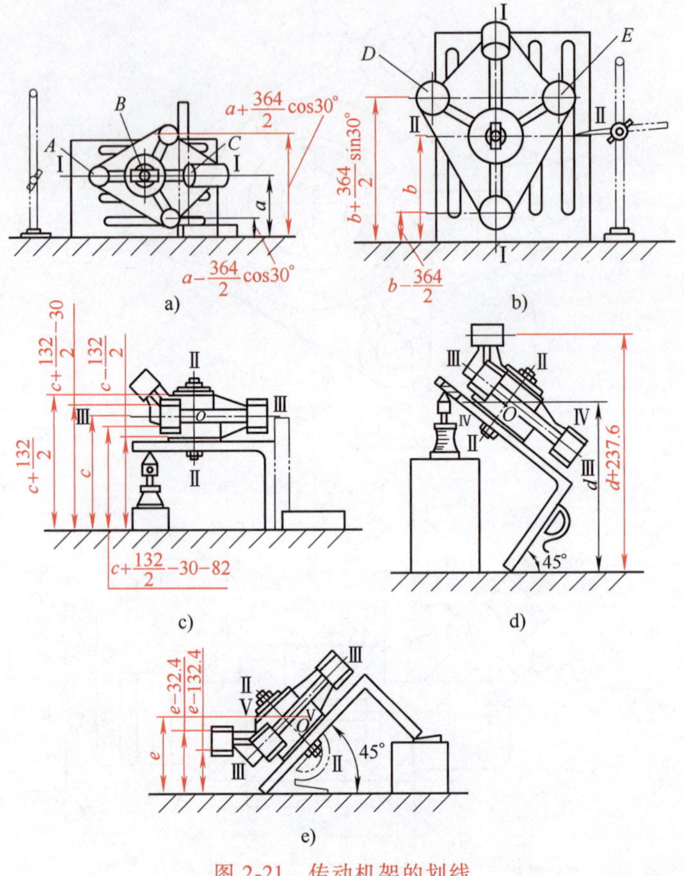

图 2-21　传动机架的划线

4）将角铁斜放（见图 2-21d），并用 45°角铁或游标万能角度尺进行校正固定，按图样要求使角铁与平板表面成 45°倾角，为第四划线位置。通过Ⅱ-Ⅱ与Ⅲ-Ⅲ的交点 O 划出辅助基准Ⅳ-Ⅳ，确立划线基准尺寸 d。按图样尺寸求出平板到 ϕ40mm 孔的中心线的划线尺寸，按尺寸 $d+\left[\left(270\text{mm}+\frac{132\text{mm}}{2}\right)\times\sin45°\right]=d+237.6\text{mm}$ 划出 ϕ40mm 孔的中心线，此中心线与已划出的中心线Ⅰ-Ⅰ的相交点，即为 ϕ40mm 孔的圆心。

5）将角铁向另一方向倾斜成 45°，用角铁或游标万能角度尺进行校正固定，为第五划线位置，如图 2-21e 所示。通过交点 O 划出第二辅助基准线Ⅴ-Ⅴ，确立划线基准尺寸 e，按尺寸 $e-\left[270\text{mm}-\left(270\text{mm}+\frac{132\text{mm}}{2}\right)\times\sin45°\right]=e-32.4\text{mm}$ 划出 ϕ90mm 凸台毛坯孔上端面的加工线；同样按尺寸 $e-\left[270\text{mm}-\left(270\text{mm}+\frac{132\text{mm}}{2}\right)\times\sin45°\right]-100\text{mm}=e-132.4\text{mm}$ 划出 ϕ90mm 凸台毛坯孔下端面的加工线。

6）从角铁上卸下工件，在 ϕ75mm 孔和 ϕ145mm 孔内装入中心镶条（或嵌入铅块），用金属直尺在镶条（铅块）上连接已划出的中心线 a、b 的连线所形成的交点作为交接圆心，并用划规划出各孔的圆周加工线。

7）用样冲等距冲出各加工线及圆弧交接点。

2.3　划线技能训练实例

2.3.1　箱体零件划线

（1）第一次划线

1）箱盖划线。将箱盖按图 2-22 所示位置放在划线平台上，将剖分面朝上，用 3 个千斤顶支撑于紧固面上。用划线盘校正紧固面的四个角，使这四个角的紧固面与划线平台基本平行。以四个角的紧固面为初基准，将此尺寸往上移 24mm 作为剖分面的加工线。根据三个孔的凸台外缘检查 ϕ220mm、2×ϕ150mm 孔是否有足够的加工余量。检查 R280 是否有足够的加工余量。如果差异较大，则应纠正剖分面的加工线，保证孔有足够的加工余量，保证 R280 基本正确。然后划出剖分面的加工线，并打上样冲眼。

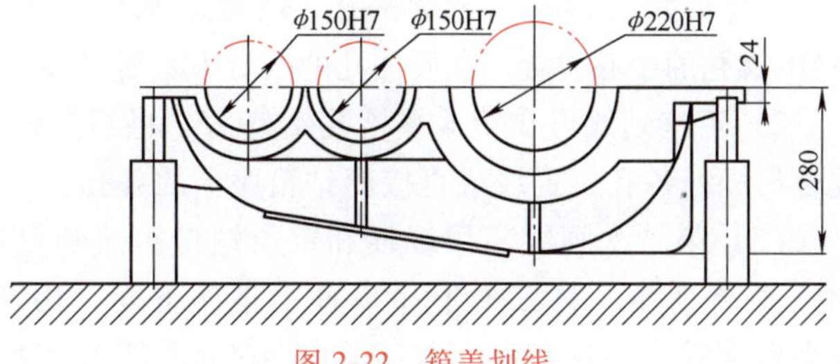

图 2-22　箱盖划线

2）箱座划线。划出剖分面和底面的加工线，其划线方法与箱盖大致相同，如图 2-23 所示。划线前将箱座剖分面朝上，用 3 个千斤顶支撑于紧固面上。用划线盘校正紧固面的四个角，使这四个角的紧固面与划线平台基本平行。将此尺寸往上移 24mm 作为剖分面的加工线。检查 ϕ220mm、2×ϕ150mm 三个孔是否有足够的加工余量。应保证孔有足够的加工余量，保证剖分面到底面 320mm 的尺寸基本正确。然后划出剖分面的加工线和底平面的加工线，并打上样冲眼。

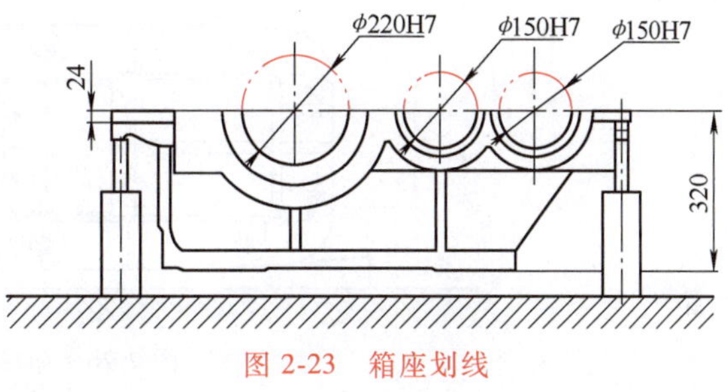

图 2-23　箱座划线

（2）第二次划线

1）箱盖剖分面加工后，将箱盖按图 2-24 所示的位置作为第一次划线位置，用划线盘找正箱盖内壁，使其与划线平台平行。用 90°宽座角尺校直剖分面，使其与划线平台垂直，划出箱体对称中心线Ⅰ-Ⅰ。然后以Ⅰ-Ⅰ为基准加减 60mm 划出 2×M16 和 2×ϕ10mm 锥销孔的位置；加减 110mm 划出 4×ϕ17mm 螺栓孔的位置；加减 180mm 划出 6×ϕ17mm 螺栓孔的位置。

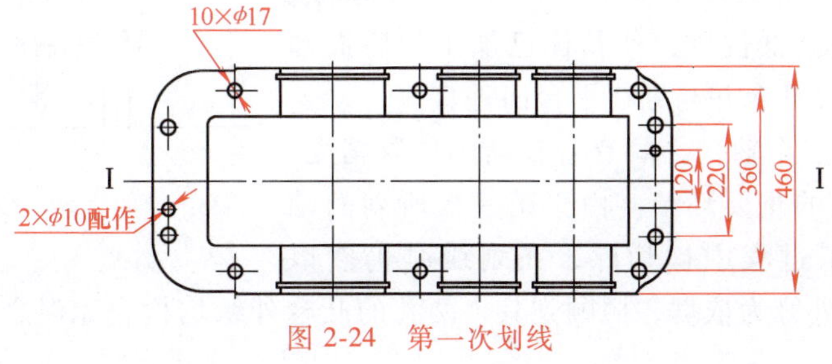

图 2-24　第一次划线

将箱盖按图 2-25 所示位置，用 90°宽座角尺找正 Ⅰ-Ⅰ 基准线，找正最下端的 ϕ150H7 孔的中心位置，以此孔中心线为基准，减去 134mm 划出 2×ϕ17mm 螺栓孔的位置；减去 36mm 划出 2×ϕ17mm 及 ϕ10mm 锥销孔和 M16 螺纹孔的位置。然后在基准孔的尺寸上加 320mm 划出 2×ϕ17mm 螺栓孔的位置；再加 386mm 划出 2×ϕ17mm 螺栓孔的位置；再加 140mm 划出 2×ϕ17mm 螺栓孔及 ϕ10mm 锥销孔和 M16 螺纹孔的位置。

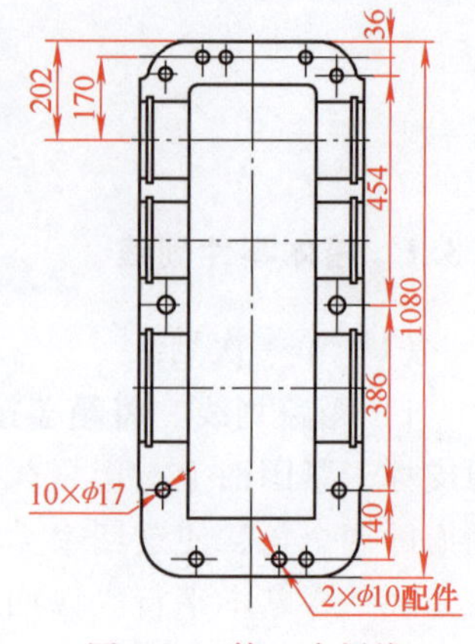

图 2-25　第二次划线

用样板配划 2×ϕ32mm 起吊孔，用箱盖顶盖板的样板配划出 6×M8 螺孔的中心位置。在放油孔的凸台中心划 M16 中心位置。

2）箱座划线可在箱盖螺栓孔钻好后，将箱盖放在箱座上，重合后配划各孔位置线或直接配钻箱座上的各孔。

（3）第三次划线　用螺栓和定位销将箱盖和箱座紧固成一体后，可进行第三次划线。如图 2-26 所示，将三个千斤顶置于箱体下面，用 90°宽座角尺校正箱座底面，使其与划线平台面垂直，用划线盘校正箱体 460mm 的毛坯平面，使其与划线平台面基本平行，以决定箱体左右两端的水平位置。箱体校正结束后即可开始划线。首先依据三个轴孔两端凸台的高低和中间的加强肋，划出校正线 Ⅰ-Ⅰ，然后以 Ⅰ-Ⅰ 为基准加减 460mm/2 = 230mm，分别划出箱体两侧平面的加工线。

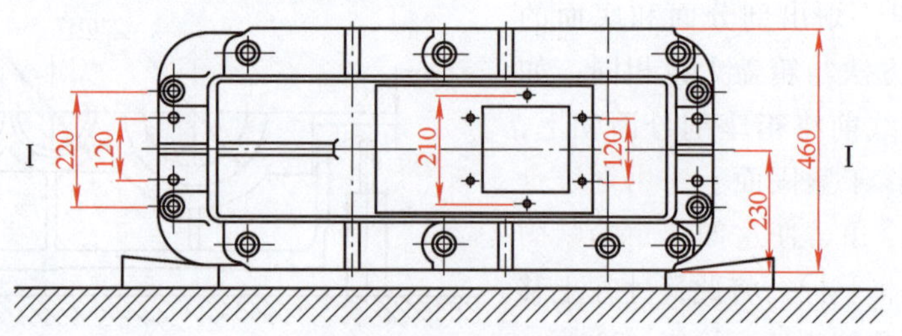

图 2-26　第三次划线

（4）第四次划线　第四次划线的内容是划轴孔的镗孔线（见图 2-27）。在划线前应在各毛坯孔中安装中心塞块，并在划线部位涂淡金水。由于第一次划线时已检查并考虑到各孔的加工余量，在第四次划线时可不必重新检查。

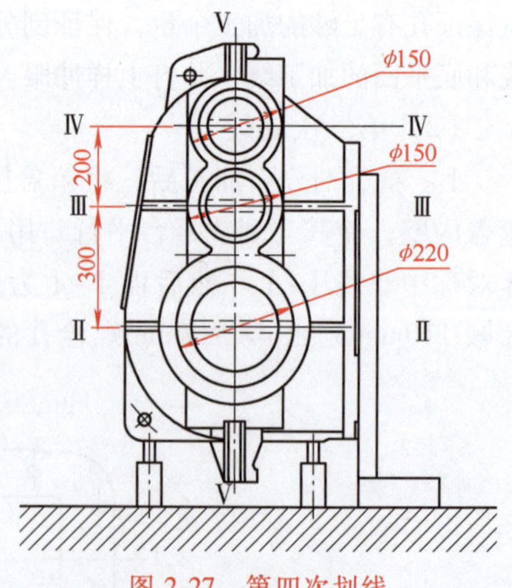

图 2-27　第四次划线

将三个千斤顶置于箱体的底部，由于箱体在划线时不易支撑，为安全起见最好用天车将箱体吊住后使绳索稍许松弛，以防箱体倒下而造成人身、设备事故。通过调整千斤顶的高低位置，使箱体已加工的底面和侧面与 90°宽座角尺贴合并与划线平台面垂直。

减速器箱体中三个轴孔之间有着较高的位置精度，是减速器箱体划线的重要环节。由于第一次所划的轴孔线已在箱体加工过程中被切除，在划线时仍然以 ϕ220mm 孔的凸台外缘为依据，照顾到其余两孔的凸台外缘均检查无误之后，划出 ϕ220mm

孔的中心线Ⅱ-Ⅱ。以此为基准加 300mm 划出 ϕ150mm 孔的中心线Ⅲ-Ⅲ。再加 200mm 划出 ϕ150mm 孔的中心线Ⅳ-Ⅳ。然后用直尺对准箱体的剖分面，在中心塞块上引出三孔的垂直中心连线Ⅴ-Ⅴ，与三孔的水平中心线相交确定中心点，并以三个相交点为圆心划出 ϕ220mm、2×ϕ150mm 的孔径线，检查无误后打上样冲眼，结束全部划线工作。

2.3.2 精密凸轮划线

图 2-28 所示为盘形端面沟槽凸轮加工图。从图中可知，凸轮的实际轮廓曲线由内槽曲线构成。从动件滚子沿内槽曲线轨迹运动，内槽曲线由数个不同圆的弧相切组成，其每个圆弧的中心分别设在相关圆的半径线上。因此，划线时应先将内槽滚子中心运动曲线（即理论轮廓曲线）划出，然后划与滚子运动轨迹相关的圆弧相切的曲线，也就是凸轮的实际（工作）轮廓曲线。其具体划线步骤如下（见图 2-29）：

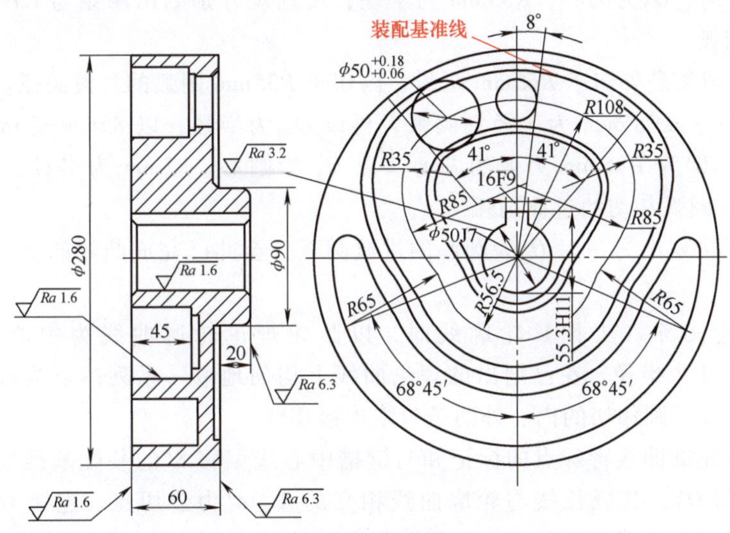

图 2-28　盘形端面沟槽凸轮加工图

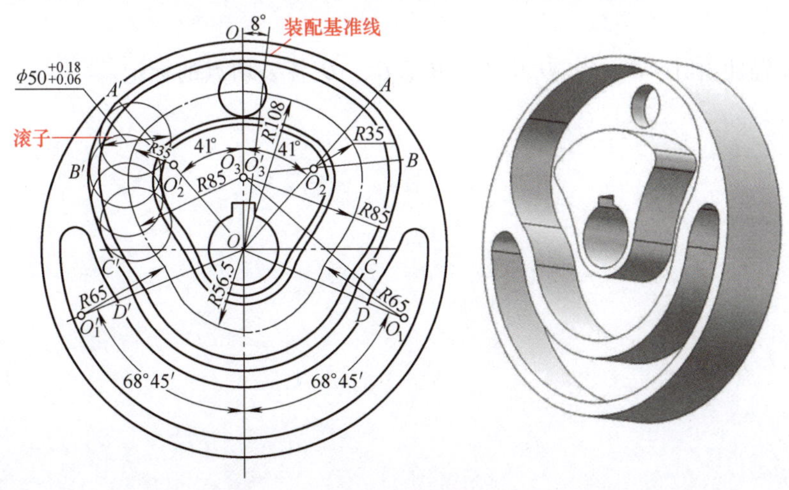

图 2-29　盘形端面沟槽凸轮划线

1）将按图 2-28 制成的坯件装夹在分度头上，校正 ϕ50mm 内孔和端面。

2）用游标高度卡尺确定分度头中心至平板台面尺寸 a（系分度头中心高尺寸），划出中心十字线及 8°装配基准线，转动分度头分别划出 41°及 68°45′的分度线。

3）转动分度头划出 $a+R$108mm 的圆弧线，分别与两条 41°分度线相接。

4）转动分度头划出 $a-R$56.5mm 圆弧线，分别与两条 68°45′的分度线相接。

5）分别将 R65mm 所在的 68°45′两条分度线转至分度头中心下方垂直位置，用高度游标卡尺定出 a-56.5mm-65mm 尺寸，划出左右两个 R65mm 圆弧的圆心 O_1、O_1'。

6）分别以 O_1、O_1'为圆心，R65mm 为半径，用划规分别划出两条圆弧与 R56.5mm 圆弧和水平中心线相接。

7）转动分度头，分别将 41°分度线转至分度头中心上方垂直位置，用游标高度卡尺定出 a+(108mm-35mm）尺寸，在 41°分度线上划出 R35mm 的圆心 O_2、O_2'。

8）分别以 O_2、O_2'为圆心，R35mm 为半径，用划规分别划出两条与 R108mm 圆弧相切的左、右两个圆弧。

9）R85mm 圆弧是外切于 R65mm 圆弧、内切于 R35mm 圆弧的过渡圆弧。划线时，先以 O_1 为圆心，以 65mm+85mm 为半径划圆弧，再以 O_2 为半径，以 85mm-35mm 为半径划圆弧，得交点 O_3，即为 R85mm 圆弧的圆心。以 O_3 为圆心、85mm 为半径，用划规划出与 R65mm、R35mm 圆弧相切的过渡圆弧。

用同样的方法划出另一以 O_3'为圆心的过渡圆弧，至此已完成凸轮的全部理论轮廓线的划线工作。

10）划凸轮实际（工作）轮廓线时，以凸轮理论轮廓曲线为中心，以滚子直径 $\phi 50^{+0.18}_{+0.06}$mm 的 1/2 为半径，在已划出的理论曲线上均匀地取一系列的点为圆心，划一系列的圆。作与这些滚子圆相切的内、外两条包络连接切线。

11）作凸轮轮廓曲线特殊点的标记和与键槽中心线偏移 8°的装配基准线上的标记。连接 O 与 O_2、O 与 O_2'，其延长线与轮廓曲线相交的 A、A'为公切点。连接 O_3 与 O_2、O_3'与 O_2'，其延长线与轮廓曲线相交于 B、B'两公切点。连接 O_3 与 O_1、O_3'与 O_1'，其延长线与轮廓曲线相交于 C、C'两公切点。连接 O 与 O_1、O'与 O_1'，其延长线与轮廓曲线相交于 D、D'两公切点。

用样冲轻轻冲出 A、B、C、D 及 A'、B'、C'、D'各公切点的标记。

项目 3

精密孔和特殊孔的加工

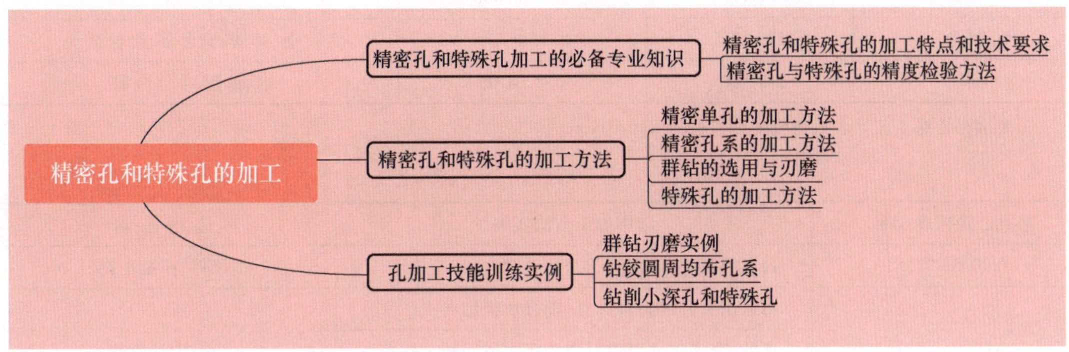

3.1 精密孔和特殊孔加工的必备专业知识

所谓精密孔是指对孔或孔系的尺寸精度、形状和位置精度（包括孔心距精度）以及孔壁表面粗糙度要求都较高的单孔或孔组。

所谓特殊孔是指被加工孔的孔径 D 很小（$D\leqslant3$mm 为小孔，$D<1$mm 为微孔）或孔深 L 超过常规的深度（即 $L/D>5$），或要在斜面上、非水平面上钻削空间斜孔等。

3.1.1 精密孔和特殊孔的加工特点和技术要求

1. 精密孔的加工特点和技术要求

精密孔常用的加工方法有精钻、精铰、镗、拉、磨等，对于要求更高的精密孔，还需采用光整加工工艺，如研磨、珩磨和滚压等。

在实际生产中，某一工件的孔选用何种加工方法，取决于工件的结构特点（形状、尺寸大小）和孔的主要技术要求以及材质、生产批量等条件。

钻削一般作为精密孔的预加工工序，其加工精度和表面粗糙度要求都不高，但孔的各种精加工工艺都离不开钻削；特别是在单件、小批生产和修理工作中，当缺少其他孔精加工设备的条件下，往往要利用精度低于孔加工精度要求的普通钻床设备，借助于工艺手段和辅助装置来加工孔，使钻铰一起提升为孔的最后加工工序。

表 3-1 和表 3-2 所列是采用传统的精密孔加工方法所能达到的孔径公差等级、表面粗糙度和孔心距精度的参数，可供读者选用时参考。

表 3-1 精密孔加工方法能达到的加工精度

加工方法	孔径公差等级	表面粗糙度值 Ra/μm	材质
精钻—精铰	IT8～IT6	1.6～0.8	未淬硬钢
金刚镗（精细镗）	IT7～IT6	0.4～0.1	未淬硬钢

（续）

加工方法	孔径公差等级	表面粗糙度值 Ra/μm	材质
磨	IT7~IT6	0.8~0.2	淬硬钢
珩磨	圆度 5μm 圆柱度 10μm	0.63~0.04→0.01①	铸铁 淬硬钢 未淬硬钢
研磨	<IT6	0.1~0.006	淬硬钢
挤光	IT6~IT5	0.4~0.025	钢、铸铁、铜合金、铝合金
滚压	IT9~IT6	0.2~0.05	钢、铸铁、非铁金属

①表示在特殊工艺下表面粗糙度可以达到 Ra0.01μm。

表 3-2　不同孔心距精度及其加工方法

孔心距精度/mm	选用加工方法实例	适用范围
±(0.5~0.25)	划线找正，配合测量与简易钻模	单件、小批生产
±(0.25~0.1)	用通用夹具或组合夹具，配合快换钻夹头	小、中批生产
	盘类、套类工件可用万能分度头或回转工作台	
	采用多轴头配以夹具或多轴钻床	
±(0.1~0.03)	利用定心套、量块、指示表等通用对刀装置，或采用坐标工作台、数控钻床	单件、小批生产
	采用专用夹具、样板找正	大批、大量生产
<±0.03	采用卧式镗床、金刚镗床或坐标镗床与附件	单件、小批生产
	采用组合机床、加工中心及专用夹具	中、大批、大量生产

2. 特殊孔的加工特点

（1）小孔和微孔的加工特点　小孔和微孔的加工特点是：刀具尺寸小，排屑困难，容易引起切屑堵塞，导致刀具折断、破损；刀具刃磨困难，精度检测也比较困难。对机床的要求是主轴回转精度高、振动小；对操作的要求是进给速度要慢，并需要用回程帮助排屑。选用的机床转速要高，进给速度要慢。为了改善切削条件，应加注适当的切削液，保证加工的顺利进行。

（2）深孔的加工特点　在深孔加工中，刀具刚性差，排屑困难，切削液加注比较困难，质量难以控制，因此解决难题的重点是要改善刀具结构，增加刀具导向，设置切削液加注和排屑通道等。

（3）特殊位置孔的加工特点　特殊位置孔常见的有圆柱面上的孔、斜面上的孔、空间斜孔和薄板上的孔等。加工的难点主要是孔中心位置的确定，因此通常采用特殊钻头及其他特殊的孔加工刀具来进行加工，此类刀具具有结构专用性的特点，需要自行改进或制造。特殊位置孔位置精度的测量也比较困难，因此需要制作专用的检测量具或检测用辅具进行检验测量。

3.1.2　精密孔与特殊孔的精度检验方法

1. 精密孔与特殊孔的基本检验方法

（1）常规量具检测方法　常规量具检测方法是一种传统的检测方法，即在被测孔中插

入标准棒，或直接利用孔壁进行孔径、孔的形状精度和位置精度的检测，检测的工具是指示表、标准量块、辅助测量工具等。采用常规检测方法检验精密孔或特殊孔，需要注意量具的公差等级、量块组合的累积误差以及测量工具的自身精度误差。设计和制作专用检测工具的，或通过计算得出检测结果的，需要注意检测工具的自身精度和计算结果的准确度。

（2）坐标测量机检测方法　精密坐标孔的检验，最方便且可靠的方法是采用万能工具显微镜（两坐标测量机）或三坐标测量机来检测。它们都可高效而精确地测定平面直角坐标尺寸和表面相互位置，测量精度可达几微米。特别是三坐标测量机，还可测定空间范围内各测点的坐标位置值。从理论上说，只要测量机的测头能够测到，则任何复杂的几何表面和几何形状，都能借助于计算机的数据处理算出工件的几何尺寸和几何精度。此外，它除了具有精密测量功能，还可用于划线、定中心孔、钻孔、铣切模型和样板、刻制光栅和线纹尺、光刻集成电路板等，并可对连续曲面进行扫描，万能性很强，故有“测量中心”之称。

2. 用万能工具显微镜测量检验

（1）万能工具显微镜的结构和主要部件的作用原理

1）典型万能工具显微镜的外形和结构如图 3-1、图 3-2 所示。

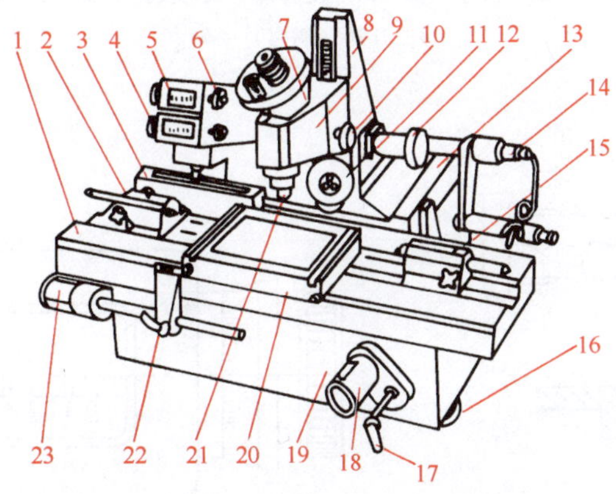

图 3-1　19JA 万能工具显微镜的外形

1—纵向滑台　2—左顶尖架　3—纵向刻度尺　4—测微鼓轮　5—读数窗　6—归零手轮　7—瞄准显微镜　8—光阑调节轮　9—立柱　10—悬臂　11—升降（调焦）手轮　12—立柱偏摆手轮　13—横向滑台　14—读数照明灯　15—右顶尖架　16—调平螺钉　17—横向锁紧手把　18—横向微动手轮　19—底座　20—平工作台　21—物镜　22—纵向锁紧手把　23—纵向微动手轮

2）主要部件的作用原理。

① 图 3-3 所示为立柱偏摆机构，当转动立柱偏摆手轮 9（图 3-1 中的 12）时，丝杠 11 转动，由于受到钢球 2（安置钢球的偏心组件 3 与安装在横向滑台 7 上的支架 8 固定连接）的限制，只能使螺母 10 在丝杠上做相对轴向移动。因螺母套筒与立柱 1 连接在一起，因此立柱就绕转轴 4（固定在横向滑台的支架 8 上）摆动，摆动的角度可以从套筒和立柱偏摆手轮 9 的刻度读出。在一般测量中，瞄准显微镜的光轴与工作台面垂直，测量螺纹时，为使螺牙两边影像在目镜中都能被观察到并调整清晰，瞄准显微镜必须能左右摆动一定角度。

② 仪器的投影读数装置为螺杆式测微器，图 3-4 所示为影屏窗口的视场，图 3-4 所示的读数为 53. 764mm。影屏的外表面刻有表示纵向和横向读数的标记。

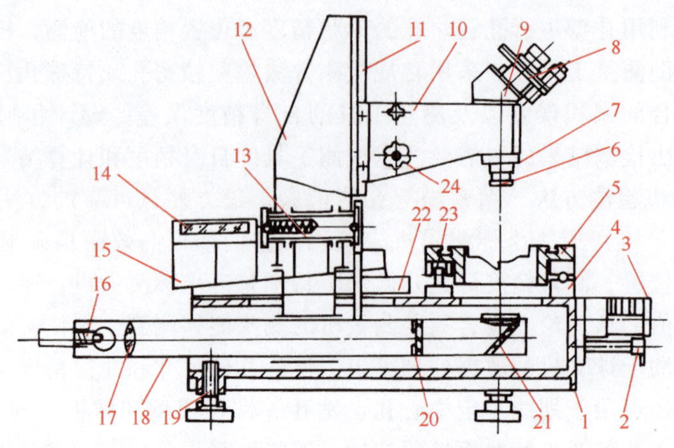

图 3-2　19JA 万能工具显微镜的结构

1—底座　2—横向锁紧手把　3—横向微动手轮　4—纵向导轨　5—纵向滑台　6—物镜　7—物镜座　8—测角目镜　9—瞄准显微镜　10—悬臂　11—燕尾导轨　12—立柱　13—转轴　14—横向刻度尺　15—横向滑台　16—光源　17—聚光镜　18—照明灯管　19—调平螺钉　20—可变光阑　21—反射镜　22—横向导轨　23—滚动轴承　24—升降（调焦）手轮

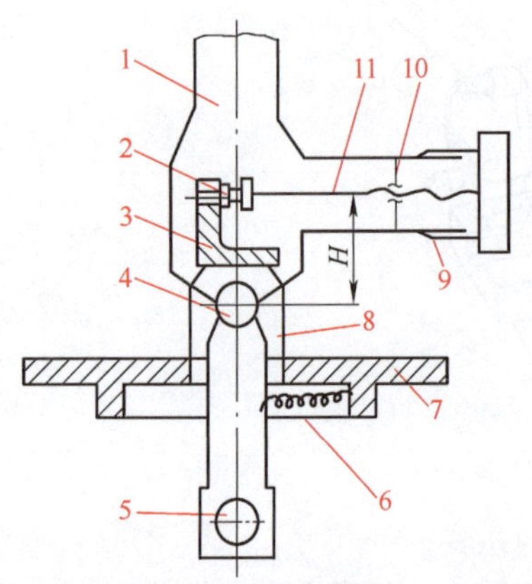

图 3-3　19JA 万能工具显微镜的立柱偏摆机构

1—立柱　2—钢球　3—偏心组件　4—转轴　5—照明部件　6—拉簧　7—横向滑台　8—支架　9—立柱偏摆手轮　10—螺母　11—丝杠

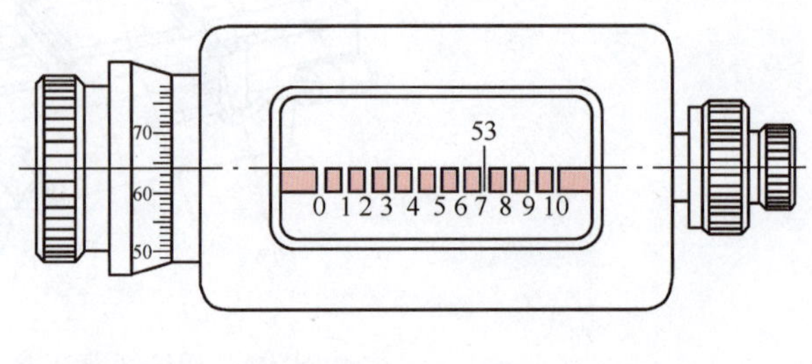

图 3-4　19JA 万能工具显微镜的投影读数装置

（2）检测方法的选择

1）检测孔距和孔径的方法。测量工件的孔距时，一般选用双像目镜，如图 3-5 所示。测量小孔直径时，一般选用光学定位器（灵敏杠杆），如图 3-6 所示，它是利用测头与工件接触的方法进行测量的，特别适用于测量小孔、不通孔和台阶孔等。由于避免了对工件轮廓的瞄准，用光学定位器测量比用影像法测量有更高的精度。

2）检验测量的调整项目。使用仪器需要进行光源调整、光圈调整、焦距调整和测角目镜安装位置的调整。测角目镜在显微镜管上的正确安装位置应该是角度盘读数为 0°00′，分划板上水平和垂直方向的刻线应分别平行于纵、横向滑台的移动方向，如不符合，可按

图 3-7 所示方法进行调整，调整时松开紧固螺钉 2、3，转动调整螺钉 1，使测角目镜回转到符合要求的位置为止。

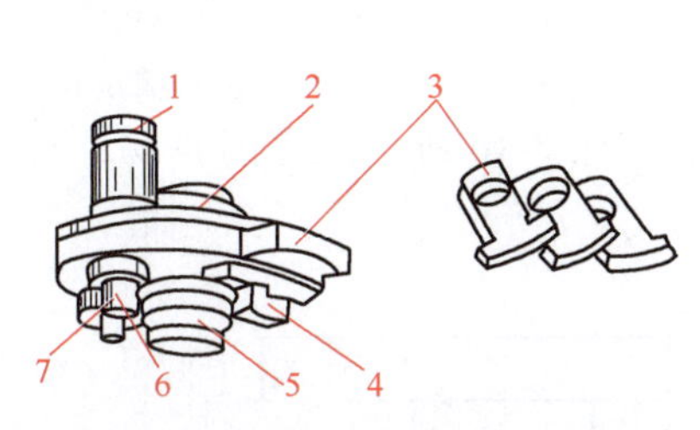

图 3-5　双像目镜

1—目镜　2—联接环　3—读数显微镜　4—照明灯　5—定位块　6—球形轴　7—手轮

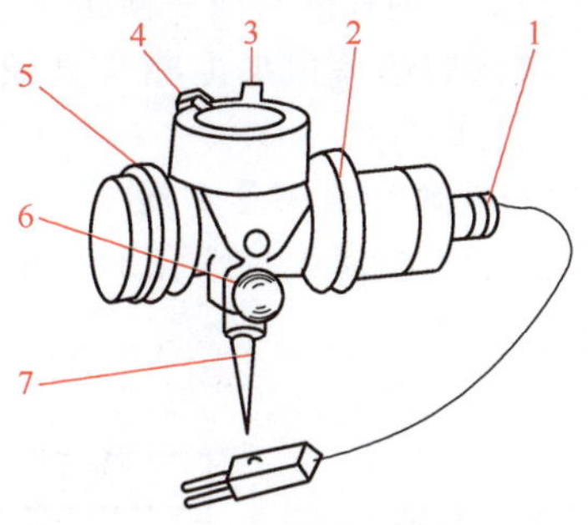

图 3-6　光学定位器

1—光源　2—调焦环　3—紧固手轮　4—联接圈　5—转向手轮　6—测头固定螺钉　7—测头

3）检验测量操作方法。

① 孔距测量。将被测件（见图 3-8）放于工作台上，在仪器上安装点对称双像目镜，移动纵、横向滑台，并调焦直至在视场中出现被测件的清晰影像，此时视场内将出现被测件孔的两个点对称影像（见图 3-8b 或图 3-8d），移动纵、横向滑台，使其中一孔的对称影像重合，此时该孔中心与物镜光轴重合（见图 3-8c 或图 3-8e），记下纵、横读数 x_1、y_1。按上述过程对第二孔进行对准操作，记下纵、横读数 x_2、y_2。孔距 a 按下式计算：

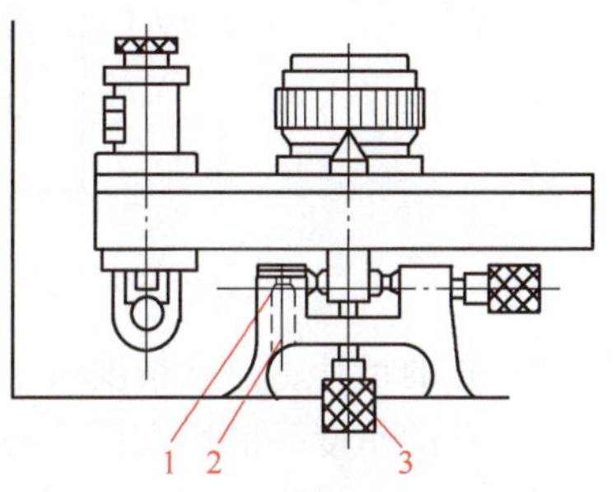

图 3-7　测角目镜安装位置的调整

1—调整螺钉　2、3—紧固螺钉

$$a=\sqrt{(x_2-x_1)^2+(y_2-y_1)^2}$$

② 孔径测量。通过联接圈 4（见图 3-6）将光学定位器安装在 3 倍物镜上，用紧固手轮 3 固紧，在紧固手轮右下方有调焦环 2，用来调整光学定位器双线的焦距，如图 3-9 所示。根据光学定位器的工作原理，当测头与工件接触后，便有亮光进入目镜视场，当测头准确地处于垂直位置时，双线影像与目镜分划板中心线对准，此时可以读数。本例操作时，让光学定位器的测头伸进被测孔内，并移动滑台，使之与孔一侧内壁接触，往复移动垂直于测量方向的滑台，从视场内可看到双线影像相应移动，当测头位于被测方向直径处时，双线影像的移动有一个明显的转折点。在转折点位置移

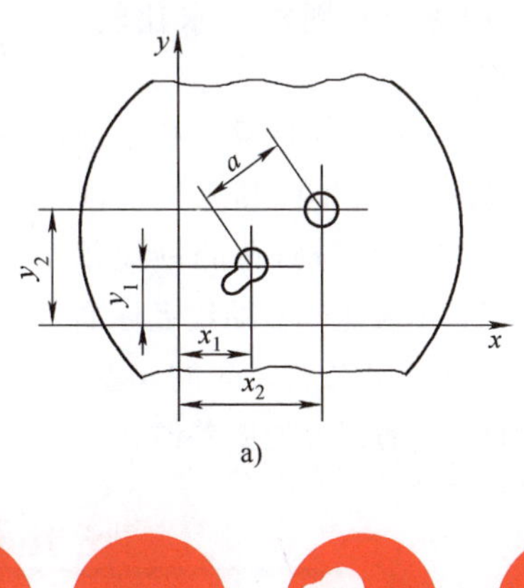

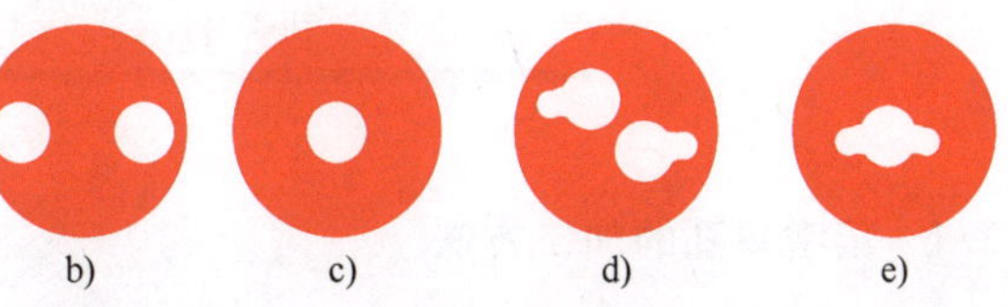

图 3-8　用双像目镜测量孔距示意

动测量方向滑台，让米字线对准双线（见图3-9b），并读数。随后改变测力方向，移动测力方向的滑台，同样让测头在内孔的对面一侧定位（见图3-9d）和读数，两次读数的差值加上测头直径实际值的绝对值即为被测孔的直径。

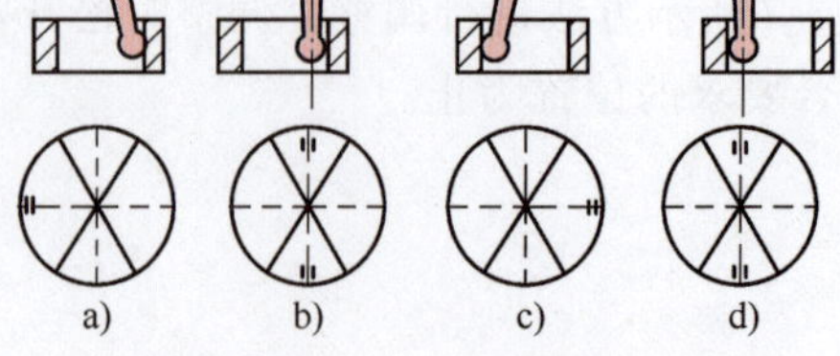

图3-9　用光学定位器测量孔径示意

3. 空间斜孔的检验测量示例

空间斜孔的检验属于特殊孔加工精度的检验，如图3-10所示的空间斜孔，其检验测量方法如下：

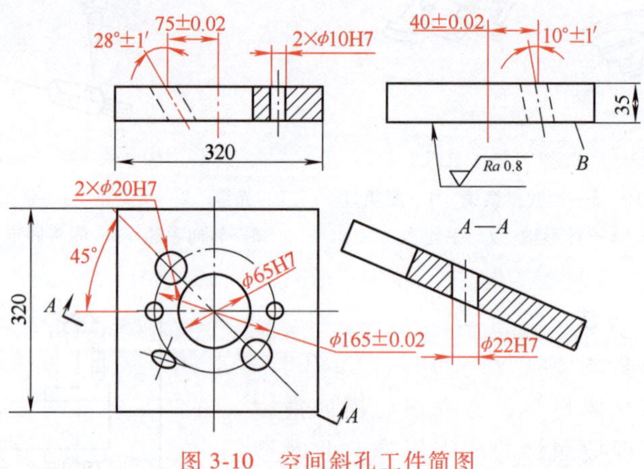

图3-10　空间斜孔工件简图

1）孔的尺寸、形状精度可采用通用量具或专用量具进行检验。

2）孔的角度一般插入标准心轴进行间接测量。孔的角度按图样所示位置的投影角度测量，常用的方法是将工件放置在正弦规测量面上，使测量基准与测量平板成图样所示的投影角度位置，然后用指示表测量插入斜孔的标准棒，测点的最小距离应大于斜孔轴线的长度，若有误差，通过计算得出角度误差，与图样要求比较，判断合格与否。

3）孔的位置精度一般采用标准辅助块进行检验，如图3-11所示。标准辅助块测量孔的轴线与斜孔的轴线相交，测量时用指示表比较辅助块上标准棒与斜孔中标准棒最高点之间的误差，可得出斜孔投影位置尺寸的误差值。

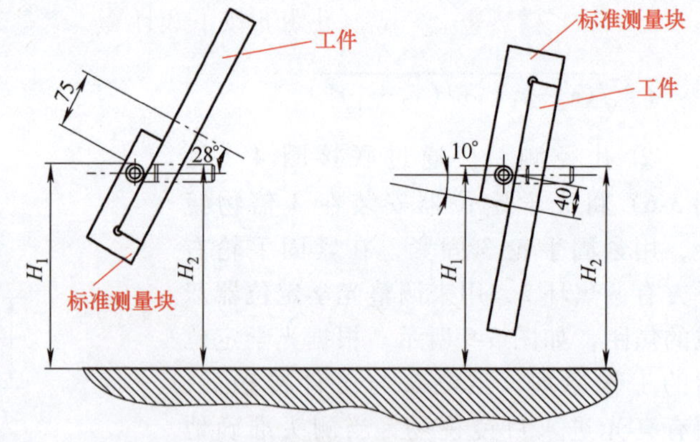

图3-11　双斜孔位置精度的检测

3.2　精密孔和特殊孔的加工方法

3.2.1　精密单孔的加工方法

1. 精密单孔的钻铰

在单件生产或修理工作中，在缺少定尺寸铰刀或其他形式的精加工条件时，可采用精钻

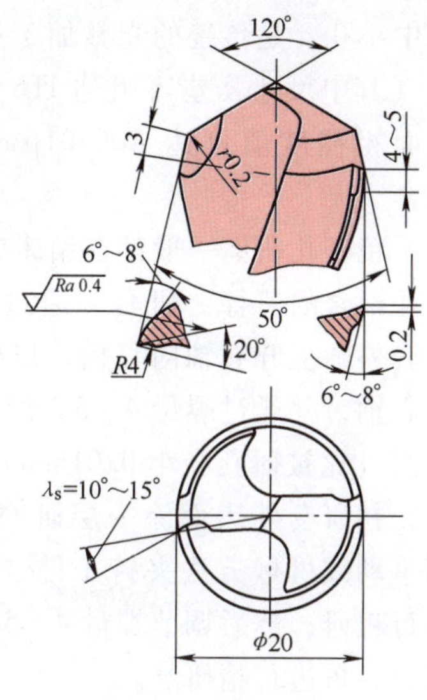

图 3-12　精孔钻头

扩孔的方法解决，其扩孔精度可达 0.04~0.02mm，表面粗糙度值可达 Ra1.6~0.8μm。这种扩孔方法操作简便，容易掌握，适用于各种不淬硬的不同材料工件的精孔加工，且钻头寿命也较长。

例　在中碳钢工件上，用精孔钻头加工 ϕ20H8 精密单孔。

1）修磨直径尺寸符合 ϕ20H8 公差要求的精孔钻头（见图 3-12）。尽可能选用较新的麻花钻头，光修磨两条主切削刃，磨出第二顶角 $2\phi=50°$（小于 18mm 的钻头可不磨），为使两刃负荷均匀，提高切削稳定性，用指示表检测其径向圆跳动量要小于 0.03mm，轴向圆跳动量要小于 0.05mm；同时修磨主后角为 6°~8°及第一副后刀面（棱边处 4~5mm 长）。其次在外刃尖角处修磨出 r0.2mm 小圆角，使其有良好的修光作用，并修磨出 10°~15°的刃倾角 λ_s。最后用细磨石研磨主切削刃的前、后刀面，细化表面粗糙度值达 Ra0.4μm，消除刃口上的毛刺，以减小切削中的粘结和摩擦。

2）选用精度较好的立钻或采用浮动夹头装夹钻头。先用普通麻花钻头按划线钻底孔，留有 0.5~1mm 余量，再用修磨好的精孔钻头扩孔。扩孔时的进给量应控制在 0.08~0.15mm/r 内；进给量过大，表面粗糙度值增大；进给量过小，刃口不能平稳地切入，同时会引起振动。扩孔时还要选用主要起润滑作用的切削液，如菜油、猪油等，以降低切削温度和表面粗糙度值。

对于孔轴线与工件上的基准表面（或基准轴线）有较高位置精度要求的单孔，则也可在普通钻床上增加一些工装，运用按划线找正法采用精孔钻头来完成加工。

2. 精密孔的光整加工

当工件内孔的加工精度和表面质量要求很高时，在常规的精孔加工之后还需进行光整加工。常见的光整加工方法有精细镗削、研磨、珩磨、挤光和滚压等，下面就其要点分别作一简略介绍。

（1）高速精细镗孔　精细镗也称为金刚镗，它是在金刚镗床上采用较高的切削速度 v、很小的进给量 f 和背吃刀量 a_p（切削钢件时 $v=200$m/min，铸铁为 100m/min，铝合金为 300m/min；f 取 0.04~0.008mm/r；a_p 取 0.1~0.3mm），从而使工件承受的切削力小，切屑塑性变形小，产生的切削热少，加工表面质量好。

由于金刚镗床有一个高精度的金刚镗头，采用细颗粒耐磨的硬质合金或人造金刚石刀具，其主轴的径向圆跳动量为 0.001mm；同时机床刚度大，有较好的防振隔振措施，故其加工孔径公差等级可达 IT7~IT6，中等孔径尺寸误差保持在 0.005~0.008mm，圆度误差小于 0.005mm，表面粗糙度值可达 Ra0.4~0.1μm；此外，机床每边过桥上可安装多个主轴头，这种多轴镗孔工艺可使孔心距公差控制在±(0.005~0.01) mm，以适应各种不同结构零件的精密孔系加工。精细镗主要用于高精度孔加工，特别是用于铸铁或非铁金属工件内孔的终加工，也可作为珩磨和滚压精密孔前的预加工，其镗孔的范围为 10~200mm。

（2）研磨精密孔　手工研磨精密孔系，劳动强度较大，通常用于批量不大且直径不大

的中小孔，是传统的光整加工孔的方法之一，其精度可达亚微米级（其中尺寸公差等级达 IT6 级以上，圆柱度误差小于 0.1μm，表面粗糙度值可达 $Ra0.01\mu m$），并能使两个相配件达到精密配合。

精密孔研磨一般都在钻床或车床上进行。图 3-13 所示是与被研孔配合的研棒。研套 2 通过内锥孔与带锥度的心轴 1 相配合，研套外圆上开有轴向直槽，以储存研磨剂。研磨前，先将研套装入心轴，并通过螺母 4、5，根据被研精密孔的尺寸先调节好研套外圆（比被研孔径小 0.01mm），加工时，将研棒夹紧在机床主轴上，在研套外表面涂一层研磨剂，将工件套入。当研棒转动时，用手动或机械方法夹持工件，使工件孔与研套做相对往复运动，进行粗研；然后调节螺母 4、5 改变研套的外径尺寸，并控制研磨压力，再进行精研磨。

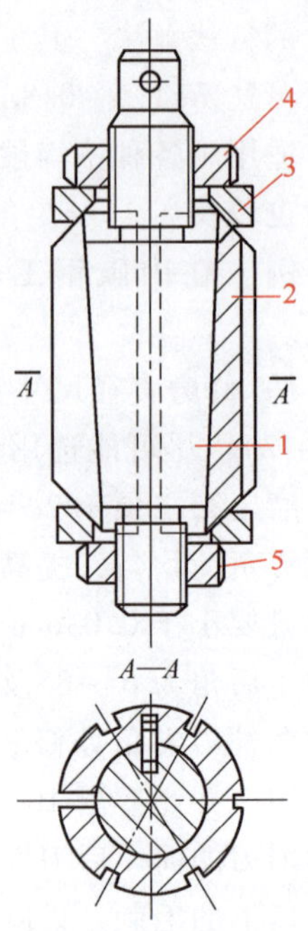

图 3-13　可调节研棒

1—带锥度心轴　2—研套　3—垫圈　4、5—螺母

必须注意，如果是孔系的研磨，则孔的位置精度必须由前道工序来保证，因为研磨不能提高孔的位置精度。

1）研通孔的研棒。由于粗、精研磨时研磨剂的磨料粒度不同，如果采用固定式研棒，必须准备几根不同尺寸的研棒，将粗、精研分开进行。粗研时都采用带沟槽的研棒（见图 3-14），其中有开轴向直槽、螺旋槽、十字交叉槽等形式。用于精研孔的研棒则不开槽。为了减少研棒数量，也可采用可调式。

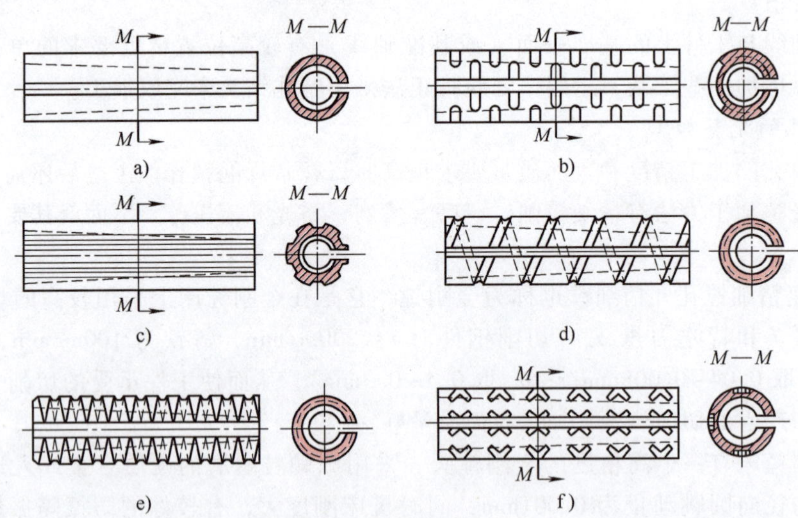

图 3-14　粗研内孔用的研棒

a）单槽　b）圆周短槽　c）轴向直槽　d）、e）螺旋槽　f）十字交叉槽

也可以根据生产中经常要重复研磨的相近内孔尺寸，制造一批不同规格的锥度心轴（可在外圆磨床上磨出 1∶50 锥度），再加工一批与之配套的铸铁研套（其内锥孔用锥铰刀铰成 1∶50 锥度；其外径与被加工内孔尺寸相当），并在圆周轴向锯一通槽（见图 3-15）。

研磨时，将锥度心轴 2 夹在钻床的钻夹头 1 内，再把研套 3 轻轻敲紧在心轴上，加入适当研磨剂和润滑油，开动钻床，用手握住工件在研套上往复运动；当研套磨损时只需再向上敲紧研套，使其外径微胀，用外径千分尺测量其尺寸，又可重新研磨，直至研套完全磨损。如果工件尺寸较大，也可把工件紧固在钻床工作台上（工件应垫高以便于研套通过），往复移动钻床主轴研出内孔。

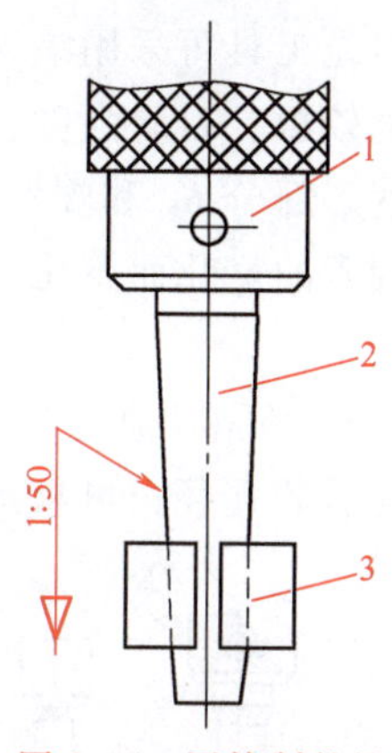

图 3-15 用特制的锥度心轴和研套研磨

1—钻夹头 2—锥度心轴 3—研套

2）研不通孔的研棒（见图 3-16）。由于研棒在不通孔内的研磨运动受到很大限制，所以工件在研磨前的加工精度应尽可能接近工件孔的最终要求，研磨余量应尽量小。不通孔研棒的工作部分长度应比被研孔长 5~10mm，并使其前端外径具有大于其直径 0.01~0.03mm 的倒锥。粗、精研用同一根研棒，但选用的研磨剂的磨料粒度粗细不同，以确保获得表面粗糙度值很小的孔。

3）研小孔的研棒。研孔径小于 8mm 的小孔时，可采用低碳钢制成的一组固定尺寸的研棒。对于小深孔，可用硬度为 300~320HBW 的弹簧钢丝制作的弹性研瓣，其尺寸可参考表 3-3，它还可用于研磨素线为曲线的小孔。

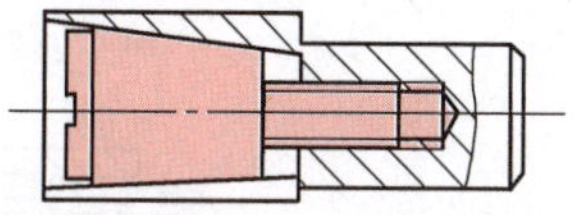

图 3-16 研不通孔的研棒

表 3-3 弹性研瓣 *R* 和 *h* 尺寸 （单位：mm）

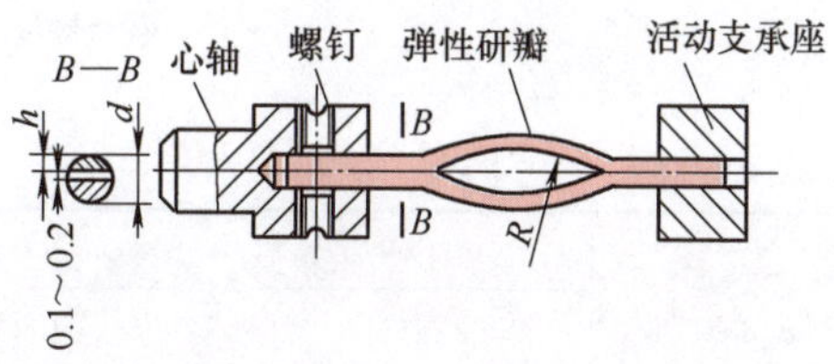

孔径 d	1	1.5	2.0	2.5	3.0	3.5	4.0
厚度 h	0.45	0.70	0.95	1.20	1.45	1.70	1.90
曲率半径 R	10	12	14	16	18	20	22

（3）精密孔的挤光和滚压

1）精密孔的挤光。挤光是小孔精密加工中一种高效的工艺方法。凡在常温下可产生塑性变形的金属，如各种钢、铜合金、铝合金和铸铁等材质的工件，都可采用挤光加工，它可得到公差等级为 IT6~IT5 和表面粗糙度值为 Ra0.4~0.025μm 的孔。

挤光分为推挤和拉挤两种方式。前者用挤光工具在压床上进行加工（也可用刚度较好的其他设备代替）；后者则可在拉床上进行加工。图 3-17 所示是精密孔挤光的各种方式，图 3-17a、b 所示为推挤，适用于短孔加工；图 3-17c、d、e 所示为拉挤，适用于长径比 L/D>8 的深孔加工。

由于挤光加工时径向力较大，故对于形状不对称、壁厚不均匀或较薄的工件，挤压时易产生畸变，因此适用于加工孔径为 ϕ2~ϕ30mm、壁厚较大的孔。

挤光工具可采用滚动轴承用的标准滚珠或硬质合金球，它在孔内的导向性不好，只适用于长度较短、材质强度较低的工件孔的推挤。挤光时工件孔内发生两种变形（见图 3-18）：弹性变形部分 K_1 和塑性变形部分 K_2。K_2 值的大小随着钢球的过盈量 i、工件材质和孔壁厚度等因素的变化而变化。下列经验公式可供参考（K_2 的单位为 mm）：

$$K_2 = mi - b$$

其中，m、b 和 i 值可按工件材质从表 3-4 中查得。由于塑性变形量 $K_2 = d_2 - d_1$，其中 d_2 为已知挤光后的孔径，可求出 d_1，再从 $i = d_3 - d_1$ 中可求出 d_3（钢球直径）。

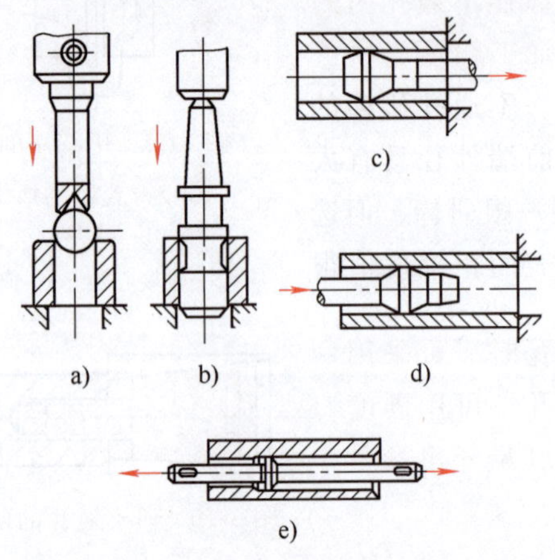

图 3-17　精密孔挤光的各种方式

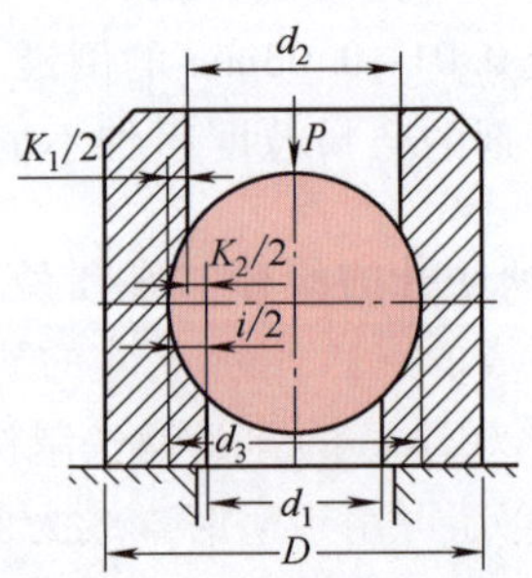

图 3-18　挤光时的变形

d_1—挤光前的孔径　d_2—挤光后的孔径

d_3—钢球直径　i—过盈量（$i = d_3 - d_1$）

表 3-4　有关 m、b 和 i 值

材质	m	b/mm	i/mm		
			孔径/mm		
			10~18	>18~30	>30~50
钢	0.85~0.90	0.001~0.015	0.07~0.10	0.08~0.12	0.12~0.15
铸铁	0.55~0.60	0.0005~0.001	0.05~0.08	0.06~0.10	0.10~0.12
青铜	0.85	0.0008	0.06~0.08	0.07~0.09	0.09~0.12

另一种应用较广的挤光工具是挤压刀。它的刀头制有挤压环，其形状有圆弧面、前后锥面（见图 3-19a）、单前锥面（见图 3-19b）、双重前锥面（见图 3-19c）、球面（见图 3-19d）、球面连圆柱棱带（见图 3-19e）和曲线面（见图 3-19f）等形式。

挤压刀的几何参数是：①前锥角 φ，当采用一般挤压过盈量，且润滑良好时，φ 可适当加大；②后锥角 φ'，对金属材料取 4°~5°；③棱带宽度 $b = 0.35d^{0.6}$（d 为孔径）；④对于中等塑性的钢和铸铁，采用双重前锥面挤压刀，可降低挤压力和表面粗糙度值，一般取 $\varphi = 4°\sim5°$，$\varphi_1 = 1°$，$b_1 = 9.8i$；对于塑性较大的材料，要适当加大 φ 和减小 b 值，以改善挤压条件。

必须指出：对具有一定公差范围的精密孔，在挤光前应经过精镗或铰削等预加工。预加工孔应有一定的公差等级要求，一般应达 IT10~IT8 和表面粗糙度值为 $Ra6.3\sim1.6\mu m$。因为

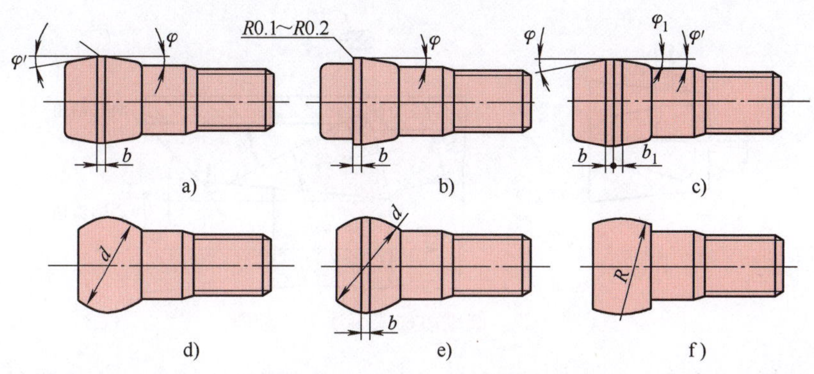

图 3-19　挤压刀的各种形式

用不同大小的钢球挤光时所获得的孔有一定的误差范围，且钢球直径对应于待挤光孔有一个最佳尺寸，因此需进行试加工，否则难以获得满足要求的孔。

此外，也可采用无刃铰刀来挤光精密孔。图 3-20 所示是一种高速钢手用无刃铰刀，其加工公差等级也可稳定在 IT7，表面粗糙度值在 $Ra0.4\mu m$ 以下，同时对孔表面挤光会使孔壁硬化，增加表面硬度，提高孔的耐磨性。图 3-21 所示是另一种硬质合金机用无刃铰刀，它的六个刀齿无切削刃，铰削时以挤压刃带（宽 0.2～0.3mm）对孔壁产生挤压刮研作用，可降低孔壁表面粗糙度值（达 $Ra0.2\mu m$）。

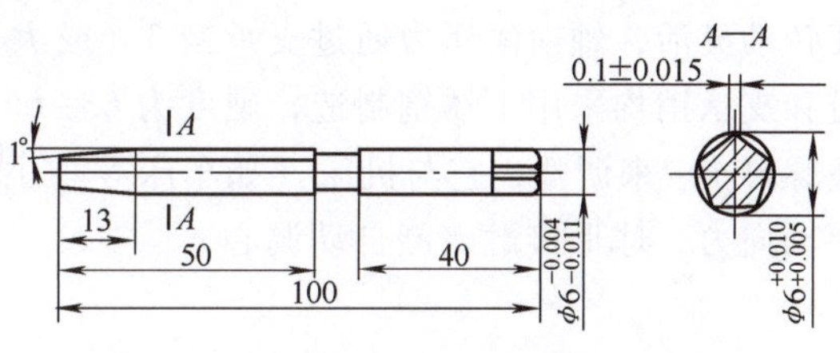

图 3-20　高速钢手用无刃铰刀

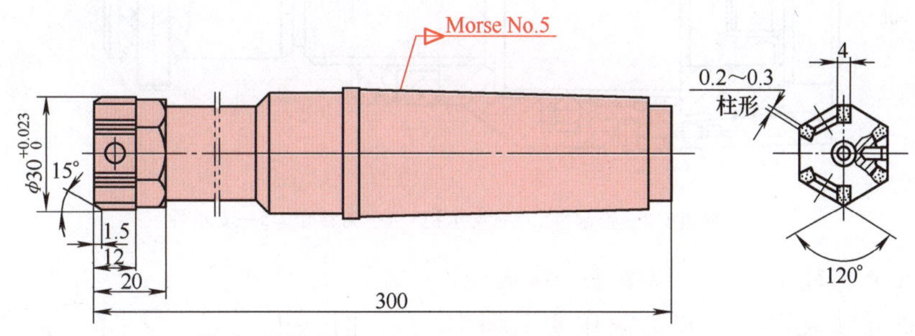

图 3-21　硬质合金机用无刃铰刀

2）精密孔的滚压。滚压加工可应用于孔径为 $\phi6\sim\phi500$mm、长为 3～5m 的钢、铸铁和非铁金属的工件。根据工件尺寸和结构、具体用途以及对孔的精度、表面粗糙度的要求不同，可选用不同的滚压方式和滚压工具来加工。

① 圆锥滚柱式滚压头（见图 3-22）。这种滚压头工作接触面积较大，能承受较大的滚压力，可选用较大的进给量，以提高生产率。当滚柱的锥角大于心轴的斜角时，滚柱沿进给方向宽头在前（见图 3-22 中的滚柱截面图），接触宽度逐渐向后减窄，这样能防止材料向后流动，有利于改善表面质量，降低表面粗糙度值。这是圆锥滚柱式滚压头的一个重要优点。此外，滚柱轴线与被滚压孔轴线沿旋转速度方向 v 有一偏转角 η，可形成滚压头自行进给的

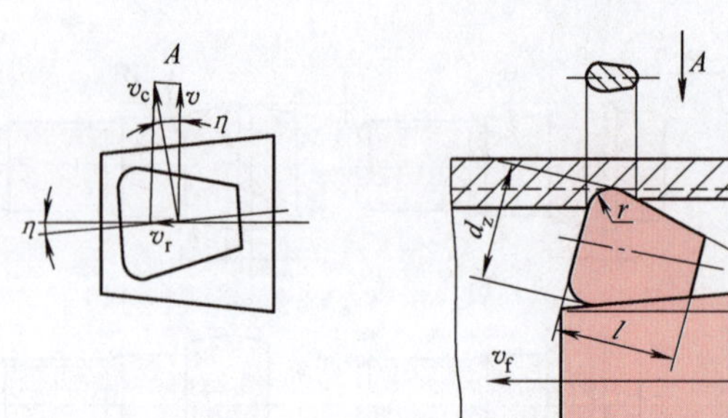

图 3-22　圆锥滚柱式滚压头示意图

趋势，这称为“自旋性”，可减小滚柱在加工表面上的滑移和摩擦力，大大降低滚压转矩和轴向阻力。

② 多滚柱（珠）刚性可调式滚压头。图 3-23（或图 3-24）所示是多滚柱（珠）刚性可调式滚压头。锥滚柱 2（或小滚珠 3）支承在滚道 1（或大滚珠 2）上承受径向滚压力，保证转动灵活，轴向滚压力通过支承销 3（或大滚珠 2）作用于推力轴承上。滚柱（珠）、滚道和支承销均采用不锈钢制造，硬度为 63~66HRC。滚压头的工作直径可用调整套 4（或调整螺钉 1）来调整，它与机床（如车床等）主轴采用浮动连接，其右端面由支承柱 5 承受全部轴向力，球形接触点能自动调心。

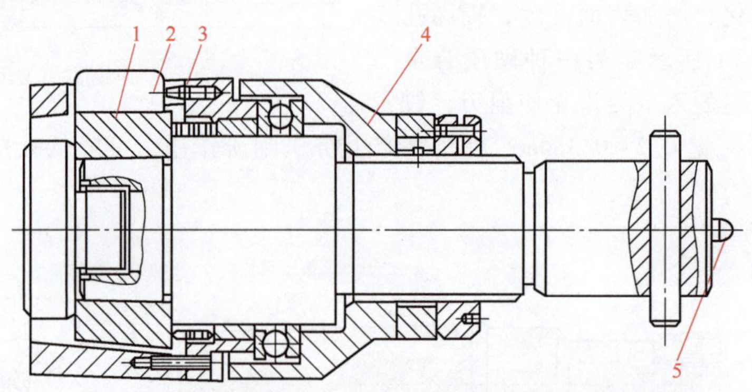

图 3-23　多滚柱刚性可调式滚压头

1—滚道　2—锥滚柱　3—支承销　4—调整套　5—支承柱

采用滚压光整加工孔时，以滚压一次为佳，宜选用较高的滚压速度，以提高滚压质量和生产率。其进给量 f 的大小对表面粗糙度有影响：f 过大，表面粗糙度值大；但 f 过小，表面因重复滚压易产生疲劳裂纹。滚压用量可从表 3-5 中选取。滚压力大小一般用行程试验法合理确定。

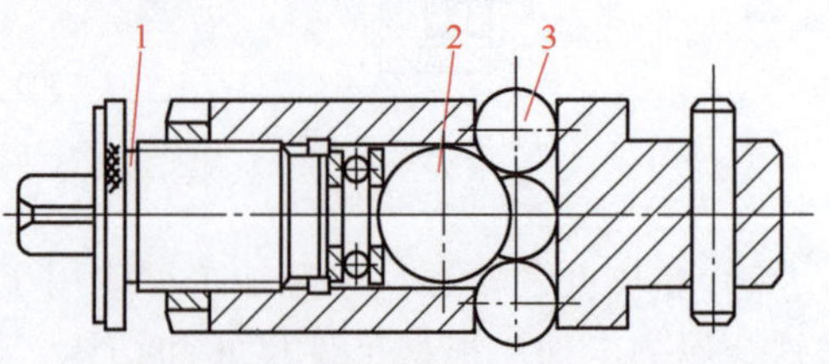

图 3-24　多滚珠刚性可调式滚压头

1—调整螺钉　2—大滚珠　3—小滚珠

（4）精密孔的珩磨　珩磨是利用由若干条粒度很细的磨条（磨石）组成并可作径向胀缩进给的珩磨头，相对于工件既作低速旋转又作较高速度的往复移动，这三种运动的复合，使磨粒的切削轨迹成交叉而不重复的网纹的一种光整加工方法。它大量应用于各种精密孔的终加工，也是一种超精加工方法。

表 3-5　滚柱式滚压头的滚压用量

被加工孔孔径/mm	直径的过盈量 i/mm	转速/(r/min)	每转进给量/(mm/r)
5.5~12.7	0.020	500~700	0.13
13.5~24.6	0.025	400~500	0.23~0.38
25.4~44.4	0.037	325~400	0.38~0.71
45.2~63.5	0.050	200~325	0.71~0.91
64.3 以上	0.076~0.15	100~200	0.91~3.30

珩磨过程就是磨石在珩磨头的胀缩机构作用下稍许径向伸出，向孔壁施加压力，压力越大，进给切削量越大。因此，当孔的表面存在形状误差时，磨条在孔的半径较小处首先接触，并与孔壁不断相互磨削与修整，使原来刀痕与残余应力变形层被磨去，孔的圆度和圆柱度得以修整，磨条也相应地被磨损，因而它能获得具有较高的形状精度和较低表面粗糙度值的精密内孔，其尺寸公差等级可达 IT6，圆度和圆柱度可修整到 3~5μm，表面粗糙度值为 Ra0.63~0.04μm，甚至可得到表面粗糙度值为 Ra0.01μm 的镜面。珩磨加工的孔径从 ϕ5~ϕ500mm 甚至更大，也能加工长径比 L/D>10 的深孔。但与研磨相似，珩磨不能修正孔的位置误差及孔轴线的直线度，这些精度应在前道机加工工序中予以保证。珩磨目前在汽车、拖拉机、轴承制造业的大量生产中以及各类机械制造业的批量生产中被广泛采用。

图 3-25 所示是中等孔径通用珩磨头的典型结构。它由本体前导向 1 与被加工孔口接触（本体上无导向条），磨条 2 为奇数，可减小振动，以弹簧圈置于磨条座 4 外，而磨条座直接与进给胀锥 3 接触，胀锥的轴向移动可微量调节磨条的外径。为了提高珩磨质量，珩磨头与机床主轴一般都采用浮动连接，以减小主轴轴线与被加工孔的轴线的同轴度误差，提高回转精度。此外，珩磨头每一往复行程内的转数为非整数，因而它在每一行程的起始位置都与上次错开一个角度。图 3-26 中，Ⅰ为第一个向下行程的起始位置，Ⅱ为第一个向下行程终了及第一个向上行程的起始位置，Ⅲ为第一个向上行程终了及第二个向下行程的起始位置。这样使磨条上每颗磨粒在加工表面上的切削轨迹才不致重复，从而形成均匀交叉的珩磨网纹，这种网纹有利于表面储油润滑，并使有相对运动的摩擦副零件获得理想的表面质量。

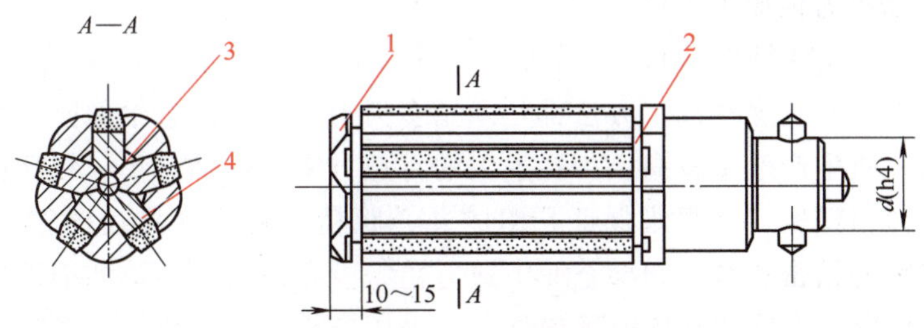

图 3-25　中等孔径通用珩磨头的典型结构

1—本体前导向　2—磨条　3—进给胀锥　4—磨条座

珩磨适用于各种金属材料和非金属材料的孔加工。但珩磨前必须严格控制孔的尺寸公差，以保证珩磨余量的合理，一般余量不大于 0.05mm，因为余量每增多 0.01mm，珩磨工时便会成倍增加。此外，不使用钝化了的磨条，以免孔壁形成挤压硬化层；待珩磨孔不应残留氧化物（如铁锈、脱碳层等）、油漆和油垢等物，以免堵塞磨条。

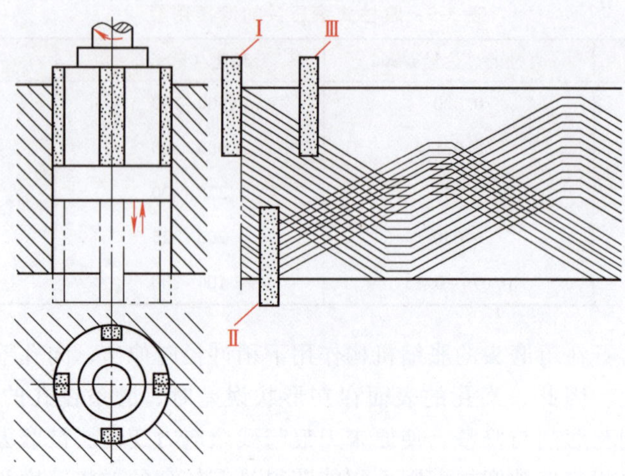

图 3-26　珩磨网纹的形成

3.2.2　精密孔系的加工方法

精密孔系是具有相互位置精度的一系列孔的组合。孔组的孔径、孔心距或孔轴线与基准表面（或基准轴线）间都有较高的精度要求。通常它包括轴线平行孔系、轴线交叉孔系和同轴孔系三类。下面介绍解决精密孔系位置精度问题的几种主要工艺。

1. 用找正对刀法钻铰精密孔系

找正对刀法钻铰的实质是在通用机床上（如立式钻床、摇臂钻床、普通镗床等）依靠操作者的主观努力，借助一些辅助装置人为地去找正每个被加工孔的正确位置。此法的特点是：设备简单，生产率低，加工精度受操作者技术水平和找正对刀方法的影响较大，适用于单件小批生产。根据找正对刀的方法不同，此法又可分为按划线找正，用定心套、量块和心轴找正，用样板找正。

（1）按划线找正对刀　按精确的划线一一找正各孔位置，结合试切钻孔法，并要配合精密测量手段。这种方法找正和加工费时，误差较大，只适用于单件小批生产中对孔心距要求不高的孔系，或作为预加工工序。

（2）用定心套、量块和心轴找正对刀　对于中小直径的孔，选用钻、扩、铰削加工，要比镗孔方便简单，并且这些加工方法都是采用多刃刀具，一次进给便能切去加工余量，达到孔的技术要求，故生产效率较高，为孔加工的首选方案。但钻、扩、铰孔虽能保证单孔孔径精度和内壁表面粗糙度，却很难保证孔组的孔心距精度要求（见表 3-2），而生产中经常碰到的是轴线平行的精密孔系，如果企业中缺乏精密镗孔设备或在单件小批生产条件下，可根据创造性加工原则，在立式钻床或摇臂钻床上采用定心套、量块等工装来对刀，以解决精密孔系钻铰的难题。

用定心套找正对刀，先要在工件表面上划出孔系的各中心线，根据划线在各被加工孔位中心加工出比要求孔径略小的螺纹孔，然后在各孔位上分别用螺栓轻轻拧紧一个定心套（见图 3-27），定心套的外圆和端面经精加工，内孔与螺栓间留有适当空隙；然后按孔系中心距要求用量块或外径千分尺测量各定心套之间的距离，轻轻敲打各套，调整到规定尺寸后，拧紧各螺栓，再检查一遍尺寸。将工件放在钻床或车床上加工时，按某一定心套外圆找

正机床主轴（用指示表固定在主轴上缓慢转一周）。找正后，拆去该定心套，对孔进行扩、铰。每加工一个孔都要重复上述动作找正一次，直至孔系加工完。

此法一般能保证的孔距精度为±0.03mm，但较费工，操作技术要求较高，还增加了螺孔加工和制造精密定心套的工时和费用。

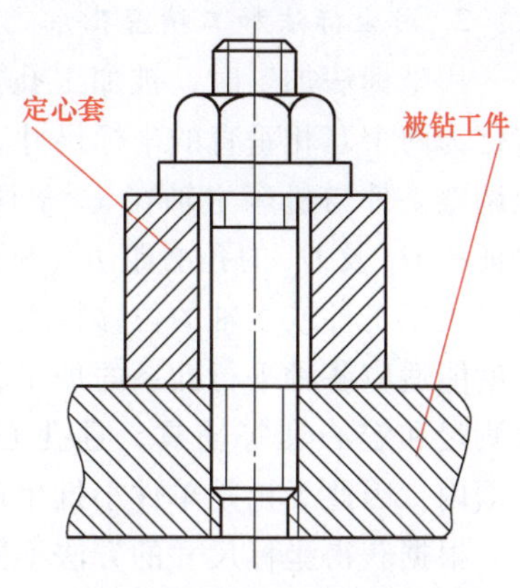

图3-27 用定心套找正对刀

在镗床上加工精密平行孔系时，可采用心轴和量块找正法。如图3-28所示，镗第一排孔时，将心轴插入镗床主轴孔内，然后根据孔和定位基面的距离组合一定尺寸的量块来找正主轴位置（见图3-28a）。找正时用塞尺测定量块与心轴间的间隙，以避免量块与心轴直接接触而产生变形。镗第二排孔时，分别在已加工孔（若孔径较大时可装一衬套）和主轴孔内插入心轴，采用同样的方法来找正主轴轴线位置，以保证孔心距精度（见图3-28b）。

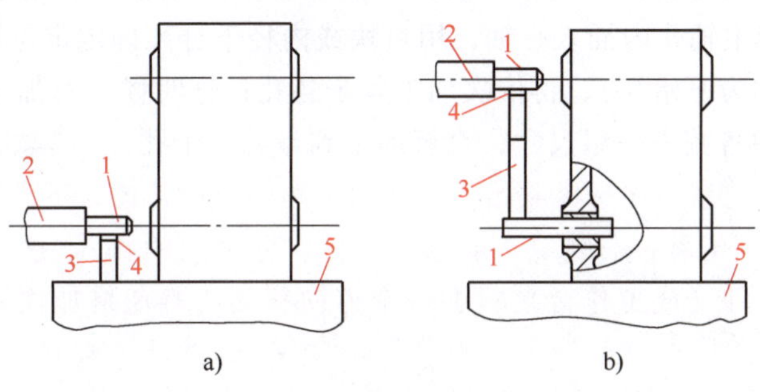

图3-28 用心轴和量块找正对刀

1—心轴 2—镗床主轴 3—量块 4—塞尺 5—镗床工作台

（3）用样板找正对刀 图3-29所示是采用样板找正镗床主轴位置加工孔系的方法。此法需先用厚为10~20mm的钢板预制一块样板，样板上按工件孔系的孔位加工出位置精度为±(0.01~0.03) mm的相应孔系，其孔径应比被加工孔径大些，以便镗杆通过。样板上孔径尺寸要求不高，但要有较小的表面粗糙度值和较高的形状精度。当样板2准确地装到工件3上后，在机床主轴上装上指示表定心器1。加工时按样板孔找正机床主轴，找正后即换上镗刀加工。加工完这一端孔系后，利用已加工的孔支承镗杆加工另一端孔（或将镗床工作台回转180°调头镗）。

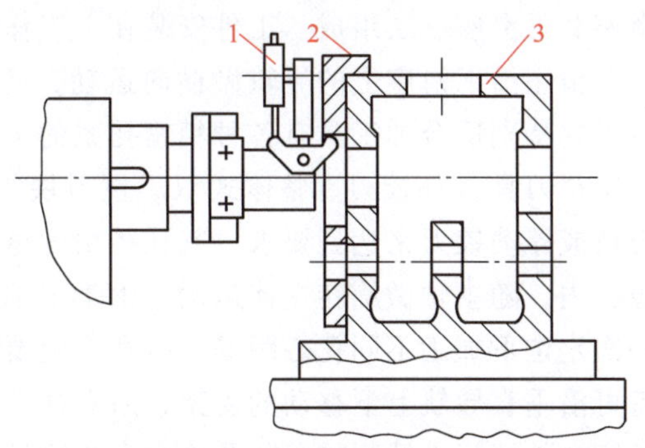

图3-29 用样板找正对刀

1—指示表定心器 2—样板 3—工件

用样板找正法加工孔系，不易出差错，找正迅速，样板的制造成本仅为镗模成本的1/7~1/9，孔心距精度一般可达±0.05mm，常在批量生产中加工较大工件而使用镗模又不经济时采用。

2. 用坐标法加工精密孔系

用坐标法加工时，被加工孔系间的孔心距尺寸 L，要先转化为两个互相垂直的坐标尺寸，然后按此坐标尺寸，精确地调整工件与机床主轴在 x、y 两垂直方向的相互位置，以保证孔 O_1 及 O_2 的孔心距 L（见图 3-30）。孔心距的精度主要取决于工件或主轴的位移精度。由于此法不需要专用的工装就能适应各种平行孔系的加工，通用性较好，又可省去多次测量和定心套等辅具，且孔心距精度可保证在±0.02mm 范围内，因此无论是单件小批生产还是成批生产都常被采用。

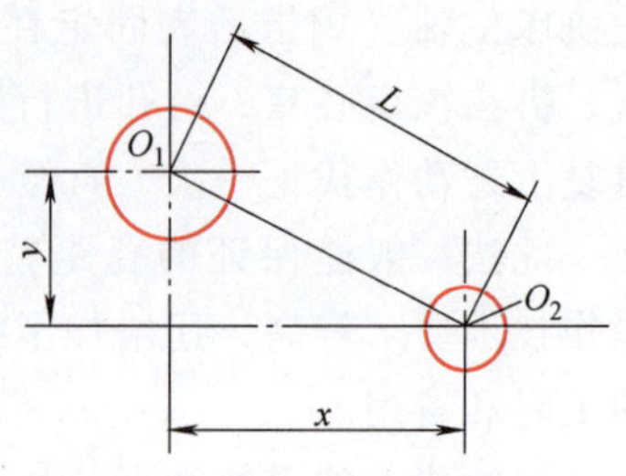

图 3-30 孔心距与坐标尺寸

根据获得坐标尺寸的方法不同，可分为以下几种工艺方法：

（1）在钻床上加工用直角坐标尺寸来确定孔位的精密孔系　这类工件经常以三个相互成 90°的三基面体系作为孔系加工的工序基准。钻铰时可在数控钻床上利用坐标工作台很方便地完成各孔加工。如果要在普通立式钻床或摇臂钻床上加工，则可采用精密直角靠铁作工件的定位基准表面，被加工孔的位移可借助于量块来确定主轴线至两定位基准间的坐标尺寸，调整时可在机床主轴孔内插入心轴，用量块或内径千分尺确定定位尺寸。选好孔系中要加工的第一个孔（称为原始孔），再依次加工其余各孔；这时候，每加工完一个孔，就要在 x、y 方向的量块组中各减去一组尺寸，直至加工到最后一个孔。

采用坐标法加工孔系，在选择原始孔和孔加工顺序时应考虑以下原则：

1）原始孔应位于孔系的一侧（一般选取坐标尺寸最大的孔），这样利用坐标尺寸依次加工各孔时，可使工件（或工作台）只朝一个方向移动，避免增加往复位移误差，有利于保证孔心距精度。

2）要把孔系中有孔心距要求的两孔加工顺序紧紧连在一起，以减少坐标尺寸的积累误差对孔心距精度的影响。

（2）在卧式镗床上安装精密测量装置加工精密孔系　卧式镗床工作台由上工作台、上滑座和下滑座三层组成。工件安装在上工作台上，可随下滑座沿床身导轨做纵向运动，又可随上滑座沿下滑座上的导轨做横向运动，还可绕垂直轴线在静压导轨上回转 180°（转位），所以它特别适合加工具有各种精密孔系的工件（如箱体、支架等零件）。加工时，孔径精度由定径刀具（如铰刀、整体式双刃镗刀块等）来保证，也可借助于微动调刀镗头、浮动镗刀块或浮动铰刀来达到要求，其孔径精度可达 H8～H7。镗刀装在镗杆上或装在主轴的微动镗头内，随主轴做旋转主体运动。由于主轴箱可沿前立柱的垂直导轨作上下位移，所以要在一次定位下加工不同孔心距的平行孔系就要比在车床上车孔方便多了。镗床的后立柱上安装有可沿垂直导轨上下移动的支架，后立柱还可沿床身导轨作纵向位移，以便安装和支承不同长度的长镗杆来镗削较深的孔或多个相距较远的同轴孔系。可见，卧式镗床不仅有利于各种精密孔系的加工，而且万能性强，如果配上镗铣头等附件，还可对工件某些特殊部位进行铣削加工等。

为了提高精密孔系孔心距的加工精度，若采用装有放大镜的游标卡尺直接读数（分度值为 0.05mm），其坐标定位精度可达±0.08mm；若在工作台横向位移和主轴箱垂直位移方向安置指示表和不同尺寸的量块组或量棒，就可以准确地调整和控制主轴与工件间在水平和垂直方向的相对位置的坐标（见图 3-31），其定位精度可提高到±0.03mm；若需要使用后立

柱支架，在后立柱上也可装上这种精密测量装置，以保证镗杆支承孔轴线与主轴轴线的同轴度。如果将卧式镗床经过改装和精化，加装一根精密线纹尺和光学读数头或数字显示装置，可以使定位精度再提高到±0.01mm，完全可以满足一般箱体孔系加工的要求，这是一种经济实用的工艺手段。

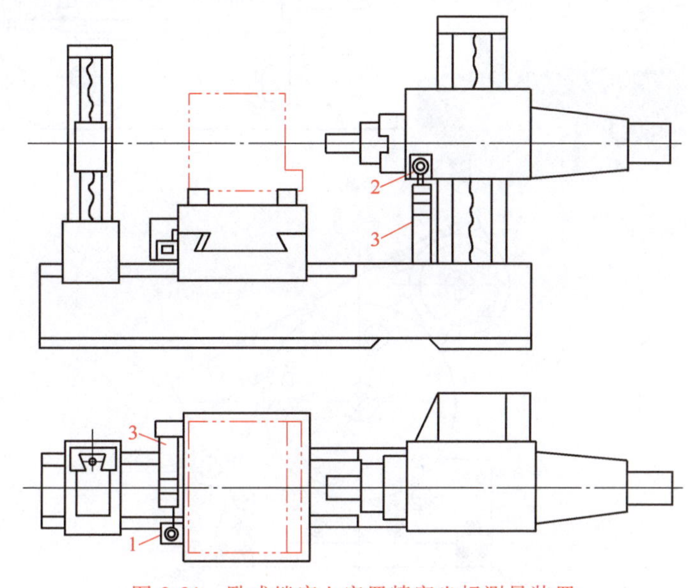

图 3-31　卧式镗床上安置精密坐标测量装置

1—横向工作台指示表　2—主轴箱指示表　3—量块（或量棒）

（3）用回转工作台或万能分度头钻铰圆周均布孔系　需要回转分度的机构中，分度盘上的均布孔系精度要求较高。这一类工件的钻铰是基于极坐标原理——分度圆中心是极坐标的原点，其半径即为极半径（ρ），每一分度的中心角就是极角（θ）。钻铰圆周均布孔系时，首先应使回转工作台或万能分度头的旋转轴线与机床（如摇臂钻床或立式铣床）主轴轴线校正成同轴以建立极坐标的原点；然后在摇臂的导轨上沿极轴方向按极半径 ρ 移动钻床主轴（在立式铣床上则移动工作台），使原始孔位对准主轴中心，加工第一个孔；加工完原始孔后将回转工作台转过一个极角 θ，即可加工第二个孔；这样依次加工以后各孔，直至均布孔系加工完毕。

（4）在坐标镗床上加工精密孔系　坐标镗床上钻镗铰孔是位置精度要求特别高的精密孔系的重要加工手段。它往往安排在工件加工的最后工序。因此，工件在孔加工前，必须将其安装基准面进行精磨或仔细刮研，使平面度误差控制在 0.01mm 以内。

坐标镗床能提高孔位移定位精度的原因在于：

1）镗床工作台的运动，借助于精密刻线尺、精密丝杠、微位移机构和光学坐标读数装置，可沿 x、y 坐标轴精确位移，使被加工孔的定位精度可达 6~2μm。

2）工作台上可安装光学水平回转工作台（见图 3-32a），它可带动工件绕立轴 z 水平回转 360°，其分度精度借助于光学读数装置可达“″”，用来加工极坐标制的圆周均布孔；或者也可安装光学万能回转工作台（见图 3-32b），它不仅具有水平回转工作台的同样功能，而且其上部的水平工作台还可带着工件绕水平轴 O_1 在空间旋转 0°~90°，其分度精度可达

“′”。这样根据工件的不同要求选用这两种工作台之一，可辅助坐标镗床加工精度要求较高的极坐标制的孔、径向分布的孔、双坐标和三坐标尺寸的孔和各种空间斜孔（见图 3-33）以及轴线交叉的精密孔系等。此外，还可加工各种角度平面和进行精密角度的划线与测量。

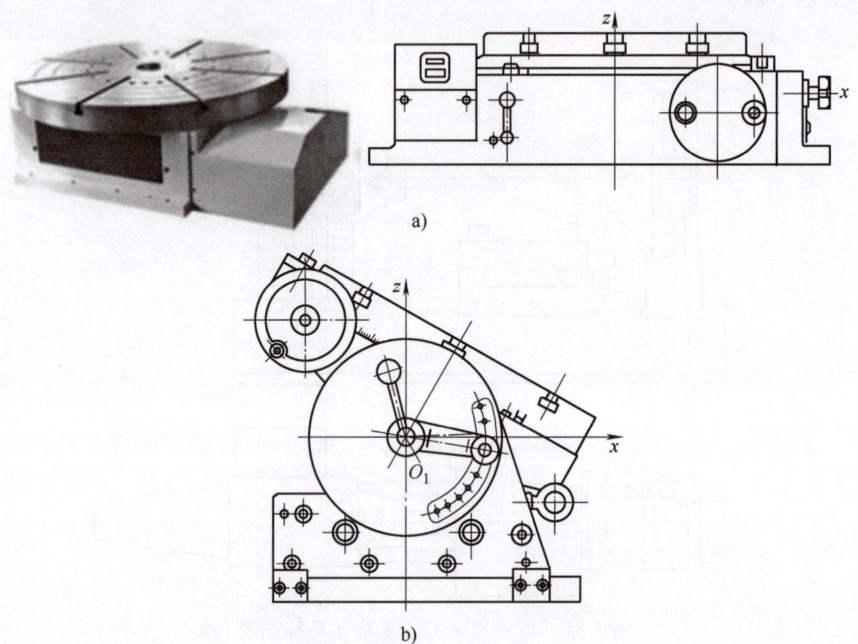

图 3-32　光学回转工作台

a）光学水平回转工作台　b）光学万能回转工作台

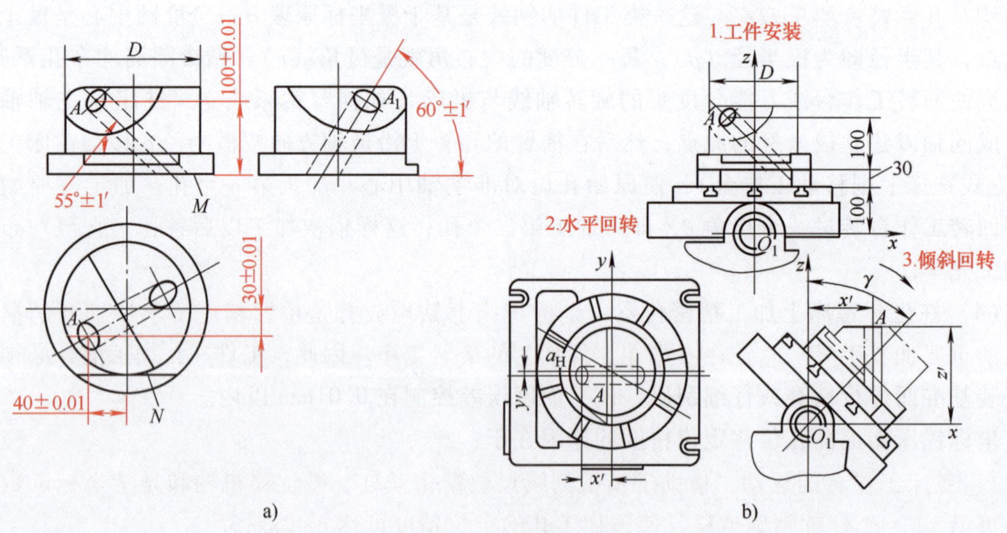

图 3-33　在光学万能回转工作台上加工空间斜孔

a）工件　b）安装与调整

3）镗床主轴不仅具有高的回转精度，并可沿 z 轴精确移动，若配上各种附件，如光学定位器、心轴定位器、定位顶尖、弹簧中心冲及指示表定位器等，就能精确决定主轴相对工件定位基准表面的坐标位置；在主轴上还可安装钻头、铰刀、铣刀和万能镗刀架（它具有镗孔、镗外圆、切槽、自动镗削端面等多种功能，见图3-34）等，可使坐标镗床扩大工艺范围。

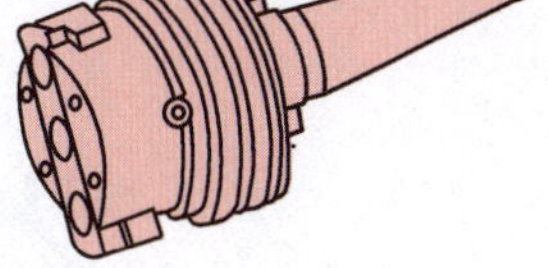

图3-34 万能镗刀架外形

3. 用镗模法加工精密孔系

镗模是一种专用夹具，它由若干个镗模支架通过底板连接而成。在镗模支架上，精确地加工出与工件各表面上所要加工的孔相对应的孔系。加工时，镗模装在卧式镗床工作台上，工件通过定位夹紧元件安装在镗模内，镗杆支承在前后支架的导套内，由导套引导镗孔。这样既保证了孔系的位置精度，又提高了镗杆的刚度（见图3-35）。

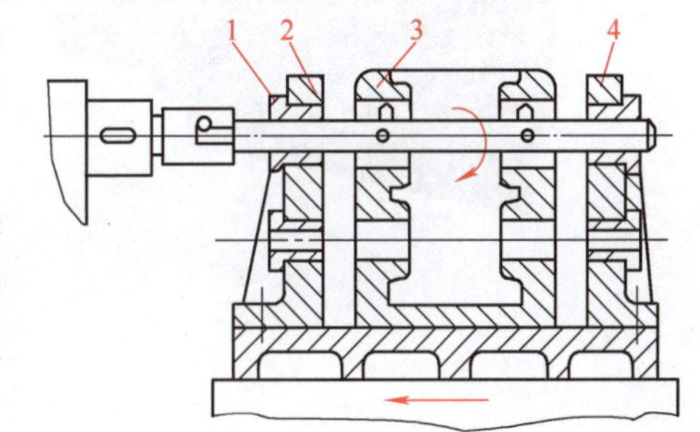

图3-35 用镗模法加工孔系

1—导套 2—镗模前支架 3—工件 4—镗模后支架

用镗模法加工孔系，镗杆与机床主轴一般采用浮动连接，以减少机床误差对孔心距精度的影响，使工件孔系精度主要取决于镗模制造精度、镗杆与导套的配合精度、镗杆支承方式以及镗刀的调整等，因而对机床精度要求较低。同时，由于大大提高了工艺系统的刚度和抗振性，有利于采用多刀切削，又可节省调整和找正的时间，因此生产效率高。这种方法能保证孔径公差等级在IT7左右，孔心距精度达±0.05mm，孔系轴线平行度和同轴度达0.03~0.02mm，表面粗糙度值为Ra1.6~0.8μm。但镗模本身精度要求高，制造困难，成本高，故多用于成批大量生产中。

4. 采用加工中心（简称MC）机床加工精密孔系

所谓加工中心实质上是一台高度自动化的多工序数字控制机床。它主要是指具有自动换刀及自动改变工件加工位置功能的数控机床，常用的有立式（见图3-36）和卧式（见图3-37）加工中心（镗铣床），能对需要作钻孔、扩孔、镗孔、攻螺纹、铣削等作业的工件进行多工序自动复合加工，它改变了过去小批生产中一人、一机、一刀和一个工件的落后局面，实现高度集中的加工，即可在一台加工中心上，实现原先需多台数控机床才能实现的加工功能。例如，在加工箱体类零件时，一次装夹就可对各个方位的表面（除装夹底面外）和孔系进行连续加工，生产效率高，避免了人为的操作失误，还可省去划线和镗模等复杂的操作和工装，故是中小批生产中箱体类零件孔系加工的一种较好方式。此外，它具有比机床本身精度更高的加工精度和重复精度，还能加工普通机床无法

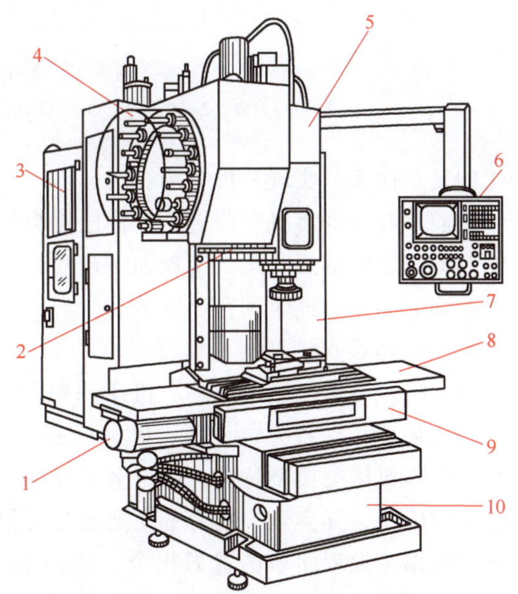

图3-36 JCS-018型立式镗铣加工中心

1—伺服电动机 2—机械手 3—数控电柜 4—刀库 5—主轴头架 6—操纵面板 7—强电电柜 8—工作台 9—滑座 10—床身

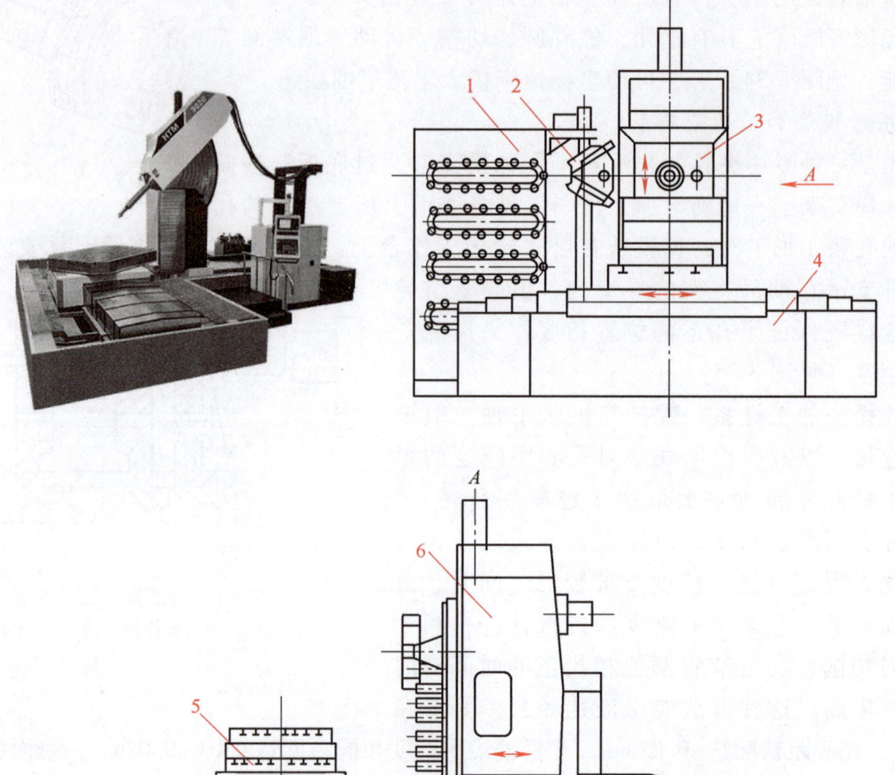

图 3-37　卧式镗铣加工中心

1—刀库　2—机械手　3—主轴头架　4—床身　5—工作台　6—立柱

加工的复杂曲面，实现一机多用。

目前，我国许多机床制造企业都已能自行设计开发和研制各类加工中心。这是改变机械工业制造工艺的落后状态，实现加工自动化的重要途径。

镗铣加工中心机床具有至少 x、y、z 三个轴的轮廓控制能力。机床工作台、主轴头架和可移式立柱都具有较高的位移精度（可达±0.02mm/300mm），它有坐标控制系统，可实现点位移控制，以加工精密孔系。机床一般配有自动分度工作台和数控转台（其回转精度可达±5″），便于工件各方位表面、极坐标制孔系和交叉孔系的加工。具有自动刀具交换装置是加工中心机床的典型特征，也是多工序加工的必要条件。被加工工件所需的各种刀具储存在一个刀库中，其容量一般为十几把至几百把不等。加工进行中可根据需要自动换刀——选刀机构根据数控程序中的选刀指令，使伺服电动机转动，机械手从刀库中选出所指定的刀具，并送到换刀位置，装上下一道工序要用的新刀，并将上道工序的刀具送回刀库，再从刀库中选出更后一道工序要用的新刀，以备后用。故机械手要完成抓刀、拔刀、换刀、插刀、复位等一系列动作。这种自动换刀装置的性能对整机加工效率有重大影响。

图 3-38 所示是一托架零件。此零件及其加工特点是：形状和加工均较复杂，交叉孔位

置精度要求较高，各加工面之间也有形位精度要求，而零件的工艺刚度差（特别是加工 40h8 部分时）。同时，由于铸件毛坯留有较大加工余量，因此在工艺上要求全部完成粗加工和半精加工后，再进行精加工。当采用普通机床加工时，需多次装夹和换刀来完成几十道工序，误差大，工期长，而且根据制造厂一段时期的生产实践结果可知，不能保证加工精度，没有一件能完全达到图样要求。现改用卧式加工中心来加工，其工艺过程如下：

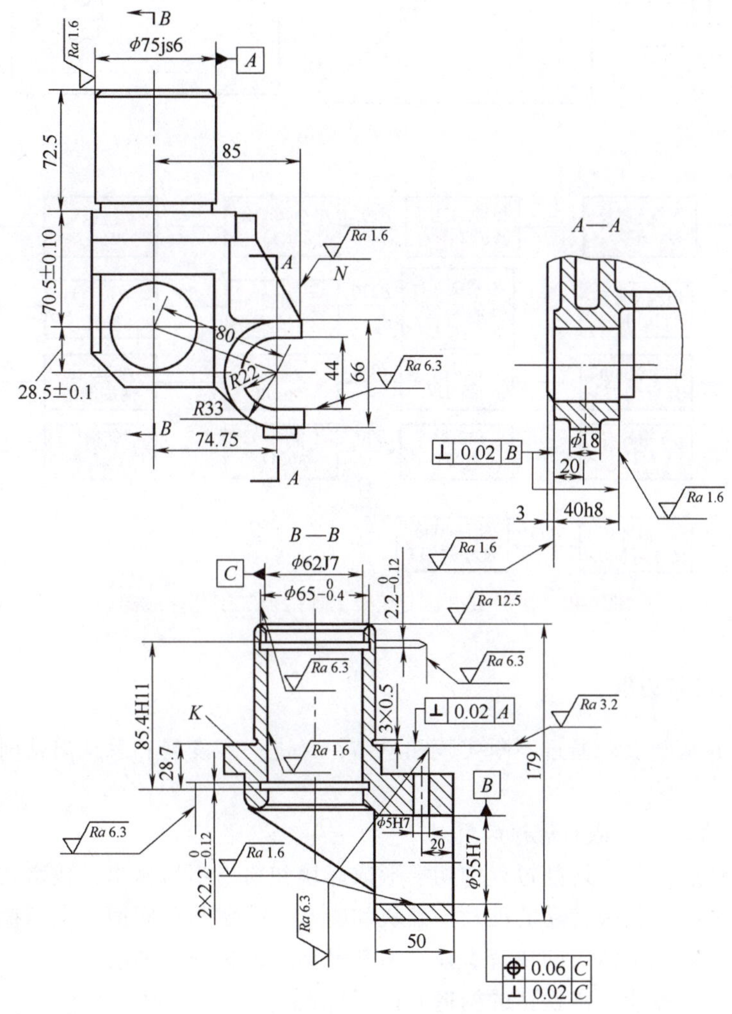

图 3-38　托架零件工作图

1）在卧式车床上预先加工完 ϕ75js6×72.5 及端面 K，并倒角和割槽 3mm×0.5mm，以作为工件在加工中心的装夹定位基准。

2）在镗铣加工中心机床上，以 ϕ75 轴线和 K 面作定位精基准，一次装夹完成全部加工。工时从原来的 10h 减至 1.5h，提高工效 6 倍，工件合格率达 100%，取得了显著效益。

图 3-39 所示是托架装夹示意图，图 3-40 所示是加工工艺路线图。图中的 B270°、B90° 等表示机床回转工作台转角坐标为 270°、90°等。可见，在加工时利用了加工中心机床具有回转工作台可分度定位的控制特点，实现了工件多次回转定位加工，提高了加工精度和工效。

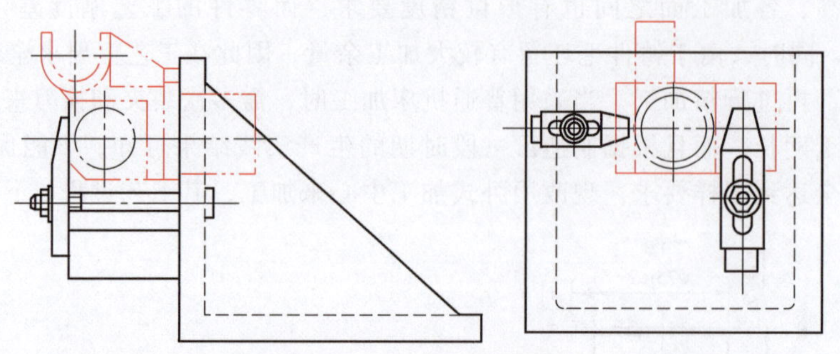

图 3-39　托架装夹示意图

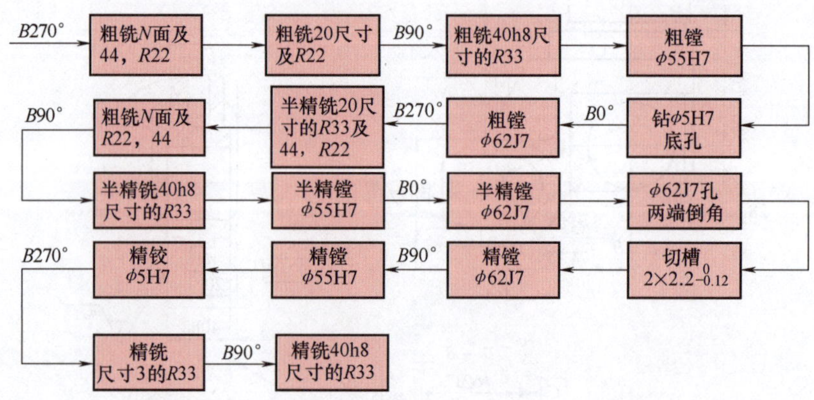

图 3-40　在加工中心上托架工件的加工工艺路线图

3.2.3　群钻的选用与刃磨

在标准群钻的基础上，通过不断实践和总结，又进一步发展和总结出钻削各种不同材料的钻头和群钻。

1. 钻削铸铁的钻头和钻削铸铁的群钻

由于铸铁的性质较脆，切削过程中切屑形成碎块和粉末不易排出，残留在钻头与所形成孔的一些空间里。随着钻头转动的推动，碎块和粉末与孔壁和孔底面产生摩擦，产生大量的热量而不易散发，造成了钻头的快速磨损，尤其是钻头刀尖部分的磨损更大。

根据铸铁的上述性能，铸铁钻的构造有以下特点：

1）为了增大刀尖处的面积以利于散热，磨出第二顶角，对直径较大的钻头可磨出第三顶角，从而提高钻头的寿命。

2）将后角磨得更大，比钻钢材的钻头大 3°~5°，并可将后面磨去一块（见图 3-41），即磨出第二重后角而不会影响刀齿强度，但增大了后面与孔底间的容屑空间，有利于切削。

3）在刀尖处磨出 R0.5mm 左右的圆角，有利于提高加工精度。

铸铁群钻（见图 3-42）是铸铁钻和标准群钻的结合，它保留了铸铁钻和标准群钻的各自特点。由于铸铁群钻的刀尖高度 h 比标准群钻更小，所以横刃可磨得更短，是标准麻花钻的 1/5~1/7。

表 3-6 所列为铸铁群钻切削部分的形状和几何参数。

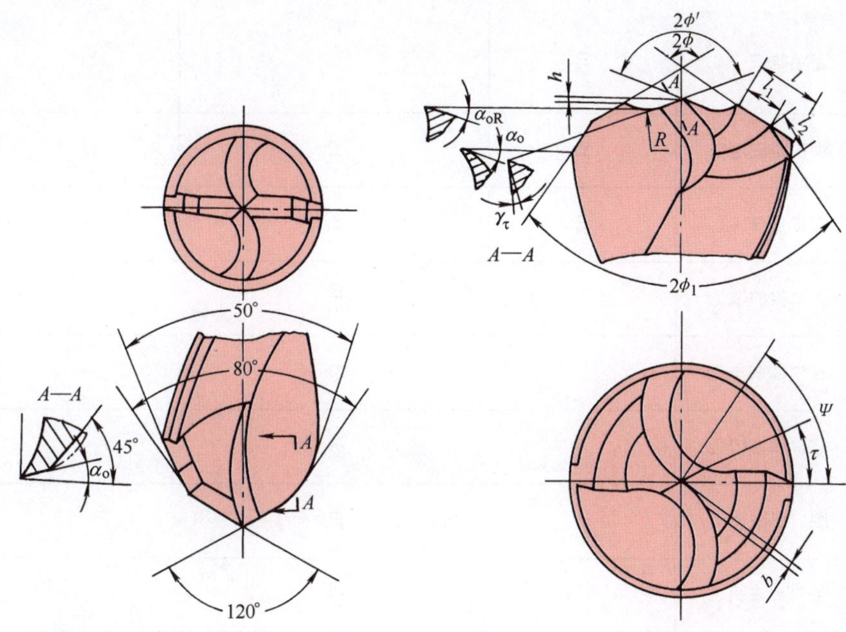

图 3-41　铸铁钻　　图 3-42　铸铁群钻

2. 钻削黄铜和青铜的钻头和群钻

在钻削黄铜或青铜的过程中，当主切削刃全部进行切削后，会产生钻头突然快速切入工件材料内的现象，这就是“扎刀”现象。

“扎刀”现象的产生，会造成不良后果，轻者使工件报废或钻头折断，严重的可能造成操作者受伤。

由于黄铜和青铜的强度和硬度较低，结构较疏松，所以切削阻力较小。当拉力大于切削阻力时，不需要施加任何外力，钻头会自动切入工件材料而造成“扎刀”现象。

综上所述，“扎刀”现象的产生是由于钻头前角过大而造成的。钻头近心处 $d/3$ 范围内前角为负值时，不会造成“扎刀”现象。而主切削刃最外缘处前角最大，所以当主切削刃全部进行切削时，最容易产生“扎刀”现象。因此，要避免“扎刀”现象的产生，只要将钻头外缘处的前面磨去，即减小该处的前角即可。

由于黄铜和青铜的强度和硬度较小，钻头的横刃可磨得更短，以利于提高生产效率。

在主切削刃和副切削刃的交角处，磨出 $r=0.5\sim1\text{mm}$ 的过渡圆弧，可使孔壁的表面粗糙度得以改善。

3. 钻削纯铜的群钻

纯铜有较好的导电、导热和抗腐蚀性能，是电气工业中常用的材料。在生产中经常需要在一些导电机件上钻孔，由于使用条件的限制，要求所钻的孔精度要比一般孔高，其表面粗糙度要求也高。

（1）在纯铜上钻孔时常遇到的问题

1）孔形不圆，钻出的孔上部扩大。

2）孔的表面粗糙度不理想，孔壁有撕痕，有时出现螺线挤痕，出口出现毛刺。

3）软纯铜切屑不断，随钻头甩动不安全，并且阻挡切削液进入孔中。

4）硬纯铜的切屑较碎，造成孔壁不光洁。

表 3-6　铸铁群钻切削部分的形状和几何参数

简图	钻头直径 d /mm	尖高 h /mm	圆弧半径 R /mm	横刃长 b /mm	总外刃长 l /mm	分外刃长 l_1、l_2/mm	外刃顶角 2ϕ /(°)	第二顶角 $2\phi_1$ /(°)	内刃顶角 $2\phi'$ /(°)	横刃斜角 Ψ /(°)	内刃前角 γ_τ /(°)	内刃斜角 τ /(°)	外刃后角 α_o /(°)	圆弧后角 α_{oR} /(°)
	5~7	0.11	0.75	0.15	1.9									
	>7~10	0.15	1.25	0.2	2.6							20	18	20
	>10~15	0.2	1.75	0.3	4									
	>15~20	0.3	2.25	0.4	5.5									
	>20~25	0.4	2.75	0.48	7									
	>25~30	0.5	3.5	0.55	8.5	$l_1=l_2$	120	70	135	65	-10	25	15	18
	>30~35	0.6	4	0.65	10									
	>35~40	0.7	4.5	0.75	11.5									
	>40~45	0.8	5	0.85	13									
	>45~50	0.9	6	0.95	14.5							30	13	15
	>50~60	1	7	1.1	17									

注：参数按直径范围的中间值来定。

5）钻头容易在孔中咬住。

综上所述，纯铜钻孔的主要问题是：孔形不圆；孔壁表面粗糙度不理想，这与排屑有关；钻头在孔中咬住，这与冷却有关。

（2）钻削纯铜孔时可采取的措施

1）加强定心作用，保证切削平稳。根据纯铜的性能，钻心部分尖一些，钻尖高度稍大些，刃稍钝些，后角小一些，这样就加强了钳制力，定心就好，振动轻不打抖，孔形就圆了。

2）外刃顶角要适当，以利于排屑和改善孔的表面粗糙度，一般 $2\phi=118°\sim122°$ 较好。当钻孔较深而表面粗糙度要求不高时，应加大外刃顶角，以改善排屑。

3）钻软纯铜时，应选用较大进给量，以改善出屑情况，也可在钻头前面上磨出负前角的断屑面。

钻削硬纯铜时，应增大外刃顶角，以改善排屑情况，或先将工件进行退火处理。

4）将钻头外缘刀尖处磨出倒角或圆弧刃，钻孔时采用高转速和小进给量的方法，使孔壁的表面粗糙度得以改善。

5）钻孔过程中应保证充足的切削液，以避免孔收缩而咬住钻头。

4. 钻铝合金的群钻

铝合金的强度和硬度较低，导热性好，但熔点较低。钻孔时切屑容易熔粘在切削刃和前面上，形成刀瘤，使排屑的摩擦力增大，对孔壁的表面粗糙度产生不利的影响。有时甚至因切屑挤塞于钻头螺旋槽内而使钻头折断。

除纯铝外，一般铝合金的塑性和延展性都较小，所以切屑较碎，不易排出，尤其是钻深孔时更为突出。

由此可见，铝合金钻孔主要应避免刀瘤的产生以及解决切屑的顺利排出问题。

钻削铝合金可采用标准群钻，但要将横刃磨得更短（$b=0.02d$），顶角 2ϕ 磨得大一些，以利于排屑。可磨出第二重后角，以增加容屑空间。铝合金钻孔，在粗加工时可选用较浓的乳化切削液，在精加工时可选用煤油或煤油与全损耗系统用油的混合液。这样可减小切屑与前面的摩擦，避免产生严重的刀瘤。

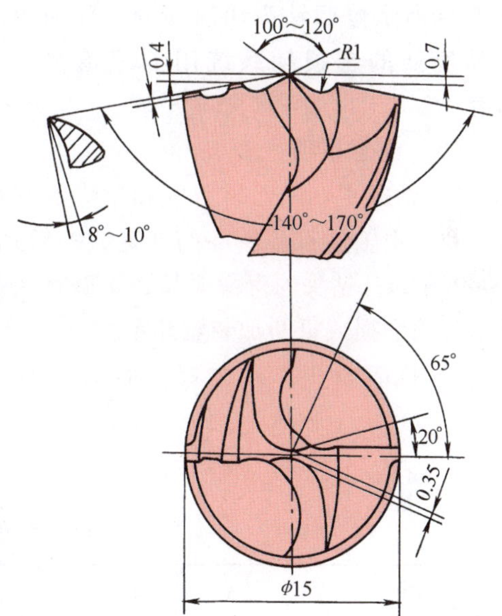

图 3-43　钻削铝合金深孔的群钻

图 3-43 所示为钻深孔的铝合金深孔群钻。

3.2.4　特殊孔的加工方法

1. 小孔和微孔的钻削

（1）加工难点　小孔和微孔的加工难点是：

1）排屑困难。这在微孔加工中更为突出，严重时切屑阻塞，若钻头强度低，极易被折断。

2）切削液很难注入半封闭的孔内，使刀具寿命降低。

3）刀具重磨困难，小于1mm的钻头需在显微镜下刃磨，操作难度大。

4）钻削小孔时要求的转速高，故产生的切削温度也高，加剧钻头磨损。

5）在钻削过程中，一般常用手动进给，进给量不易掌握均匀，加之钻头细、刚性差，故钻头易弯曲、倾斜甚至折断；特别是钻微孔时，加工表面粗糙，钻尖碰到高点或硬点时，钻头就易引偏，造成孔位不符合要求。

（2）加工关键　小孔和微孔的加工关键在于：

1）要选用较高的转速（应达1500~3000r/min）。

2）需用钻模钻孔或用中心孔引钻，以免钻头滑移；进给力要尽量小，待钻头定心后，进给量要小而平稳；注意手感，发现弹跳时使它有个缓冲范围或频繁提起钻头进行排屑，还要及时向孔内和钻头浇注充足的切削液。

3）为改善钻头的切削性能和排屑条件，可按图3-44所示修磨钻头切削部分的几何角度；要采用黏度低的全损耗系统用油或植物油（菜油）润滑。

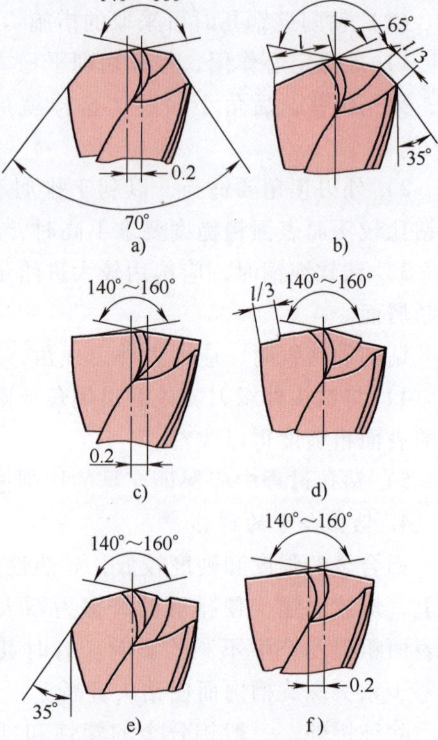

图3-44　小钻头的修磨要求

a）双重顶角　b）单边第二顶角　c）单边分屑槽　d）台阶刃　e）加大顶角　f）钻刃磨偏

（3）注意事项

1）钻床主轴的回转精度和钻头的刚度是关键的关键。主轴需有足够高的转速，一般达10000~15000r/min；钻头的寿命要长，重磨性要好，最好对钻头的磨损或折断加装监控系统。

2）机床系统刚度要好，加工中不允许有振动，一定要有消振措施；应采用精密的对中夹头，并配置30倍以上的放大镜或瞄准对中仪。

3）退钻次数可根据钻孔深径比 L/D 决定，见表3-7。

表3-7　钻微孔时推荐的退钻次数

L/D	<3.5	3.5~4.8	4.8~5.9	5.9~7.0	7.0~8.0	8.0~9.2	9.2~10.2	10.2~11.4	11.4~12.4
退钻次数	0	1	2	3	4	5	6	7	8

（4）加工示例　图3-45所示是泵体阀孔加工的工序图。本工序要求加工微孔 $\phi0.6$mm、小孔 $\phi3$mm 及螺孔 M14×1.5-6H，其加工步骤如下：

1）引孔，按划线预钻孔，保证螺孔口倒角端 $\phi16$mm。

2）钻螺纹底孔 $\phi12.5$mm，深15mm。

3）机攻M14×1.5-6H普通细牙螺纹，深10mm。

4）钻小孔 $\phi3$mm，距端面深 20mm（转速 $n=2000$r/min，切削速度 $v=18.8$m/min，进给量 $f=0.08$mm/r）。

5）钻 $\phi0.6$mm 微孔（$n=3000$r/min，$v=5.6$m/min，$f=0.08$mm/r）。

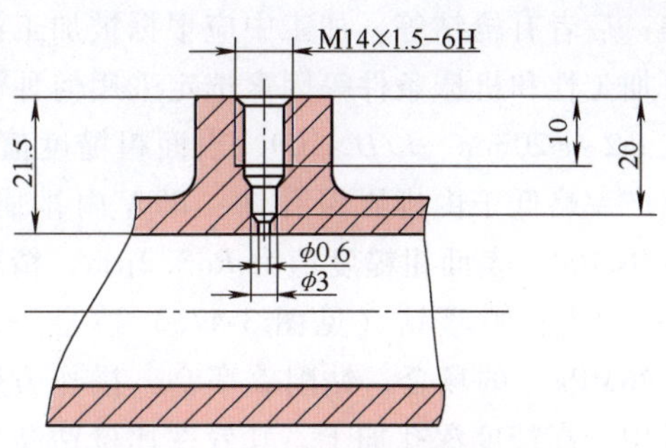

图 3-45 泵体阀孔加工的工序图

2. 深孔钻削

（1）加工特点　深孔钻削与一般孔的钻削方法以及所采用的刀具有所不同，其加工特点如下：

1）深孔加工刀具受孔径限制，一般较细长，刚度差，强度低，钻削中钻头容易引偏，孔轴线易歪斜，故要解决合理导向问题。

2）刀具进入工件深孔内时，处在半封闭条件下工作，于是排屑和冷却散热成为突出问题。

3）由于孔很深，钻头易磨损，又很难观察加工情况，故加工质量难以控制。

（2）深孔钻削方法　钻削深孔有两种方法：一种是用特长或接长的麻花钻，采取分级进给的加工方法，即在钻削过程中，当钻头加工了一定时间或一定深度后退出，借以排除切屑，并用切削液冷却刀具，然后重复进刀或退刀，直至加工完毕，此法仅适用于单件小批生产中加工较小的深孔；另一种是选用各种类型的深孔钻实现一次进给的加工方法。这两种方法最好都在深孔机床上完成深孔钻削；若无深孔机床时，也可在车床、钻床或镗床上加工。如果从生产率和孔加工质量（孔轴线的直线度和表面粗糙度）来说，当然是用深孔钻的加工方法为佳。

（3）深孔钻　深孔钻是一种特殊结构的刀具。各种深孔钻按其钻削工艺的不同可分为在实心材料上钻孔、扩孔和套料（钻大直径孔）三种；按钻削时的排屑方式分为内排屑（见图 3-46a）和外排屑（见图 3-46b）两种，前者有 BTA 深孔钻、喷吸钻和 DF 系统深孔钻

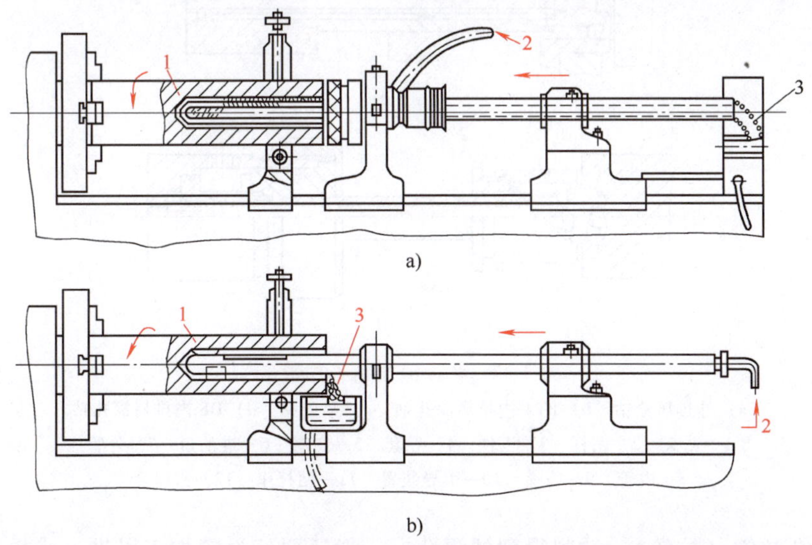

图 3-46 在深孔机床上加工深孔示意图

a）内排屑方式　b）外排屑方式

1—工件　2—切削液　3—切屑

等；后者有枪钻等。加工中应根据被加工深孔的尺寸、精度、表面粗糙度、生产率、材料的可加工性和机床条件等因素选定采用何种深孔钻。例如外排屑枪钻（见图 3-47a）适用于加工 $\phi2\sim\phi20$mm、$L/D>100$、表面粗糙度值为 $Ra12.5\sim3.2\mu$m、精度为 H10～H8 的深孔，其生产率略低于内排屑深孔钻；BTA 内排屑深孔钻（见图 3-47b）适用于加工 $\phi6\sim\phi60$mm、$L/D<100$、表面粗糙度值为 $Ra3.2\mu$m、精度为 H9～H7 的深孔，其生产率比外排屑深孔钻高 3 倍以上；喷吸钻（见图 3-47c）适合于加工 $\phi18\sim\phi65$mm 孔、切削液压力较低（0.98～1.96MPa）的场合，钻削效率高，操作方便；DF 系统是一种内排屑深孔钻（见图 3-47d），适用于高精度深孔加工，其效率比枪钻高 3～6 倍，比 BTA 内排屑深孔钻高 3 倍。

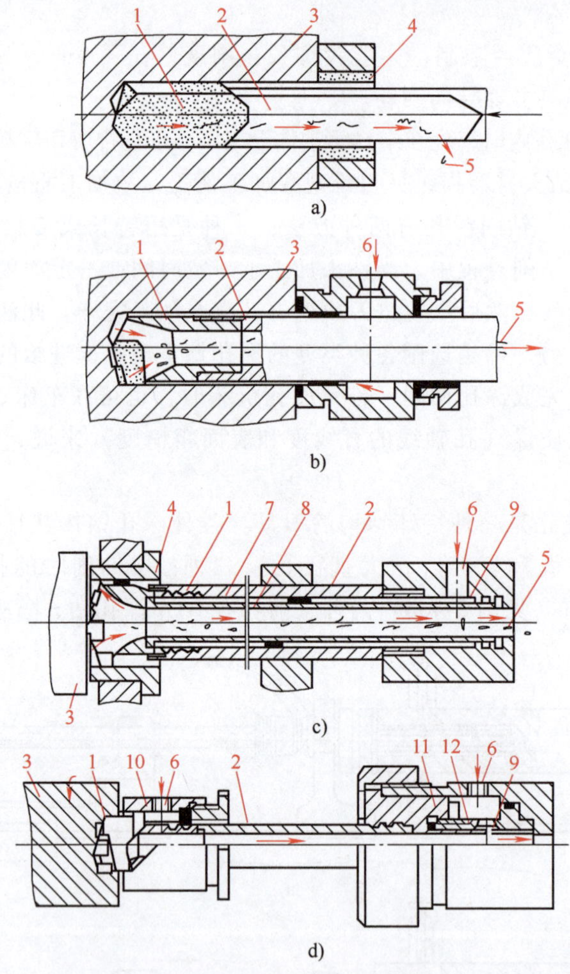

图 3-47　各种深孔钻工作情形

a）外排屑枪钻　b）BTA 内排屑深孔钻　c）喷吸钻　d）DF 内排屑深孔钻

1—钻头　2—钻杆　3—工件　4—导套　5—切屑　6—进油口　7—外管

8—内管　9—喷嘴　10—引导装置　11—钻杆座　12—密封套

（4）深孔拉镗（拉铰）　钻削得到的深孔，一般还要经过精加工以进一步提高孔的直线度和改善孔壁的表面粗糙度。深孔精加工的方法有镗和铰，由于刀杆细长，镗铰深孔目前除一般的推进方式外，还经常在深孔钻床上采用拉镗或拉铰方法。

拉镗即是采用反向送进的方式，使细长而刚性差的刀杆，在拉力下工作，以防止压弯和发生振动。为了减少孔轴线的歪斜，拉镗时，必须使用导向柱和导套，使刀具具有可靠的导向。工件的一端夹在机床夹头中，调节螺母可使锥形弹簧套将工件夹紧，另一端用中心架支承。镗刀杆上装有镗刀，其左端有导向柱套在轴承套的外圆上和软油管接头，右端有托架支承。开始镗削时，导向柱由机床夹头中的导套引导，以保证镗刀开始切削的准确位置，待镗刀切入深孔一段距离后，导向柱由已加工孔来引导，以免刀具引偏，从而提高了拉镗加工的精度。但拉镗也带来了工件安装调整困难及更换刀具不便等问题。

3. 其他特殊孔的钻削

（1）非水平面上孔的钻削 所谓非水平面是指工件上倾斜的圆柱面、球面、斜面以及铸、锻件毛坯表面等。在这些非水平面上钻孔时，都存在着偏切削问题，其后果是钻头切削刃的径向抗力将使钻头轴线偏斜，很难保证孔的正确位置，并容易造成钻头折断。因此，解决这类问题的关键在于改革钻头和钻孔工艺。

1）采用平顶钻头。平顶钻头（见图3-48）尽量选用导向部分较短的麻花钻改制，以增强其刚度；钻孔时最好用钻模防止滑偏；要使用手动进给和较低的切削速度。为了减少径向切削分力，使钻孔质量得到保证，也可采用多级平顶钻头。

2）采用转位法钻偏孔。若要在圆柱形套筒上钻轴线偏离中心的孔，为了改善偏切削情况，可采用转位法钻偏孔。此法是先用V形块定位钻一径向浅孔（见图3-49a），然后将工件转位后沿孔窝往下钻偏孔，必要时再用锪钻将孔端锪平（见图3-49b、c）。

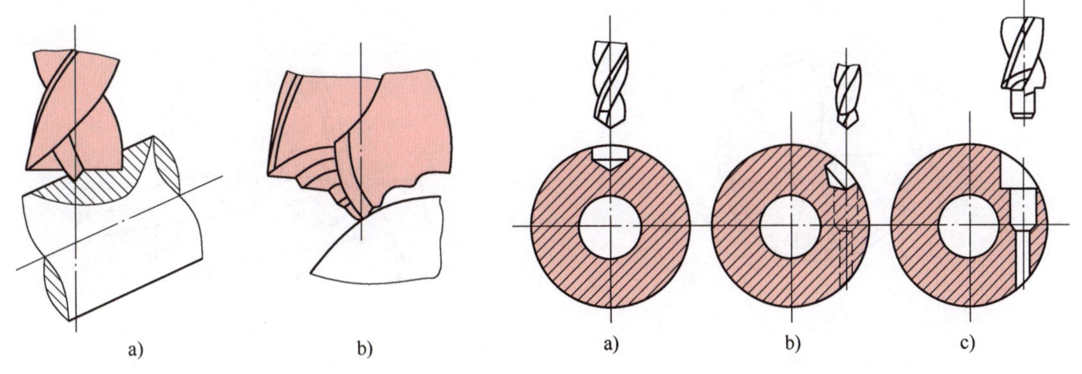

图3-48 用平顶钻头钻孔

a）在倾斜圆柱面上钻孔

b）用多级平顶钻头钻孔

图3-49 用转位法钻偏孔

a）先钻径向浅孔 b）、c）转位后沿孔窝钻偏孔

3）采用钻大圆弧面群钻（见图3-50）。它是把用于钻削铸钢工件的群钻加以改革：

① 将3尖7刃改磨为5尖11刃，使主切削刃分刃切削，以减轻轴向进给力，使钻削轻快。

② 为使钻头容易定心，在钻尖处磨出第二内刃顶角$2\phi_1$，形成5尖钳制中心。

③ 磨外刃双后角α_1，以减少后刀面摩擦，便于冷却，降低钻削热。

④ 磨低横刃，使它窄又尖，变负前角挤压为切削状态。

这种群钻的工效比加工铸钢的群钻高1~2倍，比标准麻花钻高5~6倍，且减轻轴向进给力及转矩，孔位也不会偏移。

4）采用钻斜面群钻。在斜面上钻孔推荐采用图3-51所示的群钻。它可在钻薄板孔群钻

的基础上改革。用这种群钻在斜面上钻孔时，由于两外尖端先切入工件，因此无法开机对中心，很可能造成内刃顶角 2ϕ 触及工件时，横刃却不在被钻孔的中心。所以必须在停机时，先以钻头内刃顶角 2ϕ 处的横刃对刀定心。为此，钻头两外缘尖角必须与工件斜度方向成 90°，然后再使钻头离开工件，开机钻削。这时，切削刃外缘先切入工件 0.5mm 左右，横刃开始定心，又因主切削刃 R 的存在，而在孔口上切出凸形的圆弧肋，从而保证了定心准确。钻头的内刃顶角尖端与两外刃尖端的最高距离 T（单位为 mm）可用下式计算：

$$T = \frac{1}{2}d_0\tan\alpha - (0.2 \sim 0.5)\text{mm}$$

式中 α——工件的斜角（°）；

d_0——钻头直径（mm）。

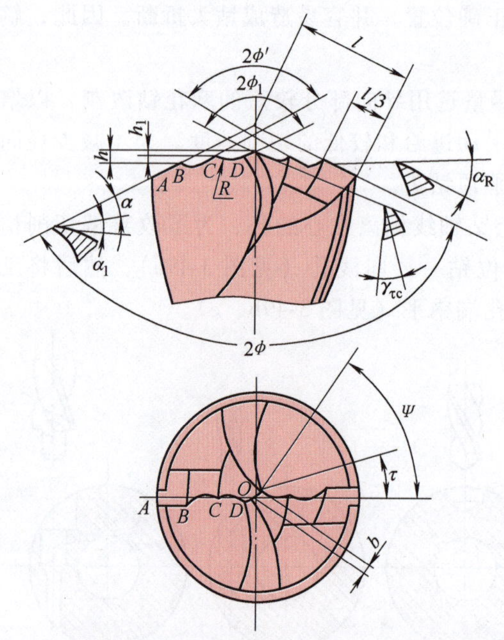

图 3-50　在圆弧面上钻削的群钻

$2\phi = 125°$；$2\phi' = 130°$；$2\phi_1 = 135°$；$\alpha_R = 18°$；

$\gamma_{\tau c} = -15°$；$R = 3\text{mm}$；$\Psi = 65°$；$\tau = 25°$；$\alpha = 16°$；

$\alpha_1 = 12° \sim 14°$；$h = 1.5\text{mm}$；$h_1 = 0.5\text{mm}$；$b = 1.5\text{mm}$

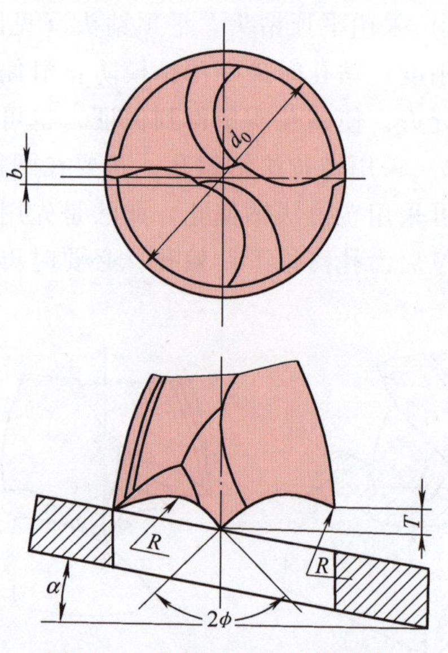

图 3-51　在斜面上钻孔的群钻

d_0 为 10～40mm 时，$b = 0.5 \sim 0.7\text{mm}$；

$R = d_0/6$；$2\phi = 70° \sim 80°$

在斜面上也可采用多台阶钻头（见图 3-52）钻孔，这种钻头容易在斜面上找正孔中心，加工后孔圆光整，孔壁的表面粗糙度值为 Ra6.3～3.2μm，工效提高 1～2 倍，钻头寿命延长 1～2h。

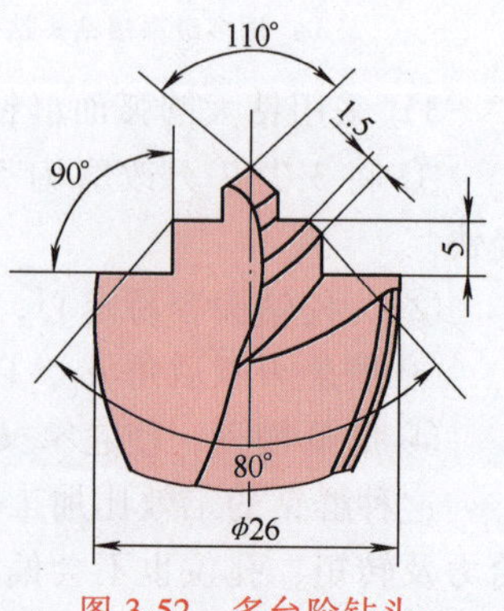

图 3-52　多台阶钻头

（2）钻空间斜孔　空间斜孔是指被加工孔的轴线与工件加工基面成空间交角，对这类孔的正确位置，无论是划线还是加工都较困难。如果用坐标镗床加工当然很方便，但加工前的坐标尺寸换算又比较烦琐。此时若能应用永磁万能工作台在普通钻床上加工，也是很方便的。这种工作台也可用在平面磨

床、工具磨床、铣床和刨床上加工各种斜面，如V形块、镶条等，而在钻床上则用来钻空间斜孔。

加工时，工件的定位基准面直接被吸在磁力工作台上，用四个开关控制夹紧或松开。根据被加工孔轴线与定位基准的斜角要求，调整工作台的倾斜位置，工作台能绕纵向水平轴向左右各回转90°，也可绕 O 轴向水平轴转动5°（相当于夹具左端可升高30mm），从而可钻各个方位的空间斜孔。当工件尺寸较长时，可将接长支架接上，用螺母固紧。

除此以外，也可选用正弦规或正弦夹具、万能分度头和万能回转工作台等在钻床上来辅助加工空间斜孔。

（3）采用切割刀在钻床上切割大孔或环形槽

1）在板料或管壁上切割大孔。在金属板料或管壁上加工较大的孔，一般多用氧-乙炔气切割，再用车床镗孔。这种方法工时长，难度大，工件受热后易变形，质量难保证。若在钻床上使用专用工装进行切割，可避免上述缺点。

图3-53所示是切割大孔装置的结构。心轴2以莫氏锥柄与钻床主轴锥孔配合，其下端以M30螺纹与刀架5连接，并与 ϕ20mm支承轴连为一体，切割刀1、3用垫块4和紧定螺钉6固紧在刀架5的长方孔内，装夹两把切刀比一把切刀的稳定性好，且效率高一倍。切割大孔前，先在工件上预钻一 ϕ20mm孔，这样当 ϕ20mm支承轴伸进该孔内时，即起支承定位作用，同时又有微量间隙可作为钻床主轴摆动的范围，避免将切割装置扭坏。

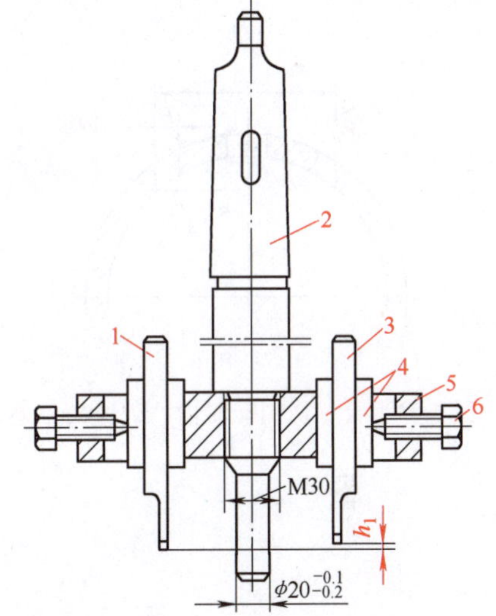

图3-53 切割大孔装置的结构

1—内切割刀 2—心轴 3—外切割刀 4—垫块 5—刀架 6—紧定螺钉

在板料上切割孔时，应将内切割刀1装夹得比外切割刀3低 $h_1=1.5f$（f 为进给量），以减少外切割刀的切削负荷和磨损，使装置保持良好的切削性能，有利于提高切割孔的精度和降低表面粗糙度值。

在管壁上切割孔口时（见图3-54），仍可采用同样的工装，但装夹外切割刀3（见图3-53）时应比内切割刀1低 $h_1=(3\sim5)f$。管径大时取小值，管径小时取大值。这是因为当切割槽的内缘将切穿时，在 A 处的外缘尚有 h 的厚度尚未切穿，而两把切割刀高低错落恰好可使内外缘同时切穿，避免出现主轴摇摆现象。因为 h 值很小，切割刀只要再转一两转就能全部切穿，故不会挤坏切削刃。

在钻床上切割孔的范围较大，其切割厚度可达20mm，孔径为 $\phi50\sim\phi400$mm。切割后孔的精度较高，表面粗糙度值较低，切割下来的中心余料可再利用，故这种工艺简单易行。

2）在孔内切割环形槽。在钻床上有时要在孔内切割环形槽或油槽，此时可用图3-55所示的切槽装置。切槽刀2用紧定螺钉固紧在刀架3的方孔内，刀架装在心轴5的槽内，其配合为H8/f8，用小轴8将二者活动连接，使刀架可绕小轴摆动。进给螺母4与心轴5为左螺纹连接，当进给螺母下旋时，其下部的圆锥孔即压缩刀架3的上部，使切槽刀2作径向进给。切槽的转速 n 较低，一般为 $n=25\sim60$r/min，每次进给量用手握住进给螺母4向左转动一下就可得到，进给量不宜过大，以 0.04~0.08mm 为佳。加工完毕后，向右旋转进给螺母 4，刀架在退刀弹簧 7 的作用下带动切槽刀 2 退刀，可将装置从孔内提出。

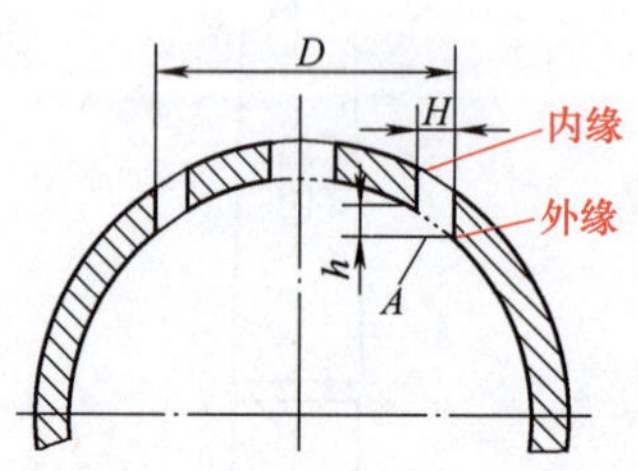

图 3-54　管壁切割孔时内、外缘的位差

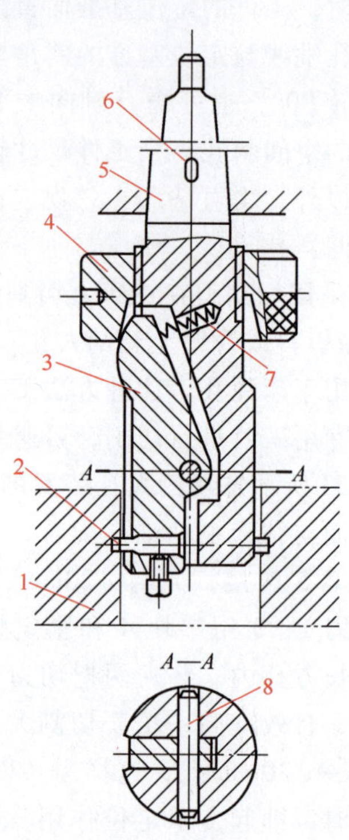

图 3-55　切割孔内环形槽的工装

1—工件　2—切槽刀　3—刀架　4—进给螺母　5—心轴　6—插销　7—退刀弹簧　8—小轴

3.3　孔加工技能训练实例

3.3.1　群钻刃磨实例

1. 钻薄板的群钻

用麻花钻在薄板上钻孔，当钻尖钻穿工件时，钻削时的轴向阻力会突然减小。此时工件上留有两块应切除但还未切除的部分，起了一个导向作用，使钻头的螺旋槽沿已形成的孔状迅速滑下。这就是薄板钻削过程中的“扎刀”现象。

这种现象的产生，会造成以下几种后果：

1）工件随着钻头一起转动，很不安全。

2）若工件夹持牢固，会造成钻头折断。

3）孔形不圆或被拉坏。

由于上述原因，将薄板群钻的切削部分磨成图 3-56 所示形状。该钻头又称为三尖钻，其主要特点是：主切削刃外缘磨成锋利的刀尖；外缘刀尖处与钻尖的高度差仅为 0.5~1mm。

这种结构的优点是：在钻削过程中，钻头尚未钻穿薄板，两切削刃外缘刀尖已在工件上切出一条圆环槽。这不仅起到了良好的定心作用，同时对保持所加工孔的圆整和光滑均起到了良好的效果，并且不会引起“扎刀”现象。

表3-8所列为薄板群钻切削部分的形状和几何参数。

2. 钻削胶木、塑料和橡胶的群钻

(1) 钻削胶木的群钻　胶木、层压板等材料钻孔时存在入口毛、中间分层、出口脱皮等现象，并有“扎刀”现象存在。

试验结果表明，钻削胶木的群钻，其几何参数基本与钻削黄铜的群钻相同。因材料强度不高，其横刃可以磨得更窄，以减小轴向力。在外刃上磨出三角小平面，适当减小前角，但离外缘应留有1~1.5mm的距离，如图3-57所示。这样可以减轻“扎刀”现象，又可保持外刃外缘部分的锋利，提高孔的加工质量。

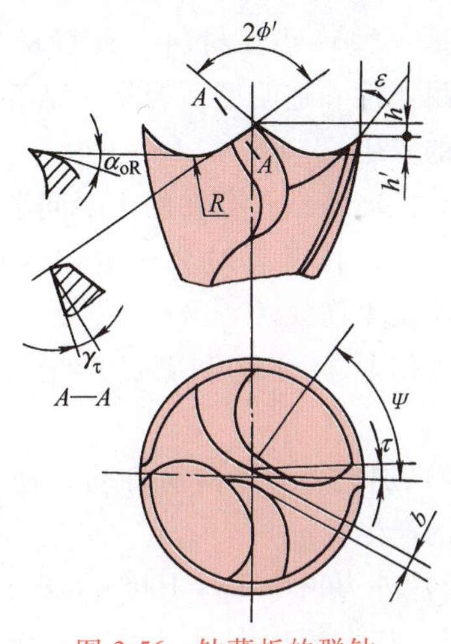

图3-56　钻薄板的群钻

表3-8　薄板群钻切削部分的形状和几何参数

简图	钻头直径 d/mm	横刃长 b/mm	尖高 h/mm	圆弧半径 R/mm	圆弧深度 h'/mm	内刃顶角 $2\phi'$/(°)	刀尖角 ε/(°)	内刃前角 γ_τ/(°)	圆弧后角 α_{oR}/(°)
	5~7	0.15	0.5	用单圆弧连接	>(δ+1)	110	40	-10	15
	>7~10	0.2							
	>10~15	0.3							
	>15~20	0.4	1	用双圆弧连接					12
	>20~25	0.48							
	>25~30	0.55							
	>30~35	0.65	1.5						
	>35~40	0.75							

注：1. δ指的是材料厚度。

2. 参数按直径范围的中间值来定。

（2）钻削有机玻璃的群钻（见图 3-58） 有机玻璃是一种热塑性材料，具有良好的耐蚀性、绝缘性、耐寒性和透明度，容易粘结等特性，受到越来越广泛的应用。

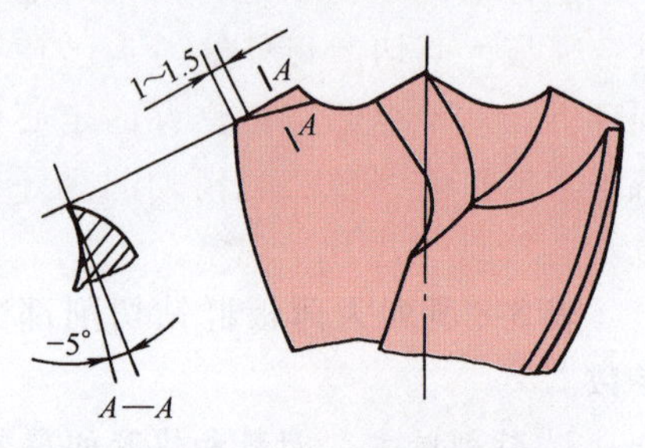

图 3-57 钻削胶木的群钻

有机玻璃钻孔存在的主要问题是：难以得到理想的透明度；孔壁有时会产生"银斑"状裂纹；孔两端有时发生崩块。

根据材料性能和钻孔存在的问题，采取以下措施：

1）加大外刃纵向前角 γ_y，使 $\gamma_y=35°\sim40°$；将横刃磨得尽可能短，以减少切削力和切削热的产生。

2）外刃顶角 $2\phi=100°\sim110°$，外缘处磨出过渡圆角，如图 3-58 所示。

3）加大棱边倒锥，可在外圆磨床上磨出副偏角 $\varphi_1\approx15'\sim30'$的锥度；磨窄棱边；加大外刃后角 α_o，使$\alpha_o\approx25°\sim27°$。

4）把刃口和棱边用磨石修光；钻孔时加充足的切削液；选用适中的转速和较小的进给量。

表 3-9 所列是钻削有机玻璃群钻切削部分的形状和几何参数。

（3）钻削橡胶的群钻 橡胶因其独特的物理和力学性能，在各行业中得到了广泛的应用。

橡胶强度很低，但有很高的弹性，受到很小的力就会产生很大的变形，尤其是软橡胶。

由于以上原因，在橡胶上钻孔存在着以下问题：孔的收缩量很大，易成锥形，上大下小，严重时孔壁有撕伤，甚至不成孔形；钻削温度高时，橡胶变质，产生臭味。

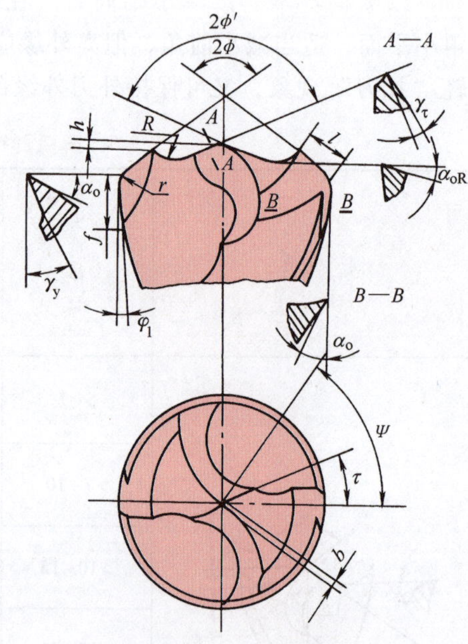

图 3-58 钻削有机玻璃的群钻

由此可见，在橡胶上钻孔，要求切削刃锋利一些，在材料还未变形前就将其切割开，这样才能得到较为理想的孔。

从实际情况出发，将钻薄板群钻进行修磨，改成钻橡胶群钻。具体方法如下：

1）将两外缘处向心的圆弧刃改磨出一段很锋利的沿棱边圆周切线方向的切向刃，并使这一小段刃口稍向前倾斜，如图 3-59 所示。

2）加大钻头后角（$\alpha_o\approx30°$）。

3）横刃尽量磨得短些，内刃锋角 $2\phi'$较小。若橡胶很软、很厚，则应将内刃顶角再减小以增加圆弧刃深度，并进一步加大后角。

在钻孔时应采用较大的切削速度（一般选用 $v\approx30\sim40\text{m/min}$）和较小的进给量（$f=0.05\sim0.12\text{mm/r}$）。

表 3-9　钻削有机玻璃群钻切削部分的形状和几何参数

简图	钻头直径 d/mm	尖高 h/mm	圆弧半径 R/mm	横刃长 b/mm	外刃长 l/mm	修圆半径 r/mm	修磨长度 f/mm	外刃顶角 2ϕ/(°)	内刃顶角 $2\phi'$/(°)	副偏角 ϕ_1/(°)	横刃斜角 Ψ/(°)	外刃纵向前角 γ_y/(°)	内刃前角 γ_τ/(°)	内刃斜角 τ/(°)	外刃后角 α_o/(°)	圆弧后角 α_{oR}/(°)	副后角 α_f/(°)
	5~7	0.2	0.75	0.15	1.3	0.75	3	120	135	15	55	40	-5	20	27	20	27
	>7~10	0.3	1	0.2	1.9	1											
	>10~15	0.4	1.5	0.3	2.6	1.5											
	>15~20	0.55	2	0.4	3.8	2	3							25	25	18	25
	>20~25	0.7	2.5	0.48	4.9	2.5											
	>25~30	0.85	3	0.55	6	3	4										
	>30~35	1	3.5	0.65	7.1	3.5											
	>35~40	1.15	4	0.75	8.2	4											

注：1. 参数按直径范围中间值来定。
2. γ_y 指外缘点纵向修磨前角，便于观察控制。

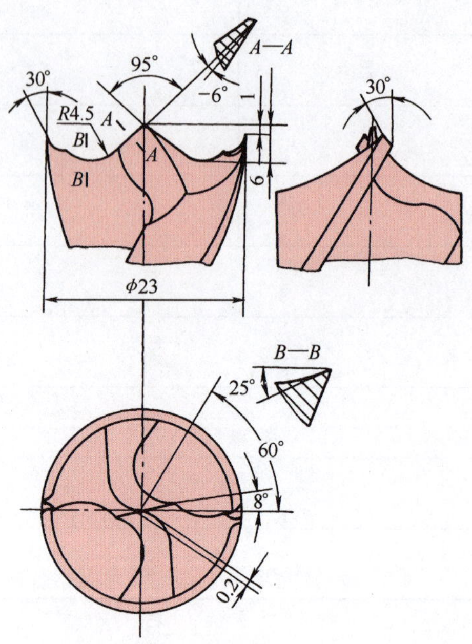

图 3-59　钻橡胶的群钻

3.3.2　钻铰圆周均布孔系

1. 工艺准备

（1）阅读图样分析　图 3-60 所示是盘形零件工作图，其材料为 HT200。工件的外圆及端面都按图样要求加工完毕。本工序要求在摇臂钻床上钻削均布在理论正确尺寸 ϕ100 mm 圆周上的 $8\times\phi10^{+0.1}_{0}$mm 的孔系，八个孔的轴线位置要求不仅与孔径公差相关，而且与基准外圆柱面 ϕ50mm 的尺寸公差相关，孔的位置度公差还要按最大实体原则来控制，孔径和表面粗糙度用铰刀保证。

（2）工件的定位与夹紧　由于工件在摇臂钻床上钻孔，为保证分度准确，必须选用回转工作台（可在立式铣床附件中找到）定位，并用压板夹紧。

（3）选择工、量具　车制好与摇臂钻床主轴锥孔配合连接的 ϕ20mm 工艺心轴一根和 ϕ10mm 检验棒两根；杠杆指示表、外径千分尺（25～50mm、75～100mm 及 100～125mm）等量具；中心钻、ϕ9.8mm 麻花钻或精孔钻及 ϕ10mm 可调节手铰刀。

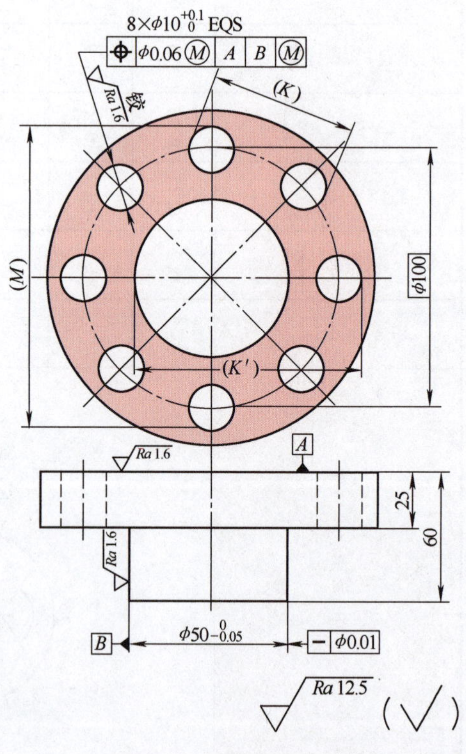

图 3-60　盘形零件工作图

2. 钻铰加工工艺

1）将回转工作台安装在摇臂钻床工作台上，在主轴上安装杠杆指示表校正主轴与回转工作台轴线的同轴度，用T形螺栓和螺母固定好转台。

2）将工件用一对平行垫铁垫在基准平面 A 下，用压板将它初步固定在回转台上，用装在主轴上的指示表校正 ϕ50mm 外圆轴线（缓慢旋转回转工作台一周），使 ϕ50mm 基准轴线 B 与主轴轴线保持同轴度在 0.02mm 以内，然后将工件最后紧固。

3）从主轴上拆下指示表更换为工艺心轴，沿摇臂移动主轴到极半径位置（可用外径千分尺测定主轴心轴 ϕ20mm 外圆柱面到工件的 ϕ50mm 外圆柱面的距离 $x=\dfrac{100+50+20}{2}\text{mm}=85$㊀mm），至此对刀完成。

4）从主轴上卸下心轴，依次更换中心钻—麻花钻，钻 8 个 ϕ9.8mm 孔，每钻好一孔，将转台转过 45°。最后用手用铰刀铰光这八个孔。由于 $\phi10^{+0.1}_{0}$mm 为非标准公差孔，故用可调节手用铰刀。铰孔前，应仔细测量铰刀直径。又因本工件孔的轴线是用最大实体原则的相关公差来控制的，故铰孔的最后直径尽可能不要达到+0.1 的上限（即上极限偏差尽量小些），最好先试铰一孔，测定其实际尺寸再调整铰刀直径。

3. 精度检验

检验八孔的孔距和分度误差时，可在相对两孔内插入 ϕ10mm 检验棒模拟孔的轴线（同时也检验各孔径的松紧），用外径千分尺测量图 3-60 所示的四对尺寸（M）= 100mm+10mm 及八对尺寸（K）和（K'），相对比较各对的 M、K 和 K' 值的大小，其差值均不超过（0.06mm+相关公差补偿量）之半。

但需要注意的是，在测定孔的位置度前必须先检测各孔径及 ϕ50mm 外圆柱面的实际尺寸。因为当工件加工到在最大实体尺寸的条件下（即八孔都加工到下极限尺寸 ϕ10mm，而 ϕ50mm 又加工到上极限尺寸）时，各孔轴线的位置是一个圆柱形公差带（其直径为 ϕ(0.06+0.1+0.05)mm=ϕ0.21mm），只要所钻孔的轴线处于 ϕ0.21mm 公差带内就是合格的。当各孔径和 ϕ50mm 外径偏离了最大实体尺寸时，各孔的位置度公差就得不到 ϕ(0.10+0.05）mm=ϕ0.15mm 的最大补偿量，而应是偏离多少补偿多少。

若在大批量生产的条件下，对于这类工件均布孔的位置度公差的检验，最好设计和制造一个综合量规，诸孔一次通过就方便多了。

3.3.3　钻削小深孔和特殊孔

1. 工艺准备

（1）阅读图样分析　图 3-61 所示是加工曲轴润滑油道孔的工序图。该工件系整体模锻曲轴，其主轴颈 d_0 及曲柄销直径 d 均已加工完毕，本工序要加工润滑油道孔 ϕ4mm 及 SR4mm 球形不通孔。曲轴的主轴颈和曲柄销一般采用压力润滑。润滑油从主油道（管）送到各主轴承，再经曲轴内润滑油道进入连杆轴承。本例为人工加注润滑油道孔，故对其尺寸和位置精度要求较低，但油孔部位应力集中较严重，疲劳裂纹可能会从油孔边缘产生和发展，以致造成曲轴扭转疲劳断裂，所以油孔边缘应倒角并抛光。

㊀　ϕ20 及 ϕ50 都以实测的尺寸计算。

（2）制订钻孔顺序　加工润滑油道孔虽然要求精度较低，但因孔 ϕ4mm 既是小孔，还是深孔（其深径比 L/d=17），而且又是 45°轴线的空间斜孔，孔口的球形 SR4mm 也是一个特殊不通孔。为了加工方便，避免钻头引偏而折断，应先钻 SR4mm 不通孔，并在孔口锪 C0.7 倒角后再钻 ϕ4mm 斜孔。

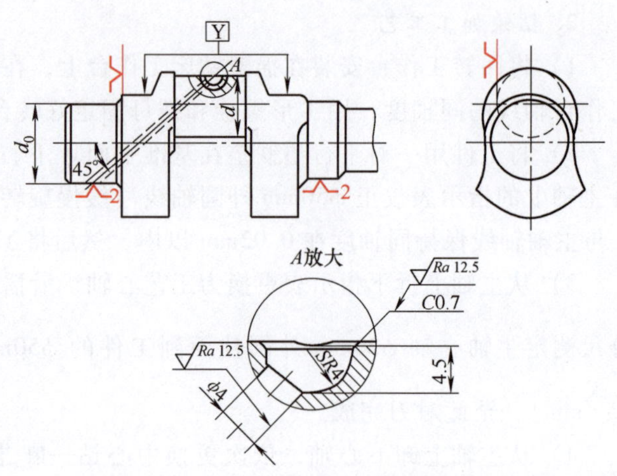

图 3-61　加工曲轴润滑油道孔的工序图

（3）工件的定位与夹紧　在工序图中已规定工件采用 6 点定位：即两主轴颈各 2 点，左端面 1 点，曲柄销外圆上 1 点（图中用⌄表示），并规定采用液压联动夹紧（图中用 Y 表示液压，⌐¬表示两夹紧点联动）。

当生产批量较大（例如年生产纲领为 10 万件）时，应设计制造专用钻模加工 ϕ4mm 及 SR4mm；若为单件小批量生产，可采用双 V 形块按划线找正加工 SR4mm，而钻空间斜孔时，应选用正弦夹具或图 3-46 所示的永磁万能工作台来装夹。

（4）选择机床和刀具　一般曲轴尺寸都较大，故批量较小时宜在立式钻床或摇臂钻床上钻孔；批量较大时最好采用三工位组合机床钻孔。由于两孔的特殊性，都应采用修磨过的麻花钻。

1）修磨大圆弧刃麻花钻（见图 3-62）。其参数值如下：圆弧半径 $R=d_0/2=8\text{mm}/2=4\text{mm}$（可用 R 样板测定）；顶角 $2\phi=100°\sim120°$；圆弧刃处后角 $\alpha_1=14°\sim18°$，$\alpha_2=25°\sim30°$；直线刃长度 l_1 取 $l/4$；横刃修磨长度 $b_1=0.6\sim0.9\text{mm}$；修磨横刃后过渡刃处的前角 $\gamma=0°\sim-15°$。这种钻头加工时，切削力沿圆弧均匀分布，单位刃长受力小，散热好，前角变化比较均匀，切削刃强度增大，可以提高钻头寿命好几倍。

2）钻 ϕ4 小深孔时可采用外排屑深孔钻（如枪钻）。若选用麻花钻时，其切削部分也要经过修磨。

图 3-63 所示是槽形深孔麻花钻，它可在普通设备上一次进给加工深径比 $L/d>5\sim20$ 的深孔。此钻头特点是：采用大螺旋角（取 45°），以提高排屑能力，降低切削力、切削温度，提高工效；为便于深孔排屑，增大顶角（130°~140°），适当增加切屑的厚度，可改善切屑流向，并把刃沟槽面磨成抛物线形，有效增大了容屑截面积，使冷却和排屑条件得以改善；为提高钻头抗扭强度，增大了钻芯厚度（为外径的 40%~65%），并把横刃修磨成“十字形”，以有效改善切削性能。

2. 钻削加工工艺（按单件小批量生产加工）

1）在摇臂钻床工作台上安装好永磁万能工作台，在工作台上安装双 V 形块，再把曲轴的主轴颈和端面紧贴 V 形块，用压板将工件轻轻紧固；用直角尺找正左端面的十字线，使曲柄销处于最高位置，最后将工件用压板压紧。

2）在钻床主轴上安装已磨好的圆弧钻头，按划线钻球形孔 SR4mm，深 4.5mm；接着再

用锪钻锪出孔口倒角 $C0.7$，表面粗糙度值为 $Ra12.5\mu m$。

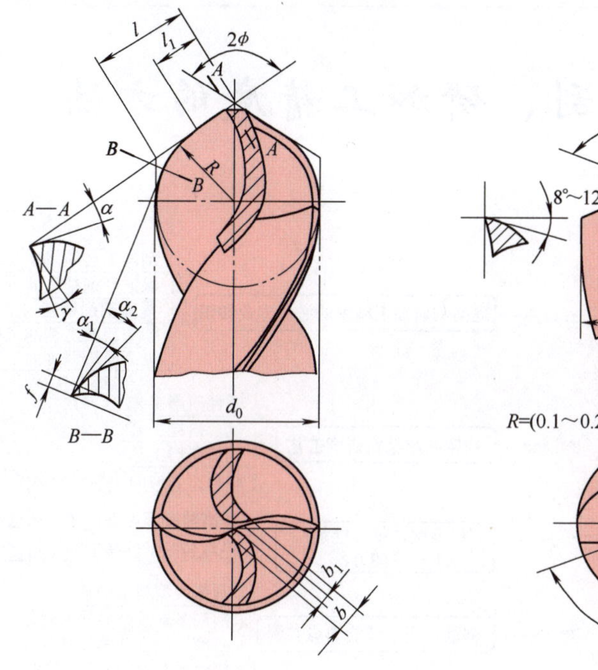

图 3-62　圆弧刃麻花钻

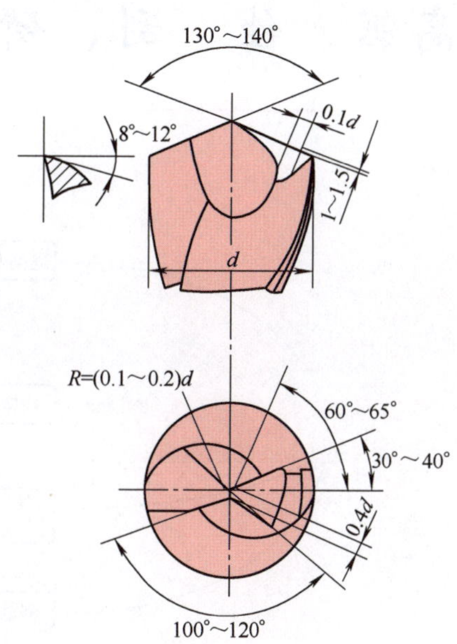

图 3-63　深孔麻花钻

3）将永磁万能工作台调整到 45°位置，在主轴上更换 ϕ4mm 深孔麻花钻（若钻头长度不够，需事先焊接一根接长杆），调整主轴位置对刀后钻小深通孔 ϕ4mm，表面粗糙度值为 $Ra12.5\mu m$。

钻深孔时，操作者要时刻注意钻削动态，用“看、听、摸”的方法进行监测。看：严格监测钻孔深度和排屑情况，当钻孔深度达到约 3 倍孔径时，应退出钻头察看其切削刃口是否磨损，并及时排屑和冷却。听：听机床传动机构的声音是否正常。摸：用手摸工件表面温度，判断切削液是否充足，以及进给手柄是否有不正常的振动等。一旦发现异常，要及时处理，以免影响钻孔质量。

4）为避免曲轴主轴颈在中频淬火时产生裂纹，孔口要倒角并抛光。

若为大量生产，则应在三工位组合机床上，按以下顺序加工（工件不必划线）：

工位Ⅰ：用专用钻模装夹工件。

工位Ⅱ：钻球形孔同时倒角。

工位Ⅲ：钻斜通孔。

3. 精度检验

按图样目测检验本工序孔加工是否符合技术要求。

项目 4

提高锯、锉、刮、研加工精度的方法

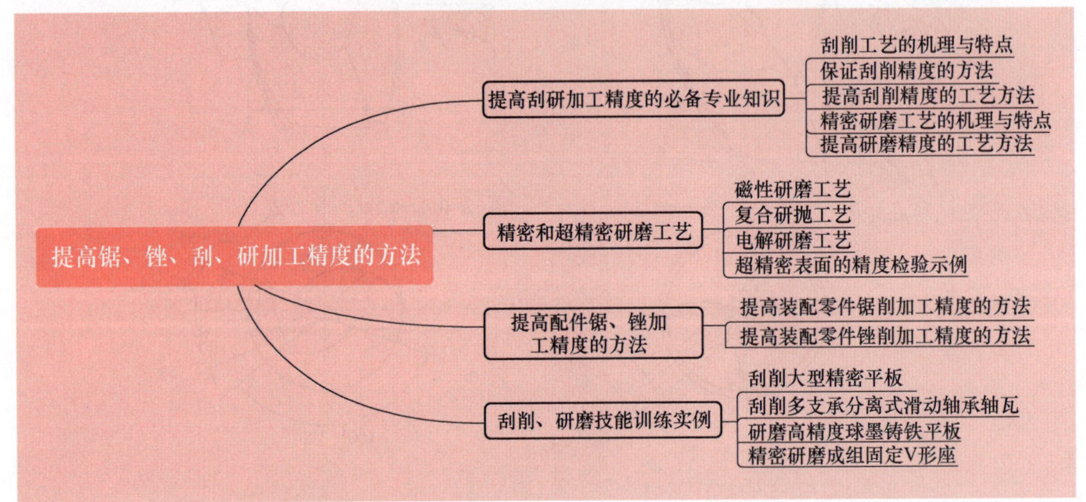

4.1 提高刮研加工精度的必备专业知识

刮削和研磨（简称刮研）都是钳工基本操作技能，都属微量切削和精密、光整加工方法，虽然劳动强度较大，需要实现机械化，但这两种古老而原始的加工工艺，至今还是在精密制造中被普遍选用的重要工艺方法。下面从它们不同的加工机理和特点去深入研究提高其加工精度的方法。

4.1.1 刮削工艺的机理与特点

在中级工培训中大家已学过刮削的过程，它是用显示剂涂于工件表面，通过校准工具（或相配表面）互研，使工件表面不平整部位显示出高点（即待刮点），再用刮刀对高点进行微量刮削。如此反复涂色、显点和合理刮点，直到工件获得较高的尺寸精度、形位精度和接触精度。

手工刮削切削力小、产生热量小、装夹变形小、精度高、操作灵活、不受任何工件位置和工件大小的约束。特别是在钳工装配与修理工作中，下列情况都需要刮削。例如，为了保证机械装配的几何精度和工作精度，对相互运动的导轨副，使它们有良好的接触刚度和运动精度；或者为了增加相互连接件的刚性，对结合面的修刮；或者为了提高密封件结合面的密封性；或者为了使具有配合公差的相配表面达到理想的配合要求；或者为了满足某些机件各种特殊要求，有意刮成中凹或中凸的表面等，都会用到精密刮削的技能。经过精密刮削加工后的表面，由于多次反复地受到刮刀的推挤和压光作用，使表面组织变得比原来紧密，既改善了表面质量，又给表面存油润滑创造了良好的条件。

4.1.2　保证刮削精度的方法

1. 设计和制造专用校准工具

校准工具（也称研具）是校准工件刮削后表面接触精度或显示点子数的重要工具。通用校准工具（如标准平板等）大家都已用过，但有时候勉强使用通用校准工具有可能保证不了刮削精度，而必须采用专用校准工具。专用校准工具应根据被刮工件的形状和精度要求来设计制造。图4-1所示是一些专用校准工具示例。

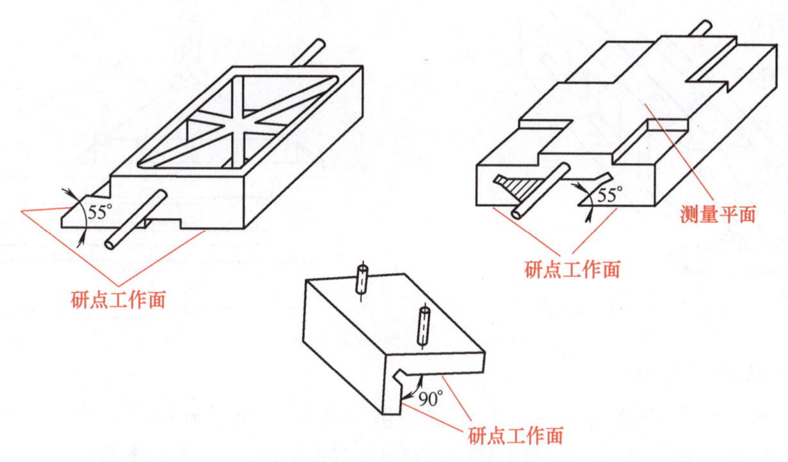

图4-1　专用校准工具示例

（1）校准工具设计制造要点

1）工具材料选用灰铸铁，铸件需经时效处理，表面不得有气孔、缩孔。

2）长度应取工件长度的4/5或与工件等长，宽度应略大于工件。

3）用于研点的工作面，其刮点等级应比工件要求等级高一级，精密平面大多采用12～16点/25mm×25mm（也称刮方），几何精度应是工件精度的1/2～1/3，或高于工件几何公差等级1～2级。

4）应具有足够的刚性，质量适中，要配置搬运手柄和起吊装置。手柄位置应尽量处于校准工具的重心位置。

5）需要定心定位的校准工具（见图4-2），其定心孔（或轴）应采取耐磨措施，以保证定心精度。

6）凹凸成套的校准工具应以凹具为基准，凸具与其互配的接触精度要求在全长、全宽上大于85%～90%。

7）批量生产或工件精度必须由校准工具来保证时，应配备两套：一套作粗刮，一套作精刮。当校准工具磨损时，则把原精刮的校准工具改用于粗刮研点，而再把原粗刮的校准工具修复后用于精刮，依次循环。

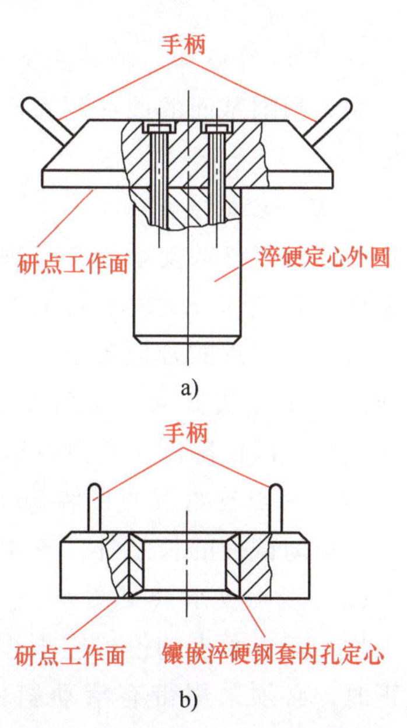

图4-2　定心部位的耐磨措施

（2）正确使用校准工具研点　刮削和研点是交替进行的。研点时，校准工具应保持自由状态移动，不宜在校准工具的局部位置上加压以致显点失真，这样会使刮削错误，影响精度。校准工具移动时，伸出工件刮削面的长度应小于工具长度的1/5～1/4，以免压力不均。如果校准工具比工件重，可把工件放在校准工具上研点（见图4-3），也可采取校准工具卸荷的方法（见图4-4），以减少由校准工具自重引起的工件变形。此外，校准工具在使用过程中，应重复调头几次，使显点更明显，并可消除它本身的部分误差。

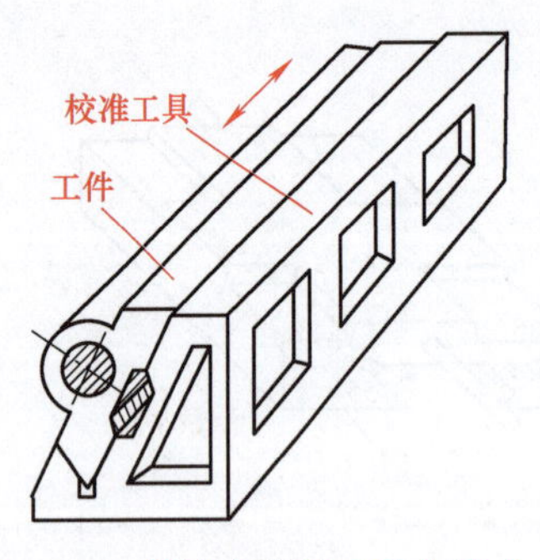

图4-3　工件放在校准工具上研点

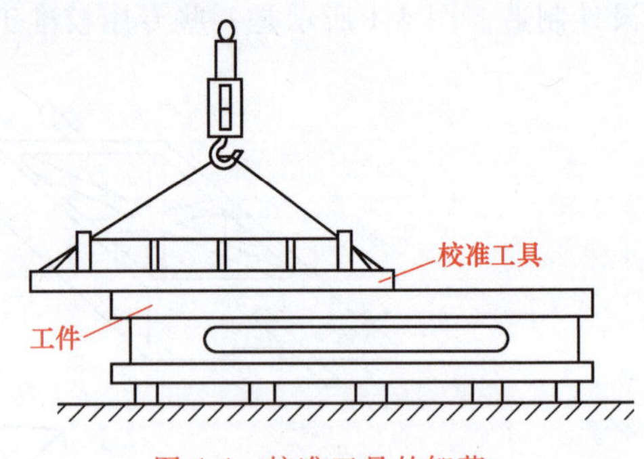

图4-4　校准工具的卸荷

2. 正确选择刮削基面

当工件有两个以上的被刮削面且有位置精度要求时，应正确选择其中一个面作为刮削基面，并首先刮好该基面，其他各刮削面均按已确定的基面进行误差修整。

选择刮削基面的依据是：

1）该面是工艺规定的测量基准。

2）面积较大、限制自由度较多且较难刮削的面。

3）该面的精度是起主导作用的，它往往又是设计规定的表面几何公差的基准。

4）与已经精加工的孔或平面有位置精度要求的面。

作为刮削基面的面在刮完后，必须先作单独的精度检测，这是保证后刮削面加工质量的前提。

3. 有合理的支承方式

刮削时工件的支承是否合理，将关系到在刮削中工件的受力和变形情况以及刮削精度的稳定性，忽视这一点就有可能产生今天检测完的数据，明天就起了变化！

被刮削工件的合理支承方式如图4-5所示。

（1）全贴伏支承（见图4-5a）　全贴伏支承是在装配条件或模拟装配条件下与基准面结合在一起，以消除因工件刚性较差所引起的接触精度变化。

（2）两点支承（见图4-5b）　两点支承适用于细长易变形工件，一般需选择最佳支承点。对均匀截面的长工件，支承点应相距$5L/9$，即离两端$2L/9$处（L为工件长）。

（3）三点支承（见图4-5c）　三点支承应用于质量大、面积大、刚性好、形状基本对称的工件。三支承点的位置应根据检测工具（如桥板、水平仪等）的重心条件确定。用垫铁找正时，必须采用带有滑动斜面的、在垫铁底座上能用螺杆调节其微动高度的可调垫铁（见图4-5c中的A向视图）。

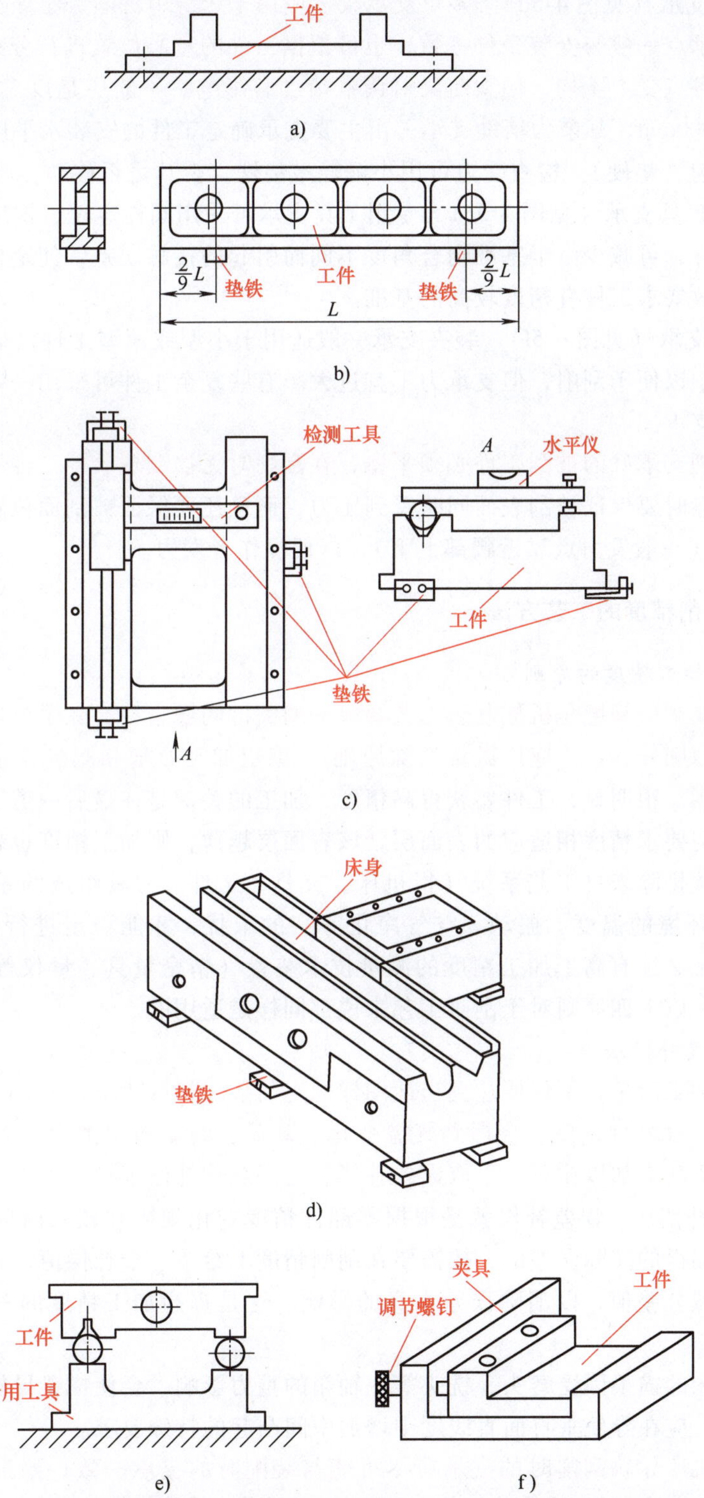

工件

a)

$\frac{2}{9}L$　垫铁　工件　垫铁　$\frac{2}{9}L$

L

b)

检测工具　A　水平仪　工件　垫铁　A

c)

床身　垫铁

d)

工件　专用工具

e)

夹具　调节螺钉　工件

f)

图 4-5　被刮削工件的合理支承方式

a）全贴伏支承　b）两点支承　c）三点支承　d）多点支承　e）专用工具支承　f）装夹支承

（4）多点支承（见图 4-5d） 多点支承较多应用于床身、机座、箱体类等需要刮削的大型零件，其支承点一般与安装条件一致，也可根据工件的重心位置进行分布。支承点不要太密，否则会使各点受力不均，但太疏又对调整精度有影响。一般还是以三点作为主要支承，间距为 750~1000mm，其余为辅助支承。由主要支承确定工件的安装水平度，辅助支承使工件各点受力均匀（垫硬）。检查受力可用小锤轻敲垫铁，观其是否移动。

（5）专用工具支承（见图 4-5e） 专用工具支承可采用圆柱定位，常应用于组合角度面较多的被刮工件，可减少由于基准吻合角度不同而引起的接触误差，使定位精度准确。但由于是线接触，故要求工件有精度较高的基准。

（6）装夹支承（见图 4-5f） 装夹支承一般适用于小型或薄型工件，通过侧向支承将工件定位于夹具中以便于刮削，但支承力不宜过大。有些复杂工件可采用一些辅助夹具或通过定位方式进行支承。

总之，合理支承好的被刮工件必须平稳，在刮削时无摇动现象，工件不因支承而受到附加应力；在研点时要保证被刮表面同时受到压力，而且还要保证被刮面位置的高低必须适合操作者的身高（一般发力点靠近腰部上下），以便操作者发力。

4.1.3 提高刮削精度的工艺方法

1. 获得高加工精度的原则

保证和提高刮研精度是机械制造工艺要解决的关键问题之一，除了要应用项目 3 中提出的创造性加工原则外，还要应用微量切除原则 、稳定加工原则和测量技术装置的精度高于加工精度的原则。很明显，工件要获得高精度，加工的关键是在最后一道工序能够从被加工表面微量切除与要求精度相适应的表面层，该表面层越薄，则加工精度也越高；而要提高加工精度，还必须排除来自工艺系统（指机床、夹具、工件、刀具组成的系统）及其他外界因素（如工作环境的温度、振动、空气净化等）的干扰，才能稳定进行加工；不言而喻，一定精度的加工必须有高于加工精度的测量技术装置（精密量具、量仪等）和测量手段方能实现。为此，以上四原则对于刮研工艺来说都同样是适用的。

2. 刮削精度补偿法

提高刮削加工质量，不仅要达到当前图样规定的各项精度要求，有经验的钳工还应考虑到今后零部件经过组合、总装会遇到气温变化、载荷、磨损和切削力等各种影响精度的因素，应预先在刮削中加以注意，采取误差补偿、局部载荷补偿等措施加以弥补。

（1）误差补偿法 误差补偿就是根据零部件精度变化规律和较长时间内收集到的经验数据，或事先测得的实际误差值，按需要在刮削精度上给予一个补偿值，并合理规定工件的误差方向或增减公差值，以消除误差本身的影响。这是提高加工精度的一个很重要的技术举措。

例如，机床的横梁因受磨头、铣头等主轴箱的重力影响，会使横梁导轨产生中凹的弯曲变形，刮削时，应在导轨垂直面直线度中增加中间凸起的特殊要求。

大型精密机床导轨刮削时的支承应尽可能与装配时的支承一致；要选择采光较好、恒温、恒湿、净化、防振与隔振以及地基坚实的工作环境，因为这一系列外界因素都会影响到刮削的精度和稳定性。

又如，对于均匀的长方体床身，当温度变化时精度就不易控制，故要根据温差来控制其

刮削精度误差。当温差为 Δt（单位为℃）时，其导轨在垂直面内的直线度变化值 δ（即扭曲度，单位为 mm）为

$$\delta = L^2 \alpha_l \Delta t / 8H$$

式中　L——床身长度（mm）；

H——床身高度（mm）；

α_l——材料线胀系数（1/℃）。

通常，当温度升高时，导轨在垂直面内凸起，反之下凹。

昼夜间一般以中午前后温差变化较稳定，可作为大型工件测量最佳时间。故有的工艺规程还规定工件的测量时间，以免温差变化引起误差。

此外，为防止零件因磨损而过早丧失精度，可以对易磨损的刮削面规定“有利方向”。

（2）局部载荷补偿法　零件装配后，若局部承受较大的载荷会造成相邻结合部位精度的变化，刮削时可采取配重法把与部件质量接近的配重物装在被刮工件上作预先补偿，如图 4-6 所示。

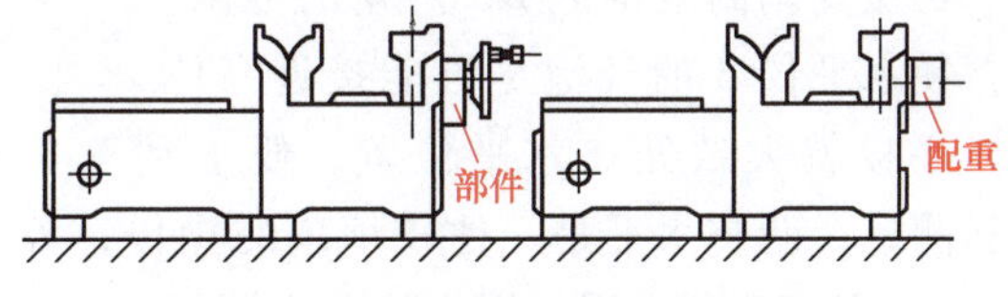

图 4-6　刮削床身导轨时的配重物

3. 提高平面刮削精度的工艺方法

（1）大型精密平板的刮削工艺　精密平板是用于检测平面的基准器具。大型平板的表面质量要求一般为平面度公差、刮点数及表面粗糙度。刮点数是在规定计算面积（每刮方为 25mm×25mm 正方形）内平均计算的。表 4-1 所列是大型平板的精度要求。

表 4-1　大型铸铁平板平面度公差、接触点面积的比例和刮点数

长(L)/mm × 宽(W)/mm	对角线/mm	公差/μm	公差等级					
			000	00	0	1	2	3
1000×1000	1414	平面度	2.5	5.0	10.0	20	39	96
1250×1250	1768		3.0	6.0	11.0	22	44	111
1600×1000	1887		3.0	6.0	12.0	23	46	115
1600×1600	2262		3.5	6.5	13.0	26	52	130
单位面积上接触点面积的比率			≥20%		≥16%		≥10%	—
25mm×25mm 正方形中的刮点数			≥25			≥20	≥12	—
表面粗糙度值 Ra/μm			<0.08		<0.16		0.32	<5

刮削大型铸铁平板时，对硬度正常的铸铁粗刮一遍，一般可刮去 0.01mm。故为了尽量减少刮削工作量，刮前的机械加工应设法提高加工精度，其平面度误差小于 0.05mm，表面粗糙度值为 Ra2.5μm。表 4-2 所列的刮削余量可根据具体情况加大或减小，以降低刮削工时。

表 4-2　平面刮削的参考余量　（单位：mm）

平面的宽度(W)	平面的长度(L)				
	<500	500~1000	1000~2000	2000~4000	4000~6000
<100	0.05	0.10	0.10~0.15	0.15~0.20	0.20
>100~500	0.10	0.10~0.15	0.10~0.20	0.15~0.20	0.20~0.30

大型精密平板的刮削一般分三个步骤进行：

1）调整水平。为了避免大型平板在刮削时因重力的影响而造成的变形，应在粗刮前先将平板调整水平（见图 4-7）。被刮平板 5 采用三点支承，置于三个可调垫铁 1 上，将平行等高垫块 4 和短平行平尺 6 放在平板的一条短边 *BC* 上，用水平仪 3 测量 *BC* 两角的横向水平度，同时在平板中间与平行平尺 6 成 90°方向，用另一水平仪 2 测量平板纵向水平度，微量调整中间的可调垫铁 1，使水平仪 2 的气泡处于零位。再反复调高或调低 *BC* 两角的可调垫铁，使水平仪 3 的气泡尽可能接近零位，这样平板就大致处在水平位置，便于刮削和测量。调整水平是一种较烦琐的操作，等高垫块和平行平尺可先后在平板的 *AD*、*AB*、*DC*、*AC* 及 *DB* 各边用相同方法分别测量，反复调整可调垫铁。通过对两条短边、两条长边和两条对角边的测量和调整，平板的扭曲现象已基本显示出来。

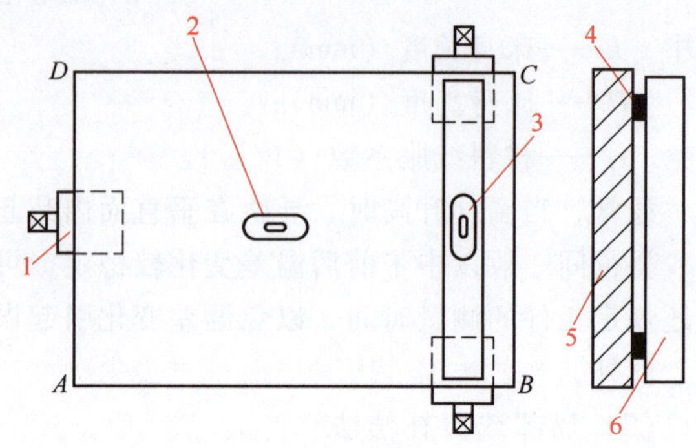

图 4-7　用水平仪测量平板水平度

2）测量、计算和分析判断平直情况。在大型平板粗刮时，较多采用对以上六条边的近似测量，采用边测量边刮削的方法把高点逐渐刮去，直至细刮和精刮完毕。

对平板平面度的检测，常用以下两种方法：一种用图 4-8 所示的方法，即将平行平尺 2 置于两块平行等高垫块 1 上，指示表量头与被测面接触，使指示表架 3 沿平行平尺移动测得平直度误差的读数，记录在平板上。平行平尺的位置可以放置在平板的长边、短边、对角，而指示表量头可与平板的所有被测部位接触。另一种检测法就是大家已在中级工培训中掌握的用水平仪置于平行桥板上按节距法分段测量，并将测量的各段数值用图解法作出平板各测量边的误差曲线图。根据两种方法的检测结果都可分析判断被刮平板的凹凸或扭曲情况，使操作者胸中有数，明确刮削方位。

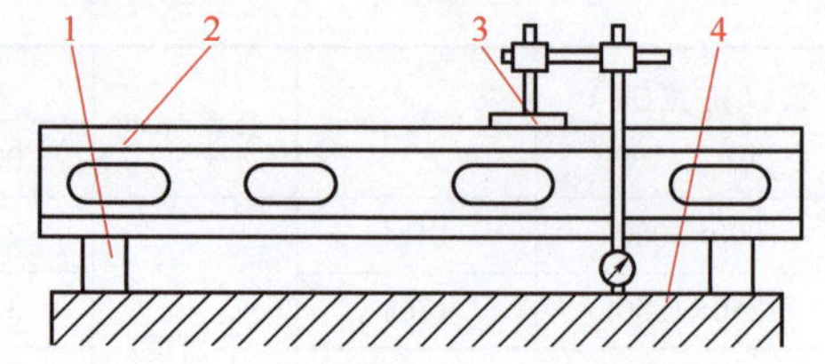

图 4-8　用指示表测量平板平面

1—平行等高垫块　2—平行平尺
3—指示表架　4—被刮平板

3）选择刮削方法和顺序。经常采用的刮削大型平板的方法有四种，可根据平板各部位的平直度及误差值大小，灵活选用这些刮削法。

① 阶梯刮削法。它是把需要刮削的一个倾斜面的全长均分为若干段（见图 4-9），然后进行分段刮削：第一次刮 1~6 段；第二次刮 2~6 段；第三次刮 3~6 段；依次类推，直至刮到第六次。这样最高的第 6 段刮到了六次，而最低的第 1 段仅刮一次，因此倾斜面就较快被刮平，并且不需要每刮一遍研点一次，提高了工效。

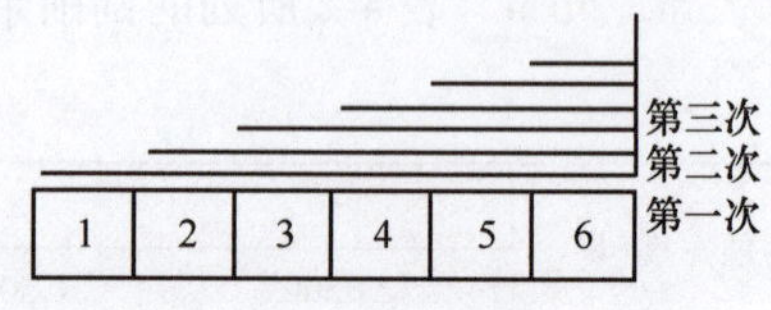

图 4-9　阶梯刮削法

② 标记刮削法。它是将水平仪或指示表所测得的正确位置中的高点差值，用小平面刮刀（约 5~7mm）将高点处有意刮成凹坑标记，凹坑的深度应恰好等于高点差值。然后用指示表测量凹坑深度（或用刀口直尺和塞尺在此处测量），以后研点刮削时，应一直刮到凹坑标记处表面出现点子，即可转入细刮。标记刮削法常与其他刮削法结合使用。

③ 对角刮削法。如图 4-10a 所示，根据测量或各段直线度误差曲线图的分析，找出平板的两条短边中较好的一条边的高角（本例中为 B 角），先将 B 角用小平板研点局部刮削到与 C 角水平，刮削面积必须大于等高垫块，再用等高垫块、平行平尺和水平仪测量调整到 B、C 两角等高并保持水平；然后将另一条短边 AD 的高角（例如 D 角）也用相同方法局部刮成水平，达到 D、A 两角等高和水平；此后再用相同方法分别测量两对角 A、C 和 B、D，若有高低差，则仍用以上方法把高角的差值再次刮去。总之，要使四个基准角和六条边相互共面，而且都应低于被刮平板的最低点。最后用指示表在六条边上沿平行平尺分别按图 4-8 所示方法测量被刮平板的其他部位，记录测量数据，并在高点处刮成凹坑标记，再用小平板和平行平尺在被刮平板上研点刮削，直至凹坑标记表面出现点子，再次测量和调整，才能转入细刮和精刮。

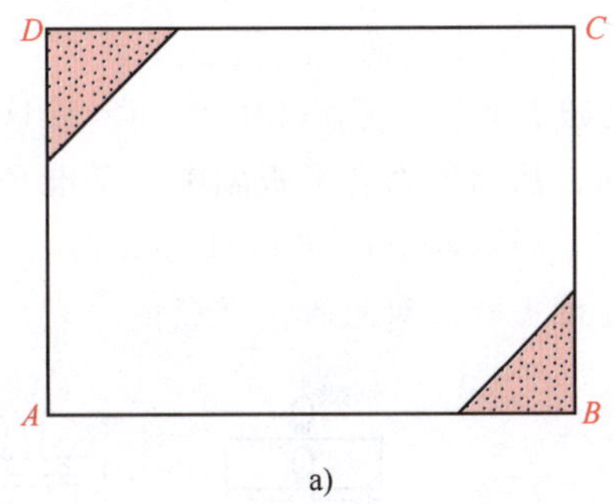

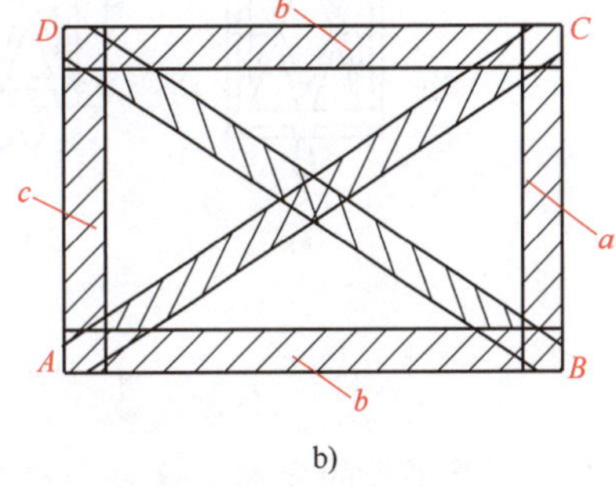

图 4-10　平板的两种粗刮方法

a）对角刮削法　b）信封式刮削法

④ 信封式刮削法。如图 4-10b 所示，经过分析，选择较好的一条短边（例如 a 边）用平尺研点刮削，刮好后再刮另一条短边 c，使 a、c 两条基准互相平行且等高；再用相同方法刮好两条长边 b 及两条对角线，使这六条基准面共面且水平，而且都低于被刮平板的最低点；最后用指示表沿平行平尺分别测量六条基准面外的所有表面，记录测量数据，并在高点处刮出凹坑标记，再用小平板和平行平尺研点刮削，直至基准表面出现点子即可转入细刮和精刮。

（2）原始基准平板的刮削工艺　刮削一块高精度平板一般可在更高精度等级的平板上，用对研显点方法进行刮削和检验。若企业中缺少高精度平板，也可以用三块普通的平板，在精刨后由钳工采用手工刮削法，将三块平板互相交替地拖研配刮，逐步把它们都刮到符合高精度标准平面的要求，可作为一种高精度测量的基准工具。由于这是用一种古老而原始的方法制作出的平板，故称原始平板。这种刮削方法还特别适合在技能培训中刮削中小型平板时采用。

原始平板在刮削过程中，能提高精度的原因是基于误差平均法原理。因为 A、B、C 三块平板在各自先粗刮一遍后，都存在不同的平面度误差，如果任选其中两块（如 A、B）对研对刮，待点子接触均匀后，选用其中较好的一块（假定为 A）作基准配刮 C，则 B、C 两块平板的凹凸误差基本近似；若再将 B、C 进行对研对刮（刮削量基本相同），从而使平面度误差进一步得到改善；以后再改变作为基准的平板和对研对刮的平板；如此循环和刮削，使表面精度越来越高，而表面间的这种相对拖研和磨合的过程，也就是误差相互比较和

“斗争”的过程，此即称为“误差平均法”。此法在机械行业中由来已久，是技术工人们智慧的结晶，这种传统的老方法能被沿用至今，主要是由于它的基本特征在提高加工精度上具有重要的作用。像精密原始直角尺、原始直尺、角度规、分度盘、标准螺杆等高精度量具和工具，在没有精密设备的条件下，都可采用“误差平均法”来制造。

平板刮削时务必注意以下两个问题：

1）防止平面出现扭曲现象，即三块平板都是两对角高，另两对角低，且高低位置、点子密度都相同，这称为同向扭曲。这种现象的产生是由于在拖研过程中，总是向固定不变的方向，从而使磨合平板副中，基准平板的高处正好与被刮平板的低处重合。为防止扭曲，应经常采用纵向、横向和对角研点（见图 4-11），使三块平板中任取两块相互间，无论是直研、调头研、对角研，显点情况完全相同，且刮点数符合要求。

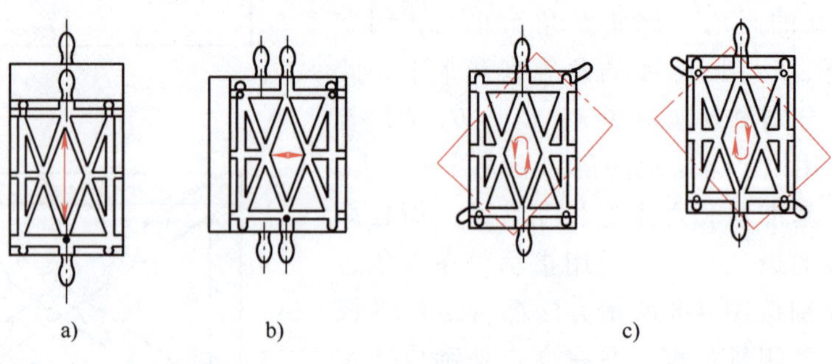

图 4-11 改变平板拖研的方向

a）纵向研点 b）横向研点 c）对角研点

2）注意平板的变形。这是个难题，除了设计要保证平板的刚度和内在质量要求组织细密外，工艺上要经过严格的人工时效处理，消除内应力；还要重视加工环境，如温度的变化，避免直射的阳光和其他热源影响，以防热变形，特别是高精度平板，必须置于恒温室内刮削；平板底下的支承点的平面，要求与被刮的上平面平行，以防研点时不能同时受压而产生重力变形。

4. 提高内孔刮削精度的工艺方法

钳工刮削内孔表面的主要对象有轴套、轴瓦、滑动轴承的内圆柱面和内锥面等，采用内孔刮刀按微量切削原则进行刮削。刮前内孔一般经过半精镗或精镗留刮削余量，见表 4-3，参考该表时，应根据加工的精度，尽量控制较小的余量，以减少刮研工时。

表 4-3 内孔表面的刮削余量（单位：mm）

内孔直径	内孔长度		
	100 以下	100~200	200~300
小于 80	0.05	0.08	0.12
80~180	0.10	0.15	0.20
180~360	0.15	0.20	0.30

刮内孔是圆周刮削，其校准工具采用相配合的零件轴（单件、小批生产选用）或工艺轴（中、大批生产专用）作为基准，显示剂宜选用红丹粉或普鲁士蓝油涂在轴上研点。粗刮时，用手转动三角刮刀，以正前角刮去较厚的一层切屑，涂色可略厚些，轴在孔内转动角

度稍大；进入细刮和精刮时，刮刀由小前角转为负前角，刮去的金属层越来越薄，不会刮出凹坑，逐渐对表面起修光作用；涂色应薄而均匀，校准轴转动角度要小于 60°，以防刮点失真和产生圆度误差。刀迹应与孔轴线成 45°，每遍刀迹垂直交叉。

目前内孔刮削大多采用图 4-12 所示的内孔圆头刮刀，它可用手推平面刮刀改制，圆头的曲率是按粗细刮的要求磨制的。

滑动轴承是内孔刮削的典型部件，下面以它为研究对象来讲述提高内孔刮削精度的工艺方法。

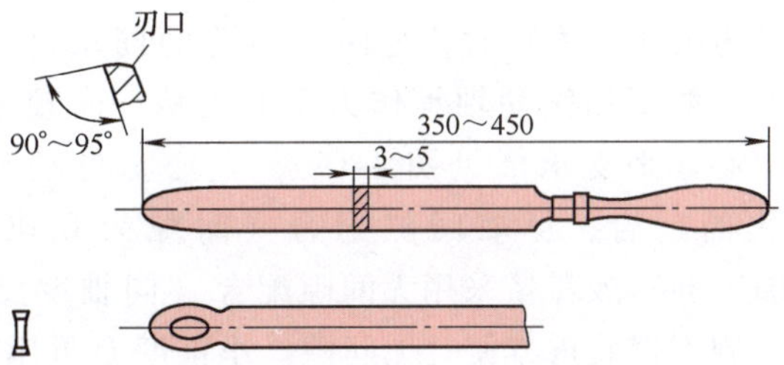

通过刮削后的滑动轴承内孔，可使轴与轴承受压均匀，纠正内孔的圆度误差或多支承轴承间的同轴度误差，使轴运转平稳，提高回转精度，且不易发热。各种滑动轴承的刮削工艺要点如下：

刃口
90°～95°
350～450
3～5

图 4-12　内孔圆头刮刀

（1）外锥内柱式轴承的刮削工艺

刮削前先检查主轴轴颈与轴承孔的配合及轴承外锥面与轴承座锥孔的配合是否良好，是否有足够的刮削调节余量。刮削时，一般先以轴承座锥孔为基准修刮轴承外锥面，使其接触良好，再装配主轴承，此时轴承间隙大多通过调整螺母使锥体部分产生位移来得到。调整时不宜直接在螺母上施加作用力，而应该用铜锤或木锤轻轻敲击轴承大端部同时收紧螺母产生位移，以消除轴承扭力变化对刮削质量的影响。初步调整好间隙后，使轴颈在轴承孔内试转 3~5 圈（转向与主轴转向一致），应有稍紧的手感；研点后将轴抽出，卸下轴瓦，根据显点修刮内孔。如此反复，使刮点由集块显点逐渐转变为链状显点，再转变为较密的零星显点（见图 4-13）。

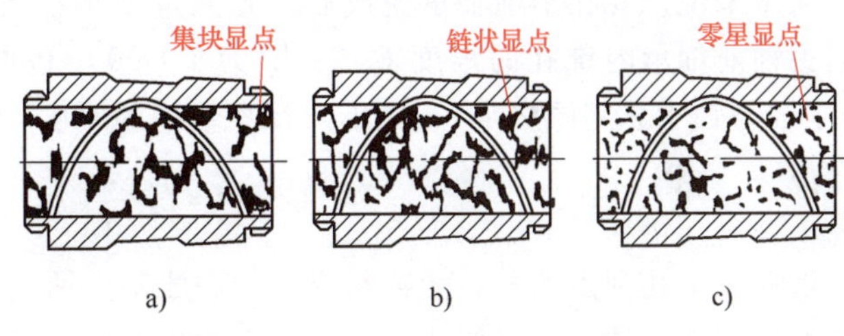

图 4-13　外锥内柱式轴瓦的显点

刮削时应注意红丹粉要涂得薄而均匀，高起的黑亮色点子必须刮去，黑红色点子只需轻刮，暗红色点子不刮。轴承下半部由于受轴的重力作用，显点往往较紧，这是假象，对这类点子应少刮或轻刮。细刮刀迹的优劣如图 4-14 所示。为了保证前后轴承的同轴度，必须以相配零件轴或工艺轴与前后轴承孔同时研点后刮削，直至两孔刮点均匀。

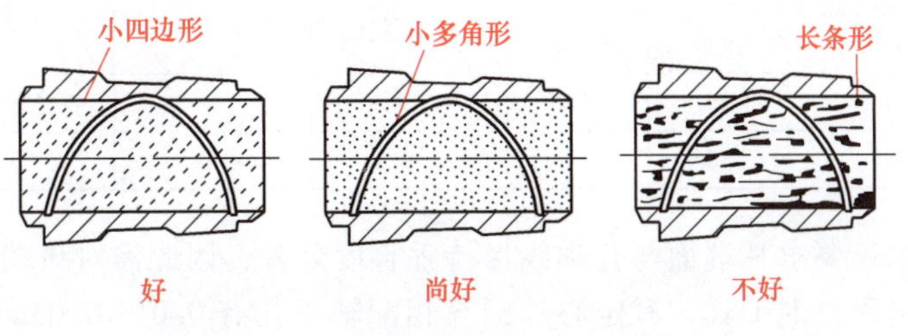

图 4-14　细刮轴承时刀迹的优劣

（2）内锥外柱式轴承的刮削工艺　这种轴承一般用于车床或平面磨床的主轴前轴承，且后者要求轴承精度更高，不但显点要细而密，并要求刀花光滑。研点时，最好将轴承和工艺轴的轴线竖直安放，可避免重力影响到显点的真实性。如果是“一滑一滚”轴承（前轴承是内锥外柱式滑动轴承，后轴承为滚动轴承）时，为保证两孔的同轴度，研点时一般不用滚动轴承作为定心支承，而较多采用定心套来支承（见图 4-15）。定心套外径与座体孔的配合，可取间隙配合（间隙为 0.003～0.010mm）或尽量采用无间隙配合（同轴度要求较高时）；若采用外圆带小锥度的定心套，则不仅装拆方便且无间隙。小锥度 C 可用下式求出：

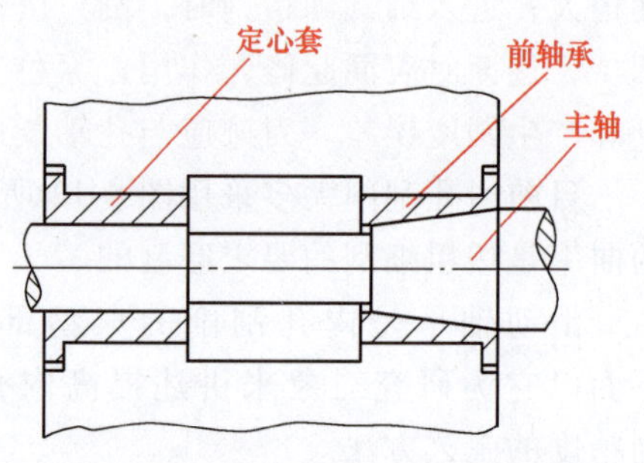

图 4-15　用定心套支承研点示意图

$$C=\frac{B}{\alpha}$$

式中　B——定心套厚度，其大小为（外径-内径）/2；

α——定心套内外圆的同轴度，一般取轴承孔同轴度公差的 1/2～1/3，或高于轴承孔同轴度公差 1～2 级。

定心套内径与配合轴颈采用间隙为 0.003～0.010mm 的间隙配合，并采取耐磨措施。

刮削和轴承间隙的调整方法与外锥内柱式轴承相同。对于用控制垫圈厚度来调整轴承间隙的磨床来说，要在刮削轴承完成后，先测量轴承在无间隙配合时需要垫圈的厚度 L_1，再根据主轴前轴承内锥孔的锥度 C（一般为 1∶30）和轴承所要求的半径方向的径向游隙 δ（为主轴与轴承总间隙之半），按下式计算垫圈的厚度 L(mm)。

$$L=L_1+\frac{2\delta}{C}$$

滑动轴承孔刮点的分布无特殊要求。一般刮点两端稍硬、中间略软。若孔内有油槽，则油槽两边刮点可软些，以便建立油膜；但油槽两端刮点应密布均匀，以防漏油。

表 4-4 所列为滑动轴承孔刮点数的要求。但低速轴承的刮点要均匀，刀迹要深些，以便存油；高速轴承刮点应细密而均匀，刀迹要浅，以便建立油膜。

表 4-4　滑动轴承孔刮点数

轴承孔径/mm	每 25mm×25mm 正方形面积内的刮点数						
	金属切削机床			锻压设备，通用机械		冶金设备，动力机械	
	机床精度等级			重要	一般	重要	一般
	Ⅲ级和Ⅲ级以上	Ⅳ级	Ⅴ级				
≤120	20	16	12	12	8	8	5
>120	16	12	10	8	6	6	2

有些滑动轴承还要求其端面与孔轴线保持垂直度公差，因此需对该端面进行刮削。此时可设计制造专用刮研校准工具，其定心外圆与相配轴承孔有 0.01～0.03mm 间隙，可用于垂直度要求不高的场合。

4.1.4 精密研磨工艺的机理与特点

精密研磨工艺是指使用比工件材料软的研具、极细的游离磨料和润滑剂，在低速、低压下，使被加工表面和研具间产生相对运动并加压，磨料产生微量切削、挤压等作用，从而去除工件表面的凸峰，使表面精度得以提高，表面粗糙度值得以降低。精密研磨的精度可达亚微米级（尺寸精度达0.75μm，圆度达0.20μm，圆柱度和平面度达0.38μm，表面粗糙度值为*Ra*0.025μm），并能使两相配零件的接触面达到精密配合。

（1）精密研磨机理的作用

1）微量切削作用：磨粒在研具表面上半固定或悬浮，构成多刃基体，不会重复先前的运动轨迹，产生热量少，工件变形和表面变质层很轻微。

2）物理作用：塑性变形。钝化了的磨粒对工件表面挤压，使被研表面产生塑性变形，一些粗糙凸峰趋于平缓与光滑，并产生加工硬化，以致断裂而形成切屑。

3）化学作用：研磨剂中含有起化学作用的活性物质，使被研表面形成一层极薄的氧化膜，它不断地迅速形成，又不断地被磨粒去除，从而加快了研磨过程。

图4-16所示是研磨加工模型。

（2）精密研磨的特点

1）能稳定获得尺寸精度、高的形状精度和极低的表面粗糙度值，但研磨不能提高表面的相互位置精度。

2）精研磨后的表面无波纹度，故耐蚀性强、耐磨性和抗疲劳强度高。

3）加工设备简单、制造方便，适应性好，不但适宜于手工生产，也适合成批机械化生产；被加工材料范围广，它可加工钢铁、各种非铁金属、非金属，甚至对玻璃、陶瓷、钻石以及淬硬的钢等硬脆性材料都可研磨。

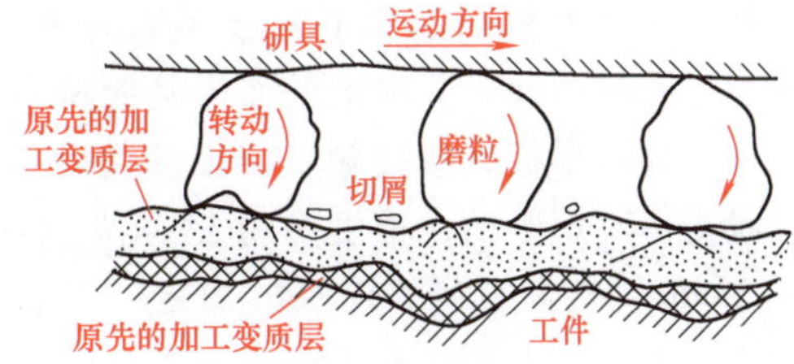

图4-16 研磨加工模型

由于上述特点，研磨被广泛用于现代工业各种零件的精密、光整加工和超精密加工中。

4.1.5 提高研磨精度的工艺方法

精密研磨是零件加工的最终工序，操作者首先必须牢固树立质量第一的观念。精密研磨的加工质量是由研磨设备的精度、检测仪器的精度及操作者的责任心和技艺水平三者决定的。研磨加工工艺的各相关要素见表4-5。

表4-5 研磨加工工艺的各相关要素

项目		内容
加工方式	驱动方式	手动、机动、数控
	运动形式	回转、往复
	加工表面数	单面、双面
研具	材料	硬质（淬火钢、铸铁），软质（木材、聚氨酯）
	表面状态	平滑、沟槽、孔穴
	形状	平面、圆柱面、球面、成形面

（续）

项目		内容
磨粒	材料种类	金属氧化物、金属碳化物、氮化物、硼化物
	粒度	数十微米～0.01μm
	材质	硬度、韧性
切削液	种类	油性、水性
	作用	冷却、润滑、活性（化学作用）
加工参数	相对速度	1～100m/min
	压力	0.001～3MPa
	加工时间	视加工材料、磨粒材料及粒度、加工表面质量、加工余量等而定
加工环境	温度	(20±1)℃
	相对湿度	40%～60%
	净化	1000～100级

1. 高精度平面的研磨工艺

（1）采用平面研具　常用的平面研具有研磨平板与研磨圆盘两种。研磨平板多制成正方形（见图4-17），湿研平板分开槽与不开槽两种。开沟槽的作用是能将多余的研磨剂刮去，保证工件与平板直接接触，使工件获得高的平面度。开槽的形状为60°V形槽，槽宽b和槽深h为1～5mm，槽距B=15～20mm，根据被研表面尺寸而定。研磨圆盘为机研研具（见图4-18），其表面多开螺旋槽或径向直槽，视研磨轨迹而选定。若用研磨膏研磨，选用阿基米德螺旋槽较好。选用螺旋槽研磨盘时，其螺旋方向应考虑圆盘旋转时，研磨剂能向内侧循环移动，与离心力作用相抵消。但用开槽圆盘研磨会使被研表面的表面粗糙度值升高，因此，如要求较精细的表面粗糙度，研具可不开槽。

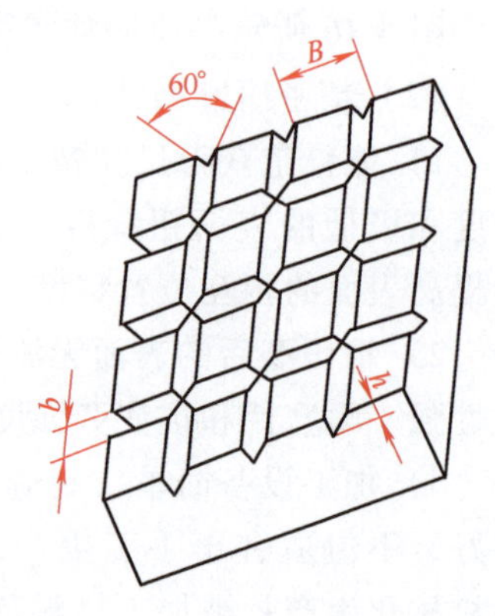

图4-17　开沟槽的研磨平板

（2）平面研磨工艺参数　平面研磨工艺参数主要是指研磨压力和速度。研磨压力是研磨表面单位面积所承受的压力。研磨过程中，压力是一个变值。因为刚开始研磨时，工件表面粗糙度值高、形状误差大，被研表面与研具的接触面积较小。随着研磨的进行，实际接触面积逐渐增大，研磨压力也随之降低。若压力过小，研磨效率显著下降；压力过大，研具不均匀磨损加快，被研表面的表面粗糙度值上升，效率反而下降。通常研磨硬材料（如淬硬钢）比研磨软材料（如铸铝）压力高；湿研磨比干研磨压力高；粗研磨比精研磨压力高。一般研磨压力可从表4-6中选取。

研磨速度也对加工精度有重要影响。在一定范围内，研磨作用随研磨速度的提高而增强。但是，过高的研磨速度会造成工件发热现象，甚至烧伤被研表面；会使研磨剂飞溅流失；运动平稳性降低；研具急剧磨损，直接影响加工精度。一般研磨都采用较高压力、较低速度进行粗研，然后采用较低压力、较高速度进行精研。这样既可提高工效，又可保证表面质量的要求。表4-6中所列的研磨速度可供参考。

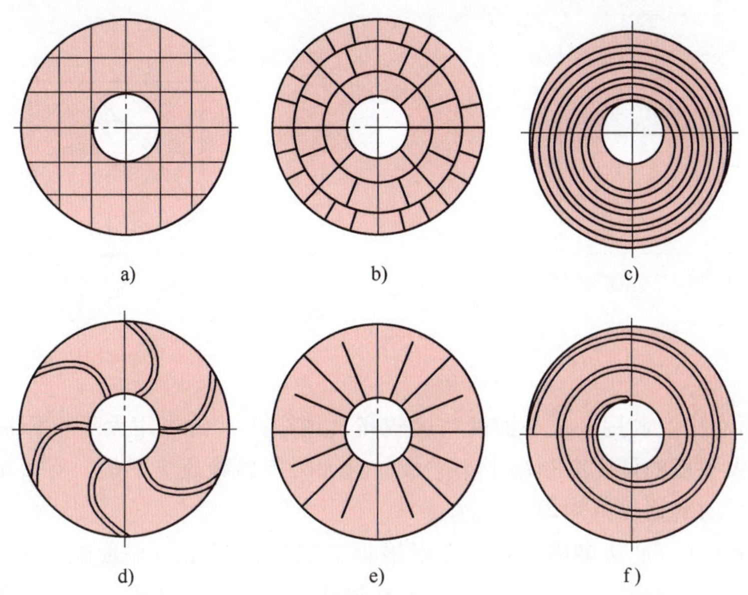

图 4-18　研磨圆盘沟槽形式

a）直角交叉型　b）圆环射线型　c）偏心圆环型　d）螺旋射线型　e）径向射线型　f）阿基米德螺旋型

表 4-6　研磨平面时的压力和速度

研磨类型	研磨压力/Pa	研磨速度/(m/min)	
		单　面	双　面
湿研磨	$(1\sim2.5)\times10^5$	20~120	20~60
干研磨	$(0.1\sim1)\times10^5$	10~30	10~15

（3）高精度平板的研磨工艺　平板的研磨有以下方法：

1）两块平板互研法。用两块硬度基本相同的平板互研，其实质是不用研具而是应用平板研磨规律，不断改变平板的上下位置。为此有必要对上下平板的研磨运动进行研究和分析：上平板扣在下平板上后，借自重产生压力，然后按不同的圆形运动轨迹移动上平板约 2~3min（下平板固定）；再按无规则的“8”字形轨迹，柔和、缓慢地推动上平板（推时用手加压），并不时作 90°或 180°转位。这里还要对上述运动作进行进一步分析：

① 圆形运动（见图 4-19）。设上下平板的重心和几何中心点 O 完全重合；当上平板移动距离 S 之后，其重心移至 P 点，ab 接触部位的研磨压力增大，并由 a 到 b 逐渐减小；当重心由 P 点移到 Q 点时，研磨压力又有增加；因此随上平板重心的圆周运动，下平板四周研磨压力增大，而上平板仅中心部分研磨压力增大，致使上平板逐渐变凹，下平板则逐渐变凸。

②“8”字形运动（见图 4-20）。若上平板按图中箭头方向做“8”字形运动，其重心的轨迹保持在下平板的对角线上，于是使研磨压力在下平板的四个角最大，并沿对角线向着中心逐渐减小；上平板则相反。因此“8”字形运动也将导致两块平板上凹下凸，但其变化速度比圆形运动缓慢。可见用此法研磨出的平板，不可能同时达到理想的高精度平面，而只能选用其中较好的一块。

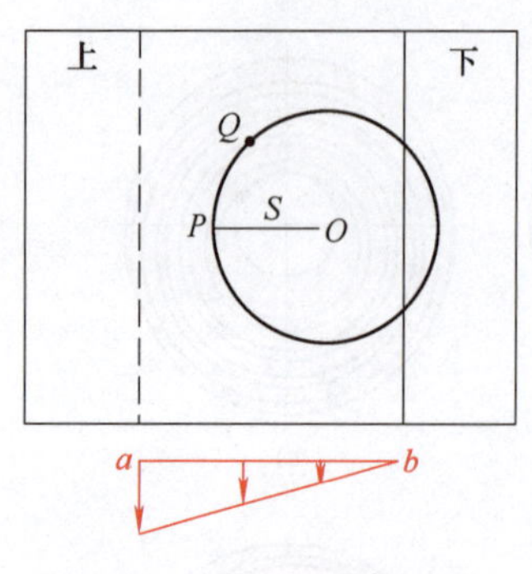

图 4-19 上平板做圆形运动

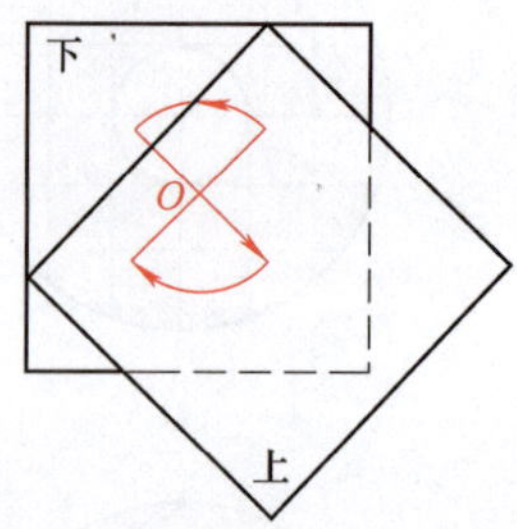

图 4-20 上平板做“8”字形运动

2）以大研小法。利用一块平面度精度较高（或微凸）的专用大平板作标准来研磨被加工的小平板；大平板的硬度必须高于小平板，且大平板始终处于下位，所采用的研磨运动必须有利于大平板的磨损保持均匀。

3）以小研大法。此法多用于对长方形平板的研磨，利用小平板配以适当的研磨运动，研磨大平板，小平板始终处于上位，无论运动轨迹如何变化，都要能保证被研平板上各点均有相同的（近似的）被微量切削的条件。

4）三块平板互研法。与原始平板刮削法相似，利用误差平均法原理，对三块硬度基本相同的平板按一定顺序交替循环研磨，在研磨过程中要保持等温，采用间歇研磨，以防止产生发热变形。此法应用最为广泛，可同时获得三块较理想的高精度平面。

（4）量块的精密研磨工艺　量块，是无刻度的端面量具。长方体的量块上有两个平行的测量面和四个非测量面。两测量面之间的厚度（称为中心长度）偏差、平面度偏差和表面粗糙度要求极为严格（例如 0 级精度量块的技术要求是：厚度偏差为±0.1μm，平面度为±0.1μm，测量面表面粗糙度值为 *Ra*0.010μm），所以在热处理淬硬后必须经过磨削和精密研磨。研磨后的量块测量面有镜面之称，它具有研合性，以组成不同长度尺寸，除作为长度量值基准的传递媒介外，也可用于鉴定、校对和调整计量器具、精密机床等。量块材料用 CrMn 或 10Cr17 钢制造，淬硬至 64HRC 以上，研磨余量小于 0.05mm，磨削后的表面粗糙度值不超过 *Ra*0.2μm。

量块的研磨工艺过程见表 4-7。在精研前需进行尺寸预选，以保证每批量块尺寸差都小于 0.1μm。

表 4-7 量块的研磨工艺过程

工　序	研磨余量/μm	研磨方式	磨料粒度	可达表面粗糙度值 *Ra*/μm
一次研磨	10~50	湿研磨	F280~F320	0.1
二次研磨	4~5	湿研磨	F400~F500	0.05
三次研磨	1.5~2	干研磨	F600	0.025
四次研磨	0.6~0.3	干研磨	F800	0.012
精研磨	0.1	干研磨	F1000	0.010~0.008

批量较大的量块或其他成批精密平面研磨的工件，可在研磨机上加工。为保证研磨质量，也必须经过预选使每批工件的尺寸差控制在 3~5μm 内，而且在精研过程中，还应视不

同情况，进行一次或多次工件换位。量块在研磨中的换位法如图4-21所示。所示量块的中心长度尺寸、平面度误差常用光波干涉仪或光学平面平晶，根据干涉带的宽度、弯曲量及光波的波长等来计算出误差值。

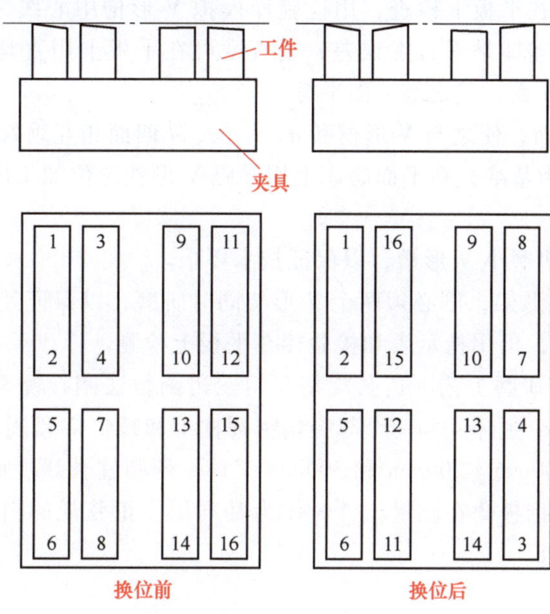

图4-21　量块在研磨中的换位法

（5）精密V形架的研磨工艺　作为轴类零件精密测量时用作支承的V形架，其技术要求较高（见图4-22）：六个面的相互垂直度、各相对平面的平行度、V形槽对称假想平面与两侧面 a、b 的对称度和平行度，以及与两侧面 e、f 和底面 c 的垂直度等允许误差均不大于0.005mm。若系两件成组，则还要求V形槽工作面与两侧面 a、b 及底面 c 的等高差与等宽差也不大于0.005mm。

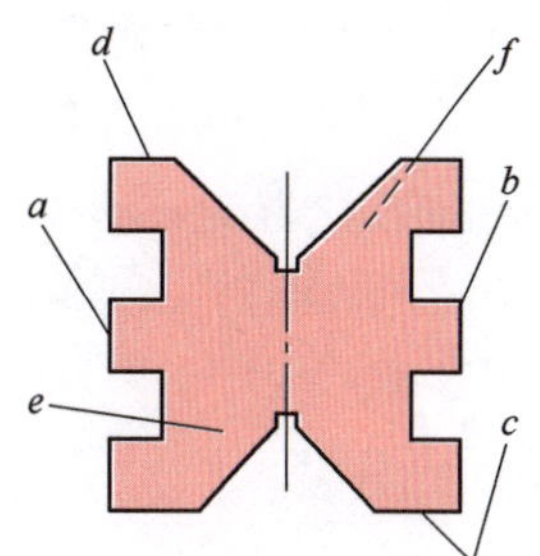

图4-22　精密V形架

V形架的研磨工艺如下：

1）研磨大V形槽，通常采用整体式研具，同时达到90°角及平面度要求。

2）用平板研具研磨 a 面，使与V形槽对称假想平面平行，可用标准检验棒，以大V形槽为基准，在平板上用指示表检测检验棒两端的最高点的读数差（即平行度，见图4-23）。接着研磨 b 面，要同时保证 b 面与 a 面的平行且保证 a、b 两面对大V形槽的对称度。其检测方法相同，但还要在平板上翻转工件180°考查 a、b 面的两位读数是否相同，若读数差为0.01mm，则其对称度就是0.005mm，而两平面平行度误差也应在0.005mm以内。若 a、b 面与V形槽的平行度误差较大不利

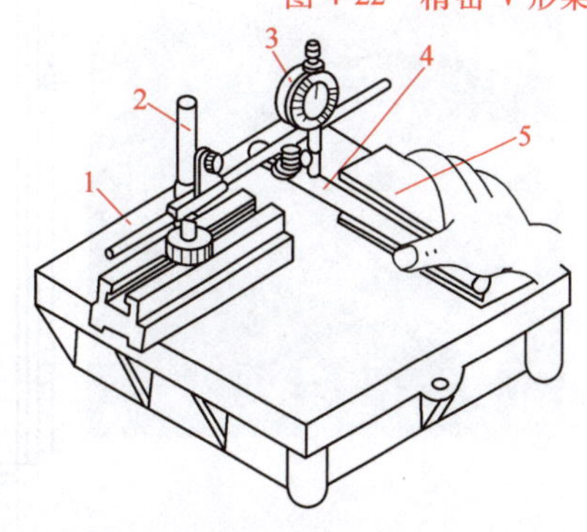

图4-23　用指示表和检验棒检测位置误差

1—检验平板　2—表架　3—指示表

4—检验棒　5—V形架

于研磨，可修刮至接近平行再研；若误差不大则不需修刮，只需在研磨时有意加大高点处的压力来达到要求即可。但在研磨过程中要反复测量，避免研磨过头而返工。

3）研磨 *c* 面（用平板作研具），既要保证 *c* 面与 V 形槽的平行度，又要保证其与 *a*、*b* 面的垂直度。平行度可在平板上检查，用检验棒模拟 V 形槽中心线，用指示表测量检验棒两端的最高点，其读数差即是平行度误差；垂直度可在平板上用直角尺（或圆柱）透光检查。*c* 面合格后再研磨 *d* 面，使之与 *c* 面平行。

4）研磨 *e*、*f* 两侧面，使之与 V 形槽和 *a*、*b*、*c*、*d* 四面相互垂直，检验方法同上。

5）以研好的各面为基准，在平面磨床上用导磁 V 形铁定位加工出与大 V 形槽相对应的小 V 形槽。

6）用整体式研具研磨小 V 形槽，以保证技术要求。

若系两件成组的 V 形架，则必须两个 V 形架同时研磨，以保证其成对尺寸的一致性。V 形槽的等高差和等宽差，仍用指示表和检验棒在平板上检测。

（6）正弦规的精密研磨工艺　**正弦规是利用三角函数法间接测量带有锥度或角度的零件的精密量具。它由一个主体 4 和两个等径精密圆柱 1 和螺钉 2 紧固（见图 4-24），其中心距要求严格，标准有 100mm、200mm 和 300mm 三种，两圆柱轴线平面要与主体工作台面严格平行。侧挡板 5 和前挡板 3 在测量工件时作为基准用。**正弦规的精度有 0 级和 1 级之分，其加工技术要求见表 4-8。

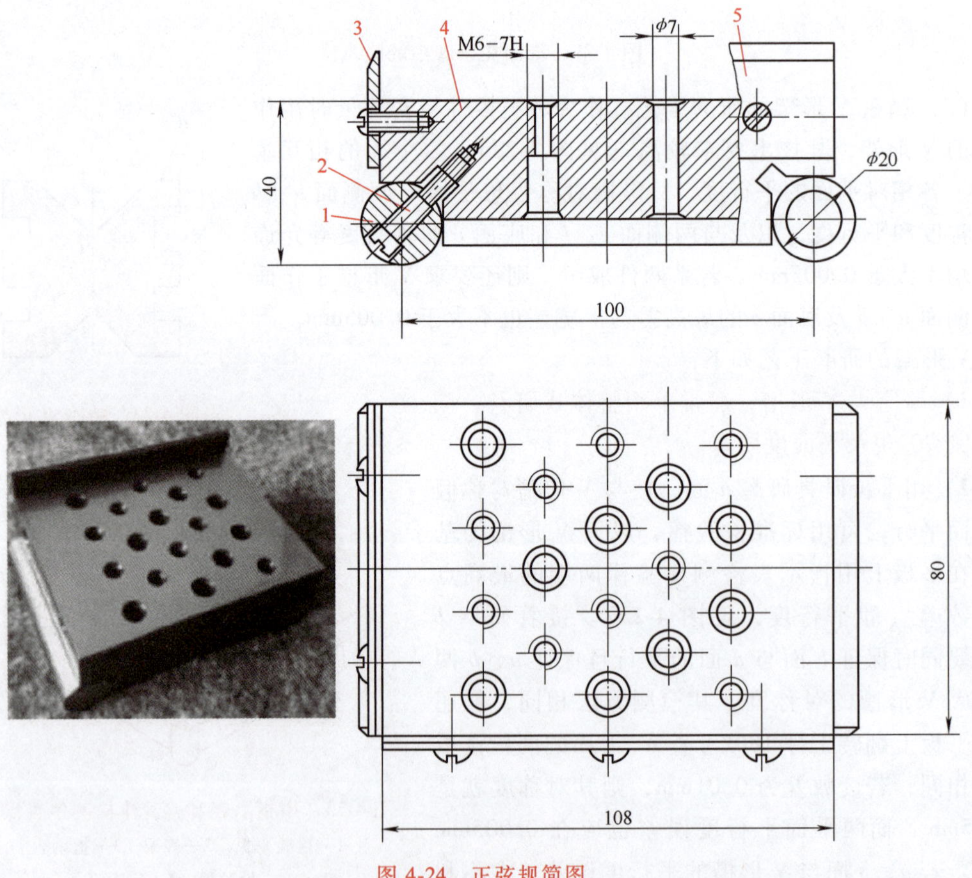

图 4-24　正弦规简图

表4-8　正弦规的精度及表面粗糙度

序号	技术要求	精　度	
		0级	1级
一	尺寸精度、几何公差以及综合公差	/mm	/mm
1	两圆柱中心距(100mm)	±0.002	±0.003
2	两圆柱轴线平行度(全长上)	0.0015	0.003
3	两圆柱直径差	0.0015	0.003
4	圆柱工作面的圆柱度	0.0015	0.002
5	主体工作面的平行度(中凹)	0.001	0.002
6	主体工作面与两圆柱下素线公切面的平行度	0.001	0.002
7	侧挡板工作面与圆柱轴线的垂直度(全长上)	0.022	0.035
8	前挡板工作面与圆柱轴线的平行度(全长上)	0.020	0.040
9	正弦规装置成30°时的综合公差	±8″	±16″
二	各工作面的表面粗糙度值	Ra/μm	
1	主体工作面	≤0.08	
2	圆柱工作面	≤0.04	
3	前挡板和侧挡板工作面	≤1.25	

正弦规的主体工作面是钳工研磨的典型工件，如图4-25所示，其加工质量要求为：*A*、*B*两面应平行且垂直于底平面*C*，两台阶平面*D*应共面且平行于底面*C*。研磨前要设计制造好图4-26所示的专用研具。然后，先在平板研具上研磨底面*C*，使其平面度符合要求。再以平面*C*为测量基准，测出两*D*面的误差（测量等高度），在专用研具上同时研磨两个台阶面*D*（见图4-26a），若两个*D*面有高低，可先将高的一面用图4-26b所示的条形研具单独修整，直到与较低的另一面共面，再用图4-26a所示的专用研具精研。接着把主体按图4-27所示的方法装夹在台虎钳上，用条形研具分别研磨*A*、*B*平面，台虎钳夹持的位置应使*D*面凹进钳口侧面，以借助钳口侧面来保护已研好的*D*面。

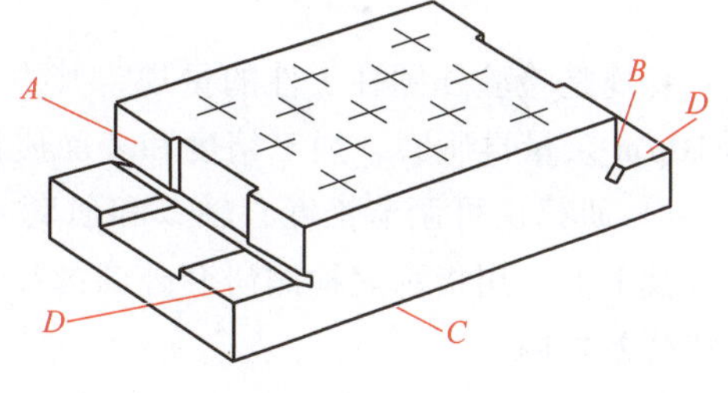

图4-25　正弦规主体

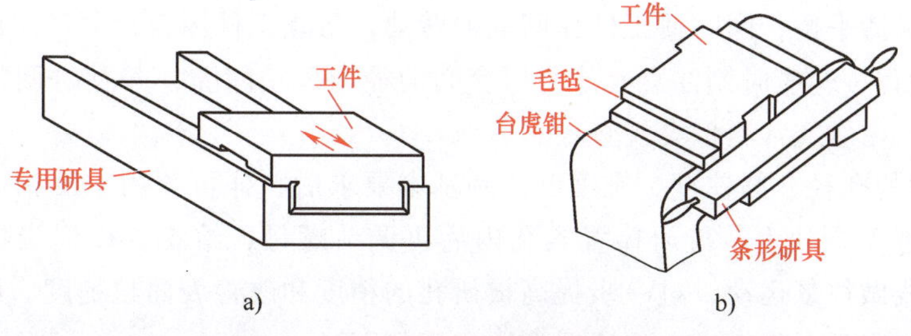

图4-26　正弦规主体*D*面的研磨

a）用专用研具研磨*D*面　b）用条形研具研磨*D*面

2. 高精度内孔的研磨工艺

与加工外圆相比较，精密加工内孔处于许多不利条件。以磨削为例，内孔磨削的砂轮直径小，而转速却比外圆磨削时要高十几倍，磨粒易被磨钝，工件易发热烧伤；加之磨内孔时冷却条件差，排屑困难，砂轮易堵塞，影响表面质量，故使表面粗糙度值比外圆磨削大。特别是在深孔磨削时，砂轮接长杆直径小、悬伸长，刚性差，易产生弯曲变形和振动，对内孔加工精度和表面粗糙度都有不利影响。为此，对高精度外圆工件大多可通过精磨工艺来解决，而不一定都要采用研磨手段；但对高精度内孔（尤其是深孔）就常常要在磨削之后再增加一道精密研磨工序。

（1）精密圆柱孔的研磨工艺　精密圆柱孔工件的研磨，有手工研磨和机床（如车床、立钻等）配合手工研磨两种。图 4-28 所示是在车床上研磨套规内孔的实例。

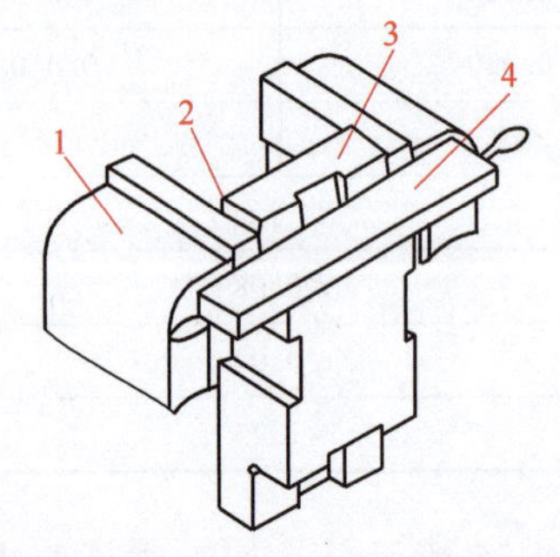

图 4-27　正弦规主体 *A*、*B* 面的研磨

1—台虎钳　2—毛毡　3—主体　4—条形研具

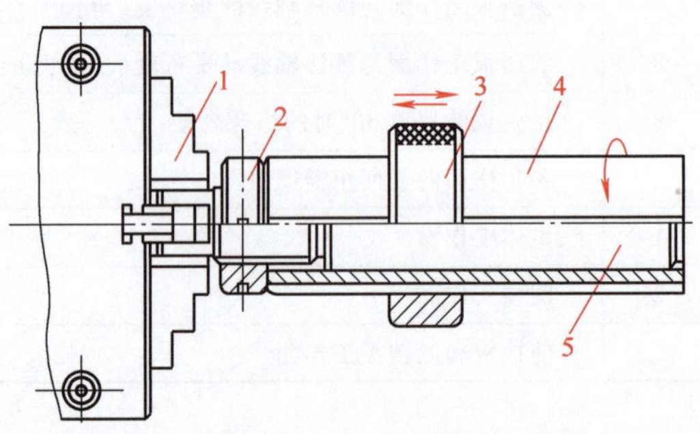

图 4-28　套规内孔的研磨

1—卡盘　2—可调节螺母　3—套规（工件）　4—研套　5—可调节锥度心轴

套规是检验外圆柱工件的量规，其内孔是测量工作面，经精镗、热处理和磨削后内径留 5~10μm 余量再研磨，加工精度和表面质量要求都较高。其研磨工艺如下：

1）研棒由可调节锥度心轴 5 和研套 4、可调节螺母 2 组成。先将研棒的一端夹持在机床卡盘 1 上，用指示表检测研套外圆的径向圆跳动，校正回转轴线，跳动量应在套规要求的形状公差之内。

2）将套规套入研棒，均匀涂好研磨膏后，调节螺母，使被研套规手感较紧但能轴向移动。

3）开动机床，主轴转速以 100~200r/min 为宜，用手握住套规，有顺序地沿研套做轴向往复运动。要注意：操作者的手汗是酸性的，极易使金属表面锈蚀，应采取预防措施；握住工件时，应保持平衡，同时使工件作间隔的转动，防止工件因自重而产生圆柱度误差。

4）研磨过程中，应时刻注意套规与研套间的径向摆动间隙，并及时调整研棒以保持良好的研磨间隙，注意经常测量套规直径。

5）当套规的孔径、圆柱度、锥度已达到基本要求后，即可改用手工精研磨。加工时将工件夹持在精密 V 形块上，待研棒置入孔内后再调节螺母，给工件以适当压力，用手转动研棒沿工件轴线做往复运动，进一步提高被研孔的精度和改善表面粗糙度。研磨剂可选用研磨微粉及少许硬脂酸，用煤油、汽油混合调成糊状即可。

圆柱内孔精密研磨时常见的质量问题及解决措施见表 4-9。

表 4-9 圆柱内孔精密研磨时常见的质量问题及解决措施

质量问题	图例	原因	解决措施
1)中间小两端大		研具与孔配合太紧,操作不稳	调松研棒,拿稳工件
2)多棱孔		研具与孔配合太松,工件没有拿稳	调紧研棒,重新校正或更换研棒,抓稳工件
3)内孔划伤		研具或工件有毛刺,研磨剂中混有较粗磨粒或异物	去毛刺,清洗研具及工件,更换研磨剂
4)孔的直线度不好,各段错位		研具与工件孔配合过松,轴向往复运动长短不一	调整配合间隙,专门修整某段孔壁,最后用新研棒光整孔壁全长
5)孔口或槽口附近局部尺寸大		研磨剂在孔口、槽口处积累过多	及时擦去多余研磨剂,清洗后用新研棒光整全孔
6)倒锥		研棒倒锥过大,在孔底停留时间过长	修整研具,工件要前后移动,以减少倒锥
7)喇叭口		研具有正锥或倒锥太小,研具与孔配合太松,工件没有把正	修整研具,调整配合间隙,把稳工件

(2) 精密锥孔的研磨工艺　相配的圆锥体零件一般多采用磨削加工，但配合精度高的或密封性要求高的零件，要采用精密研磨法来达到。

1) 内外圆锥配对研磨。配对研磨也称为对研，它是当一对相配零件之间添加研磨剂对研时，提高配合精度的一种研磨工艺。图 4-29 所示是阀座孔与阀配对研磨的实例。它的研磨工艺如下：

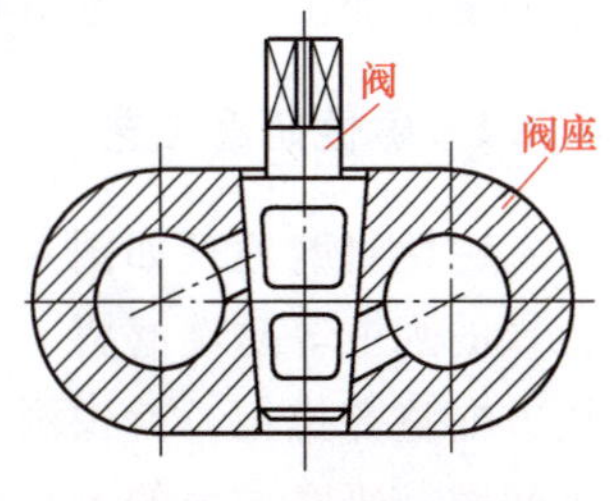

图 4-29　阀座孔与阀的配对研磨

① 修去阀座孔与阀的毛刺，用显示剂均匀涂在阀的锥体上，放入锥孔内缓慢旋转，取出后观察其配合接触情况。

② 若配合接触良好，则在两锥体间均匀涂上研磨剂进行研磨。研磨时锥孔轴线应处于垂直位置，因为轴线处于水平位置会受重力影响，将造成研磨压力不匀。而立式研磨定心也较好。在研磨过程中还要不断检查配合质量和注意及时调换研磨剂。

③ 若配合接触不良，则应先将圆锥孔用圆孔刮刀修刮，以改善显点，待显点均布后方可研磨。如果锥体有较大的圆度误差和素线直线度误差，也应先行修刮后再研磨。

2）用研具研磨锥孔。图 4-30a 所示是用纯手工研磨锥孔的实例。研具用卡盘固定，工件用夹箍夹持（夹紧力不宜过大），用手缓慢转动夹具，加适当压力进行研磨。此法优点是研磨速度和质量可任意控制，缺点是效率低。锥孔也可在车床上进行半机械化研磨（见图 4-30b），研具固定在主轴锥孔内或装夹在卡盘上，用指示表校正研具轴线与车床主轴轴线的同轴度和径向圆跳动，利用车头旋转，使锥孔在研具上研磨。若准备好三根涂抹研磨剂的研具，互相交替使用，则更为理想。此法虽然工效较高，但不如前一种方法能保证研磨质量。

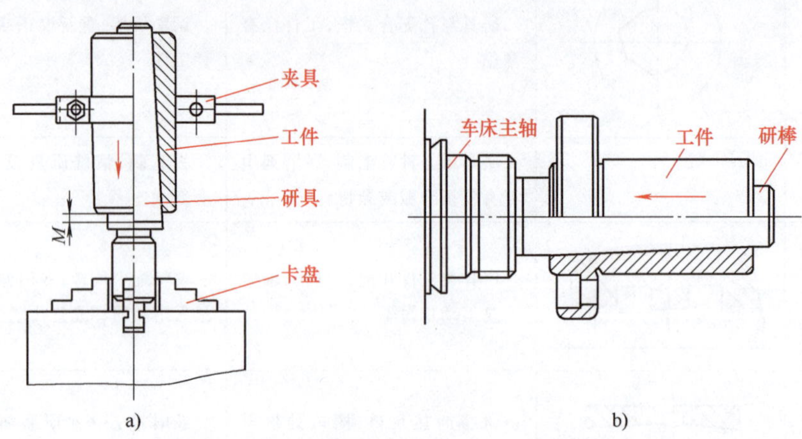

图 4-30　手工研磨和半机械化研磨锥孔

a）用卡盘固定研具　b）用车床主轴固定研具

锥孔研磨后用锥度塞规着色或用特制记号笔划 3 条素线检验，既要保证接触面分布均匀，又要保证圆锥度和表面粗糙度达标。

4.2　精密和超精密研磨工艺

近几年来，随着科技的发展，出现了许多新工艺、新技术，一些传统加工工艺与一些非传统加工工艺复合在一起，实现优势互补，发挥各种加工工艺的长处，诞生出高质量、高效率的复合加工工艺。本节将简要介绍几种新型的精密和超精密研磨工艺。

4.2.1　磁性研磨工艺

磁性研磨原理如图 4-31 所示。工件置于两磁极之间，并放入含铁的刚玉等磁性磨料，在直流磁场的作用下，磁性磨料沿磁力线方向整齐排列，就像刷子一般对被研表面施加压力，并保持加工间隙。研磨压力的大小随磁通密度及磁性磨料填充量的增大而增大。研磨时，工件一面旋转、一面沿轴线方向振动，使磁性磨料与被研表面产生相对微量切削运动。其加工精度可达 1μm，表面粗糙度值达 $Ra0.01\mu m$。由于磁性研磨是柔性的，加工间隙仅有几毫米，可用于研磨轴类零件的内外表面、形状复杂的不规则零件，也可用于去毛刺，特别是对钛合金工件的研磨有较好的效果。

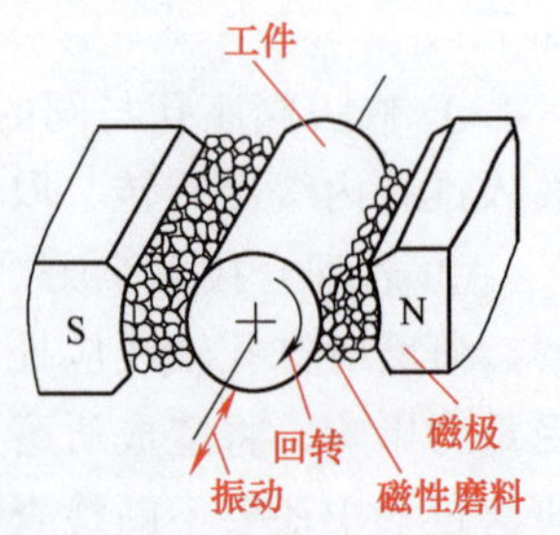

图 4-31　磁性研磨原理

4.2.2 复合研抛工艺

在精密加工中，表面粗糙度值要比尺寸精度值高一个数量级。随着我国宇宙航天工业的发展，对产品表面质量要求越来越高。抛光作为一种低表面粗糙度值的精密光整加工方法越来越显得重要。抛光的加工要素虽与研磨基本相同，但其作用和效果又有所不同。抛光时所用的抛光器是软质的，其塑性流动作用和微切削作用较强，其加工效果主要是降低表面粗糙度值，而对工件的尺寸精度和形位精度的改善则几乎不起作用；而研磨时用的研具是硬质的，其微切削作用和挤压塑性变形作用较强，在精度和表面粗糙度两个方面都强调要有加工效果。故近年来已将研磨与抛光结合为一种新的复合加工，称为研抛。下面介绍三种研抛工艺。

1. 液中研抛

将工件置于恒温液体中进行研抛即为液中研抛（见图 4-32）。抛光器的材料为中硬度的聚氨酯，它是一种非渗水材料，在抛光液中可获得稳定不变的浮起间隙，并对工件有黏附作用。

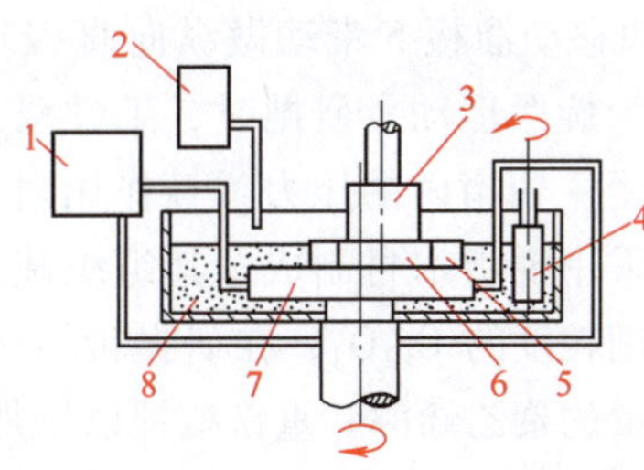

图 4-32 液中研抛工件平面的装置

1—恒温装置 2—定流量装置 3—载荷 4—搅拌装置 5—夹具 6—工件 7—抛光器 8—磨料

研抛时，抛光器 7 由主轴带动回转，工件 6 由夹具 5 定位夹紧，被加工平面要全部浸入抛光液和磨料 8 中，载荷 3 使磨粒与被加工面间产生一定的压力。恒温装置 1 中的恒温油经螺旋管道不断循环流动于抛光液（此处用水，由定流量装置 2 供水），使研抛区的抛光液保持恒温。搅拌装置 4 使磨料与抛光液均匀混合。此法可防空气中的尘埃混入研抛区，并抑制了工件、夹具和抛光器的变形，因此可获得较高的精度和表面质量。研抛中，若采用硬质材料制成的研具，则为研磨；若采用软质材料制成的抛光器，则为抛光；若采用半硬半软的聚氨酯等材料制成的抛光器，则兼有研磨和抛光的作用。

2. 挤压研抛

挤压研抛是利用黏弹性物质作介质，混以磨粒而形成半流体磨料流反复挤压被加工表面的一种精密加工方法，主要用来研抛各种型面、型腔，去除毛刺或棱边倒圆等。

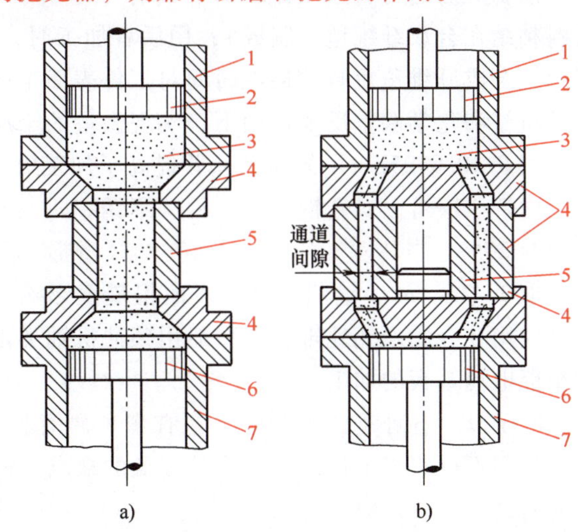

图 4-33 挤压研抛工艺

1—上磨料缸 2、6—活塞 3—磨料流 4—夹具 5—工件 7—下磨料缸

挤压研抛已有专用机床（见图 4-33），工件 5 安装于夹具 4 上，由上、下磨料缸 1、7 推动磨料形成挤压作用（图 4-33a 所示为挤压研抛内孔，图 4-33b 所示为研抛外表面）。磨料流 3 的介质应是高黏度的半流体，具有足够的弹性，无黏附性，有自润滑性，且易清洗，通常采用高分子复合材料，如乙烯基硅橡胶，其有较好的耐高、低温性能。磨料多用氧化铝、碳化硅

（俗称全刚砂）、碳化硼等。清洗工件多用聚乙烯、氟利昂、酒精等非水基溶液。

要正确选择磨料通道的大小、压力和流动速度，它们对挤压研抛的加工质量有显著影响。对于研抛外表面，还要正确选择通道间隙，通道太小，磨料流动不畅。一般通道间隙最小可达 0.35mm。

3. 超精研抛

超精研抛是一种具有均匀复杂运动轨迹的超精加工工艺，它同时具有研磨、抛光和超精加工的特点（见图 4-34）。研抛头 1 为圆环状，装于机床主轴上，由分离传动和采取隔振措施的电动机带动做高速旋转运动。工件 2 装于工作台 3 上。工作台由两个做同向同步旋转运动的立式偏心轴 4 和移动溜板 5 带动做纵向直线往复运动，这两种运动合成为旋摆运动。研抛时，工件浸泡在超精研抛液池中，主轴受主轴箱内的压力弹簧作用对工件施加研抛压力。研抛头采用脱脂木材制成，其组织疏松，研抛性能好。磨料采用细粒度的 Cr_2O_3，在研抛液（水）中呈游离状态，加入适量的聚乙烯醇和重铬酸钾以增加 Cr_2O_3 的分散程度。由于研抛头和工作台的运动造成复杂均密的运动轨迹，又有液中研抛的特性，因此可获得极高的加工精度和表面质量。

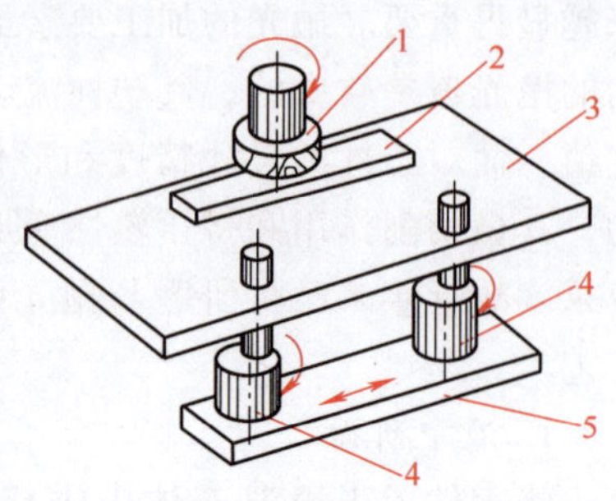

图 4-34 超精研抛加工运动原理
1—研抛头 2—工件 3—工作台
4—立式偏心轴 5—移动溜板

4.2.3 电解研磨工艺

电解研磨是电解加工与机械研磨相结合的复合加工工艺，用来对外圆、内孔、平面进行表面光整加工以及镜面加工。

电解研磨时，研具既作为电解加工的阴极，又起研磨作用，工件为阳极；电解液以硝酸钠水溶液为主配制而成。按照研磨方式，电解研磨可分为固定磨料加工及流动磨料加工两种。前者的研磨材料选用浮动的、具有一定研磨压力的磨石或直接选用弹性研磨材料（把磨料粘结在合成纤维毡上制成）；用后者加工时，极细的磨料混入电解液中注入加工区，利用弹性合成纤维毡短暂的接触时间对工件表面生成的阳极钝化薄膜进行机械研磨去除。就在这种机械和化学双重反复作用下，实现微量的金属去除，因此流动磨料电解研磨可以实现超镜面（$Rz<0.0125\mu m$）的加工，并提高了加工效率。

电解研磨可以对碳钢、合金钢、不锈钢进行加工，一般选用的电解液中 $NaNO_3$ 的质量分数为 20%，当其质量分数低于 10%时，金属表面光泽下降。电解间隙取 1mm 左右，电流密度取 1~2A/cm^2。磨料粒度对表面粗糙度影响颇大，粒度越细则 Rz 值越小。目前电解研磨已应用在金属冷轧轧辊、大型船用柴油机轴类零件、大型不锈钢化工容器内壁以及不锈钢太阳能电池基板的加工。

除了以上各种复合研磨外，还有多种研磨新工艺，如超声研磨、滚动研磨、磨石研磨等，它们不仅克服了传统研磨工效较低的缺点，而且提高了研磨加工质量，对某些难加工材料的研磨也有较好的效果。

4.2.4 超精密表面的精度检验示例

超精密表面的检验方法比较多，例如高精度平板可用检测光隙与由刀口尺、量块组和平

面平晶测得的标准光隙进行比较的方法检验，精密 V 形槽可用比较显微镜及粗糙度样板进行检验。检验图 4-35 所示的液压缸深孔超精密表面时，可使用电感式电动轮廓仪，该仪器可测量表面粗糙度值为 Ra0. 02～5μm 的表面，其外形和原理如图 4-36 所示。测量时，触针与被测表面接触，并沿表面慢速滑行，此时表面的粗糙度轮廓使触针上下位移，带动铁心运动，使接入电桥两臂的两个电感线圈的电感发生变化，从而得到与触针位移量成正比的电桥信号，输出后经功率放大器放大，由记录器将被测表面的粗糙度数据和图形记录下来。

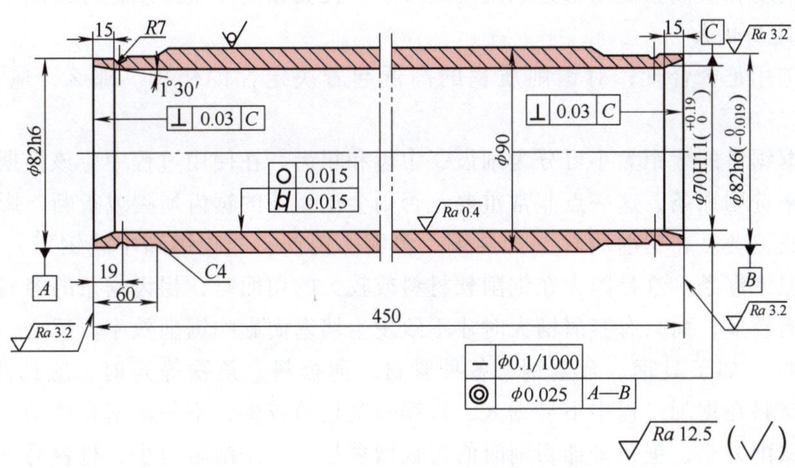

图 4-35　液压缸工作图

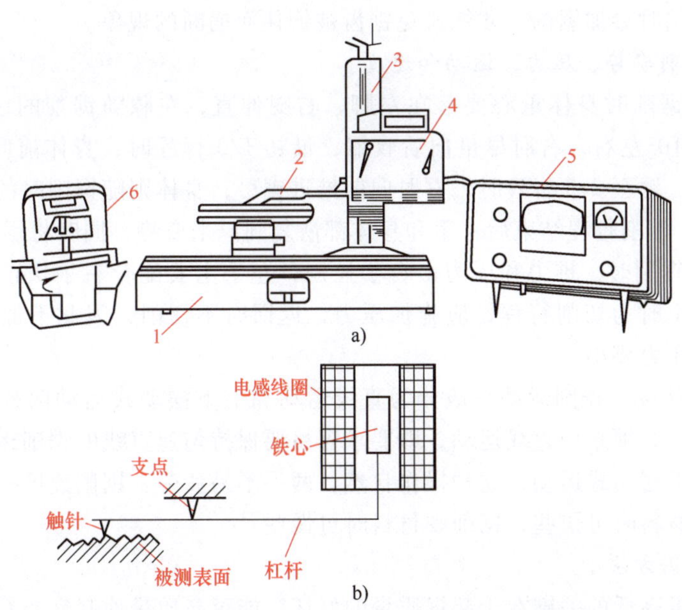

图 4-36　电感式电动轮廓仪

a) 外形结构　b) 原理图

1—工作台　2—传感器　3—立柱　4—驱动箱　5—电箱　6—记录器

4.3 提高配件锯、锉加工精度的方法

4.3.1 提高装配零件锯削加工精度的方法

锯削是钳工操作的一项重要技能，也是产品、设备生产的基础。它的用途很广，有毛坯下料、分割材料、去除材料、锯沟槽和锉配时的工艺槽等。通过锯削加工，可使工件的尺寸精度、几何精度和表面粗糙度都达到规定的要求。提高锯削质量必须把握好以下几个环节。

1. 合理选用锯条

锯条的选用是否合理，对锯削质量的高低起着决定性的作用。那么，应如何正确选择呢？

锯条根据锯齿的牙距大小可分为细齿、中齿和粗齿。在使用过程中应该根据所锯材料的软硬和厚薄来选用锯条，这一点非常重要，否则会使锯条的锯齿崩裂或折断，影响正常的工件加工，造成浪费。在锯削质软（如纯铜、青铜、铸铁、低碳钢和中碳钢等）且较厚的材料时应选用粗齿锯条。这是因为在锯削软材料或较大的切面时，粗齿锯条的容屑槽较大，每锯一次的切屑较多，而只有容屑槽大时才不致发生堵塞而影响锯削效率。反之，在锯削硬材料或薄的材料（如工具钢、合金钢、各种管材、薄板料、角铁等）时，应选用细齿锯条。这是因为硬材料在锯削过程中不易锯入，每锯一次切屑较少，不易堵塞容屑槽。这样就使每齿所担负的锯削力小，锯条参加切削时的齿数增多量小，锯削阻力小，材料易于切除，而且推锯省力，锯齿也不易磨损。应特别注意的是，在锯削管子和薄材料时，必须使用细齿锯条，否则会因齿距大于板厚而使锯齿被钩住而崩断。因此，在锯削工件时，截面上至少要有两个以上的锯齿同时参加锯削，才能避免锯齿被钩住而崩断的现象。

2. 正确的锯削姿势、压力、运动和速度

（1）姿势　锯削时身体重心要落在左脚，右腿伸直，左膝随锯削的往复运动而屈伸。开始时身体前倾 10°左右，右肘尽量向后收缩，最初 1/3 行程时，身体前倾到 15°左右，右肘左膝稍有弯曲，锯至 2/3 行程时，右肘向前推进锯弓，身体则随锯削时的反作用力自然地退回到 15°左右。锯削行程结束后，手和身体都恢复到原来姿势，同时将锯弓略提起退回。

（2）压力　锯削时，推力和压力由右手控制，左手主要配合右手扶正锯弓，压力不要过大。手锯在推出时为切削行程，应施加压力，返回时不切削，因此不加压力，应自然拉回。工件将断时压力要小。

（3）运动和速度　锯削运动一般分为直线运动和上下摆动式运动两种。在锯削底面要求平直的工件时，必须采用直线运动，即要求锯弓要保持匀速直线的锯削运动。反之，则可采用小幅度的上下摆动式运动，这种操作自然，两手不易疲劳。锯削速度一般控制在 20~40 次/min，锯削软材料时可快些，锯削硬材料时可慢些。

3. 正确的起锯方法

决定锯削质量高低的关键在于起锯质量的好坏，能否高质量地起锯要看能否选择正确的起锯方法。

起锯有远起锯和近起锯两种方法，一般采用远起锯。因为远起锯是锯齿逐步切入材料，锯齿不易卡住，操作很方便。另外要注意，无论采用哪一种起锯方法，都要选择起锯角 θ 在

15°左右。起锯角太大，锯弓不稳，若用近起锯，会引起锯齿被工件卡住，出现崩裂现象。而起锯角太小，又不易切入材料，会导致工件表面出现拉毛现象，影响表面质量和锯削效率。所以，正确选择起锯角尤为重要。

4. 保证尺寸精度

保证尺寸精度需注意以下几个方面：首先是划线，正确合理的划线是保证尺寸精度的基础。例如 50mm±0.30mm，其最大极限尺寸为 50.30mm，最小极限尺寸为 49.70mm，锯削时，锯路只要不超出最大和最小极限尺寸就是合格的。这时应划出两条线，一条尺寸为 49.80mm，另一条加上锯条厚度。其次是锯路，锯削时锯条只要不超出划出的两条线，就能保证尺寸精度和几何公差合格。最后是要求行锯时压力不变，角度不变，并尽量做到不更换锯条。只有这样才能使锯削面的锯痕整齐美观。

5. 找正

锯削一般的要求是锯缝直，因此锯削时的及时找正很有必要。在进行锯削时，工件要装夹正确，锯条安装松紧合适，锯弓或锯条摆正。起锯时用左手指甲掐住线位，右手行锯。眼睛看好锯线，如发现锯缝偏斜要及时找正。找正时不能硬扳锯弓，这样只会越扳越偏。应让锯条贴靠偏的反向一侧，在锯削中慢慢用锯条靠过来。

总之，合理选用锯条，正确的锯削姿势、压力、运动和速度，正确的起锯方法，尺寸精度的保证和找正是提高锯削质量的几个重要环节。在实践中要反复运用，不断探索，积累知识，总结经验，使锯削质量不断提高。

4.3.2　提高装配零件锉削加工精度的方法

锉削是用锉刀对工件表面进行切削加工，使其尺寸、几何精度和表面粗糙度等都达到要求的加工方法。锉削的最高精度可达 IT7～IT8，表面粗糙度值可达 $Ra1.6 \sim 0.8\mu m$。锉削可用于成形样板、模具型腔以及部件、机器装配时的工件修整，是钳工主要的操作方法之一。在钳工操作中，如何提高工件的锉削质量一直是相关操作中的重点。因此，从一定程度上讲，锉削直接反映了钳工技能水平的高低。提高锉削质量应从锉削操作、锉法选择、锉刀选用和质量检测四个方面加以综合考虑。

1. 掌握正确的操作要领

锉削前，要充分掌握相关的工艺知识，特别是锉削姿势和锉削时双手用力这两个操作要领。要想正确掌握锉削姿势，应先对基本操作有一个感性认识，对锉削操作有个完整的概念，从而正确运用和发挥锉削力。掌握锉削姿势及锉削要领，要关注以下几个方面：

（1）锉刀的握法　正确握持锉刀有助于提高锉削质量。对大小不同的锉刀，应采用不同的握法。

1）大锉刀的握法：右手心抵着锉刀木柄的端头，大拇指放在锉刀木柄的上面，其余四指弯在木柄的下面，配合大拇指捏住锉刀木柄，左手则根据锉刀的大小和用力的轻重可有多种姿势。

2）中锉刀的握法：右手握法大致和大锉刀握法相同，左手用大拇指和食指捏住锉刀的前端。

3）小锉刀的握法：右手食指伸直，拇指放在锉刀木柄上面，食指靠在锉刀的刀边，左手几个手指压在锉刀中部。

4）更小锉刀（整形锉）的握法：一般只用右手拿着锉刀，食指放在锉刀上面，拇指放在锉刀的左侧。

（2）姿势动作　正确的锉削姿势能够减轻疲劳，提高锉削质量和效率。人的站立姿势为：左腿弯曲在前，右腿伸直在后，身体向前倾斜（约10°），重心落在左腿上。锉削时，两腿站稳不动，靠左膝的屈伸使身体做往复运动，手臂和身体的运动要相互配合，并要使锉刀的全长充分利用。

（3）操作运用　锉削时锉刀的平直运动是锉削的关键。锉削的力有水平推力和垂直压力两种。要锉出平直的平面，就必须使锉刀保持直线的平衡运动，所以在锉削时，右手的压力要随锉刀推动而逐渐增加，左手的压力要随锉刀推动而逐渐减小。推力主要由右手控制，其大小必须大于锉削阻力才能锉去切屑；压力是由两个手控制的，其作用是使锉齿深入金属表面。由于锉刀两端伸出工件的长度随时都在变化，因此两手压力大小必须随着变化，使两手的压力对工件的力矩相等，这是保证锉刀平直运动的关键。锉刀运动不平直，工件中间就会凸起或产生鼓形面。对于这个动作过程可以用力矩平衡的原理来解释，把工件简化为一个支点，锉刀就是一个杠杆。由于锉刀在运动，所以支点两边的力臂长度是不断变化的，为了保持锉刀的平衡，两手在用力时必须随着锉刀运动作相应的调整。掌握了这些要领后，就能在理论上对锉刀的直线平衡运动有一个大致的了解，并能很快注意到两手用力的变化，从而在较短时间内培养出端平锉刀的手感，锉平平面也就有了保证。因为锉削力量与自身力量的大小不成正比，所以，只有将力量转移到锉刀上，才能够提高锉削力量，进而提高锉削效率和锉削质量。因此，要加大锉削量，逐渐提高锉削力量，使锉削手感增强，对每一锉的锉削量要做到心中有数。此外，还要根据工件的加工余量估计出锉削次数，从而实现对锉削的量控。

锉削速度一般为30~60次/min。如果太快，操作者容易疲劳，且锉齿易磨钝；如果太慢，则切削效率低。

2. 选用恰当的锉削方法

锉削方法不仅影响锉削效率，还会影响锉削质量。对不同的工件、不同的工艺要求，应准确定位，选用恰当的锉削方法。一般来说，锉削的常用方法有三种：

（1）顺向锉　锉刀沿着工件表面横向或纵向移动，锉削平面可得到正直的锉痕，它适用于加工余量较大的粗加工，工作效率较高，配合精加工可以使锉纹变直，纹理一致。

（2）交叉锉　交叉锉是以交叉的两个方向顺序地对工件进行锉削。由于锉痕是交叉的，容易判断锉削表面的不平程度，因此也容易把表面锉平。交叉锉法去屑较快，适用于平面的粗锉，但是可能会出现难以控制锉削面高低的情况。

（3）推锉　两手对称地握着锉刀，用两大拇指推锉刀进行锉削。这种方式适用于表面较窄且已锉平、加工余量较小的情况，来修正和减小表面粗糙度值。它在精加工时不仅可以降低工件的表面粗糙度值，还可以提高锉削质量（保证直线度和垂直度）。

以上几种方法各有优点，在实际加工中进行选择时，应合理选用、娴熟掌握、灵活运用。

3. 运用合适的锉削工具

不同的锉削工具会产生不同的锉削效果。选择什么类型的锉刀，对保证加工质量，提高工作效率和延长锉刀的使用寿命都有很大的影响。在选择合适的锉削工具时，要关注以下两

个方面的内容：一是遵循锉刀选择的原则；二是遵循锉刀的使用规则。一般选择锉刀的原则是：

1）根据工件形状和加工面的大小选择锉刀的形状和规格。

2）根据加工材料软硬、加工余量、精度和表面粗糙度的要求选择锉刀的粗细。粗锉刀的齿距大，不易堵塞，适宜于粗加工（即加工余量大、精度等级和表面质量要求低）及铜、铝等软金属的锉削；细锉刀适宜于钢、铸铁以及表面质量要求高的工件的锉削；油光锉只用来修光已加工表面。锉刀越细，锉出的工件表面越光，但生产率越低。

4. 适时检验，打造精准的锉削工件

一个工件加工质量的好坏，关键要看其尺寸及其精度的控制。锉削中对各种精度的要求很高，有时多一锉或少一锉都会出现很大的差异，可谓是“差以毫厘，失之千里”。因此，要提高锉削技能水平，就必须加强尺寸意识和精度意识的培养。判断时，要借助各种测量工具，如刀口形直尺、塞尺、直角尺、游标卡尺、千分尺等，从而在实际测量中找出问题。在实际的工作中，必须适时检验：一是要检查平面的直线度和平面度，用金属直尺和直角尺以透光法来检查，要多检查几个部位，并进行对角线的检查。二是要检查垂直度，用直角尺采用透光法检查，应选择基准面，然后对其他面进行检查。检查时，直角尺不能斜放，否则就会导致检查的结果不准确。三是要检查尺寸，要根据尺寸精度，用金属直尺、游标卡尺或千分尺在不同位置上多测量几次。四是要检查表面粗糙度，一般用眼睛观察即可，也可用表面粗糙度样板进行对照检查。

总之，掌握正确的操作要领，选用恰当的锉削方法，选用合适的锉削工具，适时检验是提高锉削质量的几个重要环节。在操作训练中要反复运用，不断积累，总结经验，使锉削的质量不断提高。

4.4　刮削、研磨技能训练实例

4.4.1　刮削大型精密平板

要求平面度公差为23μm，每25mm×25mm点数≥20点。

1. 工艺准备要点

（1）刮削前的工艺要求　用灰铸铁铸造平板毛坯，经粗刨后，进行人工时效处理，再精刨加工，要求平面度误差小于0.05mm，表面粗糙度值 *Ra* 为2.5μm。

（2）制订加工顺序　先将平板调整水平，再测量分析判断平板各部位平直情况，记录测量数值，并绘制直线度误差曲线图，计算误差值；根据测量计算分析，确定刮削方法，进行粗刮、细刮和精刮，边刮削边检测其加工精度。

（3）工件的定位支承　平板采用三点支承，用三个可调垫铁调整水平度（见图4-37），用图4-7所示的方法以水平仪调整平板纵、横方向的水平度后定位。

（4）选择刀具和工量具

1）粗、细刮选用手推式（或挺刮式）平面刮刀，准备好5~10mm厚的平行等高垫块2块，以及可调垫铁3个和显示剂（红丹粉、普鲁士蓝或松节油）备用。

2）0级精度标准平板一块，800mm和2000mm长的平行平尺各一根，精密小平板（每

25mm×25mm 内为 20 点）一块，250mm 长平行桥板，分度值为 0.02mm/m 的水平仪 2 个，带架指示表，以及用镀锌钢板制作的具有边长为 25mm 正方形孔的刮点检验板。

2. 刮削工艺及精度检验

工厂企业中加工大型平板时，刮削与精度检测是结合在一起的。为此，在平板水平度调整时就要从检测开始。

（1）应用水平仪调整平板水平度　在按图 4-37 所示的方法调整被刮平板的纵、横向水平度时，现假设 *D* 角最高并测得 *D* 角高于 *A* 角 8 格（即为 0.16mm/m），此时应将 *D* 角高的数值均分给 *B* 角，并使 *D* 角高于 *A* 角的数与 *B* 角高于 *C* 角的数值相等。调整的方法有两种：

1）将 *B* 角调高和 *C* 角调低，使 *B* 角高于 *C* 角与 *D* 角高于 *A* 角的值相等（平板横向保持原有水平）。

2）*C* 角不动，将 *B* 角调高（这时 *A* 角也随 *B* 角相应升高，而 *D* 角相对向下），直至调到符合上述要求。

现假设调整三个可调垫铁后，各角的读数如图 4-38 所示，通过分析可知，*B*、*D* 两角是高角且都高于 *C* 角 4 格，而 *A*、*C* 两角等高。

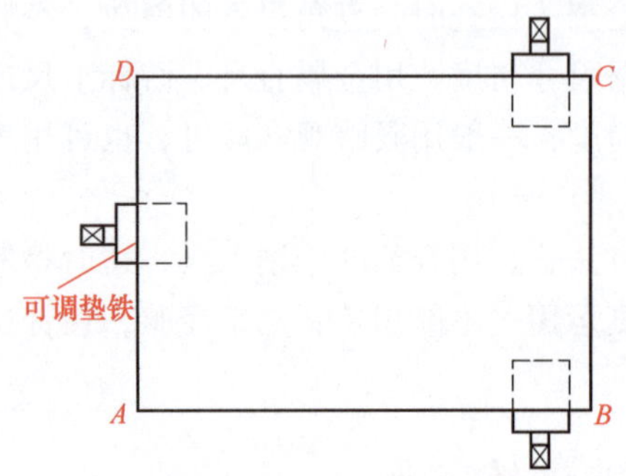

图 4-37　平板用三点支承校正水平

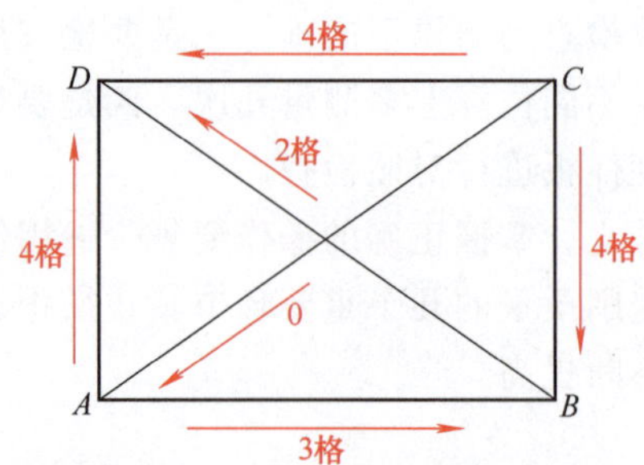

图 4-38　用水平仪测量平板的分析

（2）检测　**为了全面了解被刮平板的情况，可用平行桥板和水平仪分别沿平板的两条短边、两条长边和对角线分段检测。**因平行桥板长为 250mm，故将 *DA*、*CB* 边均分为 4 段，*DC*、*AB* 边均分为 6 段，*DB*、*AC* 均分为 7 段（见图 4-39。图中箭头表示水平仪气泡偏移方向，向右、向下或向斜下方为“+”，向左、向上或向斜上方为“-”；数字则表示偏移格数）。然后按各段测量数据，分别作出 *DA*、*CB*、*DC*、*AB*、*AC*、*DB* 各段的直线度误差曲线图（见图 4-40）。经计算分析，6 条曲线图的直线度误差分析如下：$\overrightarrow{DA}$ 边为中凸，最大误差 $f_{max1}=0.015$mm；$\overrightarrow{CB}$ 边为中凸，$f_{max2}=0.006$mm；$\overrightarrow{DC}$ 边为中凸，$f_{max3}=0.0183$mm；$\overrightarrow{AB}$ 边为中凸，$f_{max4}=0.017$mm；$\overrightarrow{AC}$ 对角线为中凹，$f_{max5}=0.020$mm；$\overrightarrow{DB}$ 对角线为中凸，$f_{max6}=0.0257$mm。平板各段最大误差集中在 500~750mm 段。

注意：用水平仪作直线度测量时，一定要严格地沿一条直线进行测量，为此必须选用线接触形式的桥板（见图 4-41），桥板上的圆柱支脚与被测表面形成线接触，并且前后分段支脚的接触线必须准确衔接，以避免测量基准传递的中断，产生不必要的测量误差。同时，在与测量方向水平面相垂直的方向上最好安装一根直尺作为桥板移动的定位基准，以确保沿直线移动水平仪。

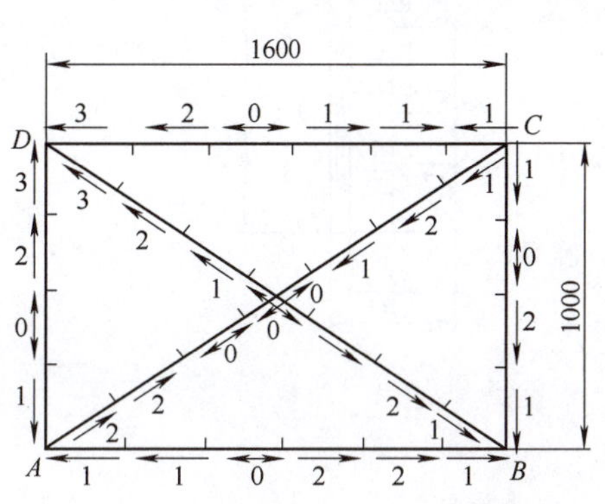

图 4-39　用水平仪及桥板分段测量

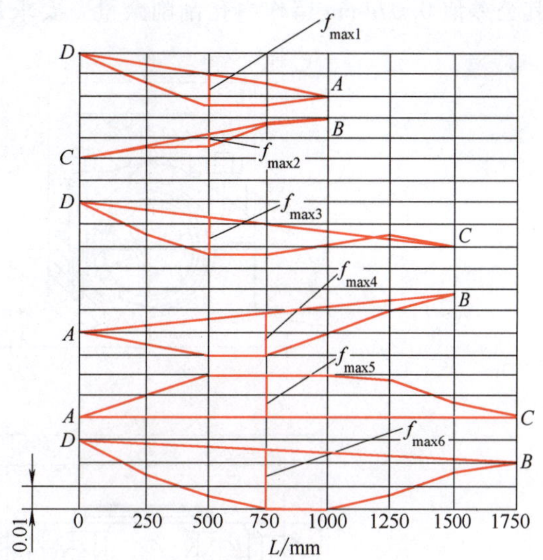

图 4-40　各段的直线度误差曲线图

(3) 刮削　用对角刮削法，将 D、B 两高角，刮低到与 A、C 两角齐平，形成 4 个基准角（都用小平板刮点），用等高垫块、平行平尺和水平仪检测水平度和等高度；然后再按 6 条曲线图用长、短平尺刮研两长边、两短边和两对角边，直至 4 个基准角显点，从而使 6 个条状基准表面平行且共面（都低于平板的最低点）。

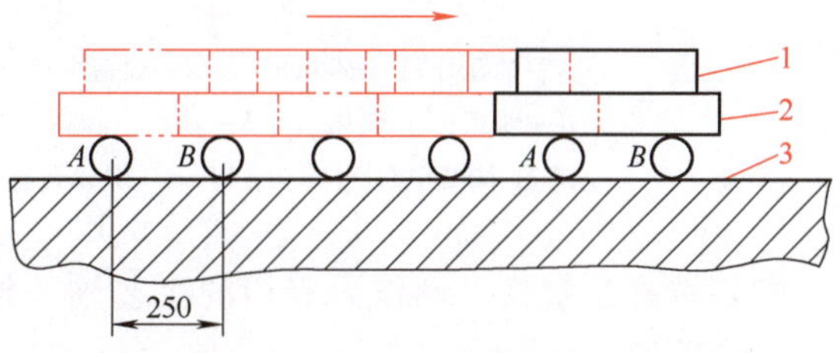

图 4-41　桥板在分段测量时的衔接

1—水平仪　2—带支脚的平行桥板　3—被测平板

用图 4-8 所示的方法测量平板上除 6 个条状基准表面以外的所有部位的高低，将测得的数据记录在平板上，然后用小平面刮刀在高点处均要刮出凹坑标记。最后用小平板或短平尺研点刮这些部位，直至基准表面出现点子。

细刮和精刮整个表面，用 0 级精度平板研点，增加研点的数量和分布的均匀度，用水平仪再次复查，其平面度误差应小于 0.023mm。用刮点检验板检查每 25mm×25mm 内刮点数，都应达 20 点以上。

4.4.2　刮削多支承分离式滑动轴承轴瓦

1. 工艺准备要点

(1) 对多支承分离式滑动轴承的技术要求分析　所谓多支承轴承是指至少有两组以上轴承座支承转轴回转的轴承。为了保证转轴的正常运转，各轴承孔的轴线必须有严格的同轴度要求，否则将使轴与各轴承的间隙不均匀，造成局部产生摩擦，从而降低轴承的承载能力。

图 4-42 所示是分离式滑动轴承的结构，其轴承盖与轴承座沿轴线对合面剖开，用 M20 双螺柱连接。剖分的轴瓦由铸造锡青铜 ZCuSn10Pb1 制成，其外径 D 为 95mm，已与轴承座孔保持良好配合，并装配在一起镗孔，轴瓦内径 d 为 ϕ80H9，在刮前加工至最小极限尺寸，

其公差值 0.074mm 留作内孔刮削余量。要求每 25mm×25mm 内的刮点数不少于 16 点。

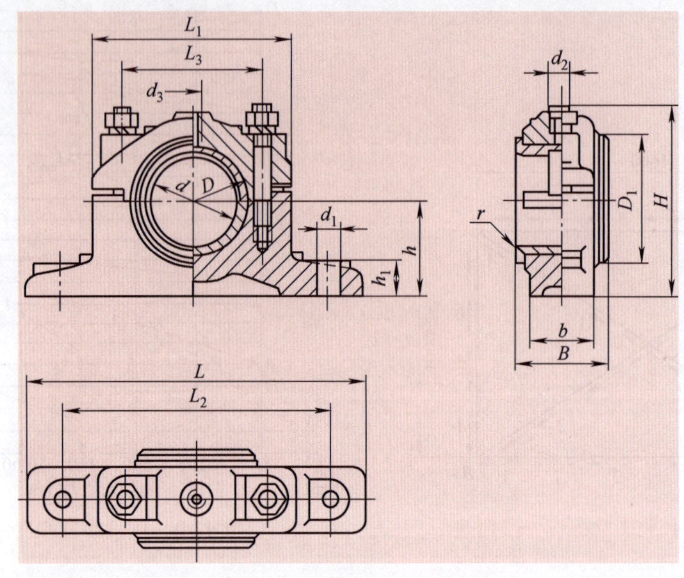

图 4-42　分离式滑动轴承的结构

D—轴瓦外径（ϕ95mm）　d—轴瓦内径（ϕ80H9）　L—轴承座长（290mm）

B—轴瓦长（95mm）　h—轴线中心高（80mm）　H—轴承座总高（140mm）

螺柱 M20 中心距 L_3 为 140mm　螺栓孔直径 d_1 为 ϕ22mm　孔距 L_2 为 240mm

（2）选择工量具　制作研点用的工艺轴一根，其大径与零件轴颈尺寸相同（ϕ80g8），长度取轴瓦长 B=95mm 的 2~3 倍（取 250mm）；相配的零件轴一根；准备好圆孔刮刀或三角刮刀、显示剂（普鲁士蓝和红丹粉）；所选定的精度检验方法所需的测量工具；拆开轴承盖、轴承座的螺柱、螺母，处于待装配状态。

2. 刮削工艺过程

（1）粗刮各组滑动轴承轴瓦　每组轴瓦通常先配刮下轴瓦，再配刮上轴瓦。如图 4-43 所示，研点时，将工艺轴用铜皮衬垫紧固在台虎钳上，在轴瓦表面薄而均匀涂色后，再将轴瓦放在工艺轴上转动研点；也可反过来装夹，即如图 4-44 所示那样，把轴瓦紧固在台虎钳上，而将工艺轴搁在轴瓦上转动研点。转动角度都应小于 60°，显点后，用三角刮刀刮去高点，反复研点修刮，使点子分布逐渐均匀（见图 4-45a~d）。

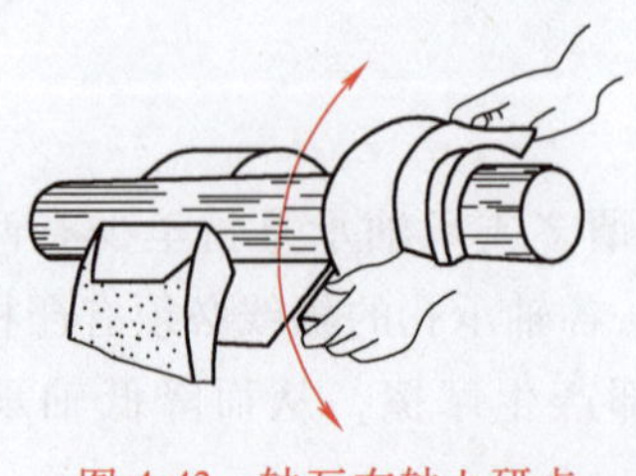

图 4-43　轴瓦在轴上研点

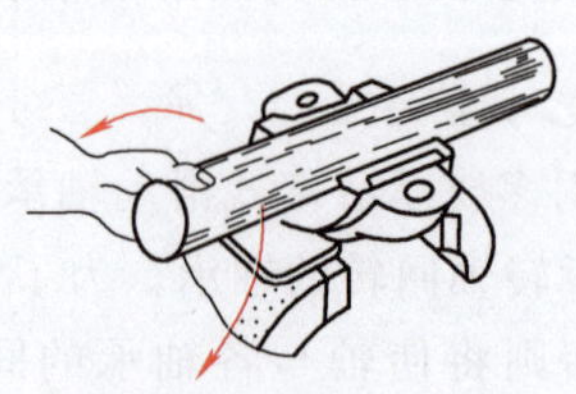

图 4-44　轴在轴瓦上研点

（2）细刮和精刮轴瓦　将每组上、下轴瓦分别装配好，并将各组轴承座装上机架，调整对合面之间的垫片厚度，即调整轴与轴瓦的配合间隙（一般应为 0.001d~0.003d）。在轴

瓦上涂薄而均匀的显示剂，将零件轴穿入各组轴承中研点，再根据显点进行细刮和精刮。要注意：各组轴瓦必须同时刮研，最好先修刮各组下轴瓦，待其显点基本符合要求时，压紧轴承盖研点，再配刮各组上轴瓦，同时进一步修刮下轴瓦。配研轴的松紧要求，可随刮研的次数和调整垫片的不同厚度来实现，直至松紧适当，且轴瓦表面的刮点逐步细密而均匀（见图 4-45e～h）。这样，不仅纠正了轴瓦孔的圆度误差，使表面粗糙度值变小，增加了对轴的支承面，同时也消除了各轴承组轴瓦的同轴度误差，使轴与轴承受压均匀、运转平稳正常、不易发热。

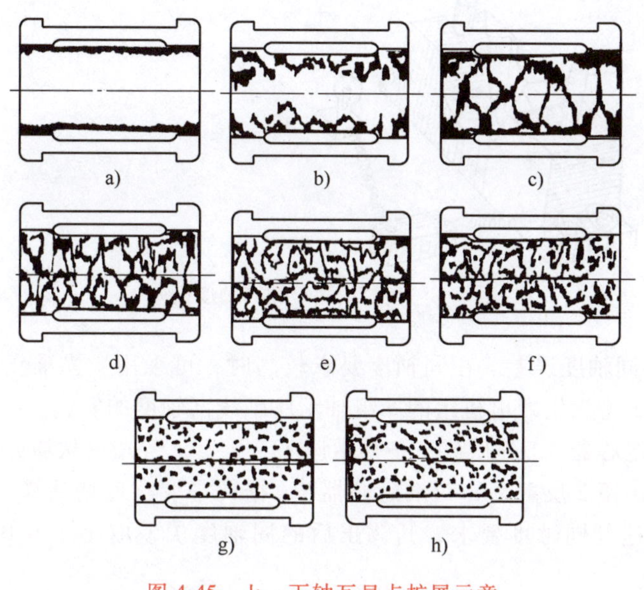

图 4-45　上、下轴瓦显点扩展示意

a)～d）粗刮显点　e)～h）细、精刮显点

3. 精度检验

轴承孔的精度检验应在装配好的条件下进行，它是提高内孔刮削精度的重要手段。

1）检验各组轴承孔的同轴度。多支承轴承组同轴度误差的检测，可有以下几种方法供选用：

① 用专用量规检验同轴度并配合涂色法判定同轴度误差（见图 4-46）。

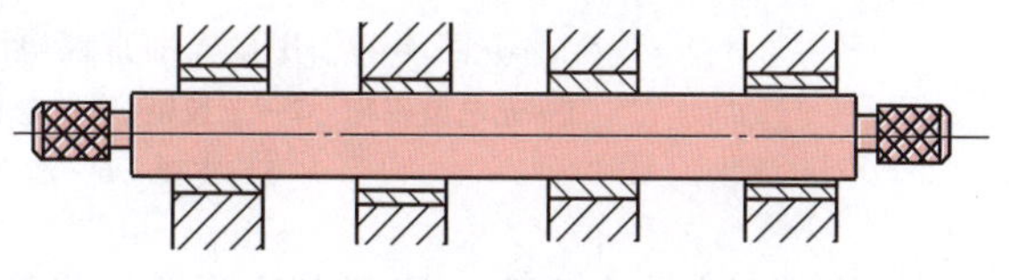

图 4-46　用专用量规检验同轴度误差

② 用钢直尺或拉线法检验同轴度。当孔径大于 200mm，而轴承组间跨距较小时（1m 内），可用钢直尺检验（见图 4-47），其误差值用塞尺测定；当轴承组间跨距较大时，宜用拉线法检验（见图 4-48）。此法用 0.2～

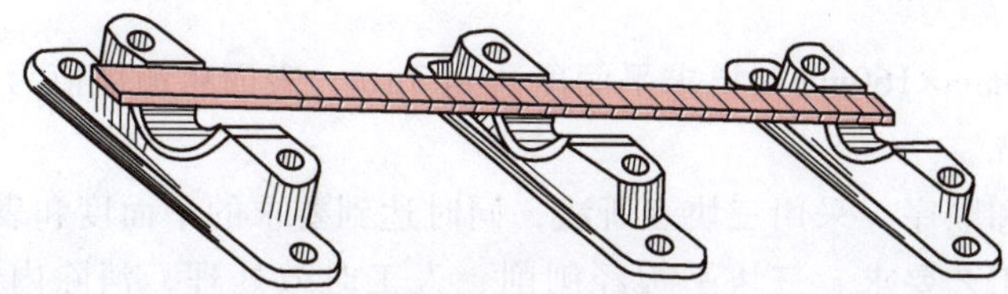

图 4-47　用钢直尺检测同轴度误差

0.5mm 粗的钢丝，一端固定，一端悬以重锤，使钢丝平行于对合面，当轴线位置调好后，用内径千分尺测量各组下轴瓦的半径 R；为了测量方便和提高灵敏度，可安装电路信号装置，当内径千分尺与钢丝接触时，电路接通，灯泡发光。

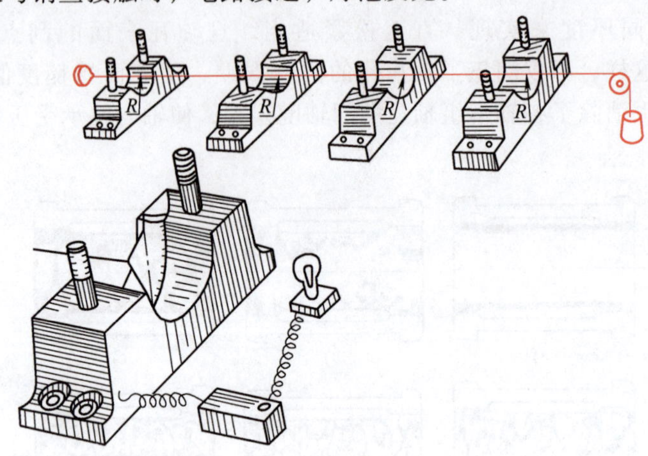

图 4-48　用拉线法检测同轴度误差

③ 用激光检验同轴度误差。在同轴度要求较高时，可采用激光准直仪来检测。图 4-49 所示是用激光检测大型汽轮发电机组的 5 组轴承座轴线同轴度的实例。校正各轴承座时，将装有光电接收靶的定心器 3，先后放在各轴承座Ⅰ~Ⅴ上，激光束从激光发射器 6 发出，经光电监视靶 1 和三棱镜 2 反射后，对准定心器 3，据此来调整可调垫铁或稍稍移动轴承座，使每组轴承孔逐个达到同轴度要求，其调正后的同轴度误差应小于 0.02mm，角度误差在 ±1″以内。

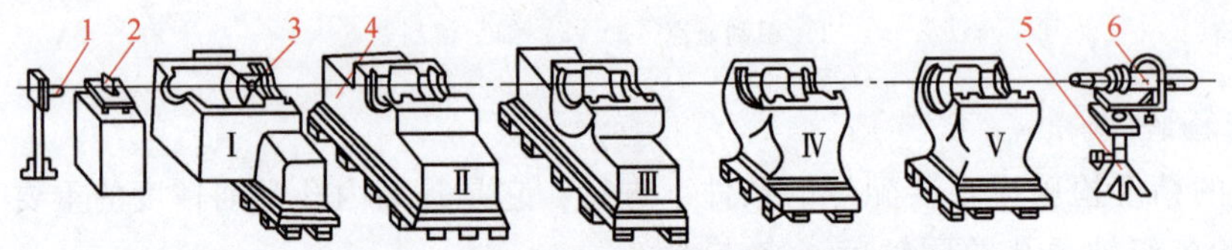

图 4-49　用激光准直仪检测轴线同轴度误差

1—光电监视靶　2—三棱镜　3—定心器　4—轴承座（Ⅰ~Ⅴ）

5—支架　6—激光发射器

2）检验刮点分布密度。用刮点检验板目测每 25mm×25mm 内的点数，注意显点时轴瓦两端稍硬、中间稍软。

3）用内径指示表测量各轴承孔的孔径（比较测量法）和各孔的圆柱度误差。

4.4.3　研磨高精度球墨铸铁平板

平板规格为 250mm×160mm，要求平面度达到 3μm，表面粗糙度值为 Ra0.1μm。

1. 工艺准备要点

（1）加工方法和顺序　采用三块互研法，同时达到要求的平面度和表面粗糙度。

（2）研磨前的工艺要求　三块平板经刨削、人工时效处理，消除内应力，且硬度应基本一致（保持在 150~180HBW 之间），研磨前三块平板一起在平面磨床上磨平并消磁，表

面平面度误差小于0.02mm，表面粗糙度值小于 $Ra0.5\mu m$。

(3) 平板的压砂和校准　将磨削过的平板，放置在不易移动的工作台上，使其平稳可靠。压砂就是将装入瓶内已浸泡好的研磨微粉摇匀并沉淀片刻，连同汽油倾倒在平板上。倾倒量以能均匀分布在板面为准，等汽油挥发后，滴上几滴煤油使研磨微粉保持湿润（若要增加研磨剂的黏度可加些硬脂酸，以防“逃砂”），混合搅拌均匀即可。压砂一般不超过3次，每次为5~8min。重复压砂时须用脱脂棉把平板上残余的研磨剂擦净后再行布砂。压砂后的平板表面呈均匀灰色，压砂剂呈均匀油亮乌黑色。

砂粒的压入量是否符合要求，可用废量块之类的高硬度试块进行试研磨，如发现表面粗糙度和研痕不符合要求，可更换另一种浸泡好的微粉。

(4) 研磨剂的配比　平板可采用液态研磨剂，即由磨粉、硬脂酸和航空汽油等配制而成。常用的有两种配比：

1) 研磨微粉 F230~F1200　20g

硬脂酸（$C_{17}H_{35}COOH$）　0.5g

航空汽油　200mL

按上述比例配比的研磨微粉与汽油浸泡一周后，即可用于压砂法研磨。

2) 研磨微粉 F230~F1200　15g

硬脂酸（$C_{17}H_{35}COOH$）　8g

航空汽油　200mL

煤油　15mL

按上述比例配制的混合研磨剂，可直接倾倒在平板上，待汽油挥发后搅拌均匀即可。

(5) 选用工量具及辅具　选用黑色碳化硅粒度为F280~F400的研磨微粉、航空汽油、煤油及硬脂酸若干或已浸泡过的混合研磨膏；供测量用的刀口形直尺（0级精度、300mm长）、平面平晶（$\phi100mm$）一块和量块一套，粗糙度样板及比较显微镜等。

2. 研磨工艺

(1) 研磨方法　将三块平板按1、2、3编号，选用以下两种研磨顺序之一进行循环研磨（为便于说明顺序，用分数表示平板对研时的上下位置——上平板编号作分子，下平板编号作分母）。

① 矩形循环研磨法　其对研顺序与刮削原始平板相似，即用误差平均原理按以下顺序循环：$\frac{2}{1}\to\frac{3}{1}\to\frac{3}{2}\to\frac{1}{2}\to\frac{1}{3}\to\frac{2}{3}\to\frac{2}{1}$……为一个大循环，依次反复研磨直至逐渐接近理想的平面度。

② 锯齿形循环研磨法　其对研顺序如下：$\frac{2}{1}\to\frac{1}{3}\to\frac{3}{2}$，$\frac{1}{2}\to\frac{2}{3}\to\frac{3}{1}$，$\frac{2}{3}\to\frac{3}{1}\to\frac{1}{2}$，……为一个大循环，依次反复研磨，直至逐渐接近理想平面度。

从表面上看来相互对研顺序与原始平板刮削顺序一样，但其实质是有区别的，前者是互研，它要同时对两块对研平板用研磨剂进行微量研削；而后者作为每一循环中的“标准平面”是不刮的，它只是作为研点时的基准。除此以外还有几点应特别注意：①要防止平板在连续长时间研磨中产生发热变形，故应采用间歇研磨，保持平板等温；②平板在研磨时一

定要放置平稳，以防止产生吸力而使平板移动后增加误差。

（2）研磨工艺　每一个研磨工艺的大循环都要经历粗研、半精研和精研的过程。粗研主要是去除磨削加工痕迹，提高对研平板的吻合性与平面度。开始对研时平板应不时转位，速度低些，且上、下平板应交替研磨，平板移动距离不大于平板边长的$\frac{1}{3}$；待研磨均匀后再做正常的圆形或“8”字形运动。半精研选用较细的研磨剂（F280～F400）或黑色碳化硅研磨膏，加少许煤油或硬脂酸，直至三块平板的表面粗研痕完全去除为止。精研的研磨剂视需要而定，研磨速度不宜过快，移动距离不宜过大，保证被研表面产生不同的运动轨迹，使各点均匀被研，直至达到平板质量要求。

3. 精度检验

高精度平板研磨质量的鉴别主要有三方面：

1）任何两块平板研合时，吻合性好，色泽一致；工作面无粗痕、碰伤等缺陷。

2）检测平面度误差。用0级精度刀口形直尺在平板纵向、横向和对角向检查光隙，应在3μm以内，允许呈微凸。光隙大小用比较法目测。此法是将被测直线和作为测量基线的刀口形直尺工作面形成的光隙与标准光隙相比较。标准光隙可用光学平面平晶、量块组和刀口形直尺三者组成，如图4-50a所示，目测时按图4-50b所示的方式，调整刀口形直尺的方向，使最大光隙f_{MZ}尽可能最小（见图4-50c），如果刀口形直尺只与被测要素中部有一点接触，应调整到两边的最大间隙$f_1=f_2=f_{MZ}$，以符合直线度定义中的最小条件。

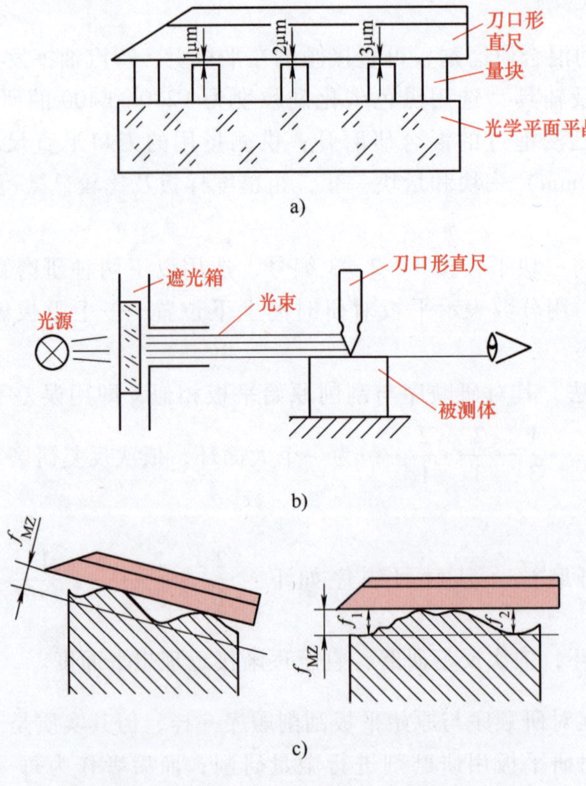

图4-50　用光隙法比较测量直线度误差

a）标准光隙的建立　b）测量装置　c）使最大光隙为最小

3）表面粗糙度的检测。高精度表面的粗糙度有多种检测方法，车间广泛应用的检测方法是采用粗糙度样板与被测表面用比较显微镜来目测比较两者的粗糙度。考虑到表面粗糙度的不均匀性，在测量时应选择合理的取样长度 lr 和评定长度 ln（一般 $ln=5lr$），本例 lr 取 0.8mm，ln 取 4mm。

4.4.4　精密研磨成组固定 V 形座

1. 工艺准备

（1）阅读分析图样　图 4-51 所示为加工精密机床零件时以 V 形导轨面定位的夹具元件——固定 V 形座，要求两件为一组同时加工。本工序为研磨底面、左侧面及 V 形槽面。研磨前工件已经过锻毛坯、正火、铣或刨、钻四孔、渗碳淬火及待研磨平面的磨削，要求平面度在 5μm 以内，平行度及垂直度误差在 0.01mm 以内，T_1 尺寸留余量 0.015mm。研磨加工主要为改善表面粗糙度，使其值达到 0.4μm，平面度达到 3μm，并仍保证磨削已达到的平行度和垂直度公差要求。

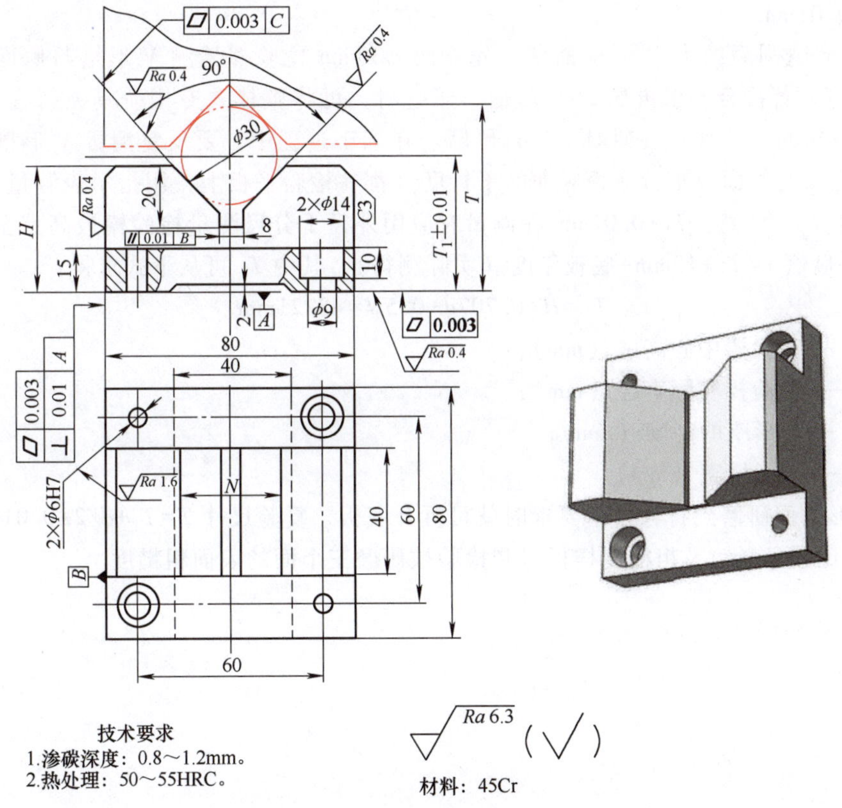

图 4-51　两件成组的固定 V 形座

$H=40$　$N=36$　$T_1=43.21$

（2）制订工艺步骤　本工序要研磨的三个表面中，底面 A 为设计和装配基准，左侧面、V 形槽面及其轴线（以 ϕ30mm 轴线模拟）对 A 面均有几何公差要求，因此研磨时应首先加工 A 面，其次加工左侧面，最后加工 V 形槽面。

（3）工件的定位与夹紧　为了便于两件V形座的成组精加工，在热处理后，先将底面A及左侧面两件一起磨平达到要求后，再研磨底面A，最后利用已加工好的四孔将两件V形座用螺钉紧固在一块平行底板上（左侧面靠平），以便同时研磨V形槽面。

（4）选用工量具　制作研磨V形槽面用的整体式专用研具，也可利用方箱或平板边沿（倒成锐角后）平面作研具；模拟V形槽轴线的ϕ30mm检验棒一根；测量几何精度的刀口形直尺（0级精度、75mm长），直角尺，带架指示表，检验平板，平面平晶，粗糙度样板，比较显微镜和50~75mm外径千分尺等量具量仪；还有研磨膏和煤油等。

2. 研磨工艺及精度检验

1）研磨底面A。用研磨膏在平板研具上粗、细研磨底面，注意控制尺寸T_1±0.01mm的余量；其平面度用刀口形直尺、目测光隙法（见图4-50）在80mm×80mm范围内测量，应小于3μm，且表面粗糙度符合要求。

2）将两件一起组装在一块平行底板上（左侧面用刀口形直尺靠平），用研磨膏在平板研具上研磨左侧面，用刀口形直尺和直角尺分别检查，平面度误差应小于3μm，垂直度误差应小于0.01mm。

3）研磨磨削后的大V形槽面前，先要用ϕ30mm检验棒检测V形槽与侧面的平行度（见图4-23），若符合要求再研磨V形槽。研磨时，可将整体式专用研具夹持在台虎钳上，将组装在一起的V形座放在研具上进行研磨。在加工过程中，要反复测量V形槽轴线（用检验棒模拟）与侧面及平行底板底面的平行度（都在检验平板上，用指示表测量），同时还要测量尺寸T_1。注意：T_1±0.01mm在测量时应用外径千分尺测量检验棒最高点至平行底板的高度x，显然$x=T_1+15\text{mm}+$底板厚度（实际测得），其中T_1可从下式求得：

$$T_1=H+0.707d-0.5N=43.21\text{mm}$$

式中　T_1——检验棒中心高度（mm）；

d——检验棒实际直径（mm）；

H——V形座的高度（mm）；

N——V形槽宽（mm）。

当V形槽面研磨到符合技术要求时就可拆开底板，复验尺寸$T=T_1+d/2$±0.01mm。

4）用比较显微镜及粗糙度样板目测检验被研磨三个面的表面粗糙度。

项目 5

过盈连接装配与传动机构装配

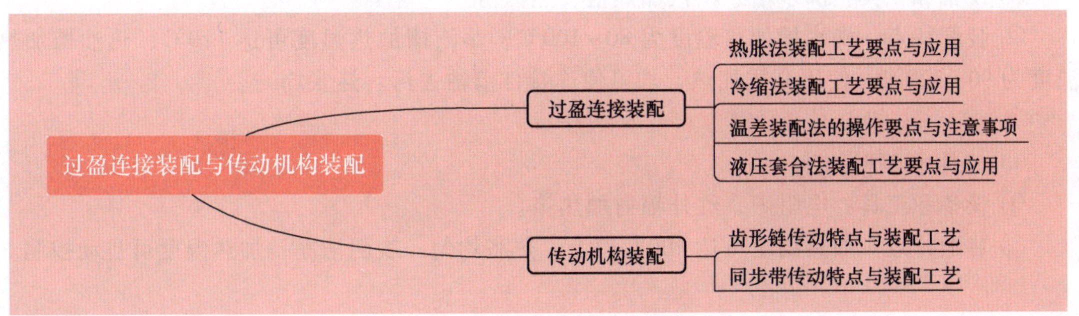

5.1 过盈连接装配

过盈连接是依靠孔和轴配合后的过盈值达到紧固连接的方法，有压入法、热胀法、冷缩法、液压套合法和爆炸压合法等多种装配方法。本节重点介绍热胀法、冷缩法和液压套合法。

5.1.1 热胀法装配工艺要点与应用

（1）热胀法的装配工艺要点

1）热胀法的原理是包容件因加热而胀大，使过盈量消失，并有一定间隙。工艺上应根据具体条件，选取合适的装配间隙，一般取（0.001~0.002）d（d 为配合直径）。若包容件质量小，配合长度短，配合直径大，操作比较熟练，可选较小间隙，反之可选较大间隙。

2）采用热胀法时，实际尺寸不易测量，可按公式计算温度来控制。装配时间要短，以防因温度变化而使间隙消失，出现“咬死”现象。工件加热温度 t 可按下式计算：

$$t=\frac{\delta+\Delta}{\alpha_1 d}+t_0 \tag{5-1}$$

式中 δ——实际过盈量（mm）；

Δ——热配合间隙（mm），大小为（0.001~0.002）d；

t_0——环境温度（℃）；

α_1——包容件线胀系数（1/℃）；

d——包容件直径（mm）。

3）用热油槽加热时，加热温度应比所用油的闪点低 20~30℃。

4）加热一般结构钢时，不应高于 400℃，加热和温升应均匀。

5）较大尺寸的包容件经热胀配合，其轴向尺寸均有收缩，收缩量与包容件的轴向厚度和配合面的过盈量有关。

（2）热胀装配法的加热方式、特点及应用范围

1）火焰加热。

① 设备和工具：喷灯、氧乙炔、丙烷加热器、炭炉。

② 装配特点：加热温度<350℃，使用加热器，热量集中，易于控制，操作简便。

③ 适用于局部加热中等或大型连接件的装配。

2）介质加热。

① 设备和工具：沸水槽、蒸汽加热槽、热油槽。

② 装配特点：沸水槽加热温度为 80～100℃，蒸汽槽加热温度可达 120℃，热油槽加热温度为 90～320℃。使用介质加热，均可使连接件清洁去污、热胀均匀。

③ 适用于过盈量较小的连接件，如滚动轴承、连杆衬套等的装配。

3）电阻和辐射加热。

① 设备和工具：电阻炉、红外辐射加热箱。

② 装配特点：加热温度可达 400℃以上，热胀均匀，表面洁净，加热温度可自动控制。

③ 适用于成批生产的中、小型连接件的装配。

4）感应加热。

① 设备和工具：感应加热炉。

② 装配特点：加热温度在 400℃以上，加热时间短，调节温度方便，热效率高。

③ 适用于采用特重型和重型静配合的中、大型连接件的装配。

（3）加热装置示例

1）加热油槽是常用的介质加热装置，图 5-1 所示为轴承加热油槽。轴承加热应避免和槽壁以及高温区接触，对忌油的连接件（如氧气压缩机连接件），只能采用沸水槽和蒸汽槽加热。

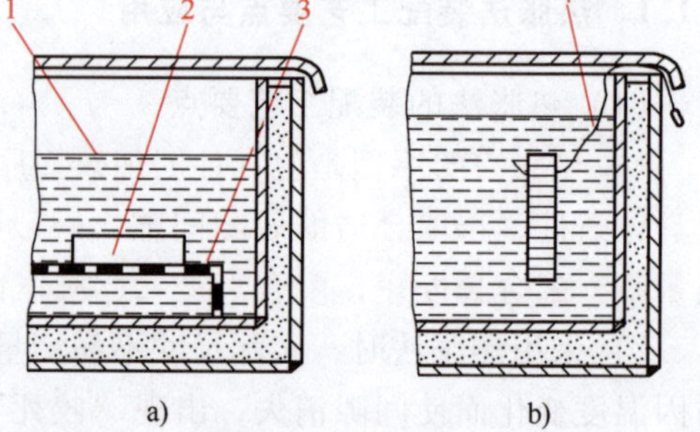

图 5-1　轴承加热油槽

a）轴承放在网格上　b）轴承挂在吊钩上

1—油　2—轴承（工件）　3—网格　4—钩子

2）电阻炉有高温箱式电阻炉和中温箱式电阻炉之分，用于热胀法连接件加热的一般是中温箱式电阻炉。使用电阻炉加热进行热胀法装配应掌握以下操作要点：

① 控制加热的温度，避免加热过度后连接件的力学性能发生变化，影响过盈连接强度。

② 控制工件取出至装配操作的时间，以便控制工件温度的下降幅度，避免“咬死”现象。

③ 较小的工件仍可采用油槽放置，以使工件热胀均匀，有较长的保温时间。

④ 采用油槽放置连接件的，注意加热温度低于所用油的闪点。

3）感应电流加热装置和方法示例。

① 图 5-2a 所示为用感应电流加热包容件的方法，此法大多用于环形零件。

② 图 5-2b 所示为移动式螺旋电加热器，此法大多用于大型工件的加热，加热时可将该装置放在包容件的孔内。

（4）工件加热温度计算示例　如单级旋片真空泵转子，材料为铸铁，为了保证两端轴

颈部位的耐磨性，需采用热胀法装配经淬火处理的轴套。轴套的内径为$\phi30.2_{-0.028}^{-0.012}$mm，外径为$\phi35_{+0.08}^{+0.10}$mm，转子轴承挡的外径为$\phi30.2$mm±0.0055mm，若按最大过盈量计算，环境温度为25℃，材料的线胀系数见表5-1，按碳钢取11.3×10^{-6}（1/℃），连接件轴套的加热温度应为

$$t=\frac{\delta+\Delta}{\alpha_1 d}+t_0$$

$$=\frac{(0.028+0.0055)\text{mm}+0.001\times30.2\text{mm}}{11.3\times10^{-6}\times30.2\text{mm}/℃}+25℃$$

$$=211.66℃$$

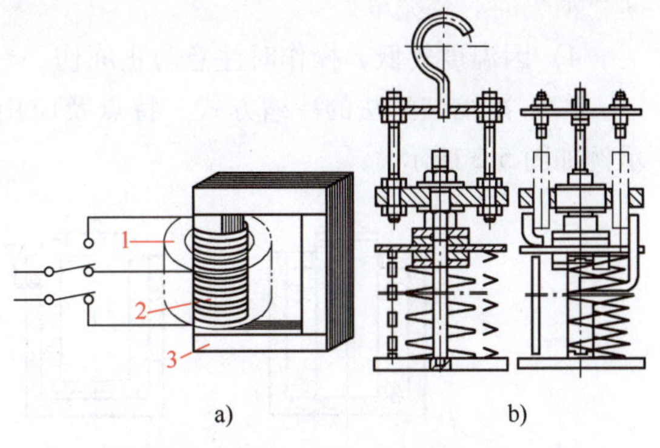

图 5-2　感应电流加热装置示例

a）感应电流加热装置　b）移动式螺旋电加热器

1—零件　2—线圈　3—导磁体

表 5-1　常用金属材料的线胀系数　（单位：1/℃）

材料名称	温度范围		
	20~100℃	20~200℃	20~300℃
工程用铜	$(16.6\sim17.1)\times10^{-6}$	$(17.1\sim17.2)\times10^{-6}$	17.6×10^{-6}
纯铜	17.2×10^{-6}	17.5×10^{-6}	17.9×10^{-6}
黄铜	17.8×10^{-6}	18.8×10^{-6}	20.9×10^{-6}
锡青铜	17.6×10^{-6}	17.9×10^{-6}	18.2×10^{-6}
铝青铜	17.6×10^{-6}	17.9×10^{-6}	19.2×10^{-6}
碳钢	$(10.6\sim12.2)\times10^{-6}$	$(11.3\sim13)\times10^{-6}$	$(12.1\sim13.5)\times10^{-6}$
铬钢	11.2×10^{-6}	11.8×10^{-6}	12.4×10^{-6}
38CrSi	11.7×10^{-6}	—	—
30CrMnSiA	11×10^{-6}	—	—
30Cr13	10.2×10^{-6}	11.1×10^{-6}	11.6×10^{-6}
06Cr18Ni9Ti	16.6×10^{-6}	17×10^{-6}	17.2×10^{-6}
铸铁	$(8.7\sim11.1)\times10^{-6}$	$(8.5\sim11.6)\times10^{-6}$	$(10.1\sim12.2)\times10^{-6}$
镍铬合金	14.5×10^{-6}	—	—
铝	23.8×10^{-6}	—	—

注：1. 线胀系数$=\dfrac{\text{长度膨胀量}}{\text{长度}\times\text{温度}}$。

2. 体胀系数=3×线胀系数。

5.1.2　冷缩法装配工艺要点与应用

（1）冷缩法的装配工艺要点

1）被包容件的实际尺寸不易测量，一般按冷缩温度控制冷缩量。

2）冷却至液氮温度时，一般不需要测量。当冷缩装置中液氮表面无明显的翻腾蒸发现象时，被包容件即已冷却至接近液氮的温度。

3）小型被包容件浸入液氮冷却时，冷却时间约为15min，套装时间应很短，以保证装配间隙消失前套装完毕。

4）因温度较低，操作时注意防止冻伤。

（2）冷缩装配法的冷缩方式、特点及应用范围　被包容件的冷却有多种方法，冷却方法示例如图 5-3 所示。

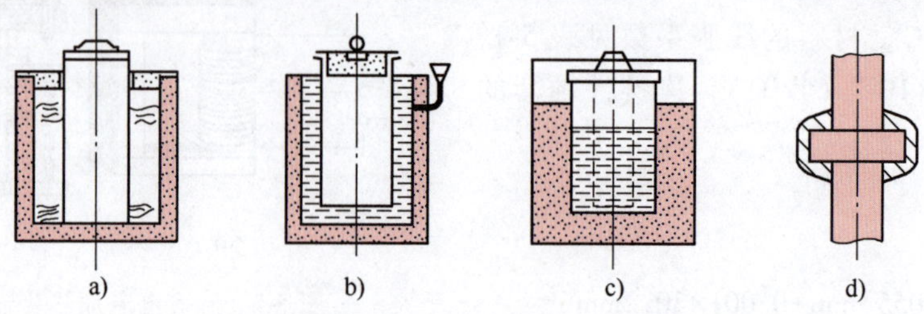

图 5-3　被包容件的冷却方法

a）在固体 CO_2 冷却器中　b）、c）在液态气体冷却器中

d）在固体 CO_2 冷包装置中

1）干冰冷缩。

① 设备和工具：干冰冷缩装置（或以酒精、丙酮、汽油为介质）。

② 装配特点：冷缩温度可至-78℃，操作简便。

③ 适用于过盈量小的小型连接件和薄壁衬套等的装配。

2）低温箱冷缩。

① 设备和工具：各种类型的低温箱。

② 装配特点：冷缩温度可至-140～-40℃，冷缩均匀，表面洁净，冷缩温度易自动控制，生产率高。

③ 适用于配合面精度较高的连接件，以及在热态下工作的薄壁衬套等的装配。

3）液氮冷缩。

① 设备和工具：移动或固定式液氮槽。

② 装配特点：冷缩温度可至-195℃，冷缩时间短，生产率高。

③ 适用于过盈量大的连接件的装配。

（3）冷缩温度的估算　采用低温冷却箱冷却时，可在-140～-40℃之间调节，被包容件的冷缩温度估算可参照式（5-1），也可近似地按下式估算：

$$t=-\frac{\delta}{\alpha_1 d} \tag{5-2}$$

式中各参数含义与式（5-1）相同。在进行估算时，可将计算得出的温度值降低 20%～30%，以补充工件在移动位置的时间内其温度随环境温度的变化量。

例如有一个薄壁衬套，采用冷缩装配法与机体过盈配合，配合部位直径为 ϕ50mm，材料为锡青铜，采用低温箱冷缩，实际过盈量为 0.05mm，此时低温箱的控制温度可估算如下：

$$\begin{aligned} t &= -\frac{\delta}{\alpha_1 d}\times 1.25 \\ &= -\frac{0.05\text{mm}}{17.6\times 10^{-6}\times 50\text{mm}/℃}\times 1.25 \\ &= -71.02℃ \end{aligned}$$

冷缩被包容件的装配，若使用冷却剂冷却，包容件的冷却温度即为冷却剂的沸点温度（见表5-2），因此冷缩被包容件可按预先估算值选定冷却剂（冷源），然后按下式进行校核：

$$L\frac{L_{293}-L_{\mathrm{T}}}{L_{293}}\geqslant\Delta+Y \tag{5-3}$$

式中　Y——两配合零件测得的实际过盈量（mm）；

Δ——最小装入间隙（mm）；

L——被包容件的长度或直径（mm）；

L_{293}——被包容件在20℃（293K）下的长度或直径（mm）；

L_{T}——被包容件在冷却温度T（K）下的长度或直径（mm）；

$\frac{L_{293}-L_{\mathrm{T}}}{L_{293}}$——收缩比，按冷却温度$T$（K）查图5-4。

表5-2　常用冷却剂的主要物理参数

冷却剂	在101.325kPa下		
	沸点/℃	汽化潜热/(kJ/kg)	密度/(kg/m³)
固体二氧化碳(干冰)	-78.5(升华)	572(升华)	1564
液态氧	-183	213	1140
液态空气	-194.5	209	873
液态氮	-195.8	199	810

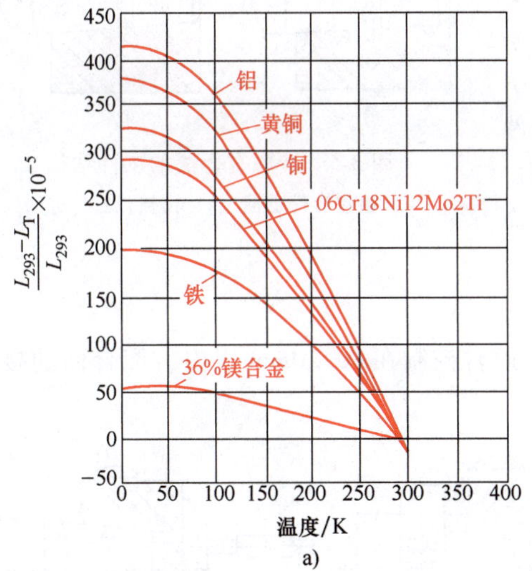

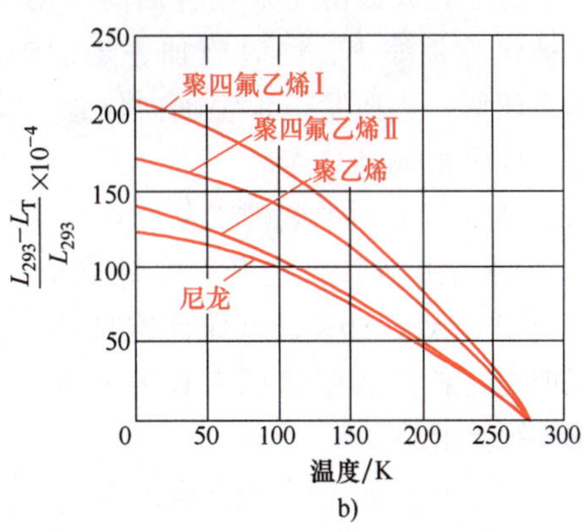

图5-4　收缩比

a）常用金属材料　b）常用非金属材料

5.1.3　温差装配法的操作要点与注意事项

（1）装配准备　装配前必须事先妥善准备，装配时动作迅速，时间短，以保证装入间

隙消失前装配结束。

（2）“咬死”处理　在装配过程中因间隙消失配合工件出现“咬死”时，不宜用锤子敲打工件，而应拔出包容件，在复检或更换零件后，重新进行装配。

（3）冷缩操作　冷缩被包容件时应缓慢放入液态冷却剂中，此时液体表面立即产生激烈的翻腾蒸发现象，几分钟之后，液面逐渐平静，表明工件已降至冷却剂温度，此时取出被包容件迅速装入包容件之中。

（4）加热操作　加热包容件时尽可能通过介质加热，以使其受热均匀、减少变形。

（5）基准选择　装配时，以配合面为基准有立装、卧装两种方法。立装时，利用被装零件的自重垂直装入，操作容易，时间短；卧装时，两工件的中心必须保持水平并在同一轴线上，才能顺利装入。

（6）轴向控制　装配时轴向冷缩量或热胀量会引起配合件的轴向误差，当轴向要求精确定位时，可将两配合件套装后，用水或压缩空气喷射定位端，促使定位端先行紧固，保证轴向定位。有些小型连接件配合后一端不允许留有轴向间隙，套装后可在另一端施加一定的轴向推力，保证轴向定位。若零件结构上无可靠定位，则必须采用专用定位装置。

（7）安全保护　操作时工人必须穿全身防护工作服，遵守安全操作规程。冷缩场地上空及周围不准有火种，工地要清扫干净。

5.1.4　液压套合法装配工艺要点与应用

（1）液压套装法的工作原理　液压套装是利用高压油（压力可达 275MPa）注入配合面间，使包容件胀大后将被包容件压入，配合面常有小的锥度，如图 5-5 所示。装配时用高压液压泵将油由包容件（见图 5-5a）或被包容件（见图 5-5b）上的油孔和油沟压入配合面间，使包容件胀大，被包容件缩小，同时施加一定的轴向力，使之相互压紧。当压紧至预定轴向位置后，排除高压油，即可形成过盈连接。

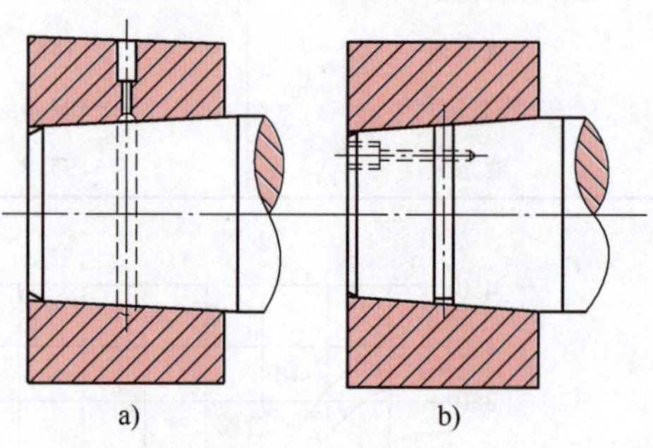

图 5-5　液压套合法的工件结构

a）由包容件进油　b）由被包容件进油

（2）液压套合法的装配工艺要点

1）对圆锥面连接件应严格控制压入行程，通常控制在±0. 20mm 以内，配合面的接触要均匀，面积应大于 80%，以保证连接件的承载能力。检测和限制压入长度的方法如图 5-6 所示。

2）开始压入时，压入的速度要缓慢，升压到规定油压值而行程未达到时，可稍停压入，待包容件逐渐胀大后，再继续压入到规定的行程。

3）达到规定行程后，应先缓慢地消除全部径向油压，然后消除轴向油压，否则包容件常会弹出而造成事故。

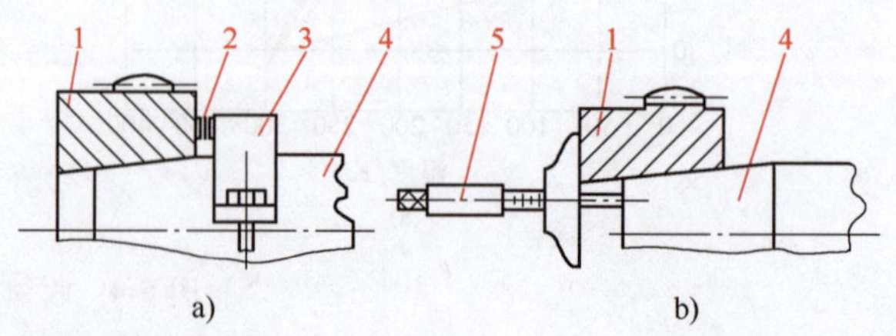

图 5-6　检测和限制压入长度的方法

a）用套环检测和限制　b）直接检测

1—包容件　2—测隙仪　3—测量用套环　4—被包容件　5—深度尺

拆卸时，也应注意操作步骤。

4）拆卸时的油压比套合时低，每拆一次再套合时，压入行程一般稍有增加，增加量与配合面锥度及加工精度有关。

5）套装时配合面应干净，并涂上经过滤的轻质润滑油。

（3）设备工具与特点　液压套合法需使用高压液压泵、增压器等液压附件。油压通常达到150~275MPa，装配操作工艺要求严格，用此法套合后连接件可以拆卸。液压套装装置形式较多，但原理和结构基本相同。图5-7所示为液压套合装置，液压油使压力机活塞1上移产生轴向力，经轴、轴套与齿轮压紧。液压油同时经进油截止阀8进入低压液压缸7，经高压单向阀5进入高压液压缸6，作用于活塞上产生压力差，使液压缸活塞向前推移，高压液压缸6中的压力升高，将包容件的孔胀大。由于存在轴向力，故被包容件易于装配到准确位置。

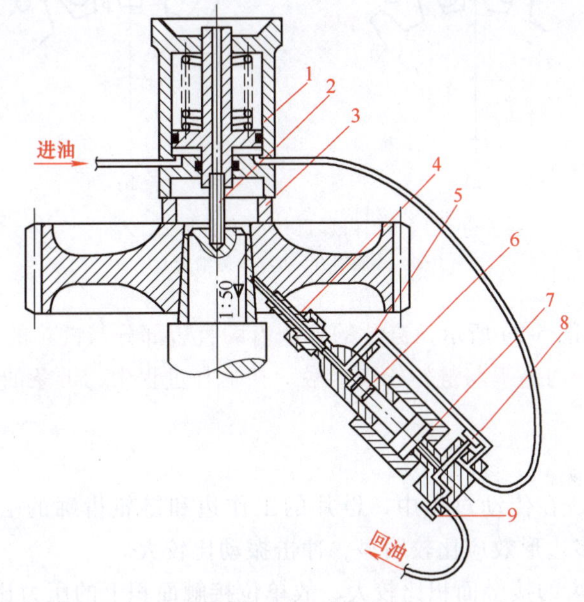

图5-7　液压套合装置

1—压力机活塞　2—拉紧螺钉　3—垫块　4—接头　5—高压单向阀
6—高压液压缸　7—低压液压缸　8—进油截止阀　9—回油截止阀

（4）应用范围　此法适用于过盈量较大的大、中型连接件，尤其适用于定位精度要求严格的零件装配。对于轴向定位要求高的圆柱配合面零件的连接，在使用温差法后，可再用液压套装法精确调整其相对位置。图5-8所示为液压套装示例。整套工具用活塞3上的螺纹与被装配的轴端连接。低压系统压力为35MPa，高压系统压力为200MPa。操作时先将低压系统压力升高（注意用螺塞5放掉液压缸内的空气），使轮毂6和轴7紧密结合，再逐步升高高压系统压力。当达到规定的压入量后，先卸去高压系统（径向）压力，然后卸去低压系统（轴向）

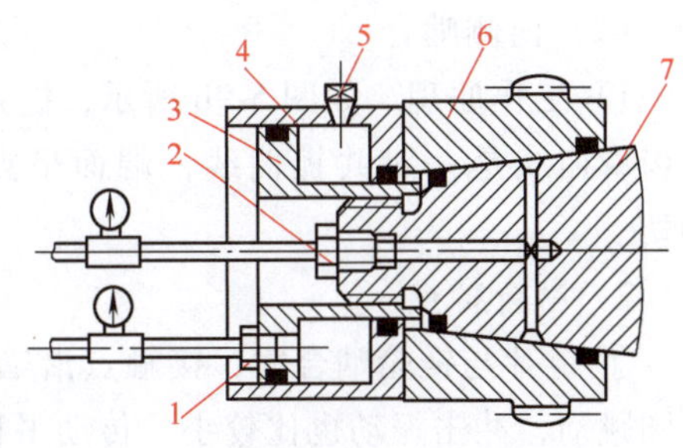

图5-8　液压套装示例

1—轴向压入低压油系统
2—轮毂胀大高压油系统　3—活塞
4—液压缸　5—螺塞　6—轮毂（包容件）
7—轴（被包容件）

压力，拆下整套工具 1~5，装上轴向定位螺母等零件。

5.2 传动机构装配

5.2.1 齿形链传动特点与装配工艺

1. 齿形链传动的啮合形式与工作原理

（1）外侧啮合

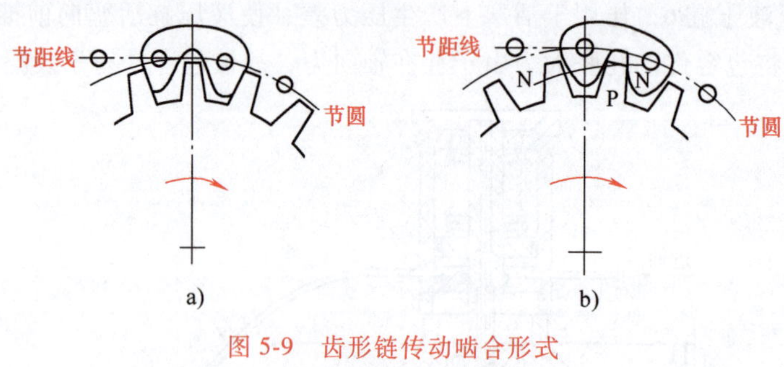

图 5-9 齿形链传动啮合形式

a）外侧啮合 b）内侧啮合

1）工作原理。如图 5-9a 所示，链片的外侧齿廓直边部分与链轮的直线齿廓相啮合，端面呈线接触，而链片的内侧不与链轮轮齿接触。在啮合过程中，链条的节距线与链轮节圆交替地相割或相切。

2）啮合特点

① 与内啮合比较，在传动过程中，链片的工作边和链轮齿廓的啮合是瞬时一次完成，故无明显的滑动。但多边形效应比较明显，冲击振动比较大。

② 链片与链轮轮齿的接触面积比较大，故单位接触面积上的压力比较小，因而摩擦小，使用寿命长。

③ 加工链轮轮齿的刀具数量少，刀具简单。

3）应用范围。适用于工作可靠、传动较平稳，振动、噪声较小的动力传动。

（2）内侧啮合

1）工作原理。如图 5-9b 所示，链片的内侧和链轮的轮齿啮合，链片内侧齿廓曲线与轮齿齿廓曲线是一对共轭曲线，端面呈点接触，在啮合过程中，链条的节距线与链轮节圆相切。

2）啮合特点。

① 链片与链轮啮合时，接触点沿啮合线 $N—N$ 逐渐啮入，故可消除多边形效应中的径向圆跳动，冲击振动也比较小，传动平稳。

② 由于链片与轮齿接触点的运动速度不同，因而在接触处有较大的相对滑动，又由于接触面积小，故单位接触面积上的压力比较大，因而链片与齿廓工作面的磨损比较大，使用寿命较短。

③ 由于链片及轮齿的齿廓曲线与链轮齿数有关，因而加工链片的模具和加工链轮的刀

具数量较多。

3）应用范围。适用于运动精度高，传动平稳，振动、噪声较小的场合，常用于成批生产的场合。

2. 齿形链的构成、基本参数与标记

（1）齿形链的构成与基本参数　齿形链由链片、导片和销轴等叠装而成，具有一定的装配精度要求。齿形链的基本参数与其链号对应，表 5-3 所列为齿形链的链号和基本参数示例。

（2）齿形链的标记　在进行装配中，可能会涉及齿形链的标记，按现行标准规定，齿形链的标记顺序为：链号—链宽+导向形式（N 为内导式，W 为外导式）—链节数+标准号。例如节距为 12.7mm，链宽为 22.5mm，导向形式为外导式，60 个链节的齿形链标记为

CL108—22.5W—60GB/T 10855

表 5-3　齿形链的链号和基本参数示例

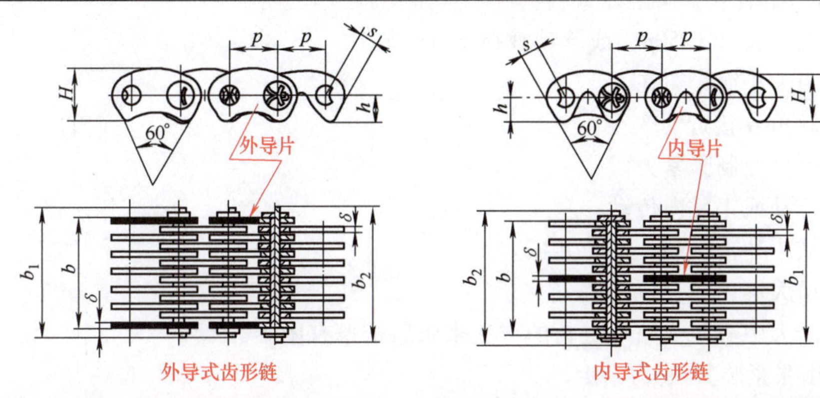

外导式齿形链　　内导式齿形链

链号	节距 p/mm	链宽 b/mm	s/mm	H/mm	h/mm	δ/mm	b_1/mm	b_2/mm	导向形式	片数 n	极限拉伸载荷 Q/kN	每米质量 q/(kg/m)
		最小		最小			最大	最大			最小	≈
CL06	9.525	13.5	3.57	10.1	5.3	1.5	18.5	20	外	9	10.0	0.60
		16.5					21.5	23	外	11	12.5	0.73
		19.5					24.5	26	外	13	15.0	0.85
		22.5					27.5	29	外	15	17.5	1.00
		28.5					33.5	35	内	19	22.5	1.26
		34.5					39.5	41	内	23	27.5	1.53
		40.5					45.5	47	内	27	32.5	1.79
		46.5					51.5	53	内	31	37.5	2.06
		52.5					57.5	59	内	35	42.5	2.33

3. 齿形链传动的装配和常用的张紧方法

（1）齿形链传动机构的装配要点

1）链轮的装配应注意与转动轴的同轴度和连接可靠性，链轮的齿廓侧面应在同一平面内。

2）链条节的拆卸和连接通过拆卸销轴进行，但应注意链片和导片的装配位置。

3）在机构安装时一般是链条与链轮同时套入传动轴，结构不允许的，可拆卸链条后，采用图 5-10 所示的拉紧工具进行链条的连接。

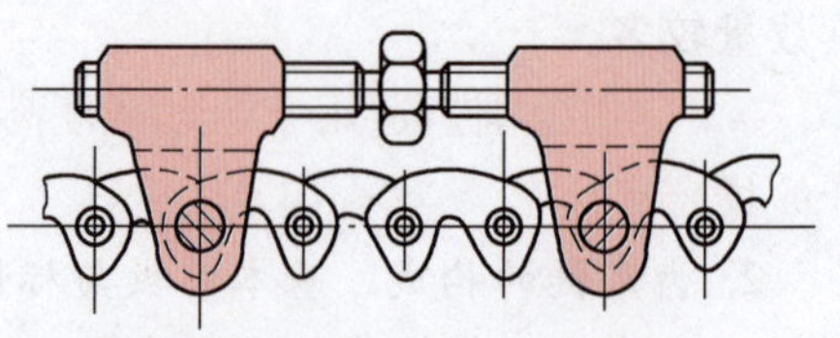

图 5-10　齿形链链条拉紧工具

4）装配后，注意控制链的下垂度，必要时可采用张紧装置。张紧装置一般都使用在松边，若需要使用在紧边，应放置在内侧。

5）使用张紧装置时，应注意调节张紧力，以使传动灵活，跳动量在控制范围内，链轮的包角比较合理。

6）张紧轮的位置一般在链条的中部，当需要增加链轮的包角时，可适度偏向一侧。

（2）张紧方法

1）增大中心距。齿形链传动一般增大 1.5p。

2）缩短链长。一般拆去 2 或 1 节链节。

3）使用张紧装置。通常在下列情况下应采用张紧装置：

① 中心距太大（$a>50p$，或脉动载荷下 $a>25p$）。

② 中心距太小而松边在上。

③ 传动倾角 α 接近 90°。

④ 需要严格控制张紧力。

⑤ 多轮传动或正反向传动。

⑥ 要求减小冲击振动，避免共振。

⑦ 需要增大链轮啮合包角。

⑧ 采用增大中心距或缩短链长的方法来张紧链条有困难。

（3）常用张紧装置及其应用

1）轮式拉簧张紧装置。图 5-11a 所示为轮式拉簧张紧装置，它由张紧轮、杠杆机构、拉簧等组成。使用轮式拉簧张紧装置，可通过调节拉簧的拉力来调节张紧力。

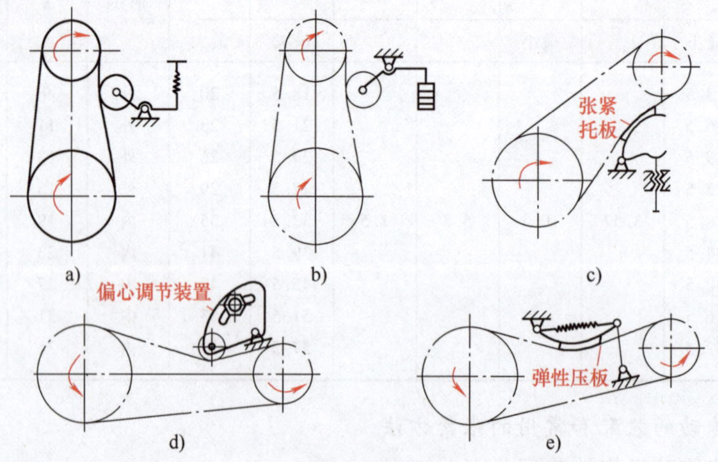

图 5-11　链传动张紧装置示例

a）拉簧张紧　b）配重张紧　c）螺旋调节张紧　d）偏心调节张紧　e）弹性压板张紧

2）轮式配重张紧装置。图 5-11b 所示为轮式配重张紧装置，它由张紧轮、杠杆机构、

配重块等组成。使用轮式配重张紧装置，可通过调节配重来调节张紧力。

3）板式螺旋调节张紧装置。图 5-11c 所示为板式螺旋调节张紧装置，它由张紧托板、杠杆机构、螺旋调节机构等组成。使用板式螺旋调节张紧装置，可通过螺旋机构调节张紧力。

4）轮式偏心调节张紧装置。图 5-11d 所示为轮式偏心调节张紧装置，它由偏心调节装置、支座和张紧轮等组成。使用该装置，可通过调节偏心板的位置来调节张紧力。

5）拉簧弹性压板张紧装置。图 5-11e 所示为拉簧弹性压板张紧装置，它由支座、拉簧、弹性压板等组成。使用时，可通过调节拉簧的拉力来改变弹性压板的变形程度，从而调节张紧力。

5.2.2　同步带传动特点与装配工艺

1. 同步带传动

（1）同步带传动特点

1）同步带依靠啮合传动，工作时无滑动，具有恒定的传动比，传动比准确。

2）对轴及轴承的压力较小，耐油、耐磨性较好，抗老化性能好。

3）传动平稳，具有缓冲、减振能力，噪声低。

4）允许采用较小的带轮直径、较短的中心距和较大的速比（$i \leqslant 10$），也可以适用于长距离的传动。

5）传动系统结构紧凑，速度和功率范围较广（$v=50\text{m/s}$，$P<300\text{kW}$），传动效率高（可达 0.98），节能效果好。

6）一般使用温度为-20～80℃，维护保养方便，不需润滑，维护费用低。

（2）同步带的形式与规格

1）同步带是一种工作面为齿形的环形胶带，有氯丁橡胶和聚氨酯两种，其强力层为伸长率小、抗拉与抗弯疲劳强度高的钢丝绳或玻璃纤维绳等，能保证带齿的节距不变。

2）同步带以强力层的中心线为节线，节线周长 L_p 为公称长度，相邻两齿沿节线的长度为节距 P_b，一般常以模数 m 作为齿形带的标记，$m=P_b/\pi$。

3）同步带分为单面有齿（单面带）和双面有齿（双面带）两种，其中双面带有 DA 型（对称齿形）和 DB 型（交错齿形）之分，见表 5-4。

4）标准同步带按节距大小共分为 7 种带型：MXL——最轻型，XXL——超轻型，XL——特轻型，L——轻型，H——重型，XH——特重型，XXH——超重型。

5）同步带的标记代号内容和顺序为长度代号、型号、宽度代号。对于双面带，还应在最前面加上表示双面带的形式代号，如 DA 或 DB。同步带的标记示例如下（MXL 和 XXL 型号才可以使用第一种形式）：

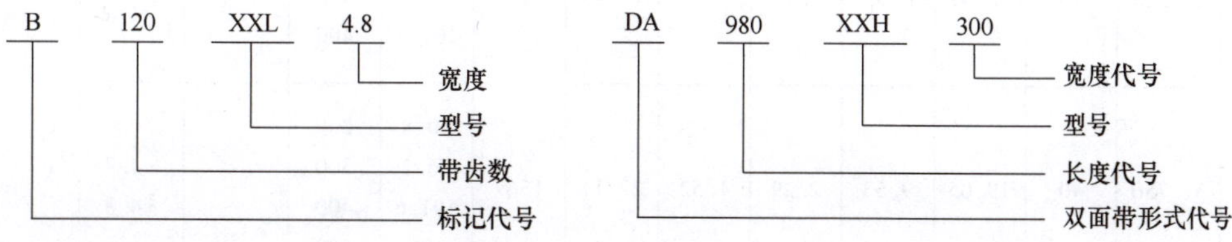

6）同步带的主要规格（齿形尺寸、长度和宽度）见表 5-4、表 5-5 和表 5-6。

表 5-4 同步带的齿形尺寸

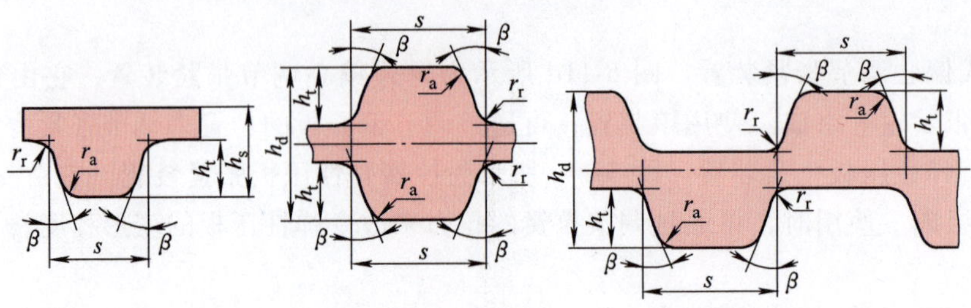

单面同步带　　对称齿双面同步带(DA型)　　交错齿双面同步带(DB型)

型号	节距 p_b /mm	2β /(°)	s /mm	h_t /mm	r_r /mm	r_a /mm	h_d /mm	h_s /mm	b_s /mm	标准宽度代号	宽度极限偏差		
											小于 838.2①	838.2~1676.4①	大于 1676.4①
MXL	2.032	40	1.14	0.51	0.13	0.13	1.53	1.14	3.2 4.8 6.4	012 019 025	+0.5 −0.8	—	—
XL	5.080	50	2.57	1.27	0.38	0.38	3.05	2.3	6.4 7.9 9.5	025 031 037	+0.5 −0.8	—	—
L	9.525	40	4.65	1.91	0.51	0.51	4.58	3.6	12.7 19.1 25.4	050 075 100	+0.8 −0.8	—	—
H	12.700	40	6.12	2.29	1.02	1.02	5.95	4.3	19.1 25.4 38.1	075 100 150	+0.8 −0.8	+0.8 −1.3	+0.8 −1.3
									50.8	200	+0.8 −1.3	+0.8 −1.3	+0.8 −1.3
									76.2	300	+1.3 −1.5	+1.5 −1.5	+1.5 −2
XH	22.225	40	12.57	6.35	1.57	1.19	15.49	11.2	50.8 76.2 101.6	200 300 400	—	+4.8 −4.8	+4.8 −4.8
XXH	31.750	40	19.05	9.53	2.29	1.52	22.11	15.7	50.8 76.2 101.6 127	200 300 400 500	—	+4.8 −4.8	—

（续）

型号	节距 p_b /mm	2β /(°)	s /mm	h_t /mm	r_r /mm	r_a /mm	h_d /mm	h_s /mm	b_s /mm	标准宽度代号	宽度极限偏差		
											小于 838.2[①]	838.2~1676.4[①]	大于 1676.4[①]
XXL	3.175	50	1.73	0.76	0.2	0.3		1.52	3.2 4.8 6.4	3.2 4.8 6.4	+0.5 −0.8		

① 指节线长，单位为 mm。

表 5-5　同步带的长度

长度代号	节线长 /mm	齿数				
		XL	L	H	XH	XXH
60	152.4	30				
70	177.8	35				
80	203.2	40				
90	228.6	45				
100	254	50				
110	279.4	55				
120	304.8	60				
124	314.33		33			
130	330.2	65				
140	355.6	70				
150	381	75	40			
160	406.4	80				
170	431.8	85				
180	457.2	90				
187	476.25		50			
190	482.6	95				
200	508	100				
210	533.4	105	56			
220	558.8	110				
225	571.5		60			
230	584.2	115				
240	609.6	120	64	48		
250	635	125				
255	647.7		68			
260	660.4	130				
270	685.8		72	54		
285	723.9		76			
300	762		80	60		
322	819.15		87			
330	838.2			66		
345	876.3		92			
360	914.4			72		
367	933.45		98			
390	990.6		104	78		
420	1066.8		112	84		
450	1143		120	90		
480	1219.2		128	96		
507	1289.05				58	
510	1295.4		136	102		
540	1371.6		144	108		
560	1422.4				64	
570	1447.8			114		
600	1524		160	120		
630	1600.2			126	72	
660	1676.4			132		
700	1778			140	80	56
750	1905			150		
770	1955.8				88	
800	2032			160		54
840	2133.6				96	
850	2159			170		
900	2286			180		72
980	2489.2				112	
1000	2540			200		80
1100	2794			220		
1120	2844.8				128	
1200	3048					96
1250	3175			250		
1260	3200.4				144	
1400	3556			280	160	112
1540	3911.6				176	
1600	4064					128
1700	4318			340		
1750	4445				200	
1800	4572					144

（续）

长度代号	节线长/mm	齿数 MXL	长度代号	节线长/mm	齿数 XXL
36	91.44	45	50	127	40
40	101.6	50	60	152.4	48
44	111.76	55	70	177.8	56
48	121.92	60	80	203.2	64
56	142.24	70	90	228.6	72
			100	254	80
60	152.4	75	110	279.4	88
64	162.56	80	120	304.8	96
72	182.88	90	130	330.2	104
80	203.2	100	140	355.6	112
88	223.52	110	150	381	120
100	254	125			
112	284.48	140	160	406.4	128
124	314.96	155	180	457.2	144
140	355.6	175	200	508	160
160	406.4	200			
200	508	225	220	558.8	176
220	558.8	250			

表 5-6　同步带的基准宽度

型　号	MXL	XXL	XL	L	H	XH	XXH
基准宽度 b_{s0}/mm	6.4	6.4	9.5	25.4	76.2	101.6	127

（3）同步带轮的技术要求

1）同步带轮的外径极限偏差一般在 0~0.2mm 之间，较小直径的带轮极限偏差比较小，例如外径尺寸 d_0<25.4mm 的带轮，极限偏差为 0~0.05mm。具体取值范围可参照有关工艺文件和技术标准。

2）轴向圆跳动公差一般在 0~0.1mm 范围内。

3）径向圆跳动公差一般在 0~0.13mm 范围内。

4）带轮相邻齿间的节距偏差一般在±0.03mm 范围内。

5）带轮在 90°圆弧内的累积误差一般在±0.05~±0.2mm 范围内。

2. 同步带传动的安装和使用要求

（1）带轮的安装

1）安装要求：注意带轮轴的平行度，防止因带轮偏斜，造成带侧面磨损加剧。安装时应对带轮的偏斜进行调整，偏斜角 θ_m（两带轮轮心连线与带轮径向之间的夹角）应调整到允许范围内，见表 5-7。

表 5-7　带轮偏斜角 θ_m 的允许范围

带宽/mm	≤25.4	38.1~50.8	≥76.2
$\tan\theta_m$	≤6/1000	≤4.5/1000	≤3/1000

2）选用带轮挡圈。带轮挡圈的选用可按以下条件：

① 在两轴传动中，两个带轮中必有一个带轮两侧具有挡圈，或两个带轮的不同侧边各有一个挡圈。

② 在中心距超过小带轮直径8倍以上的传动中，两个带轮的两侧都应有挡圈。

③ 在垂直轴传动中，其中一个带轮的两侧应有挡圈，而系统中其他带轮仅在底部一侧有挡圈。

④ 在多轴传动中，应保证每隔一个带轮有两个挡圈，或围绕该系统每个带轮的对边各有一个挡圈。

（2）同步带的张紧

1）同步带张紧力的计算。同步带安装时必须有适当的张紧力，其大小取决于带的型号、带宽及带长，如图5-12所示。张紧力计算可按下式进行：

$$W_d=\left(T_i+\frac{t}{L_p}\times Y\right)/16 \qquad (5\text{-}4)$$

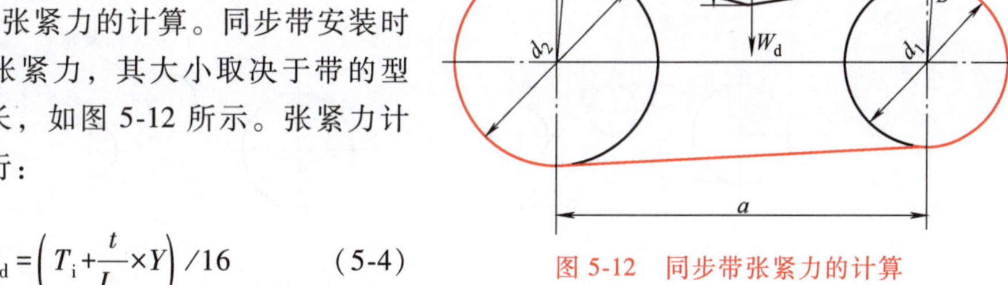

图5-12 同步带张紧力的计算

式中 W_d——在切线 t 的中点使其产生挠度 f 所需加的力（N）；

T_i——初拉力（N）；

f——切线中点处产生的挠度（mm），$f=0.016t$；

t——切线长度（mm），$t=\sqrt{a^2-\frac{(d_2-d_1)^2}{4}}$；

Y——修正量；

a——中心距（mm）；

d_2——大带轮节圆直径（mm）；

d_1——小带轮节圆直径（mm）；

L_p——带长（mm）。

2）张紧轮的使用场合如下：

① 当中心距不能调整时，应使用张紧轮张紧同步带。

② 在较大速比的传动中，使用张紧轮可增加小带轮的包角。

3）张紧轮的安装方法。

① 安装在带的内侧，用于带的张紧。张紧轮应采用齿形带轮，当张紧轮的齿数大于带轮最少许用齿数（见表5-8）时，为避免啮合齿数减少，应把张紧轮安装在松边一侧，如图5-13a所示。

② 安装在外侧，用于增加带轮包角，如图5-13b所示。张紧轮可采用中间无凸起的平带轮，其直径为最少许用齿数的带轮直径，且安装在松边，使带不会产生过度的弯曲。

（3）安装注意事项

1）带轮的轴线必须平行，带轮齿向应与同步带的运动方向垂直。

2）调整同步带轮的中心距时，应先松开张紧轮，装上同步带后进行中心距的调整。

表 5-8　同步带轮的最少许用齿数

小带轮转速 n_1 /(r/min)	带轮最少许用齿数						
	MXL	XXL	XL	L	H	XH	XXH
	带　型　号						
<900	—	—	10	12	14	22	22
900~1200	12	12	10	12	16	24	24
1200~1800	14	14	12	14	18	26	26
1800~3600	16	16	12	16	20	30	—
3600~4800	18	18	15	18	22	—	—

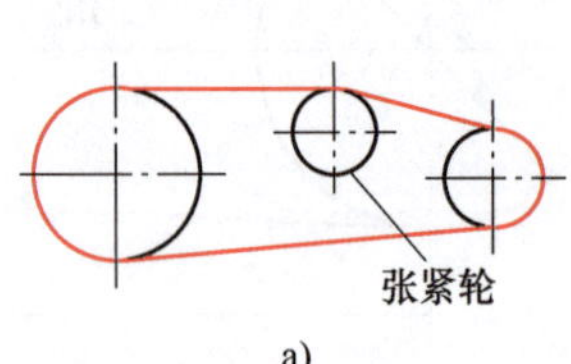

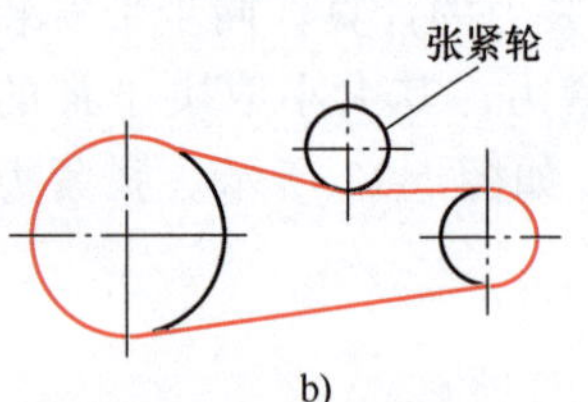

图 5-13　同步带张紧轮的安装方法

a）安装在内侧　b）安装在外侧

3）对于固定中心距的传动机构，应先拆下带轮，将带装上带轮后，再将带轮装到轴上固定。不能使用工具把同步带撬入带轮，以免损伤抗拉层。

4）不能将同步带存放于不正常的弯曲状态，且应存放在阴凉处。

（4）同步带的失效形式　同步带使用中会出现故障、失效，主要的失效形式如下：

1）同步带体疲劳断裂。

2）同步带齿剪断、压溃。

3）同步带齿、带侧边磨损、包布脱落。

4）承载层伸长，节距增大，形成齿的干涉、错位。

5）过载、冲击造成带体断裂。

（5）同步带维修安装的注意事项

1）按失效的形式进行故障原因分析。若是正常磨损，应进行带的更换、安装和调整；若是随机性的故障，应及时进行诊断，分析原因后找出引发故障的部位予以排除，然后进行更换、安装和调整。

2）更换带时，应根据技术文件规定的规格进行核对，并进行必要的检测，如检测带的长度、宽度和齿形尺寸等。对带轮的齿形、带轮的中心距、张紧装置的完好程度都应进行检查检测，以保证更换安装后的传动精度。

项目6

轴组与精密轴承的装配

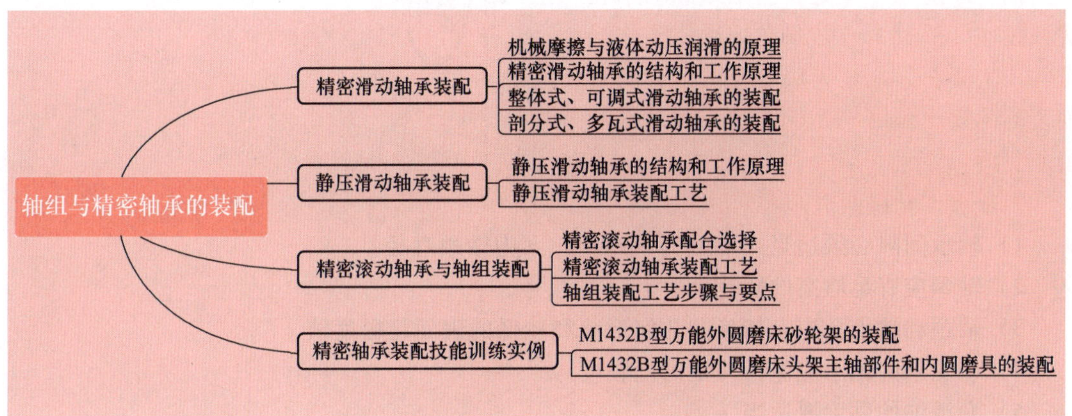

6.1 精密滑动轴承装配

6.1.1 机械摩擦与液体动压润滑的原理

滑动轴承的主要优点是工作可靠、平稳、噪声小、润滑油膜具有吸振能力，故能承受较大的冲击载荷，尤其适用于高速和高精度的机械上。为了延长使用寿命，保持长期精密的性能，滑动轴承必须力求达到优良的润滑性能，使摩擦磨损减至最低程度。滑动轴承最理想的润滑性能是液体摩擦润滑，在这种条件下，润滑油把轴与轴承的两个摩擦表面完全隔开而不直接接触，因此摩擦和磨损都极微小。

液体摩擦润滑产生的机理是依靠油的动压把轴颈顶起，故也称液体动压润滑。建立液体动压润滑的过程如下：

轴在静止状态时，由于轴的自重而处在轴承中的最低位置（见图 6-1a），轴颈与轴承孔之间形成楔形油隙。当轴按箭头方向旋转时，依靠油的黏性和油与轴的附着力，轴带着油层一起旋转，油在楔形油隙中产生挤压而提高了压力，即产生了动压。但当转速不高，动压不足以使轴顶起时，轴与轴承仍处在接触摩擦状态，并可能沿轴承内壁上爬（见图 6-1b）。当轴的转速足够高，动压升高到足以平衡轴的载荷时，轴便在轴承中浮起，形成了动压润滑（见图 6-1c）。

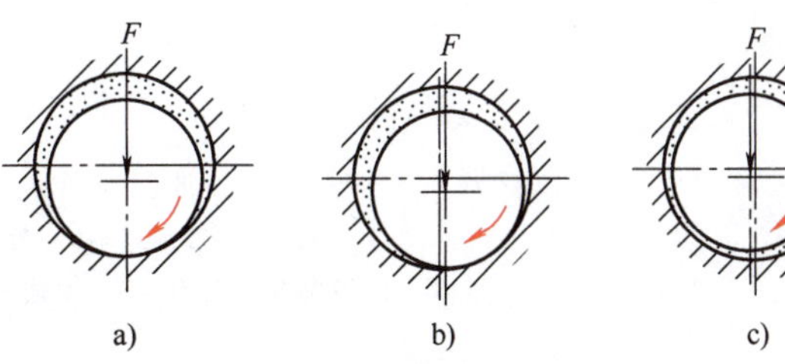

图 6-1 液体动压润滑过程

滑动轴承在液体动压润滑条件下工作时，轴颈中心顺旋转方向偏移和上浮，与轴承孔中心之间的距离 e 称为偏心距（见图 6-2），显然，此时的偏心距要比轴静止时的小。当轴的转速越高和载荷越小时，偏心距也越小。但此时油楔角过小而影响动压的建立，故有时可能使轴的工作不稳定。若最小的油膜厚度 h_{min} 不足，当轴颈和轴承孔表面粗糙度值较大或轴颈在轴承中工作时轴线产生倾斜，往往无法实现两个金属表面之间的完全隔离，而达不到液体动压润滑的目的。

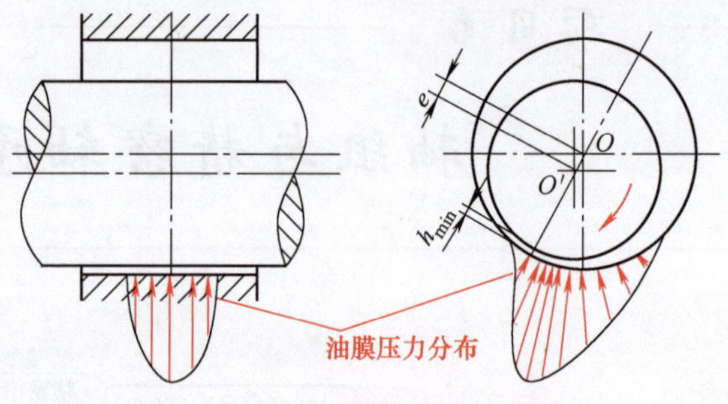

图 6-2　液体动压润滑时的状态

形成液体动压润滑必须同时具备以下一些条件：

1）轴承间隙必须适当（一般为 0.001d，d 为轴颈直径）。

2）轴颈应有足够高的转速。

3）轴颈和轴承孔应有精确的几何形状和较低的表面粗糙度值。

4）多支承的轴承应保持一定的同轴度。

5）润滑油的黏度要适当。

6.1.2　精密滑动轴承的结构和工作原理

滑动轴承按工作状态分为单油楔（见图 6-3）和多油楔（见图 6-4）径向动压滑动轴承两种。

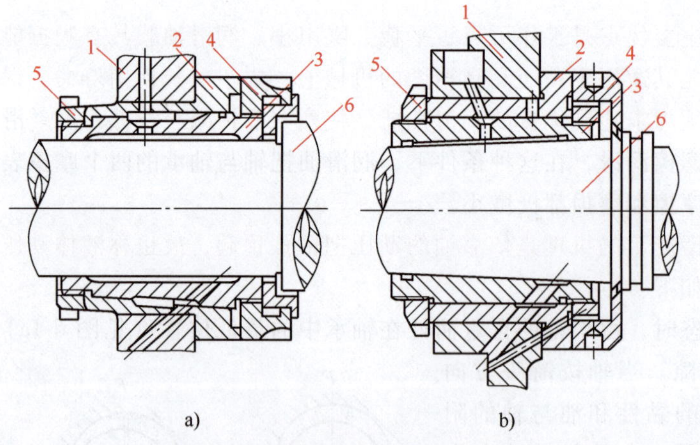

图 6-3　单油楔径向动压滑动轴承

a）内柱外锥式　b）外柱内锥式

1—箱体　2—主轴轴承外套　3—主轴承　4、5—螺母　6—主轴

多瓦式（或称多油楔）动压轴承具有油膜刚度好和主轴旋转精度高的特点，故广泛用于精密机械上。因这种轴承工作状态不像单油楔轴承那样，当主轴旋转而使润滑油产生动压后，在主轴与轴承孔之间形成楔形缝隙，且楔形缝隙位置随负荷和转速而改变。

图 6-4a 所示为磨床砂轮架中常采用的短三瓦动压轴承，它由三块扇形轴瓦 1 组成，每块轴瓦都支承在球面支承螺钉 2 的球面上，使轴瓦在工作时可摆动。调节球面支承螺钉的位置，即可调整主轴与轴瓦内孔之间的间隙。调整完毕后，拧入空心螺钉 3 和拧紧锁紧螺钉 4，最后旋上封口螺钉 5。

这种动压轴承的工作原理：每块轴瓦上的支承球面中心在圆周方向离中间有一定的偏距，当主轴旋转时，在油液的作用下，三块扇形轴瓦各自绕球面支承螺钉的球头摆动到平衡位置，并形成三个楔形隙缝，如图 6-4b 所示。于是在此隙缝处产生压力油楔，使主轴浮起在三块轴瓦中间。当主轴受外界载荷而产生径向偏移时，由于楔形隙缝将变小，隙缝变小后油膜压力将升高，而在其相反方向，楔形隙缝变大，油膜压力将降低。因此有一个使主轴恢复到中心位置的趋势，即保证了较高的油膜刚度。由此可知，其油膜的形成和压力的大小、轴的转速是没有关系的。

图 6-5 所示的 M7120D 型卧轴短台平面磨床砂轮架，采用三瓦式动压多油楔轴承，轴瓦

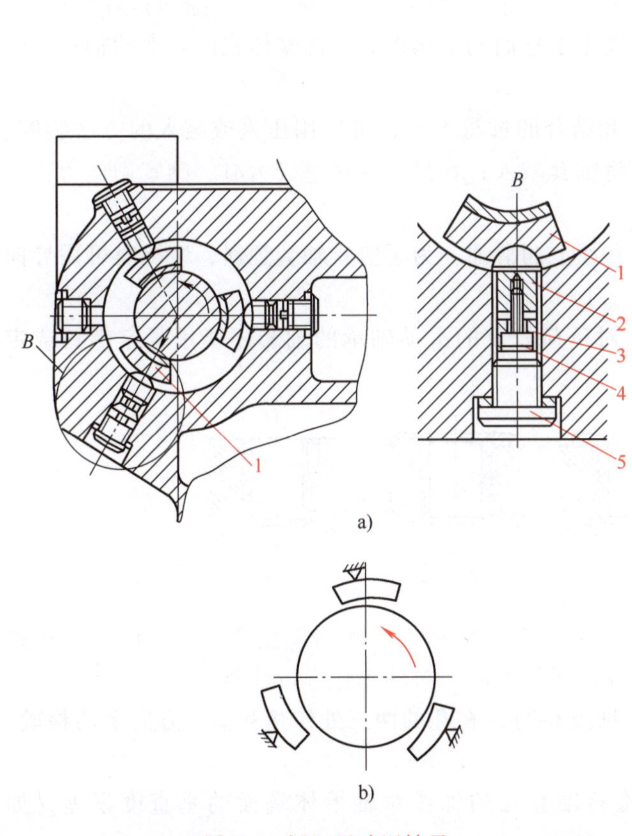

图 6-4 短三瓦动压轴承

1—扇形轴瓦 2—球面支承螺钉 3—空心螺钉 4—锁紧螺钉 5—封口螺钉

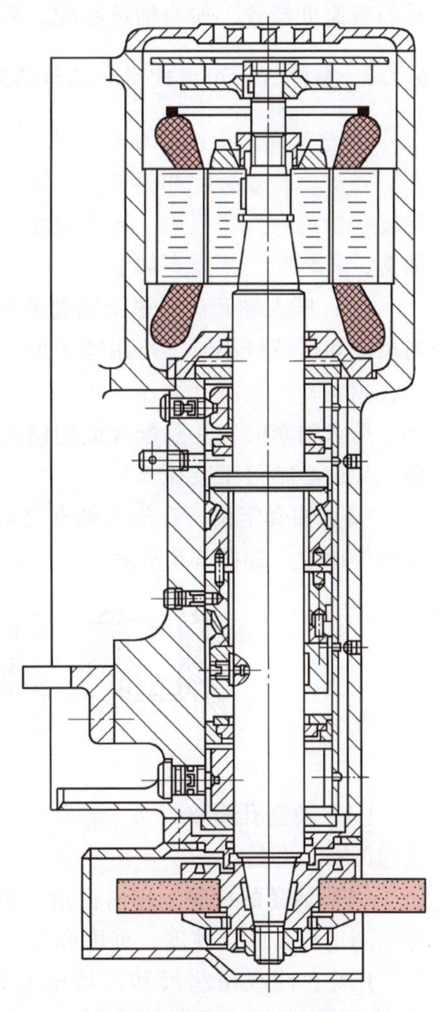

图 6-5 M7120D 型卧轴短台平面磨床砂轮架

包角为60°，长径比 L/d=0.75。工作时，瓦块随载荷的增加而提高承载能力，油楔越薄刚度越高。轴瓦除了在径向可摆动外，在轴向也能自位，所以能消除侧边压力。轴瓦和螺钉是球面接触，要求接触面积大于80%，以保证接触刚度。但是，油楔的承载能力除与几何尺寸有关外，还与油的黏度、转速和间隙有关。油的黏度越大、转速越高、间隙越小（油膜越薄）则承载能力越高。但是，油的黏度还与发热有关，油越黏，则摩擦因数越大，发热越多。一般高速轴承不用提高油的黏度来解决提高承载能力的问题。精密滑动轴承宜用于高速。如果转速过低，油膜承载能力将不足以支承外载荷及主轴部件本身的重量，而不能保证轴颈处于液体润滑状态。当间隙值越小，则支承力越大（平方关系）。为提高支承力，应尽可能将间隙取小些，但不能取得太小，否则，温度升高后间隙将消失而发生“抱轴”现象。为了加强轴颈的冷却，固定多油楔轴承可在油束之间开轴向油槽，使循环润滑油的一部分从油槽中流过，对轴颈进行冷却。轴颈和轴瓦的表面粗糙度值要小，否则，粗糙表面将刺破油膜而发生金属的直接接触。精密滑动轴承的主轴轴颈表面粗糙度值为 Ra0.1~0.025μm，轴瓦的表面可精铰，如与轴颈刮配，则每25mm×25mm内应达12~16点。

6.1.3 整体式、可调式滑动轴承的装配

1. 整体式向心滑动轴承的装配

对滑动轴承装配的要求，主要是使轴颈与轴承孔之间获得所需要的间隙和良好的接触，使轴在轴承中运转平稳。通常装配方法决定于它们的结构形式，而整体式向心滑动轴承又叫轴套，其装配工艺要点如下：

（1）压入轴套法　根据轴套的尺寸和结合的过盈大小，可以用压入或敲入的方法装配。当尺寸和过盈较小时，可用锤子加垫板将轴套敲入；在尺寸或过盈较大时，则宜用压力机压入或用拉紧夹具把轴套压入机体中。

压入轴套时应注意配合面的清洁，并涂上润滑油。为了防止轴套歪斜，装配时可用导向环、导向心轴等工装压入。

（2）轴套定位　在压入轴套之后，对负荷较重的滑动轴承的轴套还要用紧定螺钉或定位销等固定，如图6-6所示。

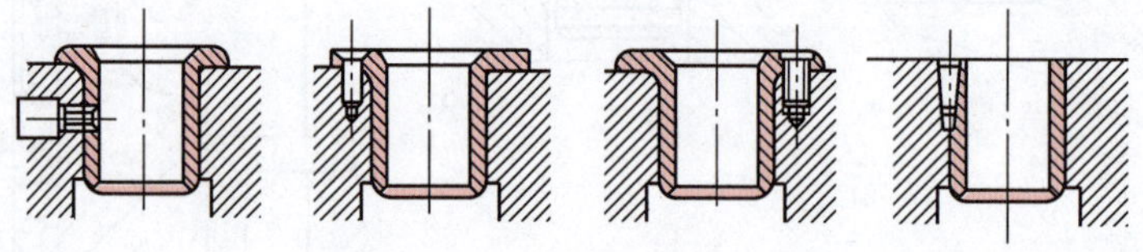

图6-6　轴套定位

（3）轴套孔修整　对于整体的薄壁轴套，在压装后，内孔易发生变形，如内径缩小或成椭圆形、圆锥形等。可用铰削、刮研或滚压等方法，对轴套孔进行修整。

（4）轴套的检验　用内径指示表（见图6-7），在孔的两三处作相互垂直方向上的检验，可以测定轴套的圆柱度、锥度和尺寸。

用涂色法或用塞尺和带肩的心轴检验轴套孔的轴线对轴承体端面的垂直度误差，如图6-8所示。

2. 锥形表面滑动轴承的装配

（1）外锥内柱式轴承的装配要点

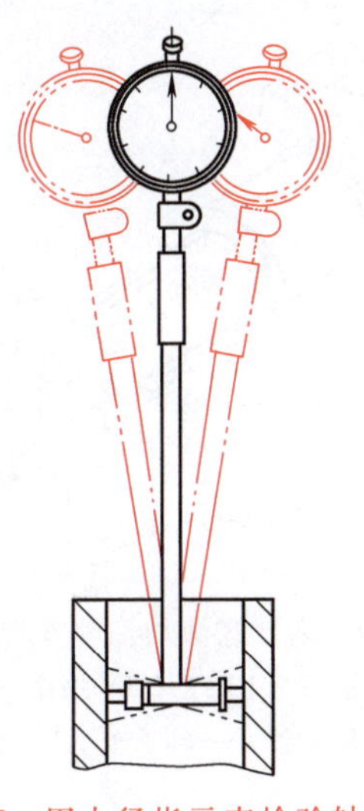

图 6-7　用内径指示表检验轴套孔

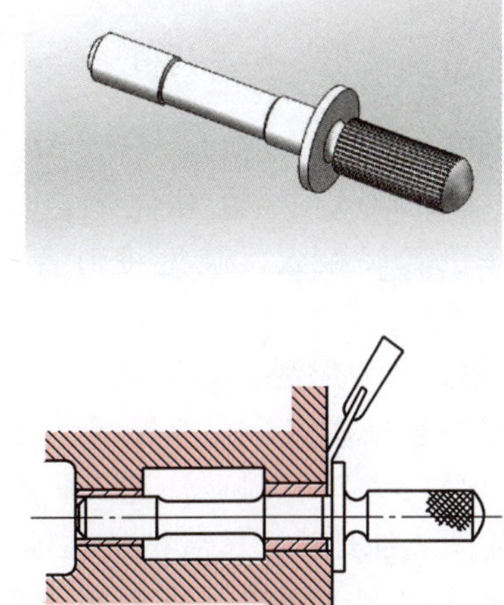
图 6-8　用塞尺检验轴套装配垂直度

1）将轴承外套压入箱体孔中，其配合为 D/js。

2）用专用心轴研点，修刮轴承外套内孔，并保证前后轴承同轴，要求接触点为 12～16 点/25mm×25mm。

3）在轴承上钻进、出油孔，注意与油槽相接。

4）以外套的内孔为基准，研点配刮内轴套的外锥面，接触点要求同样是 12～16 点/25mm×25mm。

5）把主轴承装入外套孔内，两端分别拧入螺母，并调整内轴套的轴向位置。

6）以轴为基准配刮轴套的内孔，要求接触点为 12～16 点/25mm×25mm。轴瓦上的点子应两端硬中间软，油槽两边的点子要软，以便建立油膜，但油槽两端的点子分布要均匀，以防漏油。

7）清洗轴套和轴颈后，重新装入并调整间隙。对于一般精度的车床主轴承，其轴承间隙为 0.015～0.03mm，精密机床主轴轴承间隙为 0.004～0.01mm。由于配合间隙与轴承工作温度高低有很大关系，故在热态下工作时，转速较高的轴承间隙应大些。

（2）内锥外柱式轴承的装配要点　这种轴承的内孔是锥面的，外表面是圆柱面，通过前后的两螺母调节轴承的轴向位置，来调节轴和轴承的间隙。

内锥外柱式轴承的装配过程与外锥内柱式轴承大体相似，其不同点是这种轴承只需刮内锥孔。将轴套装入后，以轴为基准研点配刮轴套锥孔至要求的接触点。

6.1.4　剖分式、多瓦式滑动轴承的装配

1. 剖分式滑动轴承的装配

剖分式滑动轴承由轴承座、轴承盖、剖分式轴瓦、垫片及螺栓等组成（见图 6-9）。轴瓦在机体中，无论在圆周方向还是轴向都不允许有位移，常用定位销和轴瓦上的凸台来止动。一般剖分式滑动轴承的装配要点如下：

1）轴瓦与轴承座、盖装配后应使轴瓦背与座孔接触良好，当不符合要求时，对厚壁轴瓦以座孔为基准刮轴瓦背部。对薄壁轴瓦则不修刮，需进行选配，如图 6-10 所示。为了达

到配合的坚固性要求，轴瓦的剖分面应比轴承体的剖分面高出一些，其值 $\Delta h=\frac{\pi\delta}{4}$（$\delta$ 为轴瓦与机体孔的配合过盈），一般 $\Delta h=0.05\sim0.1$mm。轴瓦装入时，在对合面上应垫上木板，用锤子轻轻敲入，避免将对合面敲毛，影响装配质量。

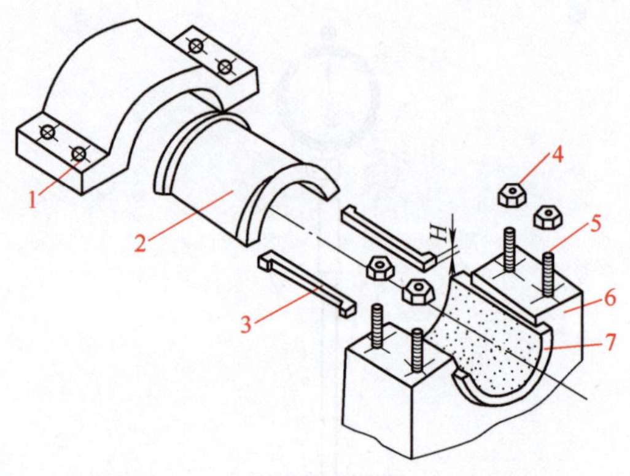

图 6-9　剖分式滑动轴承零件组成

1—轴承盖　2—上轴瓦　3—垫片　4—螺母　5—双头螺栓　6—轴承座　7—下轴瓦

2）轴瓦孔的配刮。剖分式轴瓦一般多用与其相配的轴来研点。通常先刮下轴瓦（因下轴瓦承受压力）后刮上轴瓦。研点时，将轴瓦表面涂上红丹粉，然后把轴和轴瓦装好，螺栓的紧固程度以能转动轴为宜，研点配刮轴瓦至规定的接触点。

主轴外伸长度较大时，考虑到主轴在装上工件后因重量产生的变形（如重型机床主轴），应把前轴承下轴瓦在主轴外伸端刮得低些，如图 6-11 所示，否则主轴可能会“咬死”。

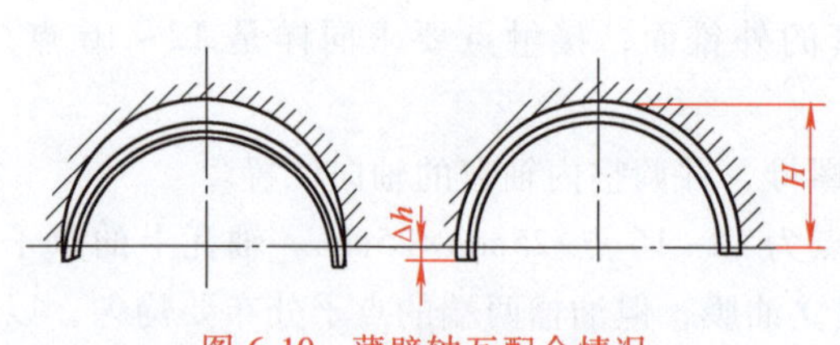

图 6-10　薄壁轴瓦配合情况

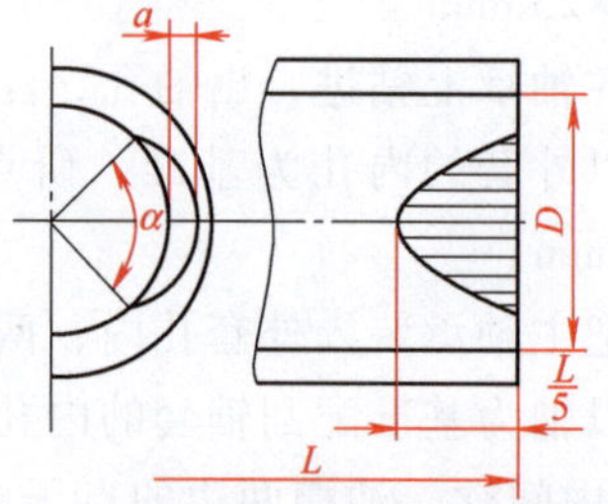

图 6-11　重型机床主轴前轴承下轴瓦的刮底面

轴瓦刮好后应进行清洗，然后重新装入，调整结合面处的垫片（厚的垫片应在下），以保证轴和轴承的配合间隙。

2. 多瓦式滑动轴承的结构和装配

（1）自动调位多瓦式滑动轴承的结构特点　图 6-12 所示为自动调位多瓦式滑动轴承的结构形式。自动调位多瓦式滑动轴承常见的有三瓦式和五瓦式，轴瓦有长轴瓦和短轴瓦两种。轴瓦采用双合金，轴颈表面进行硬化处理，刚性较好，回转精度高，制造精度高。

（2）可倾扇形瓦轴承的支承方式与装配方法　精密磨床的砂轮架常用可倾扇形瓦轴承，此类轴承有固定式和可调式两种支承方式。如图 6-13 所示，扇形瓦 1 的支承球面与球面螺钉 2 的支承球面配对研磨，接触面不小于 80%。扇形瓦成组装配，并按旋转方向装配，严禁搞错。扇形瓦轴承的装配与调整方法见表 6-1。

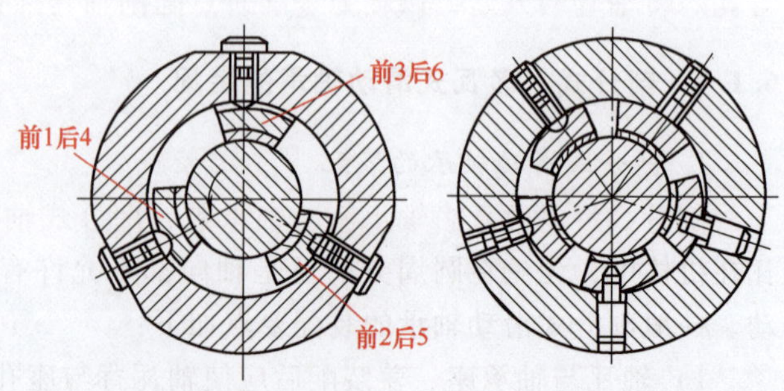

图 6-12　自动调位多瓦式滑动轴承的结构形式

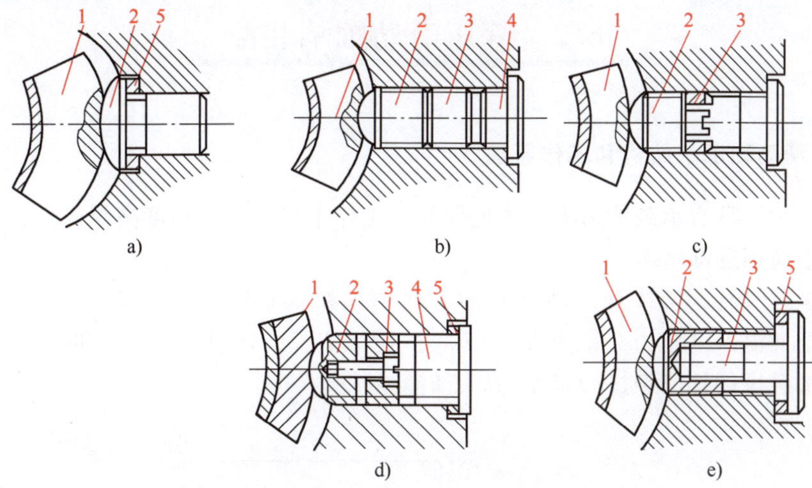

图 6-13　可倾扇形瓦轴承的支承方式

a）固定式　b）、c）、d）、e）可调式

1—扇形瓦　2—球面螺钉　3—锁紧螺钉　4—防尘螺钉　5—垫圈

表 6-1　扇形瓦轴承的装配与调整方法

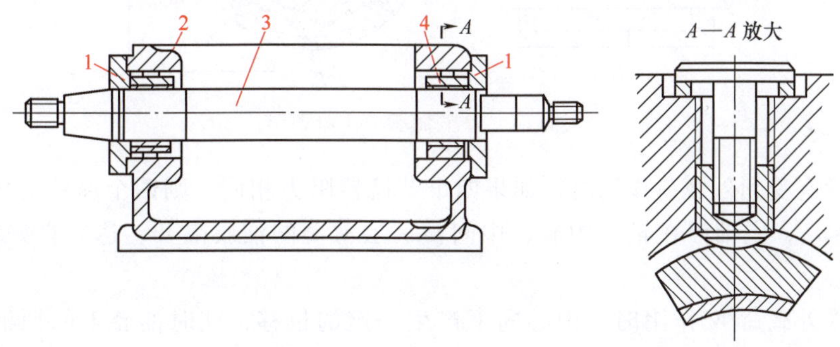

1—定心工艺套　2—壳体　3—主轴　4—扇形瓦

序　号	装配精度要求	调整与检验方法
1	扇形瓦与主轴轴颈的接触面不小于 85%，接触点数为 12 点/25mm×25mm，且分布均匀	成批生产，采用专用设备刮削或配磨；小批生产，研磨或珩磨轴瓦，最后轴瓦与主轴轴颈采用着色检验，若不符要求，按检验情况修刮瓦面
2	前、后扇形瓦轴承两孔同轴度和与基面的平行度误差不大于 0.01mm	采用定心工艺套定位，先校正主轴与壳体孔的同轴度并与基面平行。在此基础上调整扇形瓦位置（可调整球面螺钉），使扇形瓦与主轴轴颈贴紧。若定心套能轻松抽去，即已符合要求。最后再用量具及指示表验证
3	调整扇形瓦的配合间隙，当直径小于 100mm 时，为 0.01~0.02mm，高精度型为 0.002~0.01mm	将扇形瓦顶面的球面螺钉按规定间隙调整，然后用锁紧螺钉锁紧，并用指示表测量间隙，应符合规定要求
4	转动灵活，无轻重阻滞现象	调整完毕后检验灵活度，转动主轴应无轻重阻滞现象

6.2 静压滑动轴承装配

6.2.1 静压滑动轴承的结构和工作原理

静压滑动轴承具有承载能力大、抗振性好、工作平稳、回转精度高等优点，故在高精度的机械设备中应用逐渐增多。

静压轴承（又称为液体静压轴承）的工作原理如图 6-14 所示，有一定压力 p_s 的压力油，经过四个节流器（阻力分别为 R_{G1}、R_{G2}、R_{G3}、R_{G4}）分别流入轴承的四个油腔，油腔压力为 p_r。油腔中的油又经过间隙 h_0 流回油池。

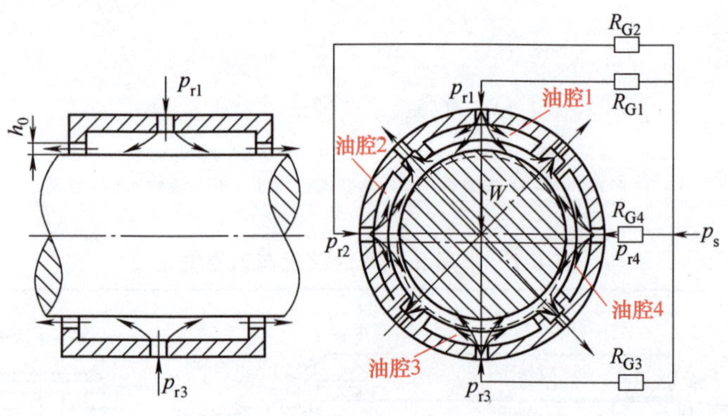

图 6-14 静压轴承工作原理图

当主轴没有受到外载荷作用时，如果四个节流器阻力相同，则四个油腔的压力也相同，$p_{r1}=p_{r2}=p_{r3}=p_{r4}$，主轴浮在轴承中心，中间被一层薄薄的油膜隔开，达到良好的液体摩擦状态。

当主轴受外载荷 W 作用时，中心向下产生一定的位移，此时油腔 1 的回油间隙 h_0 增大，回油阻力减小，使油腔压力 p_{r1} 降低；相反的，油腔 3 的压力 p_{r3} 升高。只要使油腔 1、3 的油压变化而产生的压力差满足 $p_{r3}-p_{r1}=\frac{W}{A}$，主轴就能处于新的平衡位置。其中 A 为每个油腔的有效承载面积。由此可见，为了平衡外载荷 W，主轴的轴颈必须向下偏移一定的距离（经过精确设计，这个距离可以极为微小）。通常把外载荷的变化与轴颈偏心距变化的比值，称为静压轴承的刚度。对于机床和精密机械，常要求静压轴承必须具有足够的刚度。

上述系统的油腔压力，是在节流器阻力 R_G 不变的情况下，通过回油阻力的变化而改变的，其所用的节流器称为固定节流器。

静压轴承中常用的固定节流器有毛细管节流器和小孔节流器两种：

1）毛细管节流器是由医疗用的注射针管制成的，如图 6-15a 所示。

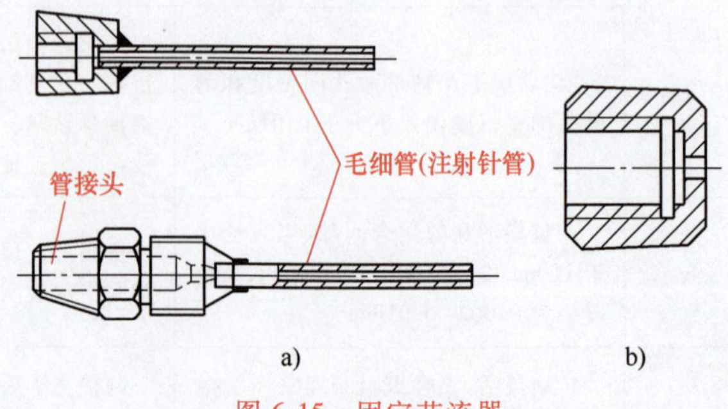

图 6-15 固定节流器

2）小孔节流器是由黄铜或钢制成的，如图6-15b所示。

为了进一步提高静压轴承的刚度和旋转精度，可采用可变节流器。此时，当主轴受外载荷作用，不仅轴承间隙改变而引起回油阻力变化，同时可变节流器的阻力 R_G 也随着变化，促使油腔压力显著改变，从而使主轴中心少变或不变。关于可变节流器的结构与工作原理，这里就不介绍了。

综上所述，定压供油系统的静压轴承有固定节流和可变节流（反馈节流）两大类。其中，毛细管节流器静压轴承适用于润滑油黏度较大的小型机床，小孔节流器静压轴承适用于润滑油黏度小、转速高的小型机床，而可变节流器静压轴承适用于重载或载荷变化范围大的精密机床和重型机床。

6.2.2　静压滑动轴承装配工艺

静压轴承的装配是一项很细致的工作，必须经过严格清洗和精心调整后，方能获得良好的刚度和旋转精度。

1. 装配工艺要点

1）装配前必须对全部零件及管路系统进行彻底清洗。

2）一般在常温下将轴承直接压入壳体孔内，当外径较大、过盈也较大时，可经冷缩后（冷到-60℃）压入壳体孔内，以免擦伤外圈面，引起油腔之间互通。

3）轴承装入壳体孔后，用研磨方法，使前后轴承孔同心，并与轴保持一定的配合间隙。如压入后，内孔收缩量较大，则应以内孔为基准配磨轴。

4）开机前，用手轻轻地转动轴，手感轻快灵活方可起动，如太紧，则须及时检查并排除故障后才可起动。

5）润滑油的黏度须按设计要求选用，将油加入油箱时必须经过过滤。

6）检查进油压力与油腔压力的比值是否正常。各管道不允许有漏油现象。

静压轴承装配后，必须经过开机调试。

2. 常见故障和排除方法

（1）主轴没有浮起　如果静压轴承设计、加工和装配都符合要求，开动液压泵调整好压力后，主轴应能浮起，用手能轻便地转动主轴，说明主轴与轴承之间处于液体摩擦状态。如果液压泵供油后，主轴转不动，或供油后反而觉得转动阻力大，这是由于主轴与轴承间没有建立液体摩擦，一般有下列几个原因：

1）轴承油腔漏油。静压轴承一般有四个油腔，在正常工作时，四个油腔的压力相等，主轴便处于轴承中间。当轴承有一个油腔漏油时，其中一对油腔的压力就不相等了，主轴偏向轴承漏油的一侧，因此增加了摩擦力而转不动。

2）节流器间隙堵塞。液压泵输出的液压油经节流器流入轴承油腔，由于节流器间隙（或毛细管孔）很小，如果油液中混入杂质，会使此间隙堵塞。这样进入各油腔的油压就不能相等，会使油腔压力不等而造成主轴转不动。

3）轴承制造精度问题。由于轴承的同轴度和圆度误差太大，进油孔偏心错位或推力静压轴承的端面与轴线不垂直，使各油腔压力不相等，也会造成“咬轴”而转不动。

所以要使主轴能浮起和转动灵活的根本要求，是四个油腔压力要相等。

（2）压力稳定性差　为了知道整个油路和油腔的压力，以及便于操作者观察工作时各压力的变化情况，一般在整个油路和每个油腔的通路中都安装一只压力表。在工作正常情况下，压力表指针应稳定在某一数值，但有时会遇到下列一些不正常现象：

1）个别油腔的油压下降或各油腔的油压同时下降。个别油腔油压下降的原因，主要是节流器间隙逐渐被杂质堵塞；各油腔的油压同时下降的原因，主要是滤油器堵塞。这些因素须通过清洗或更换油液来解决。

2）油腔压力产生波动或不相等。油腔压力产生波动是由于主轴和轴承的同轴度及圆度误差太大所引起的，因为此时主轴与轴承的间隙发生周期性的变化。有时主轴上的旋转零件或部件没有平衡好，使主轴旋转时产生振动，也会造成油压的波动。

（3）供油压力与油腔压力的比值不符　静压轴承设计时，供油压力与油腔压力有一定的比值，一般的最佳比值为2，装配调试时若不能达到这个要求，应通过改变节流器的膜片厚度或间隙来解决。比值小于2时，可减小膜片间隙；比值大于2时，则增大膜片间隙。

6.3　精密滚动轴承与轴组装配

6.3.1　精密滚动轴承配合选择

1. 配合制度

滚动轴承是专业厂成批或大量生产的标准部件，其内径和外径出厂时均已确定。因此，轴承内圈与轴的配合为基孔制，外圈与壳体孔的配合为基轴制。配合的松紧由轴和壳体孔的尺寸公差来保证。

按轴承制造时的标准规定，轴承内径尺寸只有负偏差，这与通用标准的基准孔的尺寸只有正偏差是不同的。因此，在配合种类相同的条件下，轴承内径与轴的配合比一般的要紧，轴承外径尺寸只有负偏差，但其偏差大小也与通用标准的基准轴不同。

在通用标准中，n6、m6 和 k6 三种配合中都保证了一定的过盈量。

2. 滚动轴承配合的选择

选择轴承的配合种类时，应考虑负荷的大小、方向和性质，转速的高低，旋转精度的高低，以及装拆是否方便等一系列因素。其一般的选择原则如下：

1）当负荷方向不变时，转动套圈应比固定套圈的配合紧一些。大多数情况下是内圈随轴转动，外圈固定不动（转），所以内圈常取有过盈的配合，如 n6、m6 和 k6 等，按轴的名义尺寸选择适当的配合公差，而外圈常取较松的配合，如 K7、J7、H7、G7 等。此时，P5、P4 精度等级的轴承采用 1 级精度的偏差值；P0、P6 精度等级的轴承采用 2 级精度的偏差值。对于推力球轴承（或推力滚子轴承），有紧圈和松圈之分，紧圈内孔与轴采用有过盈的配合，并装在有轴肩的一侧，以承受轴向力和由轴带动旋转，而松圈内孔与轴不相配合。

2）负荷越大，转速越高，并有振动和冲击时，配合应该越紧。

3）当轴承的旋转精度要求较高时，应采用较紧的配合，以借助于过盈量来减小轴承的原始游隙。

4）当轴承须考虑轴向游动时，外圈与壳体孔的配合应较松些。

5）轴承与空心轴的配合应较紧，以防轴的收缩而使配合松动。

6.3.2 精密滚动轴承装配工艺

滚动轴承的装配应根据轴承的结构、尺寸大小和轴承部件的配合性质而定。对精度要求高的主轴部件，滚动轴承内圈与轴配合时应采用定向装配，以提高主轴的旋转精度。装配时的压力应直接加在待配合的套圈端面上，不能通过滚动体传递压力，否则，会使轴承精度降低，甚至使轴承损坏。

1. 滚动轴承装配前的准备工作

滚动轴承是一种精密部件，其套圈与滚动体有较高的精度和较低的表面粗糙度值。认真做好准备工作，是保证装配质量的重要环节。装配前的准备工作，按如下几点进行：

1）按所装配的轴承准备所需的工具和量具。

2）按图样要求检查与轴承相配的零件，如轴、外壳、端盖等表面是否有凹陷、毛刺、锈蚀和固体微粒。

3）用汽油或煤油清洗与轴承相配合的零件，并用干净的布仔细擦净，然后涂上一层薄油。

4）检查轴承型号与图样要求是否一致。

5）清洗轴承时，如果轴承用防锈油封存，可用汽油或煤油清洗；如果是用润滑脂或浓度较高的油和防锈脂防锈的轴承，可用轻质矿物油加热溶解清洗（油温不超过100℃），把轴承浸入油内，待防锈油脂溶化后即从油中取出，冷却后再用汽油或煤油清洗。经过清洗的轴承不能直接放在工作台上，应垫以干净的布或纸。

对于两面带防尘盖、密封圈或涂有防锈润滑两用油脂的轴承，则不需要进行清洗。

2. 滚动轴承的装配方法

按结构、尺寸和部件配合性质的不同来装配，常见的有以下几种：

（1）圆柱孔轴承的装配

1）轴承内圈与轴过盈配合，外圈与壳体孔配合较松时，可先将轴承装在轴上。压装时，在轴承端面垫上铜或低碳钢的装配套筒，如图6-16a所示，然后把轴承与轴一起装入壳体中去。

2）轴承外圈与壳体为过盈配合，内圈与轴配合较松时，可将轴承先压入壳体孔中。这时装配套筒的外径应略小于壳体孔的直径，如图6-16b所示。

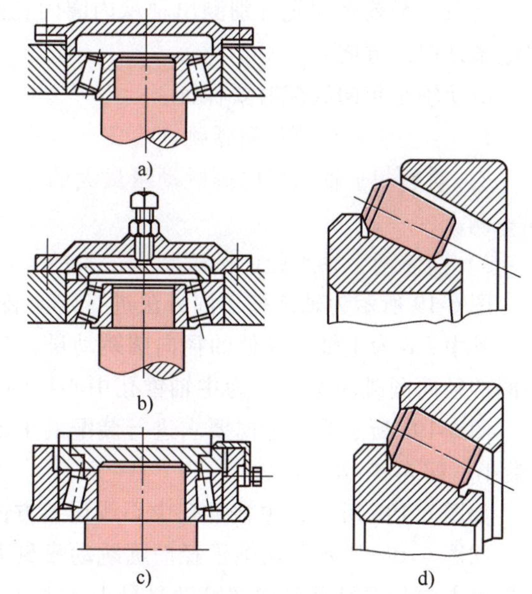

图6-16 角接触轴承游隙的调整

a）用垫片 b）用螺钉 c）用螺母 d）游隙的调整

3）轴承内圈与轴、外圈与壳体孔都是过盈配合时，装配套筒端面应制成能同时压紧轴承内、外圈端的圆环，如图6-16c所示，使压力同时传到内、外圈上，把轴承压入轴上和壳体孔中。

4）对于角接触滚子轴承的装配，因其内、外圈是分离的，可先把内圈装到轴上，再把外圈装在壳体孔中，然后再调整游隙，如图 6-16d 所示。

（2）圆锥孔轴承的装配　可以直接装在有锥度的轴颈上，或装在紧定套和退卸套的锥面上，如图 6-17 所示。

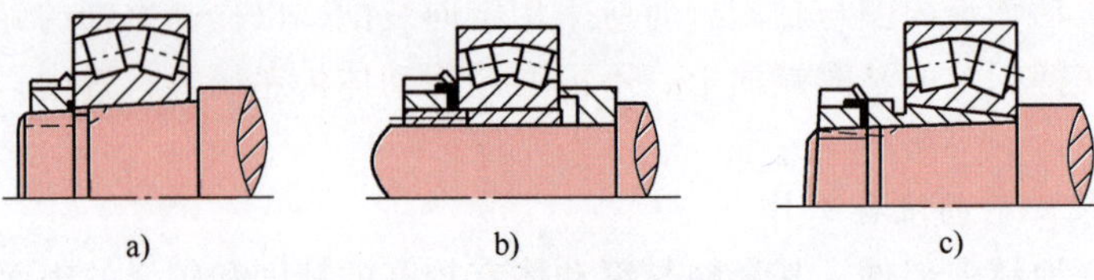

图 6-17　圆锥孔轴承的安装

a）直接装在锥轴颈上　b）装在紧定套上　c）装在退卸套上

（3）推力球轴承的装配　应区分紧环与松环，由于松环的内孔比紧环的内孔大，装配时一定要使紧环靠在转动零件的平面上，松环靠在静止零件的平面上，如图 6-18 所示。

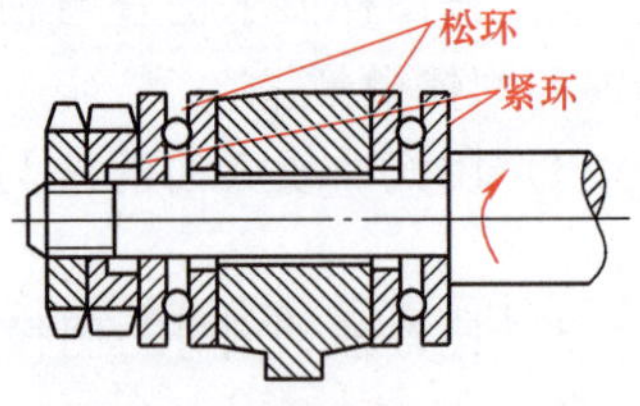

图 6-18　推力球轴承的装配

推力球轴承的游隙可通过一对螺母来调整。该轴向游隙的调整与其他径向轴承调整的原理一样。

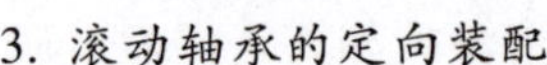

3. 滚动轴承的定向装配

定向装配就是将主轴前后轴承内圈的偏心（径向圆跳动误差）和主轴锥孔中心线的误差值置于同一轴向截面内，并按一定的方向装配。

定向装配前必须先分别测出轴承内圈内孔的径向圆跳动误差和主轴锥孔中心线的误差，并记录好误差方向。

滚动轴承定向装配时要保证：

1）主轴前轴承的径向圆跳动量比后轴承的径向圆跳动量小。

2）前后两个轴承径向圆跳动量最大的方向置于同一轴向截面内，并位于旋转中心线的同一侧。

3）前后两个轴承径向圆跳动量最大的方向与主轴锥孔中心线的偏差方向相反。

图 6-19 所示为轴承按不同方法进行定向装配后的主轴精度比较。

其中，δ 为主轴检验处的径向圆跳动量，δ_1 为前轴承内圈的径向圆跳动量，δ_2 为后轴承内圈的径向圆跳动量，δ_3 为主轴锥孔中心线的误差量。

图 6-19a 所示为按定向要求进行装配的主轴精度情况，此时主轴检验处的径向圆跳动量 δ 最小，即 $\delta<\delta_3<\delta_1<\delta_2$。

如图 6-19b 所示，主轴锥孔中心线误差方向与两轴承径向圆跳动量最大的方向相同。

如图 6-19c 所示，两轴承径向圆跳动量最大的方向在旋转中心线的两侧，主轴锥孔中心线误差方向与前轴承径向圆跳动量最大的方向相反。

如图 6-19d 所示，两轴承径向圆跳动量最大的方向在旋转中心线的两侧，主轴锥孔中心线的误差方向也与前轴承径向圆跳动量最大的方向相同，此时主轴检验处的径向圆跳动量 δ 最大，即 $\delta>\delta_2>\delta_1>\delta_3$。

如图 6-19e 所示，主轴后轴承的径向圆跳动量比前轴承的小，此时主轴检验处的径向圆跳动量反而增大。

定向装配后的轴承，应严格保持其内圈与轴不发生相对转动，否则将丧失已获得的旋转

精度。

6.3.3　轴组装配工艺步骤与要点

1. 轴组装配工艺的技术要求

(1) 回转精度要求　轴组装配后应符合设计规定的回转精度要求，主要是指径向圆跳动和端面圆跳动应在允差范围之内。

(2) 传动精度要求　轴组通常具有输入与输出的作用，装配后的轴组应达到设计规定的转速、平稳性等技术要求。

(3) 温度控制要求　轴组的支承结构采用各种不同形式的轴承，在高速运转中应达到温度控制要求。

(4) 噪声控制要求　轴组装配后，有多种传动零件随轴组做旋转运动，机械摩擦、撞击等会产生噪声，合格的轴组在运转中应符合设计规定的噪声控制要求。

(5) 密封要求　为了保证轴组轴承的润滑、防尘等，通常需要进行轴端的密封，特殊的轴组还需要进行金属动密封，轴组装配后应达到预定的密封要求。

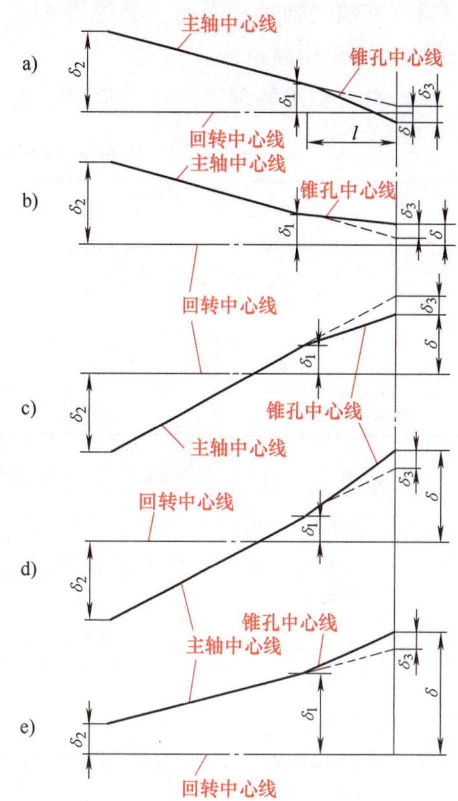

图 6-19　轴承定向装配后的主轴精度比较

2. 轴组装配的主要工艺步骤

(1) 零件精度检测　检测所有零件的精度，重点检测箱体、轴的加工精度。

(2) 选配轴承精度　按轴组轴孔、轴的实际尺寸精度选配轴承。

(3) 零件清洁清洗　对需要进行装配清洗的零件按工艺要求进行清洁清洗。

(4) 制定关键部位的装配工艺　对主要的装配内容制定装配工艺，如过盈连接的温差法装配、液压套合法装配等。

(5) 制定总装顺序和步骤　按轴组传动件、连接件、支承件和密封件等主要装配内容编排总装的顺序和步骤。

(6) 拟订装配校正的方法和步骤　对整个装配过程，拟订校正的方法和步骤，如轴承间隙的调整等。

(7) 轴组装配精度检测　对轴组装配后的精度进行检测，确定轴组装配的质量。

3. 轴组装配作业的注意事项

1）装配前必须测量轴承及其主要相配零件（主轴、壳体、套筒等）的精度，并做好记录，以便装配时选配。必要时需设法提高零件的有关精度。

2）装配过程中，需要对零件进行加工时，应离开装配场所，以防切屑破坏主轴部件的精度。严格做好零件的清洗，轴承清洗后不应用压缩空气吹干，因压缩空气内含有杂质及水分。

3）主轴、轴承、壳体、套筒等都是精密零件，装配时应妥善安置，不允许用力敲打，轴承装入宜采用温差法。

4）精密轴组装配场所尽可能符合表 6-2 推荐的环境要求。

表 6-2　精密轴组装配环境要求（参考）

轴承精度等级	主轴部件回转精度要求/mm	装配环境温度、湿度	
		恒温/℃	相对湿度(%)
P4、P2	0.002~0.01	夏季 23±1 冬季 17±1 春、秋季 20±1	40~60
特殊精密轴承	<0.002	20±0.5	45±5

5）按轴组工作性质的要求，主轴部件大都具有不同程度的预紧，以提高主轴部件回转精度及主轴系统的刚性和抗振性。但有些精密主轴部件负荷较小，转速极高，并要求维持较低的工作温度，在装配时应考虑适当的游隙。

6.4　精密轴承装配技能训练实例

6.4.1　M1432B 型万能外圆磨床砂轮架的装配

砂轮架的装配（见图 6-20）主要是砂轮主轴与滑动轴承的装配。砂轮主轴和轴承是磨床的重要零件，它的回转精度对被加工工件的精度和表面质量都有直接影响。此砂轮架采用多瓦自动调位动压轴承（如前所述的短三瓦滑动轴承）。装配时，先刮研轴承与箱体孔的配

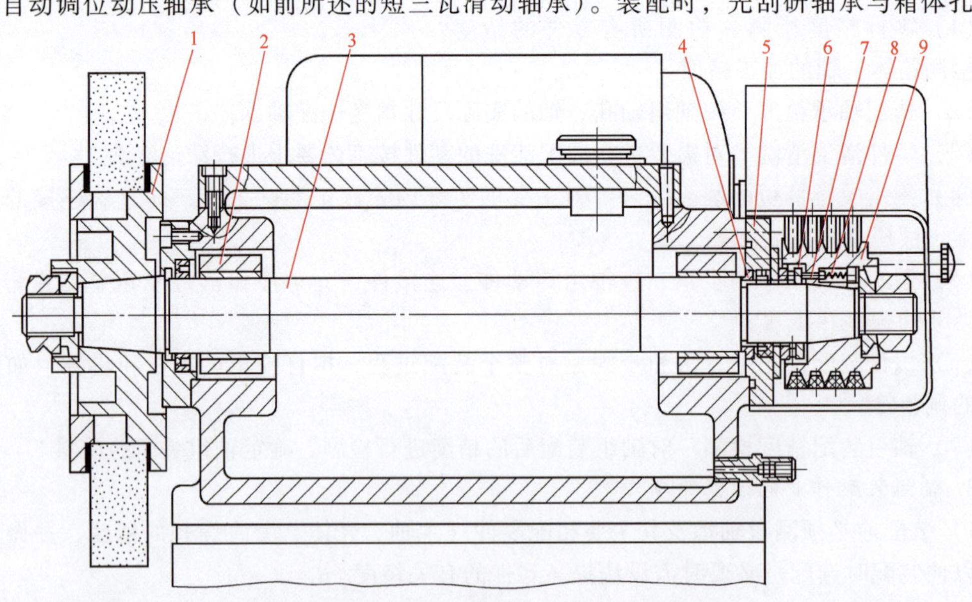

图 6-20　M1432B 型万能外圆磨床砂轮架的结构图

1—法兰盘　2—动压轴承　3—主轴　4—止推环　5—轴承盖
6—推力球轴承　7—圆柱　8—弹簧　9—带轮

合面，使其符合配合要求，然后用主轴着色研点将轴承刮至 16~20 点/25mm×25mm。轴承与轴颈之间的间隙调至 0.015~0.025mm。间隙不能太大或太小，间隙过大易振动，同时降低回转精度；间隙过小，易磨损、发热严重，甚至会产生“抱轴”的现象。

装配前，须对法兰盘、带轮校静平衡，装配后，须对主轴部件校动平衡。要求达到平衡精度为 G0.5~G1，或符合图样规定的要求。

6.4.2 M1432B 型万能外圆磨床头架主轴部件和内圆磨具的装配（见图 1-14 和图 6-21）

M1432B 型万能外圆磨床头架主轴部件是采用定向装配法装配的：头架主轴与轴承装配前先测出轴承与主轴的径向圆跳动量和方位，以及轴承的最大原始游隙，然后采用定向装配。装配时使轴承实现预紧，测定并修磨隔圈厚度，使滚动体与内外滚道接触处产生微量的初始弹性变形，消除轴承的原始游隙，以提高回转精度。然后装中间轴与带轮，再将各组件装入头架，并进行调整与空运转 1~1.5h，再检查主轴的径向圆跳动量与轴向窜动。主轴锥孔中心线的径向圆跳动公差为 0.007mm，主轴轴向窜动量公差为 0.01mm。

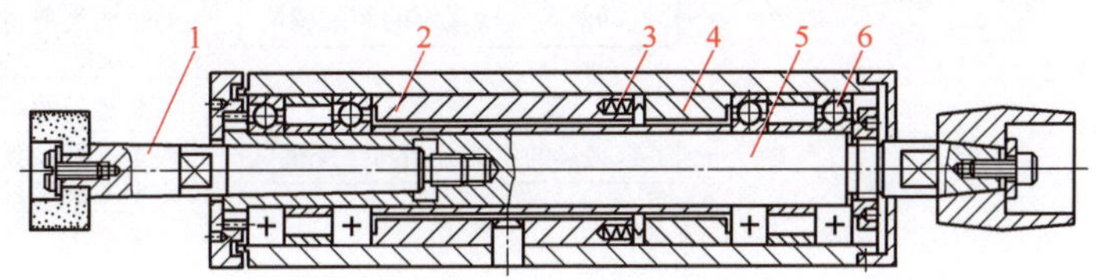

图 6-21 M1432B 型万能外圆磨床的内圆磨具

1—接长轴 2、4—套筒 3—弹簧 5—砂轮主轴 6—滚动轴承

M1432B 型万能外圆磨床的内圆磨具转速极高，最高可达 11000r/min。内圆磨具的装配主要是两端的精密滚动轴承的装配，运用主轴的定向装配和轴承的选配法来进行。装配后，主轴工作端的径向圆跳动误差应在 0.005mm 之内，并保持前后迷宫密封的径向间隙为 0.10~0.30mm，而轴向间隙在 1.5mm 之内。

要注意的是：如果经挑选后的轴承组，其尺寸误差和几何误差不一致或装配后需提高其回转精度，则可采用轴承的精整工艺。即以专用夹具装夹好轴承，使其以 130~180r/min 的转速旋转，用铸铁板和铸铁研磨棒研磨至如下要求：前轴承组的尺寸一致，与套筒的配合间隙为 0.004~0.010mm，与轴颈的配合间隙为 0.003~（-0.003）mm；后轴承组的尺寸一致，与套筒的配合间隙为 0.006~0.012mm，与轴颈的配合间隙为 0.003~（-0.003）mm。若轴承的尺寸大、转速高，间隙应取大的数值；若是相反情况，则取小的数值。

项目 7

液压、气动系统和工装夹具的装配与调试

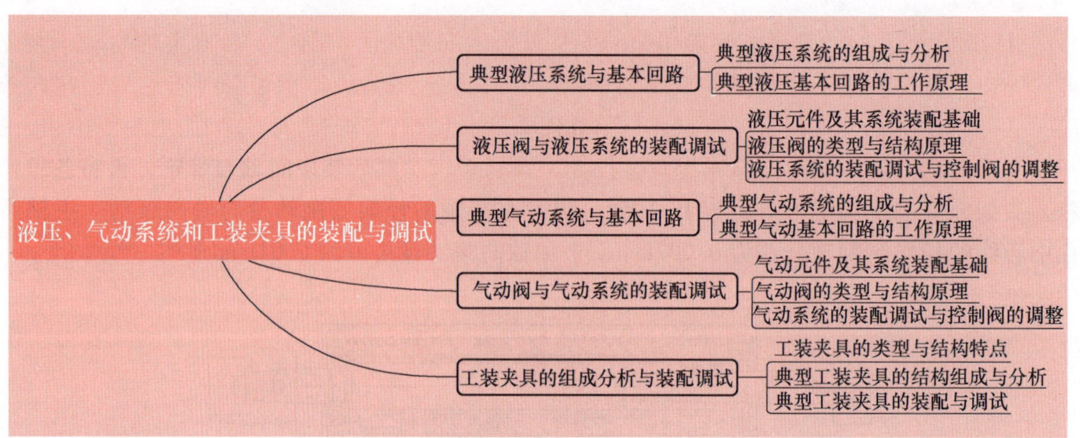

7.1 典型液压系统与基本回路

7.1.1 典型液压系统的组成与分析

液压系统是一种流体传动系统，是利用液体作为介质进行传动和控制的系统。

1. 液压系统及其组成

液压传动是以液体为工作介质，利用液体压力来传递运动、动力并进行控制的一种传动方式。

（1）基本组成　如图 7-1 所示，液压系统由动力部分（液压泵 3）、控制调节部分（手动控制三位四通换向阀 7、节流阀 8 和溢流阀 9）、执行部分（双活塞杆液压缸 6）和辅助装置（油箱 1、过滤器 2、压力计 4 和连接管路等）四个基本部分及其工作介质组成。

（2）传动工作过程　液压泵 3 由电动机驱动进行工作，油箱 1 中的油液经过滤器 2 被吸入液压泵吸油口，并经液压泵向系统输出。油液经节流阀 8、换向阀 7 的 P-A 通道进入液压缸 6 的右腔，推动活塞连同工作台 5 向左运动，液压缸左腔的油液经换向阀的 B-O 通道流回油箱。通过调节节流阀 8 的开口大小可调节油液的流量，使液压缸连同工作台以一定的速度运动。当系统的压力达到某一数值时，溢流阀 9 被打开，使系统中多余的油液经溢流阀 9 的开口流回油箱。当换向阀 7 的阀芯移动到右边位置时，来自液压泵的油液经换向阀 7 的 P-B 通道进入液压缸的左腔，推动活塞连同工作台向右运动，液压缸右腔的油液经换向阀 7 的 A-O 通道流回油箱，从而实现工作台 5 的运动换向。当工作台 5 运动到所需位置，手动操作使换向阀 7 的阀芯处于中间位置时，换向阀的进、出油口全被堵死，活塞连同工作台停止运动，液压泵 3 输出的液压油经溢流阀 9 流回油箱，工作台可停止在所需的位置。

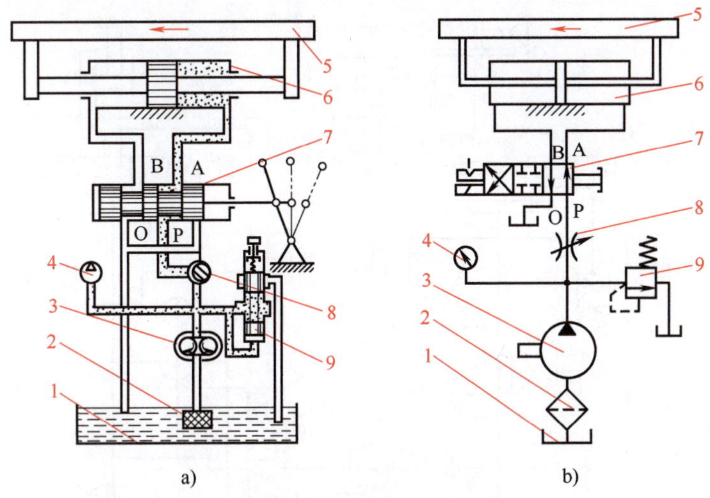

图 7-1　机床工作台典型液压系统

1—油箱　2—过滤器　3—液压泵　4—压力计　5—工作台

6—液压缸　7—换向阀　8—节流阀　9—溢流阀

（3）各组成部分的作用

1）动力部分的主要作用是将机械能转换为液体的压力能（液压能），能量转换元件主要是液压泵（如齿轮泵、叶片泵、柱塞泵等），向液压泵提供机械能的动力源有电动机或发动机等。

2）控制调节部分主要用来控制和调节油液的压力、流量和流动方向。控制元件主要是各种压力控制阀（如溢流阀）、流量控制阀（如节流阀）和方向控制阀（如换向阀）。

3）执行部分的主要作用是通过执行器将油液的压力能转换成机械能，驱动负载，实现往复直线运动、连续旋转运动和摆动。执行元件主要是各种液压缸（如单向或双向液压缸）、液压马达（如单向或双向液压马达）和摆动马达。

4）辅助部分的主要作用是将各组成部分连接在一起构成液压系统，起到贮油、过滤、测量、密封和系统参数显示等作用，以保证系统的正常工作。主要辅助元件有管路、接头、换热器、液体箱、过滤器、蓄能器、密封件和控制仪表（如压力表、流量表）等。

5）工作介质的主要作用是在系统中进行能量和信号的传递，它是液压能的载体。液压系统的工作介质主要是液压油和高水基液体（如磷酸酯液压液）。

2. 典型液压系统的分析

图 7-2 所示为立式组合机床的液压系统，该系统用来对工件进行多孔钻削加工，系统能实现定位→夹紧→动力滑台快进→工进→快退→松夹、拔销→原位卸荷的工作循环。其动作过程如下：

1）工件定位：YA6 通电，电磁阀 17 上位接入系统，使系统进入工作状态。当 YA4 通电时，换向阀 10 左位接入系统，油路走向为变量泵 2→电磁阀 17→减压阀 8→单向阀 9→换向阀 10→定位缸 11 右腔→定位缸 11 左腔→换向阀 10→油箱，实现工件的定位。

2）工件夹紧：定位完毕，油压升高达到顺序阀 13 的调压值，液压油经顺序阀 13 进入夹紧缸 12 的左腔，实现对工件的夹紧。

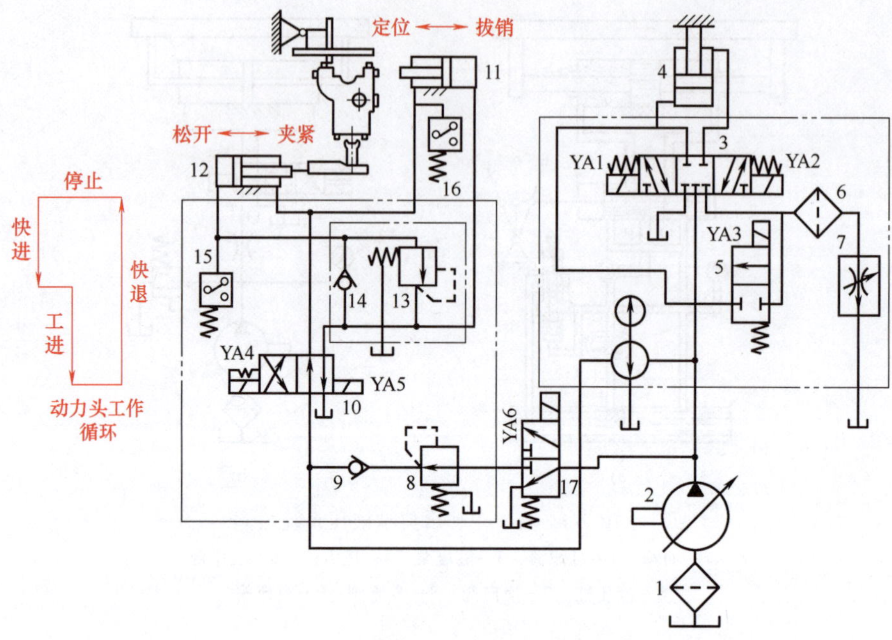

图 7-2 立式组合机床的液压系统

1、6—过滤器 2—变量泵 3、10—换向阀 4—进给缸 5、17—电磁阀
7—调速阀 8—减压阀 9、14—单向阀 11—定位缸
12—夹紧缸 13—顺序阀 15、16—压力继电器

3）动力滑台快进：夹紧完毕，夹紧缸 12 左腔油压升高到压力继电器 15 的调压值，发出信号，使 YA1 和 YA3 通电，换向阀 3 左位、电磁阀 5 上位接入系统，油路走向为变量泵 2→换向阀 3→进给缸 4 下腔，进给缸 4 上腔→换向阀 3→电磁阀 5→进给缸 4 下腔，实现差动快进。

4）动力滑台工进：快进完毕，挡块触动电气行程开关发信号，使 YA3 断电，换向阀 3 下位接入系统，进给缸 4 上腔油液经过滤器 6 和调速阀 7 流回油箱，工进速度由调速阀 7 调定。

5）动力滑台快退：工进完毕，挡块触动电气行程开关发信号，使 YA2 通电（YA1 断电），换向阀 3 右位接入系统，油路走向为变量泵 2→换向阀 3→进给缸 4 上腔，进给缸 4 下腔→换向阀 3→油箱，实现快退。

6）松夹、拔销：快退完毕，电气行程开关发信号，使 YA5 通电（YA4 断电），换向阀 10 右位接入系统，油路走向为变量泵 2→电磁阀 17→减压阀 8→单向阀 9→换向阀 10→夹紧缸 12 右腔和定位缸 11 左腔，夹紧缸 12 左腔和定位缸 11 右腔→单向阀 14、换向阀 10→油箱，实现松夹和拔销。

7）原位停止卸荷：松夹和拔销完毕，油压升高达到压力继电器 16 的预调值，发信号使 YA6 通电，电磁阀 17 下位接入系统，变量泵 2 输油经电磁阀 17 回油箱，实现泵的卸荷。

该机床液压系统传动过程中电磁铁的工作状态见表 7-1，表中符号“+”表示电磁铁通电，符号“-”表示电磁铁断电。

表 7-1　立式组合机床液压系统传动过程中电磁铁的工作状态

工况	电磁铁					
	YA1	YA2	YA3	YA4	YA5	YA6
定位	−	−	−	+	−	+
夹紧	−	−	−	+	−	+
动力滑台快进	+	−	+	+	−	+
工进	+	−	−	+	−	+
快退	−	+	−	+	−	+
松开、拔销	−	−	−	−	+	+
卸荷	−	−	−	−	−	−

7.1.2　典型液压基本回路的工作原理

1. 压力控制基本回路

(1) 压力控制回路的基本功能　压力控制回路是利用压力控制阀控制液压系统压力的基本回路，可实现调压、限压、减压、卸荷和平衡控制功能。

(2) 压力控制回路的基本类型　压力控制回路主要有调压回路、减压回路、卸荷回路、背压回路和平衡回路。

(3) 典型压力控制回路的工作原理

1) 减压回路。图 7-3 所示为减压回路，减压回路的控制过程与调整要点如下：

① 作用：在液压系统中，当某个执行元件或某条支油路所需工作压力必须低于由溢流阀调定的主油路油压时，可采用减压回路。减压回路在液压系统的定位、夹紧油路中应用非常普遍。

② 控制过程：图 7-3 所示为用于定位、夹紧液压控制的减压回路。液压泵出口压力由溢流阀 1 调定，以满足主油路油压的需要。定位夹紧的支油路油压由减压阀 2 调定，减压阀的调压值必须满足定位夹紧所需的工作油压，调定后的减压阀出口压力基本不变。

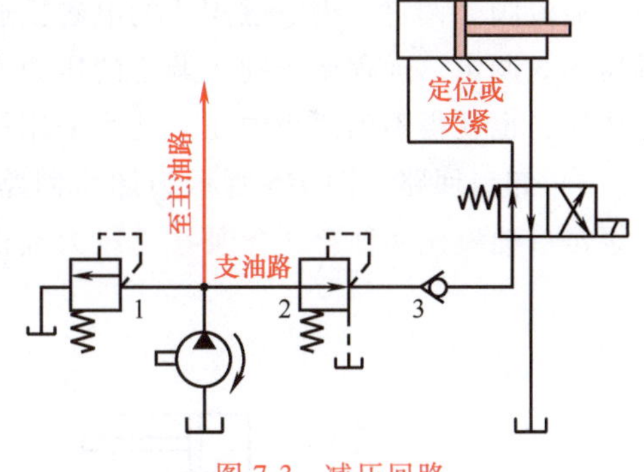

图 7-3　减压回路

1—溢流阀　2—减压阀　3—单向阀

③ 调整：为使减压阀正常工作，减压阀的最低调压值应大于 0.5MPa，调压的最高值至少应比溢流阀调压值低 0.5MPa。在减压阀出口一般都接一个单向阀 3，目的是当主油路执行元件快进时，单向阀阻止支油路油液反流，这样支油路中定位夹紧系统短时间内不会使处于夹紧的机械松开。

④ 辅助设置：减压回路在单向阀出口处可设置蓄能器，目的是即使在停电状态下也能使支油路保证足够的油压，避免发生事故。

2) 调压回路。图 7-4 所示为调压回路。调压回路是液压系统供油环节压力控制的基本回路。

① 单级调压回路。图 7-4a 所示为单级调压定量泵供油系统。液压泵 1 的出口连接一个溢流阀 2，溢流阀的调压值根据负载需要的最高油压及系统的压力损失来确定，但不能调得

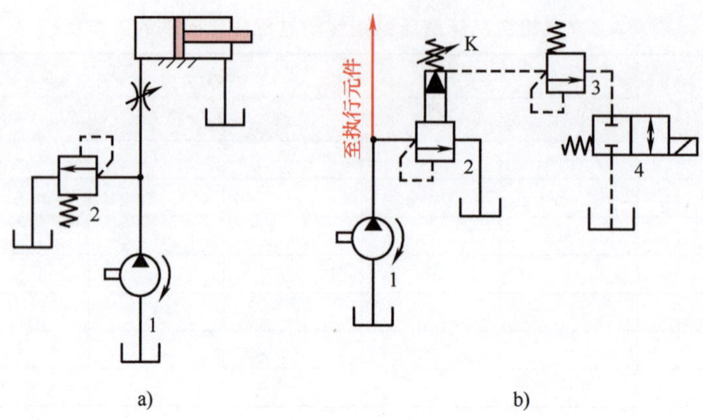

a) b)

图 7-4 调压回路

a）单级调压回路 b）双级调压回路

1—液压泵 2—溢流阀 3—远程调压阀 4—电磁阀

太高，否则会增大功率损耗及油液发热。通常溢流阀调压值一般为系统中执行元件最大工作压力的 1.05~1.10 倍。

② 多级调压回路。图 7-4b 所示为二级调压定量泵供油系统。液压泵出口连接两个溢流阀，由一个二位二通电磁换向阀控制，起到远程调压作用。其远程控制的原理是，先导式 Y 型溢流阀 2 的远程控制口 K 接一个远程调压阀 3（即溢流阀），远程调压阀 3 的出口接二位二通电磁阀 4。当电磁阀 4 的电磁铁断电时（图示位置，左位接入系统），液压泵 1 出口压力由溢流阀 2 调定。当电磁阀 4 的电磁铁通电时（即右位接入系统），泵的出口压力由远程调压阀 3 调定。远程调压阀 3 调定的压力值应低于溢流阀 2 的调定值，否则远程调压阀 3 不起作用，也就得不到两级油压。适当采用控制阀还能实现三级调压甚至多级调压。

3）卸荷回路。图 7-5 所示为卸荷回路，卸荷回路的作用是在液压泵不停转的情况下，使泵出口油液流回油箱，而泵在无压力或很低的压力下运转，以减少功率损耗，降低系统发

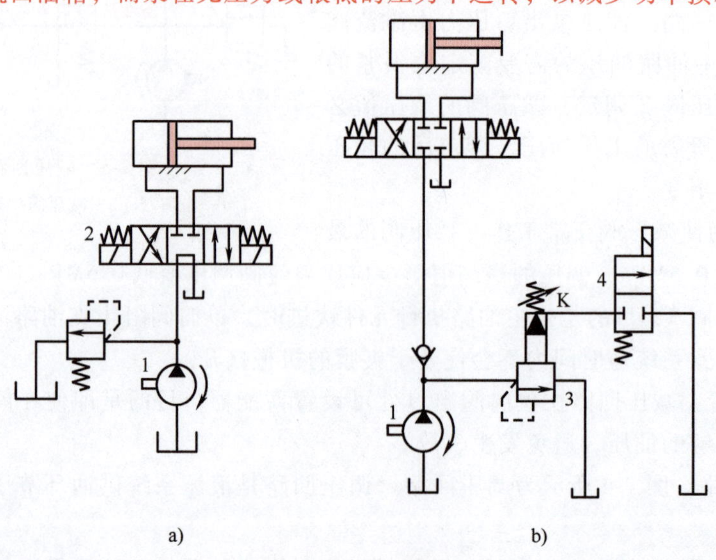

a) b)

图 7-5 卸荷回路

1—液压泵 2—电磁换向阀 3—溢流阀 4—电磁阀

热，延长液压泵和电动机的使用寿命。卸荷回路的控制过程如下：

① 图7-5a所示为卸荷回路。采用三位四通电磁换向阀2的M型中位滑阀机能（也可用H型）来实现液压泵1的卸荷。即电磁换向阀2处于中位时，泵出口油液通过电磁换向阀2直接流回油箱。

② 图7-5b所示是采用溢流阀3和电磁阀4组合实现卸荷的卸荷回路。当电磁阀4的电磁铁通电，即上位接入系统时，泵输出的油液先由溢流阀3控制口K经电磁阀4流回油箱，溢流阀3主阀失去平衡而移动，进、出油口连通，泵中的大量油液经溢流阀3出口流回油箱。

③ 卸荷回路也可用二位二通或二位三通电磁阀直接使泵卸荷（阀和泵的额定流量应一致）。还可采用双泵供油的办法，即当执行机构切削慢进时，小流量泵供油，油液从大流量泵出口流回油箱。

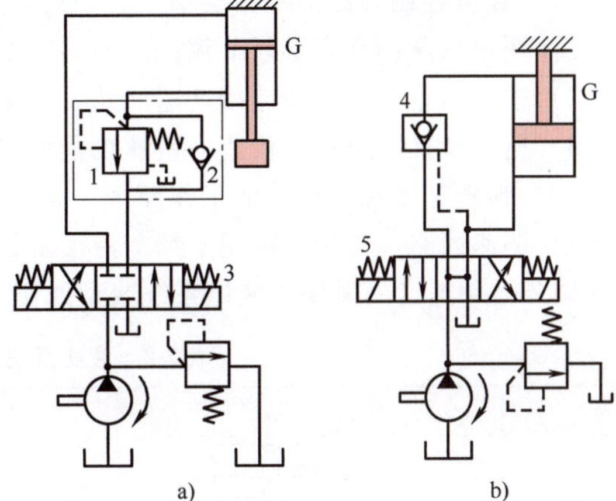

图7-6　平衡回路

1—顺序阀（平衡阀）　2—单向阀

3、5—换向阀　4—液控单向阀

4）平衡回路。图7-6所示为平衡回路。在液压系统中，为防止垂直液压缸中活塞或缸体等运动部件因自重而下落或因载荷突然减小时产生突然行进，可在运动部件下移时的回路上设置平衡阀或液控单向阀。控制过程如下：

① 图7-6a所示为用顺序阀作为平衡阀的平衡回路。顺序阀1的调压值应略大于液压缸G运动部件的自重在液压缸下腔形成的压力。当换向阀3处于中位，泵卸荷、缸不工作时，顺序阀1和单向阀2关闭，缸下腔油液无法流出，运动部件不会自行下滑。当换向阀的右位接入系统时，缸上腔通入液压油，使缸下腔产生的压力大于顺序阀的调压值，顺序阀打开，活塞等运动部件下行，不会产生超速下降现象。

② 图7-6b所示为采用液控单向阀4的平衡回路。当换向阀5的中位接入系统时，液压泵和液控单向阀控制口卸荷，液控单向阀将液压缸G上腔回路切断，使液压缸G不会因自重而下滑。换向阀5中位机能应采用H型，使液控单向阀控制口油液卸掉。

5）背压回路。在液压系统中，为了提高液压缸回油腔的压力（常称背压），增加进给运动时的平稳性，避免冲撞现象，一般在液压缸的回油路上设置顺序阀或溢流阀作为背压阀。

① 控制过程：图7-7所示为背压回路。当换向阀3的右位接入系统时，液压油进入液压缸G的右腔，左腔油液经换向阀3和背压阀2流回油箱。

② 调整：背压阀的调压值一般为0.3~0.5MPa，太低效果差，太高损耗大。普通单向阀也可用作背压阀，不过弹簧应更换为刚度较大一些的，确保开启压力达到0.3~0.5MPa。图7-7中溢流阀1是系统的调压阀。

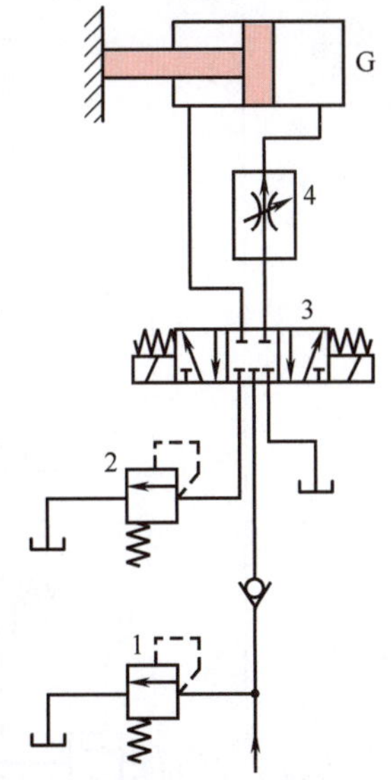

图7-7　背压回路

1—溢流阀　2—背压阀

3—换向阀　4—调速阀

2. 速度控制基本回路

（1）速度控制回路的基本功能　**速度控制回路是控制液压系统中执行元件运动速度的回路，可实现调速、增速和速度换接等控制功能。**

（2）速度控制回路的基本类型

1）调速回路：有定量泵节流调速回路、变量泵节流调速回路、变量泵调速回路。

2）增速回路：有差动连接增速回路、双泵供油增速回路。

3）速度换接回路：有快速—慢速切换回路、第一慢速—第二慢速切换回路。

（3）典型速度控制回路的工作原理　典型的调速、增速和速度换接回路控制原理如下：

1）调速回路。**调速回路用于调节液压缸等执行元件的运动速度，以适应液压系统执行元件调节运动速度的需要。**液压系统典型的调速回路示例见表 7-2。

表 7-2　液压系统典型的调速回路

名　称	图　示	控制过程说明
定量泵节流调速	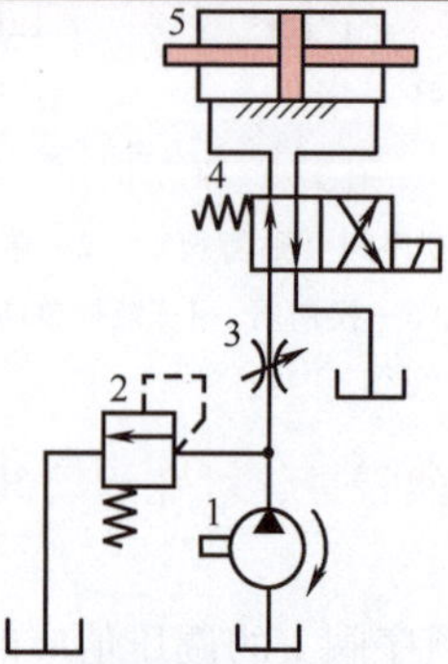 1—定量泵　2—溢流阀 3—节流阀　4—换向阀 5—液压缸	进油路节流调速：此调速回路是将节流阀 3 设置在定量泵 1 和液压缸 5 之间的进油路上，如左图所示。调节节流阀 3 节流口的大小，便能控制进入液压缸 5 的流量，定量泵输出的多余流量经溢流阀 2 流回油箱。这种调速既有节流损失又有溢流损失，发热大，效率低，回油路上无背压，运动平稳性较差，适用于负载变化小、稳定性要求不高的中、小功率的液压系统
	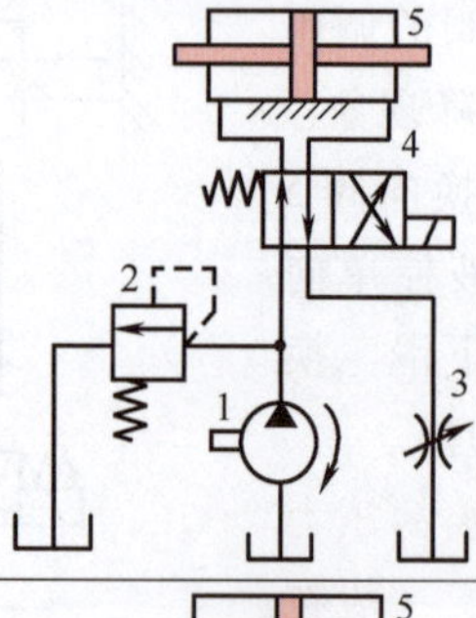	回油路节流调速：此调速回路是将节流阀 3 设置在液压缸 5 和油箱之间的回油路上，如左图所示。调节节流阀 3 节流口的大小就能控制进入液压缸的流量，定量泵 1 提供的多余流量经溢流阀 2 流回油箱。这种调速与进油路调速一样，有节流损失和溢流损失，发热大，效率低，但液压缸的回油腔存在背压，运动平稳性较好，适用于负载变化较大、稳定性要求较高的中、小功率的液压系统
	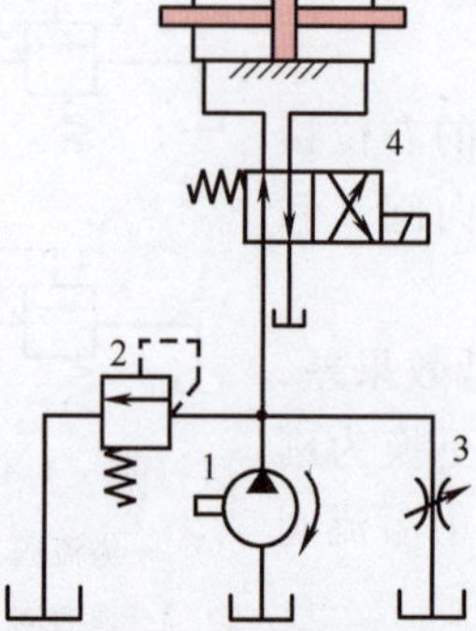	旁油路节流调速：此调速回路是将节流阀 3 设置在与液压缸 5 并联的旁油路上，如左图所示。调节节流阀 3 节流口的大小来调节流回油箱的流量，流回油箱越多，则进入液压缸的流量就越少，流回油箱越少，则进入液压缸的流量就越多，以此间接控制进入液压缸的流量。定量泵 1 供油流量经溢流阀 2 流回油箱，回路中溢流阀仅起液压系统的安全保护作用（也称为安全阀）。这种调速回路有节流损失，无溢流损失，发热小，效率较高，运动平稳性差，适用于负载变化很小、速度平稳性要求低的大功率液压系统

（续）

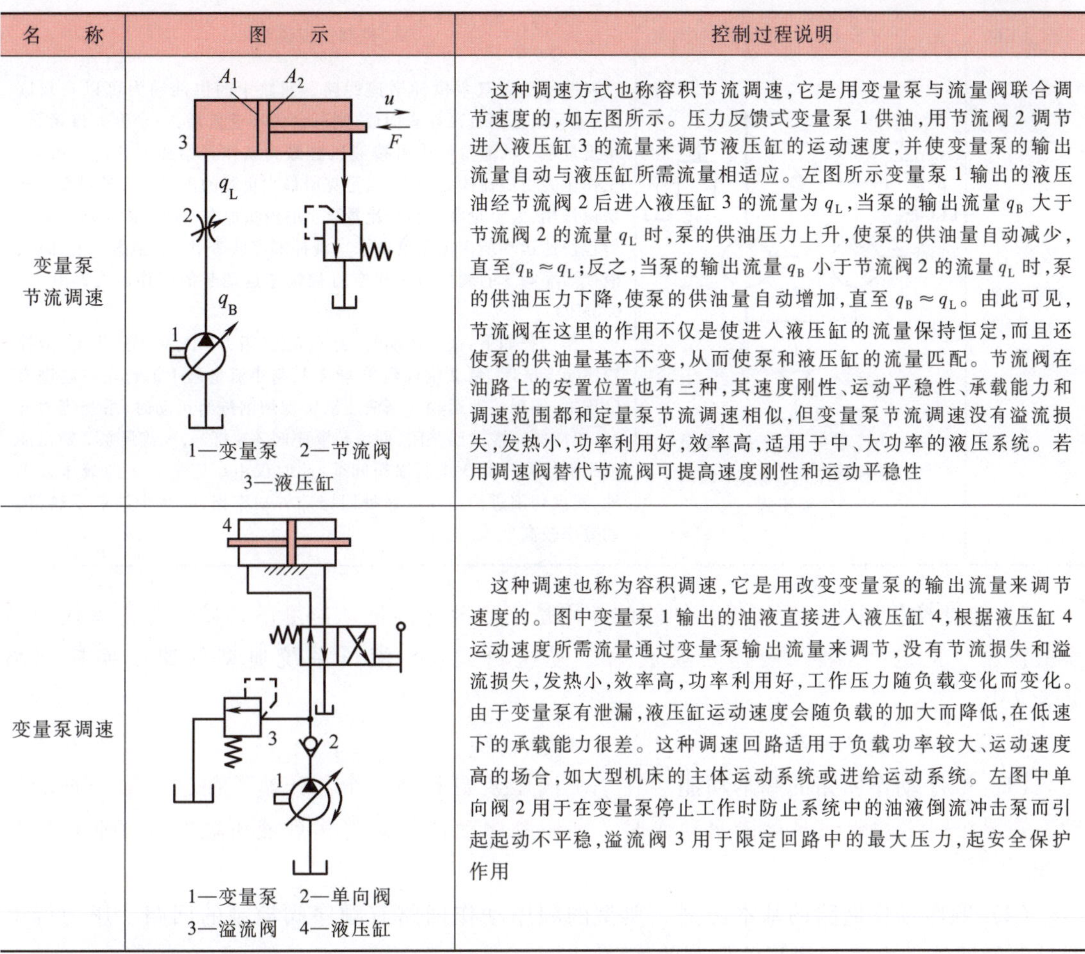

名　　称	图　　示	控制过程说明
变量泵节流调速	1—变量泵　2—节流阀 3—液压缸	这种调速方式也称容积节流调速，它是用变量泵与流量阀联合调节速度的，如左图所示。压力反馈式变量泵1供油，用节流阀2调节进入液压缸3的流量来调节液压缸的运动速度，并使变量泵的输出流量自动与液压缸所需流量相适应。左图所示变量泵1输出的液压油经节流阀2后进入液压缸3的流量为q_L，当泵的输出流量q_B大于节流阀2的流量q_L时，泵的供油压力上升，使泵的供油量自动减少，直至$q_B \approx q_L$；反之，当泵的输出流量q_B小于节流阀2的流量q_L时，泵的供油压力下降，使泵的供油量自动增加，直至$q_B \approx q_L$。由此可见，节流阀在这里的作用不仅是使进入液压缸的流量保持恒定，而且还使泵的供油量基本不变，从而使泵和液压缸的流量匹配。节流阀在油路上的安置位置也有三种，其速度刚性、运动平稳性、承载能力和调速范围都和定量泵节流调速相似，但变量泵节流调速没有溢流损失，发热小，功率利用好，效率高，适用于中、大功率的液压系统。若用调速阀替代节流阀可提高速度刚性和运动平稳性
变量泵调速	1—变量泵　2—单向阀 3—溢流阀　4—液压缸	这种调速也称为容积调速，它是用改变变量泵的输出流量来调节速度的。图中变量泵1输出的油液直接进入液压缸4，根据液压缸4运动速度所需流量通过变量泵输出流量来调节，没有节流损失和溢流损失，发热小，效率高，功率利用好，工作压力随负载变化而变化。由于变量泵有泄漏，液压缸运动速度会随负载的加大而降低，在低速下的承载能力很差。这种调速回路适用于负载功率较大、运动速度高的场合，如大型机床的主体运动系统或进给运动系统。左图中单向阀2用于在变量泵停止工作时防止系统中的油液倒流冲击泵而引起起动不平稳，溢流阀3用于限定回路中的最大压力，起安全保护作用

2）增速回路。增速回路的作用是使液压缸在空行程时获得尽可能快的运动速度，以提高机床运动部件的效率。液压系统典型的增速回路见表7-3。

表7-3　液压系统典型的增速回路

名　　称	图　　示	控制过程说明
差动连接增速回路	1—液压泵　2—液压缸 3—电磁阀	左图所示为单活塞杆液压缸差动连接增速回路。二位三通电磁阀3的电磁铁断电处于图示位置时，液压泵1供油进入液压缸2左、右两腔连成差动形式，活塞快速向右运动。电磁阀3通电，左位接入系统，液压缸无杆腔进油，有杆腔回油，接成非差动形式。差动连接也可用三位四通换向阀P型中位机能或其他方法来实现

（续）

名　称	图　示	控制过程说明
双泵供油增速回路	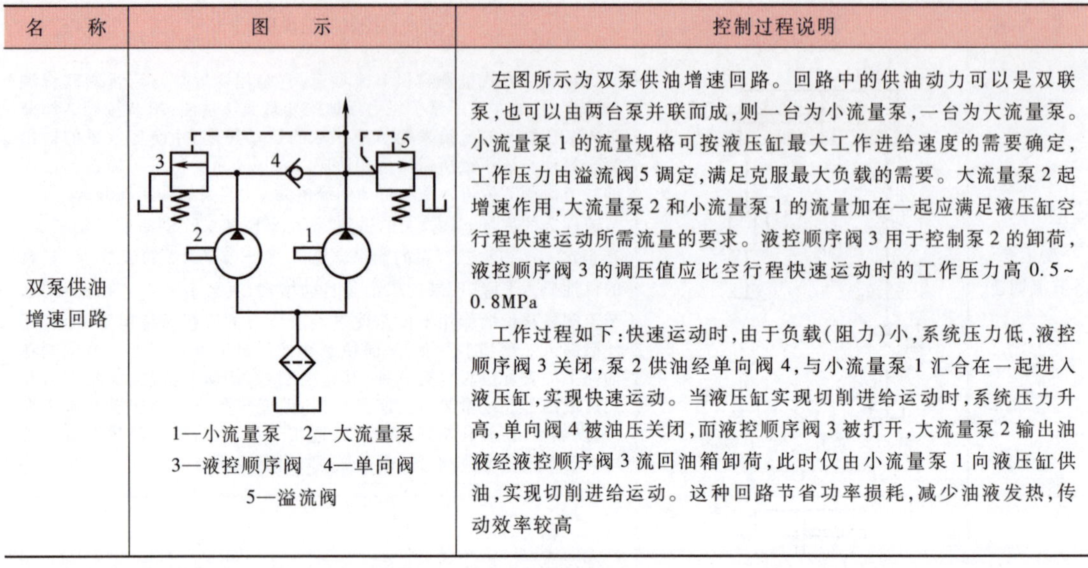 1—小流量泵　2—大流量泵 3—液控顺序阀　4—单向阀 5—溢流阀	左图所示为双泵供油增速回路。回路中的供油动力可以是双联泵，也可以由两台泵并联而成，则一台为小流量泵，一台为大流量泵。小流量泵1的流量规格可按液压缸最大工作进给速度的需要确定，工作压力由溢流阀5调定，满足克服最大负载的需要。大流量泵2起增速作用，大流量泵2和小流量泵1的流量加在一起应满足液压缸空行程快速运动所需流量的要求。液控顺序阀3用于控制泵2的卸荷，液控顺序阀3的调压值应比空行程快速运动时的工作压力高0.5~0.8MPa 工作过程如下：快速运动时，由于负载（阻力）小，系统压力低，液控顺序阀3关闭，泵2供油经单向阀4，与小流量泵1汇合在一起进入液压缸，实现快速运动。当液压缸实现切削进给运动时，系统压力升高，单向阀4被油压关闭，而液控顺序阀3被打开，大流量泵2输出油液经液控顺序阀3流回油箱卸荷，此时仅由小流量泵1向液压缸供油，实现切削进给运动。这种回路节省功率损耗，减少油液发热，传动效率较高

3）速度换接回路。速度换接回路的作用是实现液压缸运动速度的切换，通常有快速转换成慢速（工进）、第一慢速转换成第二慢速两大类。液压系统典型的速度换接回路见表7-4。

3. 顺序动作基本回路

（1）顺序动作回路的基本功能　在一个液压泵要驱动几个液压缸，而这些液压缸的运动又需要按一定的顺序要求依次动作时，采用顺序动作回路可实现液压缸的顺序动作控制功能。

（2）顺序动作回路的基本类型　典型的顺序动作回路有顺序阀控制的回路、压力继电器控制的回路、电气行程开关控制的回路。

（3）典型顺序动作回路的工作原理　液压系统典型的顺序动作回路见表7-5。

表7-4　液压系统典型的速度换接回路

名　称	图　示	控制过程说明
快速—慢速切换回路	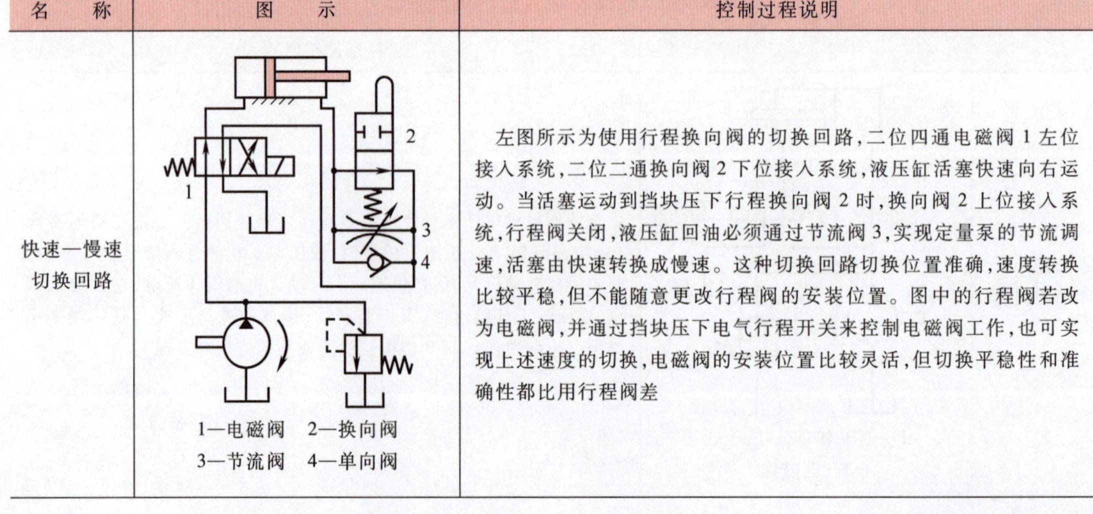 1—电磁阀　2—换向阀 3—节流阀　4—单向阀	左图所示为使用行程换向阀的切换回路，二位四通电磁阀1左位接入系统，二位二通换向阀2下位接入系统，液压缸活塞快速向右运动。当活塞运动到挡块压下行程换向阀2时，换向阀2上位接入系统，行程阀关闭，液压缸回油必须通过节流阀3，实现定量泵的节流调速，活塞由快速转换成慢速。这种切换回路切换位置准确，速度转换比较平稳，但不能随意更改行程阀的安装位置。图中的行程阀若改为电磁阀，并通过挡块压下电气行程开关来控制电磁阀工作，也可实现上述速度的切换，电磁阀的安装位置比较灵活，但切换平稳性和准确性都比用行程阀差

（续）

名　　称	图　　示	控制过程说明
第一慢速—第二慢速切换回路	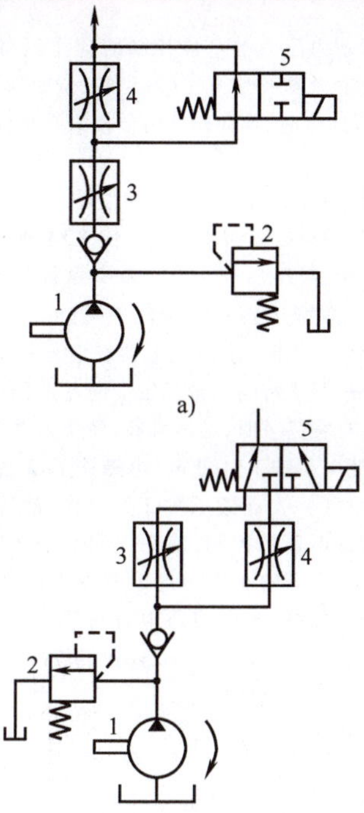 a) b) 1—液压泵　2—溢流阀 3、4—调速阀　5—电磁阀	左图a所示为调速阀串联的二次进给回路，调速阀3用于第一次节流调速，调速阀4用于第二次节流调速。液压泵供油经调速阀3和二位二通电磁阀5进入液压缸，液压缸的运动速度由调速阀3调节，实现第一次进给。当电磁阀5的电磁铁通电后（右位接入系统），泵供油经调速阀3和4进入液压缸，液压缸的运动速度由调速阀4调节，实现第二次进给。此运动的实现条件是调速阀3的节流口必须大于调速阀4的节流开口 左图b所示为调速阀并联的二次进给回路，液压泵1供油经调速阀3和二位三通电磁阀5进入液压缸，液压缸运动速度由调速阀3调节，实现第一次进给。当电磁阀5的电磁铁通电后（右位接入系统），泵供油经调速阀4和电磁阀5进入液压缸，液压缸运动速度由调速阀4调定，实现第二次进给。当一个调速阀工作时，另一个调速阀出口被封闭，这样，这个调速阀中的减压阀处于最大开口位置，当转入工作状态时，减压阀来不及反应，使调速阀的通过流量在开始瞬间过大，会产生液压缸突然前冲的现象，但两只调速阀节流开口之间无须规定大小。一般第一次进给速度较快，用于粗加工，第二次进给速度较慢，用于精加工

表7-5　液压系统典型的顺序动作回路

名　　称	图　　示	控制过程说明
顺序阀控制的顺序动作回路	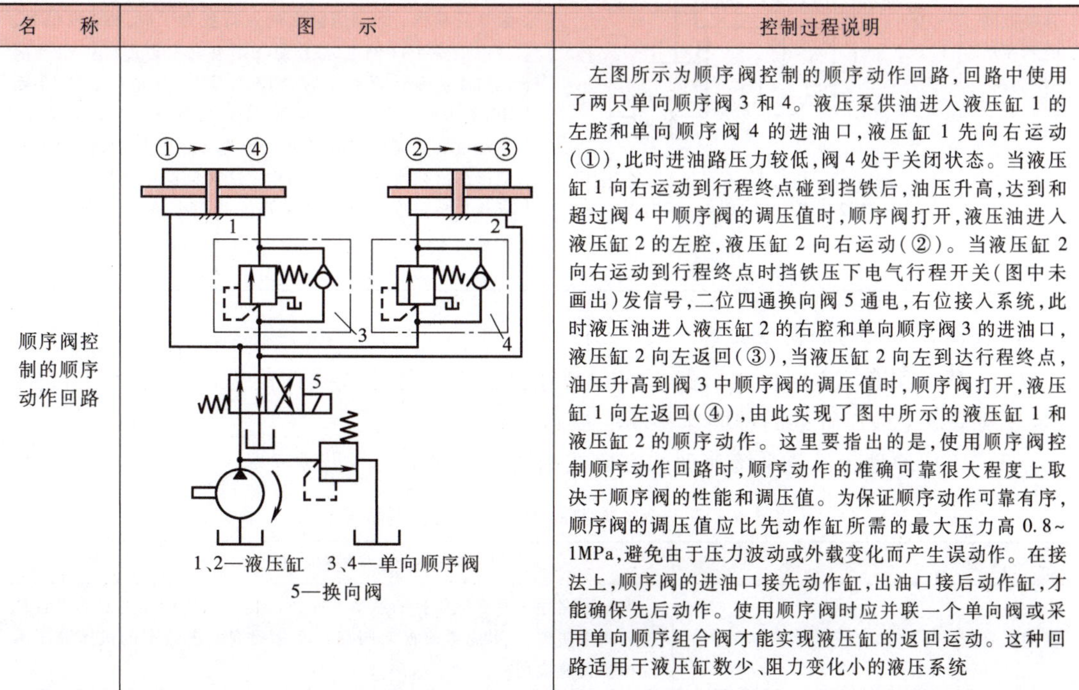 1、2—液压缸　3、4—单向顺序阀 5—换向阀	左图所示为顺序阀控制的顺序动作回路，回路中使用了两只单向顺序阀3和4。液压泵供油进入液压缸1的左腔和单向顺序阀4的进油口，液压缸1先向右运动（①），此时进油路压力较低，阀4处于关闭状态。当液压缸1向右运动到行程终点碰到挡铁后，油压升高，达到和超过阀4中顺序阀的调压值时，顺序阀打开，液压油进入液压缸2的左腔，液压缸2向右运动（②）。当液压缸2向右运动到行程终点时挡铁压下电气行程开关（图中未画出）发信号，二位四通换向阀5通电，右位接入系统，此时液压油进入液压缸2的右腔和单向顺序阀3的进油口，液压缸2向左返回（③），当液压缸2向左到达行程终点，油压升高到阀3中顺序阀的调压值时，顺序阀打开，液压缸1向左返回（④），由此实现了图中所示的液压缸1和液压缸2的顺序动作。这里要指出的是，使用顺序阀控制顺序动作回路时，顺序动作的准确可靠很大程度上取决于顺序阀的性能和调压值。为保证顺序动作可靠有序，顺序阀的调压值应比先动作缸所需的最大压力高0.8~1MPa，避免由于压力波动或外载变化而产生误动作。在接法上，顺序阀的进油口接先动作缸，出油口接后动作缸，才能确保先后动作。使用顺序阀时应并联一个单向阀或采用单向顺序组合阀才能实现液压缸的返回运动。这种回路适用于液压缸数少、阻力变化小的液压系统

（续）

名　称	图　示	控制过程说明
压力继电器控制的顺序动作回路	1、2—液压缸　3、4—换向阀	左图所示为压力继电器控制的动作回路，回路中用了两只压力继电器 KP1 和 KP2。当三位四通换向阀 3 的电磁铁 YA2 通电时，换向阀 3 右位接入系统，液压油进入液压缸 1 左腔推动活塞向右运动（①），当液压缸 1 向右行程终了时，油压升高，使压力继电器 KP1 动作发出电信号，使三位四通换向阀 4 的电磁铁 YA4 通电，换向阀 4 右位接入系统，液压油进入液压缸 2 左腔推动活塞向右运动（②），实现液压缸 1 先动作、液压缸 2 后动作。当液压缸 2 行程到终点时，压力继电器发信号使电磁铁 YA3 通电（电磁铁 YA4 断电），液压缸 2 向左返回（③）。当液压缸 2 向左行程终了时，油压升高，使压力继电器 KP2 动作发信号，使电磁铁 YA1 通电（电磁铁 YA2 断电），液压缸 1 向左返回（④），实现液压缸 2 先动作、液压缸 1 后动作。由于压力继电器的控制，使图中的两个液压缸依次先后顺序动作。为了防止压力继电器发生误动作，压力继电器性能应予保证，其在回路中的调整压力应比先动作的液压缸的最高工作压力高 0.3～0.5MPa，但应比溢流阀的调压值低 0.3～0.5MPa
电气行程开关控制的顺序动作回路	1、2—液压缸　3、4—换向阀	左图所示为电气行程开关控制的顺序动作回路，这种回路利用运动部件到达一定位置时电气行程开关发出电信号来控制液压缸顺序动作。当电磁铁 YA1 通电时，液压缸 1 活塞向左运动（①）。当液压缸 1 向左行程终了时，触动电气行程开关 ST1 发信号，使电磁铁 YA2 通电，液压缸 2 活塞向左运动（②），实现液压缸 1 先动作、液压缸 2 后动作。当液压缸 2 向左行程终了时，ST2 发信号，使电磁铁 YA1 断电，液压缸 1 活塞向右返回（③）。当液压缸 1 向右行程终了时，ST3 发信号，使电磁铁 YA2 断电，液压缸 2 活塞向右返回（④），实现液压缸 1 先动作、液压缸 2 后动作。由于电气行程开关的控制，使图中两只液压缸依次先后顺序动作。这种回路中液压缸的顺序动作比较可靠，若要改变液压缸的动作顺序，调整也比较方便

4. 方向控制回路和同步回路

（1）基本功能　方向控制回路可实现液压缸起动、停止或换向的控制功能。同步回路可实现两个以上液压缸的同位同速移动的控制功能。

（2）工作原理　液压系统典型的方向控制回路与同步回路见表 7-6。

表 7-6　液压系统典型的方向控制回路与同步回路

名　称	图　示	控制过程说明
换向回路	—	换向回路用来改变液压缸的运动方向，可用机动、电动和电液动等各种换向阀来实现，尤其是电磁换向阀在自动化程度要求较高的机床液压系统中被普遍应用

（续）

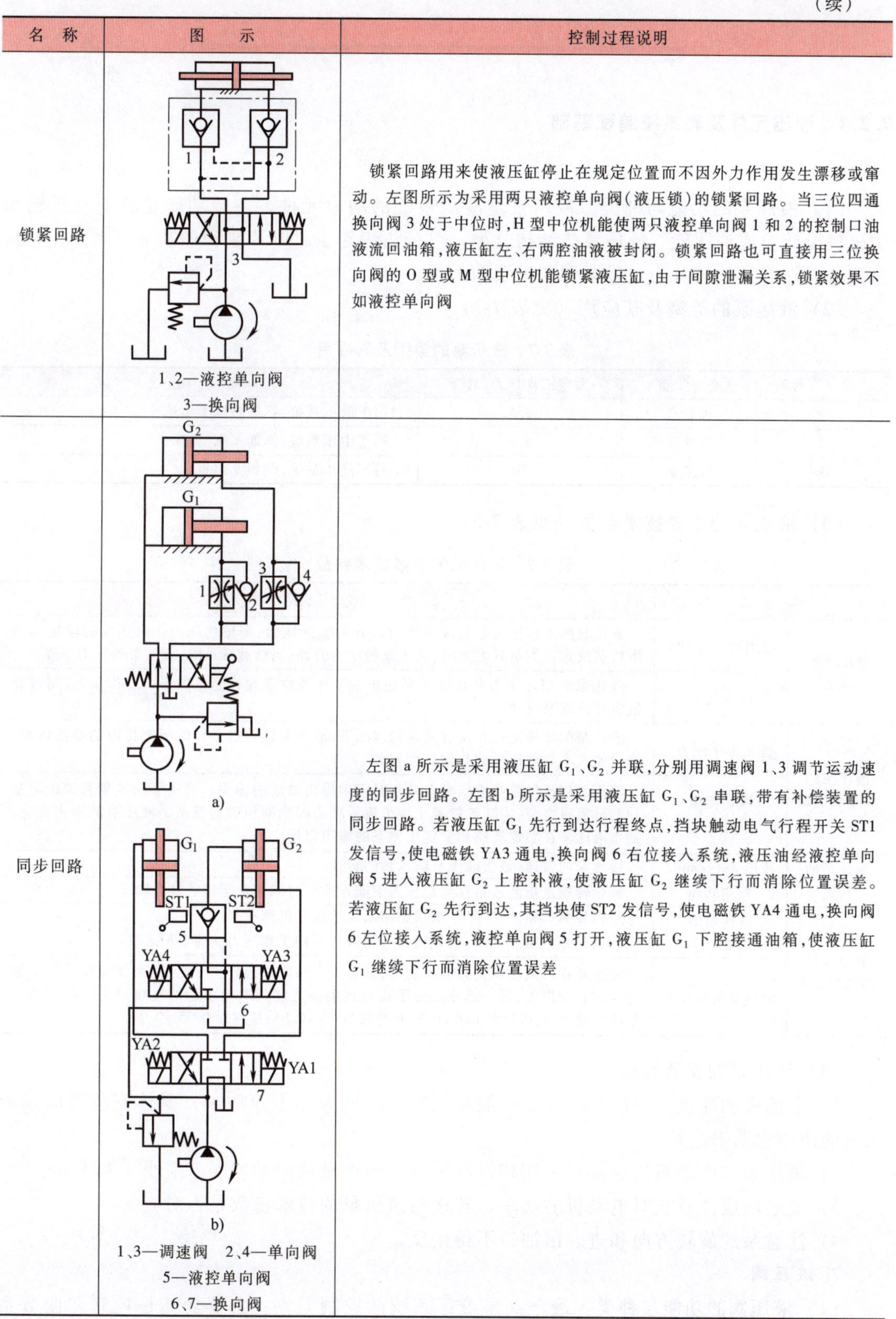

名　称	图　示	控制过程说明
锁紧回路	1、2—液控单向阀 3—换向阀	锁紧回路用来使液压缸停止在规定位置而不因外力作用发生漂移或窜动。左图所示为采用两只液控单向阀（液压锁）的锁紧回路。当三位四通换向阀3处于中位时，H型中位机能使两只液控单向阀1和2的控制口油液流回油箱，液压缸左、右两腔油液被封闭。锁紧回路也可直接用三位换向阀的O型或M型中位机能锁紧液压缸，由于间隙泄漏关系，锁紧效果不如液控单向阀
同步回路	a) b) 1、3—调速阀　2、4—单向阀 5—液控单向阀 6、7—换向阀	左图a所示是采用液压缸 G_1、G_2 并联，分别用调速阀1、3调节运动速度的同步回路。左图b所示是采用液压缸 G_1、G_2 串联，带有补偿装置的同步回路。若液压缸 G_1 先行到达行程终点，挡块触动电气行程开关ST1发信号，使电磁铁YA3通电，换向阀6右位接入系统，液压油经液控单向阀5进入液压缸 G_2 上腔补液，使液压缸 G_2 继续下行而消除位置误差。若液压缸 G_2 先行到达，其挡块使ST2发信号，使电磁铁YA4通电，换向阀6左位接入系统，液控单向阀5打开，液压缸 G_1 下腔接通油箱，使液压缸 G_1 继续下行而消除位置误差

7.2 液压阀与液压系统的装配调试

7.2.1 液压元件及其系统装配基础

1. 液压泵

（1）液压泵的功能与种类　液压泵是液压系统的动力元件，主要功能是将电动机输出的机械能转换成液压能。液压泵按结构分类，可分为齿轮泵、叶片泵和柱塞泵三大类；按流量调节功能分类，可分为定量泵和变量泵两大类。

（2）液压泵的类型及其应用（见表 7-7）

表 7-7　液压泵的类型及其应用

序号	类型	额定工作压力/MPa	应用
1	齿轮泵	2.5	用于低压系统，例如磨床类机床
2	叶片泵	6.3	用于中压系统，例如车床、铣床
3	柱塞泵	10	用于高压系统，例如龙门机床

（3）液压泵的主要技术参数（见表 7-8）

表 7-8　液压泵的主要技术参数

参数		说明
液压泵的压力	工作压力 p/Pa	液压泵的工作压力是指液压泵出口处的实际压力，即输出压力。液压泵的输出压力由负载决定。当负载增大时，液压泵的压力升高；当负载减小时，液压泵的压力下降
	额定压力	液压泵的额定压力是指液压泵在正常工作条件下允许到达的最大工作压力，超过此值将使液压泵过载
液压泵的排量和流量	排量 V/(m^3/r)	液压泵的排量是指在没有泄漏的情况下，液压泵轴转过一转时所能排出的油液体积。排量的大小与液压泵的几何尺寸有关
	额定流量 q/(m^3/s)	液压泵的流量是指液压泵在单位时间内输出油液的体积。液压泵的流量有理论流量和实际流量之分，实际流量等于理论流量减去因泄漏损失的流量。液压泵的额定流量，是指液压泵在额定转速和额定压力下的输出流量
液压泵的转速	转速 n/(r/min)	液压泵的转速，是指液压泵输入轴的转速
	额定转速	额定转速是指液压泵在额定压力下能连续长时间正常运转的最高转速
液压泵的功率和效率	液压泵的功率 P/W	1）液压泵的输入功率 P_i 是指驱动泵轴所需的机械功率 2）液压泵的输出功率 P_o 用流量 q 与液压泵的工作压力 p 的乘积来表示
	液压泵的效率 η	液压泵将机械能转变为液压能时，会有一定的能量损耗，一部分是由于液压泵的泄漏造成的容积损失，另一部分是由于机械运动副之间的摩擦引起的机械损失。各种液压泵的总效率 η：齿轮泵 0.6～0.8；叶片泵 0.75～0.85；柱塞泵 0.75～0.9

（4）液压泵的安装要点

1）泵的吸油高度尽可能小一些。一般泵的吸油高度应小于 500mm，具体安装时应按液压泵的使用说明书进行。

2）液压泵与电动机的连接应采用挠性联轴器，传动轴的同轴度误差应小于 0.1mm。

3）安装前应注意核对电动机的功率、转速与液压泵的技术参数是否对应。

4）注意泵的旋转方向和进、出油口不得接反。

2. 液压阀

（1）液压阀的功能与种类　液压阀是液压系统的控制元件，主要功能是控制和调节系

统中介质的流动方向、压力和流量，即控制执行元件的运动方向、作用力（力矩）、运动速度、动作顺序以及限制系统的工作压力等。液压控制阀按功能分类，可分为方向控制阀、压力控制阀和流量控制阀三大类。

（2）应用特点与技术规格

1）常见换向阀的应用特点见表7-9。

表7-9 常见换向阀的应用特点

换向阀类型	图示	应用特点
手动换向阀	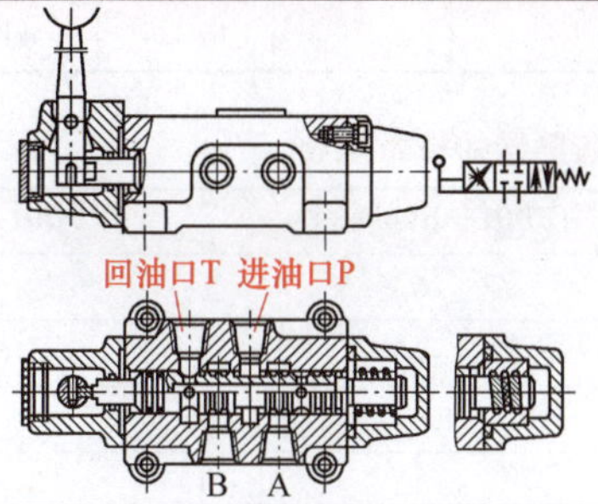	左图所示是用手通过杠杆来操纵阀芯移动的一种换向阀，它分为弹簧自动复位式和弹簧钢球定位式两种
机动换向阀	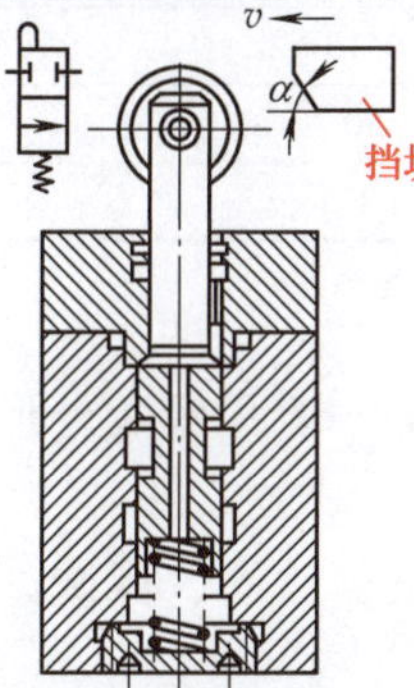	左图所示为机动换向阀，也称为行程换向阀，它是通过安装在工作台上的行程挡块（凸轮）压下顶杆（滚轮）来操纵阀芯移动的，靠弹簧力复位
电磁换向阀	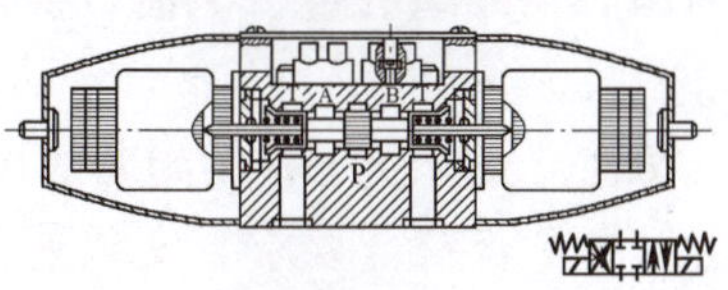	左图所示为电磁换向阀，它是由电气系统的按钮、限位开关、行程开关或其他电气元件发出信号，通过电磁铁通电产生磁性推力来操纵阀芯移动的。电磁阀的电源有交流电和直流电两种，断电时，阀芯靠弹簧复位。由于受到电磁铁推力大小的限制，因此电磁换向阀允许通过的流量一般为中、小流量，否则会使电磁铁结构庞大
电液动换向阀	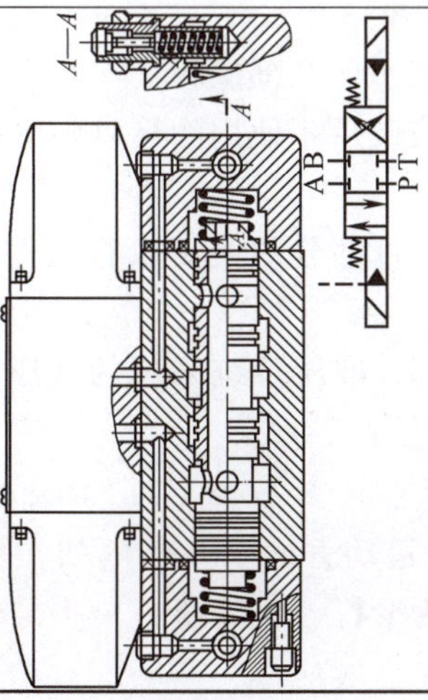	左图所示为电液动换向阀，由电磁阀和液动阀组成，电磁阀起先导作用，通过它向液动阀提供换向的控制油来改变液动阀阀芯的位置。液动阀是主阀，它控制执行元件的运动方向，液动阀阀芯移动的快慢可由两端的节流阀来调节。电磁阀的中位机能是Y型，用以保证电磁阀中位时，液动阀两端的控制油卸荷，使液动阀阀芯在弹簧作用下复位。电液动换向阀既能实现换向缓冲，又能用小型规格的电磁阀控制较大的系统流量，所以常用在大流量（超过63L/min）液压系统中

2）压力控制阀的技术规格。P 型低压溢流阀的技术规格见表 7-10。1PD01 型压力继电器的技术规格见表 7-11。

表 7-10　P 型低压溢流阀的技术规格

流量/(L/min)	管式联接		板式联接		压力/MPa		接口尺寸		阀径/mm
	型号	质量/kg	型号	质量/kg	最大	最小	管式/in	板式/mm	
10	P—B10	1.5	P—B10B	1.5	0.5	0.3	Rc1/4	$\phi9$	$\phi12$
25	P—B25	2	P—B25B	2			Rc3/8	$\phi12$	$\phi16$
63	P—B63	2.5	P—B63B	2.5			Rc3/4	$\phi18$	$\phi20$

表 7-11　1PD01 型压力继电器的技术规格

型　号	1PD01—Ha6L—Y_2	1PD01—Hb6L—Y_2	1PD01—Hc6L—Y_2
公称通径/mm	6		
压力调整范围/MPa	0.6~8	4~20	16~31.5
灵敏度/MPa	0.6	1.5	2
通断调节区间/MPa	1.2~12	3~12	4~10
压力重复精度/MPa	0.15		
外泄量/(mL/min)	50		
质量/kg	1		

（3）液压阀的安装要点

1）安装前要仔细核对控制阀的规格、型号、功能等，避免错装外形相似的控制阀（如溢流阀、减压阀和顺序阀）。

2）溢流阀、减压阀和顺序阀安装前应将调压弹簧全部放松，待调试时再逐步旋紧进行调压。

3）注意不能将溢流阀的遥控口用油管接通油箱。**各种阀的进、出油口要辨别清楚，不能接错。**

4）方向控制阀的安装一般应保持水平位置，安装位置应便于移动阀芯的操纵。

5）安装各类板式阀时，要检查出油口处的密封圈是否符合要求，安装前密封圈应突出平面，保证安装后有一定的压缩量，以防泄漏。

6）板式阀安装的固定螺钉要均匀拧紧，使安装平面全部接触。

7）对一些设置了相同作用接口孔的控制阀，安装后不使用的接口要堵死。

3. 液压缸

（1）液压缸的主要功能　液压缸是液压系统执行部分的主要执行元件之一，主要功能是带动运动部件实现预定运动。

（2）液压缸的形式与特点　液压缸有多种形式，液压系统采用的液压缸是根据执行动作的要求确定的。典型液压缸的形式及其主要特点见表 7-12。

（3）液压缸的安装要点

1）液压缸活塞杆的运动方向应与运动部件的运动方向平行。例如在机床上安装液压缸，应以导轨为基准，液压缸侧素线应与 V 形导轨平行，上素线应与平导轨平行，安装后的平行度误差小于 0.05mm/1000mm。

表7-12　典型液压缸的形式及其主要特点

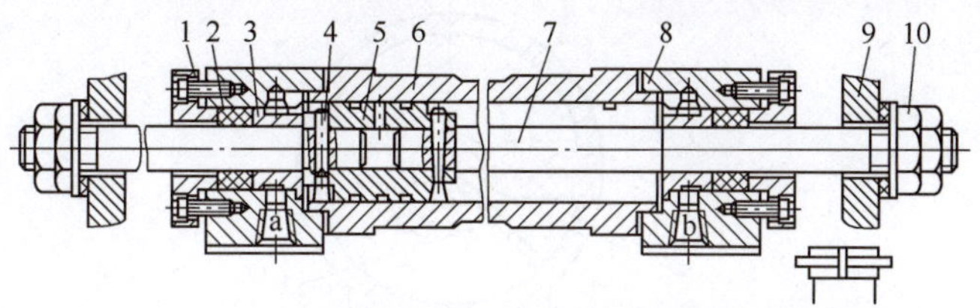

1—压盖　2—密封圈　3—导向套　4—开口销
5—活塞　6—缸体　7—活塞杆　8—缸盖　9—机床运动部件(工作台)　10—螺母

形　式	双活塞杆液压缸
结构	双活塞杆液压缸由缸体6、活塞5、活塞杆7、导向套3、缸盖8和密封圈2等组成,活塞两端都有活塞杆伸出 双活塞杆液压缸的职能符号如图右下方所示
特点	1)如上图所示,当液压油通过油孔a或b分别进入液压缸左腔或右腔时,推动活塞带动机床运动部件(如工作台)向右或向左往复运动 2)由于活塞左面的面积与活塞右面的面积相等,所以进入液压油后所产生的向左、向右的推力是相同的,向左或向右的运动速度也是相同的 3)双活塞杆液压缸的安装方式有以下两种: ① 缸体固定。液压油从缸盖上的进出油口a和b进出,活塞通过活塞杆带动运动部件移动,运动部件的行程约为活塞行程的3倍 ② 活塞固定。液压油通过活塞杆中间孔进出,缸体带动运动部件移动,运动部件的行程约为活塞行程的2倍

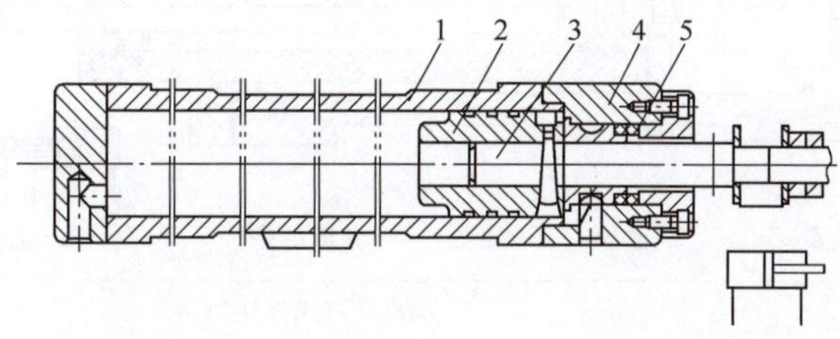

1—缸体　2—活塞　3—活塞杆　4—缸盖　5—密封圈

形　式	单活塞杆液压缸
结构	单活塞杆液压缸由缸体1、活塞2、活塞杆3、缸盖4和密封圈5等组成,活塞一边有活塞杆,称为有杆腔;活塞另一边无活塞杆,称为无杆腔 单活塞杆液压缸的职能符号如图右下方所示
特点	1)如上图所示,当液压油分别进入无杆腔和有杆腔时,活塞向右或向左运动 2)有杆腔的活塞面积小于无杆腔,因此进入液压油后,向左或向右的推力和运动速度是不一样的。进入缸的工作油压相同时,无杆腔的推力大于有杆腔;进入缸的工作流量相同时,有杆腔进油时活塞的运动速度大于无杆腔进油时活塞的运动速度 3)当无杆腔和有杆腔连接(称为差动连接)同时进油时,由于作用在活塞两边的推力不相等,使活塞向有杆腔方向运动,此时有杆腔排出的油液进入无杆腔,使活塞获得比非差动连接时更快的运动速度 4)差动连接常用于机床运动部件的快速运动,非差动连接常用于运动部件需要一定推力的运动

（续）

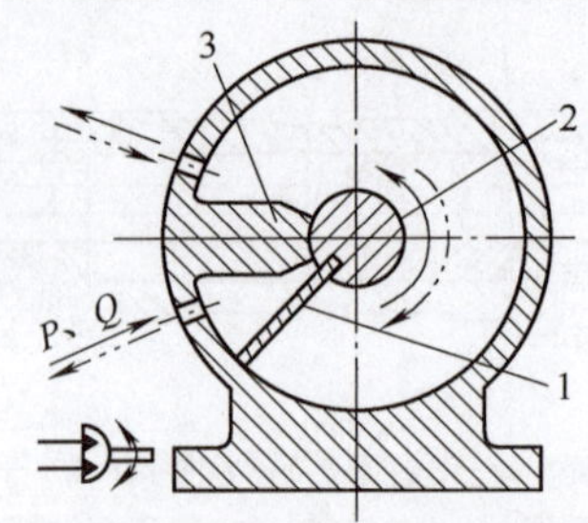

1—叶片　2—摆动轴　3—封油隔板

形　式	摆动式液压缸
结构	摆动式液压缸有单叶片和双叶片两种形式。单叶片摆动式液压缸由叶片 1、摆动轴 2、封油隔板 3 和缸体、缸盖、密封圈等组成 摆动式液压缸的职能符号见图左下方
特点	1）改变进油和出油方向（P、Q），就能使叶片产生转矩，带动摆动轴往复摆动 2）单叶片摆动式液压缸的摆动角度一般不超过 280°，双叶片摆动式液压缸的摆动角度一般不超过 150° 3）其他结构尺寸和系统压力相同时，双叶片摆动式液压缸的输出转矩是单叶片摆动式液压缸的 2 倍 4）系统流量、压力和其他结构尺寸相同时，单叶片摆动式液压缸的角速度是双叶片摆动式液压缸的 2 倍 5）常用于数控机床的刀具交换装置等摆动运动液压回路的执行部分

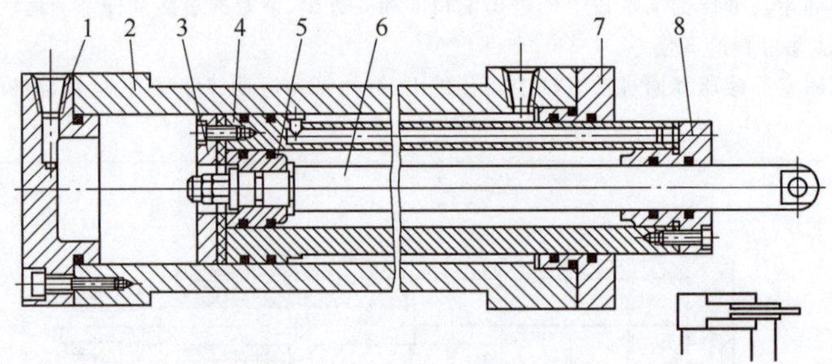

1、7、8—端盖　2—缸体　3—压板　4—套筒活塞　5—活塞　6—活塞杆

形　式	伸缩套筒式液压缸
结构	伸缩套筒式液压缸由端盖、缸体、压板、套筒活塞、活塞、活塞杆等组成 伸缩套筒式液压缸的职能符号见图右下方
特点	1）活塞杆伸出行程大，收缩后的结构尺寸小 2）伸出时，有效套筒面积大的套筒活塞 4 先运动，速度低、推力大，随后活塞 5 开始运动，速度高、推力小 3）缩回时，活塞 5 先缩回，待活塞 5 全部缩进时，套筒活塞 4 开始返回 4）常用于数控机床的刀具交换装置等液压回路的执行部分

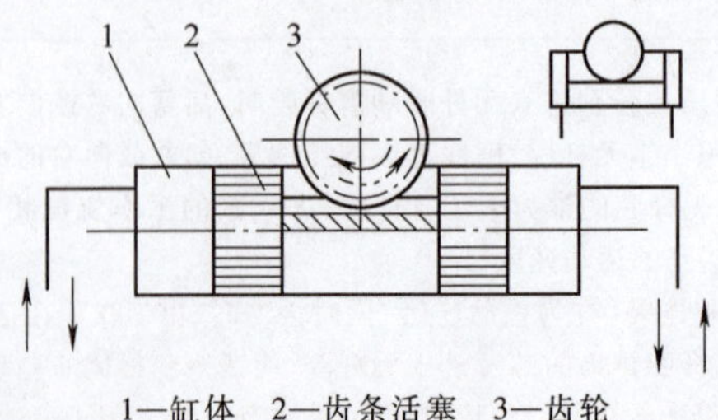

1—缸体　2—齿条活塞　3—齿轮

（续）

形 式	齿轮齿条式液压缸
结构	齿轮齿条式液压缸由缸体、齿条活塞、齿轮等组成 齿轮齿条式液压缸的职能符号见图右上方
特点	1)活塞与齿条连为一体 2)改变液压缸的进出油方向,可改变齿条运动方向,从而改变齿轮的摆动方向 3)可实现运动部件的往复摆动或间隙进给运动 4)常用于数控机床的刀具交换装置、工作台间隙进给等液压回路的执行部分

2）垂直安装的液压缸，为防止自重跌落，应配置好机械平衡装置的重量，调整好液压平衡用的背压阀的弹簧力。

3）液压缸中的活塞杆应校直，误差小于0.2mm/1000mm。

4）液压缸的负载中心和推力中心最好重合，可免受颠覆力矩，保护密封件不受偏载。

5）密封圈的预压缩量不要太大，以保证在全程内移动灵活、无阻滞现象。

6）在安装中为了防止液压缸的缓冲机构失灵，应注意检查单向阀钢球是否漏装或接触不良。

4. 液压马达

（1）主要功能　液压马达是将液压能转变为机械能的一种能量转换装置，也是液压系统的执行元件。

（2）主要类型与结构特点　液压马达有齿轮式、叶片式和柱塞式三种形式，常用的是叶片式液压马达。叶片式液压马达的主要结构特点和工作过程见表7-13。

表7-13　叶片式液压马达的主要结构特点和工作过程

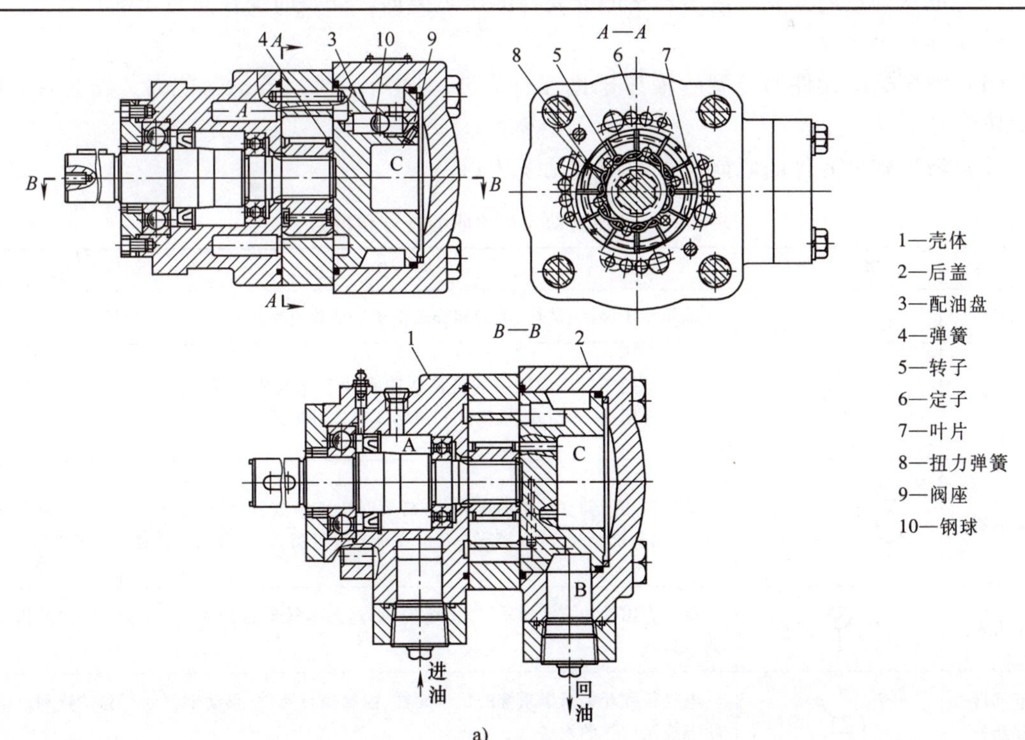

a)

（续）

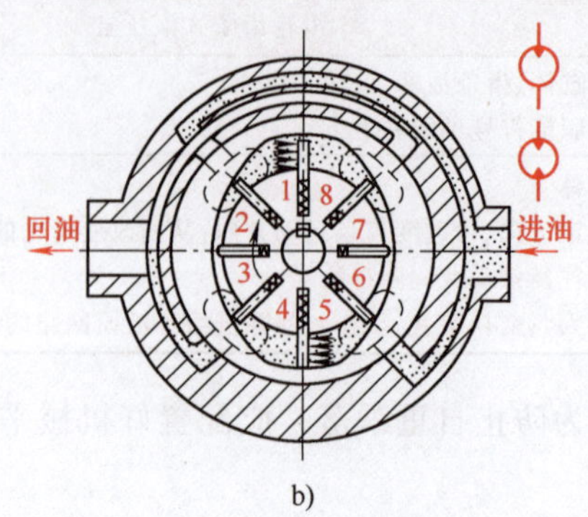

b)

组成	主要由叶片、定子、转子、配油盘、弹簧等组成。其职能符号见图 b 右上方
特点	1)液压马达的输出转矩和转速是脉动的，一般用于高转速、低转矩、传动精度要求不高，但动作要求灵敏和换向频繁的场合 2)从工作原理看，液压马达和液压泵是可逆的、互为使用的，但实际上两者在结构上存在着差异，所以液压泵一般不可作为液压马达来使用 3)双向液压马达可以改变进出油口，从而改变马达的转向
工作原理	液压马达的工作原理如图 b 所示。通入液压油后，位于压油腔中的叶片 2、6，因两侧所受液体压力平衡，所以不会产生转矩，若叶片 1、3 和 5、7 的一个侧面作用有液压油，而另一个侧面是回油，由于叶片 1、5 的伸出部分面积大于叶片 3、7 的伸出部分面积，因而能产生转矩使转子按顺时针方向旋转，输出转矩和转速。为了使液压马达通入液压油后能马上旋转，必须在叶片底部设置预紧弹簧，并将液压油通入叶片底部，使叶片紧贴定子内表面，以保证良好的密封

（3）液压马达的安装　液压马达的安装与液压泵类似，安装时要注意进出油口。

5. 液压辅助元件

（1）液压辅助元件的类型　液压辅助元件主要有油箱、过滤器、蓄能器、密封件、管件、压力表、温度计等。

（2）液压辅助元件的职能符号和用途见表 7-14。

表 7-14　液压辅助元件的职能符号和用途

名　称	符　　号	用　　途
油箱		油箱用于储油、散热、沉淀和分离杂质。油箱有整体式和独立式两种形式
过滤器		过滤器用于过滤油液中的机械杂质和油氧化变质生成的杂质，保持油液清洁。过滤器有网式、缝隙式、纸质式和烧结式等多种形式
蓄能器		蓄能器用于储存油液的压力能，需要时快速释放，以维持系统压力，充当应急能源，补充系统泄漏，减少液压冲击。蓄能器有气囊式、活塞式和弹簧式等多种形式
压力表		压力表用于检测液压系统、回路的压力，是系统的检测元件，通常采用的是指针式压力表
电气行程开关		电气行程开关属于系统的信号元件，控制执行元件、移动部件的行程位置和运动状态控制信号的发送

（续）

名称	符号	用途
工作管路	————	管路一般由管件组成，管件是指油管和管接头，用于输送液压油和连接液压元件。常用的油管有钢管、铜管、橡胶管、尼龙管和塑料管等。常用的管接头有球形或锥面管接头、扩口式管接头、卡套式管接头、胶管接头等 液压系统通过密封件密封，以防止液压系统的内、外泄漏，维持系统的正常工作。常用的密封件有O形密封圈、V形密封圈和Y形密封圈等
控制管路	------	
连接管路		
交叉管路		
柔性管路		

（3）主要辅助元件的应用和安装

1）密封装置。**密封装置的功用是防止液压元件和液压系统中液压油的内、外泄漏，保证系统的工作压力，防止外漏油液污染工作环境，节省油料。**密封装置应有良好的密封性能，结构简单、维护方便。**密封材料应具有摩擦因数小、耐磨、寿命长、磨损后能进行自动补偿等特点。**常用密封方法与密封元件见表7-15。

表7-15 常用密封方法与密封元件

名称	图示	结构特点与应用
间隙密封	I　δ　I放大	如左图所示，间隙密封是通过精密加工，使相对运动零件的配合面之间有极微小的间隙（0.01～0.05mm）而实现密封的。为增加泄漏油的阻力，常在圆柱面上加工几条环形小槽（宽为0.3～0.5mm，深为0.5～1mm，间距为2～5mm）。油在这些槽中形成涡流，能减缓漏油速度，还能起到使两配合件同轴、降低摩擦阻力和避免因偏心而增加漏油量等作用。因此这些槽也称为压力平衡槽 间隙密封结构简单，摩擦阻力小，能耐高温，是一种最简便而紧凑的密封方式，在液压泵、液压马达和各种液压阀中得到了广泛的应用。间隙密封在液压缸中使用时，适用于尺寸较小、压力较低、运动速度较高的活塞与缸体内孔间的密封
O形密封圈密封	D　d　W　δ_2　δ_1	如左图所示，O形密封圈的截面为圆形，一般用耐油橡胶制成。它结构简单、密封性能好、动摩擦阻力小，且制造容易、成本低、安装沟槽尺寸小、装拆方便。其工作压力可达70MPa，工作温度可为-40～+120℃。它应用很广泛，既可用于直线往复运动和回转运动的动密封，又可用于静密封；既可用于外径密封，又可用于内径密封和端面密封 O形密封圈安装时要有合理的预压缩量δ_1和δ_2，它在沟槽中受到油压作用而变形，会紧贴槽侧及配合偶件的壁，因而其密封性能可随压力的增加而提高。O形密封圈及其安装沟槽的尺寸均已标准化，可根据需要从有关数据表中查取 **在使用O形密封圈时，若工作压力大于10MPa，需在密封圈低压侧设置聚四氟乙烯或尼龙制成的挡圈（厚度为1.2～2.5mm）。若其双向受高压，则需在其两侧加挡圈，以防止密封圈被挤入间隙中而损坏**

（续）

名　称	图　　示	结构特点与应用
Y 形密封圈密封	a) b) c)	如左图 a 所示，Y 形密封圈的截面呈 Y 形，它用耐油橡胶制成。工作时，油的压力使两唇边紧压在配合偶件的两结合面上，实现密封。其密封能力随压力的升高而提高，并且在磨损后有一定的自动补偿能力。因此，在装配时唇边应对着有压力的油腔 Y 形密封圈的工作压力不大于 20MPa，使用温度为-30～+80℃，一般用于轴、孔作相对移动且速度较高的场合，例如活塞与缸筒之间、活塞杆与液压缸端盖之间的密封等。它既可作轴用密封圈，也可作孔用密封圈 Yx 形密封圈的截面宽而薄，且内、外唇边不相等，分孔用（图 b）和轴用（图 c）两种。其特点是固定边长（以增大支承）、滑动唇边短（能减少摩擦）。它用聚氨酯橡胶制成，其密封性、耐磨性和耐油性都比普通 Y 形密封圈好，密封圈的工作压力可达 32MPa，最高使用温度可达 100℃
V 形密封圈密封	1 2 3	如左图所示，V 形密封圈由多层涂胶织物压制而成。它由形状不同的支承环 1、密封环 2 和压环 3 组成。当压环压紧密封环时，支承环可使密封环产生变形而起密封作用。其工作压力可达 50MPa，工作温度为-40～+80℃。当密封压力高于 10MPa 时，可增加密封环 2 的数量。安装时应将密封环的开口面向液压油腔。调整压环压力时，应以不漏油为限，不可压得过紧，以防密封阻力过大 V 形密封圈的密封长度大、密封性能好，但其摩擦阻力较大。它主要用于压力较高、移动速度较低的场合
滑环式组合密封圈密封	2 1 1 2	左图所示为一种由聚四氟乙烯滑环 2 和 O 形密封圈 1 组合而成的新型密封圈。滑环与金属的摩擦因数小，因而耐磨。O 形密封圈弹性好，能从滑环内表面施加一向外的张力，从而使滑环产生微小变形而与配合表面贴合，故它的使用寿命比单独使用 O 形密封圈提高很多倍 组合式密封圈主要用于要求起动摩擦力很小、滑动阻力小且动作循环频率很高的场合，例如伺服液压缸等

2）蓄能器。蓄能器有重锤式、弹簧式和充气式等多种类型，但常用的是利用气体膨胀和压缩进行工作的充气式蓄能器，主要有活塞式和气囊式两种。蓄能器的结构类型与安装方法见表 7-16。

表 7-16　蓄能器的结构类型与安装方法

项　目	图　　示	说　　明
蓄能器的结构类型	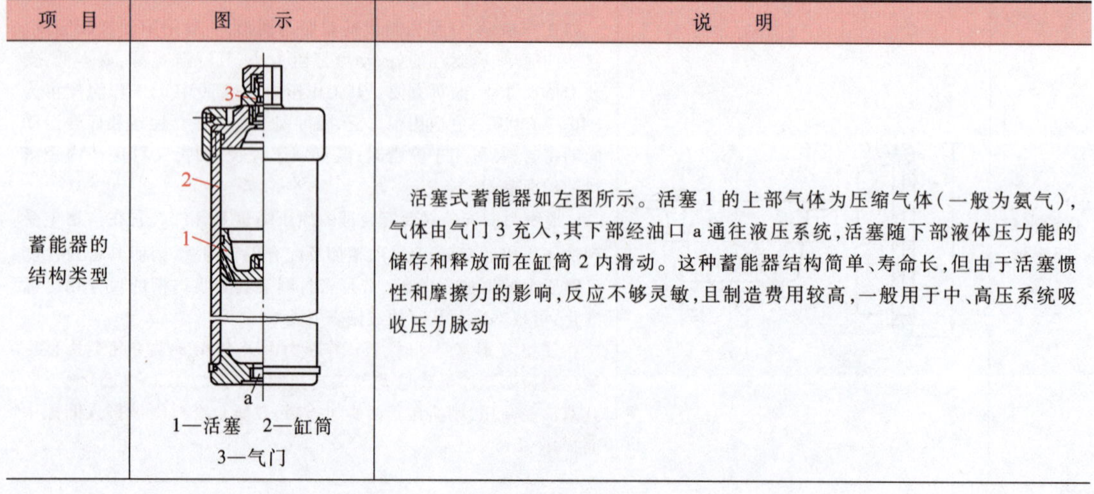 1—活塞　2—缸筒 3—气门	活塞式蓄能器如左图所示。活塞 1 的上部气体为压缩气体（一般为氮气），气体由气门 3 充入，其下部经油口 a 通往液压系统，活塞随下部液体压力能的储存和释放而在缸筒 2 内滑动。这种蓄能器结构简单、寿命长，但由于活塞惯性和摩擦力的影响，反应不够灵敏，且制造费用较高，一般用于中、高压系统吸收压力脉动

（续）

项　目	图　　示	说　　明
蓄能器的结构类型	1—气门　2—壳体 3—气囊　4—提升阀	气囊式蓄能器如左图所示。气囊 3 用耐油橡胶制成，固定在耐高压壳体 2 的上部。气体由气门 1 充入气囊内，气囊外为液压油，在蓄能器下部有提升阀 4，液压油从此进出，并能在油液全部排出时防止气囊膨胀挤出油口。气囊式蓄能器本身惯性小、反应灵敏、容易维护，但气囊和壳体制造较困难
蓄能器的安装方法	根据蓄能器在液压系统中作用的不同，其安装位置也不同。因此，安装蓄能器时应注意以下几点： 1）蓄能器应将油口向下垂直安装，且装在管路上的蓄能器必须用支承架固定 2）蓄能器与泵之间应设置单向阀，以防止液压油向泵倒流。蓄能器与系统之间应设截止阀，供充气、调整和检修时使用 3）用于吸收压力脉动和液压冲击的蓄能器，应尽量安装在振源附近 4）蓄能器是压力容器，使用时必须注意安全，搬运和拆装时应先排出压缩气体，以免因振动或碰撞而发生意外事故	

3）压力表与压力表开关。液压系统中一些工作点的压力一般都用压力表来观测，以便调整和控制系统的工作压力。压力表的种类较多，最常用的是弹簧管式压力表。压力表开关用于切断或接通压力表与测压点的通路。压力表开关按其测压点数可分为一点、三点及六点等几种；按连接方式不同，可分为管式和板式两种。常用压力表与压力表开关的结构性能见表 7-17。

表 7-17　常用压力表与压力表开关的结构性能

名　称	图　　示	结 构 性 能
压力表	A—A 1—弹簧弯管　2—指针 3—刻度盘　4—杠杆 5—扇形齿轮　6—小齿轮	液压油进入弹簧弯管 1，弯管弹性变形，曲率半径加大，其端部位移通过杠杆 4 使扇形齿轮 5 摆动。扇形齿轮和小齿轮 6 啮合，然后带动指针 2 转动，从刻度盘 3 上即可读出压力值 选用压力表测量压力时，其量程应比系统压力稍大，一般取系统压力的 1.3～1.5 倍。压力表与压力管道连接时，应通过阻尼小孔，以防止被测压力突变而将压力表损坏

（续）

名 称	图 示	结构性能
压力表开关	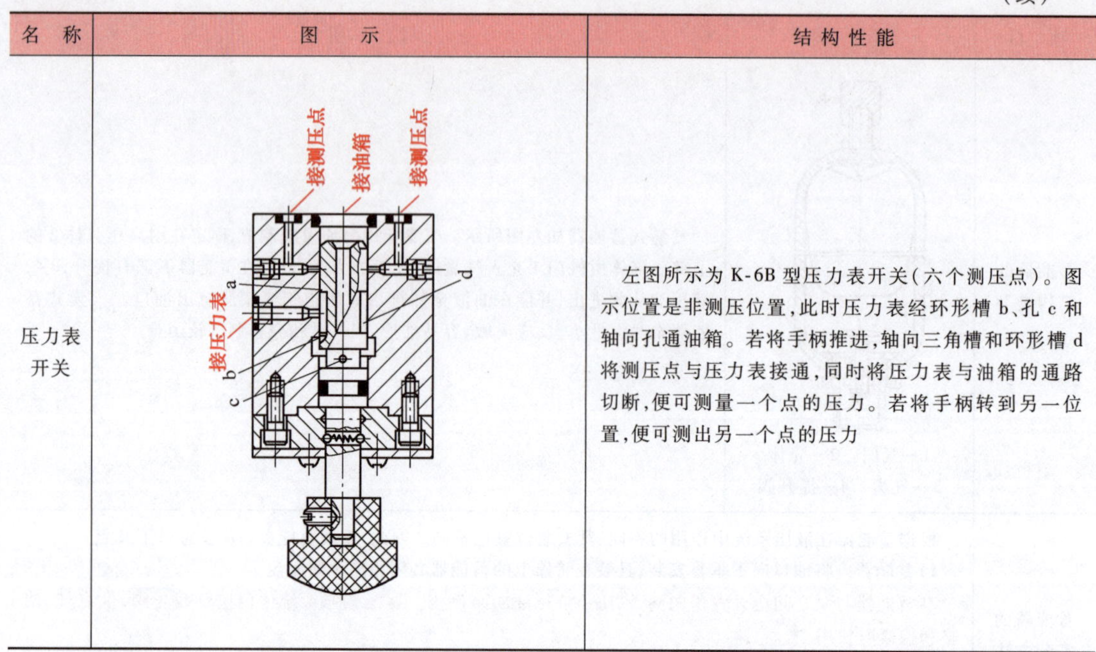	左图所示为 K-6B 型压力表开关（六个测压点）。图示位置是非测压位置，此时压力表经环形槽 b、孔 c 和轴向孔通油箱。若将手柄推进，轴向三角槽和环形槽 d 将测压点与压力表接通，同时将压力表与油箱的通路切断，便可测量一个点的压力。若将手柄转到另一位置，便可测出另一个点的压力

4）管接头。**管接头是油管与油管、油管与液压元件之间可拆卸的连接件，装配中应达到连接牢固、密封可靠、液体阻力小、结构紧凑、拆装方便等要求。**管接头的装配方法与要点见表 7-18。

表 7-18　管接头的装配方法与要点

名 称	图 示	装配要点
球形或锥面管接头	管子 球形接头 螺母 接头体 焊接 焊接	1）拧紧螺母时松紧要适当，以防损坏螺纹 2）压力较大的接头的接合球面或锥面研配涂色检查时，非接触面宽度不大于 1mm 球形或锥面管接头适用于中、高压系统
扩口式管接头	管子 螺母 接头体 螺母 扩口模 管子 小棒 钳口	1）装配前，用扩口工具将管子端部扩口，使其与接头体贴合，拧紧连接螺母压紧 2）扩口尼龙管时应加热 3）纯铜管扩口前应退火 扩口式管接头普遍使用于工作压力不高的机床液压系统

（续）

名　称	图　　示	装配要点
卡套式管接头		1)将管子装入接头体内，卡套外锥面与接头体内锥面要对正(不能用压紧螺母的方法使其对正) 2)用手拧紧螺母，直到卡套尾部的外锥面与螺母的内锥面相接触 3)用扳手旋紧螺母，同时用手转动管子，直到管子转不动为止 4)用扳手再将螺母旋转 $1\sim1\frac{1}{3}$ 圈，使卡套刃口切入管子外壁。拧紧力矩不要过大，防止卡套弹性失效而失去其密封特性 5)拆下装配好的卡套式管接头。用手转动卡套，检查其刃口是否均匀切入管子外壁，如果均匀切入，卡套可用手转动，但不应有轴向窜动 6)将上述检查合格的管接头重新正式装配，此时螺母的拧紧力矩与预装时相同或略大，将螺母多拧1/6~1/3圈 7)管径较大时，可将卡套预装在管子上再进行组装，预装工具可为手动或机动，卡套刃口切入管壁深度由距离 a 控制 8)所接管子为弯管时，从接头引出的管子直线部分的长度应不小于螺母高度的二倍 卡套式管接头适用于高压系统
胶管接头		1)装配前先将胶管外胶层剥去一定长度，并在剥离处倒角15°。剥外胶层时不得损伤钢丝层，然后装入外套内。胶管端部与外套螺纹部分应留有约1mm的距离，并在胶管外露端做标记 2)拧紧接头(在外表面应涂润滑剂)。观察标记是否外移，内胶层不得有切出物 3)扣压外套。扣压法有径向和轴向两种。扣压时接头与模具应相互找正对中，按外套上的扣压线进行扣压，不能多压或少压，多压会压坏外套螺纹，少压会减少密封长度，并会引起胶管脱出 胶管接头适用于机床中、低压系统

（4）系统管路安装的注意事项

1）油管的结合处可涂以密封胶，以提高油管的密封性。

2）吸油管下端应安装过滤器，以保证油液清洁。一般采用过滤精度为0.1~0.2mm的过滤器，并要有足够的介质流通能力。

3）回油管应插入液面之下，以防止产生气泡，并与吸油管相距较远些。泄油管不应有背压，为保证油路畅通应单独设置回油管。

4）安装橡胶管时应防止扭转，并留有一定的松弛量。软管安装时应不承受拉力，接头处不弯曲，以保证在冲击压力作用下不会拔脱喷油。在有热源的环境中，安装使用橡胶管时需要采取隔热措施。

5）管路应尽可能短，尽量垂直或平行，少拐弯，避免交叉，与元件的接合应在管子的转弯部位。弯管半径应按标准要求（一般应大于管子外径的3倍）选取。

7.2.2 液压阀的类型与结构原理

1. 方向控制阀

（1）方向控制阀的作用　方向控制阀用来控制液压系统中油液的通、断和切换流动方向，以改变执行机构的运动方向和工作程序。

（2）方向控制阀的结构形式和主要性能（见表7-19）

表7-19 方向控制阀的结构形式和主要性能

项目	图示	说明
单向阀	1—阀体 2—阀芯 3—弹簧	单向阀的结构如左图所示。普通单向阀的作用是允许油液向一个方向流动，不允许反向倒流。液压油从阀体1左端的通口 P_1 流入，作用于阀芯2端部产生推力，克服弹簧3的弹力，使阀芯向右移动，打开阀口，并通过阀芯上的径向孔a、轴向孔b从阀体右端的通口 P_2 流出。单向阀弹簧的刚度一般都较小，使阀的开启压力仅需0.03~0.05MPa。若换上刚度较大的弹簧，使阀的开启压力达到0.2~0.6MPa，便可当作背压阀使用。其职能符号见图左下方。单向阀可用来分隔油路，防止油路间相互干扰。当装在液压泵的出口处时，可防止系统中的液压冲击影响泵的工作和使用寿命
液控单向阀	1—活塞 2—顶杆 3—阀芯	液控单向阀的结构如左图所示。其作用是允许油液向一个方向流动，必要时也允许反向流动。当控制口K处无控制液压油通入时，液压油只能从通口 P_1 流向通口 P_2。当控制口K处有液压油通入时，其作用在活塞1左侧面积上所产生的推力使活塞右移，推动顶杆2顶开阀芯3，使通口 P_1 和 P_2 连通，油液便可以从 P_2 进入，由 P_1 流出。液控单向阀进入控制口K的油压一般为主油路压力的30%~40%。其职能符号见图左下方
换向阀	1—阀芯 2—阀体	换向阀的工作原理如左图所示。换向阀是利用阀芯和阀体孔之间相对位置的改变来控制油液流动方向或控制油路的通和断，从而对液压系统工作状态进行控制。液压缸两腔不通液压油，活塞处于停止状态。若使阀芯1左移，则阀体2的油口P和A相通，油口B和T相通，则液压油经P、A进入液压缸左腔，右腔油液经B、T流回油箱，活塞向右运动；反之，若使阀芯右移，则油口P和B相通，油口A和T相通，活塞便向左运动

2. 压力控制阀

（1）压力控制阀的作用　压力控制阀用来控制液压系统的压力大小，或利用压力大小来控制油路通断。压力控制阀的基本原理是利用阀芯上的油压产生的作用力和弹簧力保持平衡来进行工作。

（2）压力控制阀的种类、结构特点与工作原理（见表7-20）

表 7-20　压力控制阀的种类、结构特点与工作原理

种　类	图　示	结构特点与工作原理
直动式溢流阀	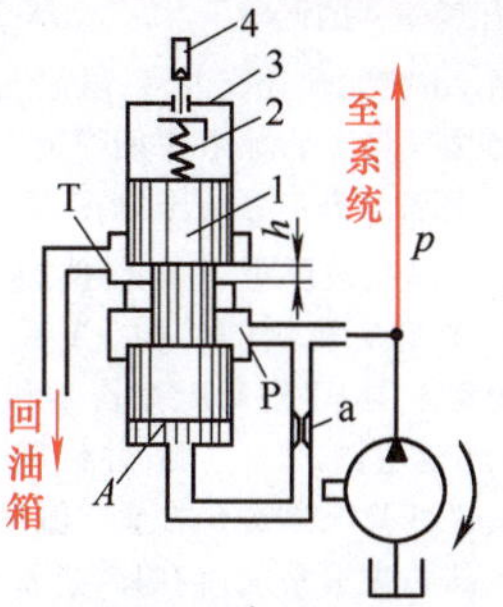 a) 1—阀芯　2—调压弹簧 3—阀体　4—调压螺母 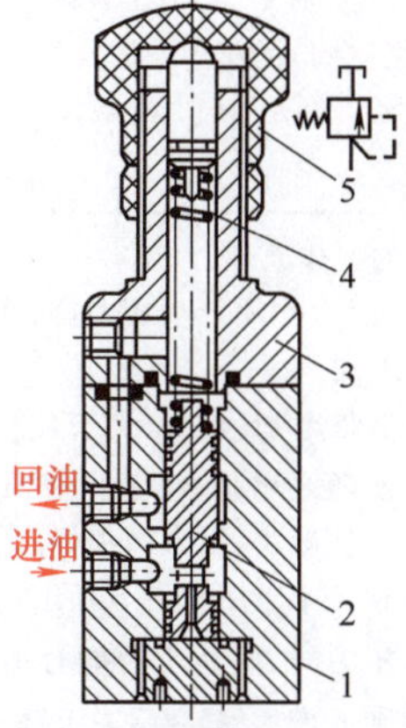 b) 1—阀体　2—阀芯　3—阀盖 4—调压弹簧　5—调压螺母	原理:图 a 所示为直动式溢流阀的工作原理 1)压力为 p 的液压油进入系统,同时经进油口 P 进入溢流阀,并由孔 a 进入阀芯 1 的下端。设阀芯下端的有效面积为 A,那么作用在阀芯下端的液压推力为 p_A,阀芯上端受到调压弹簧 2 的弹力 F_s 的作用 2)当工作机构快进,油压很低时,阀芯在调压弹簧作用下处于最下端,溢流阀阀口关闭,液压泵输出的油液全部进入液压缸;当工作机构克服负载(切削)慢进时,工作油压上升至 $p_A \geqslant F_s$ 时,液压推力推动阀芯向上移动,阀口打开,开启高度为 h,液压泵输出的部分油液经过进油口 P、溢流开口 h 和回油口 T 流回油箱,溢流阀进油口处压力(即系统压力)不再升高 3)当工作机构运动到底或碰到挡铁停止运动时,进口压力继续升高到溢流阀调压值,此时阀口开启高度 h 最大,阀口全开,液压泵全部输出流量由溢流阀流回油箱 4)当阀芯因移动过快而引起振动时,由孔 a 起消振作用,以提高溢流阀的工作平稳性 5)调节调压弹簧的预紧力可调节溢流阀的进口压力,也就是调节液压泵的工作压力。直动式溢流阀一般用于低压系统 结构:直动式 P-B 型溢流阀的结构如图 b 所示,由阀体 1、阀芯 2、阀盖 3、调压弹簧 4 和调压螺母 5 等组成。阀体上有进、回油口,进油口接液压泵,回油口接油箱。液压油经进油口作用于阀芯下端,所产生的液压推力直接与弹簧预紧力平衡。调压螺母用于调节弹簧预紧力,也就是调节液压泵的出口压力。阀芯和阀体等处的间隙泄漏油液,由内部通道经回油口流回油箱。其职能符号见图 b 右上方
先导式溢流阀	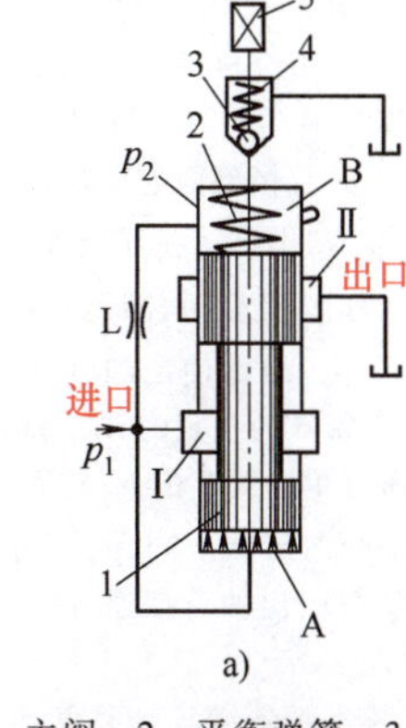 a) 1—主阀　2—平衡弹簧　3—钢球 4—调压弹簧　5—调压螺母	原理:图 a 所示为先导式溢流阀的工作原理。先导式溢流阀由先导阀和主阀两部分组成。液压油 p_1 进入 A 腔,同时通过阻尼孔 L 进入 B 腔 1)当进油压力 p_1 小于先导阀调压弹簧 4 的预紧力时,钢球 3 关闭,因此 A 腔和 B 腔的压力相等(即 $p_1 = p_2$),作用在主阀 1 上的液压推力相互平衡,主阀 1 在平衡弹簧 2 的作用下切断 Ⅰ 腔和 Ⅱ 腔的通道,主阀阀口关闭 2)当 p_1 上升到克服先导阀钢球 3 上的调压弹簧 4 的预紧力时,B 腔油液将钢球顶开通过先导阀流回油箱。于是进口油经阻尼孔 L 流到 B 腔,由于阻尼孔的存在,流入 B 腔相对于 A 腔有一个滞后的时间差,所以流经阻尼孔 L 时产生压降,也就是 B 腔压力 p_2 低于 A 腔压力 p_1,此时作用在主阀 1 上的推力不平衡并形成一个推动主阀 1 向上移动的推力,使主阀上移,Ⅰ 腔和 Ⅱ 腔相通,进口油液经出口流回油箱,进口油压 p_1 随之下降

（续）

种　类	图　示	结构特点与工作原理
先导式溢流阀	b) 1—阀体　2—主阀芯 3—平衡弹簧　4—阀盖 5—导阀　6—调压弹簧 7—调压螺母	3）当进油压力 p_1 低于调压弹簧4的调整压力时，钢球3又紧压在阀座上，B腔的油液无法流回油箱，B腔无须补充油液，阻尼孔L没有油液通过，于是主阀1的上下液压推力又趋于平衡，在平衡弹簧2的作用下，主阀1又被压下，切断进、出油口。回油切断后系统压力 p_1 又升高，当 p_1 超过调压弹簧4的调整压力时，钢球3又被顶开，重复上述过程 结构：图b所示为先导式Y型溢流阀的结构。Y型溢流阀由阀体1、主阀芯2、平衡弹簧3、阀盖4、导阀5、调压弹簧6和调压螺母7等组成。油液从P口进入后流至主阀芯2左端，并经阻尼孔L流入主阀芯2右端，当油压达到或超过调压弹簧6的预调值时，导阀5打开，油从T口流回油箱，此时主阀芯失去平衡而右移，进油口P和出油口T相通，大量油液经主阀流回油箱。通过调压螺母7可调节调压弹簧预紧力，从而调定进口油压值。远程控制口K与进油口P相通，若K口与油箱接通，则主阀芯2也失去平衡，P与T接通，液压泵出油经溢流阀流回油箱，此时液压泵卸荷。间隙和缝隙处泄漏油由内部通道T口流回油箱。其职能符号见图b右下方 **应用：由于主阀上端有压力 p_2 存在，所以平衡弹簧2的刚度可以较小，同时先导阀中钢球（或锥体阀）的阀座作用面积较小，调压弹簧的刚度也可较小，因此先导式溢流阀用在中、高压和较大流量的液压系统中**
减压阀	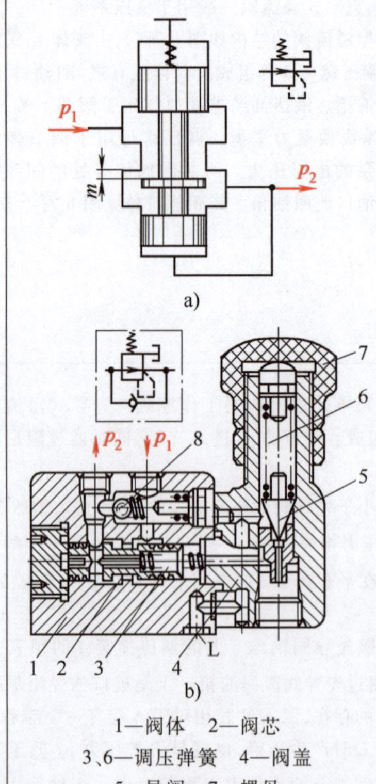 a) b) 1—阀体　2—阀芯 3、6—调压弹簧　4—阀盖 5—导阀　7—螺母 8—单向阀	原理：图a所示为减压阀的工作原理 1）进口压力 p_1 经缝隙 m 阻力作用产生压力降，出口压力降为 p_2 输出，并反馈作用于阀芯的底部 2）当液压系统支回路的负载增加，使 p_2 大于减压阀调整压力值时，作用于阀芯底部的推力便随之增加，大于弹簧预调值时，阀芯便向上移动一小段距离，缝隙 m 便减小，阻力增加，p_1 经缝隙 m 所产生的压力降增大，输出压力降低，使阀的出口压力 p_2 保持原调定压力值 3）当 p_2 小于阀所调整的压力时，阀芯所受推力小于弹簧力，阀芯向下移动一小段距离，使缝隙 m 增大，缝隙阻力下降，压力降减小，使 p_2 又升高，阀出口压力 p_2 保持原来调定的压力值 4）同理，当进口压力 p_1 增大或减小时，减压缝隙 m 随之减小或增大，使出口压力 p_2 仍维持在原调定压力值上 因此，减压阀能随进口压力或出口压力的变化自动地调节缝隙 m，从而获得基本稳定的出口压力。其职能符号见图a右上方 结构：图b所示为单向阀和减压阀组成的组合阀。由阀体1、阀芯2、调压弹簧3、阀盖4、导阀5、调压弹簧6、调压螺母7和单向阀8等组成。液压油 p_1 从进油口流入，并反馈到阀芯2左端，此时单向阀关闭，减压阀正常工作，出口油压 p_2 基本维持在导阀5预先调定的压力值上。当出口压力 p_2 或进口压力 p_1 变化时，减压阀阀芯自动左右移动，缝隙阻力随缝隙的变化而变化，最终使出口压力保持在预调值上。通过调压螺母7调节调压弹簧6的预紧力，从而调定所需的出口减压值。当油液反向流动时，通过单向阀8由 p_2 向 p_1 流出。减压阀结构与溢流阀相似，所不同的是阀芯形状不同，阀芯由出口压力来控制，出口油压接执行元件，常态时进、出油口相通，泄油口L必须单独接回油箱。其职能符号见图b左上方 **应用：在液压系统中，若某一支系统需要比主系统压力低的稳定油压，例如机床液压系统中的定位、夹紧机构的支回路，所需的工作压力比主系统溢流阀所调定的压力低，此时可用减压阀**

（续）

种　类	图　　示	结构特点与工作原理
顺序阀	a) b) 1—阀体　2—阀芯　3—弹簧　4—阀盖 5—导阀　6—调压弹簧 7—调压螺母　8—单向阀	原理：图 a 所示为顺序阀的工作原理。液压油 p 从进油口 P_1 进入顺序阀并流至阀芯底部，当进口液压油 p 未达到顺序阀的预调压力值时，阀芯在弹簧作用下处于向下的位置，阀关闭，进、出油口不通。当先动作工作机构工作压力升高，达到顺序阀的预调压力值时，阀芯受到 A 腔液压推力，克服弹簧力使阀芯上移，使 P_1 与 P_2 油口相通，液压油便从出油口 P_2 流出进入后一动作工作机构。液控顺序阀控制阀芯 2 移动的不是进口油压，而是由另一路控制油来作用在阀芯端面与弹簧力平衡，以打开或关闭顺序阀，其结构与溢流阀相似 结构：图 b 所示为由单向阀和顺序阀组成的组合阀的结构。由阀体 1、阀芯 2、弹簧 3、阀盖 4、导阀 5、调压弹簧 6、调压螺母 7 和单向阀 8 组成。液压油 p 由进油口 P_1 流入阀芯 2 的左、右端，当 p 达到和超过预调压力值时，阀芯 2 向右移动，P_1 和 P_2 接通，液压油由出油口 P_2 流出进入后一动作的工作机构。通过调压螺母 7 调节调压弹簧 6 的预紧力，便可调定所需的顺序动作的工作压力。当油液反向流动时，通过单向阀 8 由 P_2 流向 P_1 应用：液压系统中有两个以上工作机构需要获得预先规定的先后次序顺序动作时，如定位夹紧系统，必须先定位后夹紧；夹紧切削系统，必须先夹紧然后切削，可采用顺序阀实现。顺序阀除能控制多个液压缸顺序动作外，还能对垂直液压缸起平衡阀作用，在液压缸回油路上起背压作用，在双泵供油系统中能控制大流量液压泵卸荷。其职能符号见图 b 右方
压力继电器	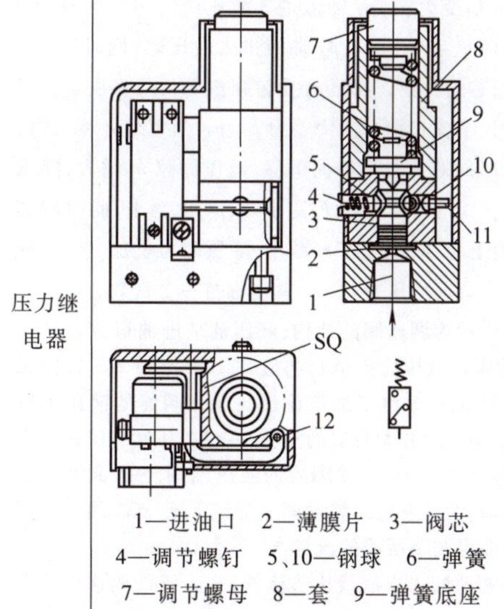 1—进油口　2—薄膜片　3—阀芯 4—调节螺钉　5、10—钢球　6—弹簧 7—调节螺母　8—套　9—弹簧底座 11—杠杆　12—销轴	结构原理：左图所示为压力继电器的结构和原理。液压油从进油口 1 进入作用在薄膜片 2 上，当推力达到或超过弹簧 6 的预调值时，薄膜片便推动阀芯 3 向上移动，阀芯 3 推动钢球 10 迫使杠杆 11 绕销轴 12 摆动，压下微型开关 SQ，从而发出电信号。压力继电器发出信号的压力值，可通过调节螺钉 4 来调节装在其内的弹簧力实现，也可以调节压下和松开微型开关的液压差值。其职能符号见图右下方 应用：压力继电器是利用液压油来开启或关闭电气触点的液压电气转换元件。它在油压达到其调定压力值时，发出电信号，控制电气元件动作，实现执行元件的顺序动作、系统的安全保护和液压泵的加载或卸荷

3. 流量控制阀

（1）流量控制阀的作用　流量控制阀通过改变节流口的大小来调节阀口流量，从而调节、控制液压缸的速度和液压马达的转速。流量控制阀的节流口有针式、槽式、缝隙式和薄刃式等多种形式，其中槽式又有周向三角槽式和轴向三角槽式。由于轴向三角槽式流量控制阀的节流口形状简单、制造方便，又可获得较小流量和较好的稳定性能，因此应用广泛。常用的流量控制阀有节流阀和调速阀。

（2）流量控制阀的种类、结构特点与工作原理（见表 7-21）

表 7-21　流量控制阀的种类、结构特点与工作原理

种　类	图　示	结构特点与工作原理
节流阀	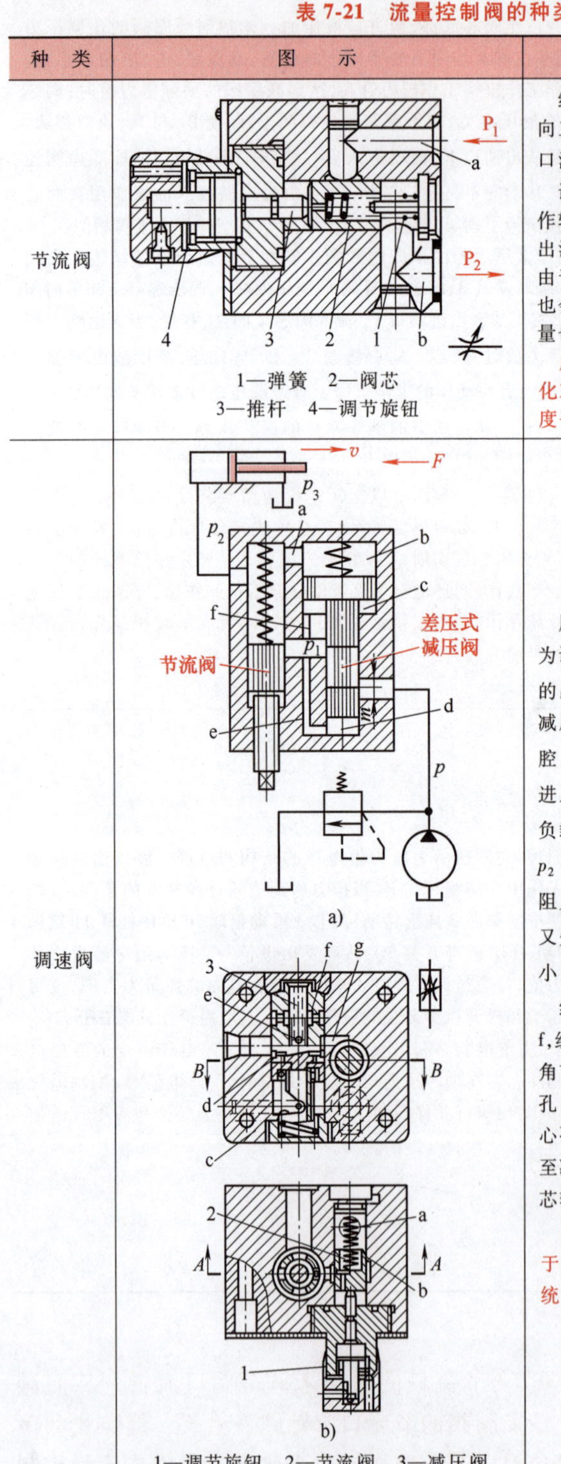 1—弹簧　2—阀芯 3—推杆　4—调节旋钮	结构：左图所示为节流阀的结构。阀芯 2 的右端部开有轴向三角槽，油液从进油口 P_1 进入，经孔道 a 和阀芯 2 右端节流口流入孔道 b，再从出油口 P_2 流出 调整：调节流量时可以旋转调节旋钮 4，利用推杆 3 使阀芯 2 作轴向移动，从而改变节流口的通流面积的大小，以此来调节出油口流量。弹簧 1 的作用是使阀芯 2 向左紧压在推杆上。由于液压缸的负载会经常发生变化，即节流口前后的压力差也会变化，因此当节流口的通流面积一定时，通过节流口的流量也是变化的，这样使液压缸的运动速度不平稳 应用：这种节流阀结构简单、制造方便、容易调节，但负载变化对流量稳定性的影响较大，因此适用于负载变化小、运动速度平稳性要求不高的液压系统。其职能符号见图右下方
调速阀	 a) b) 1—调节旋钮　2—节流阀　3—减压阀	原理：调速阀是由减压阀和节流阀串联而成的。图 a 所示为调速阀的工作原理。调速阀进油口压力为 p_1（也是液压泵的出口压力），由溢流阀调定，压力基本不变。进油压力 p 经减压阀缝隙 m 后变为 p_1，p_1 油液进入减压阀阀芯的 c 腔和 d 腔，同时经节流口后变为 p_2，p_2 油液进入液压缸，同时经孔 a 进入减压阀阀芯的 b 腔。油压 p_2 由液压缸的负载 F 决定。当负载 F 不变时，节流口前后压力差为 p_1-p_2；当负载 F 变大时，p_2 也变大，此时阀芯失去平衡而下移，减压缝隙 m 增大，降压阻力降低，使 p_1 增大；当负载 F 变小时，p_2 也变小，此时阀芯又失去平衡而上移，减压缝隙 m 减小，降压阻力增加，使 p_1 减小，最终使节流口前后压差 p_1-p_2 基本保持一个常数 结构：图 b 所示为调速阀的结构，液压油从进油口进入环槽 f，经减压阀的阀口减压后流至 e，再经孔 g、节流阀 2 的轴向三角节流槽、油腔 b、孔 a 由出油口流出。节流阀前的液压油经孔 d 进入减压阀 3 阀芯大台肩的油腔，并经减压阀 3 阀芯的中心孔流入阀芯小端右腔，节流阀后的液压油则经孔 a、孔 c 通至减压阀 3 阀芯大端左腔。转动调节旋钮 1，使节流阀 2 的阀芯轴向移动，即可调节所需的流量 应用：由于调速阀出口流量比节流阀稳定，所以调速阀适用于执行机构负载变化大而运动速度平稳性要求高的液压系统。其职能符号见图 b 右上方

7.2.3 液压系统的装配调试与控制阀的调整

1. 液压系统的安装

液压系统的安装主要是指动力元件（液压泵和电动机）、执行元件（液压缸或液压马达）、控制元件（各种控制阀）和辅助元件及管路的安装。除了各个部分的安装外，在整个系统安装前，应注意做好安装的各项准备工作。液压系统安装前的准备工作主要包括以下内容：

（1）资料和工具准备 安装前应熟悉液压系统的工作原理图、管道连接图和有关的技术文件，以及各主要元件（泵、阀、液压缸和辅助元件）的技术参数和安装、调整、使用方法，并对各种更换、修复的元件进行检测和形式、规格核对，备齐各种专用、通用工具和辅助材料。一些设备可能有一些随机配件和专用工具可以使用，对一些特殊部位、特殊元件的装拆尽可能使用专用工具。

（2）液压元件的清洗和检测 对需要安装的液压元件，特别是修复和自制的元件，安装前应用煤油清洗，并进行必要的密封和压力试验（试验压力一般取工作压力的2倍或最高压力的1.5倍）。对所有使用的油管进行清洗，一般可用20%的硫酸或盐酸酸洗30~40min（清洗液的温度为30~40℃），然后用温度为30~40℃的10%苏打水中和15min，最后用温水清洗、干燥、涂油备用。对管接头和各元件的管路连接部位进行必要的精度检测和密封性能检测。

（3）仪器、仪表的检测 对系统使用的仪器、仪表应进行严格的校核和调试，确保其安全、完好、灵敏、准确、可靠。

2. 液压系统的清洗

液压系统安装以后，在试机以前必须对管路系统进行清洗。对于较复杂的系统可分区域对各部分进行清洗，要求高的系统可以分两次清洗。

（1）第一次清洗（以回路为主） 清洗油箱（用绸布或乙烯树脂海绵等擦净）→注入油箱容积60%~70%的工作油或试机油（不能用煤油、汽油、酒精、蒸汽等）→将执行元件进、出油管断开，并将其对接起来→将溢流阀及其他阀的排油回路在阀前进油口处临时切断→在主回油路油管处装上0.10~0.18mm（根据过滤精度而定）的过滤网→将清洗油加热到50~80℃→使泵作间歇运转→在清洗过程中用木棍或橡皮锤不断轻轻敲击油管→持续清洗（时间一般为十几个小时，具体视系统复杂程度而定）→观察过滤器上无大量污物时停止清洗→将系统中的油液全部排出（维修后的系统应将油温升高后再排出，以便使可溶性的油垢更多地溶解在清洗油中排出）。

（2）第二次清洗 将系统按正式工作回路接好→注入实际工作所用的油液→起动液压泵对系统进行清洗→使执行机构连续动作→持续清洗（时间一般为1~3h）→观察过滤器的滤网上无杂质时结束清洗。这次清洗后的油液可以继续使用。

3. 液压系统的调试

液压系统必须经过调试才能投入使用，液压系统的调试方法如下：

（1）调试前的检查

1）油液检查：

① 检查所用的油液是否符合机床说明书的要求。

② 油箱中储存的油液是否达到油标高度。

2）元件检查：

① 各液压元件规格、型号是否符合要求。

② 各液压元件的安装是否正确牢靠。

3）管路检查：

① 各处管路的连接是否可靠。

② 液压泵和各种阀的进出油口、泄漏口的位置是否正确。

4）电气检查：

① 电动机的转向是否符合泵的转向要求。

② 电动机和电磁阀电源的电压、频率及其波动值是否符合要求。

5）检测仪表和控制部分的检查：

① 各控制手柄应处于关闭或卸荷位置。

② 各压力阀的调压弹簧应松开。

③ 各行程挡块应移至合适位置。

④ 运动部件涉及的空间应满足运动范围要求。

⑤ 各检测仪表的起始位置和测量精度应符合系统要求。

（2）空载调试

1）液压泵电动机起动。

① 从断续直至连续起动电动机，观察其运动方向是否正确，运转是否正常，有无异常噪声，液压泵是否漏气，排油是否正常。

② 有两台以上电动机的，应先、后起动，以免同时起动电路导致过载跳闸。

③ 控制油路由控制液压泵单独供油的，应先起动控制液压泵。

④ 液压泵在卸荷状态下，其卸荷压力应在规定范围内。

2）压力阀和压力继电器的调整。

① 各压力阀按其在原理图上的位置，从泵源附近的压力阀开始依次进行调整。

② 在运动部件停止或低速运动状态下调整。

③ 根据压力表示值调试压力控制阀，逐渐升高系统压力至规定值，调整过程中注意系统各管路接头和液压元件结合面处是否泄漏。

④ 调整压力继电器应先返回可调节区间，后调整主弹簧。

⑤ 调整完毕应拧紧锁紧螺母，并关闭相应的压力表油路。

⑥ 压力调整的参考数据：

a. 主油路液压泵出口处安全阀的调整压力一般大于推动执行元件所需工作压力的10%~25%。

b. 快速运动液压泵的压力阀调整压力一般大于所需压力的10%~20%。

c. 卸荷压力一般小于0.1~0.3MPa。

d. 用卸荷液压油给控制油路和润滑油路供油时应保持0.3~0.6MPa。

e. 压力继电器的调整压力一般低于供油压力0.3~0.5MPa。

3）行程控制元件的位置调整。

① 按行程控制阀、行程开关和微动开关等控制元件的位置要求，调整挡块位置，并将

其紧固在预定位置。

② 系统中的固定挡块应预先按要求调整好。

③ 具有延时继电器的，应按要求调整好延时时间。

4）液压缸与运动部件的调试。

① 开启开停阀，调节节流阀，使液压缸动作和运动部件的速度由低到高，行程由小到大，逐步达到全行程快速往复运动。

② 系统内装有排气装置的，应在液压缸往复运动时打开排气阀或排气塞，待排气口的排气声正常和白浊泡沫状油气混合物转为透明、无气泡油液时，关闭液压缸排气阀或装上排气塞。

③ 排气过程中，压力高的系统应适当降低压力（一般为0.5~1MPa），以能推动液压缸往复运动为宜。

5）调整流量阀。

① 调节流量阀的工作速度，应先使液压缸速度达到最大，然后逐步关小流量阀，观察系统能否达到最低稳定速度，随后按工作要求速度进行调节。

② 调节润滑油流量的流量阀应注意润滑油的适量程度，既要达到润滑要求，又不能使运动部件“漂浮”而影响运动精度。

③ 调节控制换向时间和起缓冲作用的流量阀时，应先将节流口调整至较小位置，然后逐渐调大节流口，直至达到要求。

6）空载运行检查。

① 检查各管路连接处、液压元件结合面及密封处有无泄漏。

② 检查油箱中的油液是否因进入液压系统而减少太多，若油液不足，应及时补充，使液面高度始终保持在油标指示位置。

③ 检查各工作部件是否按工作顺序工作，各动作是否协调，动作是否平稳。

④ 在空载运动2~4h后，检查油温及各工作部件的精度是否达到要求，必要时可进行负载调试。

（3）负载调试

1）系统能否达到规定的负载和速度工作要求。

2）振动和噪声是否在允许范围内。

3）检查各管路连接处、液压元件的内、外泄漏情况。

4）工作部分运动和换向时的平稳性。

5）油液温升是否在规定范围内。

7.3 典型气动系统与基本回路

7.3.1 典型气动系统的组成与分析

1. 气动控制元件的应用示例

现以气动机械手为例，介绍气动控制元件的应用。

（1）气动机械手 如图7-8所示，其结构特点如下：

1）杠杆式机械手爪由气缸 A 活塞杆连接的锥体带动。

2）伸缩式机械手臂由气缸 B 活塞杆带动。

3）手臂升降由气缸 C 活塞杆带动。

4）手臂立柱回转由气缸 D 活塞杆往复运动带动齿条、齿轮实现。

（2）气动机械手气动系统　如图 7-9 所示，气动机械手动作顺序：立柱下降（C_0）→伸臂（B_1）→手爪夹紧工件或刀具（A_0）→缩臂（B_0）→立柱顺时针转（D_1）→立柱上升（C_1）→手爪松开工件（A_1）→立柱逆时针回转（D_0）。

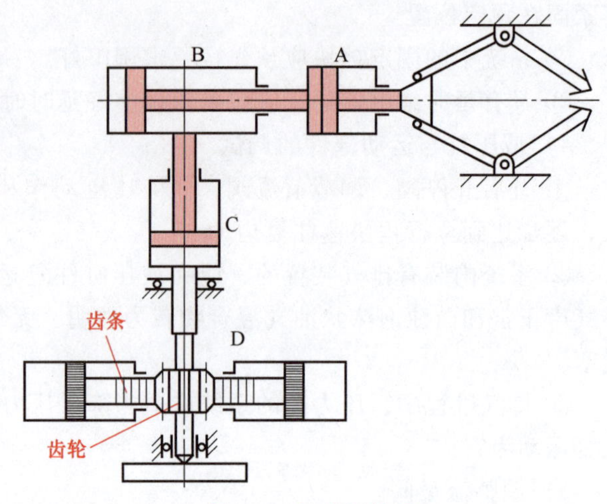

图 7-8　气动机械手

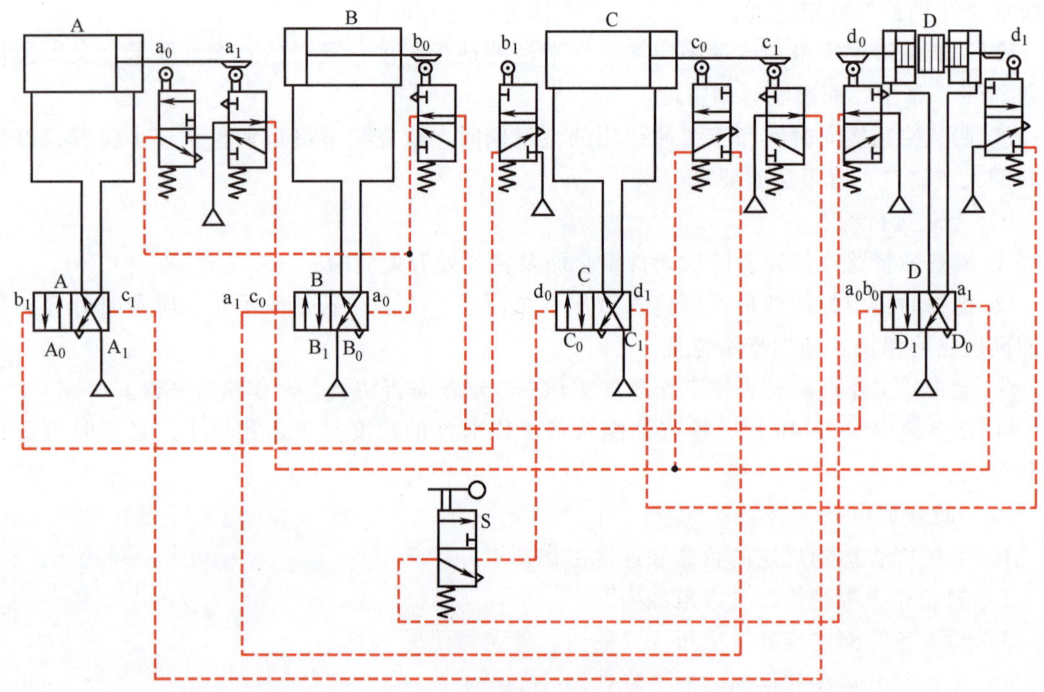

图 7-9　气动机械手气动系统

（3）示例动作系统循环

1）按下起动阀 S→主控阀 C 将处于 C_0 位→活塞杆退回，完成立柱下降。

2）C 缸活塞杆上的挡铁碰到 c_0→控制气使主控阀 B 处于 B_1 位→B 缸活塞杆伸出，完成伸臂动作。

3）B 缸活塞杆上的挡铁碰到 b_1→控制气使主控阀 A 处于 A_0 位→A 缸活塞杆退回，完成夹紧动作。

4）A 缸活塞杆上的挡铁碰到 a_0→控制气使主控阀 B 处于 B_0 位→B 缸活塞杆退回，完成缩臂动作。

5）B 缸活塞杆上的挡铁碰到 b_0→控制气使主控阀 D 处于 D_1 位，使 D 缸活塞杆往右，完成立柱顺时针回转动作。

6）D 缸活塞杆上的挡铁碰到 d_1→控制气使主控阀 C 处于 C_1 位→C 缸活塞杆伸出，完成立柱上升动作。

7）C 缸活塞杆上的挡铁碰到 c_1→控制气使主控阀 A 处于 A_1 位→A 缸活塞杆伸出，完成松开动作。

8）A 缸活塞杆上的挡铁碰到 a_1→控制气使主控阀 D 处于 D_0 位→D 缸活塞杆往左，完成立柱逆时针回转动作。

9）D 缸活塞杆上的挡铁碰到 d_0→控制气经起动阀 S 又使主控阀 C 处于 C_0 位→重新开始工作循环。

（4）系统调整

1）速度调整。调节单向节流阀的开度（图 7-9 中未示出），可改变各气缸的运动速度。

2）行程调整。根据需要只需改变行程开关的位置，即可改变各气缸的行程。

2. 气动执行元件的应用示例

现以集装气动压实机为例，解析活塞式气缸的应用。

（1）执行元件动作顺序　集装压实机由两个气缸组成，A（1.0）缸为预压实缸，B（2.0）缸为主压实缸，图 7-10 所示为集装压实机示意图。其动作程序：当集装箱装满物品时，按下气动开关，预压实机构向前运动，然后主压实机向下运动，两个气缸的回程运动是同步的。当集装箱装载过满，主压实机气缸不能达到前端位置时，两气缸的回路由压力顺序阀控制，即压力达到压力顺序阀调定值时，两气缸自动返程。

（2）气压系统释读解析　图 7-11 所示为集装压实机的气动系统原理图。系统初始位置 A（1.0）缸和 B（2.0）缸都处于尾端（无杆端）位置，即活塞杆缩进位置，行程阀 1.4 被 A 活塞杆压下，处于开通状态。按下开关阀 1.2，气控信号使阀 1.1 换向，A 缸向前运动，至

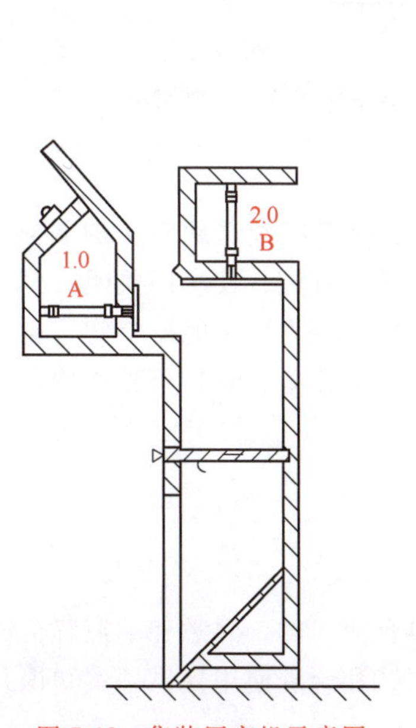

图 7-10　集装压实机示意图

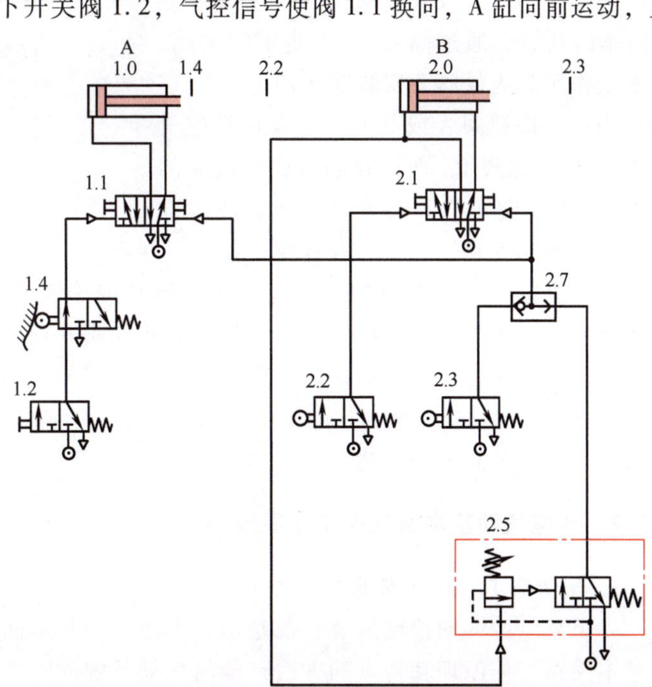

图 7-11　集装压实机的气动系统原理图

前端位置时压下行程阀2.2。阀2.2被压下后，气控信号经阀2.3再经“或”门阀2.7使阀1.1和阀2.1换向，A缸和B缸同时退回。回到尾端位置时，A缸压下行程阀1.4，为下一次启动作好准备。

如果集装箱装载太满，B缸不能运动到右端终点位置，则不能压下行程阀2.3，阀2.3不能发出气压信号使阀1.1和2.1换向，A、B缸将无法退回。但此时压力顺序阀2.5将发生作用。当B缸向前运动压紧物料时，无杆腔的压力随压实程度而逐步提高，当压力达到压力顺序阀2.5的调定值时，阀2.5内顺序阀打开，压力信号推动二位三通阀换向而导通，就有压力信号经阀2.5、阀2.7使阀1.1和阀2.1换向，A、B缸同时退回。

实际操作中，可发现A、B缸不是同时退回的。B缸是在A缸先退回后再有退回动作的。其原因是当阀2.3或阀2.5发出信号使阀1.1和阀2.1换向时，行程阀2.2仍被A缸活塞压着，阀2.1左端的控制信号在A缸向前运动后释放阀1.4，故阀1.1立即换向，A缸即行退回，在A缸退回一段距离后释放阀2.2，这时阀2.1左端的控制信号才能使阀2.2释放，阀2.1换向，B缸退回。

（3）客车车门气压传动系统　图7-12所示为客车车门气压控制系统。其工作原理是驾驶员和售票员可使用气动开关控制开关车门，并且当车门在关闭过程中遇到障碍物时，能使车门自动开启，起到安全保护作用。

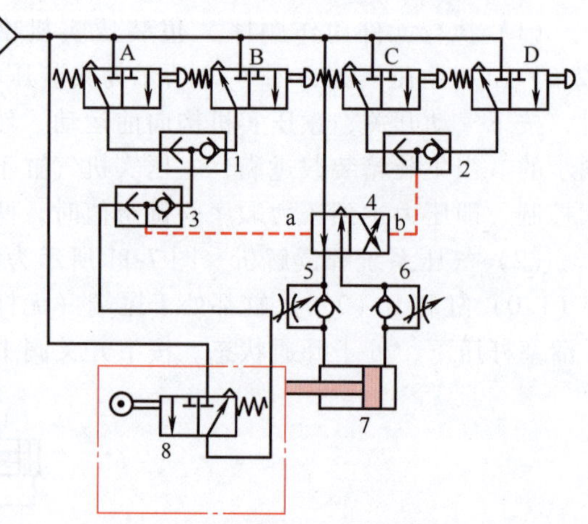

图7-12　客车车门气压控制系统

车门的开启与关闭靠气缸7来实现，气缸由双气控阀4来控制，而双气控阀又由按钮阀A～D来操纵，气缸运动速度的快慢由单向速度控制阀5或6来调节。通过阀A或B使车门开启，通过阀C或D使车门关闭。起安全作用的先导阀8安装在车门上。

当操纵按钮阀A或B时，气源压缩空气经阀A或B到阀1，把控制信号送到阀4的a侧，使阀4向车门开启方向切换。压缩空气经阀4和阀5到气缸7的有杆腔，使车门开启。

当操纵按钮阀C或D时，压缩空气经阀C或D到阀2，把控制信号送到阀4的b侧，使阀4向车门关闭方向切换。压缩空气经阀4和阀6到气缸7的无杆腔，使车门关闭。

车门在关闭的过程中如碰到障碍物，便推动阀8，此时压缩空气经阀8把控制信号通过阀3送到阀4的a侧，使阀4向车门开启方向切换。必须指出，如果阀C或D仍然保持在压下状态，则阀8起不到自动开启车门的安全作用。

7.3.2　典型气动基本回路的工作原理

1. 气动基本控制回路基础

一个复杂的气动控制系统，都是由若干个气动基本回路组合而成的，熟悉和掌握解析气动基本回路工作原理和特点的方法，能给气动系统的安装、调试和合理使用提供基本知识和技能。

（1）气动基本回路的主要类型与示例

1）压力控制回路。在一个气动控制系统中，进行压力控制主要有两个目的：第一是为了提高系统的安全性，主要采用一次压力控制回路；第二是给元件提供稳定的工作压力，使其能充分发挥元件的功能和性能，主要采用二次压力控制回路。在实际应用中，某些气动控制系统需要有高、低压力的选择。例如，加工塑料门窗的三点焊机的气动控制系统中，用于控制工作台移动的回路的工作压力和用于控制其他执行元件的回路的工作压力有高、低压区别，此时可选用图7-13所示的高、低压选择回路。该回路只要分别调节2个减压阀，就能得到所需要的高压和低压输出。

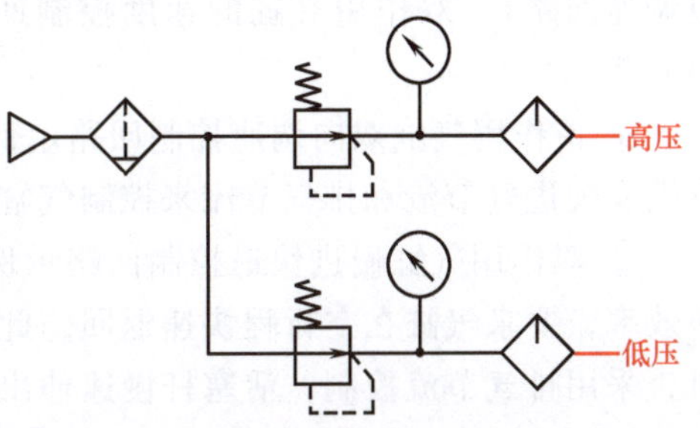

图7-13　高、低压选择回路

2）方向控制回路。方向控制回路又称换向回路，是通过换向阀的换向，来改变执行元件运动方向。典型的方向控制回路包括单作用气缸的换向回路、双作用气缸的换向回路、差动控制回路、多位运动控制回路。

① 差动控制回路示例：所谓差动控制是指气缸的无杆腔进气活塞杆伸出时，有杆腔的排气又回到进气端的无杆腔。如图7-14所示，该回路用一只二位三通手拉阀控制差动气缸，当操作手拉阀使该阀处于右位时，气缸的无杆腔进气，有杆腔的排气经手拉阀也回到无杆腔成差动手控回路。

② 多位运动控制回路示例：采用一只二位换向阀的换向回路，一般只能在气缸的2个终端位置才能停止。如果要使气缸有多个停止位置，就必须要增加其他元件。若采用三位换向阀实现多位控制可组成图7-15所示的多位运动控制回路。该回路利用三位换向阀的不同中位机能，得到不同的控制方案。图7-15a所示是中封式控制回路，当三位换向阀两侧均无控制信号时，阀处于中位，此时气缸停留在某一位置上。当阀的左端加入信号时，使阀处于左位，气缸右端进气，左端排气，活塞向左运动。在活塞运动过程中若撤去控制信号，则阀在对中弹簧的作用下又回到中位，此时气缸两腔里的压缩空气均被封住，活塞停止在某一位置上。图7-15b、图7-15c所示的控制回路与图7-15a所示的控制回路工作原理基本相同，但中位机能不同。图7-15b所示回路中气缸的

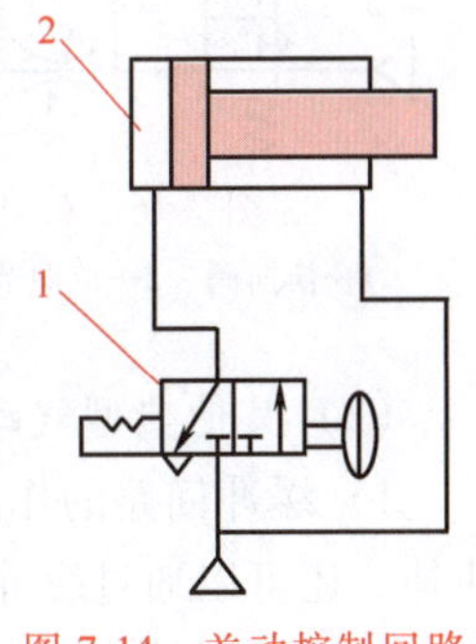

图7-14　差动控制回路

1—手拉阀　2—差动缸

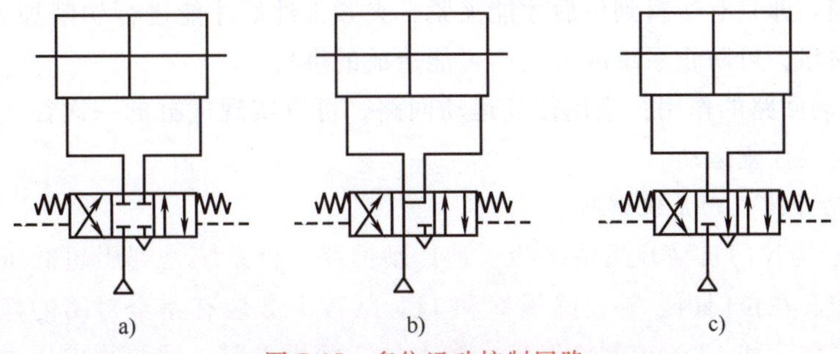

图7-15　多位运动控制回路

a）O型中位　b）P型中位　c）Y型中位

两端均与气源相通，活塞处于压力平衡状态而停留在某一位置；图 7-15c 所示回路中气缸的两端均与排气口相通，即活塞两端均无压力作用，活塞处于浮动状态。

3）速度控制回路。速度控制主要是指通过对流量阀的调节，达到对执行元件运动速度的控制。具体控制方法有以下几种：单作用气缸的速度控制回路（双向调速回路、慢进快退调速回路）；双作用气缸的速度控制回路（双向调速回路、慢进快退调速回路、缓冲回路）等。

① 单作用气缸双向调速控制回路示例：如图 7-16 所示，回路采用 2 只单向节流阀串联，分别实现进气节流和排气节流来控制气缸活塞杆伸出和缩回的运动速度。

② 双作用气缸慢进快退控制回路示例：如图 7-17 所示，在许多应用场合，为了提高工作效率，要求气缸在空行程快速退回，此时，可选用气缸慢进快退控制回路。当活塞杆伸出时，采用排气节流控制，活塞杆慢速伸出；活塞杆缩回时，无杆腔余气经快排阀排空，使活塞杆快速退回。

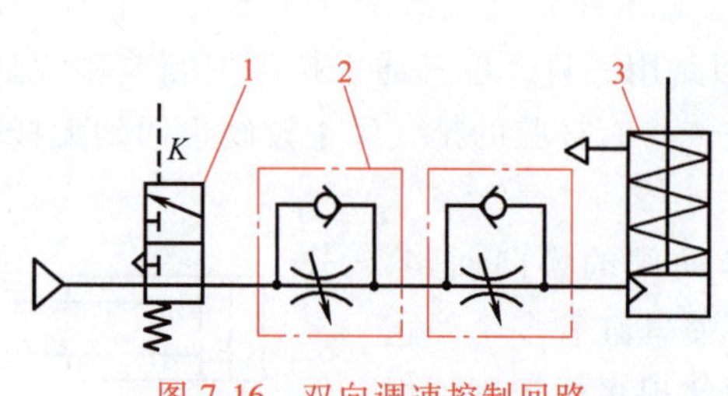

图 7-16　双向调速控制回路

1—换向阀　2—单向节流阀　3—单作用气缸

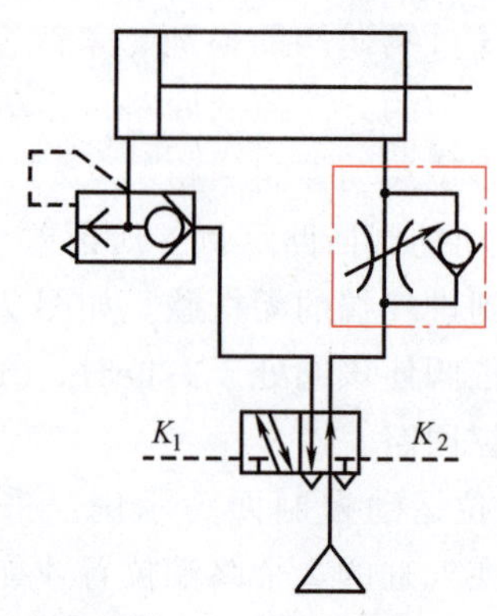

图 7-17　慢进快退控制回路

（2）其他典型气动控制回路的作用特点

1）缓冲回路的作用：对于气缸行程较长、速度较快的应用场合，除考虑气缸的终端缓冲外，还可以通过缓冲回路实现缓冲。

2）气-液联动的速度控制回路的作用：这种调速回路都不需要设置液压动力源，应用气-液阻尼缸或气-液转换器，可以获得如液压传动那样平稳的执行元件运动速度。

3）安全保护回路的作用：例如安全保护回路中的互锁回路，应用于送料、夹紧与加工进给之间的互锁，即只有送料到位后才能夹紧，夹紧工件后才能进行切削加工（进给）等。又如过载保护回路，可防止系统因过载而可能造成的事故。

4）往复运动回路的作用：应用往复运动回路，可以实现气缸的一次往复运动、二次连续往复运动和连续往复运动。

2. 拉门自动开闭气动系统解析

图 7-18 所示为拉门自动开闭系统的气动传动回路。该系统是利用超低压气动阀来检测行人的踏板动作。在拉门内、外设踏板 6 和 11，踏板下方装有完全封闭的橡胶管，管的一端与超低压空气阀 7 和 12 的控制口连接。当人站在踏板上时，橡胶管内压力上升，超低压空气阀动作，传递到气缸 4 使活塞左右移动，活塞杆上装有连杆机构，利用活塞的往复直线

运动使拉门开或关。

其动作过程如下：首先使手动阀1上位接入工作状态，空气通过气动换向阀2、单向节流阀3进入气缸4的无杆腔，将活塞杆推出（门关闭）。当人站在门外踏板6上后，超低压空气阀7动作，空气通过梭阀8、单向节流阀9和气罐10使气动换向阀2换向，压缩空气进入气缸4的有杆腔，活塞杆就退回（门打开）。人离开踏板6进门后，阀7复位，阀2在气罐10和单向节流阀9的控制作用下缓速复位，门延时关闭。

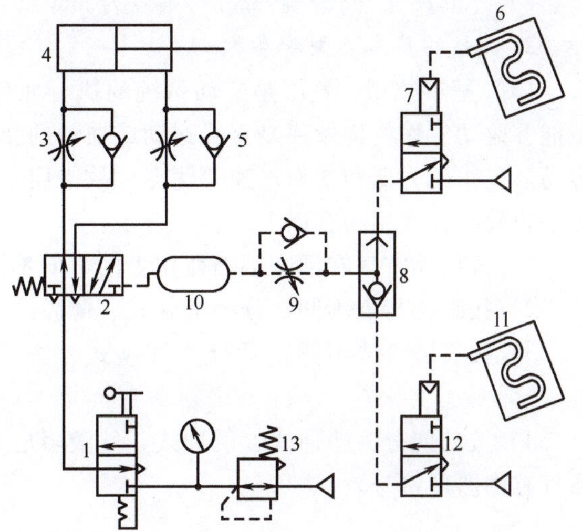

图7-18　拉门自动开闭系统

1—手动阀　2—气动换向阀　3、5、9—单向节流阀　4—气缸　6、11—踏板　7、12—超低压空气阀　8—或门型梭阀　10—气罐　13—减压阀

当行人出门后踏上踏板11时，超低压空气阀12动作，使梭阀8上面的通口关闭，下面的通口接通（此时由于人已离开踏板6，阀7已复位），气罐10中的空气经单向节流阀9、梭阀8和超低压空气阀12放气（人离开踏板11后，阀12已复位），经过延时（由单向节流阀控制）后阀2复位，气缸4的无杆腔进气，活塞杆伸出（延时关闭拉门）。

该回路利用逻辑“或”的功能，回路比较简单，很少产生误动作。减压阀13可使关门力自由调节。如将手动阀复位，便可变为手动门。

7.4　气动阀与气动系统的装配调试

7.4.1　气动元件及其系统装配基础

1. 空气压缩机的基本类型和参数

（1）基本类型　空气压缩机（简称空压机）是气源动力的主要组成部分。安装空压机时应根据系统提供的技术资料，核对空压机的类型和基本参数。空压机按工作原理分为容积式和速度式两大类；按输出压力分为低压、中压、高压和超高压空压机；按输出流量分为微型、小型、中型或大型空压机；按润滑方式分为有油润滑和无油润滑空压机。

（2）基本参数　以某一系列空压机产品的参数为例，空压机的基本参数包括以下主要内容：

1）每分钟排气量，单位为 m^3/min。

2）压缩空气压力，单位为MPa。

3）转速，单位为r/min。

4）电动机功率，单位为kW。

5）气缸，缸径×缸数×行程，缸径和行程的单位为mm。

6）重量，单位为kg。

7）外形尺寸（长×宽×高），单位为 mm。

2. 气缸的基本类型和参数

（1）基本类型　气缸是气动系统的执行元件之一，它是将压缩空气的压力能转换为机械能并驱动工作机构做往复直线运动或摆动的装置。与液压缸比较，它具有结构简单、制造容易、工作压力低和动作迅速等优点，故应用十分广泛。气缸的种类很多，结构各异，分类方法也较多，常用的有以下几种：

1）按压缩空气在活塞端面作用力的方向不同，分为单作用气缸和双作用气缸。

2）按结构特点不同，分为活塞式、薄膜式、柱塞式和摆动式气缸等。

3）按安装方式不同，可分为耳座式、法兰式、轴销式、凸缘式、嵌入式和回转式气缸等。

4）按功能分为普通式、缓冲式、气液阻尼式、冲击和步进气缸等。表 7-22 中为常见普通气缸的图形符号。

表 7-22　常见普通气缸的图形符号

单作用气缸	双作用气缸		
	普通气缸	缓冲气缸	
弹簧压出	单活塞杆	不可调单向	可调单向
弹簧压入	双活塞杆	不可调双向	可调双向

（2）气缸的基本参数　在制造和应用过程中，气缸的基本参数和特征项目如下：

1）气缸类型。

2）行程长度。

3）总长度。

4）型号标志。

5）气缸内径。

6）活塞杆伸出长度和螺纹直径。

7）磁性元件的作用。

8）安装尺寸（包括轴销位置）。

9）恰当的缓冲选择。

10）气口形式、位置和尺寸。

3. 气动系统装配的工艺要点

与液压系统的装配工艺相比较，气动系统的装配工艺要点如下：

1）根据系统设计的技术参数，在气源装置部分的装配过程中，应掌握以下要点：

① 按设计要求对空压机进行试运行检测，保证空压机正常运行，并达到系统所需的流量和压力要求。

② 按气源净化装置的装配工艺，并按系统对压缩空气的净化技术指标，进行装配和空气净化等质量指标的检查检测，保证系统所需的气源达到规定的净化指标要求。

③ 按系统润滑油雾的工艺技术要求，对气源三联件进行调试，控制油雾的规定指标，实现对系统各元件的油雾润滑等技术要求。

④ 对于需要使用储气罐的系统，应按工艺要求，对储气罐进行单独的检测和检查，以保证系统对储气罐应用的压力、容量、输入输出接口位置等工艺技术要求。

⑤ 对于应用干燥器的气源系统，应按干燥器的应用特点，检测和检查空气的进一步净化质量指标。

2）根据系统设计的技术参数，在执行部分的装配过程中，应掌握以下要点：

① 按工艺技术规定的执行元件的规格型号进行核对和检测检查，尤其是密封部位的检测检查。气动系统的密封要求必须达到工艺规定的要求，否则可能会造成执行件控制、运动不符合系统设计要求等安装调试不当造成的各种故障。

② 气缸和气马达的结构型号应按工艺技术资料规定进行仔细核对，并按合格产品的技术要求对系统的执行元件进行规范的预先检测和检验。

③ 对于有特殊安装结构和位置精度要求的气缸或气马达，应按工艺设计规定的安装要求和位置精度进行安装调整，以保证执行元件与负载机械部分的连接要求和相对位置精度。试运行检测时，应按工艺要求在规定的（轴向或转角）测试位置进行精度检测，以保证系统执行元件的全过程运动精度。

3）根据系统设计的技术参数，在控制部分的装配过程中，应掌握以下要点：

① 控制阀的控制功能与系统设计、工艺选定的控制阀类型、结构有关，在按工艺图样和技术文件装配控制阀时，首先要准确、全面了解所装配控制阀的类型、结构特点和控制功能。

② 对于用机械装置，如限位开关等控制的气动阀，应按工艺规定的控制功能和控制过程，进行装配调试。

③ 对于用电磁铁控制的气动系统控制阀，应按工艺规定的电磁铁的顺序进行控制阀的动作顺序调试。

④ 对于用逻辑元件控制的气动系统控制阀，或应用 PLC 进行控制的气动系统，应按工艺文件规定的逻辑顺序进行调试。

⑤ 对于位置精度要求较高的气动控制系统，应按工艺规定的空载运行要求进行装配调试，如数控加工中心的自动换刀系统。当系统装配和调试达到可负载运行的技术要求时，方能进行负载调试。

4）根据系统设计的技术参数，在管道部分的装配过程中，应掌握以下要点：

① 集成控制阀等元件的模块装配调试，应以工艺规定的元件安装位置和管路连接技术要求进行模块装配和调试。

② 对于比较特殊的控制元件，如逻辑梭阀等，应特别注意管路接口的位置和安装调试技术要求。

③ 气动系统的管路连接或模块的气路连接，都需要进行密封的检测和检查，以保证系统或集成模块的正常运行，防止管路泄漏造成装配质量事故。

④ 对于处于特殊位置、环境的管路，应严格按工艺文件的规定，控制管路的接口装配要求、管道的布置、软管的规格和弯曲半径的工艺要求。对于需要使用支架的悬空管路，应严格按工艺要求进行支架的制作和安装，确保管路的装配要求。

7.4.2 气动阀的类型与结构原理

1. 气动阀的类型

气动阀是指在气动系统中控制气流的压力、流量和流动方向，并保证气动执行元件或机构正常工作的各类气动元件。控制和调节压缩空气压力的元件称为压力控制阀。控制和调节压缩空气流量的元件称为流量控制阀。改变和控制气流流动方向的元件称为方向控制阀。

除上述三类控制阀外，还有能实现一定逻辑功能的逻辑元件，包括元件内部无可动部件的射流元件和有可动部件的气动逻辑元件。在结构原理上，逻辑元件基本上和方向控制阀相同，区别是体积和通径较小，一般用来实现信号的逻辑运算功能。

近年来随着气动元件的小型化以及 PLC 控制在气动系统中的大量应用，气动逻辑元件的应用范围正在逐渐减小。从控制方式来分，气动控制可分为断续控制和连续控制两类。在断续控制系统中，通常要用压力控制阀、流量控制阀和方向控制阀来实现程序动作；在连续控制系统中，除了要用压力控制阀、流量控制阀外，还要采用伺服控制阀、比例控制阀等，以便对系统进行连续控制。

2. 气动阀的结构与应用特点

气动阀和液压阀相比较，有许多结构与应用上的特点：

（1）使用的能源不同　气动元件和装置可采用空压站集中供气的方法，根据使用要求和控制点的不同来调节各自减压阀的工作压力。液压阀都设有回油管路，便于油箱收集用过的液压油。气动阀可以通过排气口直接把压缩空气向大气排放。

（2）对泄漏的要求不同　液压阀对向外的泄漏要求严格，而元件内部的少量泄漏是允许的。对气动控制阀而言，除间隙密封的阀外，原则上不允许内部泄漏。气动阀的内部泄漏有导致事故的危险。

对气动管道来说，允许有少许泄漏；而液压管道的泄漏将造成系统压力下降和对环境的污染。

（3）对润滑的要求不同　液压系统的工作介质为液压油，液压阀一般不存在对润滑的特殊要求；气动系统的工作介质为空气，空气无润滑性，因此许多气动阀需要油雾润滑。阀的零件应选择不易被水腐蚀的材料，或者采取必要的防锈措施。

（4）压力范围不同　气动阀的工作压力范围比液压阀低。气动阀的工作压力通常为 10bar（$1\text{bar}=10^5\text{Pa}$）以内，少数可达到 40bar 以内。但液压阀的工作压力都很高（通常在 50MPa 以内）。若气动阀在超过最高允许压力下使用，会引发严重事故。

（5）使用特点不同　一般气动阀比液压阀结构紧凑、重量轻，易于集成安装，阀的工作频率高、使用寿命长。目前气动阀正向低功率、小型化方向发展，已出现功率只有 0.5W 的低功率电磁阀，以便于与微型计算机和 PLC 直接连接；也可与电子器件一起安装在印制电路板上，通过标准板接通气电回路，节省了大量配线，适用于气动工业机械手、复杂的生产制造装配线等场合。

7.4.3　气动系统的装配调试与控制阀的调整

1. 气动系统装配调试的要点

（1）管道安装调试的要点　按管道安装技术图样和规定的管道型号等，核对管道的规格和形式，规范使用安装工具，并按清洗清洁、支架制作、管路连接、管路布置、软管安装的具体要求进行规范作业。

（2）气动元件的安装必须掌握以下要点

① 根据技术文件，熟练掌握、仔细释读和解析气动系统图。

② 逐一核对各元件的型号规格、安装位置和在系统中的作用原理。

③ 控制阀安装时，应按技术资料确认阀的安装位置和标明的安装方向。预先应按技术要求进行控制阀的性能试验。

④ 逻辑元件安装时，应严格按照技术资料，并结合控制回路的特点，将逻辑元件按规定，成组地安装在模块底板上，并按技术要求，在底板上设置气路，用软管接出。

⑤ 执行元件安装时，根据气动回路选用的气缸或气马达，核对型号规格，并按技术要求规定进行检测、测试，同时根据不同的安装结构形式和作用原理进行安装。特别应注意检测移动缸的中心线与负载的中心线是否同轴。对于气缸的参数，如气缸类型、行程长度、总长度、型号标志、气缸内径、活塞杆伸出长度和螺纹直径、磁性元件的作用、安装尺寸（包括轴销位置）、恰当的缓冲选择、气口形式、位置和尺寸等，应在装配作业前予以核对确认。

⑥ 控制仪表和电器安装时，必须掌握系统选用的仪表仪器的自动控制作用和基本原理。安装前必须按规定的精度指标进行性能试验和精度检测。

⑦ 对于一些比较特殊的气动回路元件，如气液联动回路中的气液阻尼缸、气液增压器等，应分析和掌握回路中较特殊元件的工作原理和装配特点，以便达到回路的控制要求。

2. 气动系统控制阀的调整要点

（1）分析气动系统典型基本回路和控制原理

1）气动系统的换向回路解析示例。常用的换向回路有单作用气缸换向回路和双作用气缸换向回路。图7-19a所示为小通径的手动换向阀控制二位五通主阀操纵气缸换向；

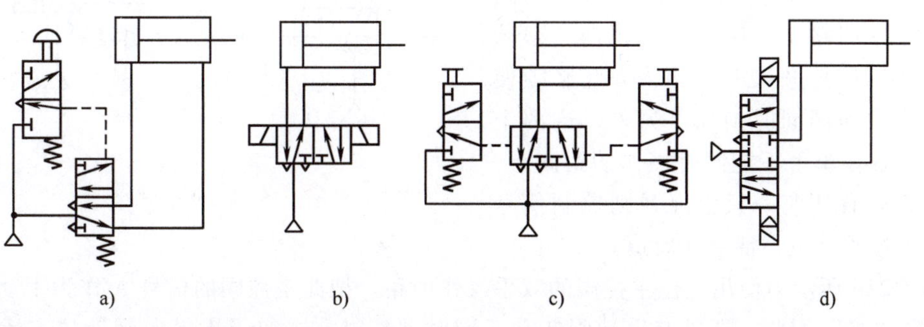

图7-19　双作用气缸换向回路

图 7-19b 所示为二位五通电磁阀控制气缸换向；图 7-19c 所示为两个小通径的手动换向阀控制二位五通主阀操纵气缸换向；图 7-19d 所示为三位五通电磁阀控制气缸换向，该回路可使气缸停止在任意位置，但定位精度不高。

2）气动系统的压力控制回路解析示例。压力控制回路的功能是使系统保持在某一规定的压力范围内。常用的有一次压力控制回路、二次压力控制回路和高低压转换回路。图 7-20 所示为二次压力控制回路。图 7-20a 所示回路由气源调节装置组成，主要由溢流阀、减压阀来实现压力控制；图 7-20b 所示回路由减压阀和换向阀构成，对同一系统实现输出高低压力 p_1、p_2 的控制；图 7-20c 所示回路由减压阀来实现对不同系统输出不同压力 p_1、p_2 的控制。为保证气动系统使用的气体压力为一稳定值，多用空气过滤器、减压阀、油雾器（气源调节装置）组成二次压力控制回路。调试中应注意，供给逻辑元件的压缩空气不要加入润滑油。

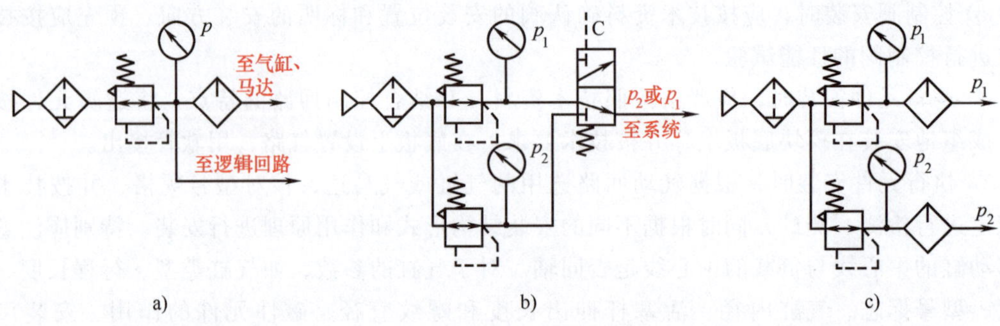

图 7-20　二次压力控制回路

a）由溢流阀、减压阀控制压力　b）由减压阀、换向阀控制高低压力　c）由减压阀控制高低压力

3）气动系统的速度控制回路解析示例。气动系统因使用的功率都不大，所以主要的调速方法是节流调速。图 7-21 所示的双向节流调速回路中，图 7-21a 所示为采用单向节流阀的双向节流调速回路，图 7-21b 所示为采用排气节流阀的双向节流调速。

4）双手操作回路解析示例。双手操作回路是使用两个起动用手动阀，只有同时按动两个阀才动作的回路。这种回路主要是为了安全，在锻造、冲压机械上常用来避免误动作，以保护操作者的安全。

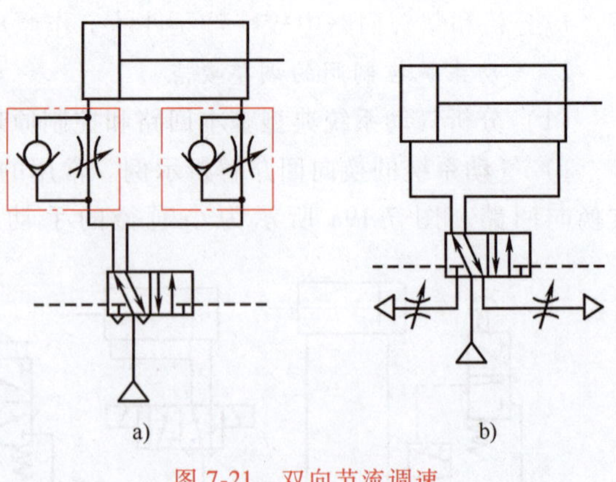

图 7-21　双向节流调速

图 7-22a 所示为使用逻辑“与”回路的双手操作回路。为使主控阀换向，必须使压缩空气信号进入上方侧，为此必须使两个三通手动阀同时换向。另外，这两个阀必须安装在单手不能同时操作的距离上，在操作时如有任何一只手离开则控制信号消失，主控阀复位，活塞杆后退。

图 7-22b 所示为使用三位主控阀的双手操作回路。把此主控阀的信号 A 作为手动阀 2 和 3 的逻辑“与”回路，即只有手动阀 2 和 3 同时动作时，主控阀 1 换向到上位，活塞杆前进；把信号 B 作为手动阀 2 和 3 的逻辑“或非”回路，即当手动阀 2 和 3 同时松开时（图

示位置)，主控阀1换向到下位，活塞杆返回：若手动阀2或3换向到上位，将使主控阀复位到中位，活塞杆处于停止状态。

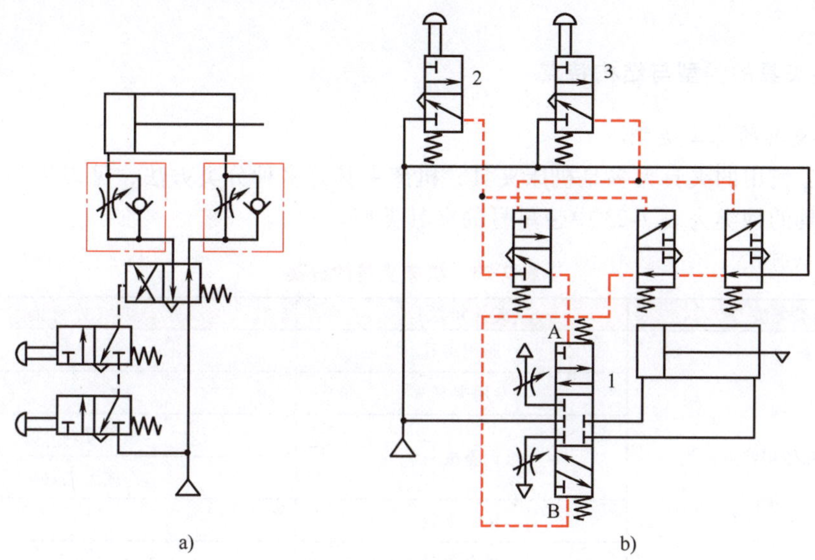

图7-22　双手操作回路

a）使用逻辑“与”回路　b）使用三位主控阀

5）顺序动作回路解析示例。图7-23所示的回路是一个连续往复动作回路，能完成连续的动作循环。当按下阀1的按钮后，阀4换向，活塞向前运动，这时由于阀3复位将气路封闭，使阀4不能复位，活塞继续前进，到行程终点压下行程阀2，使阀4控制气路排气，在弹簧作用下阀4复位，气缸活塞杆返回，在终点压下阀3，阀4换向，活塞再次向前，形成了$A_1A_0A_1A_0$…的连续往复动作。当提起阀1的按钮后，阀4复位，活塞返回而停止运动。

（2）气动系统控制阀的调试要点

1）掌握控制阀在系统中的作用，区别在于它是属于执行元件的主控阀还是辅助性的控制阀。

2）掌握控制阀的结构特点，如位数、通道数、阀的类型和接口特点等。还应掌握气动控制阀的流量、压力，电磁阀的控制电压等重要参数。

3）掌握控制阀的作用原理，如阀的移位控制、复位方式等。

4）对于使用系统中其他元件进行控制的阀，应掌握相关控制元件的作用方式和原理；对于使用逻辑元件和PLC系统的，还要掌握对阀进行控制的模块的工作原理。

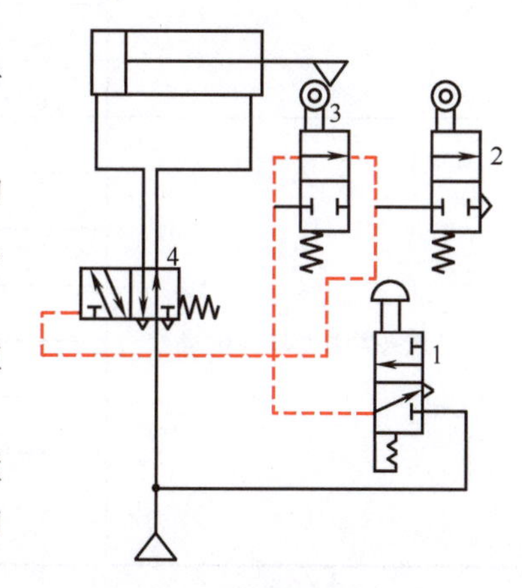

图7-23　连续往复动作回路

5）对于应用电气行程开关进行电磁阀控制的系统，应熟悉触点开关的结构原理和调试方法，并能按通电顺序表对系统进行控制功能的检测调试。

7.5 工装夹具的组成分析与装配调试

7.5.1 工装夹具的类型与结构特点

1. 工装夹具的基本类型

机械加工使用的夹具大多是机床夹具，机床夹具有多种分类方法，见表7-23。机加工生产线常用夹具的种类为表7-23中带星号的夹具类型。

表7-23 机床夹具的分类

分类方法	夹具分类Ⅰ	夹具分类Ⅱ
按通用性和使用特点分类	通用夹具	
	专用夹具*	
	可调整夹具*	通用可调夹具
		成组夹具
	组合夹具	
	拼合夹具	
按使用机床分类	车床夹具*	
	钻床夹具*	
	铣床夹具*	
	镗床夹具*	
	磨床夹具*	
	刨插机床夹具	
	拉床夹具	
	齿轮加工机床夹具	
	组合机床夹具*	
	其他机床夹具	
按夹紧动力源分类	手动夹具	
	手动夹具*	
	液压夹具*	
	气液夹具*	
	电动夹具*	
	磁力夹具*	
	真空夹具*	
	其他夹具*	

2. 机床夹具定位元件、夹紧装置与机构的基本形式

（1）常见定位元件的形式

1）用于平面定位的定位元件。常见的有固定支承（支承钉和支承板，见图7-24和图7-25）、自位支承、辅助支承和可调支承（见图7-26）。

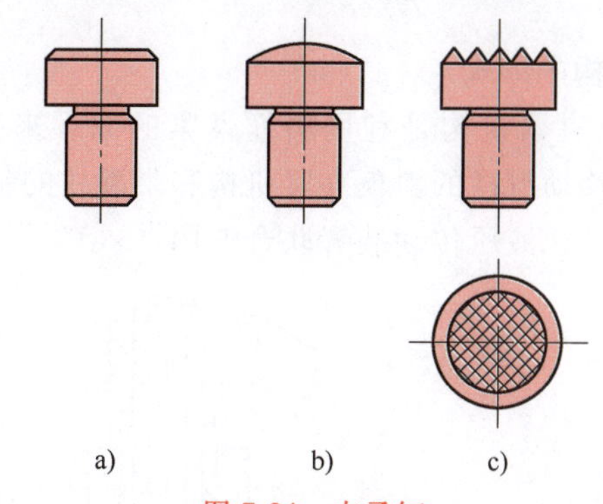

图 7-24　支承钉

a）平头支承钉　b）圆头支承钉　c）网状支承钉

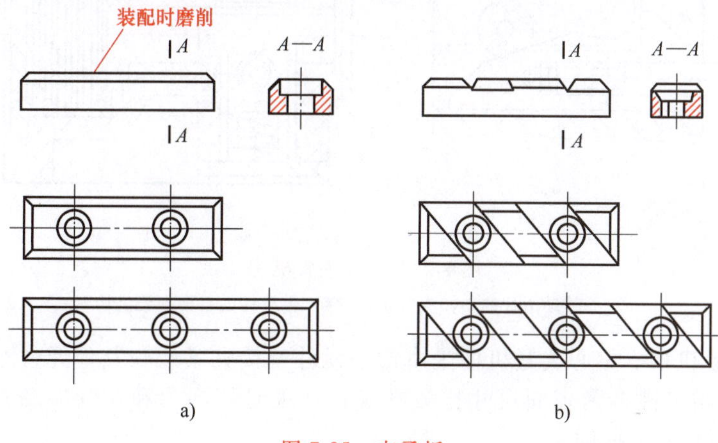

图 7-25　支承板

a）不带斜槽的支承板　b）带斜槽的支承板

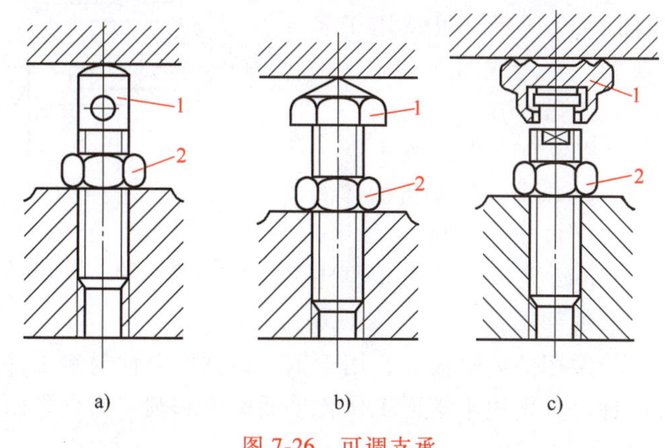

图 7-26　可调支承

a）圆头可调支承　b）锥顶可调支承　c）网状平头可调支承

1—调整螺钉　2—紧固螺母

2）用于外圆柱面定位的定位元件。常见的有 V 形架、定位套和半圆定位座。

3）用于孔定位的定位元件。常见的有定位销（圆柱定位销和圆锥定位销）、圆柱心轴和小锥度心轴。

（2）常见夹紧装置与机构的形式

1）斜楔夹紧机构。斜楔夹紧机构是利用斜面楔紧的原理来夹紧工件的，如图 7-27 所示。斜楔夹紧机构可分为无移动滑柱的斜楔夹紧机构和带滑柱的斜楔夹紧机构。在生产线夹具中，斜楔夹紧装置常与气动、液压传动装置联合使用。

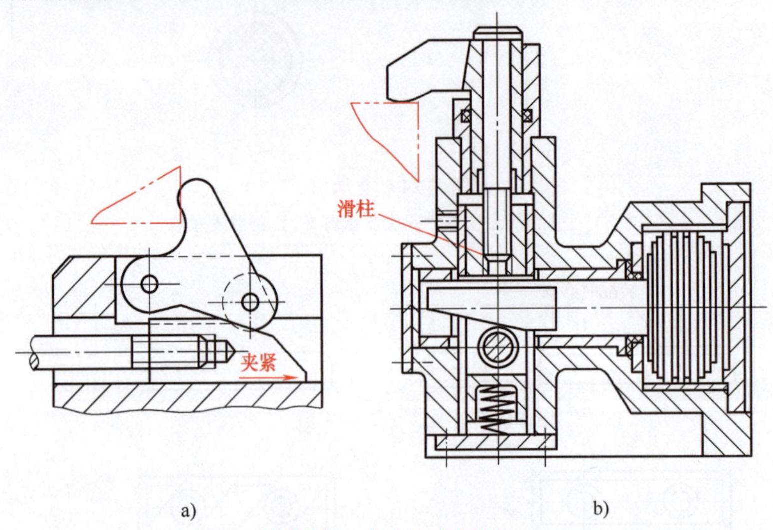

图 7-27　斜楔夹紧机构

a）无移动滑柱的斜楔夹紧机构　b）带滑柱的斜楔夹紧机构

2）偏心夹紧机构。偏心夹紧机构是由偏心元件直接夹紧或与其他元件组合后实施对工件夹紧的机构。当工件夹紧表面尺寸比较准确，加工时切削力和切削振动较小时，常采用图 7-28 所示的偏心夹紧机构。

3）螺旋压板夹紧机构。螺旋压板夹紧机构是专用夹具中最常见的夹紧装置。螺旋压板夹紧机构有多种形式，如图 7-29 所示，可适用于各种不同工件和加工的夹紧。生产线的夹具还常采用联动压板夹紧机构，以使操作方便、迅速。

4）气动、液压夹紧装置。在生产线上常采用气动、液压夹紧装置，以减少操作人员的体力消耗，提高生产效率，实现自动化控制。

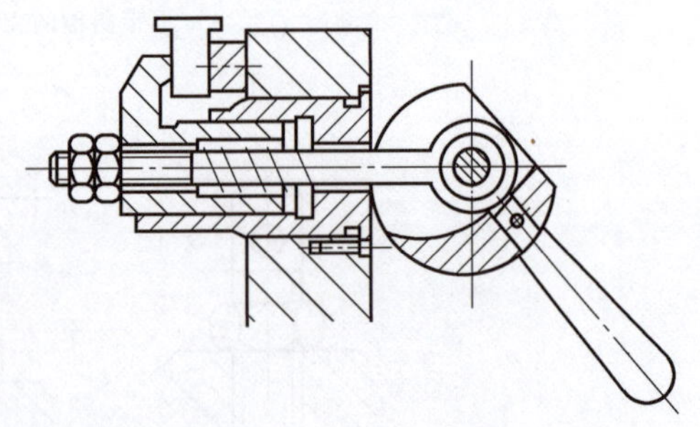

图 7-28　偏心压板夹紧机构

5）电磁夹紧装置。电磁夹紧装置是根据电的磁效应原理制成的。磨削加工常采用电磁夹紧装置，例如平面磨削中最常用的电磁吸盘，用于钢、铸铁等磁性材料工件的装夹。电磁吸盘的外形有矩形和圆形两种，分别用于矩形工作台平面磨床和圆工作台平面磨床。

7.5.2　典型工装夹具的结构组成与分析

1. 车夹具的类型及其结构特点

（1）专用车夹具的基本类型　按夹具在机床上的安装形式及其结构分类，专用车夹具类型见表 7-24。

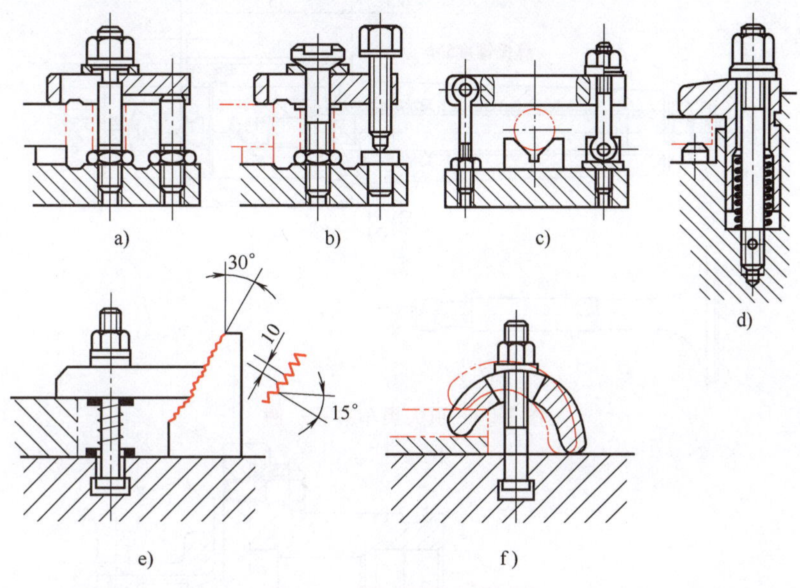

图 7-29　螺旋压板夹紧机构

表 7-24　专用车夹具分类

分类方法	夹具分类 Ⅰ	夹具分类 Ⅱ
按安装形式和结构分类	其他安装方式	安装在滑板上的车夹具
		安装在床身上的车夹具
	安装在主轴上的车夹具	可调整式车夹具
		花盘类车夹具
		角铁类车夹具
		卡盘类车夹具
		拨盘类车夹具
		心轴类车夹具
		顶尖类车夹具

（2）顶尖类车夹具的结构特点　顶尖类车夹具适用于两端具有中心孔，但外圆均需要加工的零件。例如车削柴油机气门的顶尖类车夹具如图 7-30 所示，顶尖的莫氏锥柄插入车床主轴孔内，工件以 60°顶尖及车床尾座的回转顶尖定心。工件在顶尖间顶紧时，顶尖可借用弹簧的作用在轴线方向伸缩，使工件端面紧靠顶尖的端面齿定位，并借以带动工件随主轴一起旋转，以完成图 7-30 左下角所示的柴油机气门的各级外圆表面的车削加工。

（3）心轴类车夹具的结构特点　心轴类夹具适用于孔定位的零件加工。例如用于车削以孔定位的开关触头座的心轴类车夹具如图 7-31 所示，其采用内胀心轴式夹具，夹具座 1 安装在车床主轴上，工件以端面和内孔定位，夹具体 2 是弹簧夹头 3 的后锥体，当拉杆 4 拉锥套向左时，使弹簧夹头 3 外胀夹紧工件，以完成图 7-31 左下角的开关触头座的车削加工。

2. 钻夹具的类型及其结构特点

（1）常用钻夹具的种类　钻夹具按其在机床上的安装位置、钻模板的结构特点、工件在夹具中的装夹方式、钻孔时的动作等可分为固定式钻模、移动式钻模、翻转式钻模、盖板

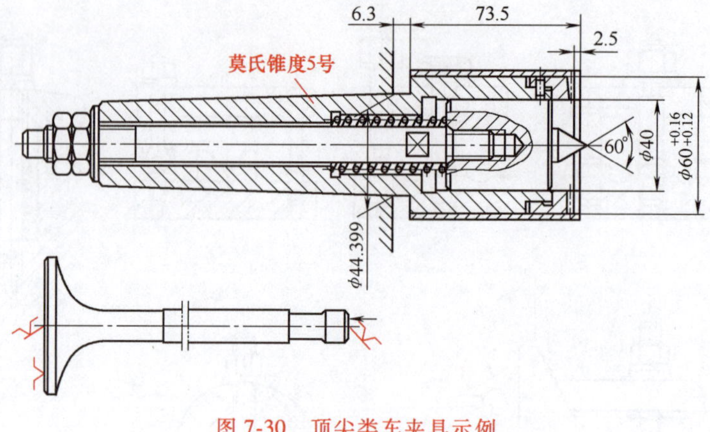

图 7-30　顶尖类车夹具示例

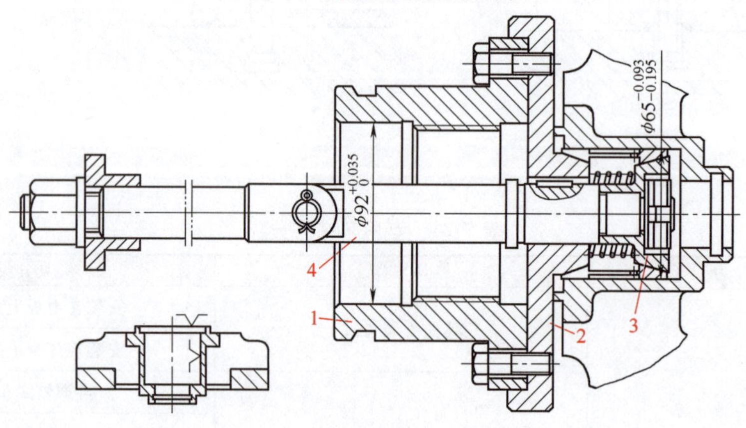

图 7-31　心轴类车夹具示例

式钻模、回转式钻模、滑柱式钻模等。图 7-32 所示为翻转支柱式钻模，适用于较小零件的钻孔，四个支柱用来支承钻模，装卸工件时需将钻模翻转 180°。

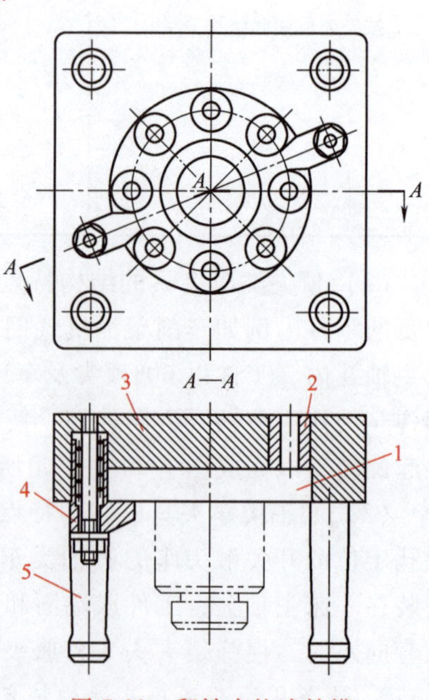

图 7-32　翻转支柱式钻模

1—工件　2—钻套　3—钻模板

4—压板　5—支柱

（2）钻夹具钻套的作用与结构特点

1）钻套的作用。钻套是钻模特有的对刀导向元件，用以确定刀具和钻模间的相对位置，进而确定刀具与工件的相对位置。钻套通常安装在与夹具体连接的钻模板上，或直接装在夹具体上。钻套与夹具上工件的定位基准具有符合夹具制造精度要求的相对位置精度，因此能保证零件上孔加工的位置精度。同时，在孔加工过程中，当刀具进入钻套后，钻套能对刀具起导向作用，引导刀具在正确的位置进行加工，减少和避免刀具在加工中的晃动与振动。

2）钻套的典型形式和结构。常见的钻套形式如图 7-33 所示。固定式钻套与钻模板过盈配合，一般适用于单一工步的孔加工，如只能进行钻、扩或铰孔加工中的一种加工。可换式钻套与钻模板采用间隙配合或过

渡配合，为防止钻套随刀具转动或被切屑顶出，常用固定螺钉紧固。适用于大批量生产用的钻模快换钻套适用于在孔加工工序中连续进行钻、扩、铰多工步加工，更换钻套时只需将钻套按逆时针方向转过角度 α，即可向上取出钻套。

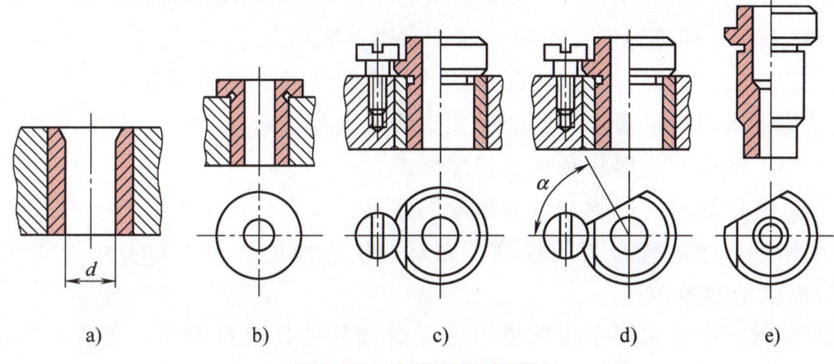

图 7-33　常见的钻套形式

a)、b) 固定式钻套　c) 可换式钻套　d)、e) 快换钻套

3. 铣夹具的类型及其结构特点

1）专用铣夹具的种类。专用铣夹具通常分为机械仿形进给靠模铣夹具、圆周进给铣夹具和直线进给铣夹具。直线进给铣夹具又可分为自动铣夹具、分度铣夹具、多件铣夹具和单件铣夹具等。

2）圆周进给铣夹具的工作过程。图 7-34 所示为连杆和连杆盖圆周进给液压铣夹具。加工时，连杆体以小头外圆弧、大头内圆弧及一端面在 V 形块 8 和定位柱 3 上定位，连杆盖以结合面、内圆弧面和端面在定位块 2 和定位柱的台阶面上定位。液压缸的双活塞 4 推动活塞杆 5 向两边撑开，通过压板 6 和压块 1 夹紧连杆盖，同时，压板 7 推动 V 形块 8 夹紧连杆体。在专用的转盘铣床上可安装十套夹具，加工时机床的转盘式工作台连续转动作圆周进

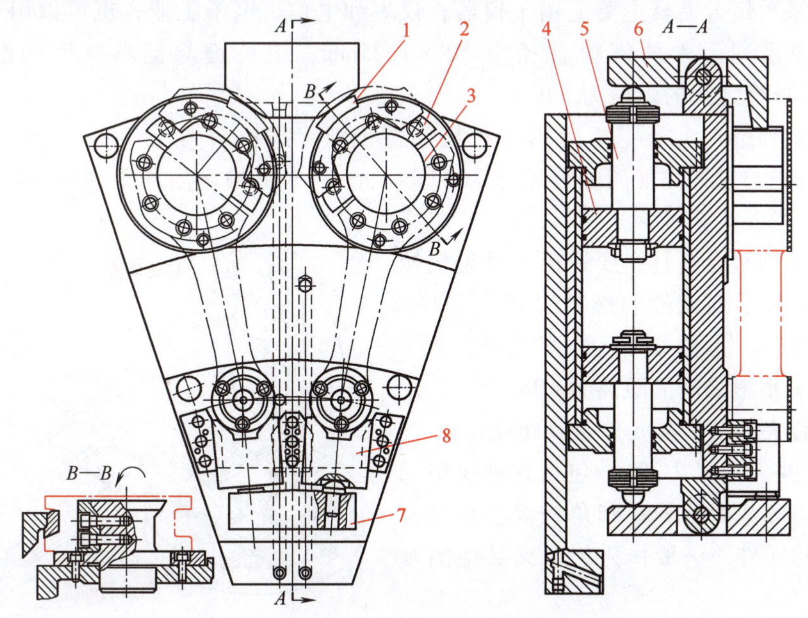

图 7-34　圆周进给铣夹具

给，用立轴安装的面铣刀加工连杆的平面。在生产线上常在圆周进给加工的间隙位置设置装卸工位，工件的装卸时间与加工机动时间重合，不需要空刀回程，可有效提高生产效率。

3）铣夹具对刀装置的作用。铣夹具的对刀装置属于夹具对定内容之一，使用对刀装置可迅速调整铣刀和夹具的相对位置，以使工件定位装夹后，能铣削加工出符合图样要求的工件表面。使用对刀装置调整铣削位置时，应注意以下事项：

① 选用工艺规定的铣刀，并按实际加工的位置安装和找正铣刀安装精度。

② 按夹具与机床的对定要求，安装、找正铣床夹具。

③ 了解工件工序尺寸、形状和位置精度要求。

④ 使用工艺文件规定的形状和尺寸精度的塞尺。

⑤ 对塞尺和对刀块进行必要的检测，如对刀块表面的质量、对刀块的安装位置精度、塞尺的尺寸和形状精度等。

⑥ 对刀调整时，应逆向用手扳转铣刀，缓缓调整夹具上对刀面与刀具的相对位置，使铣刀上的铣削轨迹面与塞尺留有尽可能小的缝隙，并注意不要与塞尺接触，以免损坏铣刀刃口、塞尺表面。必要时可借助 0.05mm 的塞尺控制铣刀切削刃与对刀塞尺的间隙。

⑦ 对刀完成以后，可留有一定余量进行试铣，进行预检调整后达到首件加工精度要求。

4. 组合夹具的基本类型及其结构特点

（1）组合夹具及其适用范围　组合夹具是由一系列的标准元件（如基础件、支承件等）按需要进行组合，并用紧固元件进行连接而成的可重新组装和进行局部调整的夹具。由于组合夹具灵活多变、使用方便，因此使用范围十分广泛，最适宜多品种小批量生产和新产品试制使用。在产品生产中，可利用组合夹具代替临时短缺的专用夹具。组合夹具元件可以组装成各种金属切削加工机床夹具，也可组装成检验、装配和焊接等专用夹具。

（2）组合夹具的类型　组合夹具按其尺寸规格有小型、中型和大型三种，其区别主要在于元件的外形尺寸与壁厚、T 形槽的宽度和螺栓及螺孔的直径不同。

① 小型系列组合夹具主要适用于仪器、仪表和电信、电子工业，也可以用于较小工件的加工。这种系列元件的螺栓直径为 M8×1.25mm，定位键与键槽宽度的配合尺寸为 8H/h mm，T 形槽之间的距离为 30mm。

② 中型系列组合夹具主要适用于机械制造工业。这种系列元件的螺栓直径为 M12×1.5mm，定位键与键槽宽度的配合尺寸为 12H/h mm，T 形槽之间的距离为 60mm。这是目前应用最广泛的一个系列。

③ 大型系列组合夹具主要适用于重型机械制造工业。这种系列元件的螺栓直径为 M16×2mm，定位键与键槽宽度的配合尺寸为 16H/h mm，T 形槽之间的距离为 60mm。

（3）组合夹具的基本元件及其功能特点

1）基础件（见图 7-35）。包括各种规格尺寸的方形、圆形基础板和基础角铁等，是组合夹具中最大的元件，一般作为组合夹具中的基础件。

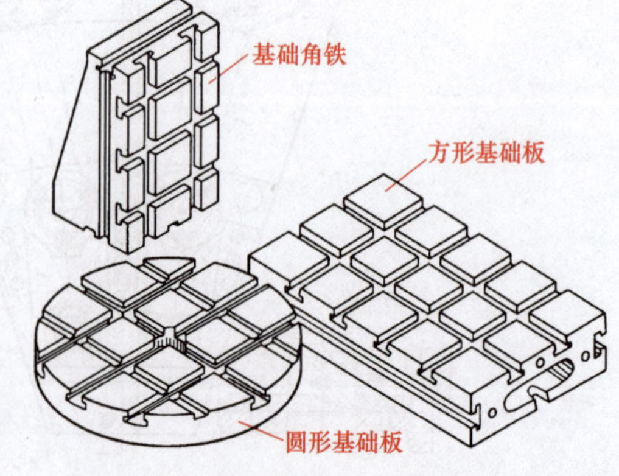

图 7-35　组合夹具的基础件

2）支承件（见图 7-36）。包括各种规格的

垫片、垫板等，是组合夹具中的骨架元件。支承件通常在组合夹具中起承上启下的作用，即把其他元件通过支承件与基础件连成一体。支承件也可作为定位元件和基础件使用。

3）定位件（见图 7-37）。包括各种定位销、定位盘、定位键等，主要用于工件定位和组合夹具元件之间的定位。

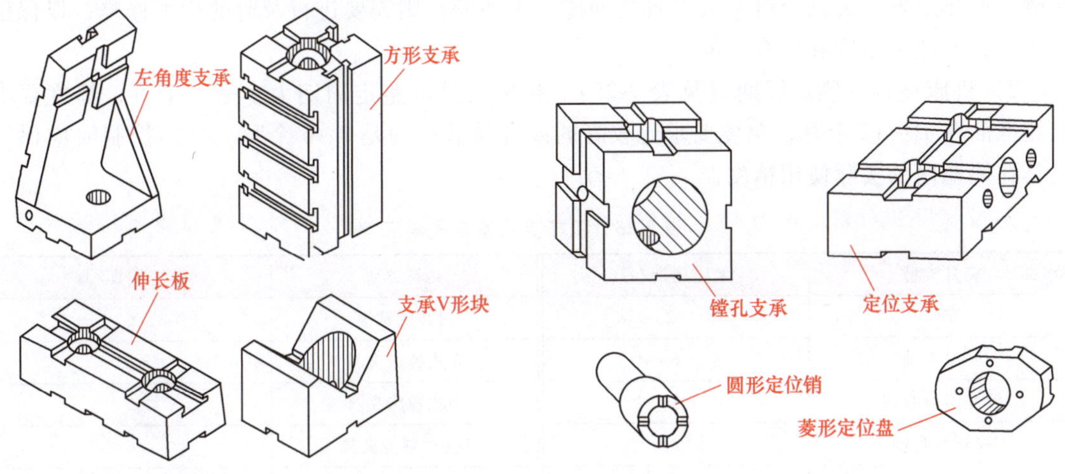

图 7-36　组合夹具的支承件

图 7-37　组合夹具的定位件

4）导向件。包括各种钻模板、钻套、铰套和导向支承等，主要用来确定刀具与工件的相对位置，加工时起引导刀具的作用，也可作定位元件使用。

5）夹紧件。包括各种形状的压板及垫圈等，主要用来将工件夹紧在夹具上，保证工件定位后的正确位置，也可作垫板和挡块用。

6）紧固件。包括各种螺栓、螺母和垫圈，主要用于连接组合夹具中各种元件及紧固工件。组合夹具的紧固件所选用的材料、精度、表面粗糙度及热处理均比一般标准紧固件好，以保证组合夹具的连接强度、可靠程度和组合刚度。

7）其他件。包括弹簧、接头、扇形板等，这些元件无固定用途，如使用合适，可在夹具组装中起到有利的辅助作用。

8）合件。合件是由若干零件装配而成的，在组装中不拆散使用的独立部件，按其用途分类，有定位合件、分度合件（见图 7-38）以及必需的专用工具。

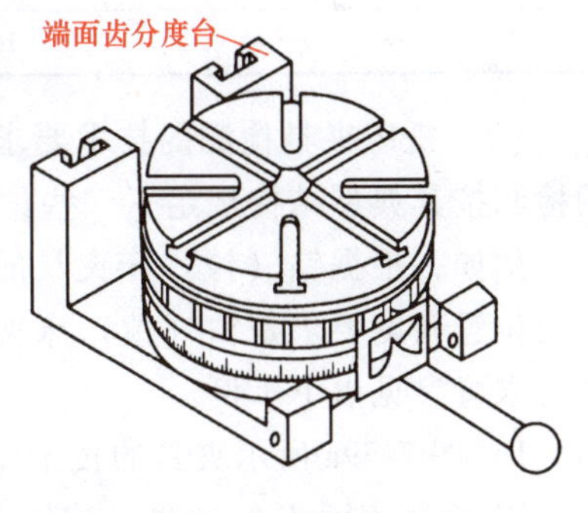

图 7-38　组合夹具的分度合件

7.5.3　典型工装夹具的装配与调试

1. 机床夹具的装配和调试基本技术要求

机床夹具的装配和调试通常是在制造过程中或维护维修中进行的。因此，需要熟悉各类夹具装配、调试和检测检修的基本技术要求。

（1）机床夹具的检测和检修

1）机床夹具进行周期检测的作用。在机床夹具的使用过程中，定位元件和夹紧机构及其元件是经常与工件接触的主要部位，与工件直接接触的定位元件、夹紧元件、对刀元件、导向元件等，在一定的使用次数中，逐渐产生正常的磨损，直至超过磨损的极限而使夹具丧失应有的精度和功能。因此，在使用一定的时间和一定的次数以后，机床夹具需要进行周期性的检测和维护维修。对于一些在磨损周期之内因使用不规范或其他的意外损坏，如与刀具接触、操作中发生夹具与机床或刀具的冲撞、干涉等，则需要进行及时的检测修复，以保证机床夹具的使用精度和应有功能。

2）机床夹具的鉴定周期（见表 7-25）。机床夹具的鉴定周期大多是 6 个月，精度要求比较低的在 10~12 个月，精度要求比较高的或容易磨损的是 3~6 个月。具体控制时应保证夹具在周期内的实际使用精度。

表 7-25　机床夹具鉴定周期表

夹具类型	鉴定周期/月	夹具类型	鉴定周期/月
支座	12	回转式钻模	6
一般心轴	6	立式镗床夹具	6
液性塑料心轴	3	卧式镗床夹具	3
弹簧片心轴	3	铣齿、剃齿夹具	6
车床夹具	6~10	插齿、刨齿夹具	6
内磨夹具	3~6	刨床夹具	10
外磨夹具	3~6	插床夹具	10
平磨夹具	6	拉床夹具	10
铣床夹具	6	检验心轴	3
铣端面夹具	10	检验夹具	3
钻模	10	其他	12

（2）机床夹具检测的技术要求　由于各种机床夹具的结构有所不同，因此，各种夹具的检测按其典型结构规定了一些具体的检测技术要求。

例如，根据钻（镗）床夹具的结构特点，钻套（导套）及其配合孔的轴线对其他基准面的位置精度要求是钻（镗）床夹具的共性技术要求，钻（镗）床夹具典型结构的检测技术要求可参见以下示例。

1）图 7-39a 所示夹具的技术要求如下：

① 检测表面 F 的轴线（或钻套的轴线）对表面 A 的垂直度误差不大于……。

② 表面 F 的轴线与表面 S 和 C 的轴线共面且垂直，垂直度误差不大于……。

③ 表面 N 对表面 A 的垂直度误差不大于……。

④ 表面 A 对通过表面 S 和 C 的轴线之平面的垂直度误差不大于……。

2）图 7-39b 所示夹具的技术要求如下：

① 表面 F 的轴线（或钻套的轴线）对表面 A 的垂直度误差不大于……。

② 表面 F 的轴线与表面 B 的轴线共面且垂直，垂直度误差不大于……。

③ 表面 B 的轴线对表面 A 的平行度误差不大于……。

3）图 7-39c 所示夹具的技术要求如下：

① 表面 F 的轴线（或钻套的轴线）对表面 A 的垂直度误差不大于……。

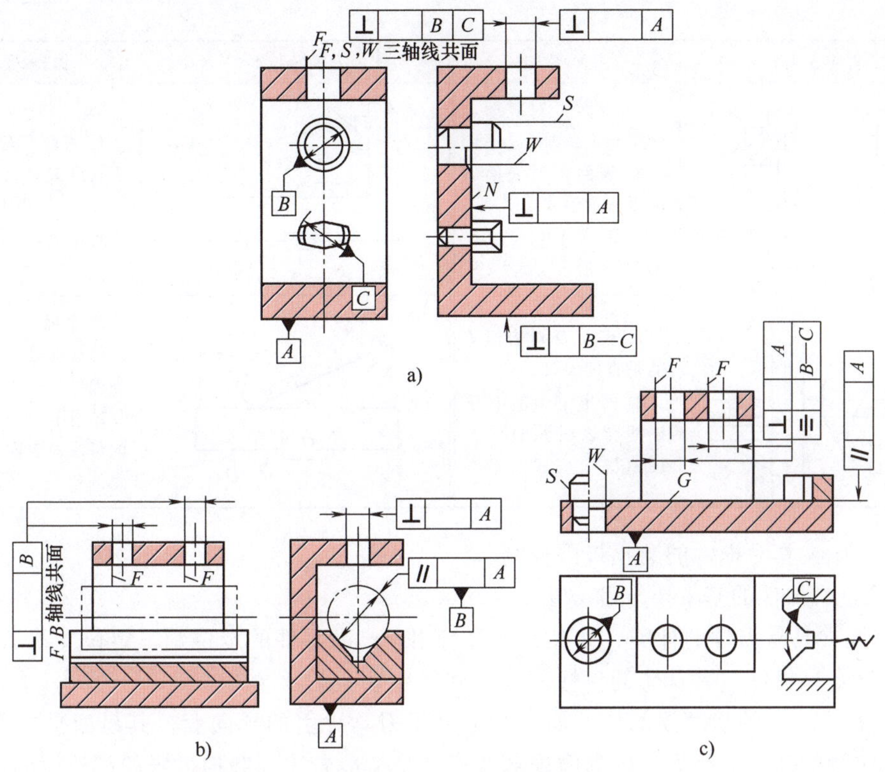

图 7-39　钻（镗）床夹具典型结构的检测技术要求示例

② 表面 G 对表面 A 的平行度误差不大于……。

③ 表面 F 的轴线（或各表面 F 的轴线）对通过表面 S 的轴线和 V 形中央对称面之平面的对称度误差不大于……。

（3）机床夹具与机床的连接定位元件的检测技术要求　机床夹具是通过对定元件与机床定位后进行连接的，为了保证加工精度，机床夹具上工件的定位元件与机床的对定元件需要达到一定的技术要求。例如安装在机床主轴锥孔中的夹具，其对定元件一般是在圆锥表面用三爪自定心卡盘安装的夹具，使用短圆柱和台阶环形端面作为对定元件；安装在工作台面上的钻夹具，其对定部位一般是夹具体的底面；安装在铣床、镗床等机床工作台面上的夹具，通常需要与某一进给方向平行或垂直，其对定部位一般是夹具体的底面和定位键的侧面。夹具与机床对定常见元件定位面的技术要求见表 7-26。

表 7-26　夹具与机床对定常见元件定位面的技术要求

元件定位面	技术要求	元件定位面	技术要求
T Y Z T Y	1. 表面 Y 对表面 Z（或顶针孔中心）的圆跳动 2. 表面 T 对表面 Z（或顶针孔中心）的圆跳动	Y T D	1. 表面 T 对表面 D 的垂直度偏差 2. 表面 Y 的轴线对表面 D 的平行度偏差

（续）

元件定位面	技术要求	元件定位面	技术要求
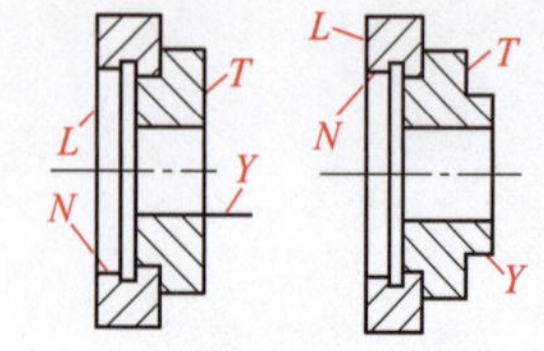	1. 表面 *T* 对表面 *L* 的平行度偏差 2. 表面 *Y* 对表面 *L* 的垂直度偏差 3. 表面 *Y* 对表面 *N* 的圆跳动	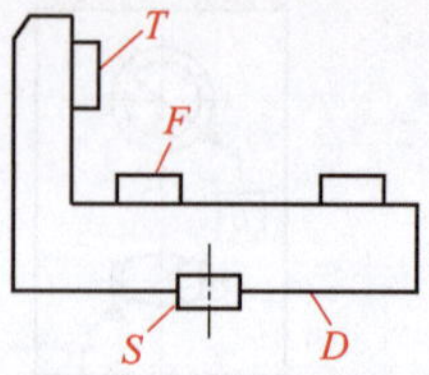	1. 表面 *F* 对表面 *D* 的平行度偏差 2. 表面 *T* 对表面 *S* 的平行度偏差
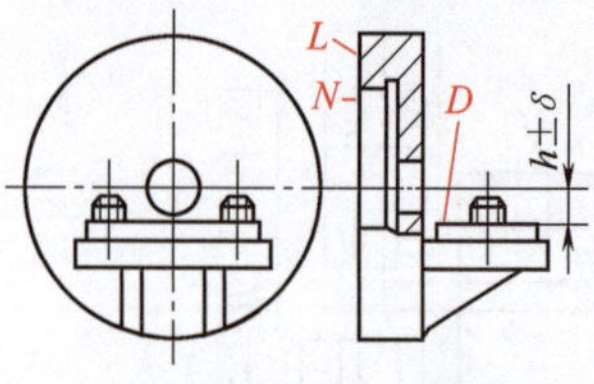	1. 表面 *D* 对表面 *L* 的垂直度偏差 2. 两定位销的中心连线与表面 *L* 的平行度偏差	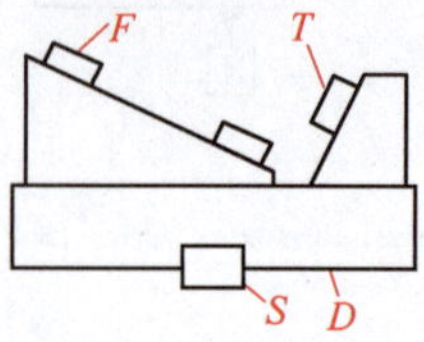	1. 平面 *T* 上平行于 *D* 的母线对表面 *S* 的平行度偏差 2. 平面 *F* 上平行于 *S* 的母线对表面 *D* 的平行度偏差

（4）机床夹具易损件的磨损极限控制

1）检查易损件的基本要求和方法。

① 掌握夹具易损件的种类，如夹具上直接用于产品零件的定位销、定位支承、定位孔、心轴等，检查易损件应有具体的目标。

② 熟悉易损件的易磨损部位，如夹具上用于刀具导引的导向套，其易磨损的部位主要是与刀具接触的部位。易损件的易磨损部位通常是指最先达到磨损极限的部位，因此，检查易损件应首先针对易磨损部位进行检查。

③ 准确测定易磨损部位的磨损最大值。检查时应在多个位置进行检测，以便准确测定易损件是否达到磨损最大值。

④ 对磨损之和进行限制的配合件，如回转心轴与衬套之间的间隙，应将两个磨损最大值相加。

⑤ 对定位元件等引起的形位变化，应以实际使用中的误差为检测的标准，如分度销与对定孔的磨损之和引起的分度误差，应按实际产生的分度误差为检测结果。

2）夹具易损件磨损极限控制。**机床夹具易损件的磨损控制通常是按最大磨损量进行控制的，当易损件接近最大磨损量时，需要及时进行更换和维护。机床夹具易损件的允许最大磨损量可参见表 7-27。**

表 7-27 机床夹具易损件的允许最大磨损量

序号	类别	内容	允许最大磨损量
1	直接用于产品零件的定位销、定位支承、定位孔、心轴等	磨损 形位变形	制造公差的 1/3 几何公差的 1/2
2	分度夹具的对定销及对定孔	磨损之和	分度体分度公差的 1/2
3	回转心轴及衬套	磨损之和	设计最大间隙的 1/2
4	弹性定位夹紧件及外圆夹具定位件	磨损和变形造成的形位变化	产品零件几何公差的 2/3
5	夹具对机床的定位	磨损和变形造成的位置变化	不得超出夹具的设计公差
6	用于刀具导引的导向套及对刀块	磨损	制造公差的 1/4
7	其他夹具图上的形位要求	磨损和变形造成的形位变化	磨损量为公差的 1 倍

(5) 机床夹具的日常维护要点

1) 规范使用方法。机床夹具是保证产品质量的重要工艺装备之一，规范使用方法可使夹具处于合理的使用过程状态，避免各种不合理的安装和操作使用方法。例如：安装之前不清洁定位基准面；找正操作中使用锤子敲击；对刀过程中不使用对刀块，刀具直接与对刀基准面接触；定位时不清除定位元件和工件接触面之间的切屑和其他污物；夹紧作业中使用锤子敲击和随意加长扳手助力杆；加工中不按工艺规定的切削用量，使夹具承受过大的切削力等。因此，在使用夹具的生产现场，需要与机床操作者共同规范使用方法，避免夹具过早磨损和意外损坏。

2) 建立保管制度。专用夹具是工艺装备之一，通常有编号，编号一般使用产品零件和加工工艺相关的符号及序号编制，如×××-×××（产品编号）-Z01（钻夹具）。专用夹具需要建立保管制度，例如在使用现场，保管由借用人（一般是机床操作工人）负责，在夹具存放的库房，夹具由专职人员保管。建立保管制度可以将所有夹具编号存放在固定的位置，建立明细账和出借归还制度，在制度中应明确保管的要求，如夹具及其基准部位的清洁和防锈润滑、现场和固定位置的摆放要求、夹具周期检测的时间要求、夹具损坏时的原因分析、周期检测结果及维修的申报和维修检测结果的归档、夹具的报废等内容。

3) 易损零件更换。**易损零件的更换是夹具周期鉴定维护中常见的作业内容，工具钳工是周期鉴定维护的主要作业人员。在更换易损零件中应掌握以下作业要点：**

① 按易损零件的最大磨损量对易损件进行检测，以确定是否需要更换。车床、铣床和磨床夹具的磨损极限可参见表 7-28～表 7-30。

表 7-28　车床夹具的磨损极限　（单位：mm）

检查内容			加工精度		
			工件被加工表面对基准面的极限偏差		
			Ⅰ(>0.05～0.10)	Ⅱ(>0.10～0.15)	Ⅲ(>0.15～0.25)
夹具定位基准与夹具安装基准的位置公差	径向圆跳动	制造公差	0.01	0.015	0.03
		磨损极限	0.02	0.03	0.05
	端面圆跳动	制造公差	100∶0.015		100∶0.03
		磨损极限	100∶0.03		100∶0.05

表 7-29　铣床夹具的磨损极限　（单位：mm）

检查内容		加工精度		
		工件被加工表面对基准面的极限偏差		
		Ⅰ(<±0.10)	Ⅱ(>±0.10～0.20)	Ⅲ(>±0.20～0.30)
塞尺表面(按该表面定位铣刀)对夹具定位表面的极限偏差	制造偏差	±0.02	±0.05	±0.08
	磨损极限	±0.04	±0.08	±0.12
夹具定位面对夹具安装基准的平行度或垂直度(在 100mm 长度上)	制造公差	0.02	0.05	0.08
	磨损极限	0.04	0.08	0.12
夹具定位面与定向键侧面的平行度或垂直度(在 100mm 长度上)	制造公差	0.02	0.05	0.08
	磨损极限	0.04	0.08	0.12

表 7-30　磨床夹具的磨损极限　　（单位：mm）

检查内容			加工精度		
			工件被加工表面对基准面的极限偏差		
			Ⅰ(<0.05)	Ⅱ(>0.05~0.08)	Ⅲ(>0.08~0.12)
夹具定位基准与夹具安装基准的位置公差	径向圆跳动	制造公差	0.005	0.012	0.020
		磨损极限	0.01	0.02	0.03
	端面圆跳动	制造公差	100∶0.01	100∶0.02	100∶0.03
		磨损极限	100∶0.02	100∶0.03	100∶0.04

② 按夹具的技术图样确定需更换易损零件的技术要求，属于标准件的应确定型号规格。例如图 7-40 所示的钩形压板，应确定更换的是 A 型、B 型还是 C 型，所标注部位的尺寸是否与原使用的零件相同等。

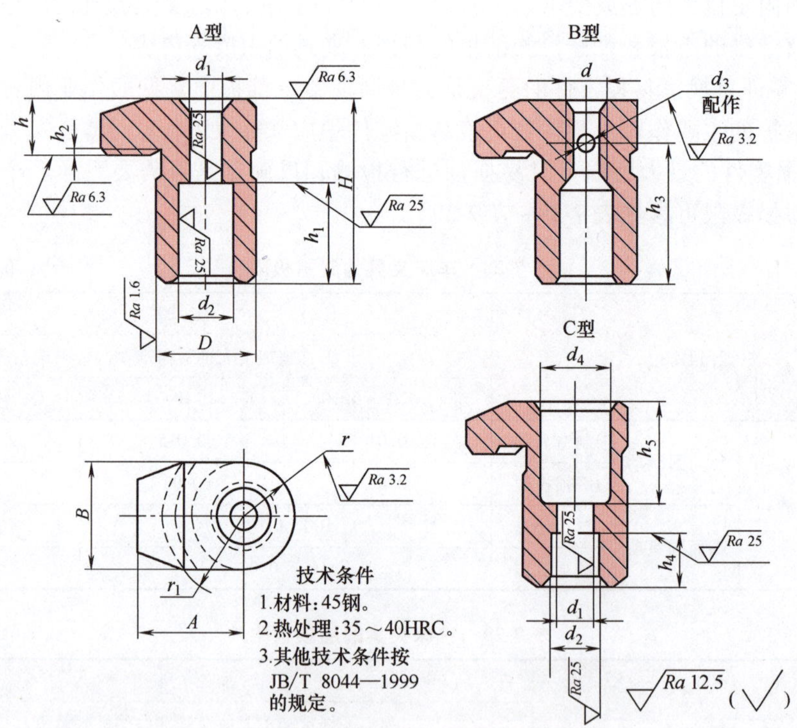

图 7-40　钩形压板的形式和规格示意图

③ 通过技术文件（如夹具装配图或装配工艺等），确定所更换易损零件的结构要素，在夹具中的作用、功能和结构特点，拆卸、装配的作业要求和方法，尤其要注意易损零件与夹具上其他零部件的位置精度和连接方式，例如钻夹具中的钻套形式及其与钻模板的连接方式、与座孔的配合精度等。

④ 按易损零件的技术要求进行新装零件的精度检测，例如定位销的形式、尺寸精度、圆柱度、表面粗糙度等。

⑤ 按作业规范进行易损零件的拆卸和更换零件的装配调整。

⑥ 按更换零件与夹具其他部位的位置精度和功能要求进行检测，以保证易损零件更换后达到夹具规定的精度和功能要求。

4）磕碰损伤处理。夹具在日常的使用和搬运过程中，夹具上各个部位都有可能会发生磕碰损伤，影响夹具的正常使用。在维护和管理中，需要经常进行检查，及时发现和处理磕碰损伤的部位，避免变形部位对夹具使用精度和功能的影响。例如在移动安装夹具的过程中，由于操作等原因，经常会使夹具体的基准底面划伤，边缘磕碰出凹陷引起局部变形，以致影响基准底面的平面度和表面精度，因此在夹具使用和归还验收时，都需要进行检查，将由磕碰损伤引起的变形部位用锉刀、油石、刮刀等进行修整处理。修整处理时要注意保持未损伤部位的精度。又如，在搬运中由于磕碰引起夹紧机构中的螺栓螺纹损坏，直接影响夹具的夹紧功能和夹紧操作，此时可采用三角锉、牙板等工具进行损伤部位的修整，对损伤严重的，如螺纹大部分变形、螺杆弯曲严重等，需要进行更换处理。

5）机床夹具主要零件的制作与维修。

① 机床夹具主要零件的材料和热处理工艺。机床夹具的主要零件包括基础零件、支承零件、定位零件、导向零件和夹紧零件等。在夹具制作和维修中，需要加工和修复磨损或损坏的零件，在选择、确定夹具零件的材料以及热处理的工艺要求时，可参考表7-31。在热处理工艺中，大多数的零件为了提高零件表面的硬度和耐磨性，一般都需要进行淬火处理。其中夹具体采用灰铸铁，热处理的工艺为时效处理，主要作用是消除铸件中的应力。对于夹紧零件一般淬火硬度比较低，定位零件等的淬火硬度比较高，选用20钢材料的零件一般需要采用渗碳淬火，否则达不到零件表面规定的硬度要求。

表7-31　夹具零件的材料和热处理要求

名称	材料	热处理
钻套	内径 $d \leqslant 25$mm,T10A 内径 $d>25$mm,20钢	淬火至60~64HRC 渗碳淬火至60~64HRC
镗套	20钢	渗碳淬火至55~60HRC
支承钉	直径≤12mm,T7A 直径>12mm,20钢	淬火至60~64HRC 渗碳淬火至60~64HRC
定位销	T7A	淬火至53~58HRC
V形块	20钢	渗碳淬火至60~64HRC
对刀块	20钢	渗碳淬火至60~64HRC
圆偏心轮	20钢	渗碳淬火至60~64HRC
定向键	45钢	表面发蓝,淬火至43~48HRC
支承板	20钢	渗碳淬火至60~64HRC
螺钉	45钢	淬火至38~42HRC
压板	45钢	淬火至38~42HRC
缺口分度盘	T10A	调质至200~300HB,缺口淬火至55~60HRC
顶尖	T8	淬火至58~62HRC
弹簧筒夹	T10A	工作部分淬火至50~60HRC,其他部分淬火至40~45HRC
夹具体	HT150或HT200	时效处理

注：对于钻套、定位元件等，根据具体情况可用工具钢代替20钢并予以淬硬。

② 机床夹具在制造和维修中的配合精度和加工精度。机械零件之间的配合有过盈配合、过渡配合和间隙配合。在夹具制作和维修中，需要按图样规定的配合技术要求进行零件的加工和装配。例如铣床夹具底面的定位键与键槽的配合、定位销与夹具体上销孔的配合、钻套与钻模板上安装孔的配合等，通常在夹具的装配图中用配合符号规定了主要配合部位的公差与配合。例如固定钻套外径与钻模板的配合为 H7/n6，表示 7 级精度的基准孔与基本偏差代号为 n、公差等级为 6 级的轴配合。同时，按照装配图样中的零件编号，在夹具的零件图样中可以查到零件加工部位的公称尺寸和极限偏差。在缺少图样时，可参考表 7-32 确定夹具零件的配合精度。确定配合精度后，需要通过查阅公差与配合的数据标准资料，才能确定零件的加工尺寸精度。

表 7-32　常用夹具元件的公差与配合

元件名称	部位及配合		备注
衬套	外径与本体$\frac{H7}{r6}$或$\frac{H7}{n6}$		
	内径 H6 或 H7		
固定钻套	外径与钻模板$\frac{H7}{r6}$或$\frac{H7}{n6}$		公称尺寸是刀具的最大尺寸
	内径 G7 或 F8		
可换钻套	外径与衬套$\frac{H6}{g5}$或$\frac{H7}{g6}$		
快换钻套	内径	钻孔及扩孔时 F8	公称尺寸是刀具的最大尺寸
		粗铰孔时 G7	
		精铰孔时 G6	

元件名称	部位及配合	备注
镗套	外径与衬套$\frac{H7}{r6}\left(\frac{H7}{e8}\right)$	
	内径与镗杆$\frac{H7}{g6}\left(\frac{H7}{h6}\right)$	
支承钉	与夹具体配合$\frac{H7}{r6}$或$\frac{H7}{n6}$	
定位销	与夹具体配合$\frac{H7}{r6}$或$\frac{H7}{n6}$	
可换定位销	与衬套配合$\frac{H7}{h7}$	
钻模板铰链轴	轴与孔配合$\frac{G7}{h7}$或$\frac{F8}{h7}$	

2. 专用夹具的装配与调试

（1）回转式钻床夹具的结构分析与装配调试

1）夹具保证加工精度的原理。图 7-41 所示为在螺母上钻削沿圆周均布的六个 ϕ4.5mm 孔的回转式钻床夹具。工件以 ϕ42H7 孔及端面 N 为定位面，安装在夹具心轴 6 内侧外圆柱及圆柱端面 B 上定位，然后拧紧螺母 12，通过开口垫圈 11 将工件夹紧，以保证工件已确定的位置在加工过程中不再发生变化。由于夹具在钻床上安装时，须保证钻床主轴与装在钻模板 9 上的钻套 10 同轴，这就确定了工件上被钻孔与刀具的相对位置。每钻完一个孔后，逆时针方向转动手柄 16 带动拨盘 18 转动，借拨盘的凹形斜面（见图 7-41 中的 M 面开状展开）将对定销 2 从分度盘 14 孔中拔出。再反转手柄 16 使拨盘顺时针转动，装在拨盘上的棘爪 13 推动棘轮 15 转动，经键 7 带动心轴 6 转动，当下一个分度套转到与对定销对准时，对定销在弹簧作用下自动插入分度套中，就可加工第二个孔。依次再进行其余各孔的加工。可见，本工序的孔径尺寸由定尺寸刀具保证，孔的位置精度由夹具体及对刀装置保证，六孔的均布精度则由夹具的分度装置保证。

2）夹具装配和调试的作业要点。

① 夹具主要元件和组件的精度和功能检测：

a. 夹具体 1 属于角铁结构形式，根据夹具的结构特点，应重点检测基准底面的平面度，基准底面与垂直面的垂直度，两垂直面之间的平行度，顶面与基准底面的平行度，夹具体与

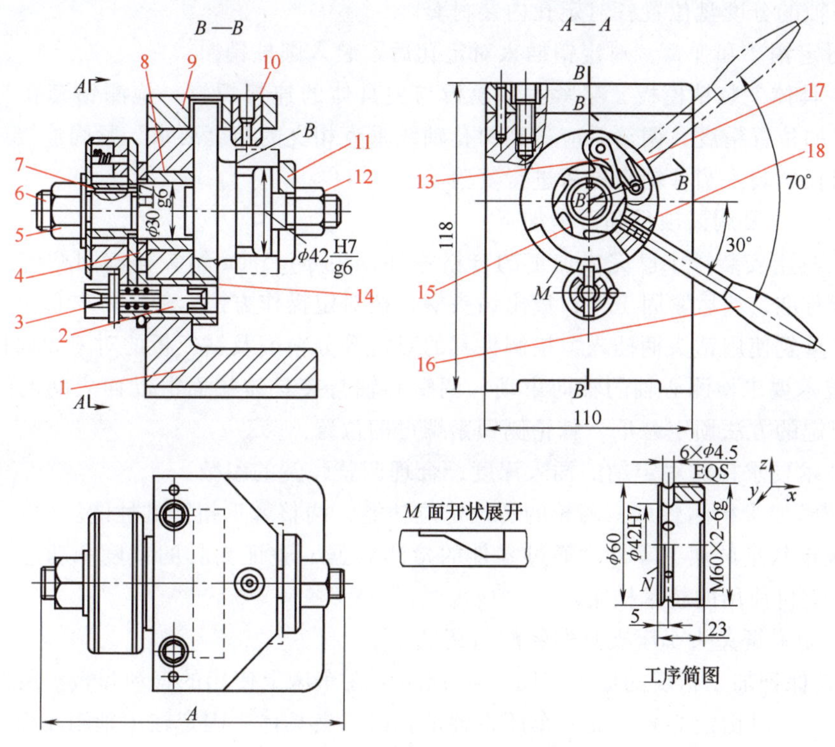

图 7-41　回转式钻床夹具

1—夹具体　2—对定销　3—圆柱销　4—垫块　5、12—螺母　6—心轴　7—键　8—衬套　9—钻模板　10—钻套　11—开口垫圈　13—棘爪　14—分度盘　15—棘轮　16—手柄　17—扭簧　18—拨盘

心轴 6 配合孔的尺寸精度及配合孔与垂直面的垂直度。注意，夹具体在宽度位置基本居中，以便于钻模板的安装及钻套轴线位置的调整。

b. 定位心轴属于台阶带盘状、螺纹结构形式，根据结构图分析，应重点检测与夹具体衬套配合的轴颈加工精度，工件定位的轴颈加工精度，定位端面 B 及分度盘与夹具体贴合的端面与轴线的垂直度，各台阶面之间的轴向尺寸精度等。定位心轴同时又具有对定分度盘的作用，需检测安装与对定衬套配合的六等分穿孔的位置和形状精度、尺寸精度，以保证与对定插销的配合位置，以及与衬套的配合精度。此外，还应重点检测棘轮拨盘组件连接平键槽的加工精度。

c. 棘轮拨盘组件主要检测棘爪与拨盘棘轮的拨动定位功能；棘爪弹簧的作用及其弹性，与定位轴配合部位的尺寸精度，与连接平键配合的内键槽加工精度和位置精度，拨盘手柄安装的螺纹孔位置和内螺纹精度，起拨销作用的凹面 M 的形状、位置精度等。

d. 钻模板主要检测钻套孔加工几何精度和尺寸精度，与钻套的配合精度、与钻模板底面的垂直度、孔的位置应符合技术要求，装配调试后能达到零件圆周孔加工的精度要求。注意避让分度盘的凹圆弧部位和保证紧固螺钉安装孔的加工精度。

e. 对定销组件的检测主要是对定位圆柱面的加工精度、圆柱销孔的加工精度等进行检测。

② 装配和调试作业要点：通常应严格按照工艺文件作业。

a. 在夹具体上装心轴衬套 8、心轴 6、垫块 4、连接键 7、拨盘组件、螺母 5 和 12。注意预先在心轴的分度盘位置各对定孔内装衬套。

b. 装对定销 2 和弹簧，对定销插入对定孔后，装入圆柱销。

c. 在夹具体上装钻模板，略紧固钻模板与夹具体的连接螺钉，检测钻套孔与夹具体上心轴安装孔的位置精度，调整后应达到两孔轴线垂直相交的精度要求，紧固连接螺钉，配作定位圆柱销孔，装入圆柱销定位后进行复验。

③ 夹具的主要调试项目和要求如下：

a. 在夹具上安装一个已完成加工的合格零件，用 ϕ4.5mm 钻头柄部圆柱将工件圆周某一孔与钻套对准，然后紧固工件；拔出钻头柄，按对定操作方法，使工件转位至另一个圆周孔的位置，重复使用钻头柄插入，检测夹具的对定等分精度及钻模板的对刀导向作用。

b. 按技术要求检测心轴的轴向窜动，调整心轴与夹具体端面滑动面之间的间隙，然后采用技术规定的方法锁定棘爪、棘轮侧锁紧螺母的位置。

c. 按技术要求检测对定销的插入深度，合理调整弹簧的参数。

d. 按技术要求检测棘爪、棘轮的转位定位功能，调整棘爪扭簧的性能。

e. 按规定数量试加工零件，通过零件的检测数据，验证夹具的精度和功能，记录有关数据，作为交付使用的技术档案。

（2）气动弹簧夹头车床夹具的装配与调试

1）夹具保证加工精度的原理。图 7-42 所示为在车床上使用的气动弹簧夹头，用于加工轴套类工件。夹具由定心套 7 插入车床主轴锥孔内，夹具体 1 固定在主轴箱端面上，其右端拧上齿轮螺套 2。加工时，定心套 7 以及与它同轴相配合的弹簧夹头 6 和锥度套筒 8 将随车床主轴一起转动，而夹具体 1、齿轮螺套 2 以及气压传动装置则固定不动，转动部分与固定部分之间的相对运动由推力轴承 5 隔开。当压缩空气通过脚踏配气阀进入气缸 9 的右腔时，活塞杆左移并通过齿条 10 带动齿轮螺套 2 作顺时针方向转动和轴向位移，通过推力轴承 5 使锥度套筒 8 向左移，迫使弹簧夹头 6 上的三条弹性簧瓣收缩，使工件被夹紧，同时其轴线对准机床主轴回转中心。当压缩空气通过配气阀改变输送方向而进入气缸左腔时，齿轮螺套 2 作逆时针方向转动及反向位移，则在顶杆 3 和弹簧 4 的作用下，使锥度套筒 8 退出，弹簧夹头 6 就松开，故可以在不停机情况下装卸工件。这种夹具既保证加工精度，又节省了装卸工件的辅助时间。

2）夹具装配和调试的作业要点。

① 夹具主要元件的精度检测：

a. 夹具体 1 属于台阶套筒结构形式，主要检测台阶内孔的加工精度，保证与车床主轴的缝隙；检测与齿轮螺套 2 的内螺纹旋合的外螺纹加工精度；检测安装与机床连接螺钉的台阶穿孔的加工精度。

b. 齿轮螺套 2 是夹紧力传递机构元件之一，属于套类零件，主要检测齿轮螺套 2 的齿圈加工精度，与夹具体外螺纹的配合精度，与平面推力轴承贴合的内端面及内孔加工精度，与锥度套筒 8 间隙配合的内孔精度等。

c. 齿条 10 是夹紧力传递机构元件之一，属于圆柱形零件，主要检测与齿轮螺套啮合的齿条加工精度，与液压缸缸盖滑动配合部位的加工精度，与活塞连接部位的加工精度。

d. 夹具自定位、夹紧元件是定心套 7、弹簧夹头 6 和锥度套筒 8，主要检测三个零件之间的锥度配合精度，弹簧夹头内孔与定位锥面的同轴度，定心套内外锥面与圆柱面的同轴

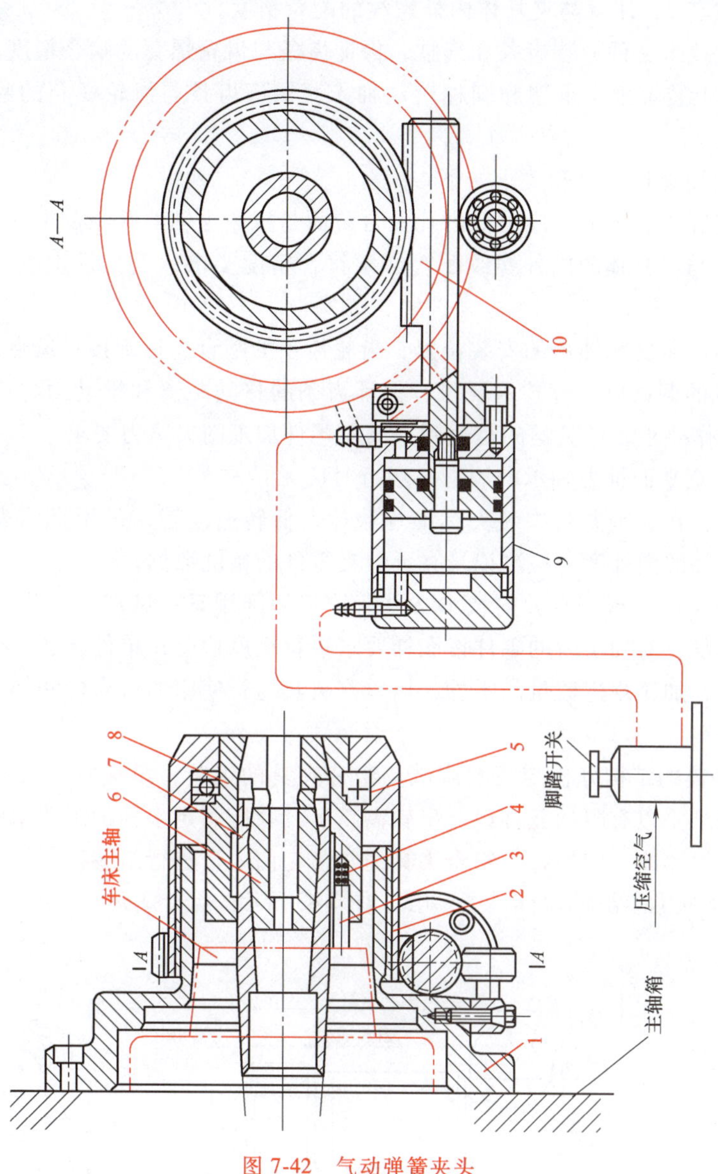

图 7-42　气动弹簧夹头

1—夹具体　2—齿轮螺套　3—顶杆　4—弹簧　5—推力轴承　6—弹簧夹头
7—定心套　8—锥度套筒　9—气缸　10—齿条

度，锥度套筒内锥面与内孔的同轴度等。注意检测锥度套筒安装推力轴承部位的加工精度。

e. 夹具夹紧力的执行元件是气缸，按夹具气动系统的技术规范检测气动系统的各项参数和气缸动作要求、脚踏开关的控制功能。

② 装配和调试作业要点：通常应严格按照工艺文件作业。

a. 在车床主轴位置安装夹具体。

b. 在车床主轴锥孔内装弹簧夹头定心套 7、弹簧夹头 6 和锥度套筒 8，注意锥面的配合精度。

c. 在锥度套筒 8 上装推力轴承。

d. 装齿轮螺套2，注意与夹具体内外螺纹的配合精度。

e. 根据安装技术文件，装齿条和气缸，保证齿条与齿轮螺套的啮合精度。

f. 在夹具体上装轴承支承架和圆柱滚动轴承，保证齿条与齿轮螺套的啮合精度及其支承作用。

③ 夹具的主要调试项目和要求如下：

a. 夹具体安装在机床上，应确保内孔及台阶面与机床主轴的缝隙及牢固程度。

b. 齿轮螺套与夹具体的内外螺纹配合必须符合精度要求，以免发生咬死故障。螺纹之间应注意润滑。

c. 注意调整齿条支承轴承的安装位置，齿轮齿条的啮合应达到接触斑点的精度要求。

d. 气动系统的调试应符合技术要求，保证齿条的移动距离和推动力，以保证弹簧夹头夹紧与松开的动作要求，最关键的是达到夹具对零件加工的夹紧力要求。

e. 调试时注意平面推力轴承的润滑，运行时应无异常噪声。

f. 试运转时，在弹簧夹头中装夹标准检验棒，低转速运转，采用指示表检测标准检测棒外圆与机床主轴的同轴度，检测记录夹具装夹零件的精度数据。

g. 试运行加工时，根据有关的技术文件，选定切削用量；试加工过程中应注意切削的连续性和稳定程度，对加工后的零件按图样要求进行精度检验；单件试加工合格后，按批量生产的工时定额，加工规定数量的零件，以检测夹具运行使用的可靠性和加工质量的稳定程度，以便验收备案。

（3）组合夹具的结构分析与装配调试　**组合夹具的组装，是夹具设计和夹具装配的统一过程，基本要求是以有限的元件组装出较高精度，并能满足多种加工要求的各种夹具。组装的夹具要求结构紧凑、刚性好。组合夹具通常由专门人员进行组装。**

1）铣床组合夹具的结构分析与装配调试。图7-43所示的组合铣夹具组装的一般步骤如下：

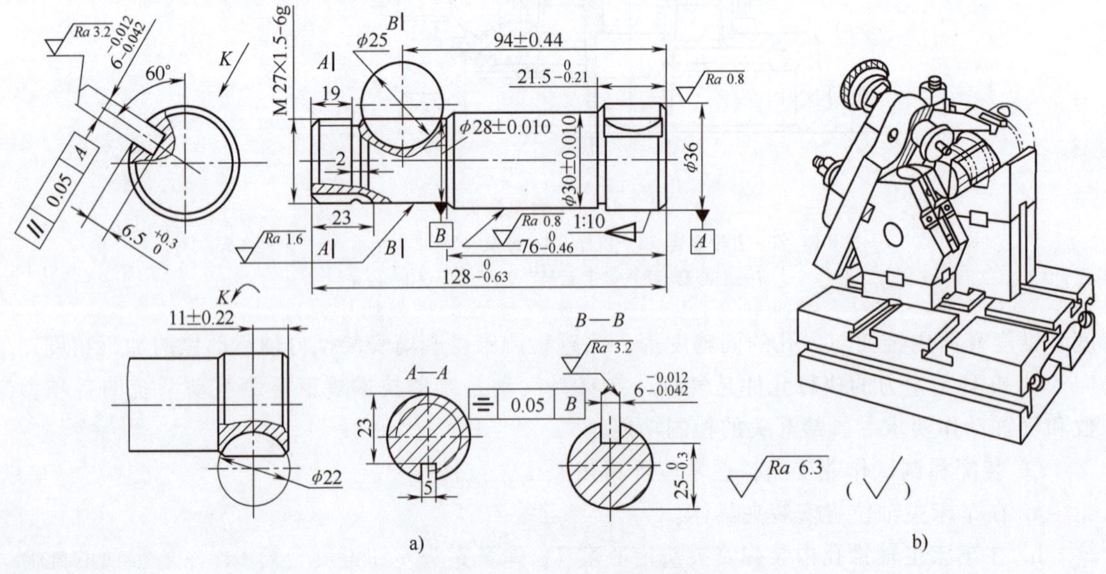

图7-43　组合铣夹具实例

a）工件图样　b）组合铣夹具的外形

① 拟定组装方案。

a. 熟悉加工零件的图样，了解工艺规程，以及所使用的机床、刀具和加工方法。例如本例是单一工序加工，加工内容为半圆键槽，使用的机床为卧式铣床，刀具为半圆键槽铣刀，加工方法为工作台纵横向调整后，升降台进给加工。

b. 确定工件的定位和夹紧部位，合理选择有关元件，注意保证夹具的尺寸精度和刚性，以便于工件的装卸、切屑的排除、夹具在机床上的安装。例如本例工件的定位为V形槽定位，端面为支承钉定位，圆周夹角采用插销定位，夹紧使用螺栓压板夹紧。

c. 拟订初步的组装方案，包括元件的选择、组装的位置和简图等。例如本例确定选用矩形基础件和支承件、垫板、多边形支承件和弹簧插销合件、螺栓压板等。组装的位置：插销和夹紧螺栓的操作处于夹具同一侧，以便于操作加工和对刀，并注意机床行程的限制位置。

② 试装。通过试装（元件之间暂不紧固），审查组装方案的合理性，可重新挑选、更换元件，对组装方案进行修改和补充。

③ 组装和调整。

a. 清洗各元件，检查各元件的精度。

b. 根据组装方案，按自下向上、由内向外的顺序连接，同时对有关的尺寸进行测量，组装步骤：在基础件底面装定位键并用紧固螺栓紧固→在基础件顶面装矩形支承件和垫板（用键定位、螺栓连接）→在矩形垫板上装V形支承件（用键定位、螺栓连接）→在垫板上装多边形支承件→在多边形支承件上装支承钉→多边形一侧装弹簧插销合件→在基础件位于V形支承件的内侧装压紧螺栓、压板和螺母。

c. 调整各主要位置的精度，夹具上有关尺寸公差一般取零件图样上相应尺寸的公差的1/3~1/5。

④ 组装精度检验。夹具元件全部紧固后，要进行全面的检验，检验的主要内容是定位基准的尺寸位置精度、对定装置的尺寸位置精度、夹紧机构的可靠性等。通常精度检验可在试用过程中进行，具体方法如下：

a. 根据加工工件的工序内容，了解各组装元件在夹具上的作用。本例的工序内容是铣削半圆键槽，工件上一半圆键槽已加工好，现加工与其夹角为60°的另一端外圆上的半圆键槽。该夹具由矩形基础件、定位元件V形块、矩形和多边形支承件、弹簧插销合件、压板、螺栓、定位键块等元件构成。其中，矩形基础件和矩形支承件构成夹具体。多边形支承件、弹簧插销合件及V形块定位元件起60°槽间夹角定位和圆柱面定位作用，在多边形支承件内侧还装有定位支承钉，起轴向定位作用，压板螺栓等起夹紧作用。

b. 检查各连接部位的螺栓、螺钉是否紧固，并目测各元件相对位置是否有移动错位。

c. 检查各基本元件的接合面之间是否有间隙，检查时可用塞尺配合检测。

d. 夹具安装在机床工作台上后，应使用百分表检查各定位部位的定位精度。本例应用标准棒放置在V形支承件的V形槽内，用百分表检测其上素线与工作台面的平行度，侧素线与工作台进给方向的平行度。由于定位元件有较高的制造精度，因此，也可通过V形架的上平面和侧平面进行检验。对合件弹簧插销的高度位置也应进行检验，插销的轴线应与工件的轴线相交，检验时可用对称度和槽宽精度较高的加工零件上的半圆键槽进行定位检测。

e. 压板的垫块高度应调整适当，螺栓宜配置松夹后的压板支撑弹簧，以免松夹后压板落下损坏元件表面。

f. 试加工应缓慢进行，观察夹具的振动情况，以防止梗刀。当发现梗刀现象并引起过大冲击力时，应注意检查夹具的组合位置是否改变，以免产生废品。在使用过程中也要注意及时发现问题，及时进行紧固和调整。

2）钻床组合夹具的装配和调试。图 7-44 所示为一套组装好的回转式（分度式）钻床夹具，此类钻床夹具适用于加工具有同心圆周上的平行孔系或分布在几个不同表面上的径向孔的零件。钻床回转式（分度式）组合夹具的组装有以下特点：

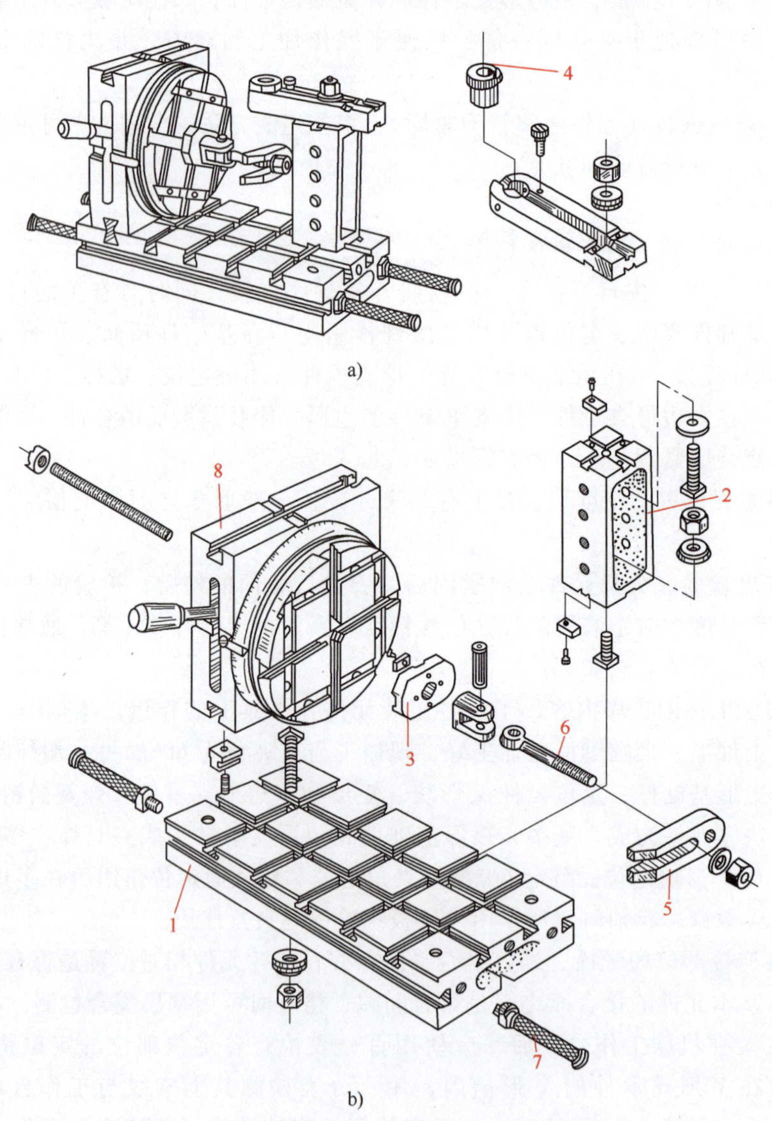

图 7-44　组合钻夹具示例

a）组装后的钻夹具　b）钻夹具分解图

1—基础件　2—支承件　3—定位件　4—导向件　5—夹紧件　6—紧固件　7—其他件　8—合件

① 回转（分度）合件及其装配位置。选用分度、回转合件进行工件的等分或回转，转台的轴线可根据工件上孔的轴线位置卧式或立式放置。例如本例中工件孔的轴线与定位基准孔轴线垂直，因此，回转（分度）合件的轴线卧式放置。

② 基准定位元件与夹紧元件。采用孔定位的加工零件，通常可灵活选用定位元件、紧固零件和其他件进行组装，组成螺栓位于基准孔轴线、夹紧力指向转盘工作台面的夹紧装置。例如本例中将定位件3、夹紧件5和紧固件6及其他件（U形座、销轴）等组成孔定位和夹紧装置组合件。

③ 导向件及其支承件。采用可换钻套作为导向件（因组合夹具用毕需要拆卸），选用适合的钻模板元件和支承件（支承件的底部应具有便于调节钻孔位置的平键，其高度应使钻套下端面与加工零件表面处于合理的间距）组合后装配在基础件上，通过检测调整确定钻孔导向位置。

④ 组装的基本步骤。以图7-44所示钻夹具为例，具体组装步骤如下：

a. 在回转合件8上装平键和紧固螺栓→将合件8装在基础件1一端适当的位置。

b. 在分度、回转合件8的前部工作台中心位置装定位件3（通过键连接定位）→从分度、回转合件8的后端轴孔和定位件3中部的孔穿装紧固螺柱（螺柱端部旋合螺母）→将U形座的螺孔与螺柱螺纹连接旋合，并用螺母将U形座、定位件3紧固在合件8工作台中部。

c. 紧固件6的扁榫装入U形座直槽→在U形座销孔中装销轴→在销轴一端的卡环槽中装入卡环。

d. 在基础件1的另一端装支承件2（用平键定位、螺栓紧固），在支承件2顶面装钻模板（用平键定位、螺栓紧固），在钻模板上装导向件4（快换钻套），在钻模板上装钻套限位螺钉。

e. 基础件的两端装其他件7（手把）。

⑤ 组装精度的检测和调整方法。

a. 位置精度：要求回转（分度）合件8的回转轴线与基础件1的基准面垂直或平行；定位件3的定位面与回转（分度）合件回转轴线同轴；导向件4（钻套）的轴线与基础件1的基准面垂直，与回转合件的回转轴线平行或垂直相交。

b. 检测调整方法：用百分表触及定位件3的定位表面，转动合件8回转工作台，检测并找正定位件与回转轴线的同轴度；用高精度的立柱或直角尺、塞尺检测合件8工作台面与基础件基准面的垂直度；用百分表触及支承件2及钻模板的上平面，检测支承件2及钻模板上平面与基础件基准面的平行度，间接测量导向件4（钻套）轴线与基础件基准面的垂直度；在钻套孔中装高精度的标准棒，检测标准棒与回转合件工作台面的尺寸位置（轴线卧式放置，用安装百分表的检测装置检测），或标准棒与定位件3定位孔轴线的尺寸位置（轴线立式放置，用千分尺等量具检测），微量移动支承件2或钻模板的位置进行调整，直至达到钻孔的位置精度要求。

⑥ 组装调整的注意事项。

a. 选用的回转（分度）合件应能满足工件回转或分度的基本要求，包括等分、角度分度及其精度要求。

b. 夹紧件5（压板）宜采用开口压板，以便于夹紧操作。

c. 合理采用键连接方式，以便于装配连接精度和相对位置精度的调整。例如本例夹具

中的回转分度合件的工作台回转轴线与合件顶部和底部的定位槽平行或垂直，装配定位键可使合件回转轴线与基础件的基准平行，而支承件与钻模板使用定位键，若与合件轴向槽在基础件的同一定位槽中定位，即可使钻套的轴线与合件轴线垂直相交。又如本例中定位件 3 与合件工作台采用定位键，可使定位键中心处于合件工作台的径向位置，调整定位件和合件回转轴线同轴度时，只需沿定位槽微量移动定位元件，便可较快达到同轴位置。

d. 选用的支承件和钻模板组合后，应使钻套底部与工件端面的距离 C 符合要求，一般 $C=(0.3\sim1)d$（d 为钻套内径）。

e. 支承件 2 与回转合件 8 工作台面的位置应便于加工零件的装卸，但应注意钻模板在支承件 2 上的悬伸距离应尽可能小，以免钻套在钻孔过程中发生弹性变形，影响钻孔位置精度，增加钻套的磨损。

项目 8 部件与整机装配

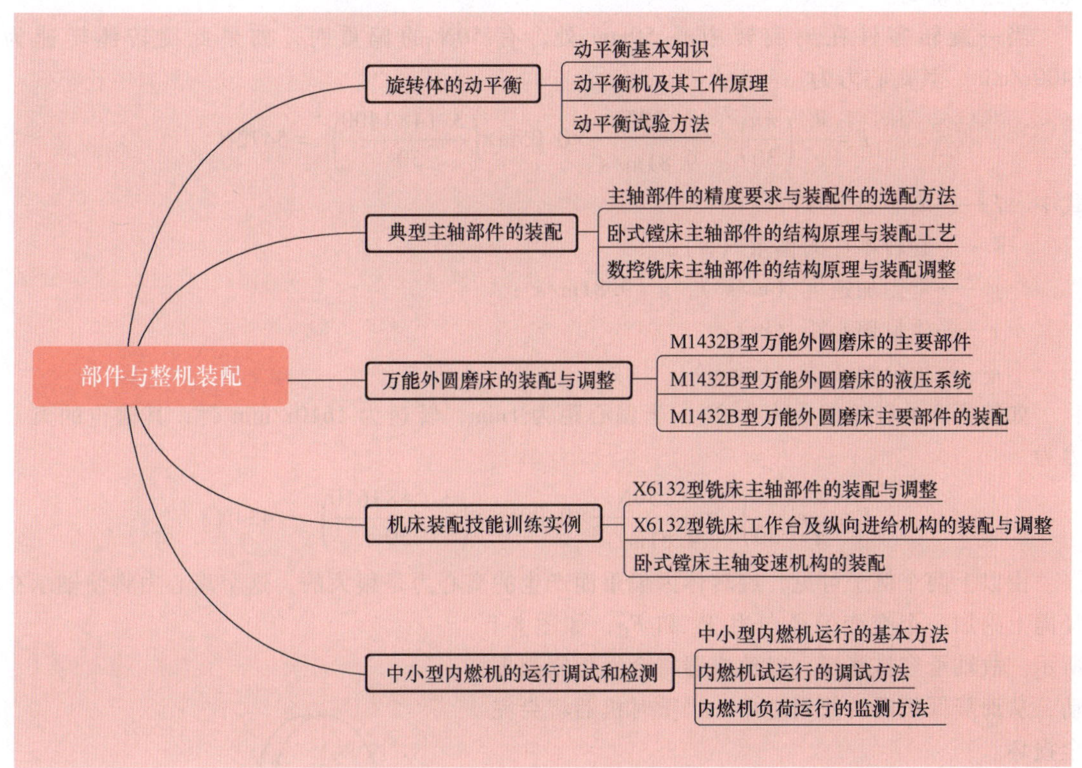

8.1 旋转体的动平衡

8.1.1 动平衡基本知识

1. 概述

日常使用的很多机械中，含有大量的做旋转运动的零部件，例如各种传动轴、电动机、汽轮机转子、水泵叶轮、柴油机（压缩机）曲轴、传动带轮、风机叶轮、砂轮等，以及日常生活用到的录音机、电唱机中的旋转机件。这些做旋转运动的零部件，称为旋转体。旋转体在理想状态下，旋转时和不旋转时对轴承或轴产生的压力是一样的。这样的旋转体就是平衡的旋转体。但是在工程中的各种旋转体，往往由于材料密度不均匀或毛坯缺陷、加工和装配时的误差以及运行过程中的磨损、变形，甚至设计时就具有非对称的几何形状等各种原因，使得旋转体在旋转时，旋转体上每个微小质点产生的离心力不能相互抵消，使重心与旋转中心发生偏移，旋转零部件在高速旋转时，将产生很大的离心力。轴上由于受到此离心力

的影响，使旋转体两端的轴承受到一个周期性变化的干扰力，这种周期性的干扰力是使机器产生振动的重要原因。另外，噪声也会增大，轴承负荷也加重了。特别是机器的振动，对任何一种机械都是有害的：可使零件易磨损、疲劳；使机器使用寿命缩短或导致严重事故。所以，旋转体的平衡调整是一项非常重要的工作。

（1）离心力　如前所述，由于各种原因，旋转体的重心和旋转体的旋转中心往往发生偏移。因为重心的偏移，旋转零部件在运转时会产生一个离心力。这个离心力究竟有多大，现举例进行说明。

当一旋转零件在离旋转中心 50mm 处，有 50N 的偏重时，如果此旋转体转速为 1400r/min，其离心力为

$$F=\frac{W}{g}e\left(\frac{\pi n}{30}\right)^2=\frac{50\text{N}}{9.81\text{m/s}^2}\times0.05\text{m}\times\left(\frac{3.14\times1400}{30\text{s}}\right)^2=5472\text{N}$$

式中　F——离心力（N）；

W——旋转零件的偏重（N）；

g——重力加速度（m/s^2），$g=9.81\text{m/s}^2$；

e——质量偏心距（m）；

n——每分钟转速（r/min）。

如某磨床的砂轮偏重为 150N，当偏心距为 1mm，转速为 1610r/min 时，其偏重的离心力为

$$F=\frac{W}{g}e\left(\frac{\pi n}{30}\right)^2=\frac{150\text{N}}{9.81\text{m/s}^2}\times0.001\text{m}\times\left(\frac{3.14\times1610}{30\text{s}}\right)^2\approx434\text{N}$$

由以上两个例子可见，旋转体因偏重而产生的离心力是很大的，这个离心力将使轴承在径向上附加一个交变的径向力 F_a 和 F_b，如图 8-1 所示。故轴承容易磨损，以致机器将会发生剧烈振动，从而降低机器的使用寿命，严重时机器将会完全损坏。

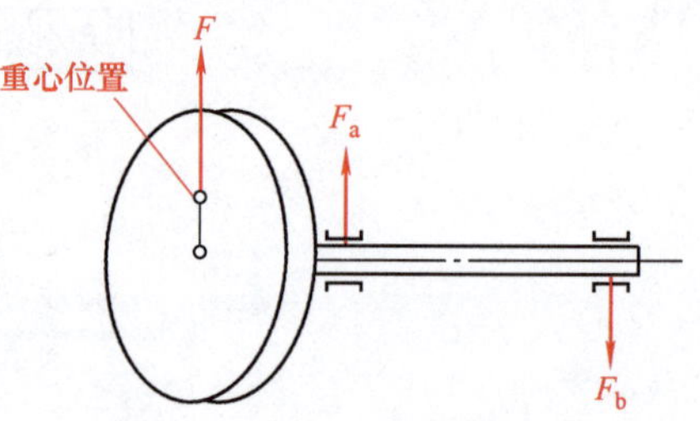

图 8-1　旋转体的不平衡

（2）不平衡情况　旋转体上有不平衡量是客观存在的。此不平衡量所产生的离心力，或几个不平衡量产生的离心力的合力，通过旋转体的重心，或者说偏重而产生的离心力 F 是在轴线一侧的，旋转体旋转时只会使轴弯曲，在径向截面上其不平衡量产生的力矩使旋转体产生垂直于轴线方向的振动，如图 8-2a 所示，这种不平衡称为静不平衡。

旋转体上不平衡量所产生的离心力，如果形成力偶，则旋转体在旋转时不仅会产生垂直于旋转轴轴线方向的振动，还要使轴线产生倾斜的振动。通俗地讲，将使旋转体产生摆动，如图 8-2b 所示，这种不平衡称为动不平衡。

图 8-2c 所示旋转体偏心距 e 不相等，重心也不在通过轴线的同一平面内，旋转体既是静不平衡，又是动不平衡，这种不平衡叫动静混合不平衡。根据力学原理，静不平衡将是由 F_{1A} 和 F_{2A} 的离心力组成的，动不平衡是由 F_{1B} 和 F_{2B} 组成的。可见动不平衡的旋转体一般都同时存在静不平衡。

旋转体上不平衡量的分布是复杂的，也是无规律的，但它们最终产生的影响，总是属于静不平衡和动不平衡这两种。

2. 动平衡调整原理

（1）动平衡调整的力学原理　动平衡调整按照被平衡旋转体的性质，可分为刚性旋转体的平衡和柔性旋转体的平衡。刚性旋转体是假设组成旋转体的材料是绝对刚性的（事实上是不存在的），这样就可以简化很多问题。动平衡调整的力学分析，就是以刚性旋转体为对象。图 8-3 所示为一根刚性旋转体，假定它存在两个不平衡质量 m_1、m_2。当旋转体旋转时，它们产生的离心力分别为 F_1、F_2。F_1 和 F_2 都应垂直于旋转体的中心线，但不在同一纵向平面中。如图 8-3 所示，F_1 处于 B_1 平面上，F_2 处于 B_2 平面上。为了平衡这两个力，可在旋转体上选择两个与轴线垂直的横断面Ⅰ和Ⅱ作为动平衡校正面，将离心力 F_1 和 F_2 分别分解到Ⅰ平面和Ⅱ平面上，如图 8-4 所示。

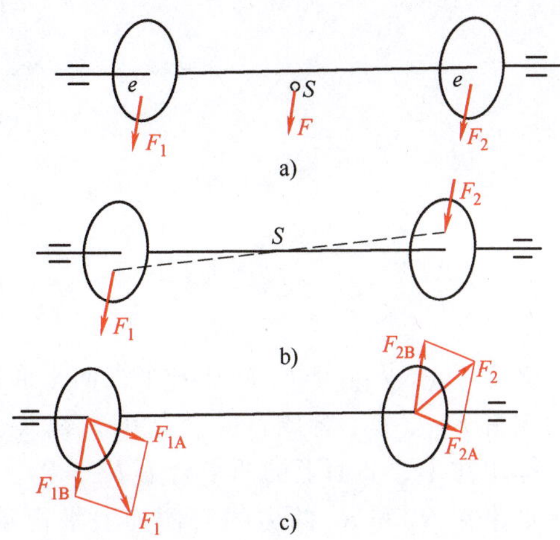

图 8-2　旋转体不平衡形式

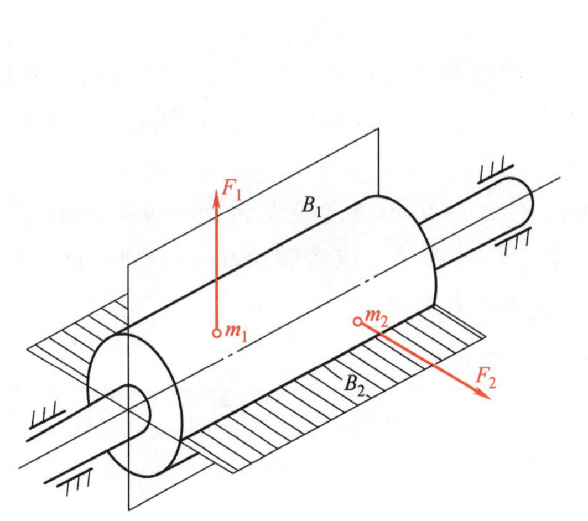

图 8-3　刚性旋转体不平衡质量

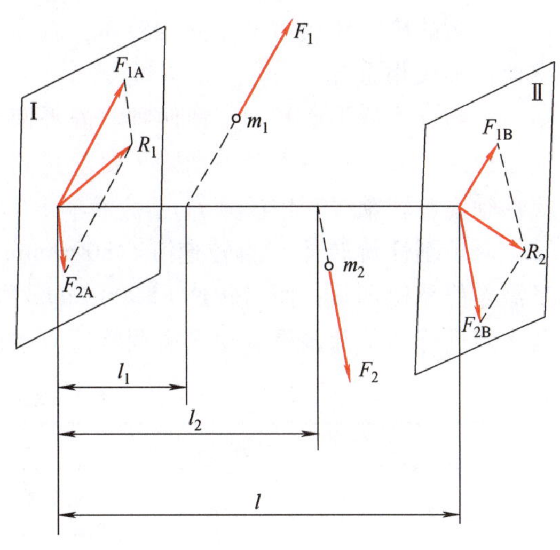

图 8-4　不平衡质量离心力的分解

根据静力学原理，它们应满足如下的联立方程：

$$F_1 = F_{1A} + F_{1B}$$
$$F_{1A} l_1 = F_{1B}(l - l_1)$$
$$F_2 = F_{2A} + F_{2B}$$
$$F_{2A} l_2 = F_{2B}(l - l_2)$$

由此解得

$$F_{1A}=\left(1-\frac{l_1}{l}\right)F_1$$

$$F_{1B}=\frac{l_1}{l}F_1$$

$$F_{2B}=\frac{l_2}{l}F_2$$

$$F_{2A}=\left(1-\frac{l_2}{l}\right)F_2$$

这里 F_{1A}、F_{1B} 与 F_1 同在一个纵向平面内，F_{2A}、F_{2B} 与 F_2 同在一个纵向平面内。在Ⅰ平面内将 F_{1A}、F_{2A} 合成，得合力 R_1，在Ⅱ平面内将 F_{1B}、F_{2B} 合成得 R_2。对刚性旋转体来说，作用在Ⅰ、Ⅱ面上的两个合力 R_1、R_2，与不平衡量的离心力 F_1、F_2 是等效的。由此可知，如果在 R_1 和 R_2 两力的对侧加上平衡重量 G_1、G_2，使它们产生的离心力分别为 $-R_1$、$-R_2$，那么旋转体就能获得动平衡。同理，可以在 R_1、R_2 方向上减去相同的重量，也能使旋转体获得动平衡。

从以上分析可得以下结论：对于任何不平衡的刚性旋转体，都可将其不平衡力分解到两个任意选定的与轴线垂直的平衡校正面上，因此，只需在两个校正面上进行平衡校正，就能使任意不平衡的刚性旋转体获得动平衡。

（2）平衡方法　对旋转零部件做消除不平衡的工作，叫调（整）平衡。显然，要使一个不平衡的旋转体成为平衡的旋转体，就需要重新调整其质量分布，以使其旋转轴线与中心主惯性轴线相重合。

平衡分为静平衡和动平衡两种。静平衡是使旋转轴线通过旋转体的重心，消除由于质量偏心引起的离心力。而动平衡除了要求达到力的平衡外，还要求调整由于力偶的作用而使主惯性轴绕旋转轴线产生的倾斜。

对于刚性旋转体，当转速 $n<1800\text{r/min}$ 和长径比 $L/D<0.5$，或者转速 $n<900\text{r/min}$ 时，只需作静平衡调整；而当转速 $n>900\text{r/min}$ 和长径比 $L/D>0.5$，或者转速在 $n>1800\text{r/min}$ 时，则必须进行动平衡调整。动平衡调整适应条件可参照表 8-1。

表 8-1　动平衡调整适应条件

序号	判断项目	条　　件
1	旋转体的工作转速	旋转体净长度大于最大外径，转速在 1000r/min 以上时，要作动平衡调整
2	轴承上所受离心力的大小	旋转体轴承上所受到的不平衡离心力大于该侧轴承上所受转子重量的5%时，要作动平衡调整
3	机组运行中轴承振动情况	当机械运行中，任何一侧轴承振幅大于 0.02mm 时，其旋转部件要作动平衡调整

对于柔性旋转体来说，必须要进行动平衡调整。

不论是刚性还是柔性的旋转体，也不论是静平衡还是动平衡的调整，其调整的具体做法均可分别划分为加重、去重或调整校正质量这三类方法。

1）加重就是在已知校正面上折算的不平衡量 U 的大小及方向后，有意在 U 的负方向上

给旋转体附加上一部分质量 m，并使该质量 m 到旋转轴线的距离 r 与质量 m 的乘积等于 $|U|$，即 $mr=|U|$，显然，该校正面上的不平衡被消除了。加重可采用补焊、喷镀、胶接、铆接和螺纹连接等多种工艺方法加配质量。加重中，若附加质量体积较大，应准确计算出其质心位置，并按此位置计算距离 r。

2）去重就是在已知该校正面上折算的不平衡量 U 的大小及方向后，有意在正方向上从旋转体上去除一部分质量 m，当 $mr=|U|$时，去除的质量 m 产生的不平衡量就是 U，因而该校正面上的不平衡也被消除了。去重可采用钻、磨、铣、錾及激光打孔等多种工艺方法去除质量。

3）调整校正质量则是预先设计出各种结构，如平衡槽、偏心块，可调整径向位置的螺纹质量堵头等，通过调整各种结构中的校正质量块数量、径向位置或角度分布，达到抵消不平衡量 U 的目的。

不论是哪一种校正方法，要求加上、去掉或进行调整的不平衡量的大小和方向应该准确。有些工艺过程需要进行一定的数学计算，才能精确地控制调整量。

不管是采用加重或是去重来调整旋转体的平衡，都须测量出其不平衡量的质量及方向，一般都使用动平衡机来实现。

8.1.2　动平衡机及其工作原理

在动平衡机上对旋转体进行动平衡的调整叫平衡机法。

动平衡机有不同的结构形式、支承方法，测量路线和显示装置也有区别，所以动平衡机的类型和规格品种较多。

（1）根据调整方式分类

1）误差式动平衡机。这种动平衡机只能测出因不平衡而产生的振动情况，不能测出不平衡量的绝对值。

2）可调整式动平衡机。能测出每一平衡平面的不平衡数值和相位。

3）永久调整式动平衡机。能直接测出旋转体上不平衡量的大小和相位。

（2）根据工件的正反形状和尺寸特点分类

1）卧式动平衡机为通用形式。

2）立式动平衡机为专用形式。

（3）动平衡机型号　动平衡机型号通常表示允许平衡旋转体的最大质量（即千克数）。例如 YYW-100、YYW-300、…、YYW-10000 等，“300”“10000”表示允许旋转体的最大质量为“300kg”“10000kg”。

（4）动平衡机的工作原理

1）框架式平衡机的原理。图 8-5a 所示为框架式平衡机的原理图，机床的活动部分 1 带有回转轴和弹簧 5，在轴承 2 和轴承 4 中

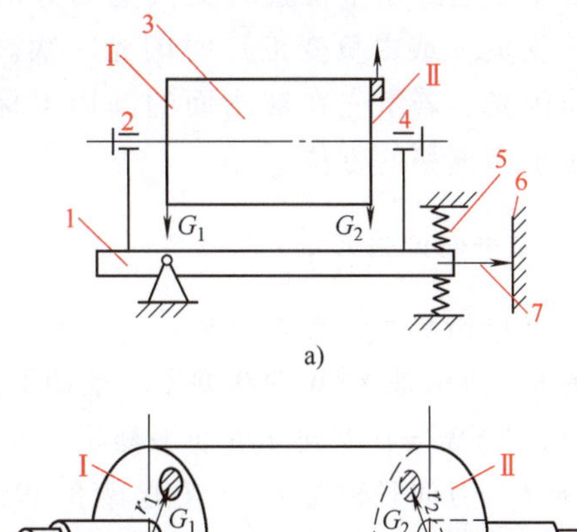

a)

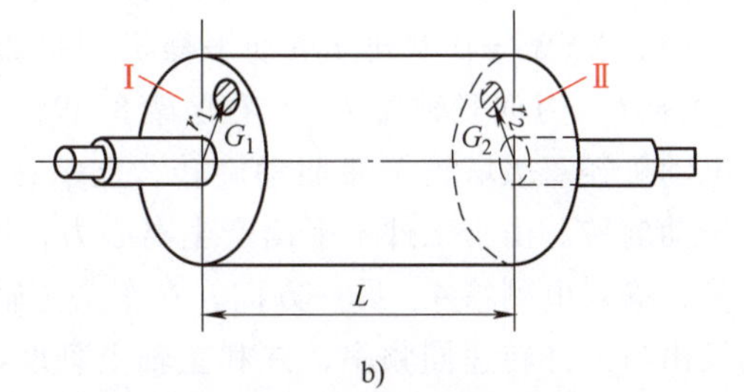

b)

图 8-5　框架式平衡机的原理图

1—机床的活动部分　2、4—轴承　3—被平衡的旋转体　5—弹簧　6—熏过后的纸　7—指针

安放着被平衡的旋转体3。引用外界的动力使旋转体转动，则框架和零件将围绕平面Ⅰ上的轴线振动。根据回转零件的动平衡原理，任一回转零件的动不平衡，都可以认为是由分别处于两任选平面Ⅰ、Ⅱ内，回转半径分别为 r_1 和 r_2 的两个不平衡重量 G_1 和 G_2 所产生的，如图8-5b所示。因此进行动平衡时，只需针对 G_1、G_2 进行平衡就可达到目的。又因平面Ⅰ的不平衡离心力 G_1，对框架振摆轴线的力矩为零，不影响框架的振动。由于旋转体3不平衡，所以轴承2和轴承4受到动压力的作用，该动压力的向量是转动的，致使机床发生振动。当产生共振时，出现最大振幅，用指针7把最大振幅记录在熏过的纸6上，经测定和计算后，可确定平衡平面Ⅱ上的不平衡量的大小和方向。在平面Ⅱ上加上平衡载重便可抵消平面Ⅱ上的不平衡。然后将零件反装，用同样的方法经测定和计算后，可得出平面Ⅰ上不平衡量的大小和方向。再在平面Ⅰ上加平衡载重抵消平面Ⅰ上的不平衡。这样就可使旋转体实现静平衡和动平衡。

2）闪光式动平衡机的结构与原理。如图8-6所示，测试时，将被测工件1放在两只轴承上，弹性支架2在水平方向是与机座弹性连接的。当工件因不平衡而振动时，支架便发生前后摆动，并带动线圈7在具有强力磁场的永久磁铁6中往复运动，由此在线圈中产生交流感应电动势。此电动势经放大后，一方面在不平衡指示表4中显示出不平衡量的大小；另一方面由闪光灯3同步发出闪光，照射被测工件1被测面重心偏移位置。闪光灯3进行同步定位闪光是基于工件不平衡所在半径通过水平位置时交流电动势的换向，通过电子控制箱可使闪光灯3每当交流电由正变负（或由负变正）时闪光一次。因此，闪光灯总是周期地在工件转到同一位置时发出闪光。若事先在被测面的圆周上标出数字，闪光灯总是照射着同一数字，从而便可确定重心偏移的方位。

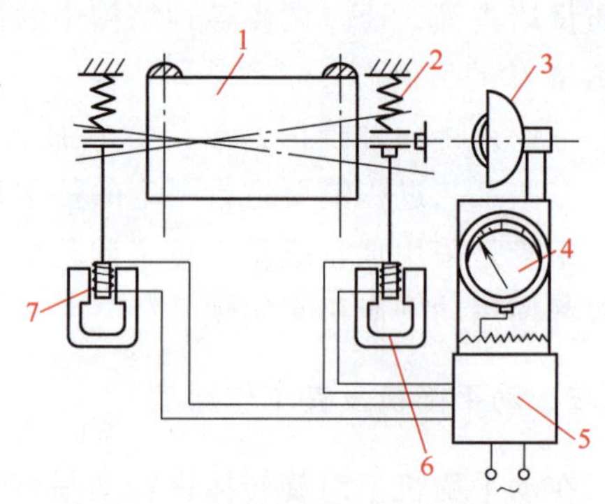

图8-6　闪光式动平衡机的结构与原理

1—被测工件　2—弹性支架　3—闪光灯
4—不平衡指示表　5—控制箱
6—永久磁铁　7—线圈

8.1.3　动平衡试验方法

1. 动平衡机的使用与调整

图8-7所示是YYW-300型硬支承动平衡机的外观图，现说明其组成和使用调整方法。

（1）YYW-300型硬支承动平衡机的组成　如图8-7所示，该机主要由床身1，车头箱2，主轴6，万向联轴器7，左右摆架8、9，电测箱4等部件组成。主轴6由车头箱2内的双速电动机经双级塔轮V带驱动旋转，支承在左右摆架上的工件则由主轴经万向联轴器7直接带动旋转。由于工件不平衡产生离心力，迫使摆架振动，通过传感器将振动信号转换成电信号，输入电测箱4。另一方面，在车头主轴尾端用联轴器连接有一小型基准电压发电机3，它发出与工件转速同频率，并和主轴上刻度盘5的零位保持相对相位，互成90°的两组基准电流输入电测箱4。由左右传感器输入的不平衡信号及基准发电机输入的基准信号，经电测箱4运算放大后，送入左右两个光点矢量功率表，以显示出左右两个校正平面上的不平衡量的大小和相位。

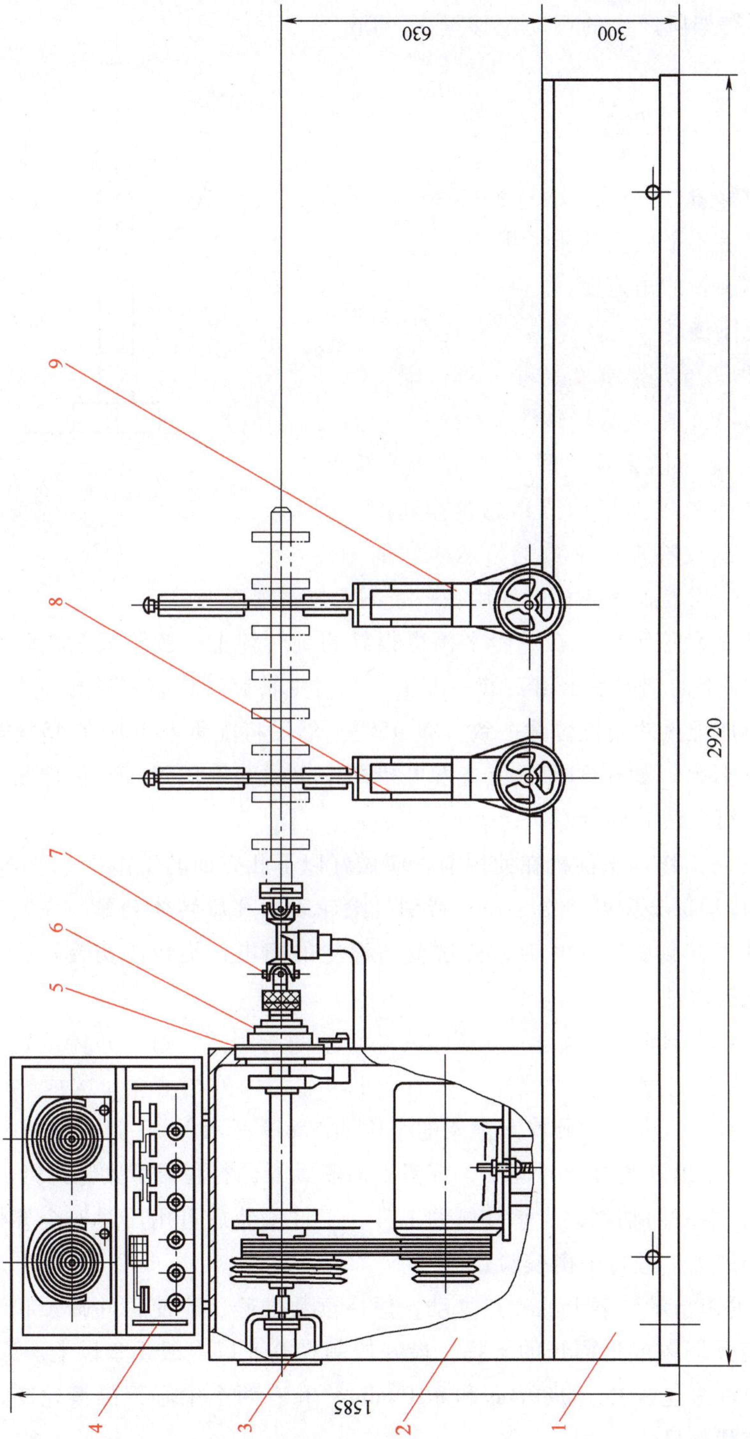

图 8-7　YYW-300 型硬支承动平衡机的外观图

1—床身　2—车头箱　3—发电机　4—电测箱　5—刻度盘　6—主轴　7—万向联轴器　8—左摆架　9—右摆架

（2）不平衡量的示值定标　上面已讲到，不平衡的旋转体在绕轴旋转时，将会产生不平衡离心力而发生振动。当旋转体在硬支承摆架上运转时，如图 8-8 所示，摆架所产生的振动位移量 Y_0 可由下式表示：

$$Y_0 = \frac{mr\omega^2}{K}$$

式中　Y_0——振动位移量；

mr——旋转体上不平衡量的质径积；

ω——旋转体旋转的角速度；

K——摆架总刚度。

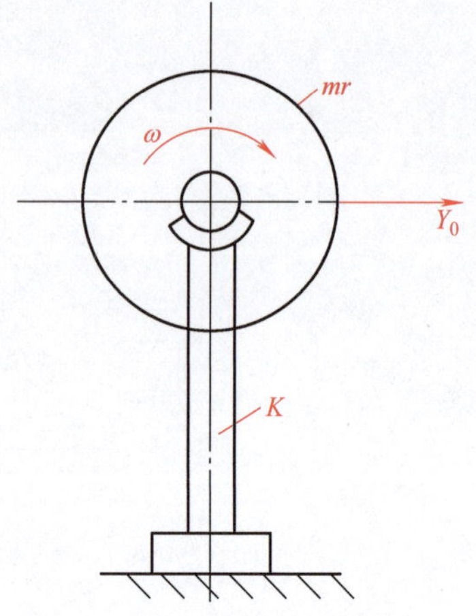

图 8-8　摆架振动系统示意图

由上式可以看出，当支架刚度足够大时，硬支承动平衡机的摆架振动位移正比于旋转体不平衡产生的离心力。对于不同质量的旋转体来说，只要平衡转速不变，相同的不平衡量所产生的支架振动位移总是相同的。因此，对平衡机上的用以反映不平衡量的指示表盘的刻度量值，制造厂可实现一次性校正定标，使用者一般不需要再加以调整。

（3）不平衡相位的示值定标　在一个平衡得很好的旋转体上，按照某一精确角度（例如 45°，由平衡机主轴上的刻度盘示出）装一配重，相对主轴旋转调整基准相位发电机，直至光点角度位置同所加配重的角度位置一致（按 45°），然后将配重取下加在 45°+90° = 135°处，则光点应指示在 135°，如在 315°，应将发电机两个出线互换位置。然后拧紧基准相位发电机的两只紧固螺钉，使其固定。

（4）使用前的准备工作　平衡机在使用前，应做好以下几方面的工作：

1）使用前须对传动部分做好清洁工作，特别是滚轮表面和旋转体轴颈，在安装前必须擦拭干净。安装工件（被测旋转体）时，要避免与滚轮的撞击，旋转体安装好后在轴颈和滚轮上加少许清洁的润滑油。

2）调整两摆架距离并固紧，以适应旋转体两端轴承间的距离。按旋转体的轴颈尺寸参看滚轮架上的标尺（标尺上大圈指大滚轮，小圈指小滚轮，内外指滚轮座的内外中心距），调整好滚轮架高度，并加以固紧。硬支承摆架的结构如图 8-9 所示。

3）将工件与万向联轴器连接后并固紧，旋紧万向联轴器的行程调节紧定螺钉。

4）对平衡重心在左右两轴摆架支承外侧的工件，工件安装后可用压紧安全架将压紧滚轴压于工件轴端的轴颈上，进行平衡校验。

5）为了减小不平衡指示仪表上的光点晃动，保持读数准确，应使工件轴颈和滚轮外径尺寸的比值尽可能避开同频或近同频的干扰，最好控制在 0.8 以上或 1.2 以上。YYW 型动平衡机上备有大小两种滚轮外径（ϕ89mm 和 ϕ109mm）和有两个中心距的滚轮座，可取得四种滚轮支承的工作状态尺寸。

（5）使用调整　操纵调整本机正确工作的开关和旋钮，均安排在本机电测箱面板上，如图 8-10 所示。各开关、旋钮的作用及调节顺序如下：

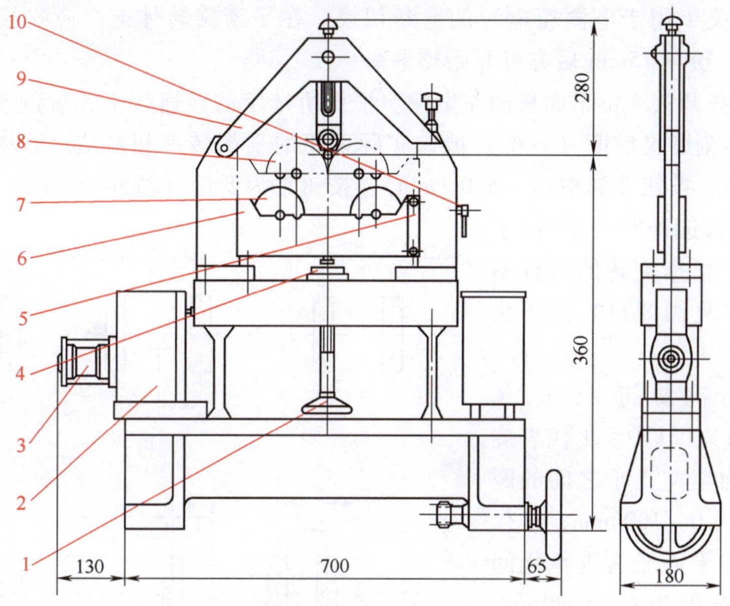

图 8-9　硬支承摆架的结构

1—升降手轮　2—信号放大机构　3—传感器　4—锁紧螺母　5—标尺
6—滚轮架　7—小滚轮　8—大滚轮　9—压紧安全架　10—锁紧手柄

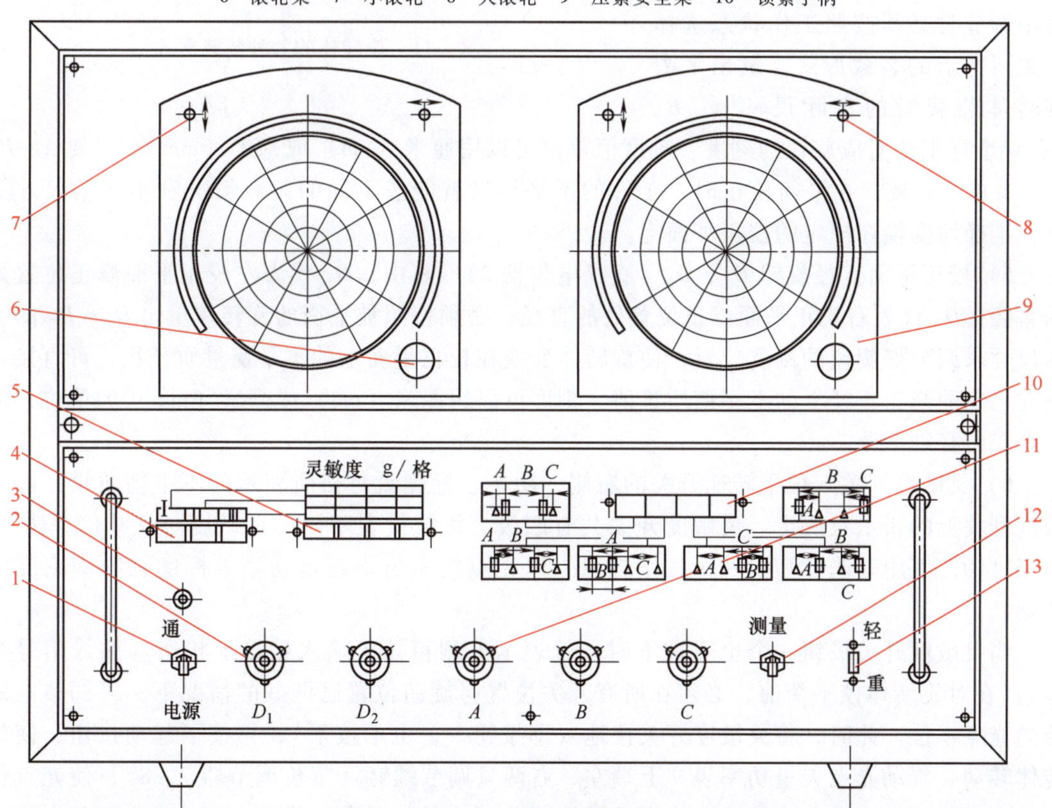

图 8-10　YYW-300 型动平衡机电测箱面板图

1—电源开关　2—直径电位器　3—指示灯　4—转速选择开关　5—灵敏度开关　6—光源插头　7—纵向零位调节器
8—横向零位调节器　9—光点矢量功率表　10—工作状态选择开关　11—距离电位器　12—测量记忆开关　13—轻重相位开关

1）电源开关 1 用于电测箱电源的通断切换。在平衡旋转体前，应先接通电测箱电源（指示灯 3 亮），预热 15min 后方可开始校平衡。

2）转速选择开关 4 位于面板的左上侧。根据所选定的转速按下相应的按钮，使指示不平衡偏重的仪表刻度灵敏度（g/格）能与实际采用的平衡转速相对应。其中，按钮Ⅰ为高速（1300r/min），按钮Ⅱ为中速（650r/min），按钮Ⅲ为低速（325r/min）。

3）工作状态选择开关 10 位于面板的右上侧，根据旋转体六种不同的装载形式（见图 8-11）按下相应的按钮。

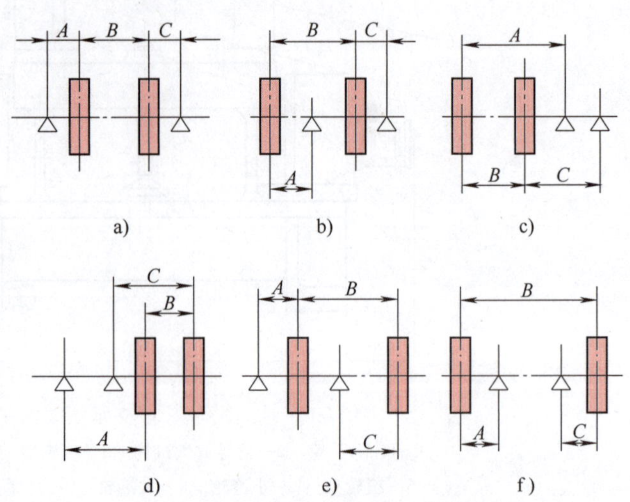

图 8-11 旋转体的六种装载形式

4）平面分离旋钮 *A*、*B*、*C*（距离电位器 11）。其中，*A* 代表旋转体左校正平面至左支承之间的距离，调节范围为 0～1000mm；*C* 代表旋转体右校正平面至右支承之间的距离，调节范围为 0～1000mm；*B* 代表旋转体左、右校正平面之间的距离，调整范围为 100～1000mm。使用调节时必须按照工作状态选择开关所指示的装载形式，量出平衡旋转体装载时的实际尺寸 *A*、*B*、*C*，调节好三个对应旋钮的刻度，刻度值单位可以用厘米（cm）或毫米（mm）。只要 *A*、*B*、*C* 三者单位一致，在平衡校正时，工件的不平衡量就能按不同的装载情况和不同的尺寸关系，准确地变换在规定的校正平面上。

5）校正平面直径旋钮 D_1、D_2（直径电位器 2）。其中，D_1 代表左校正平面修正位置处的直径；D_2 代表右校正平面修正位置处的直径。必须按照被平衡的旋转体量出 D_1、D_2 的实际尺寸来调节好旋钮的刻度位置，使旋转体变换在校正平面上的不平衡量质径积，可直接得到在已定的修正直径上的不平衡质量值。刻度可以用厘米（cm）或毫米（mm）为单位，但二者单位必须一致。

6）灵敏度开关 5 位于转速开关的右侧，功率表标度盘每格所表示的不平衡质量，由灵敏度开关上的指示数决定。灵敏度开关共有四级，每级代表不同的灵敏度。衰减倍率为 1、2、5、10，使用时选择其中一个按下即可，以光点指示值不超过功率表标度盘的满刻度为准则。

当灵敏度开关按钮一个也不按下时，就表示电测箱处于输入端接地状态（输入信号为零）。在对旋转体校平衡前，必须在所有开关位置与旋钮位置已调好的情况下，再调整电测箱的光点零位。此时，将灵敏度开关接地（即按钮一个也不按下），再按下起动按钮，使旋转体转动。旋动光点矢量功率表 9 上端左、右两只调节螺钉（零位调节器 7、8），使光点位于标度盘的圆心。当变换转速或改变旋转体装载形式时，需重新检查和调整光点零位。

平衡的补偿量（或称校正量）为光点在功率表标度盘上的指示值读数（以格数表示）与灵敏度开关按钮所表示的灵敏度（g/格）的乘积。

7）轻重相位开关 13 位于面板的右下侧，其位置的选择可按工件平衡时是采用配重还是去重的方法进行修整而确定。当开关指示在轻位置时，仪器所指示的不平衡相位，是旋转体的轻方向，相当于缺重引起的不平衡，这个缺重由外加材料来补偿；当开关指示在重位置时，仪器所指示的不平衡相位，是在旋转体的重方向，相当于超重引起的不平衡，这个超重由去除材料来补偿。

8）测量记忆开关 12 位于面板右下侧。当平衡机开动至转速稳定时，可将该开关拨至测量位置，指示仪表即工作，当读数稳定后，即可拨至记忆位置，使仪表停止工作并将读数锁住，然后停机。这样一方面便于读数，减少了对仪表指示值的记忆误差；另一方面，在仪表完成了正常工作后即停止工作，有利于对仪表的保护。

当通过动平衡的试验（调整），测得不平衡量的大小和位置后，即可用加重或去重法使零件得到平衡。

2. 平衡精度

平衡精度是指转子（旋转体）从原来的不平衡状态，经过平衡调整后所达到的平衡优良程度，也就是转子经过调整平衡后是达不到绝对平衡的，总存在一些剩余不平衡量。平衡精度就是指这个剩余不平衡量允许的大小值。由于机器的结构特点、使用要求和工作条件等不同，故其平衡精度要求也不同。所以实际做法是，只能在保证经济运转的前提下，规定某一种机器的合理平衡精度。

平衡精度一般由以下两种方法表示：

（1）许用剩余不平衡量 M

$$M=TR=We$$

式中　T——剩余不平衡量（g）；

R——剩余不平衡量所在的半径（mm）；

W——旋转体质量（g）；

e——旋转体重心偏心距（mm）。

表 8-2 所列为几种不同旋转体的许用不平衡量。从表 8-2 可知，用剩余不平衡量来表示平衡精度时，由于质量大的旋转体不平衡引起的振动要比质量小的旋转体引起的振动小，故对质量小的旋转体的平衡精度要求高些。

表 8-2　几种不同旋转体的许用不平衡量

序号	旋转体名称	质量 m/kg	工作转速 n/(r/min)	旋转体外形尺寸 $\frac{\phi}{mm}\times\frac{L}{mm}$	许用不平衡量 M/(g·cm)
1	10000(m^3/h)制氧透平压缩机转子	1853	6000	ϕ1000×3170	370
2	10000(m^3/h)制氧透平压缩机转子	230	14500	ϕ400×1800	20
3	D300—31 型离心鼓风机转子	273	6000	ϕ590×1730	30
4	35ZP 型轴流式增压器转子	26	19500	ϕ301×730	5
5	5GP 型径流式增压器转子	1	80000	ϕ120×220	0.1

（2）许用偏心速度 v_e　因旋转体的重心偏离旋转中心，故偏心速度就是指旋转体在重心的振动速度，即

$$v_e = \frac{e\omega}{1000}$$

式中 v_e——偏心速度（mm/s）；

e——偏心距（μm）；

ω——旋转体角速度（s^{-1}），$\omega = \frac{\pi n}{30}$，$n$ 为转速，单位为 r/min。

表 8-3 所列为一些典型旋转体的平衡精度等级及其应用，以供参考。

表 8-3 典型旋转体的平衡精度等级及其应用

动平衡精度	精度代号	精密数值（许用偏心速度）范围/(mm/s)	转子类型举例	工作转速范围 n/(r/min)
一级	G0.4	0.16~0.40	精密磨床转子，陀螺转子	
二级	G1.0	0.40~1.00	有特殊要求的小型电动机转子，磨床驱动件	1500~60000
三级	G2.5	1.00~2.5	汽轮机、燃气轮机、增压器转子，机床主轴	600~30000
四级	G6.3	2.5~6.3	电机、水轮机转子，机床等的一般转动部件	小于 30000
五级	G16	6.3~16	螺旋桨，传动轴，多缸发动机曲轴	小于 15000
六级	G40	16~40	火车轮轴，变速箱轴	小于 6000
七级	G100	40~100	多缸和高速发动机曲轴、传动轴	小于 3000
八级	G250	100~250	高速四缸柴油机曲轴驱动件	小于 3000
九级	G630	250~630	弹性支承船用柴油机曲轴驱动件	小于 1000
十级	G1600	630~1600	大型四冲程柴油机曲轴驱动件	小于 1000
十一级	G4000	1600~4000	单数气缸低速船用柴油机曲轴驱动件	小于 600

（3）平衡精度等级　许用偏心速度标准规定：按国际标准化组织推荐的，以重心 C 点在旋转时的线速度 $e\omega$ 为平衡精度的等级，记为平衡精度等级 G，单位为 mm/s。并以 G 的大小作为精度标号，精度等级之间的公比为 2.5，共分为 G4000、G1600、G630、G250、G100、G40、G16、G6.3、G2.5、G1.0、G0.4 十一级。G0.4 为最高，G4000 为最低。

在具体应用时，是这样掌握的：机械的旋转精度和使用寿命等要求越高，其平衡精度等级也高。另外，对于单面平衡的旋转体来说，其许用值取表中的数值；对于双面平衡的旋转体，当轴向对称或近似对称时，取表中数值的 1/2。当轴向不对称时，则根据转子质量沿轴向的分布情况来决定许用值的分配。

从平衡精度（G）= $e\omega$ 来看，若已知 G、e 或 ω 中的两个参数，则很容易从图 8-12 中查出第三个参数来。

例　某一旋转体规定平衡精度等级为 G2.5，则表示平衡后的许用偏心速度为 2.5mm/s。

又如某一旋转体质量为 1000kg，转速为 10000r/min，平衡精度等级为 G1.0，则平衡及允许的偏心距 e 为

$$e = \frac{1000v_e}{\omega} = \frac{1000 \times 1 \times 60}{2\pi \times 10000}\mu m = 0.95\mu m$$

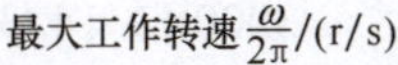

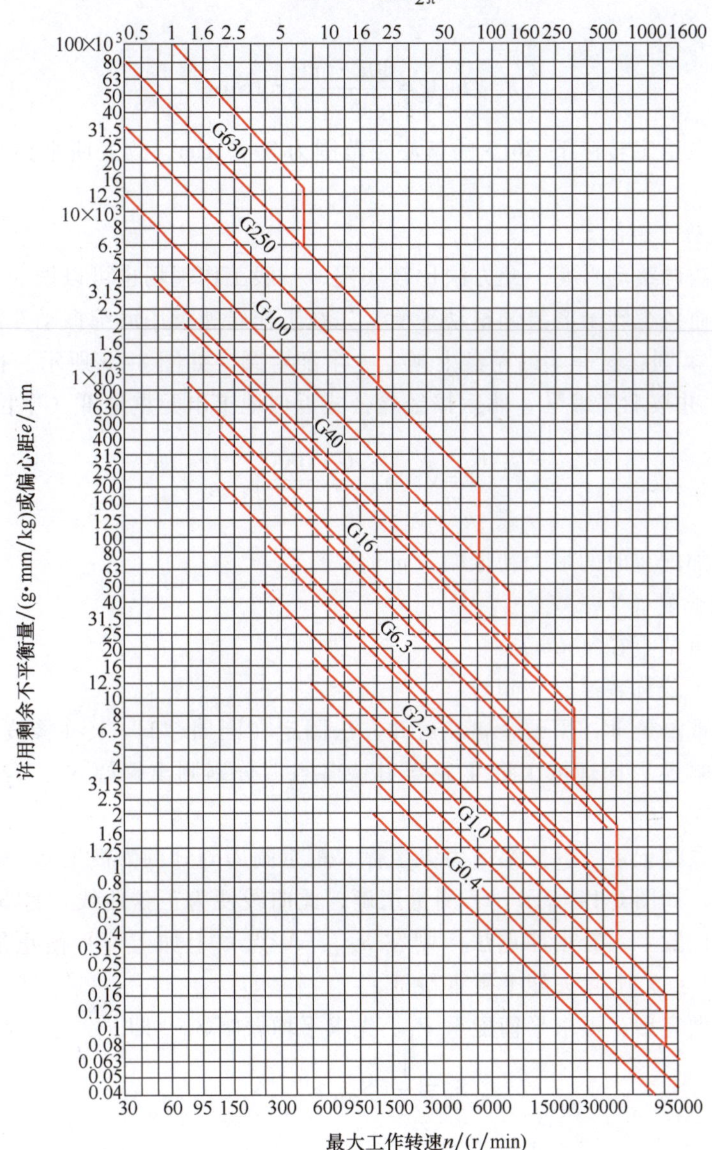

图 8-12　平衡精度 G 与转速 ω 及偏心距 e 的关系

其剩余不平衡量为

$$M = TR = We = 1000\text{kg} \times 0.95\mu\text{m} = 950\text{g} \cdot \text{mm}$$

假定此旋转体两个动平衡校正面在轴向是与旋转体的重心等距的，则每一校正面上允许的不平衡量可取 $M/2 = 475\text{g} \cdot \text{mm}$，这相当于在半径 475mm 处允许的剩余不平衡质量为 1g。

又例，某一电动机转子的平衡精度为 G6.3，转子最高转速 $n = 3000\text{r/min}$，质量为 5kg，平衡后的不平衡量为 80g · mm，是否达到要求？

解　由 $G = e\omega/1000$，得

$$e=\frac{1000G}{\omega}=\frac{6.3\times1000}{3000\times3.14/30}\mu\text{m}=20\mu\text{m}$$

由 $TR=We$，得

$$e=TR/W=\frac{80\text{g}\cdot\text{mm}}{5\text{kg}}=16\mu\text{m}$$

查图 8-12，在给定转速下 G6.3 的偏心距范围为 8～25μm，故表明平衡是达到所需要的精度等级的。

3. 动平衡试验示例

用周移配重法调整动平衡。此方法比较实用，一般工作现场也可以做。

例如，有一通风机转子需要调整动平衡。先在工作转速下用海绵振动斗测出通风机轴承中的最大振幅 S_A。则在这一端的轮盘上画上一个配重圆，如图 8-13 所示。把圆周分成若干等份（6 等份），并按顺序编号，然后按经验公式近似地求出配重量 W（单位为 N），则

$$W=250S_A\frac{G}{D^2}\left(\frac{1000}{n}\right)^2$$

式中 S_A——未加配重时的最大初振幅（mm）；

G——转子重（N）；

D——配重圆直径（mm）；

n——转子公称转速（r/min）。

将求得的配重重量 W，用硬金属和可卸方法固定在圆周“1”上（橡皮泥也可以），起动转子，记下振幅 S_1。同理依次将 W 移至其余各点，分别测出振幅 S_2、S_3、…、S_i，最后取下 W。

根据测得的振幅记录，以振幅 S 为纵坐标，配重圆周等分点为横坐标，在直角坐标系中绘制一光滑曲线，如图 8-14 所示。**若测量正确，此曲线便为正弦曲线，且 S_{max} 和 S_{min} 应在转子直径的对称位置上。若用加重法，则在 S_{min}（M 点）上加上配平衡重量 W；若用减重法，则在 S_{max}（K 点）上除去配平衡重量 W。**

试加重试验做完后，再求平衡配重 P_1。先求平均振幅 S_P，即

$$S_P=\frac{1}{2}(S_{max}+S_{min})$$

当 $S_P\leqslant S_A$ 时 $\quad P_1=\dfrac{S_PW}{S_P-S_{min}}$

当 $S_P>S_A$ 时 $\quad P_1=\dfrac{S_P-S_{min}}{S_P}W$

将若干块比 P_1 稍大或稍小的 P_1、P_2、P_3、…、P_i，逐块轮流加在图 8-13 的 M 点位置上，并测出加各个配重时的相应振幅 S_1、S_2、S_3、…、S_i。然后绘制出图 8-14 所示的平衡配重与振幅图。如果曲线上的最大振幅 S_{max} 小于给定要求，则已达到平衡精度。

如果在另一端也需要找动平衡，另一端也按此程序反复操作，一直到两端振幅都符合要求为止。

若已知通风机转子重量 $G=5000$N，配重圆直径 $D=1000$mm，转速 $n=3000$r/min，初振

幅 $S_A=0.32\text{mm}$。用周移配重法找出不平衡重量和振幅值。

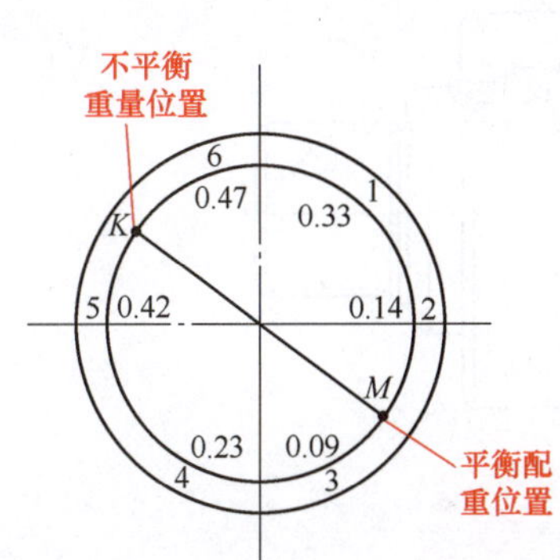

图 8-13　周移配重法配重圆

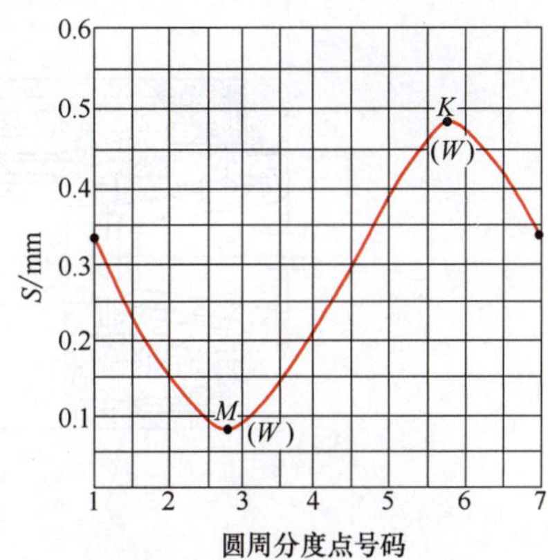

图 8-14　平衡配重与振幅图

解　按经验公式，试配重量 W 为

$$W=250\times0.32\times\frac{5000}{(1000)^2}\times\left(\frac{1000}{3000}\right)^2\text{N}=0.04\text{N}$$

将试加重量置于各点后，所测得振幅如图 8-14（此图就是按本题绘制的）所示，找到 $S_{min}=0.08\text{mm}$，$S_{max}=0.48\text{mm}$，于是平均振幅为

$$S_P=\frac{1}{2}\times(0.48\text{mm}+0.08\text{mm})=0.28\text{mm}$$

$S_P\leqslant S_A$，所以平衡配重 P_1 为

$$P_1=\frac{0.28\text{mm}\times0.04\text{N}}{0.28\text{mm}-0.08\text{mm}}=0.056\text{N}$$

取 $P_2=0.05\text{N}$，$P_3=0.052\text{N}$，$P_4=0.054\text{N}$，$P_5=0.058\text{N}$，$P_6=0.06\text{N}$，$P_7=0.062\text{N}$，测得的振幅 S_1-S_i 绘于图 8-15 中。从图中求得两直线交点配重为 0.055N，振幅为 0.04mm，即为所得结果，然后将 0.055N 加于 M 点上，重新验证其振幅是否符合精度要求。

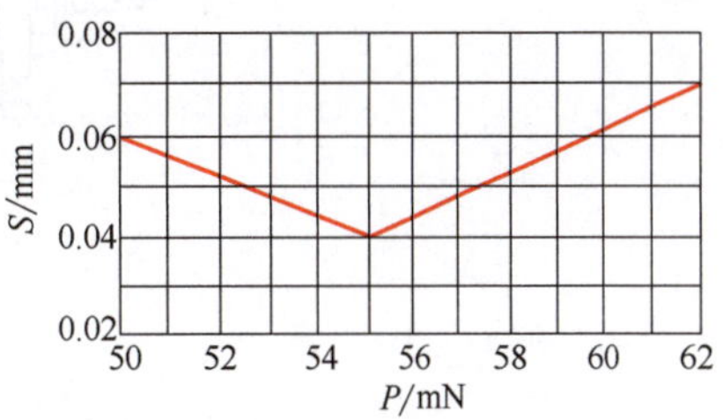

图 8-15　周移配重的振幅曲线

8.2　典型主轴部件的装配

8.2.1　主轴部件的精度要求与装配件的选配方法

（1）主轴部件的精度要求　精密机床的主轴部件精度要求比较高。以图 8-16 所示的 TC630 卧式加工中心的主轴部件为例，主轴轴承采用精密向心推力球轴承，前、后轴承配对成套，并经过预紧，装配时不需要再进行调整；轴承润滑采用脂润滑。TC630 卧式加工中心主轴装配精度检测要求与方法见表 8-4。

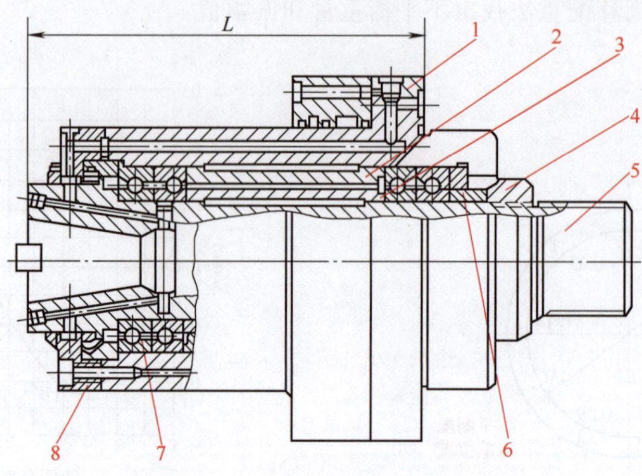

图 8-16　TC630 卧式加工中心主轴的结构

1—主轴套筒　2、3—轴承隔套　4—螺母　5—主轴
6—套　7—轴承　8—法兰盘

表 8-4　TC630 卧式加工中心主轴装配精度检验要求与方法

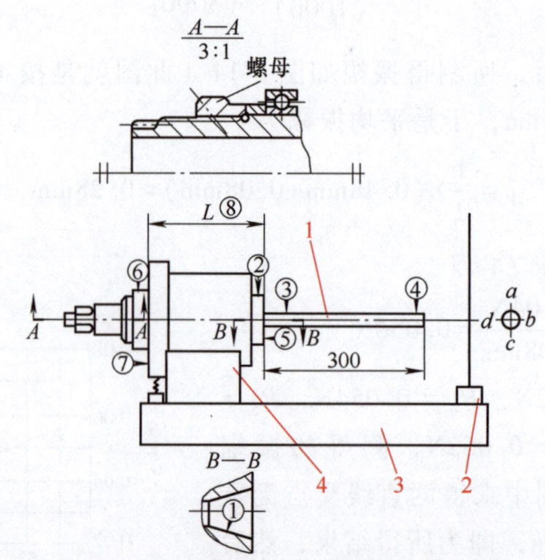

1—心轴　2—量表座　3—底板　4—V 形架
a—上侧母线　b—右侧母线　c—下侧母线　d—左侧母线

序号	项　　目	要　　求
①	内锥孔的径向圆跳动公差	0.005mm
②	外径的径向圆跳动公差	0.01mm
③	心轴根部的径向圆跳动公差	0.005mm
④	心轴 300mm 处的径向圆跳动公差	0.012mm
⑤	主轴的轴向圆跳动公差	0.005mm
⑥	后部外圆的径向圆跳动公差	0.01mm
⑦	安装基面的轴向圆跳动公差	0.01mm
⑧	距离 L 的极限偏差	±0.05mm

(2) 轴承与相配零件的选配与调整　精密机床的主轴部件对轴承与相配零件的精度及相互之间的配合精度要求很高，而加工精度往往不能满足需要。因此，在装配时需要进行选配（见表 8-5），必要时应提高某些零件的精度。

1) 轴承内、外圈与轴颈及壳体孔配合精度的选择。表 8-5 给出了一定的范围，选配时应根据主轴部件的精度要求、受力大小、转速高低、允许温升、壳体孔壁厚、散热条件等因素合理选择。

2) 轴承内、外径等尺寸的选择方法。同一壳体孔内的几个轴承内、外径等尺寸的选择，是保证轴承对于轴及壳体孔配合精度的基础，即使采用高精度轴承也不能忽视。轴承外径等尺寸的选择，可通过千分尺达到 1μm 的精度。轴承内径等尺寸的选择可用专用测量心轴测量。测量心轴可制成每一阶梯相差 1μm 或 2μm 的阶梯轴，也可制成 1∶10000～1∶20000 的锥度心轴，直径每差 1μm 刻一标线。使用锥度心轴测量时，轴承套入心轴的力不能过大。

表 8-5　轴承与相配零件的选配项目及推荐值　（单位：μm）

轴承精度等级及公称直径/mm		装于同一孔内轴承的内外径等尺寸允差	配合精度		配合表面形状精度		同轴度		定位肩面跳动	垫圈两端面平行度
			轴承内圈与轴配合（过盈或间隙）	轴承外圈与壳体孔配合（间隙）	轴	壳体孔	轴	壳体孔		
/P5 与 /P4	≤ϕ80	2	5	2～6	2	3	3	5	3	3
	>ϕ80	3	8	3～10	3	5	5	8	5	5
/P2①	≤ϕ80	1	3	1～5	1	1	1	3	1	1
	>ϕ80	2	5	1～8	2	2	2	5	2	2

① /P2 精度轴承可根据企业标准选用。

用内径比较仪与内径标准规校正好零位，然后再与轴承内径作比较，同样能测出轴承内径的实际尺寸。

3) 主轴及壳体孔尺寸精度的测量和提高。为保证轴承内、外圈的配合精度，主轴颈及壳体孔一般都在选择轴承后，以轴承内、外径的实际尺寸为基准进行最后的精加工。检查主轴精度时，测出主轴径向圆跳动的最高点。必要时可用研磨工具将主轴提高到装配所需要的精度。对于套筒型壳体，用磨床用台虎钳在精密磨床上能得到 1μm 的精度。对于箱体型壳体，常需在精镗后用研磨工具精研，可用任一孔导向来研磨另一个孔。可使用可调式研磨棒来进行内孔研磨。

4) 轴承锁紧螺母的调整。精密主轴轴承锁紧螺母的端面与其螺纹中心线的垂直度误差及螺纹牙型误差，很可能在螺母拧紧后造成主轴弯曲及轴承内、外圈倾斜，对主轴回转精度有很大影响。例如，高精度万能外圆磨床的内圆磨具在拧紧螺母后，应测量主轴的回转精度，找出主轴跳动的最高点，并在其反向 180°处的螺母上作出标记以便调整。调整时拧下螺母，在作标记处修刮螺母的接合面，再装上螺母，重复测量调整，至主轴回转精度合格为止。此外，螺母与主轴的螺纹配合应松些，使其有较大的间隙，以便螺母在拧紧时能自动调

位，避免造成主轴弯曲。绝不允许用敲打锁紧螺母的方法来调整主轴的回转精度。

采用阶梯套筒代替锁紧螺母可克服上述缺陷。阶梯套筒先热套在主轴上。调整时在阶梯套筒中通高压油，使其胀大，再用轴承后面的螺母调整好轴承的游隙，卸掉高压油，拆下螺母，由阶梯套筒承受轴向力而锁紧轴承。拆卸时，只需在阶梯套筒上接高压油，由于套筒两端受压面积不同，套筒会自行轴向退出。

5）轴承的定向装配。滚动轴承的内、外圈都具有不同程度的径向跳动，主轴轴端如有定心锥孔，轴孔与轴颈也容易产生一定的偏差。因此，在轴承部件装配时可采用定向装配，以提高主轴的回转精度。对于箱体型壳体，测量轴承孔偏差较费时，可只将前、后轴承外圈的最大径向跳动点在壳体孔内装成与孔轴线平行的一直线。另外，内圈径向跳动量较大的轴承一般安装于部件的后支承上。

8.2.2 卧式镗床主轴部件的结构原理与装配工艺

1. 主轴部件

图 8-17 所示是卧式镗床主轴部件的结构图。主轴 5 装在主轴套筒 4 中，平旋盘主轴 3 安装在主轴箱左壁和中间支承板孔中的精密圆锥滚子轴承中，主轴套筒 4 用两个精密圆锥滚子轴承支承，其前轴承装在平旋盘主轴 3 的前孔中，后轴承装在主轴箱右壁的孔中。在主轴套筒 4 的两端压入精密衬套 8、7 和 6，用以支承主轴 5，主轴 5 前端有 5 号莫氏锥孔，用以安装刀具或刀杆。

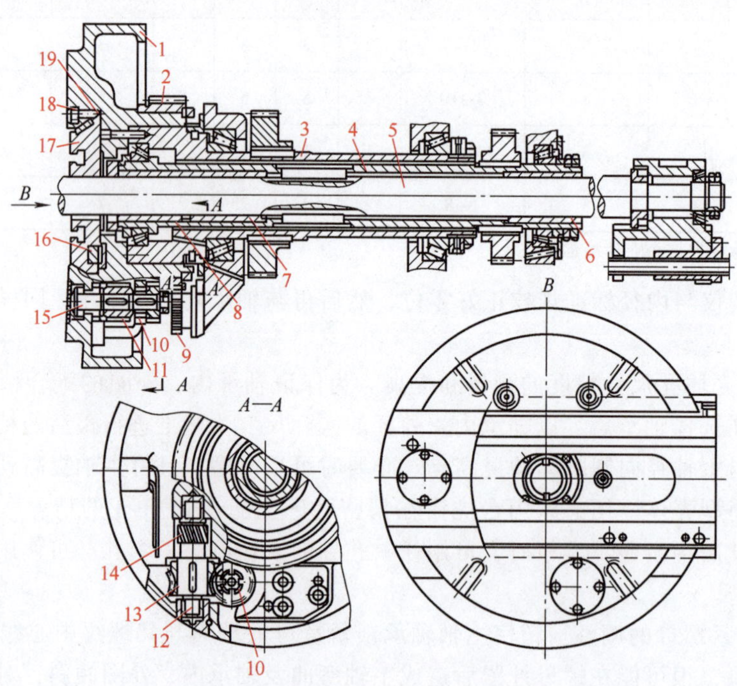

图 8-17 卧式镗床主轴部件的结构图

1—平旋盘 2、9、10、14—齿轮 3—平旋盘主轴 4—主轴套筒 5—主轴 6、7、8—衬套 11—蜗杆 12、15—轴 13—蜗轮 16—齿条 17—径向刀架 18—螺钉 19—销

镗床的主轴 3 用 38CrMoAl 钢制造，表面经渗氮处理，有极高的硬度和极好的耐磨性。衬套 6、7、8 用 GCr15 钢制造，经过淬火处理。衬套与主轴的配合精度很高，配合间隙约为 0.01mm。因各衬套的长度较长，使主轴能在较长的时间保持较高的导向精度，并且使主轴有较好的刚性。

平旋盘 1 以圆柱孔与平旋盘主轴 3 的前端轴颈配合，用 6 个螺钉紧固在平旋盘主轴 3 的前端面上，用圆锥销定位。在平旋盘 1 的外端面上铣有 4 条径向 T 型槽，供紧固刀夹或刀盘使用，在燕尾导轨内装有径向刀架 17，刀架上有两条供紧固刀具或刀夹的 T 型槽，燕尾导轨用镶条保证径向刀架运动的平稳性和导向的正确性。在径向刀架 17 右端面槽中固定有齿条 16（$m=3$mm）。齿条 16 通过齿轮 14（$z=16$）传动，使刀架做径向运动。在刀架上安装刀具镗削大直径孔时，切削过程中径向刀架 17 不做径向运动。为了提高径向刀架的刚性，可拧紧螺钉 18，通过销 19 将刀架销紧。

在平旋盘 1 上装有径向刀架 17 的传动机构，它包括齿轮 2（$z=116$）和齿轮 10（$z=22$），蜗杆 11 和蜗轮 13（$z=22$），齿轮 14 和齿条 16，以及相关的轴 15、12 等零件。齿轮 2 空套在平旋盘 1 的轮毂上，用挡圈限制其轴向位置，齿轮 10 与齿轮 2 啮合并通过蜗杆 11 与蜗轮 13，齿轮 14 同齿条 16 保持传动关系。当齿轮 9（$z=24$）传动齿轮 2，其转速和转向与平旋盘 1 的转动相同时，齿轮 2 与齿轮 10 之间无相对运动，齿轮 10 并不转动，刀架无径向进给；若齿轮 2 与平旋盘 1 转速不相等，则齿轮 10 转动，并传动刀架使其径向运动。

2. 主轴、平旋盘的装配调整

1）主轴可能存在的问题。主轴在加工过程中受力复杂、结构庞大、动作反复，又要求一定的回转精度，在镗床的设计、使用、维修中都占主要的地位。长期使用中由于主要零件、轴承磨损和变形，都可能影响主轴的回转精度。其中以主轴和衬套更为关键。主轴和衬套是滑动摩擦，由于变形、拉伤以及咬痕都可能造成抱轴，使其间隙变大，甚至丧失回转精度。

2）平旋盘的修整。主轴传动机构经差动机构将合成运动传入平旋盘内（见图 8-18），通过蜗杆副降速使滑座实现径向进给。滑座、平旋盘座的表面示意如图 8-19 所示。

滑座面 1、2 推荐用平面磨床加工。当磨削面 1 时须考虑其与齿条安装面 3 的平行度要求，以保持齿轮齿条副的啮合性能。同样，刮削斜面 4 也应考虑对齿条安装侧面的平行度要求。配刮滑座和平旋盘座时，因平面加工的要求，从滑座的进给方向 *A* 端刮低 0.01～0.02mm，以达到加工平面中间凹的目的。

3）主轴箱的修整要点（见图 8-20）：

① 主轴箱的三个通孔一般反映的是制造精度，若发现轴承外圈和孔的配合过松，一般可采用镀镍的方法进行修整，否则在镗孔时会产生振动，影响孔加工质量。

② 主轴箱的导向压板面 2 与主轴中心的垂直度是主要修整项目，否则主轴进给镗削前、后箱体孔时，将引起同轴度误差，孔与端面基准的垂直度也无法保证。

③ 与立柱配刮导轨面 1，将主轴箱清洗后装入轴，要求转动自如。将检验后的平旋盘主轴和圆锥滚子轴承装入轴承孔内，调整好间隙作为测量基准来检测导向压板面 2 与主轴中心线的垂直度。

④ 箱体修整与立柱配刮时，主轴中心线对导轨面 1 的平行度不预先测量；在总装立柱时，用立柱找正主轴，保证主轴和床身导轨的平行度要求。

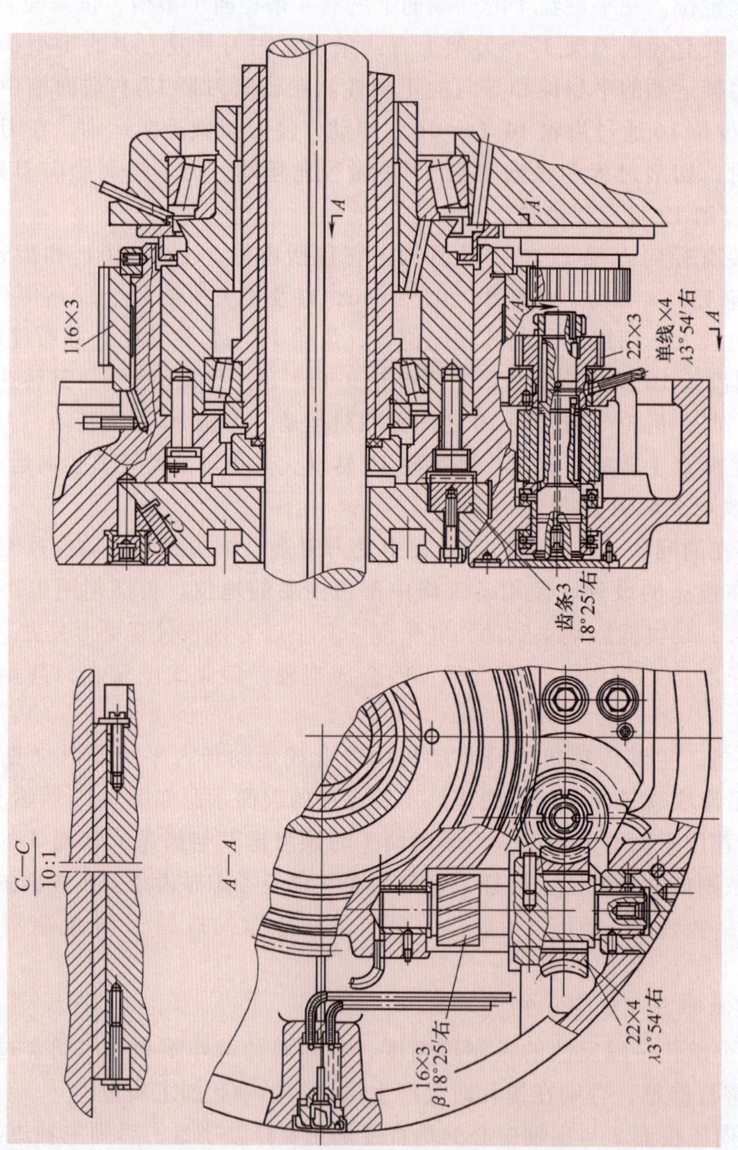

图 8-18　平旋盘的结构图

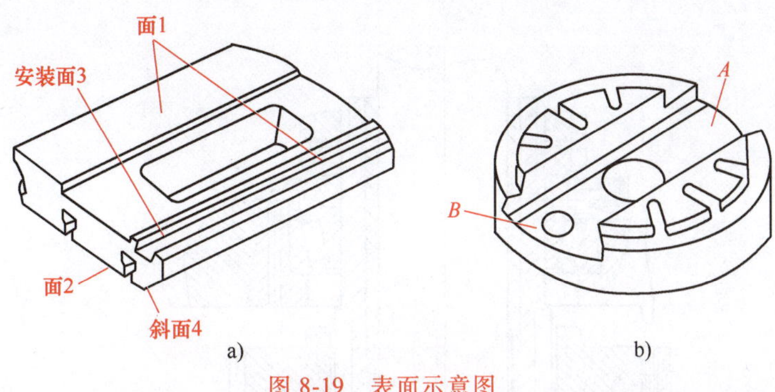

图 8-19　表面示意图

a）滑座　b）平旋盘座

⑤ 主轴箱研刮结束后，应检查、清洗、安装各轴零件，待箱体装上立柱后装配主轴。

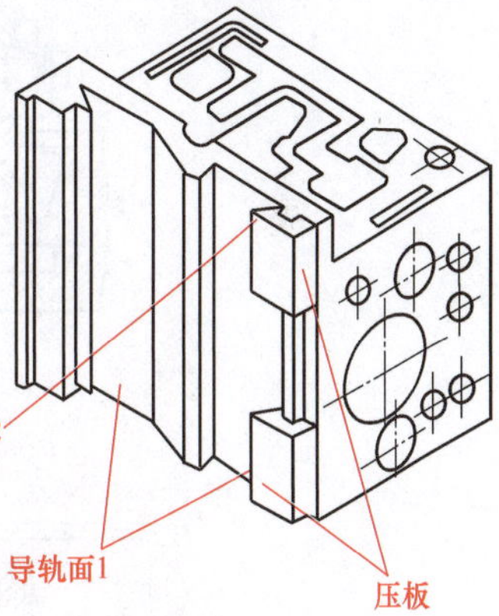

4）主轴部件的装配。主轴部件在主轴箱和平旋盘研刮结束后可以开始装配。由于主轴部件的装配质量对主轴回转精度等有直接影响，在主轴零件精度合格后试机时因零件误差的存在和累积，精度检查还会超差。装配时，必须使结构中两个相配零件的上、下极限偏差重叠，以消除累积误差。具体方法如下：

① 将主轴套筒轴承外圈径向振摆的最低处和平旋盘孔的最大径向振摆处相装配。

② 将主轴套筒的最低径向振摆处分别和两轴承的内圈最大径向振摆处相装配。

图 8-20　主轴箱导轨示意图

③ 主轴孔若三孔有微量的同轴度误差，也可按径向振摆允差的相位予以补偿。

④ 装轴承时先将轴承放入 60～100℃ 润滑油中浸 15min，然后取出装配。

⑤ 装好主轴套筒的轴承后，衬套内孔与主轴应保持 0.015～0.020mm 的间隙。

⑥ 主轴装配在主轴箱并装上立柱后装入主轴套筒。装配时悬吊卧放主轴的前端，尾端伸入主轴套筒孔内，找正所配对的键槽位置后，顺势推入孔内。由于主轴套筒上两条键槽是单配的，装配时应注意其方向性。主轴副的接触长度大，配合间隙又小，为了减小阻力，装配时宜施加薄而量多的润滑油，建议用 L—AN15 全损耗系统用油。

⑦ 该镗床是比较早期的产品，机床结构修改变动较大，因此主轴结构有几种不同类型，在更换新轴时应加以识别，按具体情况选择备件或制造新件后进行装配。图 8-21 所示是前部油封防尘的老结构。图 8-22 所示是平旋盘前端带锥度的主轴结构。图 8-23 所示是主轴与主轴套筒。

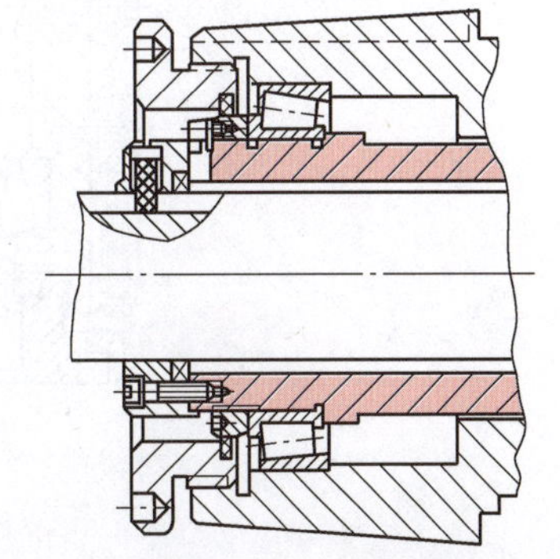

图 8-21　油封防尘装置

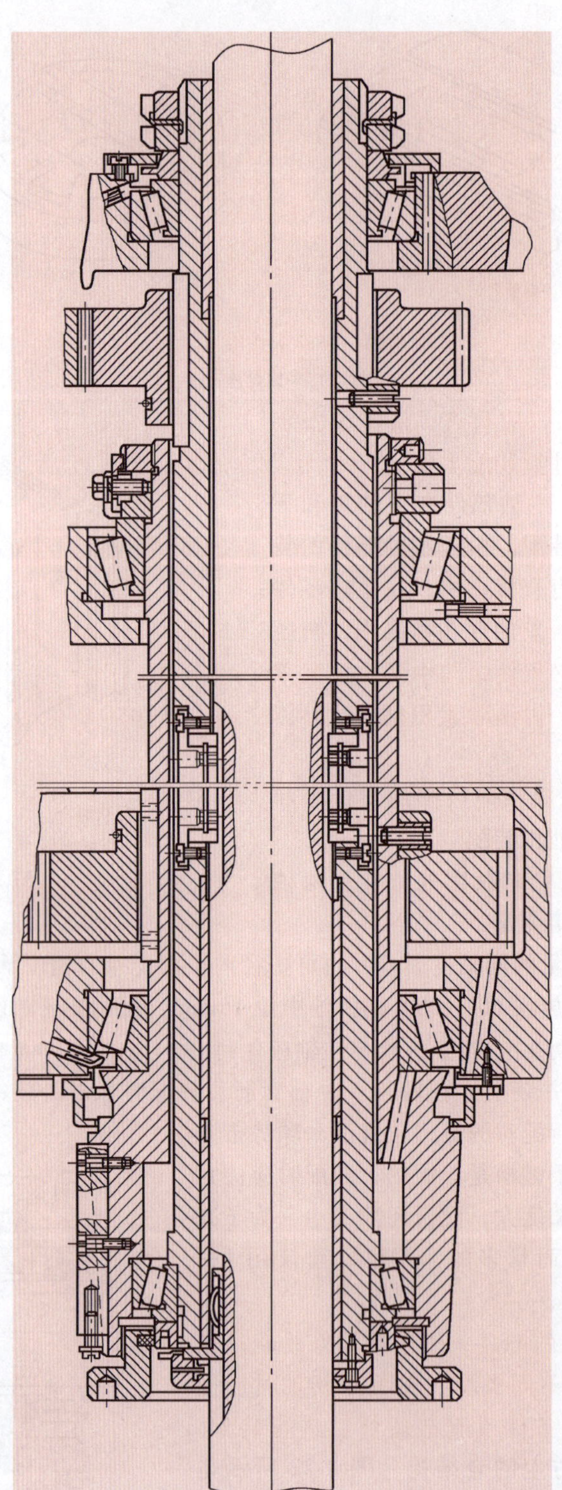

图 8-22 平旋盘前端带锥度的主轴结构

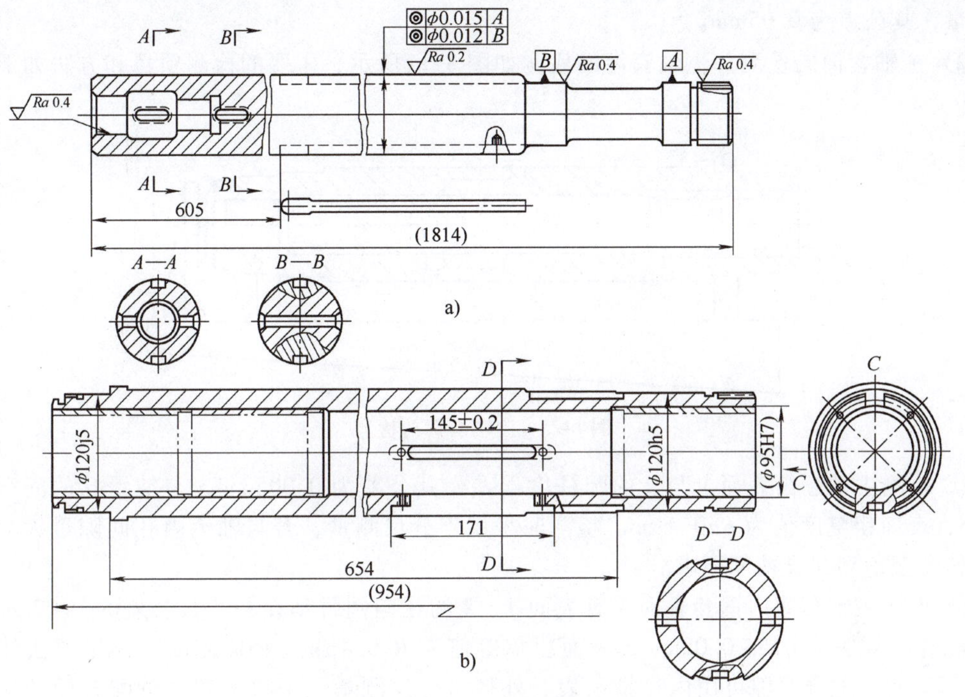

图 8-23　主轴与主轴套筒

a）主轴　b）主轴套筒

3. 主轴结构的检查和测量

1）主轴的检测。主轴的检测如图 8-24 所示，主要检测项目和方法如下：

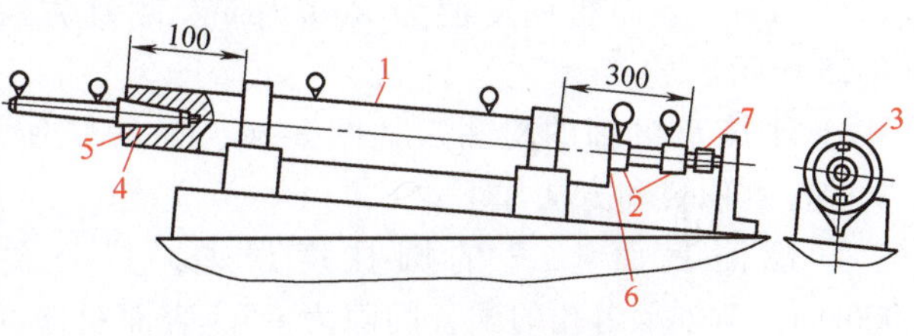

图 8-24　主轴的检测

① 检测主轴表面 1，检测项目为外圆的圆柱度误差和直线度误差，圆柱度公差为 0.005mm，直线度公差为全长 0.01mm，表面粗糙度值为 *Ra*0.1μm。测量时，主轴的两端装上衬套后，放入斜置测量平板上的两 V 形架中，并在主轴尾端的中心孔内放入直径为 6mm 的钢珠，紧紧顶在面对主轴尾端的六面角铁上；用手转动主轴，在主轴外圆上每隔 250~300mm 测量一次，记录全长的直线度误差，找到最大直线度误差。用千分尺测量外圆，检测记录主轴尺寸和圆柱度误差及方向。

② 检测主轴轴承安装表面 2，测量项目为两个表面 2 的同轴度误差，以及表面 2 与表面 1 的同轴度误差，其公差均为 0.01mm。按上述同样方法进行测量，表面 2 的尺寸精度用千分尺测量，并按 js6 计算与轴承的配合间隙。

③ 检测键槽侧面的直线度误差，其公差为 0.03mm/1000mm。用标准环套 3、V 形架支承主轴，用指示表测量槽侧与测量平板的平行度。

④ 检测锥孔表面 4 相对表面 1 的径向圆跳动误差。检测时，在主轴锥孔中插入长度为 300mm 的锥柄标准棒，靠近主轴端公差为 0.01mm，在远离主轴 300mm 处公差为 0.02mm。

⑤ 检测端面 5、6 对表面 1 的垂直度误差，其公差为 0.005mm。

⑥ 检测螺纹 7 与端面的垂直度误差，检测时，把螺母旋紧，用指示表测量螺母轴向圆

跳动量，其公差为0.05mm。

2）主轴套筒的检测。主轴套筒的检测如图8-25所示，主要的检测项目和方法如下：

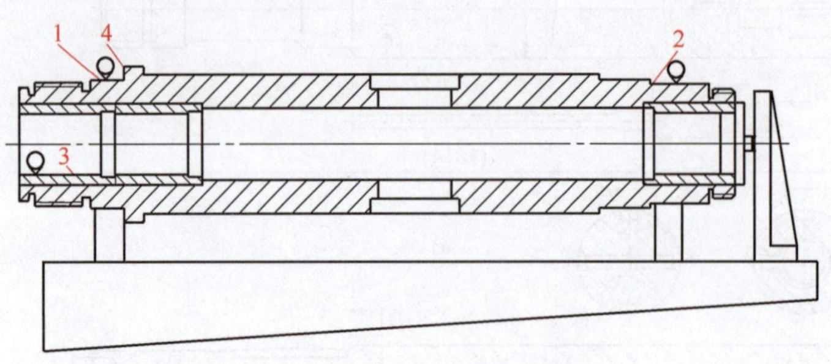

图8-25 主轴套筒的检测

① 检测主轴套筒表面1与2的圆柱度误差，其公差为0.005mm，与轴承孔的配合间隙为js5，表面粗糙度值为*Ra*0.4μm。检测时采用千分尺测量，若与轴承内孔间隙过大，可镀铬后精磨至达到配合精度要求。

② 检测主轴套筒内钢套表面3对表面1、2的径向圆跳动误差，其公差为0.02mm，与主轴配合间隙为0.015~0.02mm，表面粗糙度值为*Ra*0.4μm。径向圆跳动测量方法如图8-25所示，实际配合间隙可用内径指示表、外径千分尺测量三个衬套和主轴配合面的实际尺寸后计算得出。

③ 检测表面4对表面1、2的垂直度误差，其公差为0.005mm，表面粗糙度值为*Ra*0.8μm。测量方法如图8-25所示。

3）平旋盘主轴的检测。如图8-26、图8-27所示，主要的检测项目和方法如下：

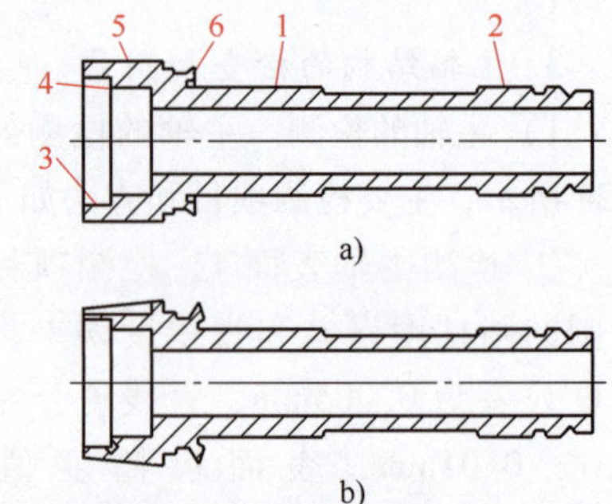

图8-26 平旋盘主轴

① 检测表面1、2的圆柱度误差，其公差为0.006mm，与轴承内孔的配合间隙为js5，表面粗糙度值为*Ra*0.4μm，可用千分尺测量配合尺寸和圆柱度误差。

② 检测表面3的圆柱度误差，其公差为0.01mm，对表面1、2的径向圆跳动公差为0.01mm，表面粗糙度值为*Ra*0.4μm。径向圆跳动误差测量方法如图8-27所示，后端孔内可用放入堵塞的方法安装钢珠。圆柱度误差使用内径指示表测量。

③ 检测表面4对表面3的垂直度误差，其公差为0.005mm。

④ 检测表面5对表面1、2的径向圆跳动误差，其公差为0.01mm，圆柱度公差为0.01mm，表面粗糙度值为*Ra*0.4μm。图8-26a所示主轴的测量方法如图8-27所示，可用千分尺和指示表分别进行测量，不检测图8-26b所示主轴的圆柱度误差，但修理时应以表面5为基准。

⑤ 检测表面5（见图8-26a）和平旋盘锥孔配刮，使接触率达70%以上。

⑥ 检测表面6对表面1、2的轴向圆跳动误差，其公差为0.01mm，表面粗糙度值为*Ra*0.8μm。具体测量方法如图8-27所示。

4）轴承综合误差的检测。如图8-28所示，检测时，分别用旋转重物*A*、*B*的方法进行，分别记录跳动数值及位置。重物*A*的参考质量为30~40kg，重物*B*的参考质量为40~50kg，重物两端面须经过磨削加工。

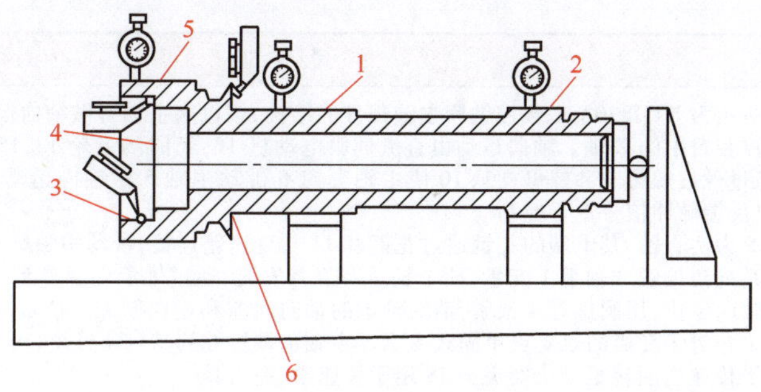

图 8-27　平旋盘主轴的检测

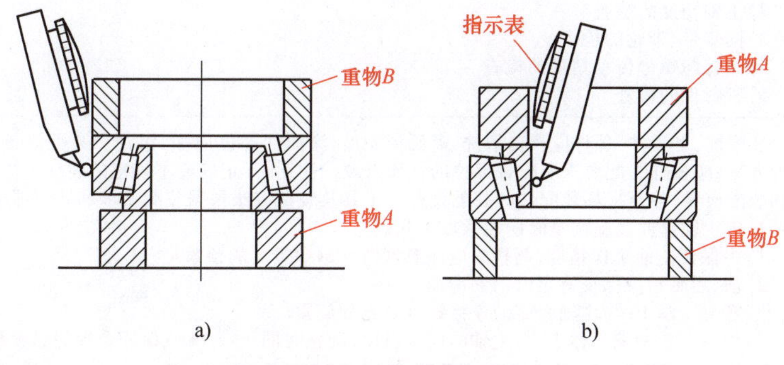

图 8-28　轴承检查图

a）轴承外圈检测　b）轴承内圈检测

8.2.3　数控铣床主轴部件的结构原理与装配调整

数控铣床主轴部件的结构原理和装配调整示例见表 8-6。

表 8-6　数控铣床主轴部件的结构原理和装配调整示例

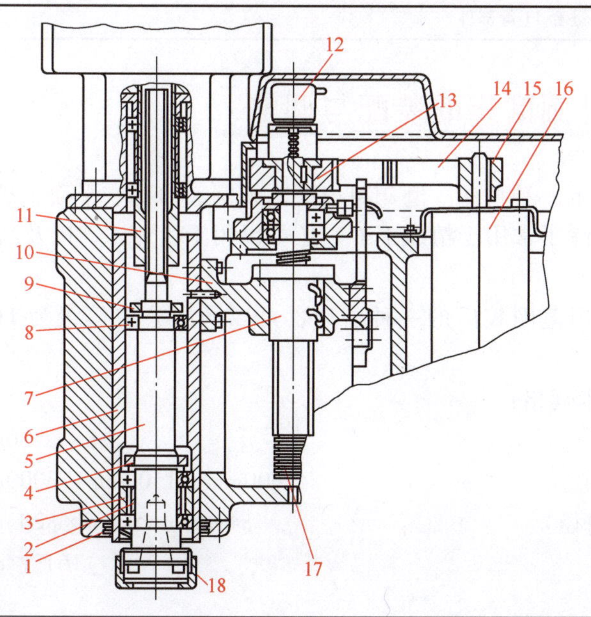

1—角接触球轴承　2、3—轴承隔套
4、9—圆螺母　5—主轴　6—主轴套筒
7—丝杠螺母　8—深沟球轴承
10—螺母支承　11—花键套
12—脉冲编码器　13、15—同步带轮
14—同步带　16—直流伺服电动机
17—丝杠　18—快换夹头

（续）

项　　目	说　　明
结构原理	上图所示为 NT-J320A 型数控铣床主轴部件的结构，该机床主轴可做轴向运动，主轴的轴向运动坐标轴为数控装置中的 Z 轴。轴向运动由直流伺服电动机 16，经同步带轮 13、15，同步带 14，带动丝杠 17 转动，通过丝杠螺母 7 和螺母支承 10 使主轴套筒 6 带动主轴 5 做轴向运动，同时也带动脉冲编码器 12，发出反馈脉冲信号进行控制 主轴 5 为实心轴，其上端的花键通过花键套 11 与变速箱连接，带动主轴旋转。主轴 5 的前端采用两个特轻系列角接触球轴承 1 支承，两个轴承背靠背安装，通过轴承内圈隔套 2、外圈隔套 3 和主轴台阶与主轴轴向定位，用圆螺母 4 预紧，消除轴承的轴向间隙和径向间隙。后端采用深沟球轴承 8，与前端组成一个相对于套筒的双支点单固式支承。主轴前端锥孔为 7∶24 锥度，用于刀柄定位。主轴前端端面键用于传递铣削转矩。快换夹头 18 用于快速松、夹刀具
精度检查	按精度标准检查各主要零件的精度： 1）轴承精度的检查 2）主轴精度的检查 3）同步带、带轮的检查 4）丝杠与螺母传动精度的检查 5）密封件的检查
装配及调整	装配前，各零件、部件应严格清洗，需要预先加、涂油的部位应加、涂油。装配设备、装配工具以及装配方法，应根据装配要求及配合部位的性质选取。注意，不正确或不规范的装配方法，将影响装配精度和装配质量，甚至损坏装配件和装配设备。工具及装配方法根据装配要求和装配部位的配合性质选取 机床主轴部件装配调整时应注意以下几点： 1）为保证主轴工作精度，调整时应注意调整好圆螺母 4 的预紧量 2）前、后轴承应保证有足够的润滑油 3）螺母支承 10 与主轴套筒的连接螺钉要充分旋紧 4）为保证脉冲编码器 12 与主轴的同步精度，调整时同步带 14 应保证合理的张紧量
主要装配步骤	在装配主轴部件前应对零件、部件进行清洗、检查，主要装配步骤如下： 1）装前、后角接触球轴承 1 和深沟球轴承 8 以及轴承隔套 2 和 3 2）装圆螺母 4 和 9 3）将主轴 5 装入主轴套筒 6 4）装主轴部件前端法兰和油封 5）装螺母支承 10 与主轴套筒 6 的连接螺钉 6）装丝杠螺母 7 和螺母支承 10 等部件 7）装同步带 14 和螺母支承 10 处与主轴套筒 6 连接的定位销 8）装丝杠座螺钉 9）装上罩壳、罩壳螺钉 10）装直流伺服电动机 16 及花键套 11 等部件

8.3　万能外圆磨床的装配与调整

磨床是用砂轮对工件进行切削加工的一种机床。磨床可以磨削外圆、内孔、平面、成形表面、螺纹、齿轮和各种刀具等。磨床除了常用于精加工外，还可以用于粗加工，以及磨削高硬度的特殊材料和淬火工件。

M1432B 型万能外圆磨床是目前应用范围较广的一种磨床，可以磨削公差等级为 IT5、IT6 的外圆和内孔。

M1432B 型万能外圆磨床的主要技术规格：

外圆磨削直径	ϕ8～ϕ320mm
外圆磨削长度	1000mm、1500mm、2000mm
外圆磨床砂轮尺寸（外径×宽度×内径）	ϕ400mm×50mm×ϕ203mm
外圆磨床砂轮转速	1617r/min
砂轮架回转角度	±30°

头架主轴转速（6 级）	20r/min、50r/min、80r/min、112r/min、160r/min、224r/min
内圆磨削直径	ϕ30~ϕ100mm
内圆最大磨削长度	125mm
内圆磨砂轮尺寸：	
最大	ϕ17mm×25mm×ϕ13mm
最小	ϕ17mm×20mm×ϕ6mm
内圆磨砂轮转速	10000r/min、15000r/min
工作台纵向移动速度	（液压无级调速）

图 8-29 所示为 M1432B 型万能外圆磨床的外形图。床身 1 是磨床的支承件，使装在上面的部件工作时保持正确的相对位置；头架 2 用于安装和夹持工件，并带动工件转动；尾座 8 装有顶尖，与头架顶尖一起，用于支承工件；砂轮架 7 用于支承并传动砂轮主轴；工作台由上工作台 9 和下工作台 10 组成，上工作台可绕下工作台的定位圆柱在水平面调整至某一角度位置，用以磨削锥度较小的长圆锥面，它上面装有头架和尾座，这些部件和工作台一起能做纵向往复运动；滑鞍 11 与砂轮架一起，通过操纵横向进给手轮 3，能沿床身的横向导轨做横向运动。

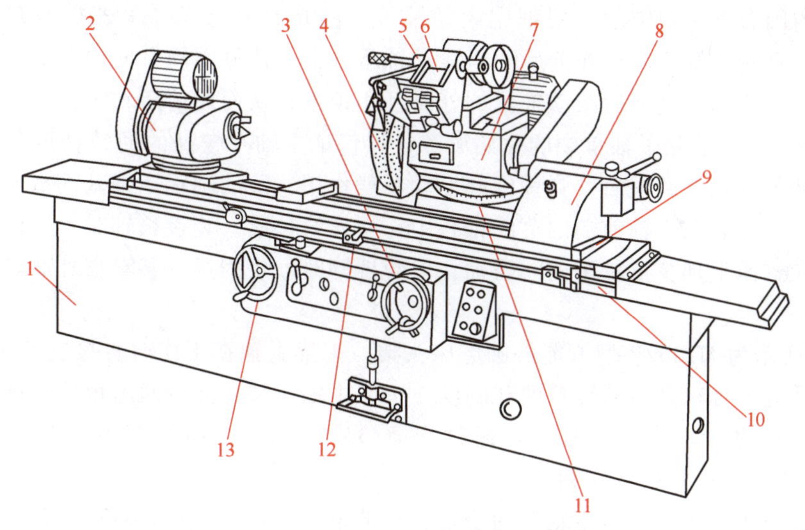

图 8-29 M1432B 型万能外圆磨床的外形图

1—床身 2—头架 3—横向进给手轮 4—砂轮 5—内圆磨具 6—内圆磨具架 7—砂轮架 8—尾座 9—上工作台 10—下工作台 11—滑鞍 12—撞块 13—纵向进给手轮

8.3.1 M1432B 型万能外圆磨床的主要部件

1. 砂轮架

砂轮架中的主轴及其轴承，是磨床的关键部位，直接影响磨削的精度和工件的表面质量，因此在结构上应具有很高的回转精度、耐磨性、刚性和抗振性。为了使砂轮的主轴具有较高的回转精度，在磨床上常常采用特殊结构的滑动轴承。

图 6-20 为 M1432B 型万能外圆磨床砂轮架的结构图，砂轮主轴 3 装在两个多瓦式自动调位动压轴承 2 中，在主轴左右两端的锥体上，分别装着砂轮法兰盘和带轮 9，由装在砂轮

架上的电动机经传动带直接传动旋转。

多瓦式自动调位动压轴承，因有三块扇形轴瓦均匀地分布在轴颈周围，主轴高速旋转时形成三个压力油膜，使主轴能自动定心，当负荷发生变化时，旋转中心的变动较小。主轴与轴瓦之间冷态时的间隙，一般为0.015~0.025mm。

主轴右端的轴肩端面靠在止推环4上，推力球轴承6依靠六根弹簧8和六根圆柱7顶紧在轴承盖5上，使主轴在轴向得到定位。当止推环等磨损后，则依靠弹簧自动消除轴向间隙。

为提高主轴的旋转精度，主轴本身的制造精度较高。主轴轴颈圆度、圆柱度、前后轴颈的同轴度公差为0.002~0.003mm，而且轴颈与轴承之间的间隙为0.015~0.025mm。此外，为了提高主轴的抗振性，主轴的直径也较大，而且装在主轴上的零件，如V带轮、砂轮压紧盖等都经过静平衡，四根V带的长度也要求一致，以免引起主轴的振动而降低磨削质量。

另外，砂轮架上的电动机经过动平衡，并一起装在隔振垫上。

砂轮主轴轴承采用浸入式润滑，即主轴是浸在润滑油内的，一般用L—FD2轴承油。

2. 内圆磨具

因磨削内圆时砂轮要有足够的线速度，所以内圆磨具主轴必须具有很高的转速，同时也应有很高的旋转精度，否则会直接影响工件磨削质量、几何精度和磨削效率。由于受结构部位的限制，内圆磨具主轴轴承一般都用滚动轴承。图6-21所示为M1432B型万能外圆磨床的内圆磨具，砂轮主轴5支承在前后两组滚动轴承6上。依靠圆周方向均布的八根弹簧3的推力，通过套筒2和4使前后滚动轴承的外圈互相顶紧，从而使前后轴承得到一个预加轴向负荷（即预紧力），消除了轴承中的原始游隙，以保证主轴有较高的回转精度与刚度。当砂轮主轴热胀伸长或轴承磨损后，弹簧能起自动补偿作用。滚动轴承用锂基润滑脂润滑。

砂轮接长轴1装在主轴前端的莫氏锥孔中，靠螺纹拉紧。装接长轴时，应注意不能拧得过紧，同时在锥面上加少量较稀的润滑油，以免拆卸时发生困难，甚至损坏磨具。

3. 头架

图1-14所示为M1432B型万能外圆磨床头架。头架主轴在工作时直接支承工件，因此，主轴及其轴承应具有较高的回转精度和刚度。头架主轴4装在前后两组角接触球轴承上，装配应保证有一定的预紧力（预紧力是通过配磨垫圈2、3、5和补偿垫圈1的厚度来获得的），以提高主轴的回转精度和刚度。

为防止因采用带传动而使主轴弯曲变形，V带轮13和8均采用卸荷装置。V带轮13用两个滚动轴承安装在头架壳体11上。

为了调整头架主轴与中间轴10之间的V带张紧力，可利用带螺纹的铁棒，旋入螺孔12后转动偏心套9。

头架主轴及其顶尖6在工作时可以转动也可以不转。

当工件如图1-14a所示支承在磨床前后两顶尖上时，装在拨盘7上的拨杆带动工件的夹头，使工件转动。此时，头架主轴及其顶尖是固定不转的。其固定方法是拧紧螺杆14，将摩擦圈15与主轴后端顶紧即可。头架主轴与顶尖固定不转，有助于提高工件的旋转精度及主轴部件的刚度。当用自定心卡盘或单动卡盘如图1-14b所示夹持工件时，可在主轴锥孔中装上法兰盘19，并用拉杆26拉紧。卡盘由拨盘上的拨杆18带动旋转，此时主轴及顶尖都转动。当磨床需要如图1-14c所示自磨顶尖时，先在拨盘上装好拨块20，通过圆柱销21带动主轴及其顶

尖旋转。

4. 尾座

图 8-30 所示为 M1432B 型万能外圆磨床尾座。尾座的顶尖（后顶尖）用来与头架主轴顶尖（前顶尖）一起预紧和支承工件。因此，要求尾座有足够的刚度和精度。顶尖 1 装在套筒 2 的锥孔中，套筒与尾座壳体 4 的孔配合十分精密，间隙为 0.005~0.01mm。在弹簧 5 的作用下，将套筒和顶尖始终向外顶出。预紧力的大小可以调整，方法是转动手把 10 使螺杆 7 旋转，螺母 9 由于销子 8 嵌在壳体 6 长槽中而受限制，只能作左右移动。于是改变弹簧 5 的预紧力，对工件的预紧力也就得到了改变。依靠弹簧来预紧工件，在磨削过程中不会因工件热胀而使预紧力增大，从而防止了因顶尖的过度磨损或顶弯工件而降低磨削精度。

尾座套筒的退回可以手动或液动完成。

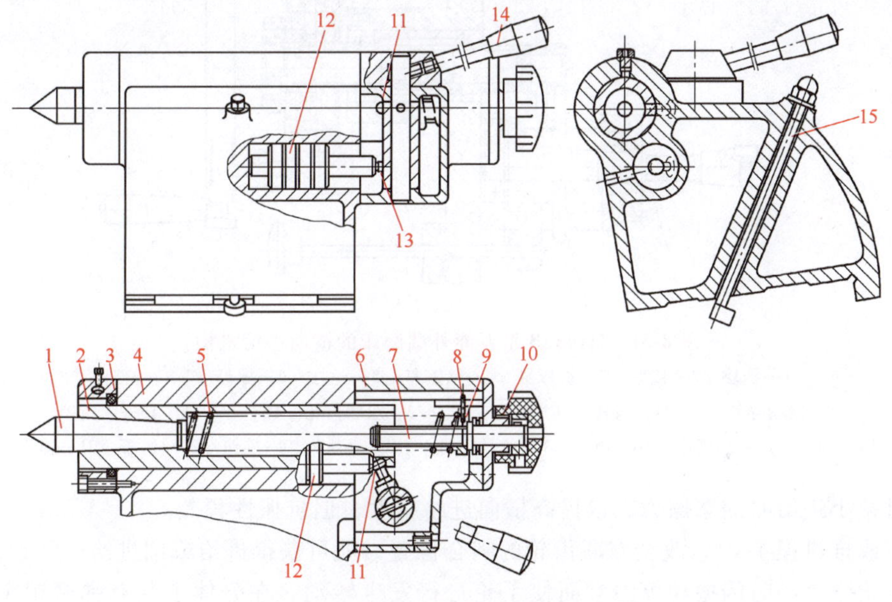

图 8-30　M1432B 型万能外圆磨床尾座

1—顶尖　2—套筒　3—密封盖　4、6—壳体　5—弹簧　7—螺杆　8—销子　9—螺母
10—手把　11、13—拨杆　12—活塞　14—手柄　15—螺钉

手动时，顺时针转动手柄 14，通过拨杆 11 带动套筒退回。液动时，用脚踏下踏板，使液压油进入液压缸，推动活塞 12 向左移动，迫使拨杆 13 摆动，然后通过拨杆 11 带动套筒退回。

密封盖 3 上有一斜孔，可用于安装修整砂轮用的金刚石。磨削时，尾座靠 L 形螺钉 15 紧固在工作台上。

5. 横向进给机构

磨床的横向进给机构用于实现砂轮横向进给和快速进退，它能控制磨削时工件直径的尺寸精度。所以要求砂轮在作横向进给时，进给量要准确；在快速进退时，到达终点位置后应能准确定位。

图 8-31 所示为 M1432B 型万能外圆磨床的横向进给机构。用手转动手轮 18 使轴 12 旋转，通过一对双联齿轮 11 和 22 将运动传给轴 23，再经过一对齿轮 24 和 9 使丝杠 5 旋转，最后通过固定在砂轮架上的螺母 6，带动砂轮架 7 沿磨床的滚动导轨 8 作横向移动。采用滚

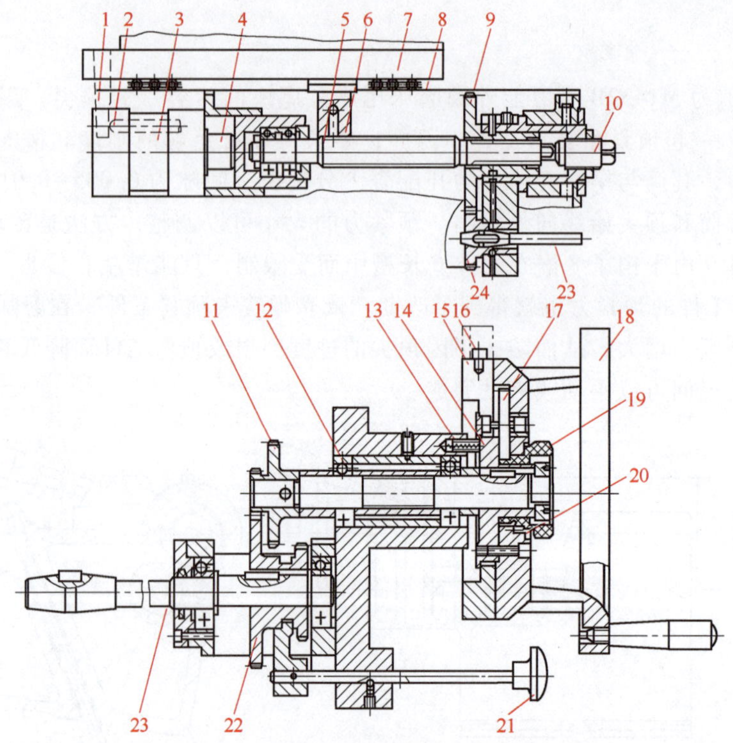

图 8-31　M1432B 型万能外圆磨床的横向进给机构

1—挡块　2—柱塞　3—液压缸　4—活塞杆　5—丝杠　6—螺母　7—砂轮架
8—滚动导轨　9、24—齿轮　10—螺钉　11、22—双联齿轮　12、23—轴　13—弹簧销
14—轴套　15—刻度盘　16—撞块　17—行星齿轮　18—手轮　19—旋钮　20—销子　21—捏手

动导轨可减小进给时的摩擦力，以提高横向进给精度，但抗振性稍差。

拉出或推进捏手 21，改变双联齿轮的啮合位置，就可获得进给或细进给。

为了防止手动时因振动等因素而使手轮自行发生转动，在壳体上装有弹簧销 13，它经常压着轴套 14，增加了手轮转动时的阻尼作用。

刻度盘 15 带有内齿（$z=110$），它空套在轴套 14 上，通过行星齿轮 17（$z=12$，$z=50$），带有齿轮（$z=48$）的旋钮 19，以及销子 20 与手轮相连接。将旋钮向外拉出与销子脱离后转动，通过两对啮合齿轮$\left(\frac{48}{50}, \frac{12}{110}\right)$，可使刻度盘相对于手轮转动任一角度。把旋钮推入，销子插入旋钮上 21 个孔中的任何一个时，旋钮和刻度盘均被固定在手轮上，而不能转动。

刻度盘相对于手轮可以转动的目的，是成批磨削时零件定位和补偿砂轮在磨削过程中的磨损。在磨削一批尺寸相同的工件时，当第一个工件磨至要求的直径后，可拉出旋钮并转动，使刻度盘转至其上面的零位撞块 16，与固定在磨床操纵箱盖板上的定爪（图中未画出）碰住为止，然后将旋钮推入。这样调好后，再磨其他每个工件时，只需使手轮转动至零位撞块与定位爪相碰，便可得到与第一个工件相同的直径。但由于磨削过程中，随着砂轮的磨损，磨出工件的直径会逐渐增大，此时需要根据工件直径变化的数值，拉出旋钮并转动，使刻度盘逆着进给方向转过一定格数，便可补偿砂轮架移动距离 0.5mm（细进给时）或 2mm（粗进给时）。因此，旋钮每转过一个孔，相应的进给补偿量为

细进给时　$0.5\text{mm}\times\frac{1}{21}\times\frac{48}{50}\times\frac{12}{110}\approx0.0025\text{mm}$

粗进给时　$2\text{mm}\times\frac{1}{21}\times\frac{48}{50}\times\frac{12}{110}\approx0.01\text{mm}$

对于直径来说，细进给时，其补偿量则为 0.005mm，粗进给时为 0.02mm。

砂轮架的快速进退，由快速进退液压缸 3 传动。丝杠 5 的右端可在齿轮 9 的花键中轴向滑动。当液压油进入液压缸，推动活塞左右移动时，活塞杆 4 便带动丝杠、半螺母和砂轮架作快速进退。丝杠的右端装有淬硬的定位头，当砂轮架快速前进至终点时，定位头预紧在定位螺钉 10 的头部，而起到定位作用。

为保证砂轮架每次快速前进至终点的重复定位精度，以及磨削时横向进给量的准确性，必须消除丝杠与半螺母之间的间隙。为此，在快速进退液压缸旁，装有另一个柱塞式闸缸，工作时接通液压油，使柱塞 2 一直顶紧在砂轮架上的挡块 1 的一个侧面上，消除了螺纹间隙的影响。

8.3.2　M1432B 型万能外圆磨床的液压系统

M1432B 型万能外圆磨床的液压系统，用于实现工作台的纵向往复运动、砂轮架的快速进退和尾座套筒缩回等动作。

如图 8-32 所示，整个液压系统的液压油，由齿轮泵供给，一路由输出管道 1 经操纵箱

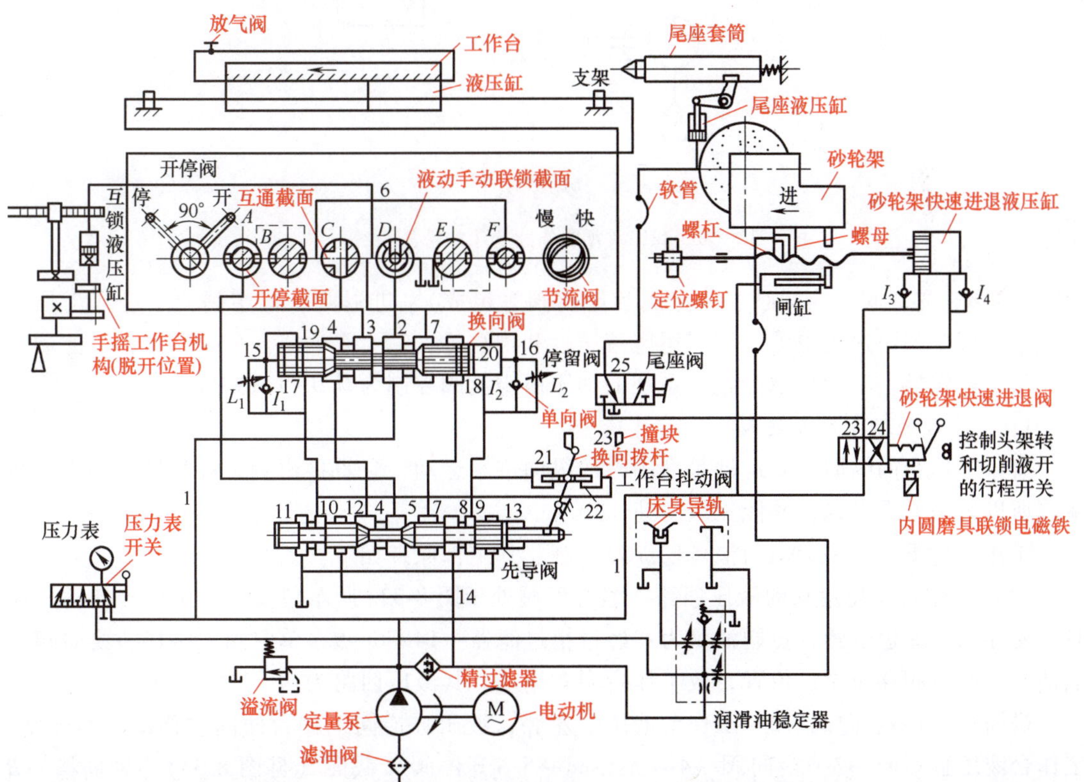

图 8-32　M1432B 型万能外圆磨床的液压系统

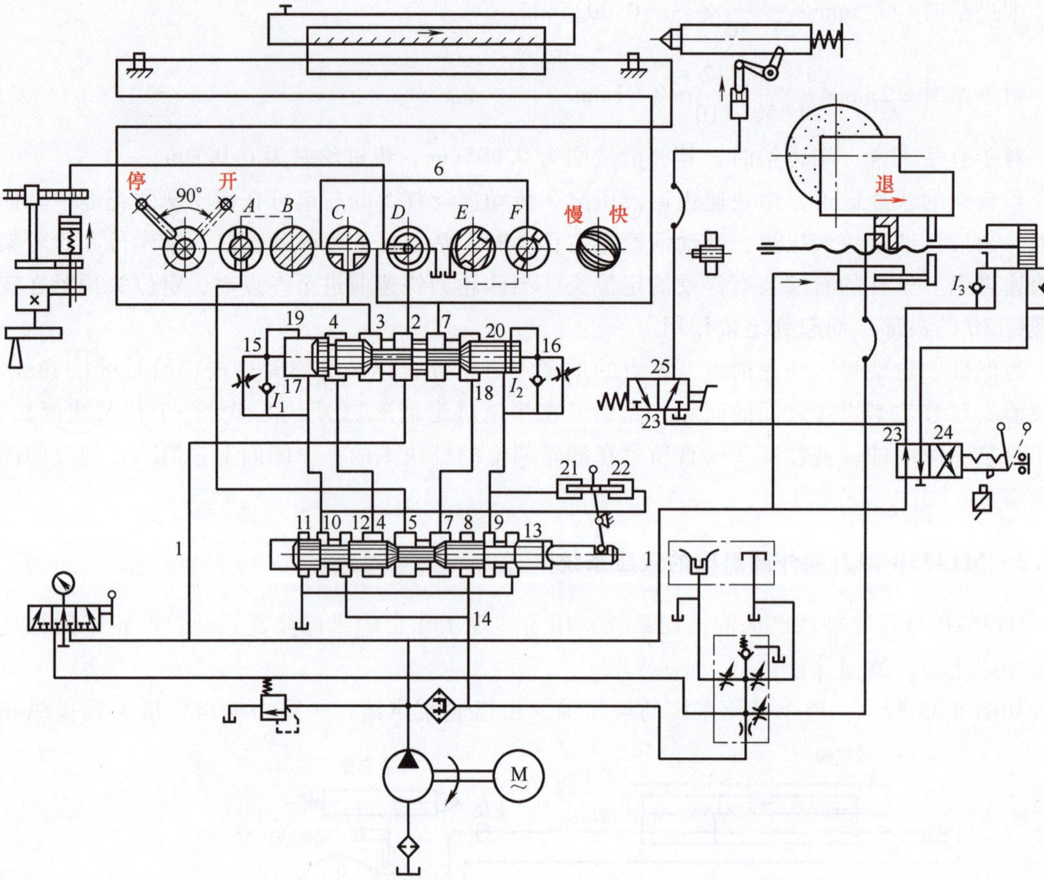

b)

图 8-32　M1432B 型万能外圆磨床的液压系统（续）

（由开停阀、先导阀、换向阀、节流阀和停留阀等组成）、进退阀、尾座阀分别进入工作台液压缸、砂轮架快速进退液压缸、尾座液压缸和闸缸等，称为主油路。另一路经精过滤器进入润滑油稳定器，称为控制油路。系统的油压由溢流阀控制为 0.9~1.1MPa。

1. 工作台的纵向往复运动

磨床工作台的纵向往复运动是磨削时的纵向进给运动，它直接影响工件的精度和表面质量，所以运动要求平稳，并能无级变速。

工作台的纵向往复运动由液压操纵箱控制，其工作原理如下：

（1）工作台往复运动的液压回路　当开停阀处于图 8-32a 所示位置时，工作台起动。此时，先导阀在左边位置，控制油路为：经过精过滤器→14→8→9→单向阀 I_2→16→换向阀右端油腔，换向阀移至左边位置，故工作台向左运动。其液压回路为：

进油路：1→换向阀→2→工作台液压缸左腔，液压缸连同工作台便向左移动。回油路：工作台液压缸右腔→3→换向阀→4→先导阀→5→开停阀 *A* 截面（见图 8-33）→轴向槽→*B* 截面→6→节流阀 *F* 截面（见图 8-34）→轴向槽→*E* 截面→油箱。

工作台向左运动到调定位置时，工作台上右边的撞块拨动先导阀至右边位置，换向阀也随之右移，于是工作台又反向运动。如此反复，工作台就不断地做往返运动。

（2）工作台运动速度的调节　由于工作台液压缸的回油，都是经过节流阀后流向油箱的，所以，改变节流阀开口大小（E 断面上圆周方向的三角形槽），便可使工作台的运动速度在 0.05~4m/min 范围内无级调速。由于节流阀装在回油路上，液压缸回油具有一定的背压，有阻尼作用，因此工作台运动平稳，并可以获得低速运动。

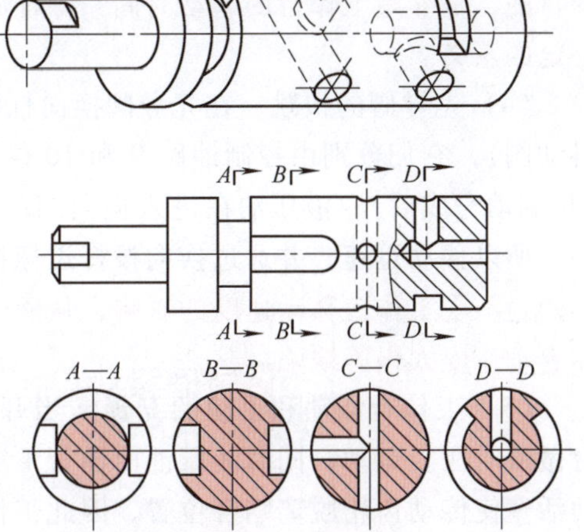

图 8-33　开停阀

（3）工作台的换向过程　其换向过程分为三个阶段：制动阶段、停留阶段和起动阶段。例如工作台向左运动，到达终点时的换向过程如下：

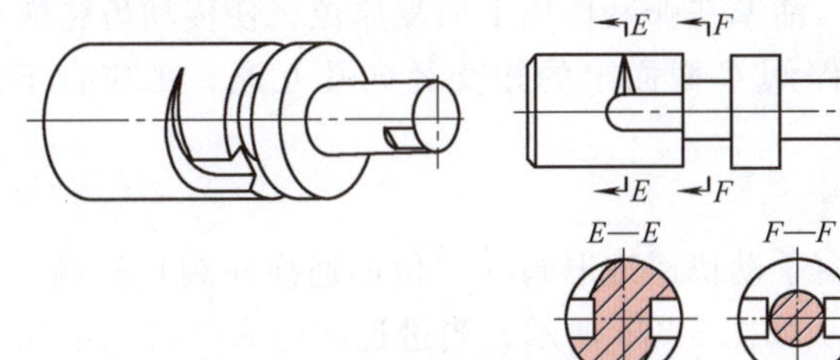

图 8-34　节流阀

1）制动阶段。工作台换向时的制动分两步：先导阀的预制动和换向阀的终制动。当工作台向左运动至接近终点位置时，撞块拨动，先导阀开始向右移动。在移动过程中，先导阀上的制动锥体将液压缸回油管道 4→5 逐渐关小，使主回油路受到节流，工作台速度减慢，实现预制动。先导阀继续右移，管道 8→9、10→11 关闭，管道 12→10、9→13 打开（见图 8-32b），控制油进入换向阀左端油腔，推动换向阀右移，其控制油路为：14→12→先导阀→10→单向阀 I_2→15→换向阀左端油腔，换向阀右移。

回油路：换向阀右端油腔→18→9→先导阀→13→油箱。

由于此时回油路直通油箱，所以换向阀迅速地从左端向右端移动，称为换向阀的第一次快跳。此时管道 1→2 和 1→3 都打开，液压油便同时进入工作台液压缸的左右腔，在油压的平衡力作用下，工作台迅速停止，实现终制动。

2）停留阶段。换向阀的第一次快跳结束后，继续右移，只要管道 1→2 和 1→3 都保持打开状态，工作台则继续停留不动。当换向阀右移至管道 18 被遮盖后，右端油腔回油只能经 16→停留阀 L_2→9→先导阀→13→油管，回油受停留阀 L_2 的节流控制，移动速度减慢。

因此，改变停留阀液流开口大小，就可改变换向阀移动至后阶段的速度，从而调节工作台换向时的停留时间。

3）起动阶段。当换向阀继续右移至管道 20→18 接通时，右腔回油便经管道 16→20→18→9→先导阀→13→油箱，换向阀不受节流阻力，作第二次快跳，直到右端终点为止。此时，换向阀迅速切换主油路，工作台便迅速反向起动。

换向阀第一次快跳的目的，是缩短预制动至终制动之间的间隔时间；换向阀第二次快跳的目的，是缩短工作台的起动时间，保证必要的起动速度。这对提高生产率和磨削质量都有一定的意义。

（4）先导阀的快跳　在先导阀换向杠杆的两侧，各有一个小柱型液压缸 21、22（或称抖动阀），它们分别由控制油路 9 和 10 供给液压油。当先导阀经换向拨杆拨动一段距离后（预制动完成后），液压油在进入换向阀的同时，也进入抖动阀。由于抖动阀直径比换向阀小，所以移动迅速，并通过换向拨杆迅速推动先导阀移动到底，这就称为先导阀的快跳。其目的是不受工作台移动速度的影响，从而避免了工作台慢速运动时换向缓慢、停留时间过长和起动速度太慢等缺陷。

（5）工作台液动和手动的互锁　当开停阀如图 8-32a 所示处于“开”的位置时，工作台做液动往复运动，同时液压油由油管 1→换向阀→开停阀 *D* 截面→工作台互锁液压缸，推动活塞使传动齿轮脱离啮合位置，因此工作台移动时不会带动手轮旋转，以防伤人。

当开停阀如图 8-32b 所示处于“停”的位置时，互锁液压缸通过开停阀 *D* 截面上的径向孔和轴向孔与油箱接通，活塞在弹簧作用下回复原位，使传动齿轮恢复啮合。同时，工作台液压缸的左右腔通过开停阀 *C* 截面上的相交径向孔互通，工作台不能由液动控制往复，而只能用手操纵。

2. 砂轮架的快速进退

砂轮架的快速进退，由手动快速进退阀（二位四通换向阀）控制。

（1）砂轮架快速前进　如图 8-32a 所示，当进退阀的右位接入系统时，其液压回路为：

进油路：管道 1→进退阀→24→单向阀 I_4→进退液压缸右腔，由活塞推动螺杆、螺母并带动砂轮架快速前进。

回油路：进退液压缸左腔→23→进退阀→油箱。

（2）砂轮架快速后退　如图 8-32b 所示，用手扳动进退阀手柄，阀的左位接入系统时，其液压回路为：

进油路：管道 1→进退阀→23→单向阀 I_3→进退液压缸左腔，由活塞带动砂轮架快速后退。

回油路：进退液压缸右腔→24→进退阀→油箱。

砂轮架在快速前进位置时，进退阀手柄使行程开关接通，头架电动机和冷却泵旋转，可进行磨削。而砂轮架后退时，行程开关即断开，头架电动机和冷却泵停止。

当内圆磨具支架翻下到磨削位置时，可使装在砂轮架上的微动开关闭合，电磁铁通电，将进退阀的手柄锁住在快进位置上，避免因误动作而引起砂轮架后退，不致发生砂轮与工件碰撞的事故。

3. 尾座套筒的缩回

当砂轮架如图 8-32b 所示处于退出位置时，用脚踏下踏板后，可使尾座阀右位接入系统。其液压回路为：管道 1→砂轮架快速进退阀→23→尾座阀→25→尾座液压缸，由活塞通过杠杆带动尾座套筒缩回。

当松开踏板后，尾座阀在弹簧作用下复位，尾座液压缸的液压油→管道 25→油箱（见图 8-32a），尾座套筒在弹簧作用下向前顶出。

为保证工作安全，尾座套筒的缩回与砂轮架的快速前进是互锁的。由图 8-32a 可知，砂轮架处于快进位置时，管道 23 通过进退阀与油箱相通，故即使误踏踏板，尾座液压缸也不会进入液压油，尾座套筒就不可能缩回，不会发生自动松开的事故。

4. 润滑及其他

（1）导轨与螺杆螺母的润滑　液压泵输出的液压油，有一路经精过滤器后进入润滑油稳定器，然后再分三路，分别流到床身 V 形导轨、平导轨和砂轮架的螺杆螺母处进行润滑。液压油进入润滑油稳定器后，首先经过节流槽将来自管道 14 的油压降低，润滑所需的油压则另由其中的钢球式单向阀控制。三路润滑油所需的油的流量，可分别调节三个节流阀而获得。

（2）砂轮架螺杆与螺母间隙的消除　如图 8-32 所示，闸缸始终接通液压油路，故闸缸的柱塞一直顶紧在砂轮架上，使螺杆和螺母的间隙消除，其预紧力方向与砂轮磨削时的受力方向一致。

8.3.3　M1432B 型万能外圆磨床主要部件的装配

装配是产品制造过程中的最后一道工序，装配的质量关系到整个产品的质量和使用寿命。为了保证机器的性能、寿命等技术经济指标，装配时必须保证零件、部件之间规定的配合与相互位置要求。

1. 内圆磨具的装配

内圆磨具的转速极高，极限转速可达 11000r/min。装配时主要是两端精密轴承的装配（见图 6-21），运用主轴的定向装配和轴承的选配法来装配轴承。

装配后，主轴工作端的径向圆跳动应在 0.005mm 之内，并保持前后迷宫密封的径向间隙为 0.10～0.30mm；而轴向间隙在 1.5mm 之内。

如经挑选后的轴承组，其尺寸误差和形状误差不一致或装配后需提高其回转精度，则可采用轴承的精整。如图 8-35 所示，以专用夹具装夹轴承，使其以 130～180r/min 的转速旋转，用铸铁板和铸铁研磨棒研磨至如下要求：前轴承组的尺寸一致，与套筒的配合间隙为 0.004～0.010mm；与轴颈的配合间隙为±0.003mm。后轴承组的尺寸一致，与套筒的配合间隙为 0.006～0.012mm；与轴颈的配合间隙为±0.003mm。轴承的尺寸大，转速高，间隙应取大的数值；相反情况取小数值，但必须在上述范围内。

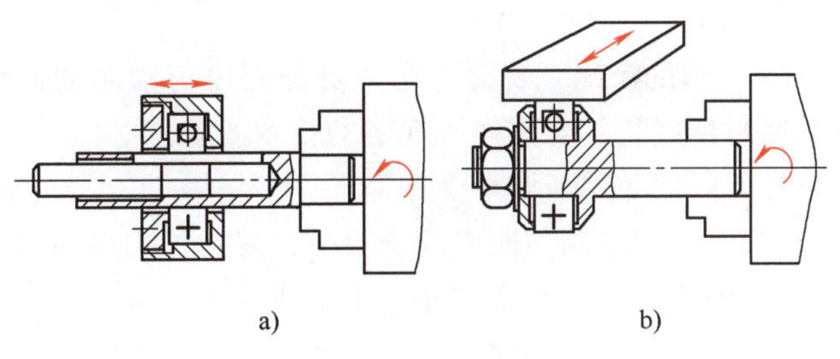

图 8-35　轴承精整

2. 液压系统的装配

（1）齿轮泵　装配前，对液压泵的全部零件进行检查、修去表面毛刺（原规定不准倒角的地方必须保持夹角）、退磁和清洗等。其装配要点如下：

1）装入滚针轴承，应保持轴与轴承圈之间具有 0.01mm 的间隙，挡圈的位置不得高出轴承座圈端面，只许低 1.2mm。

2）长短轴与平键及齿轮的配合间隙应符合图样要求，平键长度不得超过齿轮两端面。

3）轴向和径向间隙应符合规定要求，CB 型泵的轴向间隙为 0.02～0.04mm。轴向间隙对泄漏影响最大，过大会使容积效率显著降低。

4）装配时一面均匀拧紧螺钉，一面检查有何轻重不匀现象，装配后用手旋转主轴，应平稳无阻滞现象。

（2）液压缸装配的技术要求

1）缸孔的圆度和圆柱度公差小于内孔公差之半。

2）两端外圆的安装定位面，对中心的轴向圆跳动公差为0.05mm/1000mm。

3）内孔中心线的直线度公差为0.03mm/500mm。

4）内孔表面粗糙度值为$Ra0.4\sim0.1\mu m$，不允许有纵向划痕。

5）缸孔与活塞的配合一般为H8/f9，活塞杆与其导向孔的配合为H7/f7。

6）对接长缸，两个相配件的内径差不大于0.02mm。

7）铸件不得有砂眼等铸造缺陷，必要时应作耐压试验。

（3）液压缸装配调整要点

1）清洗零件，修去零件毛刺，装配时避免杂质混入。

2）活塞与活塞杆装配后，必须在V形架上用指示表测量，并校正其精度。

3）活塞放在液压缸体内，全长移动时应灵活无阻滞现象。

4）装上端盖后，螺钉应均匀紧固，使活塞杆在全长移动时无阻滞和松紧不均匀等现象。

5）装配后在专用平板上测量两端的等高，其误差不得大于0.05mm，否则要将液压缸两端支座修磨或修刮，使其等高。

6）安装液压缸时，必须保证液压缸移动方向与机床导轨平行，其平行度公差为0.05mm。

（4）阀的装配　装配工作主要是阀座与阀芯的研磨，研磨后，必须经过密封试验，保证其密封良好，符合图样所规定的技术要求。

压力阀的装配与调整要点如下：

1）钢球或锥阀与阀座的密封应良好，可用煤油试漏。

2）弹簧两端面须磨平并与中心线垂直。

3）滑阀在阀体孔内全行程移动，应灵活无阻滞现象。

4）装配完毕应测试，压力应均匀变化，不得有突跳和噪声。

方向控制阀装配时，主要是研磨阀体与阀芯，严格控制其配合间隙，保证间隙在0.015mm之内。

流量控制阀装配方法与上述相同。

8.4　机床装配技能训练实例

8.4.1　X6132型铣床主轴部件的装配与调整

1. 工艺准备

1）熟悉主轴部件的结构和装配图。图8-36所示为X6132型铣床主轴。

2）熟悉主轴轴承的精度、型号和作用。

3）确定轴承间隙的调整方法。

4）熟悉主轴的精度要求（见产品技术说明书）及准备需用的工具、量具。

2. 主轴部件的装配

1）清洁主轴及轴承、齿轮、平键、平行垫圈、调节螺母和锁定螺钉、飞轮及锁定螺钉、中间盖板、两端罩盖和轴封。

2）复核各零件配合部位的尺寸，如轴承内孔与主轴轴颈的配合间隙；平键与轴上键槽和齿轮、飞轮内孔键槽配合间隙；飞轮、齿轮内孔与轴颈配合间隙；平行垫圈的平行度（公差为 0.01mm）等。

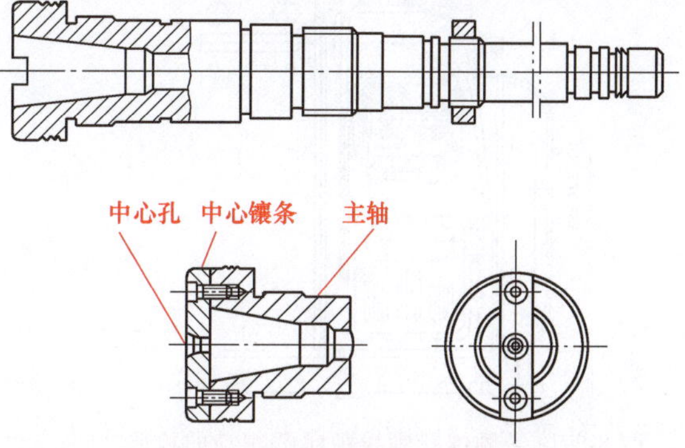

图 8-36　X6132 型铣床主轴

3）检测机床床身上与轴承配合的内孔精度。

4）打开床身顶部的盖板。

5）按顺序装配平键、前轴承、齿轮锁紧螺母、中间盖板、中轴承、平行垫圈、调节螺母和锁定螺钉、飞轮和锁定螺钉、后轴承，最后安装前后封油装置。

6）主轴从床身前端套入，前轴承可预先装入主轴，其余零件通过床身顶部在箱板间装入。装配时注意圆锥滚子轴承的方向。

7）为了使主轴得到预定的回转精度，在装配时应注意两圆锥滚子轴承的径向和轴向间隙的调整。调整时，先松开锁定螺钉，再旋紧调节螺母，消除轴承间隙，然后旋松约 1/10 转，拧紧锁定螺钉，此时可获得较好的轴承间隙。对于一般加工，可在此基础上再旋松调节螺母约 1/20 转。

3. 装配精度检验

1）装配后主轴轴承间隙调整螺母的轴向圆跳动应在 0.05mm 范围内，否则对主轴的径向圆跳动会产生影响。

2）在主轴尾端用纯铜块作衬垫，用锤子敲击数次，主轴即能转动，表明主轴轴承间隙较为理想。

3）检验主轴锥孔轴线的径向圆跳动。如图 8-37 所示，检验时，在主轴锥孔中插入检验棒，固定指示表，使其测量头触及检验棒表面，a 点靠近主轴端面，b 点距 a 点 300mm，旋转主轴进行检验。为提高测量精度，可使检验棒按不同方位插入主轴重复进行检验。a、b 两处的误差分别计算。将多次测量的结果取其算术平均值作为主轴径向圆跳动误差，a 处公差为 0.01mm，b 处公差为 0.02mm。

4）检验主轴的轴向窜动。如图 8-38 所示，检验时，固定指示表，使测量头触及插入主轴锥孔的专用检验棒的端面中心处，中心处粘上一钢球，旋转主轴检验。指示表读数的最大值作为主轴轴向窜动误差，公差为 0.01mm。

5）检验主轴轴肩支承面的轴向圆跳动。如图 8-39 所示，检验时，固定指示表，使测量头触及轴肩支承面端面 a、b 处，旋转主轴分别检验，指示表读数的最大值作为轴肩轴向圆跳动误差，a、b 两处轴向圆跳动公差均为 0.02mm。

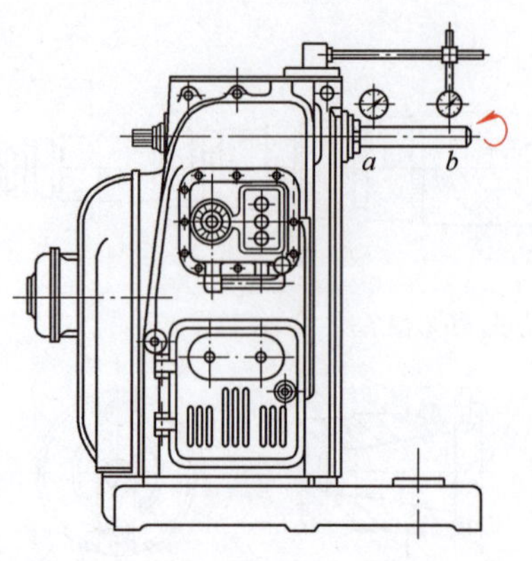

图 8-37　主轴锥孔轴线径向圆跳动的检验

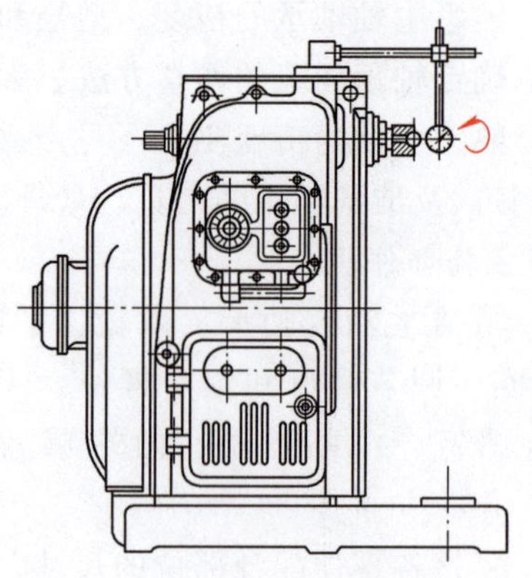
图 8-38　主轴轴向窜动的检验

6）检验主轴定心轴颈的径向圆跳动。如图 8-40 所示，检验时，固定指示表，使测量头触及定心轴颈表面，旋转主轴检验，指示表读数的最大值作为定心轴颈径向圆跳动误差，其公差为 0.01mm。

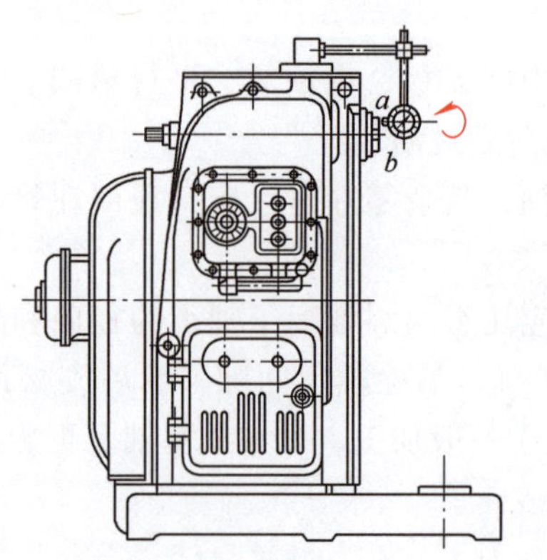

图 8-39　主轴轴肩支承面轴向圆跳动的检验

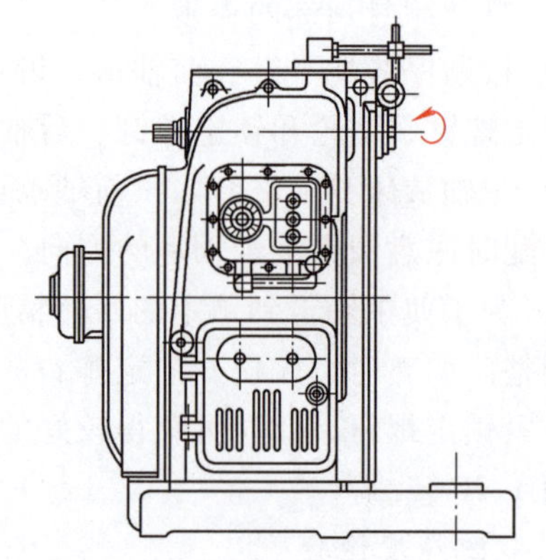
图 8-40　主轴定心轴颈径向圆跳动的检验

8.4.2　X6132 型铣床工作台及纵向进给机构的装配与调整

1. 工艺准备

1）熟悉工作台传动系统和操纵机构的工作原理。

2）工作台修整应以中央 T 形槽为基准，刮研或磨削导轨面。达到如下要求：工作台面平面度公差为 0.03mm（只允许中间凹），接触点为 8~10 点/25mm×25mm；燕尾导轨平面度公差为 0.015mm（只允许中间凹），与工作台面平行度公差为全长 0.01mm，接触点为 8~10 点/25mm×25mm；两侧 55°燕尾导轨斜面之间及对中央 T 形槽侧面的平行度公差为 0.02mm，平面度公差为 0.02mm（只允许中间凹）；镶条的滑动面接触点为 8~10 点/25mm×25mm，非滑动面接触点为 6~8 点/25mm×25mm，与导轨面的密合程度为两端用 0.03mm 塞尺塞入尺寸不大于 20mm。

3）工作台和转盘组装后，转盘上安装弧形锥齿轮副的孔轴线不相交，轴线与工作台的中央 T 形槽侧面不对称，应进行孔镗削修复。

4）检查丝杠、螺母、牙嵌离合器等易损件的安装是否符合要求。

2. 工作台传动系统和操纵机构的装配

1）装配带套调节螺母、固定螺母和侧面的调整蜗杆，锁紧垫圈、螺钉及盖板。固定螺母用销钉定位，调节螺母由调节蜗杆的锁定定位。

2）装配转盘上的锥齿轮和弧形锥齿轮副，弧形锥齿轮副的啮合间隙可通过配磨调整环厚度进行调节。

3）装配纵向丝杠。

4）装配操纵机构靠板、柱销、杠杆板、弹簧、轴、手柄等。

5）装配工作台和导轨镶条。

6）装配工作台两端的轴承座、推力轴承、锁紧和调节螺母、平键和离合器、刻度盘和手轮等（见图 8-41）。

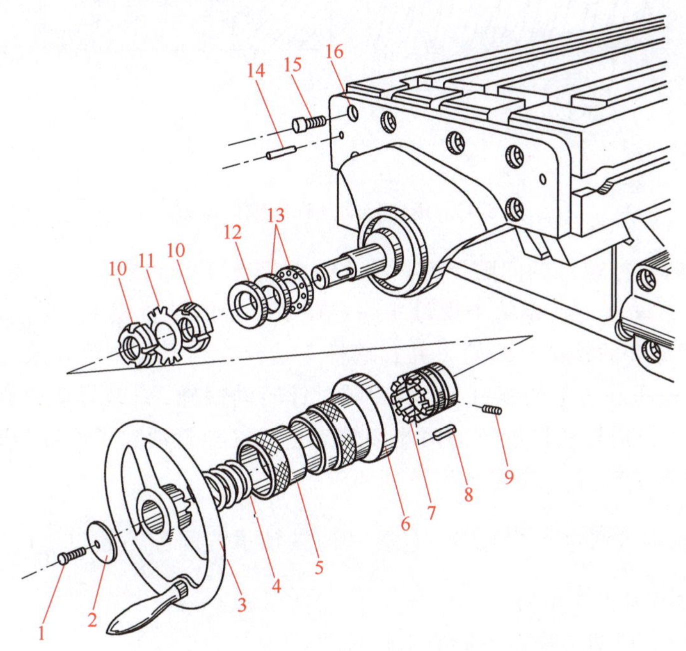

图 8-41　X6132 型铣床工作台左端部件拆装示意图

1—螺钉　2、12—垫圈　3—手轮　4—弹簧　5—刻度盘紧固螺母　6—刻度盘　7—离合器　8—平键　9—紧定螺钉　10—螺母　11—止动垫片　13—推力轴承　14—圆锥销　15—螺钉　16—轴承座

3. 工作台传动系统、操纵机构的调整和精度检验

（1）工作台纵向传动丝杠间隙的调整　铣削力的方向和进给方向一致时，丝杠间隙过大，会使工作台产生窜动现象，这样将会影响铣削质量，甚至使铣刀折断，因此工作台装配后应进行调整。一般应先调整丝杠安装的轴向间隙，然后再调整丝杠和螺母之间的间隙。

1）工作台纵向丝杠轴向间隙的调整。纵向工作台左端丝杠轴承的结构如图 8-42a 所示，调整轴向间隙时，首先卸下手轮，然后将螺母 1 和刻度盘 2 卸下，扳直止动垫圈 4，稍微松开螺母 3 之后，即可用螺母 5 调整间隙。一般轴向间隙调整到 0.01～0.03mm。调整后，先旋紧螺母 3，然后再反向旋紧螺母 5，其目的是防止螺母 3 旋紧后，会把螺母 5 向里压紧（扳紧螺母的松紧程度一般以用手刚能拧动垫块 6 即可）。最后再把止动垫圈 4 扣紧，装上刻度盘和螺母 1。

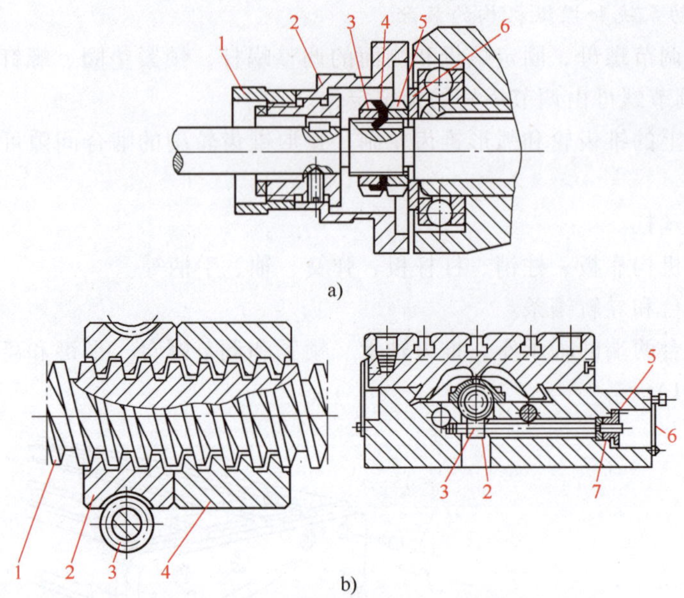

图 8-42　纵向传动丝杠间隙的调整

2）工作台纵向丝杠螺母的间隙调整。X6132 型铣床工作台纵向丝杠螺母的间隙调整机构如图 8-42b 所示，丝杠传动副的主螺母 4 固定在工作台的导轨座上，左边的调整螺母 2 和它的端面紧贴，螺母 2 的外圆是蜗轮，并和蜗杆 3 啮合。当需要调整间隙时，先卸下机床正面的盖板 6，再拧松压环 7 上的螺钉 5，然后顺时针转动蜗杆 3，螺母 2 便会绕丝杠 1 微微旋转，直至螺母 4、2 分别与丝杠螺纹的两侧接触为止，这样就消除了丝杠与螺母之间的间隙。丝杠与螺母之间的配合松紧程度应达到下列要求：

① 用转动手轮的方法进行检验时，丝杠和两端轴承的间隙不超过$\frac{1}{40}$r，即在刻度盘上反映的倒转空位读数不大于 3 小格。

② 在丝杠全长上移动工作台不能有卡住现象。

为了达到上述要求，在使用机床时，应尽量把工作台传动丝杠在全长内合理均匀使用，以保证丝杠和导轨在全长上均匀磨损。否则，在调整间隙时，无法通过间隙调整机构同时达到以上两点调整要求。

（2）工作台导轨间隙的调整　工作台纵、横、垂直三个方向的运动部件与导轨之间应有合适的间隙。间隙过小时，移动费力，动作不灵敏；间隙过大时，工作不平稳，产生振动，铣削时甚至会使工作台上下跳动和左右摇晃，影响加工质量，严重时还会使铣刀崩碎。因此在装配后，应进行工作台导轨间隙调整。

铣床工作台导轨间隙调整机构如图 8-43 所示。它是利用导轨镶条斜面的作用使间隙减小。调整时，先拧松螺母 2、3，再转动螺杆 1，使镶条 4 向前移动，以消除导轨之间的间隙。调整后，先摇动工作台或升降台，以确定间隙的合适程度，最后紧固螺母 2、3。检查镶条间隙的方法是根据用手摇动丝杠手柄的力度来测定。对纵横手柄，以用 150N 左右的力摇动手柄比较合适；对升降手柄，向上以用 200N 左右的力摇动比较合适。如果比上述所用的力小，表示镶条间隙较大；如果比上述所用的力大，则表示镶条间隙较小。另外，由于丝

杠螺母之间的配合不好，或受其他传动机构的影响（尤其升降系统），虽然在摇手柄时不感到轻松，但镶条间隙可能已过大，此时可用塞尺来测定，一般以 0.04mm 的塞尺不能塞进为宜。

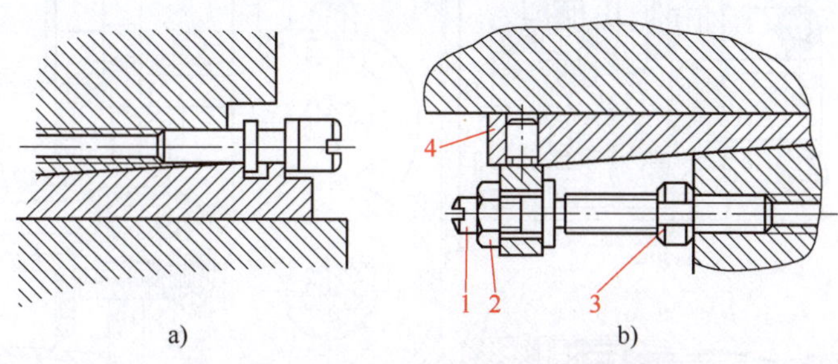

图 8-43　铣床工作台导轨间隙调整机构

a）横向导轨间隙调整机构　b）纵向导轨间隙调整机构

1—螺杆　2、3—螺母　4—镶条

（3）工作台回转盘锁紧机构的调整　如图 8-44 所示，回转盘和床鞍结合，可连同工作台在水平面内回转±45°。当拧紧回转盘的固定螺钉时（该螺钉前后各有两个），由于与固定螺钉连接的紧栓杆的锥度顶入紧栓的锥孔中，从而使紧栓的轴肩吊紧床鞍的 T 形槽，将回转盘锁紧在床鞍上。由于回转盘和床鞍的结合面经过刮研，因此使回转盘固定螺钉孔中心至床鞍 T 形槽顶面的距离 Δ_1 减小，当 $\Delta_1 \leqslant \Delta_2$ 时，就不能有效地将回转盘锁紧。调整时，可将紧栓的轴肩用堆焊法加厚，相应缩小紧栓锥孔至轴肩的距离 Δ_2，使 Δ_2 小于 $\Delta_1$0.5~1mm，就可使回转盘牢固地吊紧。

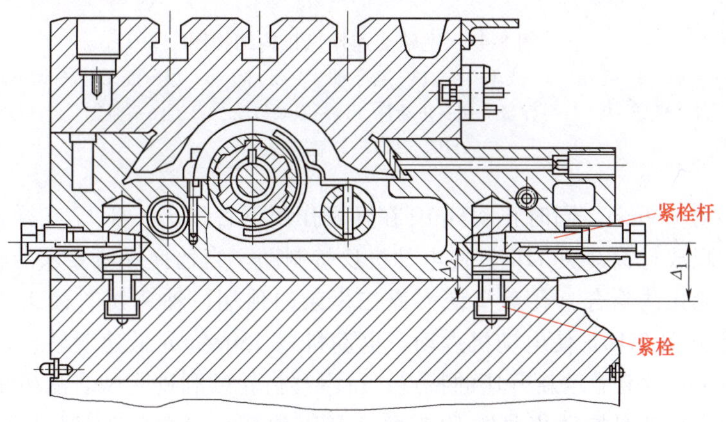

图 8-44　铣床工作台回转盘锁紧机构的调整

8.4.3　卧式镗床主轴变速机构的装配

1. 工艺准备

（1）了解常见主轴变速机构形式　常见的主轴变速机构有多手柄变换、单手柄顺序方式变换，还有机械、液压、电气和气动预选操纵机构等多种形式。卧式镗床采用了操纵比较方便的单手柄选择式变换操纵机构（见图 8-45），其结构较为复杂。

（2）分析机构动作原理　变速时，当操纵手柄 1 从定位槽中拉出后，调节轴 7 在弹簧 9

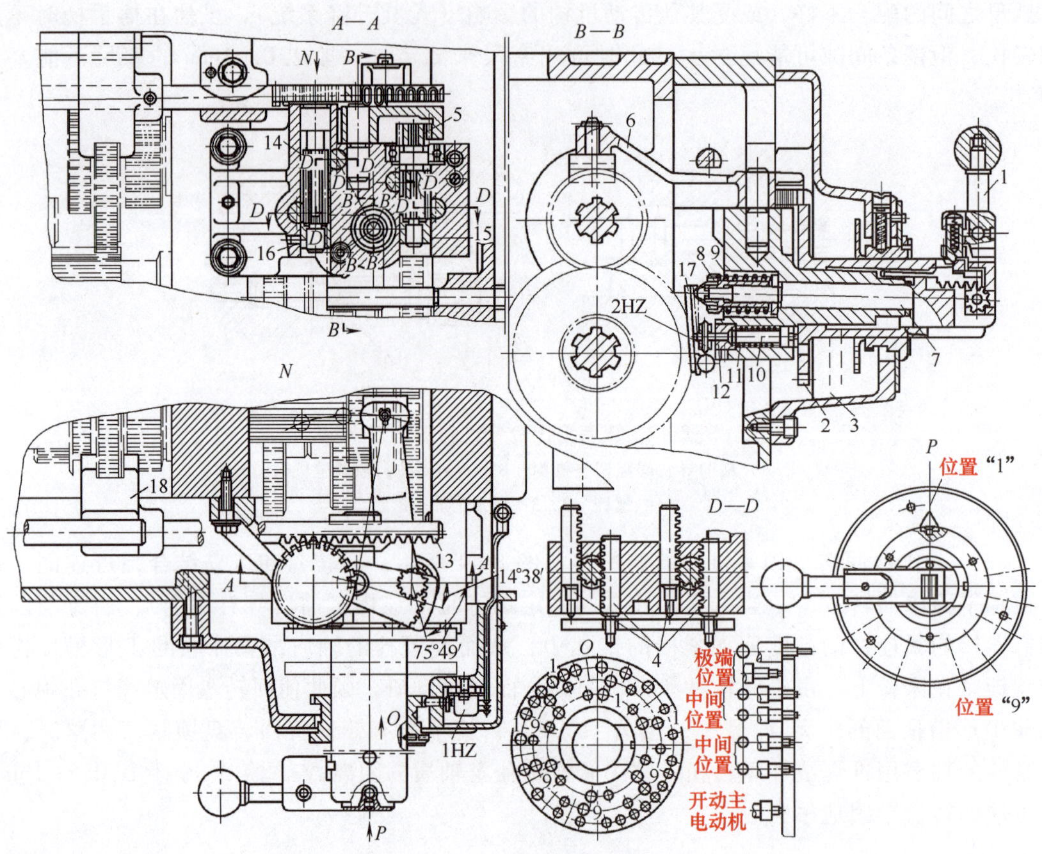

图 8-45 主轴变速操纵机构结构图

1—手柄 2—孔盘 3—支架 4、13—齿条轴 5—齿轮 6、18—拨叉 7—调节轴 8、12—螺母 9、11—弹簧 10—止动杆 14—双联齿轮 15、16—轴套 17—杠杆 1HZ、2HZ—行程开关

的作用下向左移动 1.9mm，同时止动杆 10 在弹簧作用下右移，杠杆 17 在弹簧作用下顺时针旋转一定角度，释放行程开关 1HZ，使电动机反接制动。当选择好所要求的转速重新推入手柄时，若出现齿轮无法啮合，孔盘 2 便支撑在齿条的顶端，轴 7 便右移 1.9mm，通过杠杆 17 控制点动行程开关 2HZ，使电动机点动，电动机以 150r/min 低速旋转，由于电气系统保证转速低于 40r/min 后又能重新升速的特点，待滑移齿轮顺利进入啮合后方能推入手柄，定位销进入定位槽内，孔盘推动止动杆 10 左移（压缩弹簧），使杠杆逆时针旋转一定角度后，2HZ 复位，压合行程开关 1HZ，电动机又重新驱动，主轴便按选定的转速旋转。

2. 主轴变速机构的装配

1）将孔盘 2、调节轴 7、弹簧 9、螺母 8 装入支架 3，并装上止动杆 10、弹簧 11、螺母 12。

2）将手柄 1 转到左面水平位置（图 8-45 中位置“1”），孔盘 2 后端面离支架 3 端面距离应有 3mm。

3）先将右端的齿条装入支架孔，注意将齿轮 5 上刻线与变速支架体端面孔中心线成 80°左右夹角，拨叉 6 上的刻线与上述中心线的夹角为 15°左右。

4）调节轴 7 后端的螺母 8（M20×1.5），压缩弹簧 9 至 43mm，此时，齿条轴向允许有微量间隙。

5）按图 8-45 装入左端齿条轴 4，然后将双联齿轮 14 的刻线装成与上述中心线平行。

6）将手柄转至位置“9”（孔盘带有“9”字），此时支架中齿轮的刻线与齿条上的刻线应重合，拨叉 6 刻线、双联齿轮刻线都应和支架体端面孔中心线重合。

3. 装配检测和注意事项

1）装配前应把 4 根齿条与变速支架孔试配，要求配合灵活。

2）支架装配前应进行固定。

3）将变换机构装上主轴箱时，可在立柱、主轴箱总装完成后进行，装配时注意两拨叉与手柄的相关位置（图 8-45 中的位置“9”）。装配后应检查主轴转速与传动齿轮对应位置，见表 8-7。

表 8-7　卧式镗床主轴转速及其传动齿轮位置

位置次序	主轴转速/(r/min)	大齿轮			小齿轮			电动机转速/(r/min)
		Ⅰ	Ⅱ	Ⅲ	Ⅰ	Ⅱ	Ⅲ	
1	20			●			●	
2	25			●	●			1500
3	32			●		●		
4	40			●			●	
5	50			●	●			3000
6	64			●		●		
7	80		●				●	
8	100		●		●			1500
9	125		●			●		
10	160		●				●	
11	200		●		●			3000
12	250		●			●		
13	315	●					●	
14	400	●			●			1500
15	500	●				●		
16	630	●					●	
17	800	●			●			3000
18	1000	●				●		

8.5　中小型内燃机的运行调试和检测

8.5.1　中小型内燃机运行的基本方法

现以柴油机为例，介绍中小型内燃机运行的各种基本方法。

（1）柴油、机油和冷却液的选用　柴油机在使用前，应根据使用的环境和条件，选用适当规格的柴油、机油和冷却液。

1）柴油的选用。

① 柴油凝点的选取。柴油凝点的选取，首先应根据柴油机的使用环境温度。在气候炎热的南方地区可选用凝点高的轻柴油；在寒冷的北方地区须选用凝点低的轻柴油。柴油的凝点应比柴油机使用时的最低环境温度低 10~16℃，以保证其必要的流动性。

② 柴油纯净度的要求。柴油中所含的水分和机械杂质越少越好，否则易引起滤清器早期堵塞和零件锈蚀。

③ 柴油使用前的处理。所使用的柴油必须达到清洁度要求，通常在使用前应经过相当长时间（最好是七个昼夜）的沉淀处理，或用绸布进行过滤，以去除柴油中的机械杂质。

2）机油的选用。机油用于柴油机运动件的润滑，并对这些运动件起到冷却散热、带走杂质和防止锈蚀的作用。

① 根据不同型号的柴油机和使用环境温度等选用适当规格的机油。

② 机油在最低环境温度下应保证有良好的流动性。

③ 机油在最高油温时应保证有适当的运动黏度。

④ 一般增压和标定转速在 2000r/min 的柴油机宜选用 CC 级的机油；对自然吸气和标定转速小于 2000r/min 的柴油机宜选用 CA 级的机油。

⑤ 在严寒地区使用柴油机，最好使用凝点更低的专用稠化机油。

⑥ 机油必须清洁，严防水进入机油；需要换用不同牌号的机油时，应将润滑系统清洗后再加入新机油。

⑦ 严禁不同牌号的机油混合使用。

3）冷却液的选用。

① 用于柴油机冷却系统直接冷却柴油机的冷却液，通常用清洁的淡水为宜，如雨水、自来水或经澄清的河水。

② 如果直接采用井水或其他地下水（硬水），因其含有较多的矿物质，容易在柴油机水腔内形成水垢，影响冷却效果而造成故障。

③ 如受到区域水源条件的限制只有硬水，必须进行软化处理后方可使用，软化的方法：用煮沸法将硬水煮沸沉淀，或是在每升硬水中加入 0.67g 氢氧化钠（俗称苛性钠、烧碱），搅拌沉淀后用上层的清水。

④ 绝对不能使用海水直接冷却柴油机。

⑤ 柴油机在低于 0℃ 环境条件下工作时，应严防冷却液冻结，致使有关零件冻裂。

⑥ 在柴油机结束运行后，应将各部分的冷却液放净。

⑦ 对采用封闭循环冷却系统的机型可根据当地的最低环境温度来配用适当凝点的防冻冷却液。

⑧ 在配用易燃的防冻冷却液时，因乙烯乙二醇和酒精等都是易燃品，应注意防火安全。不能使用 100%的防冻液作为冷却液。

⑨ 柴油机在使用防冻冷却液前，应对冷却系统进行清洗，防止产生新的化学沉淀物，影响冷却效果。凡使用防冻冷却液的柴油机，不必每次停机后放净冷却液，但须定期补充和检查其成分。

⑩ 如果柴油机冷却系统内的水垢和污物较多，可以用清洗液进行清洗。清洗液可由水、苏打（Na_2CO_3）和水玻璃（Na_2SiO_3）配制而成，即在每升水中加入 40g 苏打和 10g 水玻璃。清洗时，把清洗液灌入柴油机冷却水腔，开机运转到出水温度大于 60℃ 继续运转 2h 左右停机，然后放出清洗液。待柴油机冷却后，用清洁的淡水冲洗两次，排净后再灌入冷却水开机运转，使出水温度达到 75℃ 以上停机，放掉污水，最后灌入新的冷却水。

（2）柴油机的启封与检查　柴油机出厂封存有效期有规定的时间，当所购买的柴油机自出厂之日起超过规定封存期的，在首次使用前应特别要注意启封检查。

1）将安装好的柴油机的某些零部件外露部分所涂的防锈油擦拭干净。

2）先向机内灌注 80℃ 左右的热水，并使其慢慢流动加热 5~10min。

3）打开机体及燃油泵上的门盖板，观看内部有否腐蚀以及其他不正常的现象。

4）用人工盘动曲轴，慢慢转动，观察曲轴、连杆和燃油泵凸轮轴以及柱塞的运动，应无卡滞或不灵活的现象。

5）操纵调速手柄，由低速到高速位置来回移动数次，观察齿条与心套的运动，应无卡滞现象。

当上述启封检查正确完好的情况下，方可进行起动，否则应做必要的保养后方可起动。

（3）柴油机的起动与预热

1）柴油机起动前的准备。柴油机必须空载起动，起动前的准备工作如下：

① 检查柴油机各部分是否正常，各附件连接是否可靠，并排除不正常的现象。

② 检查电起动系统电路接线是否正确，蓄电池电量是否充足。

③ 向油底壳内加注机油至规定油面位置。

④ 向冷却系统内加注冷却液。对采用开式循环冷却系统的应接通水源。

⑤ 向喷油泵、调速器内加入机油至规定油平面。

⑥ 对装有润滑脂嘴（俗称黄油嘴）处应注入规定的润滑脂。

⑦ 用燃油输油泵上的手泵，向燃油系统压注燃油，并旋松喷油泵上的放气螺钉或旋松燃油滤清器上的放气螺塞，排除燃油系统中的空气直至放气处不断流出的燃油无气泡后，将放气螺钉或放气螺塞旋紧。然后再继续泵油，直至回油管回油后，将手泵旋紧。

⑧ 依次松开各缸喷油器上的高压油管接头螺母，将调速手柄置于柴油机运转位置，转动柴油机，排出各高压油管内的空气。

⑨ 对装有预供润滑油泵的柴油机，应先开动预供油泵，每次运转不得超过 30s，如一次运转达不到要求，应停 30s 后重复一次，直至机油压力表达到规定的数值为止。

⑩ 对新机或停放五天以上未用的柴油机，起动前应先转动曲轴 3~5 转。

⑪ 对于平时停放作为应急用的柴油机，为便于在急用时能迅速起动运行，在停放期间，每隔 3~5 天应起动试运行一次至水、油温度达到 60℃ 以上为止。

2）柴油机的起动。柴油机的起动性能与柴油机的缸数、压缩比、起动时的环境温度、选用油料的规格和有否预热措施等有关。一般分为不带辅助措施的常规起动和采用起动辅助措施的低温起动两种。

① 常规起动。例如 135 基本型柴油机可以在不低于 0℃ 或 5℃ 的环境温度下顺利起动。起动步骤如下：

a. 脱开柴油机与负载联动装置。

b. 将喷油泵调速器操纵手柄推到空载（转速为 700r/min 左右）位置。

c. 将电钥匙打开（四缸柴油机无电钥匙，12 缸 V 型柴油机电钥匙转向右位），按下起动按钮使柴油机起动。如果在 12s 内未能起动，应立即释放按钮，过 2min 后再进行第二次起动，如连续三次不能起动，应停止起动，找出原因并排除故障后再行起动。

d. 柴油机起动成功后，应立即释放按钮，将电钥匙拨回中间位置（12 缸 V 型柴油机应转到左位），接通充电回路。同时注意机油压力表必须在起动后 15s 显示规定的读数。然后让柴油机在 750r/min 左右的转速下空载运转 3~5min，并检查柴油机各部分运转是否正常。例如，可用手指感触配气结构、运动部件的工作情况，或掀开气缸盖的罩壳，观察摇臂等润滑情况，然后才允许加速接带负载运转。

② 低温起动。低温起动是指在低于规定的最低环境温度下的起动。起动时用户应根据实际使用的环境温度，采用相应的低温起动辅助措施，然后按常规起动的步骤进行。一般采取的措施有如下几种：

a. 将柴油机的机油和冷却液预热到 60~80℃。

b. 在进气管内安置预热进气的装置或在进气管口采用简单的点火加热进气的方式（采用此法必须注意安全）。

c. 提高机房的环境温度。

d. 选用适应低温需要的柴油、机油和冷却液。

e. 对蓄电池采取保温措施，或采用加大容量的特殊的低温蓄电池。

③ 柴油机的预热。柴油机起动后，空载运转时间不宜超过 5min，然后即可逐步增加转速到 1000~1200r/min，并进入部分负荷运转。待柴油机的出水温度高于 75℃，机油温度高于 50℃，机油压力高于 0.25MPa，才允许进入全负荷运转。特别需要注意的是，在低温起动后，转速的增加应尽可能缓慢，以确保轴承得到足够的润滑，以使油压稳定。

（4）柴油机的磨合与使用

1）柴油机的磨合。新的或经大修后的柴油机在正式使用前需经 60h 的磨合运转，方可投入全负荷使用，以改善柴油机各运动部件的工作状况，提高柴油机的运行可靠性和使用寿命。磨合应根据柴油机用途和负载的不同来考虑具体磨合方案。原则上，随着磨合时间的增加，分阶段逐步提高柴油机的转速和负载。在整个磨合期内，负荷以 12h 额定功率的 50%~80%为宜，转速应不大于额定转速的 80%为好。但在磨合的开始阶段，空运转或过小负载情况下的运转时间不宜太长。每当更换缸套、活塞、活塞环、连杆轴瓦和曲拐后，也应按上述磨合工况适当进行短期磨合。

2）柴油机的正常使用。柴油机投入正常使用后，应经常观察所有仪表的指示值和整机运行的动态。要经常检查冷却系统和各部分润滑油的液面，如发现有不符合规定要求和出现渗漏时，应立即给予补充或检查原因，予以排除。在运行过程中，特别是当突减负荷时，应注意防止因调速器失灵，使柴油机转速突然升高（俗称“飞车”）超过规定值。一旦出现此类情况，应立即迅速采取停机措施，然后再查清原因。

（5）柴油机的停机

1）正常停机。

① 停机前，应卸去负荷，然后调节调速器操纵手柄，逐步降低转速至 750r/min 左右，运转 3~5min 后再拨动停机手柄停机。尽可能不要在全负荷状态下很快将柴油机停下，以防

出现过热等事故。

② 12缸V型柴油机停机后，应将电钥匙由左转向中间位置，以防止蓄电池电流倒流。在寒冷地区运行而需停机时，应在停机后立即打开机体侧面、淡水泵、机油冷却器（或冷却水管）及散热器等处的放水阀，放尽冷却液以防止冻裂。若用防冻冷却液时，则不需打开放水阀。

③对需要存放较长时间的柴油机，在最后一次停机时，应将原有的机油放掉，换用封存油，再运转2min左右进行封存。如使用的是防冻冷却液，也应放出。

2）紧急停机。在紧急或特殊情况下，为避免柴油机发生严重事故，可采取紧急停机，此时应按规定方向拨动紧急停机手柄，即可达到停机目的。

8.5.2 内燃机试运行的调试方法

1. 柴油机试运行过程中的检查和调整内容

（1）试运行过程中的主要检查内容

1）漏油、漏水、漏气现象（俗称“三漏”）。

2）在最低、最高转速时，机油压力都要在规定的范围内，一般在最低空载转速时，机油压力应不低于0.049MPa。

3）冷却水温度和机油温度都不得超过规定范围。

4）各运动部件（特别是曲轴-连杆部件）不得有异常响声。

5）机座或油底壳中的机油量应符合规定。通常内燃机工作时，机油平面在油标尺的“动满”刻线以下、“危险”刻线以上。

（2）试运行过程中的主要调整内容

1）气门间隙的调整。调整前，先卸下气缸盖罩壳，然后转动曲轴飞轮壳，检视窗上的指针对准飞轮上的“0”度线。操作时，应防止指针变形，并保持指针位于飞轮壳上的两条限位线之间。此时，首、末两缸的活塞同时处于上止点。为了确定哪一缸处于膨胀行程的始点，可微微转动曲轴，仔细观察，进、排气门均不动的那一个气缸就处于膨胀行程始点的位置，然后采用逐缸法或两次调整法进行气门间隙调整。

2）调整喷油提前角。

3）调整机油压力。在润滑系统中设置有机油压力调节阀，可将发动机在额定工况下的机油压力调整到规定的范围之内。调整时，先拧下调节阀上的封油螺母，松开锁紧螺母，再用螺丝刀转动调节螺栓（旋紧调节螺栓则机油压力升高，旋松调节螺栓则机油压力降低）。调整后，将锁紧螺母拧紧，并装上封油螺母。

4）调整风扇带的张紧程度。调整时，可借助改变充电发电机支架的位置，或利用风扇轴上的调节螺栓，调节风扇轴在托架滑动槽上的位置进行调整，也可利用张紧装置进行调整。当带的松紧程度合适后，应将支撑架等固定锁紧。

2. 喷油泵的结构原理与喷油提前角的调整方法

（1）喷油泵的结构原理　如图8-46和图8-47所示，**柴油机喷油泵由喷油泵体、凸轮轴、挺柱部件、柱塞弹簧、油量控制套筒、调节齿杆、柱塞偶件、出油阀偶件等组成。运转时凸轮轴转动，通过挺柱部件使柱塞运动，通过柱塞弹簧使挺柱部件始终与凸轮轴接触。**

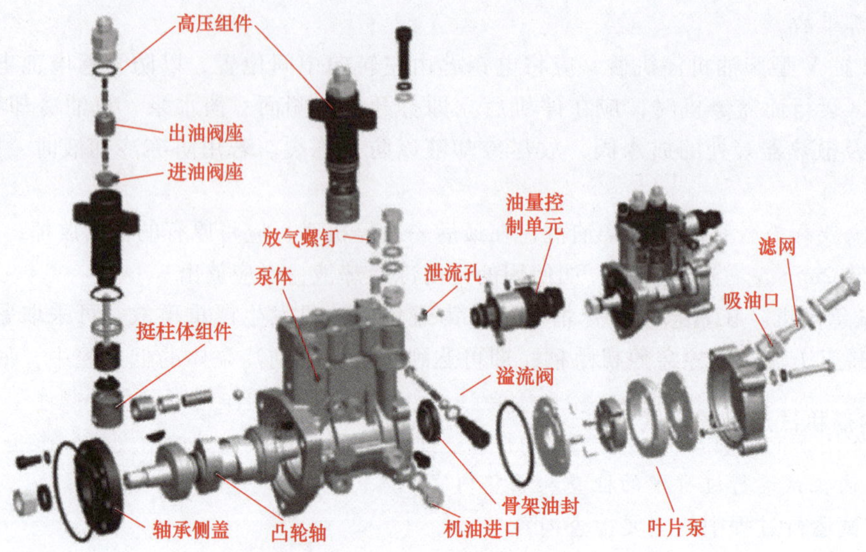

图 8-46 小型柴油机喷油泵示例分解图

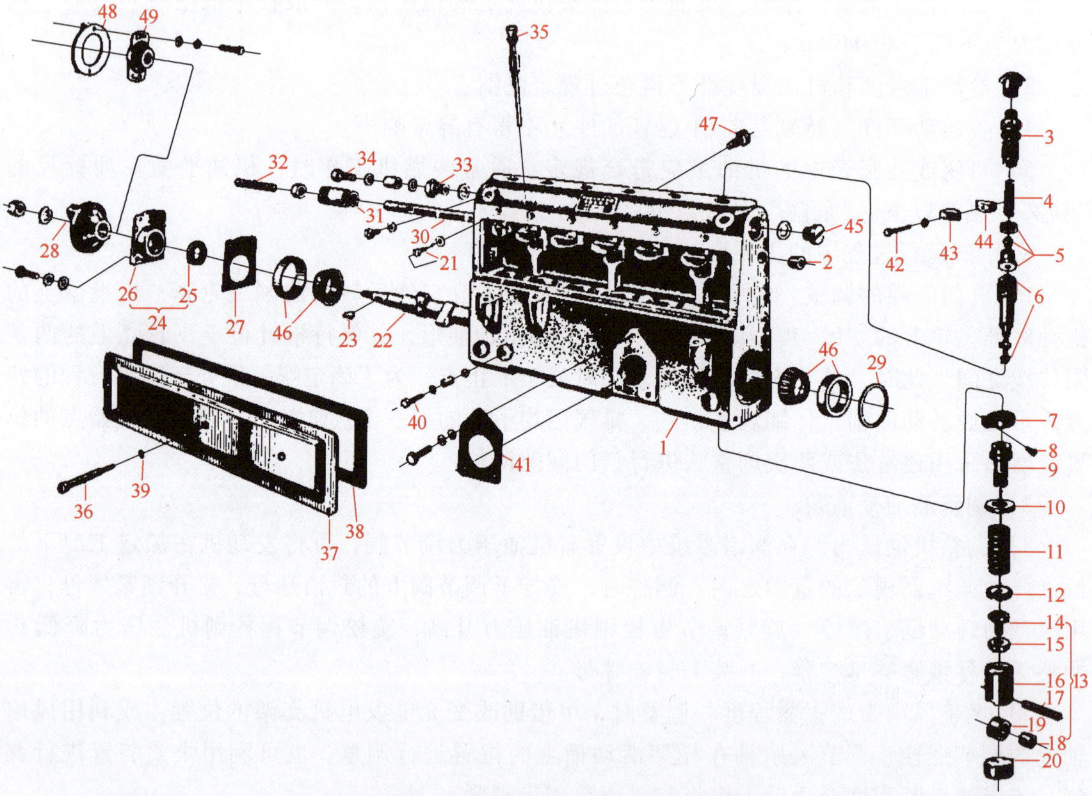

图 8-47 中型柴油机喷油泵示例分解图

1—喷油泵体 2—齿杆套筒 3—出油阀紧座 4—出油阀弹簧 5—出油阀偶件 6—柱塞偶件 7—调节齿轮 8—锁紧螺钉 9—油量控制套筒 10—柱塞弹簧上座 11—柱塞弹簧 12—柱塞弹簧下座 13—滚轮部件 14—定时调节螺钉 15—定时调节螺母 16—滚轮体 17—滚轮销 18—滚轮套圈 19—滚轮 20—堵头 21—套圈定位螺钉 22—凸轮座 23—半圆键 24—轴盖板部件 25—封油圈 26—轴盖板 27—轴盖板垫片 28—结合器 29—调整垫圈 30—调节齿杆 31—调节螺套 32—油量限制螺钉 33—进油管接头 34—接头螺钉 35—机油标尺 36—检验板支持螺钉 37—检验板 38—检验板垫片 39—钢丝挡圈 40—接头螺钉 41—输油泵垫片 42—头部带孔螺钉 43—固紧夹板（前） 44—固紧夹板（后） 45—油道堵头 46—单列圆锥滚子轴承 47—齿条定位钉 48—中间接盘 49—调节盘

（2）喷油泵供油原理　如图 8-48 所示，当柱塞处于下止点位置时，柱塞套上的两个油孔开放，柱塞上部的空间与油泵体内的油道相通，柱塞套内腔充满燃油，如图 8-48a 所示。在柱塞向上移动的初期，一部分燃油被挤压倒流入油道中，这一过程一直延续到柱塞的顶面越过油孔的上缘为止，如图 8-48b 所示，此后柱塞继续向上移动，内腔燃油压力急剧增高，出油阀即行开启，燃油经过出油阀紧座而被压入高压油管中。由于柱塞继续上移，使高压油管及喷油器燃油压力大为增加，当压力超过喷油器开启压力时，喷油器针阀即自行开启，高压燃油开始喷射到燃烧室中，如图 8-48c 所示。柱塞供油一直延续到柱塞的螺旋形斜槽刃缘，到达柱塞套油孔的下缘为止，如图 8-48d 所示。柱塞套的油孔打开以后，喷油器喷油即行停止。高压燃油经过柱塞的直槽和柱塞套上的油孔回流到油泵体的低压腔中，如图 8-48e 所示。柱塞上面的空间和油管中的压力降低，出油阀在弹簧的作用下又落到阀座上。当柱塞在弹簧的作用下向下移动时，柱塞套中柱塞上面的空间又重新为燃油所充满，准备下一工作循环。

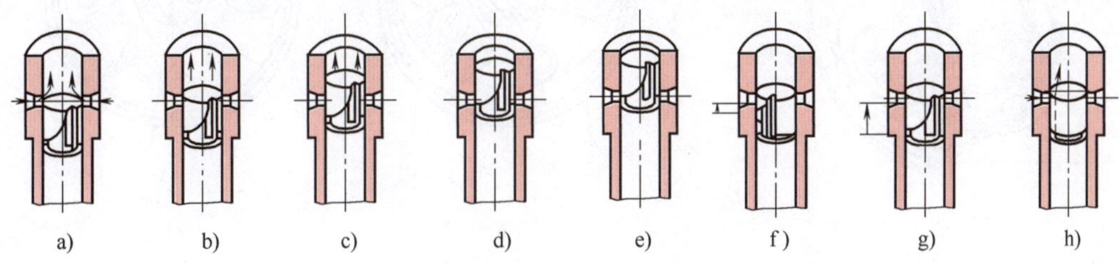

图 8-48　喷油泵柱塞供油原理

a）下止点，供油　b）充油结束，开始供油　c）供油过程　d）供油结束，开始回油
e）上止点，回油　f）部分供油　g）最大供油　h）停止供油

（3）供油量调整原理　喷油泵供油量的多少，取决于柱塞与柱塞套的相对位置，转动柱塞，即能控制供油量。当调节齿杆移动时（见图 8-49 和图 8-50），调节齿圈连同油量控制套筒带动柱塞旋转，如果柱塞向右旋转，供油量便增加，反之供油量则减少，如图 8-48f、g 所示。一旦柱塞直槽与柱塞套的油孔相通，则停止供油，如图 8-48h 所示。供油量通常是柴油机出厂时已经调整好并加以铅封。

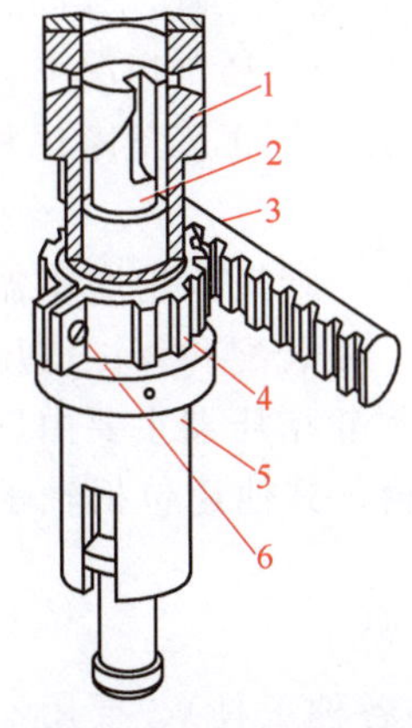

图 8-49　齿条式油量控制机构

1—柱塞套　2—柱塞　3—调节齿杆
4—调节齿圈　5—油量控制套筒　6—螺钉

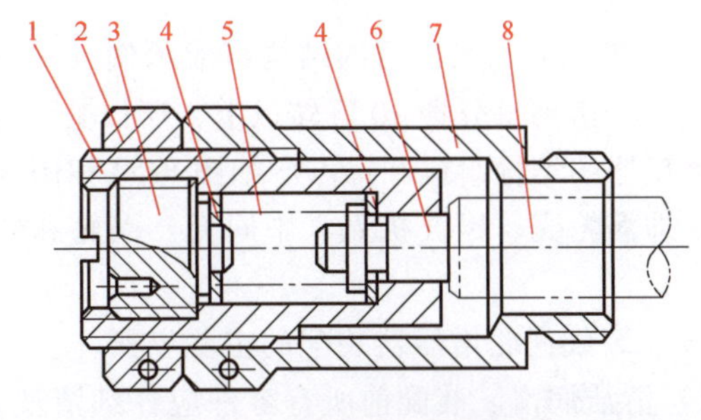

图 8-50　柴油机油量校正器

1—支承螺套　2—螺母　3—紧固螺塞　4—调整垫片
5—校正弹簧　6—校正柱　7—螺套　8—齿杆

（4）喷油提前器的结构和工作原理　图 8-51a 所示为柴油机喷油提前器，它能自动地使喷油提前角随柴油机的转速而变化，从而保证柴油机在主要工作转速范围内获得良好的性能。喷油提前器的控制功能来自与柴油机传动轴连接的驱动盘 1 内的两个重锤 12 的离心力变化。当柴油机停转时，两个重锤在两组弹簧 11 的作用下，使其停止在最小的回转角位置，如图 8-51b 所示。随着柴油机的转速升高，重锤由于离心力的作用，克服弹簧拉力向外张开，此时滚轮 7 推动从动盘，使得紧连在喷油泵凸轮轴上的从动盘部件一起旋转一个角度 $\Delta\varphi$，如图 8-51c 所示，从而达到自动改变喷油提前角的目的。转速越高，喷油提前角改变量越大，其角度改变量可在曲轴 0°～10°范围内随转速自动调节。

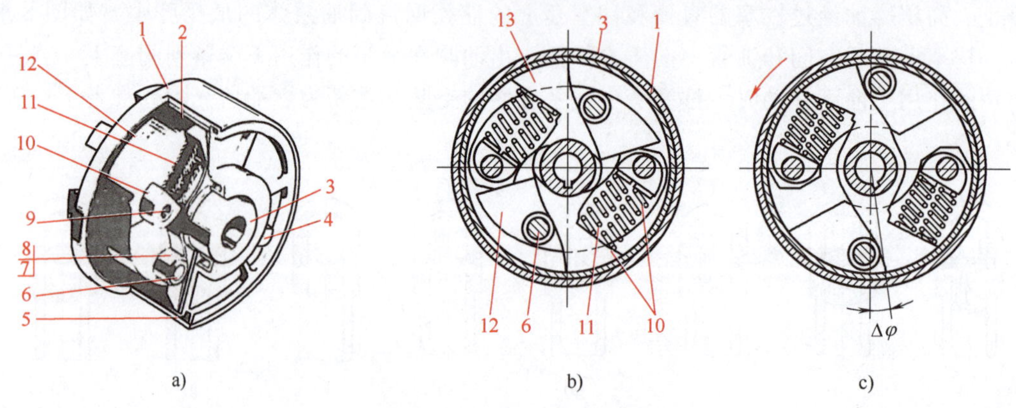

图 8-51　柴油机喷油提前器

a）解剖图　b）停转工作状态　c）高速工作状态

1—驱动盘　2—转盘　3—从动盘　4—螺钉　5—密封圈　6—滚轮销　7—滚轮　8—滚轮套圈　9—重锤销　10—弹簧座　11—弹簧　12—重锤　13—弧形块

3. 废气涡轮增压器的结构原理与装配调试方法

增压器的功用是通过提高空气密度，增加进入柴油机气缸的空气量。对于给定的气缸容积，增压后允许有过多的燃油燃烧，从而增加柴油机的输出功率。

废气涡轮增压器是利用柴油机排出的废气脉冲能量驱动径流式涡轮，带动与涡轮同轴的离心式压气机叶轮高速旋转，使空气压力升高，并由柴油机进气管进入气缸，提高柴油机的充气量，可供过多的柴油燃烧，从而提高柴油机的输出功率和经济性。通常情况下，柴油机的功率一般可提高 30%～100%，燃油的消耗率可下降 5%～6%，并可用于废气净化和高原功率补偿。

（1）废气涡轮增压器的结构组成示例（见图 8-52 和图 8-53）　废气涡轮增压器转子的转速很高，达到每分钟 10 万转以上，所以其组成零件比较精密，在装配和调试增压器时应熟悉增压器的结构组成和特点。如图 8-52 和图 8-53 所示，废气涡轮增压器主要由三壳两轮组成，即涡轮壳、压气机壳、中间壳、涡轮和转子、压气机叶轮，其他还包括轴承和密封圈等。

（2）废气涡轮增压器装配的主要步骤

1）清洁润滑。装配前所有零件应仔细清洗（包括装配用的各种工具），要用不起毛的软质布料擦拭各零件，并放置在清洁的场所。同时在装配前各零件均应检查合格，必要时涡轮转子、压气机叶轮及其组合部件应复校动平衡，然后进行装配。中间壳的轴承孔、油孔应

用压缩空气吹净，用清洁的柴油机机油润滑浮动轴承、中间壳的轴承孔、推力部件和转子轴。

a)

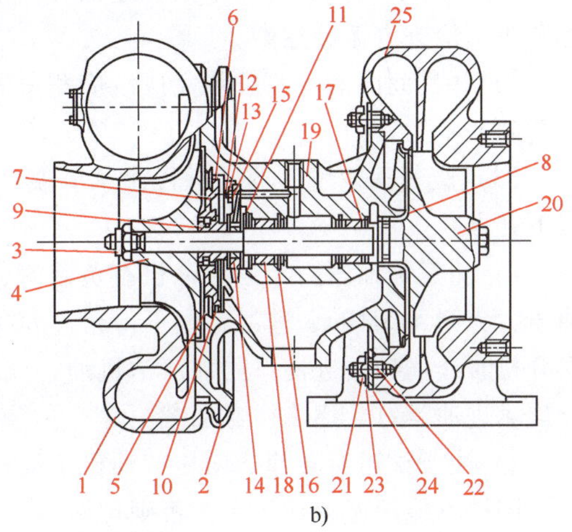

b)

图 8-52　J11 型废气涡轮增压器

a）解剖图　b）剖视图

注：图中各零件名称见图 8-53。

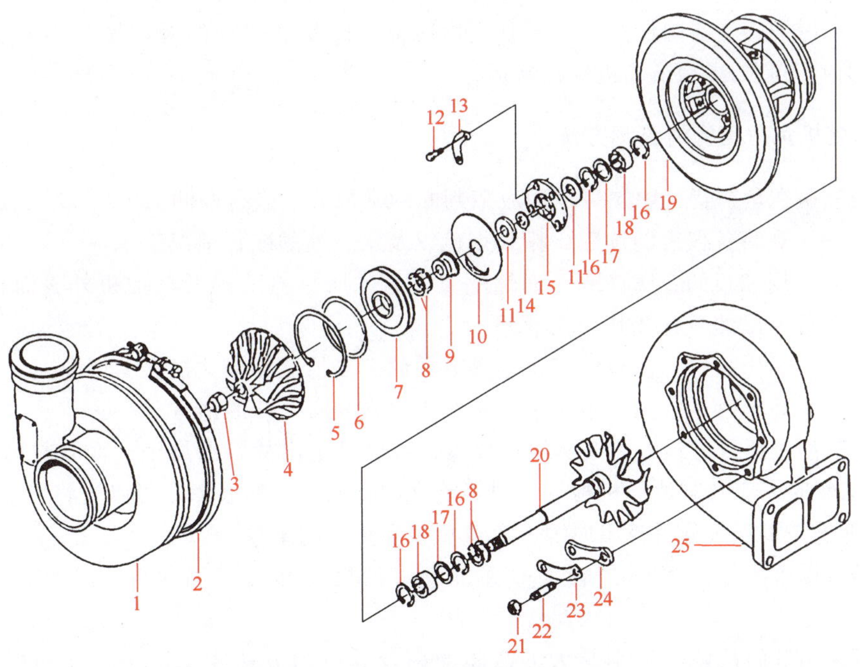

图 8-53　J11 型废气涡轮增压器分解图

1—压气机壳　2—V 形夹箍总成　3—自锁螺母　4—压气机叶轮　5—孔用弹性挡圈
6—O 形密封圈　7—压气机端气封板　8—弹力密封环　9—轴封　10—挡油板
11—推力片　12—六角头螺栓　13、23—止动垫片　14—隔圈　15—推力轴承
16—弹簧卡环　17—推力环　18—浮动轴承　19—中间壳　20—涡轮转子轴
21—六角螺母　22—螺柱　24—涡轮端压板　25—无叶涡壳

2）主要装配过程：装浮动轴承→装转子轴弹力密封环→装转子→装推力轴承→装轴封和压气机端气封板→装压气机叶轮→装无叶蜗壳→装压气机壳。

3）装配质量检验。在中间壳进油孔中注入清洁机油，用手转动叶轮应灵活旋转，并细心测听，检查有无碰擦声。

4）装配间隙测量。总装完成后应测量涡轮、压气机转子轴的轴向窜动量、压气机的径向间隙。

（3）废气涡轮增压器试运行注意事项　现以 J11 型废气涡轮增压器为例，调试时应注意以下几点：

1）注意进油压力。当柴油机有负载时，增压器的进油压力为 0.21MPa，比较合适的进油压力为 0.415MPa，进油温度不得超过 80℃。柴油机空载时，油压不得低于 0.07MPa。初次开机时，增压器进油口需加清洁机油，或旋松进油螺钉，怠速运转，直至进油口有油，才能旋紧进油螺钉，逐步提速加载。

2）注意试运行转速。增压柴油机不能长时间低速、低负荷运行，不然会造成增压器漏油；同样不能超速超载运行，否则排温过高，超过涡轮材料的耐温强度，会造成涡轮损坏。此外，高温还会造成增压器回油受阻，从而导致增压器漏油。

3）避免紧急停机。紧急停机时，增压器处于高温无油状态下继续运行，其轴承可能因过热造成剧烈磨损，甚至咬死。正常停机前，柴油机应逐步减少负荷，经 2~3min 的惰转，使增压器的涡轮温度下降后才能停机。在满负荷运行后需要惰转 5min 才能停机。

4）注意保护感受器阀杆。对排气放气增压器，感受器阀杆的调节螺母不能随意拆动，避免阀杆受力变形，影响柴油机的正常运行。

8.5.3　内燃机负荷运行的监测方法

1）柴油机在负荷运行中，可运用故障判断的常用方法进行监测。

“看”——观察各仪表的读数，排气烟色以及水、油的变化情况。

“听”——用细长的金属棒或木柄螺丝刀作为“听诊器”触及柴油机外表面相应部位，“听诊”运动件发出的声音及其变化情况。

“摸”——凭手指感觉检查配气机构等零件的工作情况和柴油机振动情况。

“嗅”——凭感官的嗅觉，嗅出柴油机有否出现异常气味的地方。

2）在柴油机运行过程中，突然发生故障，或已判定出故障的原因，而且故障将影响柴油机正常工作时，应及时地停机检查。对不能立即查明原因的故障，可以先将柴油机低速空载运转，再进一步观察分析找出原因，以避免发生更大的事故。

3）当根据监测结果判断是较大故障，或柴油机突然自行停机时，应及时地拆检和保养。

4）每次出现的故障，特别是大的故障原因及其排除方法，应记录在柴油机的运行簿上，供下次检修时参考。

项目 9

设备的维护保养与维修

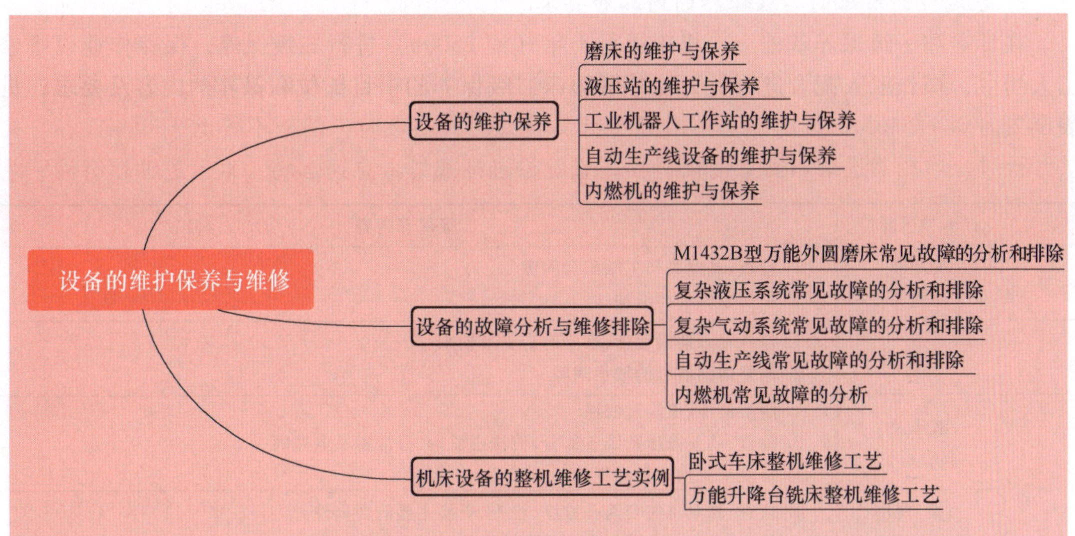

9.1 设备的维护保养

9.1.1 磨床的维护与保养

1. 万能外圆磨床一级保养的内容和要求

在日常保养的基础上，机床运行 4 个月（或 500h）进行一级保养，保养作业以操作工人为主，维修工人配合进行。万能外圆磨床一级保养的项目部位和保养的内容及要求，见表 9-1。

表 9-1 万能外圆磨床一级保养的项目部位和保养的内容及要求

序号	保养项目部位	一级保养内容
1	外表	1. 清洗机床外表及各罩壳，保持内外清洁，无锈蚀、油垢 2. 检查、补齐手柄、手球、螺钉、螺母
2	头架及砂轮架	1. 调整头架传动 V 带的张紧力，以达到规定要求 2. 调整砂轮架传动 V 带的张紧力，以达到规定要求 3. 清洗头架套筒，保持内外清洁
3	内圆磨具	1. 检查调整内圆磨具主轴的间隙 2. 加注规定的轴承润滑脂
4	尾座及其他部分	1. 清洗尾座套筒，保持内外清洁 2. 拆洗冷却泵、过滤网及冷却箱，要求无杂物、切屑，管路畅通、固定整齐、无漏水现象 3. 清洗附件，做到清洁、整齐、无锈迹

（续）

序号	保养项目部位	一级保养内容
5	液压及润滑系统	1. 清洗滤油网，要求无油污及杂物，保持油质良好，油路畅通，油管固定牢靠，油窗明亮 2. 检查、调整液压系统，保持系统运行正常
6	电气部分	1. 清扫电气箱、电动机，要求电气装置固定整齐 2. 检查各行程限位、联锁装置，以达到安全可靠要求

2. 万能外圆磨床的二级保养的内容和要求

在日常和一级保养基础上，机床运行 1 年（或 2500h）进行二级保养，保养作业以维修工人为主，操作工人配合进行。万能外圆磨床二级保养的项目部位和保养的内容及要求，见表 9-2。

表 9-2　万能外圆磨床二级保养的项目部位和保养的内容及要求

序号	保养项目部位	二级保养内容
1	头架及砂轮架	1. 检查、调整头架主轴配合间隙 2. 更换主轴的润滑油
2	内圆磨具	1. 检查轴承磨损程度，必要时应更换轴承 2. 调整内圆磨具的轴承间隙
3	液压及润滑系统	1. 清洗油池，更换过滤网 2. 检查、调整液压系统各部分，清洗溢流阀、分配器及电磁阀 3. 修复或更换磨损的零件
4	头架、尾座及其他部分	1. 检查、修复尾座套筒孔锥度，检查、更换主要的磨损件 2. 检查、修复尾座顶尖和头架的轴线等高度、同轴度
5	电气部分	由维修电工检查各电器、接触器，必要时进行更换
6	机床精度	二级保养后，校正机床水平，试运转，检查、调整、修复精度，精度符合规定的完好设备标准，或满足生产工艺要求

3. 万能外圆磨床维护保养的作业要点和注意事项

1）熟悉机床的加工范围、基本功能和加工精度，如可以磨削公差等级为 IT5、IT6 的外圆和内孔。

2）了解机床的主要技术规格，如内圆磨床砂轮的转速、工作台纵向移动的速度等。

3）熟悉各主要组成部分的作用，如砂轮架用于支承并传动砂轮主轴等。

4）掌握主要部件的结构原理和精度要求，如砂轮架依靠弹簧自动消除主轴的轴向间隙。

5）掌握机床液压系统的构成和工作原理，如工作台往复运动的控制回路工作原理，砂轮架的快速进退工作过程等。

6）熟练掌握液压系统和主要部件的拆装工艺和技术要求，如齿轮泵、液压缸的装配要求，内圆磨具轴承的装配和精度调整。

7）了解和分析常见故障的原因和排除方法，以便避免维护保养中的不规范作业。

9.1.2　液压站的维护与保养

1. 液压站的组成与结构特点

（1）液压站的基本组成　液压站又称液压泵站，是独立的液压装置，该装置能按驱动

装置（主机）要求供油，并控制油流的方向、压力和流量，适用于主机与液压装置可分离的各种液压机械。液压站与主机上的执行机构（液压缸和液压马达）用油管相连，液压机械便可实现各种规定的动作、工作循环。图 9-1 和图 9-2 所示为液压站示例。

图 9-1　伺服液压站示例

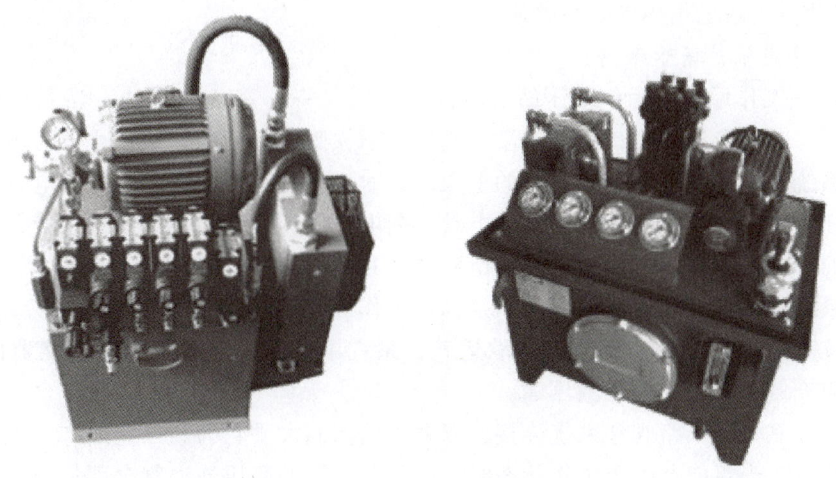

图 9-2　动力、控制系统液压站示例

液压站通常是由泵装置、集成块或阀组合、油箱、电气盒等组合而成的。各组成部分的功用如下：

1）泵装置是液压站的动力源，装有电动机和液压泵，可将机械能转化为液压油的动力能。

2）集成块是由液压阀及通道体组合而成的，用来对液压油实行方向、压力、流量调节。

3）阀组合是将板式阀装在立板上，板后用管连接，与集成块功能相同。

4）油箱是钢板焊的半封闭容器，装有粗滤器、空气过滤器等，用来储油、冷却及过滤油液，保证液压油油量、温度和清洁度。

5）电气盒有两种形式：一种设置了外接引线的端子板；另一种配置了全套控制电器。

（2）液压站的结构形式及相关技术参数　液压站的结构形式，主要以泵装置的结构形式、安装位置及冷却方式来区分。

1）按泵装置的结构形式、安装位置区分。

① 上置立式：泵装置立式安装在油箱盖板上，主要用于定量泵系统。

② 上置卧式：泵装置卧式安装在油箱盖板上，主要用于变量泵系统，以便于流量调节。

③ 旁置式：泵装置卧式安装在油箱旁单独的基础上，旁置式可装备备用泵，主要用于油箱容量大于250L、电动机功率7.5kW以上的系统。

2）按站的冷却方式区分。

① 自然冷却：靠油箱本身与空气热交换冷却，一般用于油箱容量小于250L的系统。

② 强迫冷却：采取冷却器进行强制冷却，一般用于油箱容量大于250L的系统。

2. 液压站的维护与保养

1）在工作过程中如发现管路漏油以及其他异常现象，立即停机维修。

2）为延长液压油使用寿命，油温应低于65℃；每3个月检查一下液压油的质量，视液压油质量半年至1年更换一次。

3）要及时观察油箱油位计液位，应及时补充符合要求的液压油，以免液压泵吸空。

4）要定期清洗或更换油过滤器。

5）要保持液压站工作环境干净整洁。

3. 液压站使用维护保养示例

（1）液压站工作原理　示例液压站由两台液压泵（一开一备）供油，当系统压力低于设定的下限压力时，液压泵出口的电磁溢流阀的电磁铁吸合，泄荷口被截止，液压泵所供的高压油进入系统；当系统压力达到设定的上限压力时，电磁溢流阀的电磁铁断电，液压泵输出的液压油通过电磁溢流阀泄荷，同时，电动机断电，液压泵停转。当系统动作，系统压力下降至设定的下限压力时，电磁溢流阀的电磁铁再度吸合，电动机通电，液压泵开始工作，液压油进入系统，实现系统的恒压和液压泵自动工作。

为使系统压力稳定及电动机能够间歇运转，系统中装有四只蓄能器。蓄能器内装有皮囊，皮囊内应充氮气，皮囊外为液压油。

每只蓄能器靠一支双路阀和系统连接，双路阀的侧面大手轮为高压连通阀，正面小手轮为蓄能器泄荷阀。当蓄能器处于工作状态时，四只蓄能器的高压连通阀全部打开，泄荷阀全部关闭，并且连接于电磁泄荷阀和蓄能器之间的高压球阀为打开状态。当蓄能器储能效果不太明显时，应为储能器补充氮气（一般半年左右补充一次氮气）。

系统的高压油分成两路分别进入执行系统，分别由集成块进行分配。

系统回油至回油过滤器，回油过滤器有两台，由切换阀连接并切换。回油过滤器中装有压力信号发生器，当信号发生器发出信号报警时，应切换并清洗过滤器。

油箱底部装有电加热器，当油箱油温太低并流动困难时，应接通电加热器适当对油进行加热。

系统液压油选用46#抗磨液压油。加油时应保证加油滤网的正确合理使用。

（2）充氮作业要点

1）充氮前必须按技术要求对氮气进行确认，如将氧气误作氮气充入蓄能器，蓄能器将会爆炸。

2）充氮时应将电磁溢流阀和蓄能器之间的高压球阀关闭，蓄能器的高压连通阀全部关

闭，泄荷阀全部打开，将蓄能器的油压进行释放之后方可进行充氮。充氮压力为6.0~7.0MPa。

3）充氮时使用专用充氮工具进行，充氮工具一端和氮气瓶连接，另一端和蓄能器连接。关闭充氮工具阀门，打开氮气瓶阀门，调整压力至7.0~7.5MPa，然后打开充氮工具阀门即可充氮。

4）充氮作业完成后，将泄荷阀全部关闭，将蓄能器的高压连通阀和蓄能器前的高压球阀全部打开，蓄能器便可投入使用。

（3）维护保养要点

1）充氮前须将蓄能器的高压球阀关闭，并且将蓄能器中的液压油的压力全部泄掉。

2）液压泵出现故障时，起动备用泵，关闭故障泵前面的球阀即可拆卸故障泵。

3）当泵无法正常起动时，应检查电接点压力表及电接点压力表引线。

4）如液压泵起动而压力不升高，应检查电磁溢流阀是否通电及电磁溢流阀是否卡住。如是电磁溢流阀故障，将液压泵电动机切换到备用泵即可拆卸和维修事故电磁溢流阀。

5）如系统压力不正常，应检查系统总球阀是否关闭，以及集成块管路是否堵塞。

6）如系统压力正常而支路系统压力不正常，应检查该支路系统总球阀是否关闭，以及集成块管路是否堵塞。

7）当有某一支路无法正常工作时，应检查相应电磁换向阀及胶管。

8）当液压缸升降速度需调整时，应调整相应单向节流阀（专业调整，不可乱动）。

9）系统调压阀、支路调压阀、单向节流阀等调整完后应将其锁死，不可随意变动。

10）回油过滤器有报警信号时，旋转回油转换阀至另一回油过滤器后，即可旋开事故过滤器进行清洗。

11）当连接部位出现泄漏时，应关闭所有系统阀门，将泄漏回路的电磁阀往复动作，压力泄掉后，即可更换泄漏部位的密封圈。

12）系统所用配件。O形圈：ϕ20mm×2.4mm、ϕ30mm×2.4mm、ϕ22mm×2.4mm、ϕ24mm×2.4mm、ϕ30mm×3.1mm。

4. 液压站液压系统的维护与保养

液压站的主体部分是液压系统，掌握液压系统正确的使用与日常维护方法，对其进行规范的维护、保养，可以有效提高机械设备的工作效率，延长设备的使用寿命，充分发挥设备的整体性能和效率。液压系统的维护保养要点如下：

（1）液压系统的清洁　在灌入液压油之前，要彻底检查油箱、液压缸及管道，确保它们是干净的。若发现管系不洁净，需对整个系统再次彻底冲洗，可利用本设备上的液压泵作为供油泵，临时增加一些必要的管件即可进行。清洗的方法如下：

1）加油过滤车的滤芯建议在80目以上。

2）可采用正常工作时的46#液压油；正常冲洗时要求冲洗油的油温应在40~60℃，若没有加热设备，可利用设备工作液压升温来实现。

3）冲洗油的用量一般以油箱工作容量的60%~70%为宜。

4）在冲洗回路的回油路上，装设过滤器或滤网。冲洗初期由于杂质较多，一般采用80目滤网冲洗，后期改用150目以上的滤网（或采用设备本身的滤网，但冲洗结束后一定要拆卸下来视污染程度进行清洗或更换）。

5）为了提高冲洗效果，在冲洗过程中的液压泵以间歇运动为佳，其间歇时间一般为10~30min。在冲洗过程中，为彻底清除黏附在管壁上的氧化皮、焊渣和杂质，在冲洗过程中用木锤、铜锤、橡胶锤或振动器沿管线从头至尾进行敲打振动。重点敲打焊缝、法兰、变径、弯头及三通等部位。敲打时要环绕管四周均匀敲打，不得伤害管子外表面。振动器频率为50~60Hz、振幅为1.5~3mm为宜。锤击时间占清洗时间的15%。

6）达到正常冲洗温度、冲洗时间（一般为3~4h）后，取样化验被冲洗单元回路中液压油的清洁度是否达到或超过系统要求的清洁度，若是则进行下一次单元回路的冲洗。冲洗后的液压油需要经过质量检测才能确定能否继续使用。当冲洗后液压油的清洁度达到NAS1638-10级时，至少2h后，冲洗就可以停止。冲洗取样应在回油过滤器的上游进行。取样时间：冲洗开始阶段，杂质较多，可4~5h一次；当油的清洁度等级接近要求时，可每2~4h取样一次。

7）冲洗过程应依次进行空载和加压冲洗。加载压力应为5~10MPa。

8）清洗时间一般为24h左右，要根据系统的复杂程度、过滤精度要求和污染程度等因素决定。

9）清洗后要将回路内的清洗油排除干净，然后重新经过滤加油车加注。

（2）液压系统的调试　液压站设备经过检修和整体维护后，应对液压系统的各项技术指标和工作性能进行调试，或按实际使用的各项技术参数进行调试。通过运转调试了解和掌握液压系统的工作性能与技术状况，及时排除和改善在调试过程中出现的缺陷和故障，保证液压系统工作时能达到规定的技术指标和性能要求。

1）调试的主要内容。

① 液压系统各个动作的各项参数，如作用力、速度、行程的始点、各动作的时间和整个工作循环的总时间等，均应调整到原设计所要求的技术指标。

② 调整液压系统，使其工作性能达到稳定可靠。

③ 在调试过程中要判别、确定液压系统的功率损失和工作油液温升变化状况。

④ 检查各可调元件的可靠程度。

⑤ 检查各操作结构的灵敏性和可靠性。

⑥ 凡是不符合设计要求和有缺陷的元件，都要进行调整、修复和更换。

2）调试方法与注意事项。液压设备靠液压传动的方式来传递能量，所以合理调整液压是保证液压系统正常工作的重要内容。液压系统调试的方法与注意事项如下：

① 准确、充分地了解液压系统中所用的各调压元件，了解被调试设备的加工对象或工作特性；了解设备结构及其加工精度和使用范围；了解相关机械、电气与液压系统的连接和关系。

② 正确分析液压系统图，掌握液压系统各元件的结构、作用、性能和调试范围，以及每个液压元件在设备上的实际位置。

③ 要制定出调压方案和工作步骤，以及调压操作规程，避免设备和人身事故的发生。

3）系统调压具体方法。

① 调压前，先把所要调节的调压阀的调节螺钉放松（其压力值能推动执行机构就可）。同时，要调整好执行机构的极限位置（停止限位位置）。

② 将执行机构移到终点或停止在限位处，或利用有关液压元件切断液流通道，使系统

建立压力。

③ 按设计要求的工作压力或按实际工作对象所需的压力（不能超过设计规定的工作压力）进行调节，以便降低动能消耗和避免温升过高，以及油温过高而引起的漏油。

④ 调压时，要逐渐升压，直至达到所需压力值为止，并将调节螺钉的位置可靠锁紧，以免松动。

4）调压范围。合理地调整系统中各个调压元件的压力值，是保证系统工作正常、稳定和控制温升的一个重要措施。因为系统压力值调整不当，既会造成液能损耗，油温升高，又会使运行动作不协调，甚至会产生故障。所以，调节压力值要按系统技术规定或按实际使用条件，同时要结合实际使用的各类液压元件的结构、数量和管路情况具体分析和确定。常用的系统压力调整范围：

① 以系统溢流阀的最高压力为准。

② 以使用说明书中规定的最高压力为准。

③ 对于装有压力继电器的系统，压力继电器的调定压力与所控制的执行机构的工作压力的误差范围为±(0.3~0.5)MPa。

④ 对于装有蓄能器的液压系统，蓄能器的工作压力调定值应与所控制的执行机构的工作压力值一致。当蓄能器安置在液压站时，其压力调定值应比溢流阀调定的压力值低0.4~0.7MPa。

⑤ 限压式液压泵上的溢流阀压力调定值应比液压泵出口处的溢流阀压力调定值低0.3~0.5MPa。

⑥ 液压泵的卸荷压力一般应控制在0.3MPa以内。

⑦ 为确保液压缸运动平稳，增设背压阀时，其压力值一般为0.3~0.5MPa。

⑧ 回油管道的背压一般为0.1~0.3MPa。

（3）液压系统的维护保养

1）使用维护。为了保证液压设备能达到预定的生产能力和稳定可靠的技术性能，对液压站设备在使用时有下列要求：

① 按设计规定和工作要求，合理调节液压系统的工作压力和工作速度。当压力阀和调速阀调节到所要求的数值后，应将调节螺钉紧固牢靠，以防松动。对于设有锁紧件的元件，调节后应把调节手柄锁住。

② 按使用说明书规定的品牌、型号选用液压油。在加油之前，油液必须过滤。同时，要定期对油质进行取样化验，若发现油质不符合使用要求，必须更换。

③ 货柜起重机液压系统油液的工作温度不得超过80℃，一般应控制在35~70℃范围内。若超过规定范围，应检查原因并予以排除。

④ 要保证电磁阀正常工作，必须保证电压稳定，其波动值不应超过额定电压的5%~15%。

⑤ 不准使用有缺陷的压力表或在无压力表的情况下工作或调压。

⑥ 电气柜、电气盒、操作台和指令控制箱等应有盖子或门，不得敞开使用，以免积污。

⑦ 当液压系统某部位产生故障时（例如油压不稳、油压太低、振动等），要及时分析原因并处理，不要勉强运转，以免造成大事故。

⑧ 定期检查冷却器和加热器的工作性能。

⑨ 经常观察蓄能器的工作性能，若发现气压不足或油气混合时，应及时充气和修理。

⑩ 经常检查和定期紧固管件接头、法兰等，以防松动。高压软管要定期更换。

⑪ 定期更换密封件。密封件的使用寿命一般为一年半到二年。

⑫ 定期对主要液压元件进行性能测定或实行定期更换维修制度。

2）操作保养。液压设备的操作保养，除一般机械设备的保养要求外，其特殊要求如下：

① 操作者必须熟悉本设备所用的主要液压元件的作用，熟悉液压系统原理，掌握系统动作顺序。

② 操作者要经常监控液压系统工作状况，观察工作压力和速度，检查液压缸或液压马达的情况，以保证液压系统工作稳定可靠。

③ 在开动设备前，应检查所有运动机构主电磁阀是否处于原始状态，检查油箱油位。若发现异常或油量不足，不准起动液压泵，并应找专业维修人员进行处理。

④ 夏季工作过程中，当油箱内油温高于70℃时，要注意液压系统工作状况，并通知专业维修人员进行处理。

⑤ 停机4h以上的液压设备，在开始工作前，应先起动液压泵5~10min（泵进行空运转），然后才能负荷运行。

⑥ 操作者不准损坏电气系统的互锁装置；不准用手推动电控阀；不准损坏或任意移动各限位开关的位置。

⑦ 操作者不准对各液压元件私自调节或拆换。

⑧ 当液压系统出现故障时，操作者不准私自乱动，应立即报告维修部门。维修部门有关人员应迅速到现场，对故障原因进行分析并排除故障。

⑨ 液压设备应经常保持清洁，防止灰尘、棉纱等杂物进入油箱。

⑩ 操作者要按设备点检卡规定的部位和项目进行认真点检。

3）日常点检。日常点检是指对液压系统的液压传动装置按规定的点检项目，检查其是否完好、工作是否正常的日常维护工作。点检时，从外观上进行观察，听运转声音或用简单工具、仪器进行测试，以便及时发现问题，提前进行处理，避免因突发事故而影响生产和产品质量。通过日常点检，可以把液压系统中存在的各种不良现象及时排除在萌芽状态。液压系统日常点检的内容如下：

① 油箱内油量是否在油标刻线范围内。

② 液压泵或液压马达运转时是否有异常噪声等现象。

③ 各液压阀、液压缸及管子接头处是否有泄漏。

④ 液压系统的各测压点压力值是否在规定的范围内，压力是否稳定。

⑤ 油液的温度是否在允许范围内。

⑥ 液压缸执行机构运行时工作是否正常平稳。

⑦ 电气控制或限位控制的换向阀是否灵敏可靠。

⑧ 行程开关或限位挡块的位置是否有变动，固定螺钉是否锁定可靠。

⑨ 液压系统手动或自动工作循环过程是否符合运行要求。

9.1.3 工业机器人工作站的维护与保养

1. 工业机器人工作站的基本组成和示例

(1) 机器人工作站的基本组成　机器人工作站主要由机器人及其控制系统、辅助设备

以及其他周边设备所构成。在这种组成中，机器人及其控制系统通常选用标准装置，对于个别特殊的场合则需要设计专用机器人。而末端执行器等辅助设备以及其他周边设备，则随应用场合和工件特点的不同具有各自的应用特点。

（2）机器人工作站示例　自动机器人焊接工作站可广泛地应用于铁路、航空航天、军工、冶金、汽车、电器等各个行业。

1）机器人焊接工作站简介。随着电子技术、计算机技术、数控及机器人技术的发展，自动弧焊机器人工作站从20世纪60年代开始用于生产以来，其技术已日益成熟，主要有以下优点：

① 稳定和提高焊接质量。

② 提高劳动生产率。

③ 改善工人劳动强度，机器人可在有害环境下工作。

④ 降低了对工人操作技术的要求。

⑤ 缩短了产品改型换代的准备周期（只需修改软件和必要的夹具即可），减少相应的设备投资。

因此，其在各行各业已得到了广泛的应用。

采用机器人进行焊接作业可以极大地提高生产效率和经济效益。机器人的移位速度快，可达3m/s甚至更快，因此，一般而言，采用机器人焊接比同样用人工焊接效率可提高2~4倍，焊接质量优良且稳定。

焊接作业一般多采用熔化极气体保护焊（MIG、MAG、CO_2焊）或非熔化极气体保护焊（TIG、等离子弧焊）方法，设备一般包括焊接电源、焊枪和送丝机构、焊接机器人系统及相应的焊接软件与其他辅助设备等。

2）机器人焊接工作站的主要技术指标

① 工件尺寸：可按用户的工件大小设计。

② 工件重量：可按用户要求设计。

③ 焊接速度：一般取5~50mm/s，根据焊缝大小来选定。

④ 机器人重复定位精度：±0.05mm。

⑤ 移动机构重复定位精度：±0.1mm。

⑥ 变位机重复定位精度：±0.1mm。

3）机器人螺钉焊接设备的基本组成与主要技术指标。

① 基本组成：包括焊接电源、自动退钉机、自动焊枪、机器人系统、相应的焊接软件及其他辅助设备等。

② 主要技术指标：

焊接效率：5~8个/min。

螺钉规格：直径2~8mm。

长度：10~40mm。

机器人重复定位精度：±0.05mm。

2. 工业机器人的基本结构、类型和控制方式

（1）工业机器人的组成与基本类型　工业机器人由主体、驱动系统和控制系统三个基本部分组成。主体即机座和执行机构，包括臂部、腕部和手部，有的机器人还有行走机构。

大多数工业机器人有 3~6 个运动自由度，其中腕部通常有 1~3 个运动自由度。驱动系统包括动力装置和传动机构，用以使执行机构产生相应的动作。控制系统按照输入的程序对驱动系统和执行机构发出指令信号，并进行控制。工业机器人的类型如下：

1）按臂部的运动形式分为四种。直角坐标型的臂部可沿三个直角坐标移动；圆柱坐标型的臂部可做升降、回转和伸缩动作；球坐标型的臂部能回转、俯仰和伸缩；关节型的臂部有多个转动关节。图 9-3~图 9-5 所示为汽车工业机器人示例。

图 9-3　汽车工业机器人应用示例

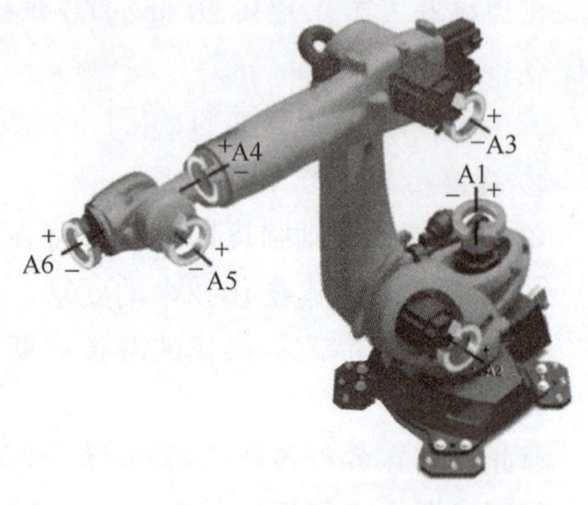

图 9-4　机器人的自由度示例

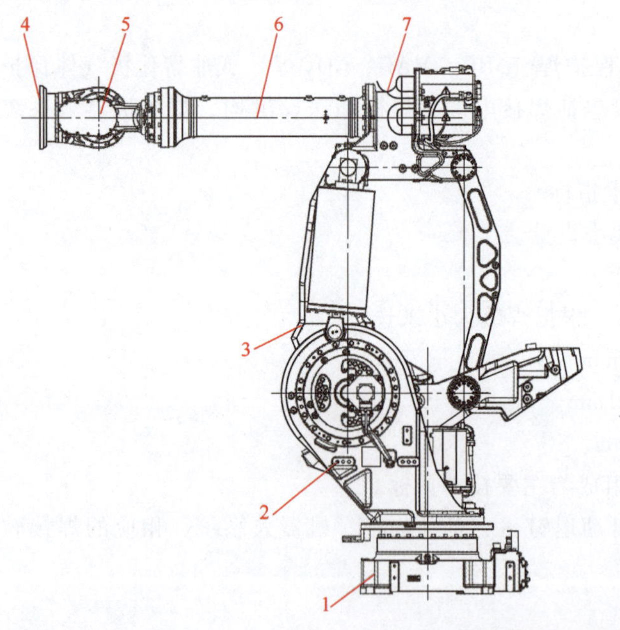

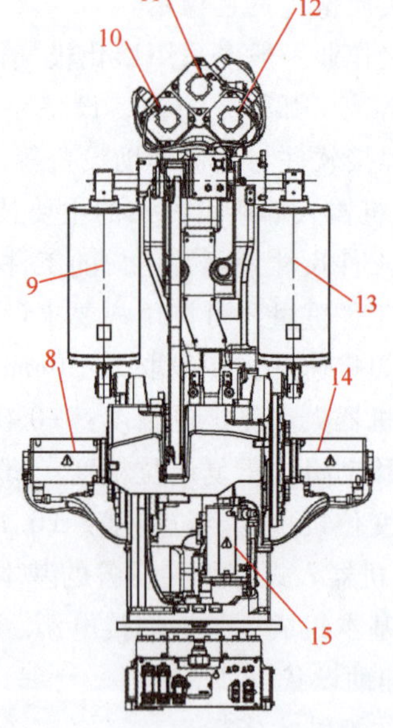

图 9-5　工业机器人结构示例

1—J1 单元　2—J2 单元　3—J2 手臂　4—末端执行器安装面　5—手腕单元　6—J3 手臂　7—J3 外壳　8—J3 轴用 AC（交流）伺服电动机　9—平衡缸　10—J4 轴用 AC 伺服电动机　11—J6 轴用 AC 伺服电动机　12—J5 轴用 AC 伺服电动机　13—平衡缸　14—J2 轴用 AC 伺服电动机　15—J1 轴用 AC 伺服电动机

2）按执行机构运动的控制机能，又可分点位型和连续轨迹型。点位型只控制执行机构由一点到另一点的准确定位，适用于机床上下料、点焊和一般搬运、装卸等作业；连续轨迹型可控制执行机构按给定的轨迹运动，适用于连续焊接和涂装等作业。

3）按程序输入方式区分，有编程输入型和示教输入型两类。编程输入型是将计算机上已编好的作业程序文件，通过 RS232 串口或者以太网等通信方式传送到机器人控制器。示教输入型则是在示教程序控制下进行操作。

（2）工业机器人的示教方法　示教输入型的示教方法有两种：一种是由操作者用手动控制器（示教盒），将指令信号传给驱动系统，使执行机构按要求的动作顺序和运动轨迹操演一遍；另一种是由操作者直接领动执行机构，按要求的动作顺序和运动轨迹操演一遍。在示教的同时，工作程序的信息即自动存入程序存储器中。在机器人自动工作时，控制系统从程序存储器中检出相应信息，将指令信号传给驱动机构，使执行机构再现示教的各种动作。示教输入程序的工业机器人也称为示教再现型工业机器人。

（3）智能型工业机器人介绍　具有触觉、力觉或简单视觉的工业机器人，能在较为复杂的环境下工作，如果具有识别功能或更进一步的自适应、自学习功能，即成为智能型工业机器人。它能按照人给的"宏指令"自选或自编程序去适应环境，并自动完成更为复杂的工作。

3. 工业机器人焊接工作站的维护保养实例

（1）保养周期和保养内容　以 FANUC 机器人为例，保养周期可以分为日常、3 个月、6 个月、1 年、2 年、3 年。具体保养内容如下：

1）日常的保养内容：

① 不正常的噪声和振动，电动机温度。

② 周边设备是否工作正常。

③ 每根轴的制动器是否正常。

2）周期 3 个月的保养内容：

① 控制部分电缆。

② 控制器的通风。

③ 连接机械本体的电缆。

④ 插接件的固定状况是否良好。

⑤ 紧固机器上的盖板和各种附件。

⑥ 清除机器上的灰尘和杂物。

3）周期 6 个月的保养内容：更换平衡块轴承的润滑油，其他参照周期 3 个月的保养内容。

4）周期 1 年的保养内容：更换机器人本体上的电池，其他参照周期 6 个月的保养内容。

5）周期 2 年的保养内容：更换控制器的电池，其他参照周期 6 个月的保养内容。

6）周期 3 年的保养内容：更换机器人减速器润滑油，其他参见周期 1 年的保养内容。

（2）维护保养中更换电池的方法　根据有关产品说明书，FANUC 机器人系统在保养中需要更换两种电池：更换控制器主板上的电池和机器人本体上的电池。

1）更换控制器主板上的电池。程序和系统变量存储在主板上的 SRAM 中，由一节位于主板上的锂电池供电，以保存数据。当这节电池的电压不足时，会在示教盒（TP）上显示报警"SYST-035 Low or No Battery Power in PSU"。当电压变得更低时，SRAM 中的内容将不能备份，这时需要更换旧电池，并将原先备份的数据重新加载。因此，平时应注意定期备份数据。控制器主板上的电池两年换一次，具体步骤如下：

① 准备一节新的锂电池（推荐使用FANUC原装电池）。

② 机器人通电开机正常后，等待30s。

③ 机器人断开电源，打开控制器柜子，拔下插头取下主板上的旧电池。

④ 装上新电池，插好插头。

2）更换机器人本体上的电池。机器人本体上的电池用来保存每根轴编码器的数据，因此每年都需要更换电池。在电池电压下降报警“RVO-065 BLAL alarm（Group:%d Axis:%d)”出现时，允许用户更换电池。若不及时更换，则会出现报警“SRVO-062 BZAL alarm（Group:%d Axis:%d)”，此时机器人将不能动作。这种情况下更换电池后，还需要做零点标定（Mastering），才能使机器人正常运行。具体作业步骤如下：

① 保持机器人电源开启，按下机器急停按钮。

② 打开电池盒的盖子，拿出旧电池。

③ 换上新电池（推荐使用FANUC原装电池），注意不要装错正负极（电池盒的盖子上有标识）。

④ 盖好电池盒的盖子，锁紧螺钉。

（3）维护保养中更换润滑油的方法　机器人每工作3年或工作10000h，需要更换J1、J2、J3、J4、J5、J6轴减速器润滑油和J4轴齿轮盒的润滑油。某些型号机器人（如S-430、R-2000）每半年或工作1920h还需更换平衡块轴承的润滑油。

1）更换减速器和齿轮盒润滑油的具体步骤：

① 机器人切断电源。

② 卸下出油口塞子。

③ 从进油口处加入润滑油，直到出油口处有新的润滑油流出时，停止加油。

④ 让机器人被加油的轴反复动作一段时间，直到没有油从出油口处流出。

⑤ 把出油口的塞子重新装好。

2）更换减速器和齿轮盒润滑油时的注意事项：

① 更换润滑油之前，要将出油口塞子拔掉。

② 使用手动油枪缓慢加入。

③ 避免使用工厂提供的压缩空气作为油枪的动力源，如果使用，应按说明书规定控制压力和流量。

④ 必须使用规定的润滑油，其他润滑油会损坏减速器。

⑤ 更换完成，确认没有润滑油从出油口流出，将出油口塞子装好。

⑥ 为了防止滑倒事故的发生，将机器人和地板上的油迹彻底清除干净。

3）更换平衡块轴承润滑油的操作步骤：直接从加油口处加入润滑油，每次加油量约10mL。需要更换润滑油的数量和加油口/出油口的位置应根据随机的机械保养手册确定。

9.1.4 自动生产线设备的维护与保养

自动生产线是由工件传送系统和控制系统，将一组自动机床和辅助设备按照工艺顺序连接起来，自动完成产品全部或部分制造过程的生产系统，简称自动线。柔性制造系统（FMS）是指自动化程度高的制造系统。柔性金刚石制造系统是指在计算机支持下，能适应加工对象变化的金刚石制造系统，是一组数控机床和其他自动化的金刚石工艺设备、计算机

信息控制系统、物料自动储运系统有机结合的整体。柔性制造系统由加工、物流、信息流三个子系统组成。

柔性制造系统通常是指在批量切削加工中以先进的自动化和高水平的柔性为目标的制造系统。柔性制造系统具有以成组技术为核心的对零件分析编组的功能；以微型计算机为核心的编排作业计划的智能功能；以加工中心为核心，自动换刀、换工件的加工功能；以托盘和运输系统为核心的工件存放与运输功能；以各种自动检测装置为核心的自动测量、定位与保护功能。

1. 自动生产线设备维护保养的基本内容和要求

(1) 柔性制造系统的基本类型

1) 柔性制造单元（FMC）。柔性制造单元由单台带多托盘系统的加工中心或3台以下的计算机数控（CNC）机床、工业机器人、数控机床及物料运送存储设备构成，具有适应加工多品种产品的灵活性。柔性制造单元根据需要可以自动更换刀具和夹具，加工不同的工件。柔性制造单元适合加工形状复杂、加工工序简单、加工工时较长、批量小的零件。它有较大的设备柔性，但人员和加工柔性低。柔性制造单元可视为一个规模最小的柔性制造系统，是柔性制造系统向廉价化及小型化方向发展的一种产物，其特点是实现单机柔性化及自动化，如今已进入普及应用阶段。

2) 柔性制造系统。柔性制造系统是以数控机床或加工中心为基础，配以物料传送装置组成的生产系统。该系统由电子计算机实现自动控制，能在不停机的情况下，实现多品种、中小批量的加工管理。柔性制造系统是使用柔性制造技术最具代表性的制造自动化系统。柔性制造系统适合加工形状复杂、加工工序多、批量大的零件。其加工和物料传送柔性大，但人员柔性仍然较低。

3) 柔性加工自动线（FML）。柔性加工自动线是处于单一或少品种大批量非柔性自动线和柔性制造系统之间的生产线，其加工设备可以是通用的加工中心、CNC机床，亦可采用专用机床或数控（NC）专用机床，对物料搬运系统柔性的要求低于柔性制造系统，但生产率更高。柔性加工自动线是把多台可以调整的机床（多为专用机床）连接起来，配以自动运送装置组成的生产线，可以加工批量较大的不同规格零件。柔性程度低的柔性加工自动线，在性能上接近大批量生产用的自动生产线；柔性程度高的柔性加工自动线，则接近于小批量、多品种生产用的柔性制造系统。

4) 柔性制造工厂（FMF）。柔性制造工厂是将多条柔性制造系统连接起来，配以自动化立体仓库，用计算机系统进行联系，可完成从订货、设计、加工、装配、检验、运送至发货的完整柔性制造系统。柔性制造工厂包括了CAD（计算辅助设计）/CAM（计算机辅助制造），并使计算机集成制造系统（CIMS）投入实际，实现生产系统柔性化及自动化，进而实现全厂范围的生产管理、产品加工及物料储运进程的一体化。柔性制造工厂是自动化生产的最高水平，反映出世界上最先进的自动化应用技术。它将制造、产品开发及经营管理的自动化连成一个整体，以信息流控制物质流的智能制造系统（IMS）为代表，其特点是实现工厂柔性化及自动化。

(2) 柔性制造系统维护保养的基本项目和内容　根据机械制造业的柔性制造系统的基本组成，其维护保养项目应首先按各基本组成部分的保养内容进行，而整体的保养和维护按系统的维护维修和调试的工艺设计技术资料进行。柔性制造系统的基本组成：

1）自动加工系统。自动加工系统是指以成组技术为基础，把外形尺寸（形状不必完全一致）、重量大致相似，材料相同，工艺相似的零件集中在一台或数台数控机床或专用机床等设备上加工的系统。

2）物流系统。物流系统是指由多种运输装置构成，如输送带、轨道-转盘以及机械手等，完成工件、刀具等的供给与运送的系统，它是柔性制造系统主要的组成部分。

3）信息系统。信息系统是指对加工和运输过程中所需的各种信息进行收集、处理、反馈，并通过计算机或其他控制装置（液压、气动装置等），对机床或运输设备实行分级控制的系统。

4）软件系统。软件系统是保证柔性制造系统使用计算机进行有效管理的必不可少的组成部分。它包括设计、规划、生产控制和系统监督等软件。柔性制造系统适用于年产量1000~100000件之间的中小批量生产。

2. 自动生产线设备维护保养示例

（1）示例一　图9-6~图9-11所示为生产线上下料设备的组成与工作过程示例。

1）基本组成。该生产线设备由料仓、桁架A、进料线A、桁架B、进料线B、桁架C、桁架D、出料线ECL组成，如图9-6所示。

2）工作过程和原理。如图9-7所示，该生产线包括上料、进料、料翻转、出料、取料等功能及按工作顺序进行的平面磨削、内外圆磨削、珩磨、抛光等加工。加工方式由单线作业和并行作业组合而成。料仓、桁架、进料线和出料线的组成如图9-8~图9-11所示。

图9-6　典型机械零件加工生产线设备组成示例

1—料仓　2—桁架A　3—进料线A　4—桁架B　5—进料线B　6—桁架C　7—桁架D　8—出料线ELC

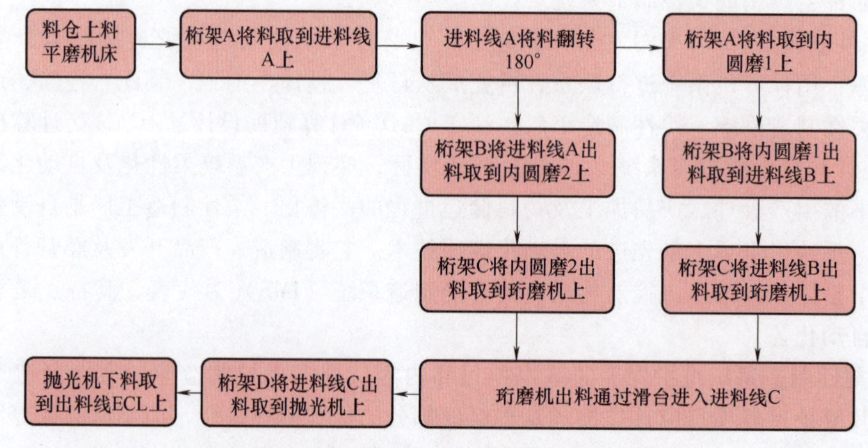

图9-7　典型机械零件加工生产线设备工作原理示例

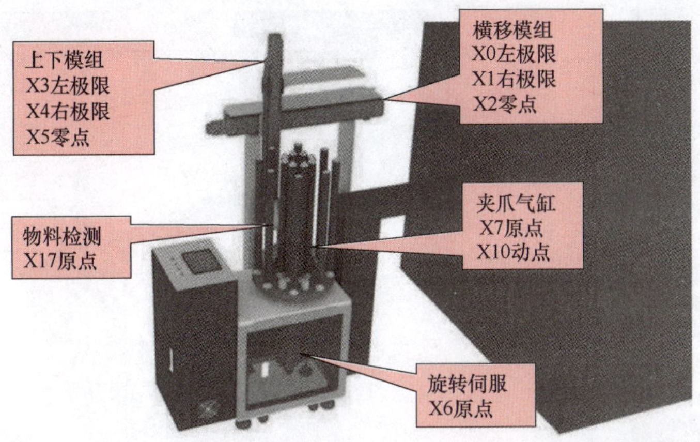

图 9-8　料仓的组成及位置参数

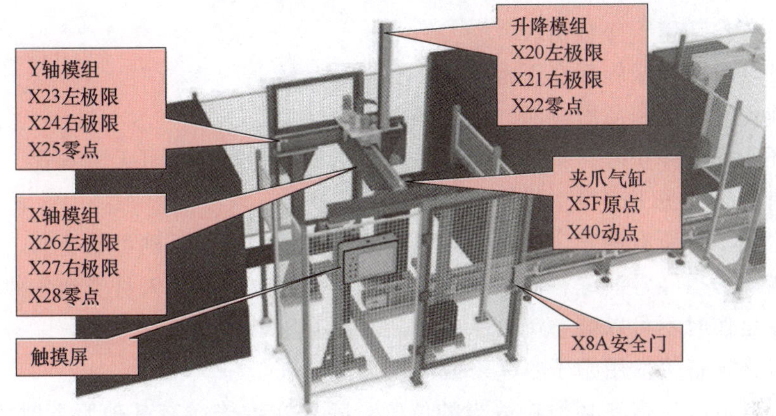

图 9-9　桁架 A 的组成及位置参数

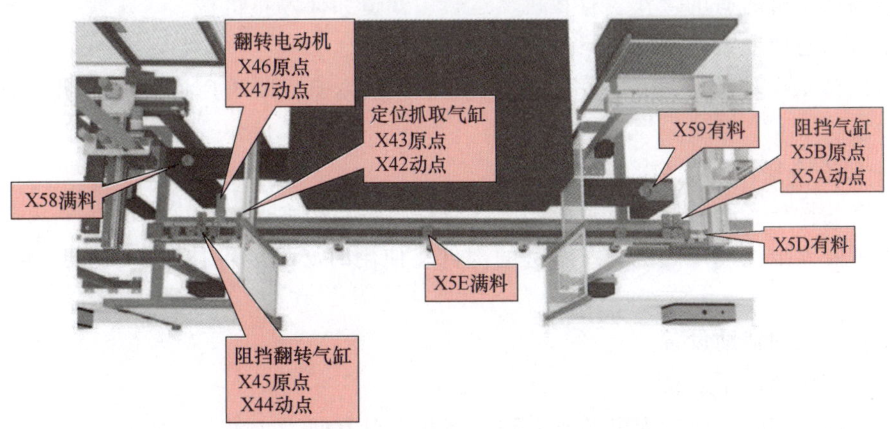

图 9-10　进料线 A 的组成及状态、位置参数

3）维护保养时的安全规范：

① 在使用机械前，请先详读操作使用手册。

② 机械在实施维修时，必须先将电源切断。

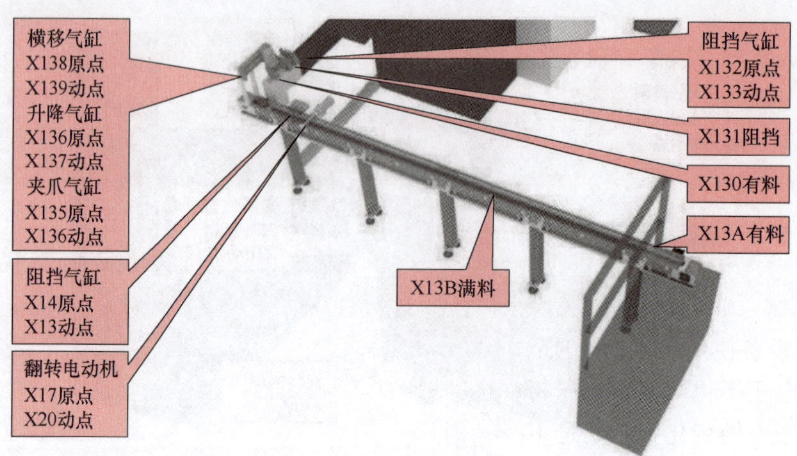

图 9-11　出料线 ECL 的组成及状态、位置参数

③ 请确认工作环境干净整洁。

④ 所有的环境保护措施都在正常运作。

⑤ 服药或受酒精或药品影响时，不可操作机械。

⑥ 机械还未完全停止时，不可离开机械；当机械运转时，不可无人看管。

⑦ 确保有资格的员工来操作机械。

⑧ 员工必须了解所有的安全措施，并且能使用安全措施，否则可能受伤。

⑨ 防火措施必须经常演练，而且防火措施必须能有效地避免人员受到各种程度的伤害。

⑩ 机械在运作时不可以戴会遮蔽手的物品（手套除外）。

⑪ 长发者必须将头发用帽子收起来或用发夹夹起来。

⑫ 护罩或其他防护措施必须在适当的位置，除非在维修或有其他服务时才能移开，当维修或其他服务完成时，必须马上移回原来的地方。

⑬ 需确认了解所有的操作，且在机械运转中知道如何停止机械。

⑭ 不可随意改变或移开防护罩或警告标识。

⑮ 需保持工作环境干净。离开机械前须将电源关掉，取出所有的工件并且清理工作台面。

4）一般安全操作规范：

① 所有的操作者必须接受有关使用、调整、操作的适当训练。

② 为了能安全地使用此机械，所有的部件在使用时必须要保持稳定状态，并确认已用螺钉固定住。

③ 使用建议的辅助设备。

④ 小心准确地使用工具。

⑤ 当机械起动时，应检查电动机运转方向和来料方向。

⑥ 在徒手连接主电源前，应确认操作面板上的控制开关已全部处在 OFF 状态，以减少不经意起动的危险性。

⑦ 机器运转时，不可无人看管机械；在离开机器时应切断主电源；不可在机械完全停止前离开机械。

⑧ 确认机械处于断电状态后，再开始日常的机械保养、服务、维修、调整。

⑨ 尽可能使用工具操作，以保证操作安全。

⑩ 若操作面板上的自保持开关的紧急按键是红色的，在紧急停止之后，应严格遵循正常的起动程序及适当的操作，以避免危险。

5）机械使用的注意事项：

① 操作机械时，不可超过机械本身的极限。

② 使用机械不允许超出机械本身的规格及功能。

③ 操作者不可跳过任何有关安全的互锁系统的开关。

6）电气设备使用的注意事项：

① 供电电压不得与额定电压相差超过±10%。

② 电压频率的变化不得超过10%范围。

③ 空气环境：不可有过多的灰尘、酸性气体、腐蚀性气体与盐。

④ 避免直接曝露在阳光下形成过热源，这会造成环境温度的变化。

7）维护保养的周期和项目：

① 每日的保养项目：a. 检查气源和气缸动作是否正常；b. 检查安全门动作和警示功能是否正常；c. 检查设备在运行中是否有异常声响；d. 检查所有的运动零部件表面是否清洁、有润滑油；e. 检查设备的三点组合部位是否有润滑油；f. 检查设备上所有的紧固螺钉是否锁定；g. 检查设备限位开关的位置和所有紧固螺钉螺母是否锁紧；h. 检查所有电源开关的接线与接头是否松动；i. 检查清洁过滤单元及其零件。

② 每周的重点保养项目：第e、f、g项。

③ 每月的重点保养项目：第h、i项。

④ 每季度的重点保养项目：第c、d、e、f、g、h、i项。

⑤ 每半年的重点保养项目：第c、d、e、f、g、h、i项。

（2）示例二　图9-12所示为应用于自动生产线加工的零件图示例。该零件的自动生产线的设备日常点检维护项目见表9-3。

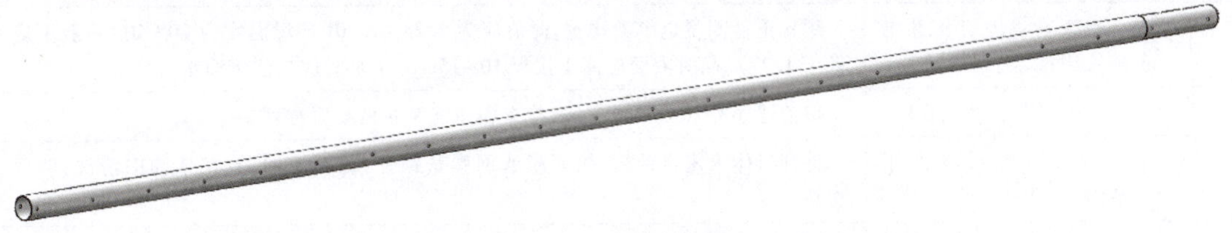

图9-12　多孔管示例

表9-3　设备日常点检维护项目

序号	点检维护项目	状态
1	作业场地周围环境干净，整体设备、电气箱内整洁，无异物	
2	输送带防护板及链轮罩壳无破损、松动或脱落	
3	输送带松紧合适、无破损	
4	电动机固定、无松动，运转正常、无异响	
5	感应开关固定、无松动，感应灵敏正常	

（续）

序号	点检维护项目	状态
6	导轨滑块活动自如、无卡顿、无异响、润滑正常	
7	气管无破损、不漏气	
8	气缸无损坏、不漏气	
9	电缆线无破损、不漏电	
10	开关无损坏、不漏电	
11	定位装置无松动	
12	各部位螺钉或螺母无松动	
13	输送辊轮滚动顺畅、无过度磨损	
14	空气压缩机储气罐无积水	
15	润滑油缸油位正常	
16	定位装置无松动、润滑正常	
17	刀杆装夹牢固，刀片无破损，固定螺钉无松动	

9.1.5 内燃机的维护与保养

1. 中小型内燃机维护保养的基本内容和要求

（1）柴油机日常维护保养的基本内容　检查燃油箱燃油量；检查油底壳中机油液面；检查喷油泵调速器机油液面；检查三漏（水、油、气）情况；检查柴油机各附件的安装情况；检查各仪表；检查喷油泵传动连接盘；清洁柴油机及附属设备外表。日常维护是每班都要进行的维护保养工作，同时还必须做好柴油机使用过程中的日报工作，以便及时做好必要的调整和检修。

（2）柴油机的一级技术维护保养　除了完成日常维护保养的项目外，一级技术维护保养还须完成表 9-4 所示的内容。

表 9-4　柴油机的一级技术维护保养

序号	项目	内容和方法
1	检查蓄电池电压和电解液比重	用比重计测量电解液比重，此值应为 1.28～1.30（环境温度为 20℃时，一般不应低于 1.27），同时液面应高于接板 10～15mm，不足时应加注蒸馏水
2	检查 V 带的张紧程度	按前述 V 带张紧调整方法，检查和调整 V 带的松紧程度
3	清洗机油泵吸油粗滤网	拆开机体大窗口带板，扳开粗滤网弹簧锁片，拆下滤网，放在柴油中清洗，然后吹净
4	清洗空气滤清器	对于惯性油浴式空气滤清器，应清洗钢丝滤芯，更换机油；对于盆（旋风）式空气滤清器，应清除集尘盘上的灰尘，对纸质滤芯按说明书规定的方法进行保养
5	清洗通气管内的滤芯	将机体门盖板加油管中的滤芯取出，放在柴油和汽油中清洗，吹净，浸上机油后装上
6	清洗燃油滤清器	每隔 200h 左右拆下滤芯和壳体，放在柴油和煤油中清洗或换滤芯，同时应排除水分和沉积物
7	清洗机油滤清器	一般每隔 200h 左右进行： 1）清洗线绕式粗滤器滤芯 2）对于刮片式滤清器，转动手柄清除滤芯表面油污，或放在柴油中刷洗 3）将离心式精滤器转子放在柴油或煤油中清洗

（续）

序号	项目	内容和方法
8	清洗涡轮增压器的机油滤清器及进油管	将滤芯及管子放在柴油或煤油中清洗，然后吹干，以防被灰尘和杂物玷污
9	更换油底壳中的机油	根据机油使用状况（油的脏污和黏度降低程度），每隔200～300h更换一次
10	加注润滑油或润滑脂	对所有注油嘴及机械式转速表接头等处，加注符合规定的润滑脂或机油
11	清洗冷却水散热器	用清洁的水通入散热器中，清除其中的沉淀物质直至水干净为止

（3）柴油机的二级技术维护保养　除了完成一级技术维护保养项目外，还应完成以下主要内容（共十三个项目）：检查喷油器；检查喷油泵；检查气门间隙、喷油提前角；检查进、排气门的密封情况；检查水泵漏水情况；检查气缸套封水圈的封水情况；检查传动机构盖板上的喷油塞；检查冷却水散热器和机油散热器、机油冷却器；检查主要零部件的紧固情况；检查电气设备；清洗机油、燃油系统管路；清洗冷却系统水管路；清洗涡轮增压器的气、油道。

（4）柴油机的三级技术维护保养　除了完成二级技术维护保养项目外，还应完成以下主要内容（共十个项目）：检查气缸盖组件；检查活塞连杆组件；检查曲轴组件；检查传动机构和配气相位；检查喷油器；检查喷油泵；检查涡轮增压器；检查机油泵、淡水泵；检查气缸盖和进、排气管垫片；检查充电发电机和起动电动机。

2. 中型内燃机维护保养的作业要点与注意事项

以工程系列135型柴油机为例，除了按使用机型说明书进行规定的维护保养外，还应注意以下要点：

（1）检查柴油机冷却水量　在柴油机冷态时检查冷却水面高度，应保持其水平面在水散热器上水室顶面。当冷却水消耗过多时，应及时检查其原因。

（2）检查V带是否松弛　对采用下置齿轮传动水泵的机型，须检查风扇传动带的松紧度。其方法是用大拇指压下传动带（相当于30～50N），以能内移10～15mm距离为宜，传动带过松时应合理调整张紧轮位置，使传动带绷紧，达到规定的要求后再拧紧螺母。调整时应注意：

1）新传动带在运转数分钟后将会变松，此后须经再次调整方能使用。

2）当柴油机在气温较高的地区或季节全负荷运行时，更应注意调整传动带至合适的张紧度。

3）当更换新传动带时（注意型号及周长），应内移张紧轮，用减少传动带缠绕长度的方法进行安装，不可用铁棒之类的工具将传动带撬入带轮槽内，以免损坏传动带，导致早期磨损。并应避免新旧两根传动带同时在一个带轮上使用。

4）不可让传动带工作时碰擦任何相近的零件。

（3）检查油浴式空气滤清器的机油平面　对于带油浴式空气滤清器的机型，应检查空气滤清器中的机油平面，必须使盘中的机油平面达到规定的标记处，必要时应添加清洁的机油，不可使用污染的机油。油浴式空气滤清器缺油将导致缸套、活塞环的早期磨损。反之，机油过多则会导致进气阻力增加，油浴式空气滤清器仅适用于工作环境尘土浓度不大的场合。

（4）转动刮片式机油滤清器　当使用刮片式机油粗滤器时，需每天转动该滤清器上的手柄，防止滤芯上污物积存过多，导致转动阻力增大，从而使刮片扭曲损坏。

9.2　设备的故障分析与维修排除

9.2.1　M1432B 型万能外圆磨床常见故障的分析和排除

磨床发生故障可归纳为如下四种情况：

第一种情况：磨削加工前工件本身精度低、误差大；由于撞击、拉毛或其他外伤所致，使工件表面产生印痕。

第二种情况：磨床本身制造精度误差大。

第三种情况：磨床的零件磨损，机构配合松动或间隙过大以及零件损坏等。

第四种情况：液压系统的故障。

对于第一种情况，可在加工前对工件进行严格的检查，不符合精度要求的，或因外伤导致表面质量未达到要求的工件，予以退回或退修。

下面分析和讨论其他几种情况。

1. 圆度超差

1）磨床头架主轴轴承磨损，磨削时使主轴的径向圆跳动超差。可调整轴承游隙或更换新轴承。

2）尾座套筒磨损，配合间隙增大，磨削时在磨削力的作用下，使顶尖位移，工件回转时造成不理想的圆形。可修复或更换尾座套筒。

2. 圆柱度超差

1）头架主轴中心与尾座套筒中心不等高或套筒中心在水平面内偏斜。这是由于尾座经常沿上工作台表面移动而磨损所致。可修复或更换尾座，使其与头架主轴中心线等高和同轴。

2）纵向导轨的不均匀磨损，造成工作台直线度超差。可修复导轨面，重新校正导轨的精度。

3. 磨削时工件表面出现有规律性的直波纹（呈多角形状）

1）砂轮主轴与轴承、砂轮法兰盘相配合的轴颈磨损，使径向圆跳动和全跳动超差。可修复或调换主轴。

2）砂轮主轴轴承磨损，配合间隙过大，导致砂轮回转不平衡，使磨削产生振动。可调整或更换轴承。

3）砂轮主轴的电动机轴承磨损后，磨削时电动机产生振动。可调换轴承。

4. 磨削时工件表面产生有规律的螺旋波纹

1）工作台低速爬行。可消除进入液压系统中的空气，疏通滤油器，稳定液压系统中的油压，以及修整导轨表面使其摩擦减小。

2）砂轮主轴的轴向窜动。可调整轴承的轴向游隙或更换轴承。

3）砂轮主轴轴心线与工作台导轨不平行。可修复导轨使其达到精度要求。

5. 磨削时工件表面产生无规律的波纹或振痕

1）所选砂轮硬度、粒度不恰当。可选择合适的砂轮。

2）砂轮修整不正确、不及时。可及时、正确地修整砂轮。

3）工件装夹不正确，顶尖与顶尖孔接触不良。可正确装夹工件，磨削工件前先研磨中心孔。

4）切削液中混有磨粒或切屑。可清洗滤油器，精滤切削液，去除切削液中的杂质。

6. 液压系统故障

（1）噪声和振动　产生的原因和排除方法有以下几个方面：

1）发生在液压泵中心线以下的噪声。

① 液压泵进油管路漏气。可寻找漏气部位并排除。

② 滤油器堵塞或流通面积太小。可清洗滤油器。

③ 油液黏度太大。可调换油液。

2）发生在液压泵附近，来源于液压泵的噪声。

① 液压泵精度低。可通过修理排除。

② 径向和轴向间隙因磨损增大，输油量不足。可通过修理排除。

③ 液压泵型号不对，转速过高。应检查更正。

④ 液压泵吸油部分有损坏。查明原因，修理排除。

3）发生在操纵、控制阀附近的噪声，由阀门引起的故障。

① 阀的阻尼小孔堵塞。需清洗换油，疏通阻尼小孔。

② 弹簧变形、卡死、损坏。应检查更换弹簧。

③ 阀座损坏，配合间隙不合适。检修相应的阀。

4）其他方面的故障。

① 发生在工作缸部位的噪声。多半是停机后混入了空气，无排气装置的可快速全行程往返运动数次进行排气。

② 管路碰撞、油管振动、泵与电动机安装同轴度超差等。可根据相应情况，采取消除措施。

③ 电动机、回转件平衡不良。可采取相应措施消除。

④ 运动部件换向缺乏阻尼，产生冲击振动。可增加背压。

（2）系统爬行　产生的原因和排除方法有以下几个方面：

1）空气进入系统。由于液压泵吸空或系统密封不严而进入空气，可查明原因予以排除。

2）油液不洁净，这将会堵塞小孔。应清洗油路、油箱，更换液压油。

3）导轨润滑不良，压力不稳定。一般机床调至0.07~0.1MPa，大型机床调至0.16MPa。

4）液压缸的安装与导轨不平行。重新调整液压缸与导轨的平行度并校直活塞杆。

5）新修导轨刮研面阻力较大。可用氧化铬研磨膏拖研十几次。

（3）泄漏　泄漏会降低速度和压力，浪费油液。产生的原因与排除方法大致有以下几个方面：

1）工作压力调整过高。可适当降低。

2）采用间隙密封的元件，磨损后间隙增大产生漏油。可在阀芯外圆四周开几条环形槽。

3）接触面的密合程度不好。应修研接触面。

4）阀芯与阀体孔同轴度超差。应修理。

5）润滑系统调整不当，油量太大，回油来不及。应适当调小供油量。

6）密封件损坏或装反。应更换新件或正确装配。

7）油管破裂。应更换。

（4）压力不足　出现压力不足或建立不起油压，部件运动速度显著下降，可查明原因排除故障。

1）液压泵出现故障，如间隙过大、密封不严、液压泵电动机功率不足等。

2）压力阀部分的故障，如污物或锈蚀卡死开口位置、弹簧断裂、阻尼孔被堵塞等。

3）其他故障，如滤油器堵塞、吸油管太细、油液黏度太大及某些阀内泄漏严重等。

（5）液压冲击　由于液流方向的迅速改变或停止，致使液流速度急速改变，造成液压冲击。下述几点可造成液压冲击：

1）缓冲装置失灵。

2）导向阀或换向阀的制动锥角太大，致使换向时的液流速度剧烈变化而引起液压冲击。可重新制造阀芯，减小锥角。

3）液压系统油压调整过高，背压阀调整不当。

4）系统油温过高导致油液黏度下降，节流变化大而且不稳定，系统内存空气等。

5）复杂的液压系统管路太长，转弯处太多，导致压力损失太大，或局部发生冲击振动。可在振动处采用软管或增加蓄能器。

6）活塞杆、支架和工作台连接不牢，产生冲击。应检查并紧固。

（6）工作台往复速度误差较大　一般双活塞杆液压缸的允许速度误差为10%，误差过大原因如下：

1）液压缸两端的泄漏不等或单边泄漏。可查明原因，排除泄漏。

2）液压缸两端活塞杆弯曲不一致。应调整或检修。

3）液压缸排气装置两端排气孔孔径不等。可更换排气管，调整开口。

4）放气阀间隙大而且漏油，两端漏油量不等。

5）系统内部泄漏。应排除泄漏。

（7）油温过高　各种阀会产生压力损失，如系统中各相对运动零件的摩擦阻力，工作过程中有大量油液经控制阀溢回油池等，这些因素会使油温升高。油温过高会使油液变质，黏度下降，使油的物理性质恶化。系统压力降低，也会使机床产生热变形，影响机床的工作精度。因此磨床中油温不应超过50℃，温升应小于25℃。

根据对发热情况分析，系统温升超差可采取如下措施：

1）对于压力损耗大而引起的油温升高，可对管路定期清洗，选用或调换合格的油液。

2）对于机械摩擦引起的油温升高，可检查液压元件的装配、液压缸和工作台的安装是否符合精度要求，并调整；检查各运动部件的摩擦情况，查明原因并排除。

3）检查油路设计是否合理并加以改善。

磨床的故障远不止这些，遇到其他故障，应从工作原理和结构分析，寻找故障发生的部位，分析产生的原因，采取可靠的排除措施。

9.2.2　复杂液压系统常见故障的分析和排除

1. 复杂液压系统的工作和控制过程

为了进行液压系统的故障分析与排除，必须掌握故障液压系统各组成部分、主要元件的工作和控制过程。图 9-13 所示的数控车床液压系统，具有的工作和控制过程见表 9-5。

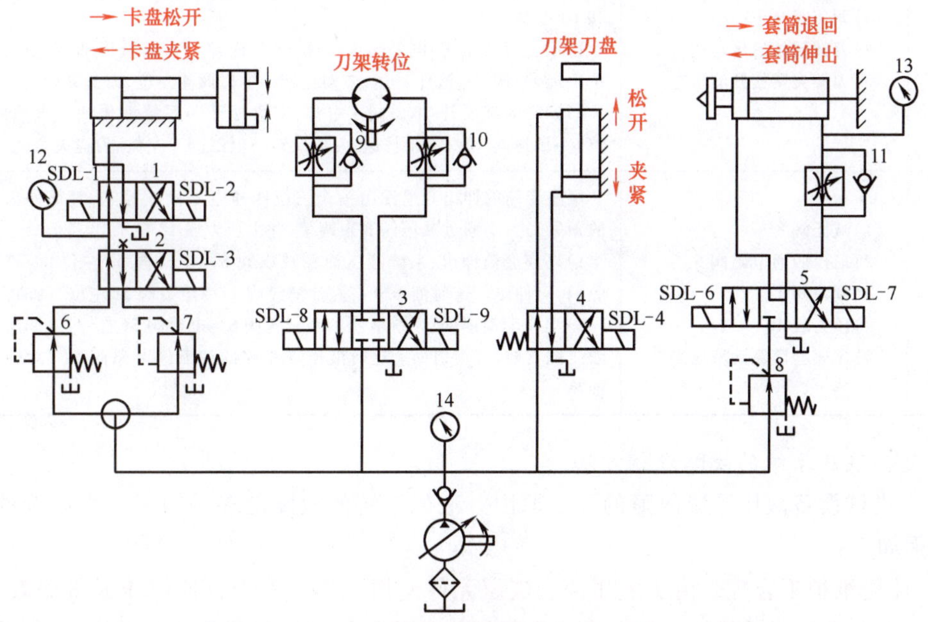

图 9-13　数控车床的典型液压系统原理图

1、2、3、4、5—电磁阀　6、7、8—减压阀　9、10、11—调速阀　12、13、14—压力表

表 9-5　数控车床液压系统的工作和控制过程

组成部分	工作元件	工作和控制过程
动力辅助部分	1)单向变量液压泵 2)单向阀 3)滤网 4)油箱	1)液压泵输出压力调整到 4MPa 2)输出压力由压力表 14 显示 3)液压泵输出的液压油经单向阀进入液压控制回路
主轴卡盘控制	1)二位四通电磁阀 1、2 2)减压阀 6、7 3)卡盘液压缸 4)压力表 12	主轴卡盘的夹紧与松开由二位四通电磁阀 1 控制。卡盘的高压夹紧与低压夹紧的转换，由电磁阀 2 控制 1)高压夹紧：当卡盘处于正卡(也称外卡)且在高压夹紧状态下，夹紧力的大小由减压阀 6 来调整，由压力表 12 显示卡盘压力。系统液压油经减压阀 6→电磁阀 2(左位)→电磁阀 1(左位)→液压缸右腔，活塞杆左移，卡盘夹紧。这时液压缸左腔的油液经阀 1(左位)直接回油箱 2)高压松开：系统液压油经减压阀 6→电磁阀 2(左位)→电磁阀 1(右位)→液压缸左腔，活塞杆右移，卡盘松开。这时液压缸右腔的油液经阀 1(右位)直接回油箱 3)低压夹紧：当卡盘处于正卡且在低压夹紧状态下，夹紧力的大小由减压阀 7 来调整。系统液压油经减压阀 7→电磁阀 2(右位)→电磁阀 1(左位)→液压缸右腔，卡盘夹紧 4)低压松开：系统液压油经减压阀 7→电磁阀 2(右位)→电磁阀 1(右位)→液压缸左腔，卡盘松开

（续）

组成部分	工作元件	工作和控制过程
回转刀架控制	1)三位四通电磁阀 3 2)二位四通电磁阀 4 3)调速阀 9、10 4)刀架转位液压马达 5)刀架夹紧松开液压缸	回转刀架换刀时，首先是刀盘松开，之后刀盘就近转位到达指定的刀位，最后刀盘复位夹紧 刀盘的夹紧与松开由一个二位四通电磁阀 4 控制。刀盘的旋转有正转和反转两个方向，由一个三位四通电磁阀 3 控制，其旋转速度分别由调速阀 9 和 10 控制 1)回转刀架正转：电磁阀 4 右位，刀盘松开→系统液压油经电磁阀 3(左位)→调速阀 9→液压马达，刀架正转→电磁阀 4 左位，刀盘夹紧 2)回转刀架反转：电磁阀 4 右位，刀盘松开→系统液压油经电磁阀 3(右位)→调速阀 10→液压马达，刀架反转→电磁阀 4 左位，刀盘夹紧
尾座套筒控制	1)减压阀 8 2)三位四通电磁阀 5 3)调速阀 11 4)压力表 13 5)尾座套筒驱动液压缸	尾座套筒的伸出与退回由一个三位四通电磁阀 5 控制，套筒伸出工作时的预紧力大小通过减压阀 8 来调整，并由压力表 13 显示 1)尾座套筒伸出：系统液压油经减压阀 8→电磁阀 5(左位)→液压缸左腔，套筒伸出。这时液压缸右腔油液经阀 11→电磁阀 5(左位)回油箱 2)尾座套筒退回：系统液压油经减压阀 8→电磁阀 5(右位)→调速阀 11→液压缸右腔，套筒退回。这时液压缸左腔的油液经电磁阀 5(右位)直接回油箱

2. 复杂液压系统的故障诊断方法

（1）机械设备液压系统故障的基本原因　液压系统的故障是多种因素综合影响的结果，基本原因如下：

1）使用维护不合理。由于液压油、液压元件使用、维护不当，使液压元件失效，如性能变坏、不正常磨损或损坏、控制失灵等引发的故障。例如行程开关位置设置错误，造成系统动作控制错误所形成的故障；液压泵转向错误，引起系统无压力的故障。又如定期定时点检的元件未进行维护，造成液压系统工作油液温度过高的故障；过滤器未定期更换，引发油液过滤不清洁造成的各种故障等。

2）装配调整不到位。由于装配位置、紧固程度、密封精度未达到系统要求，调整过程中的压力、流量等不准确引发的故障。例如吸、排油管装配位置不当，相距太近，引起执行元件和运动部件爬行；密封件装配不当，系统密封不严而混入空气，引起爬行。又如节流阀调整时开口过大，引起系统液压冲击；压力控制阀调整时，工作压力设置过高，引起液压冲击等。

3）点检维修不及时。由于设备没有点检、维修制度保障，年久失修、零件磨损、精度超差所引发的故障。例如油箱不点检，液面过低，液压泵吸空，造成系统无压力的故障；机床润滑不点检，因润滑不良、油膜破坏，引发运动部件爬行的故障。又如压力表损坏失灵，不及时维修更换，使系统压力调整与工作状态压力检测失准，引发系统压力不正常的故障；液压缸内、外泄漏严重不及时修理，引发运动部件爬行的故障等。

4）维修检修质量差。维修过程中的拆卸、装配、零部件检修质量差等也是常见故障的重要原因之一。例如液压缸维修后装配精度差，与运动部件作用方向的相对位置精度超差，造成运动部件爬行的故障；采用板式结构的系统，把前后对称的溢流阀接口位置装错。又如液压缸检修时，缸的内孔修研精度差，引起活塞与缸的内孔配合间隙超差造成泄漏，引发运动部件爬行的故障；过滤器清洗不彻底，仍有堵塞现象，爬行故障间断发生等。

（2）复杂液压系统的常见故障现象　液压系统的常见故障现象有压力不能提高，液压

冲击，振动与噪声，速度不稳（爬行），系统液压油温度过高，系统内、外泄漏等。引发故障的原因是综合性、多因素的，因此故障检修的部位也往往是多部分、多元件的。由于系统应用的具体方式不同，各种设备的具体故障现象也是不同的，如数控机床的主轴采用液压缸松开刀具的，系统或回路压力不足故障可能产生无法松开刀具的故障现象。又如机械手采用液压缸执行手臂伸缩动作的，若系统或回路压力不足，可能产生不能完成手臂伸缩动作的故障现象。对于同一故障现象，故障的引发的部分和元件也可能是不一样的。因此，熟悉设备液压系统，由表及里，逻辑推断，分析诊断，逐一排除，是各种应用设备液压系统故障排除的基本方法。

液压控制系统的常见故障现象主要是控制失调，对于液压系统表现为控制功能失调，例如同步液压缸动作不同步，差动液压缸快慢速变换失调，速度调节阀失控无法调速等。对于液压控制系统，故障现象是系统的被控制量没有达到预定的控制精度，或被控制量失控。

（3）复杂液压系统的常见故障分析与排除方法示例

1）复杂液压系统噪声与温度控制的常见故障分析与排除方法。液压系统运行过程中出现噪声、振动、发热或油温升高等影响系统正常工作的现象，常见的原因及其排除方法见表9-6。

表9-6　复杂液压系统噪声与温度控制的常见故障分析与排除方法

故障现象	故障原因	排除方法
振动和噪声大	(1)动力部分(液压泵、电动机)原因 1)油液不足,造成泵吸空 2)液压泵安装位置太高 3)吸油管道密封不严,吸入空气 4)油液黏度太大,吸油困难 5)工作温度太低 6)吸油管截面太小,吸油管浸入油液面太浅 7)泵轴与电动机轴不同轴,联轴器松动 8)液压泵转速太高 9)液压泵制造装配精度太低 10)液压泵零件磨损 11)液压泵脉动太大 12)电动机、液压泵转动引起振动和噪声 (2)辅助部分原因 1)过滤器堵塞,吸油不畅 2)管路直径太小,管路过长或弯曲过多,管路与阀产生共振 3)蓄能器充气压力不够 (3)控制部分原因 1)溢流阀。如阀座磨损,阻尼孔堵塞,阀芯与阀体间隙过大,弹簧疲劳或损坏,阀移动不灵活,阀体拉毛或污物卡住阀芯,实际流量超过额定值,与其他元件发生共振 2)换向阀。如电磁铁吸不紧,阀芯卡住,电磁铁焊接不良,弹簧损坏或过硬 (4)执行部分与其他原因 1)由冲击引起振动和噪声 2)由外界振动引起液压系统振动 3)液压缸密封过紧、加工装配误差大导致运动阻力大	(1)动力部分检修 1)补足油箱油液 2)调整液压泵安装位置 3)加强吸油管道的密封 4)更换符合黏度要求的液压油 5)油箱加热,提高工作温度 6)增大吸油管直径或将吸油管口斜切45°,以增加吸油面积,并将吸油管没入油箱油液面高度的2/3处 7)重新安装调整或更换弹性联轴器,拧紧联轴器 8)选择适当的转速 9)更换精度差的零件,重新安装 10)更换磨损零件,重新安装 11)更换脉动小的液压泵 12)采取缓振措施 (2)辅助部分检修 1)清洗过滤器 2)检修管路,加大管路直径,改变管路布局,改变管路长度 3)给蓄能器充气,达到压力要求 (3)控制部分检修 1)溢流阀检修:修复阀座,清洗阻尼孔,更换阀芯,重配间隙,更换弹簧,去除毛刺,清洗污物,使阀芯移动灵活,选用流量较大的溢流阀,调整压力避免共振或改变振动系统的固有振动频率 2)换向阀检修:修理电磁铁,清洗或修整阀体和阀芯,重新焊接,更换弹簧 (4)执行部分与其他部分检修 1)按排除“液压冲击”故障检修方法 2)采取隔振措施 3)适当调整密封松紧,更换不合格零件,重新装配

（续）

故障现象	故障原因	排除方法
油温过高	1)液压系统压力损失大,效率低 2)压力调整不当,压力偏高 3)泄漏严重造成容积损失 4)管路细长且弯曲,造成压力损失 5)相对运动零件的摩擦力过大 6)油液黏度大 7)油箱容积小,散热条件差 8)由外界热源引起温升	1)采用变量泵或卸荷措施 2)合理调整系统压力 3)加强密封,提高容积效率 4)加大管径,缩短管路长度,减少弯曲点,使油液流动通畅 5)提高零件加工装配精度,减小摩擦力 6)选用黏度低的液压油 7)增大油箱容积,改善散热条件 8)隔绝外界热源影响
泄漏	1)密封件损坏或装反 2)管接头松动 3)单向阀钢球不圆,阀座损坏 4)相互运动表面间隙过大 5)某些零件磨损 6)某些铸件有气孔、砂眼等缺陷 7)压力调整过高 8)油液黏度太低 9)工作温度太高	1)更换密封件,改正安装方向 2)拧紧管接头 3)更换钢球,配研阀座 4)更换某些零件,减小配合间隙 5)更换磨损的零件 6)更换铸件或修补缺陷 7)降低工作压力 8)选用黏度较高的油液 9)降低工作温度或采取冷却措施

2）复杂液压系统压力控制的常见故障分析与排除方法。复杂液压系统运行过程中，采用液压执行部件实现设备的各种动作和顺序、提升平衡运动部件、带动运动部件移动或转动的液压系统，若出现动作无法完成，或动作不到位、有冲击等现象，大多为系统无压力，或压力波动、压力提不高等原因造成的，此类故障的现象、原因和排除方法见表 9-7。

表 9-7　复杂液压系统压力控制的常见故障分析与排除方法

故障现象	故障原因	排除方法
无压力或压力不能提高	(1)动力部分原因 1)液压泵转向错误 2)零件磨损,间隙过大,泄漏严重 3)油液面太低,液压泵吸空 4)吸油管路不严,造成吸空,进油吸气 5)液压油管路密封不严,造成泄漏 (2)控制部分原因 1)溢流阀。如弹簧疲劳变形或折断;滑阀在开口位置卡住,无法建立压力;锥阀或钢球与阀座密封不严;阻尼孔堵塞;遥控口误接回油箱 2)系统中因某些阀卡住导致卸荷 (3)执行部分原因 液压缸因间隙过大、密封圈损坏,导致高低压腔相通 (4)系统、辅助部分原因 1)系统严重泄漏 2)压力表损坏失灵造成无压现象 3)油液黏度过低,加剧系统泄漏 4)温度过高,降低了油液黏度	(1)动力部分检修 1)纠正液压泵转向 2)修复或更换零件 3)补加油液 4)拧紧接头,检查管路,加强密封 5)检查管路密封,消除泄漏 (2)控制部分检修 1)溢流阀检修:更换弹簧;修研滑阀,使其移动灵活;更换锥阀或钢球;清洗阻尼孔;截断通油箱的油路 2)查明阀卸荷原因,清洗或修研,使阀芯在阀体中移动灵活 (3)执行部分检修 修配活塞,控制间隙,更换密封件 (4)系统、辅助部分检修 1)检查严重泄漏部位与原因,拧紧各结合处,更换损坏的密封件,排除泄漏 2)更换压力表 3)换用规定黏度的液压油 4)查明发热原因,排除故障,加强散热

（续）

故障现象	故障原因	排除方法
液压冲击	(1)执行部分原因 1)液压缸运动速度过快,没设置缓冲装置 2)缓冲装置中单向阀失灵 3)液压缸与运动部件连接不牢固 4)液压缸缓冲柱塞锥度太小,间隙太小;缓冲柱塞严重磨损,间隙过大 5)垂直运动的液压缸下腔没有采取平衡措施 6)停机时执行元件油液流失 (2)控制部分原因 1)节流阀开口过大 2)换向阀:电液换向阀中的节流螺钉松动,电液换向阀中的单向阀卡住或密封不良,滑阀运动不灵活 3)压力阀:系统工作压力调得太高;溢流阀发生故障,压力突然升高;背压阀压力过低;没有设置背压阀 4)换向冲击:未设置制动阀,运动部件惯性力引起换向冲击 (3)系统、动力部分原因 1)系统密封不严,吸入空气 2)液压泵吸空 3)油液黏度太低	(1)执行部分检修 1)设置缓冲装置 2)检修单向阀 3)紧固连接螺栓 4)按要求修理缓冲柱塞,配制缓冲柱塞或活塞 5)设置平衡阀,平衡重力作用产生的冲击 6)回油管路设置单向阀或背压阀,防止元件油液流失 (2)控制部分检修 1)调整节流阀(如调整节流螺钉),修研单向阀 2)检修换向阀,修配滑阀 3)压力阀检修:调整压力阀,适当降低工作压力;排除溢流阀故障;适当提高背压力;设置背压阀或节流阀使回油产生背压 4)设置制动阀,防止换向冲击 (3)系统、动力部分检修 1)加强密封,更换泄漏处密封件 2)加强吸油管路密封,补足油液 3)更换黏度符合要求的油液
压力波动	(1)系统、动力部分原因 1)吸油管插入油液面太浅 2)吸油口密封不好,吸油口靠近回油口,有空气吸入 3)管接头、液压油密封不好有泄漏 (2)控制部分原因 溢流阀的阀体孔和阀芯磨损;弹簧太软,阀的缓冲作用不足	(1)系统、动力部分检修 1)增高油液面高度,使吸油管深入油箱油液面高度的 2/3 处 2)移开回油口位置,排除空气 3)修理吸油口的管接头,改善密封;检查各密封部位,保证密封良好 (2)控制部分检修 检查修理或更换溢流阀中损坏的零件;恢复溢流阀的缓冲作用

3）复杂液压系统速度控制的常见故障分析与排除方法。采用液压执行部件实现运动部件移动或转动的，若出现运动速度不够、运动速度不稳定、爬行等故障现象，大多为液压系统流量不足、流量不稳定、系统泄漏、油液混入空气等原因造成的。此类故障的现象、原因和排除方法见表 9-8。

表 9-8　复杂液压系统速度控制的常见故障分析与排除方法

故障现象	故障原因	排除方法
爬行	(1)控制部分原因 节流阀或调速阀流量不稳定 (2)执行部分原因 1)液压缸:液压缸零件加工装配精度超差,摩擦力大;液压缸内、外泄漏严重;液压缸刚度低;液压缸安装不当,精度超差,轴线与导轨不平行 2)运动部件停止运动时,液压缸油液流失	(1)控制部分检修 检修改善流量稳定性,或选用流量稳定性好的流量控制阀 (2)执行部分检修 1)液压缸检修:更换不符合精度要求的零件,重新装配;修研缸内孔,重配活塞,更换密封圈;提高液压缸刚度;重新安装,调整安装平行度

（续）

故障现象	故障原因	排除方法
爬行	(3)系统、辅助部分原因 1)混入空气：油液面过低，吸油不畅；过滤器堵塞；吸、排油管相距太近；回油管没插入油液面以下；密封不严，混入空气 2)油液不清洁：污物卡住执行元件，增加摩擦阻力；污物堵塞节流口，引起流量变化 3)油液黏度不适当 4)系统负载刚度太低 (4)其他关联部分原因 1)运动部件滑板镶条或压板调得过紧 2)运动部件导轨等导向机构精度不高，接触不良 3)润滑不良，油膜破坏	2)增设背压阀或单向阀，防止停机时油液流失 (3)系统、辅助部分检修 1)排除混入空气因素：补加油液；清洗过滤器；将吸、排油管远离设置；将回油管插入油液中；加强密封，更换密封件 2)排除油液不洁因素：清洗执行元件；清洗节流阀，更换油液或加强滤油 3)换用指定黏度的液压油 4)回路改进 (4)其他关联部分检修 1)重新调整镶条、压板，控制运动部件的间隙 2)按要求刮研导轨，保证接触精度 3)改善润滑条件，建立正常油膜
快速运动速度不够	(1)动力部分（液压泵供油量不足，压力不够）原因 1)液压泵吸空 2)液压泵磨损，容积效率下降 3)电动机转速不够 (2)控制部分（安全溢流阀失灵）原因 1)溢流阀弹簧调整太松 2)溢流阀弹簧太软或失效 (3)执行部分原因 活塞与液压缸配合间隙过大，内泄漏，油液串腔 (4)系统原因 系统漏油	(1)动力部分（液压泵）检修 1)调整吸油位置 2)按泵的轴向、径向配合间隙修理或更换新泵 3)检查电动机工作电压和转速 (2)控制部分（溢流阀）检修 1)重新调节溢流阀 2)检修、更换溢流阀弹簧 (3)执行部分检修 修复液压缸，更换密封件，保证密封 (4)系统检修 检查泄漏部位，排除泄漏
工作部件不运动	(1)系统、动力部分原因 1)电动机转向不对，转速不够 2)油温低或黏度大 3)液压泵故障 4)系统漏油 (2)控制部分原因 1)溢流阀故障 2)换向阀不换向：污物卡死；电磁铁损坏或吸力不足；滑阀拉毛或卡死；有中间位置的阀的弹簧力超过电磁铁吸力或弹簧折断；滑阀摩擦力过大 (3)其他关联部分原因 电器失灵	(1)系统、动力部分检修 1)重新接线，纠正转向，纠正电动机转速 2)采用加热器或开停重复几次使系统升温 3)检修或更换液压泵 4)检查泄漏部位，排除泄漏 (2)控制部分检修 1)检修或更换溢流阀 2)检修换向阀：清洗换向阀，排除污物；更换电磁铁；清洗、修研滑阀；更换弹簧；检查滑阀配合及两端密封阻力 (3)其他关联部分检修 检查关联电器性能，更换电器

9.2.3 复杂气动系统常见故障的分析和排除

1. 复杂气动系统的工作和控制过程

与液压系统类似，为了进行气动系统的故障分析与排除，必须掌握故障气动系统各组成部分、主要元件的工作和控制过程。图 9-14 所示的数控车床气动系统，具有以下工作和控制过程：

(1) 动作过程　送料→顶尖顶紧→送料板退回→快速接近工件→慢速切削→快速退

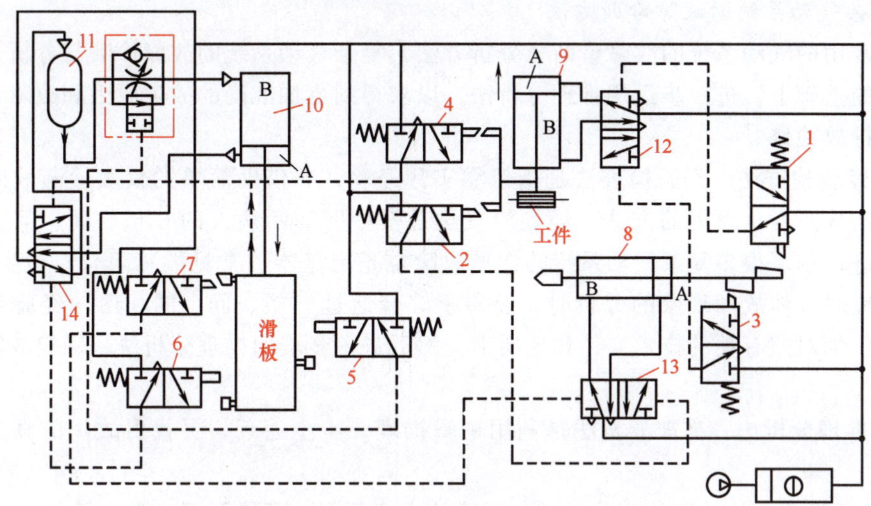

图 9-14　车床自动加工循环气动回路示例

1、2、3、4、5 、6、7—行程阀　8—顶尖气缸　9—送料气缸　10—进给气缸　11—气液筒　12、13、14—换向滑阀

回→顶尖松开，完成一个循环。

（2）控制过程

1）顶尖退回松开工件时，开启行程阀 1，使换向滑阀 12 换向，送料气缸 9 的 A 腔进气、B 腔排气完成送料。

2）送料终止，开启行程阀 2，使换向滑阀 13 换向，顶尖气缸 8 的 A 腔进气，顶紧工件。

3）顶紧工件的同时开启行程阀 3，关闭行程阀 1，使换向滑阀 12 换向，送料气缸 9 的 B 腔进气，送料板退回。

4）送料板退回，开启行程阀 4，关闭行程阀 2，使换向滑阀 14 换向，进给气缸 10 工作腔 A 进气，B 腔液压油经节流阀 a 路快速排油至气液筒 11。

5）滑板快进，接近工件时，开启行程阀 5，使活塞切断 a 路，排油经节流后进入气液筒 11。此时为慢速进给切削，切削速度可由节流阀任意调节。

6）进给终止，开启行程阀 6，使换向滑阀 14 换向，气液筒进气，气压使油经单向阀快速流至进给气缸 10 B 腔。

7）滑板快速退回，开启行程阀 7，使换向滑阀 13 换向，顶尖气缸的 B 腔进气，顶尖退回，松开工件。

8）复位，送料，开始新的循环。

（3）气动回路应用特点　本例要点是金属切削机床的进给速度的稳定性和可调性。现选用以液体作阻尼的气液缸来稳定进给速度，使调速方便。由于压缩空气的可压缩性，当负载变化时，对速度的影响很大，动作不易稳定，即使采用减压阀，也难以准确地控制和调节工作速度，因此不使用压缩空气作阻尼。采用液体作阻尼，可在需要低速并要求恒速的情况下，达到工作稳定、调速方便的要求。

2. 复杂气动系统的故障诊断方法

根据常用的气动系统的故障诊断、分析方法，复杂气动系统的故障诊断与分析，应在经验检查法的基础上，进一步运用推理分析法，以求得到更加准确的故障原因和故障部位，以便于进行排故检修。

（1）经验检查法　经验检查法是指依靠实际经验，并借助简单的仪表诊断故障发生的部位，找出故障发生原因的方法。经验检查法是按中医诊断病人的“望、闻、问、切”四字诊断法进行的。很多复杂气动系统的常见故障也是由基本、常见故障组合、衍生而成的。因此，在针对具体故障现象的分析时，要善于综合通过“望、问、闻、切”经验获得的各种信息，仔细对照有关的技术文件和说明书，然后进一步应用推理分析法，确定故障的真实原因。

（2）推理分析法　推理分析法是利用逻辑推理，步步逼近，寻找出故障的真实原因的方法。

1）推理步骤。从故障的症状推理出故障的真正原因，可按下面三步进行：

① 从故障的症状，推理出故障的本质原因。

② 从故障的本质原因，推理出故障可能存在的原因。

③ 从各种可能的常见原因中，找出故障的真实原因。

2）推理方法。由简到繁、由易到难、由表及里逐一地进行分析，排除掉不可能的和非主要的故障原因；故障发生前曾调整或更换过的元件先查；优先考虑故障概率高的常见原因。

3）推理分析法示例。

① 在进行故障诊断时，首先应对气动控制原理图进行释读分析，分析压缩空气的工作路线，以及各元件的控制状态，初步确定可能产生故障的元件及故障原因。图 9-15a 所示为气动控制原理图，当按下起动阀 1.2 后，由于延时阀 1.6 已有输出，故双压阀 1.8 有压缩空气输出，使得主控阀 1.1 换向，压缩空气由主控阀的左位经单向节流阀 1.02 进入气缸 1.0 的左腔，随即气缸 1.0 动作伸出。根据以上分析，若按下起动阀气缸不动作，引发故障的元件可能是气缸 1.0、单向节流阀 1.02、主控阀 1.1、压力控制阀 0.3、双压阀 1.8、延时阀 1.6、行程阀 1.4 和起动阀 1.2。

② 按图 9-15b 进行故障诊断逻辑推理。

a. 首先查看单向节流阀 1.02 是否有压缩空气输出。如果有压缩空气输出，那就要查气缸有没有故障。如果没有压缩空气输出，则有两种情况：一种是单向节流阀 1.02 有故障，另一种是主控阀 1.1 有故障。

b. 在判别主控阀是否有故障时。首先应当检查主控阀是否换向，如果主控阀不换向，则应当是控制信号没有输出或主控阀有故障；如果主控阀换向，则可能是主控阀 1.1 有故障或压力控制阀 0.3 有故障。

c. 如果主控阀不换向，则原因是没有控制信号输出，也就是双压阀 1.8 没有压缩空气输出。双压阀没有压缩空气输出，有三种情况：第一种是双压阀 1.8 有故障；第二种是起动阀有故障或延时阀没有信号输出；第三种是在延时阀没有信号输出时又存在两种情况，一是延时阀存在故障，二是行程阀存在故障。

d. 在检查过程中，还要注意管道的堵塞和管道的连接状况。需检查是否漏气时常采用

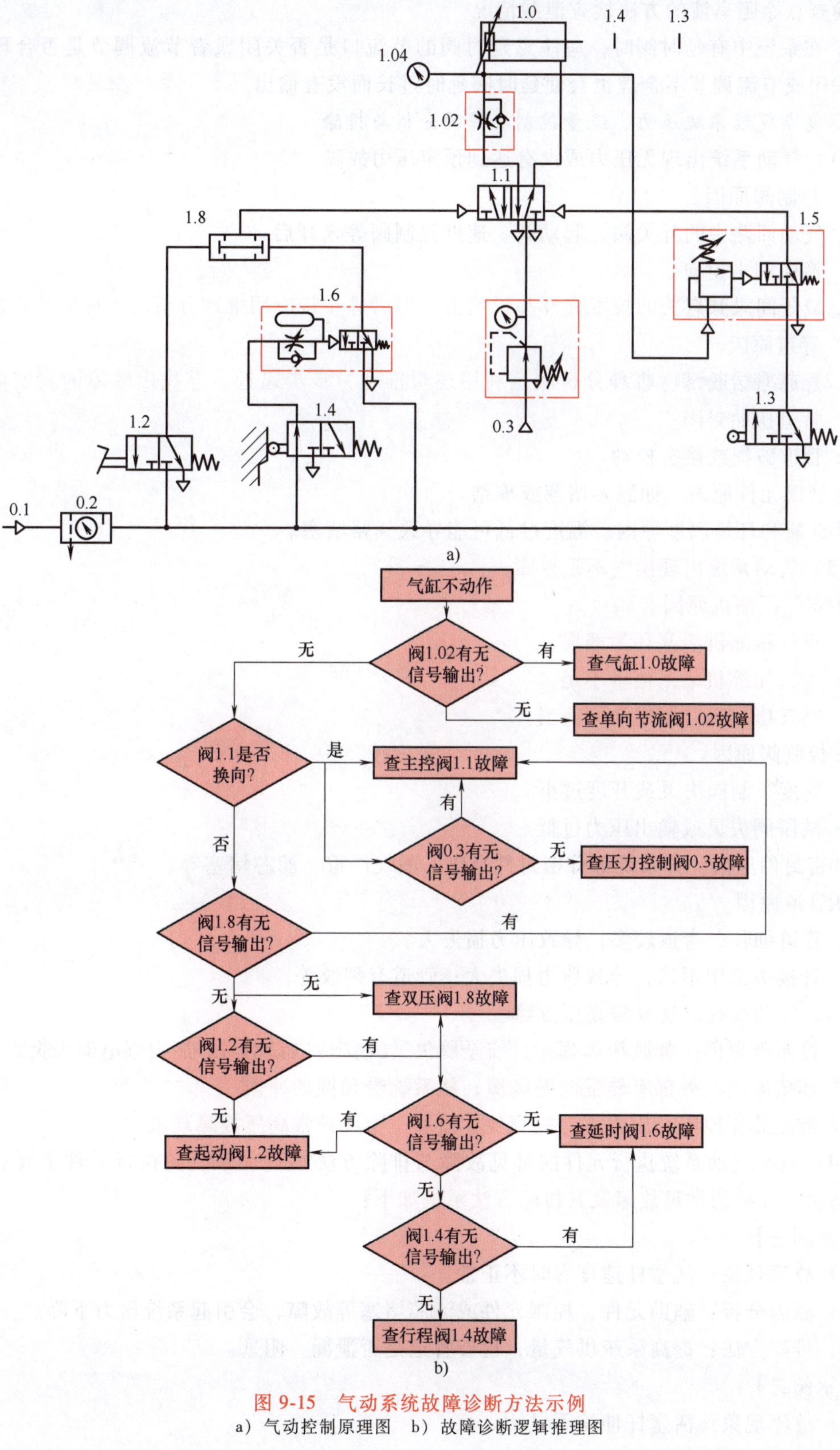

1.0　1.4　1.3　1.04　1.02　1.1　1.8　1.5　1.6　1.4　1.2　1.3　0.3　0.1　0.2

a）

气缸不动作

阀1.02有无信号输出？——有——查气缸1.0故障；无——查单向节流阀1.02故障

阀1.1是否换向？——是——查主控阀1.1故障；否

阀0.3有无信号输出？——有——查主控阀1.1故障；无——查压力控制阀0.3故障

阀1.8有无信号输出？——有——查主控阀1.1故障；无——查双压阀1.8故障

阀1.2有无信号输出？——有——查双压阀1.8故障；无——查起动阀1.2故障

阀1.6有无信号输出？——有——查起动阀1.2故障；无——查延时阀1.6故障

阀1.4有无信号输出？——有——查延时阀1.6故障；无——查行程阀1.4故障

b）

图 9-15　气动系统故障诊断方法示例

a）气动控制原理图　b）故障诊断逻辑推理图

在各检查点涂肥皂液的方法检查泄漏情况。

e. 在系统中有延时阀时，应注意延时阀的节流口是否关闭或者节流调节是否合理，节流口关闭或节流调节不合理也会使延时阀延时过长而没有输出。

3. 复杂气动系统压力、流量控制故障的分析与排除

（1）气动系统出现无压力或没有达到预定压力故障

① 控制阀原因。

a. 气动回路中的开关阀、起动阀、速度控制阀等未开启。

b. 换向阀未换向。

c. 减压阀未开启

② 管道原因。

a. 管道冻结或污物堵塞。

b. 管道扭曲封闭。

c. 管道破损或接头松动。

③辅助元件原因。如滤芯堵塞或冻结。

④介质和环境温度原因。温度过低可能导致气路堵塞。

（2）气动系统出现供气不足故障

①空气压缩机原因。

a. 空气压缩机活塞环等磨损。

b. 空气压缩机输出流量不足。

c. 空气压缩机选用规格不适当。

②控制阀原因。

a. 速度控制阀失灵或开度过小。

b. 减压阀失灵或输出压力过低。

③密封件原因。如系统部分密封件老化，漏气严重，滤芯堵塞等。

④管道原因。

a. 管道细长，弯道较多，导致压力损失大。

b. 管接头选用不当，导致压力损失大；管道有裂纹等。

（3）气动系统出现异常高压故障

① 控制阀原因。如减压阀损坏，安全阀失灵或安装位置不对，压力继电器失灵。

② 环境原因。外部有较强的振动源，使系统受到振动冲击。

③ 检测装置原因。压力表等检测装置损坏，出现异常高压故障现象。

（4）复杂气动系统执行元件的常见故障与排除方法　气动系统的执行元件主要有气缸和气马达。气缸的常见故障及其排除方法示例如下：

【示例一】

1）故障现象：活塞杆速度有时不正常。

2）原因分析：辅助元件、控制元件或滤芯堵塞等故障，会引起系统压力下降。

3）排除方法：提高系统供气量，检查管道是否泄漏、阻塞。

【示例二】

1）故障现象：活塞杆伸缩不灵活。

2）原因分析：压缩空气中水的质量分数过高，气缸内润滑不良。

3）排除方法：检查冷却器、干燥器、油雾器工作是否正常。

【示例三】

1）故障现象：系统停机几天后，运动部件动作不畅。

2）原因分析：润滑油稠化凝固。

3）排除方法：检查清洗油水分离器或调小油雾器的滴油量。

（5）复杂气动系统控制元件和管道的常见故障及其排除方法

【示例一】

1）故障现象：系统压力上升，减压阀失效。

2）原因分析：①阀内部的孔堵塞；②阀芯导向部分进入异物。

3）排除方法：对减压阀进行清洗。

【示例二】

1）故障现象：系统压力虽没有超过设定值，但在溢流口处却溢出空气。

2）原因分析：①阀内进入异物；②阀座损伤；③调压弹簧损坏。

3）排除方法：①清洗；②更换阀座；③更换调压弹簧。

【示例三】

1）故障现象：方向阀不能换向。

2）原因分析：①阀的滑动阻力增大，润滑不良；②O形密封圈变形；③压缩空气中的杂质卡住滑动部分；④弹簧损坏；⑤阀操纵压力过小；⑥活塞密封口磨损；⑦膜片破裂。

3）排除方法：①进行润滑；②更换密封圈；③清除灰尘；④更换弹簧；⑤检查阀操纵部分；⑥更换密封圈；⑦更换膜片。

【示例四】

1）故障现象：方向阀产生振动。

2）原因分析：①空气压力低（先导式）；②电源电压低（电磁式）。

3）排除方法：①提高操纵压力，采用直动式；②提高电源电压，使用低电压线圈。

【示例五】

1）故障现象：减压阀出口压力升高。

2）原因分析：①阀弹簧损坏；②阀座有伤痕，或阀座橡胶剥离；③阀体中夹入杂质，阀导向部分黏附异物；④阀芯导向部分和阀体的O形密封圈收缩、膨胀。

3）排除方法：①更换阀弹簧；②更换阀座；③清洗、检查过滤器；④更换O形密封圈。

【示例六】

1）故障现象：减压阀压力下降很大（流量不足）。

2）原因分析：①压力阀阀芯密封圈泄漏；②管道中异物卡住阀芯。

3）排除方法：①更换阀芯密封圈；②清洗、检查过滤器。

【示例七】

1）故障现象：减压阀向外漏气（阀的溢流处泄漏）。

2）原因分析：①减压阀阀座有伤痕（膜片式）；②膜片破裂；③出口压力升高；④出口侧背压增加。

3）排除方法：①更换溢流阀阀座；②更换膜片；③参见示例五；④检查出口侧的装置、回路。

【示例八】

1）故障现象：减压阀阀体泄漏。

2）原因分析：①密封件损伤；②弹簧松弛。

3）排除方法：①更换密封件；②张紧弹簧。

【示例九】

1）故障现象：减压阀异常振动。

2）原因分析：①弹簧的弹力减弱，或弹簧错位；②阀体、阀盖的中心错位；③因空气消耗且周期变化使阀不断开启、关闭，引发共振。

3）排除方法：①把弹簧调整到正常位置，更换弹力减弱的弹簧；②检查并调整位置偏差；③和制造厂进行协商。

【示例十】

1）故障现象：减压阀出气口不溢流。

2）原因分析：①溢流阀阀口堵塞；②使用非溢流式减压阀。

3）排除方法：①清洗并检查过滤器；②需要在出口处安装高压溢流阀。

4. 复杂气动系统双极双缸活塞式空气压缩机的常见故障及其排除方法

【示例一】

1）故障现象：润滑油压力逐渐降低或突然降低。

2）原因分析：

① 机身油池中油液不足，滤油器阻塞。

② 油压表失灵，油泵管路堵塞或接头松动。

③ 油泵或调整阀有故障。

④ 油温过高。

3）排除方法：

① 添加油液或清洗滤油器。

② 更换压力表，清洗管路和拧紧管路的连接螺母。

③ 检修油泵或调整阀。

④ 加大油冷却器的水流量，查明油液产生高温的原因并给予排除。

【示例二】

1）故障现象：注油器供油不良。

2）原因分析：

① 柱塞体和座体间磨损间隙过大。

② 柱塞泵吸油、排油止回单向阀泄漏。

3）排除方法：

① 修磨柱塞体，更换柱塞配合套，或修正柱塞孔，更换柱塞体（柱塞和柱塞体配合间隙为 0.006~0.012mm）。

② 更换钢球和修正密封圈。

【示例三】

1）故障现象：排气温度过高。

2）原因分析：

① 一级压缩机气温过高，冷却水供应不足。

② 水垢过多，影响冷却效果。

③ 中间冷却器效率低或密封垫破裂，使二级压缩机进气温度过高。

④ 气阀漏气或活塞环损坏。

3）排除方法：

① 调节冷却水量，降低进气量。

② 用苏打水溶液清除水垢。

③ 清洗或更换密封垫。

④ 研磨气阀或更换活塞环。

【示例四】

1）故障现象：排气量不足。

2）原因分析：

① 空气过滤器阻塞，影响吸气量。

② 吸、排气阀工作不正常。

③ 活塞环泄漏，填料漏气以及安全阀漏气。

3）排除方法：

① 清洗空气过滤器。

② 检修吸、排气阀。

③ 检修或更换相关零件。

【示例五】

1）故障现象：压缩时有不正常声音。

2）原因分析：

① 缸盖或缸座与活塞间落入阀片、弹簧等的碎片。

② 螺母或活塞接触缸盖或缸座。

③ 活塞杆与十字头螺纹或活塞螺纹连接处松动。

④ 余隙不够，热膨胀后发生撞击。

⑤ 连杆与大小轴瓦的间隙过大，十字头体与机身导轨的间隙过大，以及轴瓦、轴颈磨损致圆度误差过大。

3）排除方法：

① 及时停机取出碎片。

② 停机调整活塞行程距离的余隙。

③ 检查拧紧松动处。

④ 调整余隙。

⑤ 调整或修理轴颈、轴瓦。

9.2.4　自动生产线常见故障的分析和排除

示例为9.1.4节图9-6所示自动生产线设备，常见的故障及排除方法示例如下：

【示例一】

故障现象：气缸动作异常。

处理方法：

1）检查与气缸连接的风管是否有脱落、折损，如有应修复或更换。

2）根据气压系统图，检查电磁阀在动作时是否有信号灯点亮。

3）如有信号灯点亮，检查电磁开关接线是否有断落，并进行修复。

4）如接线有断落，应根据电路图进行内部线路详细检查。

5）如有信号灯点亮，气缸无动作，风管线路也没有折损，应更换新电磁阀。

【示例二】

故障现象：伺服电动机异常。

处理方法：

1）请专业技术人员，依伺服驱动器技术手册，检查驱动器上的显示器是否跳至故障画面，如是，可按手册中的故障排除方法处理。

2）如伺服驱动器无异常，请技术人员根据技术手册，检查控制器，并进行故障排除。

【示例三】

故障现象：接近开关异常。

处理方法：

1）检查接近开关接线是否有脱落、断线，如有应由专业技术人员修复。

2）如无脱落、断线，而且接近开关接触金属物时信号灯没有点亮，应由专业技术人员更换新的接近开关。

9.2.5 内燃机常见故障的分析

柴油机负荷运行中会出现各种故障现象，此时应根据有关的技术资料和实践经验进行检测，找出故障的内、外原因，“对症下药”，及时予以排除。

1. 柴油机使用过程中的常见故障现象

（1）柴油机不能起动

【示例一】

故障现象：柴油机被起动电动机带动后不发火（也称不点火、失火），回油管无回油。

检测项目：燃油系统中是否有空气；燃油管路是否堵塞；燃油滤清器是否堵塞；输油泵供油是否正常；喷油器的喷油量和雾化程度。

【示例二】

故障现象：电起动系统故障。

检测项目：电路接线；蓄电池电量；起动电动机电刷与换向器接触状态。

【示例三】

故障现象：气缸内压缩压力不足，喷油正常但不发火，排气管内有燃油。

检测项目：活塞环、缸套精度；气门间隙；存气间隙和燃烧室容积。

（2）柴油机功率不足

【示例一】

故障现象：燃油系统故障，加大油门后功率或转速仍提不高。

检测项目：燃油管路、滤清器是否进入空气或堵塞；喷油泵供油状态；喷油压力和雾化程度。

【示例二】

故障现象：进、排气故障，比正常情况下排温较高，烟色较差。

检测项目：空气滤清器、排气管是否阻塞；排气管长度、弯管半径和弯头数量是否合理。

【示例三】

故障现象：气缸盖组件故障，功率不足，性能下降，有漏气，进气管冒黑烟，有不正常的敲击声。

检测项目：气缸盖与机体结合面密封性；进、排气门密封性；气门弹簧性能；气门间隙；喷油器性能；活塞环精度；气门杆状态。

【示例四】

故障现象：涡轮增压器故障，转速下降，进气压力降低，有漏气和不正常声响。

检测项目：增压器轴承精度；压气机、涡轮的进气管路是否阻塞或漏气。

(3) 柴油机排气烟色不正常

【示例一】

故障现象：排气冒黑烟。

检测项目：柴油机负荷；各缸供油量均匀度；气门间隙；喷油提前角；进气量；涡轮增压器弹力密封环精度；涡轮各结合面是否漏气。

【示例二】

故障现象：排气冒白烟。

检测项目：喷油雾化程度；喷油压力；各气缸燃烧情况。

【示例三】

故障现象：排气冒蓝烟。

检测项目：空气滤清器是否阻塞；活塞环精度；活塞环安装位置；活塞与缸套间隙；油底壳机油量。

(4) 柴油机机油温度过高

【示例一】

故障现象：油温表读数超过规定值，加强冷却后仍较高，同时排气冒黑烟。

检测项目：柴油机负荷；机油冷却器或散热器是否阻塞；冷却水或风扇冷却效果；机油容量；温度表检测值准确性。

【示例二】

故障现象：油底壳中机油平面下降较快，油色较黑，通气管加油口冒白烟，排气冒蓝烟。

检测项目：机油牌号；活塞环配合精度；气缸套精度；油环回油孔是否阻塞；涡轮增压器弹力密封装置效能；柴油机运行负荷。

2. 柴油机燃油供给和调速系统的常见故障现象

(1) 喷油泵常见故障

【示例一】

故障现象：喷油泵不喷油。

检测项目：燃油箱柴油量；燃油系统是否进入空气；燃油滤清器或油管是否阻塞；输油泵不供油；柱塞偶件咬死；出油阀座与柱塞套结合面密封性。

【示例二】

故障现象：供油不均匀。

检测项目：燃油管路供油状况；出油阀弹簧性能；出油阀阀座面是否磨损；柱塞弹簧性能；柱塞运动受阻；进油压力；调节齿圈是否松动。

【示例三】

故障现象：出油量不足。

检测项目：出油阀偶件是否漏油；输油泵进油接头滤网或燃油滤清器是否堵塞；柱塞偶件是否磨损；油管接头是否漏油。

（2）调速器常见故障

【示例一】

故障现象：转速不稳定（游车）。

检测项目：各分泵供油是否均匀；喷油嘴喷孔是否阻塞；齿杆连接销是否松动；凸轮轴轴向间隙；柱塞和出油阀弹簧性能；飞铁销孔配合精度；齿轮齿杆传动精度；调节齿杆和油门拉杆移动灵活度；燃油系统中是否有空气；飞铁和飞铁座张开是否灵活；低转速调整位置是否合理。

【示例二】

故障现象：额定转速达不到。

检测项目：调速弹簧是否变形失效；喷油泵供油量；操纵手柄操作位置。

【示例三】

故障现象：最低转速达不到。

检测项目：操纵手柄操作位置；调节齿杆与齿圈是否卡住；低速稳定器或低速限制螺钉旋入位置。

【示例四】

故障现象：转速失控且越来越高（飞车），调速器突然失灵，使转速达标定转速的110%以上。

检测项目：转速限制螺钉位置；调节齿杆或油门拉杆是否卡死；调节齿杆和拉杆连接是否脱落；拉杆螺钉是否脱落；调速弹簧是否断裂失效。

（3）喷油器常见故障

【示例一】

故障现象：喷油量很少或喷不出油。

检测项目：燃油系统是否有空气；喷油器偶件是否咬死；喷油泵供油状态；高压油管是否漏油；喷油器偶件是否磨损。

【示例二】

故障现象：喷油压力低。

检测项目：调压螺钉是否松动；调压弹簧是否失效；针阀是否粘住；弹簧座、顶杆等零件是否磨损。

【示例三】

故障现象：喷油压力太高。

检测项目：调压弹簧弹力是否过高；针阀是否粘住；喷油孔是否堵塞。

【示例四】

故障现象：喷油器漏油。

检测项目：调压弹簧是否断裂；针阀体研磨面是否损坏；针阀是否咬死；锁紧螺母是否变形；喷油器体平面是否磨损。

【示例五】

故障现象：喷油雾化不良。

检测项目：喷油压力；喷油嘴座面是否磨损或烧坏；喷油嘴偶件配合面清洁度。

【示例六】

故障现象：喷油成线。

检测项目：喷孔是否阻塞；针阀体座面是否过度磨损；针阀是否咬死。

9.3　机床设备的整机维修工艺实例

9.3.1　卧式车床整机维修工艺

1. 修理准备工作

(1) 修前准备　机床修理前，按机床合格证作性能、试切及精度检查，根据精度丧失情况及所存在的问题，决定具体修理项目及验收要求，并做好技术物资准备。修理后仍按上述要求验收。

(2) 需用工具及仪器（见表 9-9）

表 9-9　卧式车床整机维修需用工具及仪器

<table>
<tr><th>序号</th><th>名称</th><th>规格</th><th>数量</th><th>用途</th><th>备注</th></tr>
<tr><td>1</td><td>检验样板</td><td>长 250mm</td><td>1 个</td><td>测量床身导轨</td><td></td></tr>
<tr><td rowspan="4">2</td><td rowspan="4">角度底座</td><td>长 200～250mm</td><td>1 个</td><td rowspan="2">刮研、测量床身导轨</td><td rowspan="4"></td></tr>
<tr><td>200mm×250mm</td><td>1 个</td></tr>
<tr><td>长 200mm</td><td>1 个</td><td rowspan="2">刮研溜板燕尾导轨</td></tr>
<tr><td>长 150mm</td><td>1 个</td></tr>
<tr><td rowspan="4">3</td><td rowspan="4">检验心轴</td><td>ϕ80mm×1500mm</td><td>1 个</td><td>测量床身导轨</td><td rowspan="4"></td></tr>
<tr><td>ϕ80mm×800mm</td><td>1 个</td><td>测量溜板丝杠孔对导轨的平行度</td></tr>
<tr><td>ϕ50mm×300mm</td><td>1 个</td><td>测量开合螺母中心线</td></tr>
<tr><td>ϕ30mm×225mm</td><td>1 个</td><td>测量三支承同轴度</td></tr>
<tr><td>4</td><td>研磨棒</td><td></td><td>1 根</td><td>研磨尾座轴孔</td><td></td></tr>
<tr><td>5</td><td>测量工具</td><td></td><td>1 套</td><td>测量三支承同轴度</td><td></td></tr>
</table>

2. 熟悉机床传动系统

根据所维修的卧式车床有关技术资料、整机装配图和大修工艺，确定有关整机维修的具

体项目和步骤。主要部件的修理顺序如下：

1）修理工作按床身、溜板、床身与溜板的拼装、刀架、主轴箱、进给箱、溜板箱、尾座的顺序进行，最后总的装配和调试。在实际工作中，三箱（主轴箱、进给箱、溜板箱）一座（尾座）的修复工作可以与刮研工作交叉进行，以缩短停机修理周期。

2）修理顺序的安排应考虑在修复各箱体部件时能满足刮研及总装配等进度的要求。为缩短修理周期，对主轴、尾座顶尖套、长丝杠等修理周期较长的关键零件，要优先安排加工。

3. 主要部件的修理工艺示例

（1）导轨面精度变化状况　床身导轨面是车床的基准面。这个基准面无论在空载运行还是切削时，都应保证溜板运动的直线性（导向精度），其他有关运动（如尾座移动、进给传动等）及有关基面应同溜板运动保持相互位置的准确性。

由于床身导轨暴露在外面，长期使用后会产生磨损，严重时就不能保证溜板运动的直线性，并且造成溜板运动与主轴、丝杠、光杠等部件的传动精度发生变化。溜板运动不准确，必然影响工件的尺寸误差、形状误差与相互位置误差，并影响到加工件的表面粗糙度。

导轨面磨损后，造成机床有关几何精度的变化情况如下：

1）溜板移动在垂直面及水平面内的直线度超差。

2）溜板移动对主轴中心线的平行度超差。

3）尾座中心线与主轴箱中心线不等高。

4）长丝杠（光杠）对床身导轨不平行。

5）溜板（溜板箱）与进给箱、托架的相对位置发生变化。

（2）导轨面精度修复要求　修复机床导轨面精度时，应达到两个要求：一是修复导轨的直线度精度，另一个是恢复导轨面为机床的基准面。因此，修复导轨面时，要依据床身上没有磨损的（即保持原来制造精度的）表面作基准来修复、校正导轨面，重点注意修复导轨面对齿条、进给箱、托架等安装面的平行度要求。

当机床导轨磨损量小于0.5mm，且表面有较深的沟槽、划痕、拉毛等现象或局部损伤时，可用胶粘补后，再进行加工。具体修刮精度要求：

1）粗刮：研点数为4~6点/25mm×25mm；对齿条安装面在水平和垂直两个方向的平行度为全长0.05mm以内；单条菱形导轨在垂直面内的直线度≤0.03mm/m，在水平面内的直线度≤0.015mm/m。

2）精刮：在垂直平面内的直线度≤0.02mm/m；在水平面内的直线度≤0.015mm/m；接触点数为12~14点/25mm×25mm；平行度≤0.02mm/m；对齿条安装面的平行度≤0.05mm/m。

3）刮研：尾座导轨面对溜板导轨面的平行度，在垂直方向≤0.02mm/m，在水平方向≤0.03mm/m；接触点数为10~12点/25mm×25mm。

（3）溜板部件的修理重点

1）本部件包括溜板及刀架下滑座两个主要部分，担负机床纵、横行程上的切削运动。

2）修理中保证溜板上、下导轨的垂直度要求及上导轨的直线度要求。

3）修复与溜板有关的尺寸链精度。由于磨损导致溜板和溜板箱下沉倾斜，这样就改变了以床身导轨面为基准面的与溜板有关的尺寸链。因此修理前要分析如何进行尺寸链修复，

然后根据修复尺寸链的方法来选择溜板的修理方案。

卧式车床的大修工艺中还包括床身与溜板的拼装、刀架部件的修理、主轴箱部件的修理、进给箱部件的修理、溜板箱部件的修理、尾座部件的修理、总装配、试运行验收工作、机床工作精度试验等。具体可参见配套教材《钳工（中级）》的有关内容。

9.3.2　万能升降台铣床整机维修工艺

1. 万能升降台铣床整机维修准备

机床整机修理前，应按机床专业有关标准或随机的有关维修记录进行性能、试切及精度检查，根据精度丧失的情况及存在的问题，决定具体修理项目与验收要求，并按相关的技术资料和整机维修所需的各项器具进行准备。

2. 万能升降台铣床主要部件拆卸顺序

1）切断电源，拆卸照明灯及电气线路。

2）拆卸防护罩、刀杆支架及悬梁。

3）拆卸工作台。

4）拆卸回转盘固定螺钉，平稳地吊去回转拖板。

5）打开升降台上端的方窗口，拆去轴Ⅸ与Z46的联结销及轴Ⅸ的闷盖，将轴Ⅸ抽出，然后可卸下下拖板。

6）拆去升降螺母支架座的螺钉，将升降台支承好或平稳悬吊，拆去升降台与床身导轨面结合的压板，卸下升降台。

7）拆卸进给变速箱及电动机。

8）拆卸主轴、主轴变速操纵箱及电动机。

9）拆卸床身。

3. 主要部件修理顺序

1）主轴及变速箱。

2）床身。

3）升降台及下拖板。

4）回转拖板。

5）工作台。

6）工作台与回转拖板配刮。

7）悬梁。

8）刀杆支架。

4. 主要部件的修理、调整重点

1）机床的主轴在高速运转时为避免产生噪声，故在维修时对主轴运转精度影响较大的轴、齿轮等零件，必须进行测量、测试，查找故障零件，并通过对故障零件的修复、更换或调整，恢复主轴部件原有的性能和质量标准。

2）机床几何精度检验的规定。工作台中央T形槽对主轴中心线有垂直度的要求，工作台中央T形槽的中心必须与回转拖板的回转中心保持垂直。锥齿轮副托架的中心必须与升降台横向花键轴中心重合，与回转定位环中心同心。

3）床身导轨与升降台导轨经过刮削后，升降台及其所有部件往升降台镶条方向偏移，使回转定位环中心与升降台横向传动花键轴中心及锥齿轮副托架中心同时偏移至主轴中心的右方。

4）升降台导轨与下拖板经过刮削后，下拖板以上所有部件往下拖板镶条方向偏移，使锥齿轮副托架的中心偏移至升降台横向传动花键轴中心的右下方。

5）升降台导轨与下拖板导轨经过刮削后的下沉偏移误差，可以通过车削锥齿轮副托架的端面加以消除。

6）消除偏移误差。将锥齿轮副托架的外圆车小，配车偏心套，重新定位；采用下拖板补偿尺寸链工艺补偿拖板，将下拖板与升降台配合的压板压紧，镶条调至无间隙，使下拖板固定于升降台上，将升降台放在床身上，测量定位环对主轴中心线的对称度；测量升降台导轨与床身导轨之间的实际尺寸，适当刮研将补偿垫片配磨至符合尺寸要求。

7）用环氧树脂黏结剂，将配磨好的补偿垫片粘在升降台导轨上，用螺钉加固后复校一次，然后进行升降台的修理。

5. 主轴及变速操纵箱修理要点

1）由于床身各导轨面必须与主轴回转中心保持垂直，因此床身导轨面的刮研或磨削工作，应以主轴回转中心为基准。将主轴全部装配好，调整主轴及轴承至符合各项装配精度要求。

2）主轴变速操纵箱是一个独立的部件，是通过一手柄和一个转盘来操纵的。当扳动手柄时，扇形齿轮旋转，经拨叉而使变速盘向左移动。在变速盘端面上有很多通孔、半通孔和不通孔，可使齿条轴移动而得到三个不同位置，这些齿条轴上装有变速拨叉，拨叉拨动滑移齿轮即可变速。旋转胶木变速转盘，可得 18 种不同位置。变速操纵箱的手柄合上定位槽后，若发现齿条轴上的拨叉有来回窜动或变速后的齿轮错位，应检查与其相应的齿条轴与齿轮的相对啮合位置是否正确。如有误差，可拆出该齿轮，用力推紧该组齿条轴，使其顶端碰至变速盘端面，然后再装入齿轮。

6. 床身修理要点

1）床身导轨面的刮研工作应在主轴装配调整至符合要求后进行。

2）如果导轨面上有严重啃痕、划伤，床身顶面的燕尾导轨的刮研，应在悬梁部件修理时进行。

3）主轴传动齿轮箱的整个传动机构由五根轴组成，所有的传动轴和主轴都是通过滚动轴承直接装在床身上镗制的孔内，主传动电动机装在床身后侧。

4）升降台及下拖板修理时，先刮下拖板，然后修刮升降台、下拖板部件，待升降台横向导轨面刮好以后，根据升降台的横向传动花键轴中心，配磨补偿垫片厚度达到装配精度要求。

5）刮研升降台各导轨面时，应分别以升降丝杠孔和横进给丝杠孔为基准，以避免工作台升降及工作台横向移动时手摇过重的弊病。

6）进给变速箱（见图 9-16）在升降台内，进给变速是由箱内两组三联滑移齿轮和一对端面离合器、一组摩擦片等组成的有 18 个进给变速档位和一个快速移动档位的变速机构完成的，具体变速由变速箱外部的蘑菇形手柄操作完成。变速箱在加工零件操作中使用较频繁，容易造成变速箱内部的轴、轴套、齿轮、离合器等产生磨损、碎裂等状况，因此维修检

查时须注意，发现有此类现象应立即更换相关组件。变速箱由电动机通过齿轮直联带动，电动机齿轮直接将动力传递给轴Ⅳ（由轴Ⅴ传递给轴Ⅵ），再通过各组齿轮及轴，传到轴Ⅵ。轴Ⅳ左端的偏心轮带动变速箱润滑泵给变速箱各传动件进行润滑。轴Ⅵ上的齿轮式安全离合器的调整方法是旋转左方螺母，调整弹簧的松紧，可以得到离合器安全脱开的压力。当切削力超过机床设计极限200MPa时，安全离合器自动脱开，使进给运动中断，起到保险作用。工作台快速移动离合器的调整方法是先把止退钢丝圈弯钩挑起，松开螺钉销便可转动螺母进行调整，使摩擦离合器脱开时，摩擦片之间的总间隙应不小于2~3mm，调好后按拆卸相反的顺序把螺钉销和钢丝圈装好。

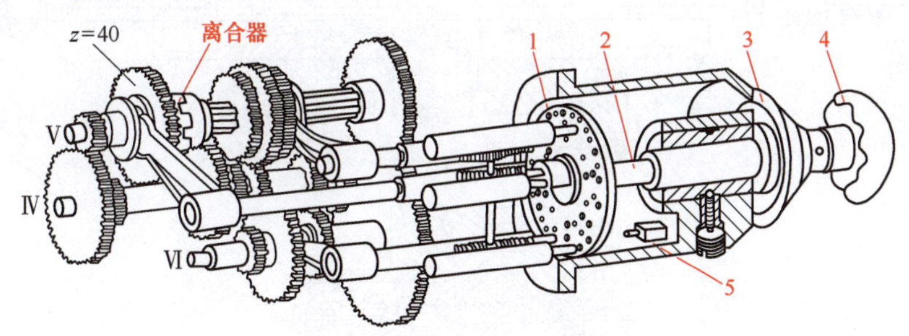

图9-16　万能卧式铣床进给变速操纵机构示意图

1—孔盘　2—轴　3—速度盘　4—手柄　5—微动开关

7）进给变速箱修理时，应检查摩擦片的平面上有无粘毛、烧伤，以及平面度是否在0.10mm以内，如超差应更换或修磨平面至符合要求。进给变速箱经修理装配好后，必须进行严格的清洗，并保证柱塞式润滑泵及各油路畅通有效。在进给变速操纵机构装入进给箱之前，应先把蘑菇形手柄向前拉到极限位置，以便于装入进给箱。

8）互锁机构维修调整时，升降台的前端离合器上的“闸板”通过闸杆，推动由固定圆销连接的环，使操纵手轮或手柄脱开离合器轴套，不跟着转动，起到互锁作用，以保证操作者的安全。

9）横向丝杠螺母座修理时，升降台和下拖板结合的导轨面，经过不同程度的修整或刮研后，下拖板相对下沉、偏移，使横向丝杠螺母座的孔位与横向丝杠轴颈定心孔不在一直线上，容易使手摇横向丝杠时产生轻重不均现象。**维修时，六角螺钉的沉孔要铣成椭圆形，为满足横向丝杠孔的同轴度要求，可采用横向丝杠螺母座的手摇镗孔夹具进行镗孔修整。**

10）回转拖板修理时，回转拖板导轨面的刮研应以纵向进给丝杠座孔中心为基准，以避免工作台装配后进给产生过重和不灵活的现象。

11）工作台修理时，工作台中央的T形槽一般不磨损，在刮研或磨削导轨面时，必须以其为基准，才能达到机床精度检验的要求。

12）铣床进给工作台（统称）分别由工作台、工作台底座（即回转盘）、横向滑板三个部件组成（见图9-17）。横向滑板安装在升降台上，其中工作台底座可沿水平位置左右各旋转45°。通常在维修调整这一机构时要注意的事项如下：

① 在横向滑板维修调整中注意的要点是横向丝杠与螺母座的同轴度要小于0.10mm，压板镶条配合准确。

② 注意检测工作台底座在水平面内左右旋转45°时的平行度，以及底座中心孔与横向滑

板定位台阶的配合间隙。回转运动应无阻滞。纵向丝杠与螺母的间隙应小于丝杠 1/40 圈（调整装置在横向滑板上）。

③ 工作台维修调整时的注意要点：导轨研刮时需与工作台面 T 形槽平行；台面与导轨平行度要达到精度要求；丝杠螺母轴线要与丝杠两端挂脚轴承座孔同轴；燕尾导轨与镶条间隙应符合要求且运动自如。

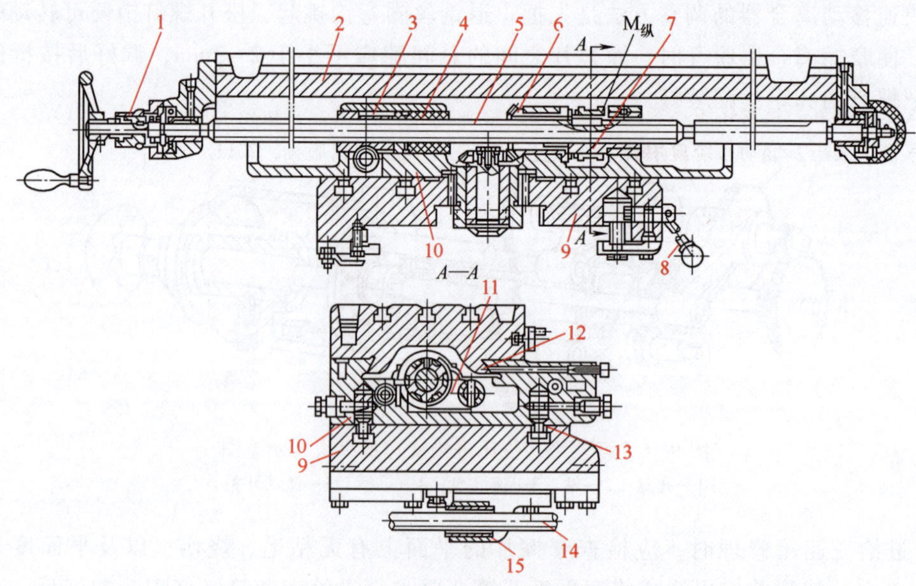

图 9-17 卧式万能铣床工作台结构

1—离合器 2—工作台 3—调整螺母 4—固定螺母 5—纵向丝杠 6—锥齿轮 7—滑套 8—偏心轮手柄 9—横向滑板 10—工作台底座（即回转盘） 11—拨叉 12—镶条 13—销子 14—横向丝杠 15—横向螺母 $M_纵$—工作台纵向自动进给离合器

参考文献

[1] 徐彬. 钳工：初级［M］. 2版. 北京：机械工业出版社，2013.
[2] 徐彬. 钳工：中级［M］. 2版. 北京：机械工业出版社，2012.
[3] 胡家富. 钳工：高级［M］. 2版. 北京：机械工业出版社，2012.
[4] 胡家富. 徐彬. 钳工：技师、高级技师［M］. 2版. 北京：机械工业出版社，2012.
[5] 吴全生. 机修钳工技能鉴定考核试题库［M］. 2版. 北京：机械工业出版社，2014.
[6] 徐彬. 钳工技能鉴定考核试题库［M］. 2版. 北京：机械工业出版社，2014.
[7] 鲁庆东，陈琪. 自动化生产线安装调试维护与维修［M］. 北京：机械工业出版社，2015.
[8] 胡家富. 液压、气动系统应用技术［M］. 北京：中国电力出版社，2011.